土木工程类专业软件学习丛书

钢筋混凝土框架及砌体结构的 PKPM 设计与应用

郭仕群　王亚莉 ◎ 编著

西南交大出版社

· 成都 ·

图书在版编目（CIP）数据

钢筋混凝土框架及砌体结构的 PKPM 设计与应用 / 郭仕群，王亚莉编著. —成都：西南交通大学出版社，2018.1
（土木工程类专业软件学习丛书）
ISBN 978-7-5643-6021-4

Ⅰ. ①钢… Ⅱ. ①郭… ②王… Ⅲ. ①钢筋混凝土框架 – 结构设计②砌体结构 – 结构设计 Ⅳ. ①TU375.4 ②TU36

中国版本图书馆 CIP 数据核字（2018）第 013006 号

土木工程类专业软件学习丛书

钢筋混凝土框架及砌体结构的 PKPM 设计与应用

郭仕群　王亚莉　编著

责任编辑　姜锡伟
封面设计　何东琳设计工作室

出版发行　西南交通大学出版社
（四川省成都市二环路北一段 111 号
西南交通大学创新大厦 21 楼）
邮政编码　610031
发行部电话　028-87600564　028-87600533
官网　http://www.xnjdcbs.com
印刷　成都中铁二局永经堂印务有限责任公司

成品尺寸　185 mm × 260 mm
印张　24.5　插页：12
字数　688 千
版次　2018 年 1 月第 1 版
印次　2018 年 1 月第 1 次
书号　ISBN 978-7-5643-6021-4
定价　76.00 元

课件咨询电话：028-87600533

前　言

本书根据现行建筑结构设计规范，针对目前国内建筑设计行业主要应用软件之一 PKPM v2.2 版，也是绝大多数结构设计初学者的首选软件，结合工程设计的基本原理、步骤，以大量的操作实例详细介绍了 PKPM 结构软件，并结合工程实例进行了说明。

本书共分为 8 章。第 1 章概括介绍 PKPM 结构软件的组成、特点及各结构模块的功能等；第 2 章主要介绍 PMCAD 模块的基本功能、特点及模型建立、荷载输入以及结构平面图的绘制方法等；第 3 章主要介绍 SATWE 模块的基本功能、各参数的定义方法，如何与规范结合对计算结果文件进行分析判断并修改优化设计；第 4 章主要介绍墙梁柱施工图后处理模块的操作步骤，墙、梁、柱施工图的绘制与修改，以及梁正常使用极限状态的验算等内容；第 5 章主要介绍基础设计软件 JCCAD 的基本功能，柱下独立基础、墙下条形基础和桩承台基础的设计，基础施工图的绘制方法，以及基础工具箱的简要使用方法等内容；第 6 章主要介绍利用 LTCAD 模块进行普通楼梯设计，包括普通楼梯建模、计算及施工图绘制；第 7 章主要介绍砌体结构辅助设计 QITI 模块的功能，普通多层砌体结构的设计、分析方法。以上各章都设置了大量以实际工程为背景的操作实例，同时对软件使用过程中涉及的所有参数含义及设置方法均进行了说明，克服了目前市场上大多数介绍 PKPM 软件的书籍参数说明不全面的问题。第 8 章为一钢筋混凝土框架结构的工程实例——某大学四层阶梯教室结构设计，该章将前述 1 ~ 6 章的知识串联起来进行实际工程的设计应用，对其中的关键问题，如阶梯教室错层结构、大跨度楼屋面处理、计算结果分析等给出了详细的分析说明，并给出最终结构施工图。

本书具有以下特点：

① 内容体系完整。涵盖了 PKPM 结构软件中的几个基本模块：PMCAD、SATWE、墙梁柱施工图绘制、JCCAD、LTCAD、QITI。

② 大量的实例操作。

③ 与规范（规程）要求相结合的各模块设计参数讲解。

④ 将计算结果文件与规范（规程）要求结合进行详细分析。

⑤ 对本软件在工程实际使用中的常见问题进行分析并提出处理方法。

⑥ 施工图绘制结合标准图集讲解，以帮助刚刚走上设计岗位的工程师利用 PKPM 软件绘制出规范的施工图。

本书始终强调计算机辅助设计软件仅仅是结构工程师进行结构设计的一个辅助工具，要用好这个工具，要求结构师必须首先掌握完整的结构设计基本知识、基本原理和基本概念，熟悉现行规范的基本要求，再在了解软件相关原理的前提下灵活应用。读者在阅读和使用本书的过程中也应注意这个基本原则。

本书第 1～6、8 章由郭仕群（副教授、一级注册结构工程师）编著，第 7 章由郭仕群、王亚莉编著。

本书适合高等院校土木工程专业学生以及建筑结构设计人员使用。

在编写本书过程中，我们参考了大量文献资料，在此，谨向这些文献的作者表示衷心的感谢。虽然编写过程是认真努力的，但由于水平有限，疏漏及不足之处依然难以避免，恳请读者惠予指正。

本教材获西南科技大学 2014 年度教材建设基金资助。

编著者

2017 年 6 月

目　录

第 1 章　PKPM 结构系列软件简介

【内容要点】

本章概括介绍 PKPM 结构系列软件的组成、各结构模块的功能及特点等。

【任务目标】

（1）初步认识 PKPM 结构软件的操作界面。

（2）了解 PKPM 结构软件中各模块的功能。

1.1　PKPM 结构软件总体介绍

PKPM 系列软件系统是一套集建筑设计、结构设计、设备设计、节能设计于一体的大型建筑工程综合 CAD 系统，目前，PKPM 还有建筑概预算系列、施工系列、施工企业信息化等系列软件。它在国内建筑设计行业占有绝对优势，在省部级以上设计院的普及率达到 90%，是国内建筑行业应用最广泛的一套 CAD 系统。本书根据目前广泛使用的 PKPM（v2.2 版）软件编写，主要介绍该软件的结构部分。

PKPM 结构设计有先进的结构分析软件包，容纳了国内最流行的各种计算方法，如平面杆系、矩形及异形楼板、墙、板的三维壳元及薄壁杆系、梁板楼梯及异形楼梯、各类基础、砌体及底框抗震、钢结构、预应力混凝土结构分析、建筑抗震鉴定加固设计等，全部结构计算模块均按我国 2010 系列设计规范编制，全面反映了新规范要求的荷载效应组合、设计表达式、抗震设计新概念的各项要求。PKPM 弹塑性动力、静力时程分析软件接力结构建模和结构计算，操作简便，成熟实用。PKPM 有丰富和成熟的结构施工图辅助设计功能，接力结构计算结果，可完成框架、排架、连梁、结构平面、楼板配筋、节点大样、各类基础、楼梯、剪力墙等施工图绘制，在自动选配钢筋，按全楼或层、跨剖面归并，布置图纸版面，人机交互干预等方面独具特色。

PKPM 适应多种结构类型。砌体结构模块包括普通砖混结构、底层框架结构、混凝土空心砌块结构、配筋砌体结构等。钢结构模块包括门式刚架、框架、工业厂房框排架、桁架、支架、农业温室结构等。PKPM 还提供预应力结构、复杂楼板、楼板舒适度分析、筒仓、烟囱等设计模块。

1.2　PKPM 结构软件中各模块功能

PKPM 结构设计软件 2010（v2.2）版本共包含 27 个模块。其中 PMCAD、SATEW、JCCAD、

LTCAD 是进行钢筋混凝土结构设计时所需的常用模块，QITI 是进行砌体结构设计的专用模块。钢筋混凝土与砌体结构设计的常用模块特点介绍如下：

1.2.1 结构平面计算机辅助设计软件 PMCAD

PMCAD 是整个结构 CAD 的核心，它建立的全楼结构模型是 PKPM 各二维、三维结构计算软件的前处理部分，也是梁、柱、剪力墙、楼板等施工图设计软件和基础 CAD 的必备接口软件。

1.2.2 高层建筑结构空间有限元分析软件 SATWE

SATWE 是专门为高层结构分析与设计而开发的基于壳元理论的三维组合结构有限元分析软件，具有如下特点：

（1）SATWE 采用空间杆单元模拟梁、柱及支撑等杆件，采用在壳元基础上凝聚而成的墙元模拟剪力墙。

（2）SATWE 适用于多层和高层钢筋混凝土框架、框架-剪力墙、剪力墙结构以及高层钢结构和钢-混凝土混合结构。SATWE 考虑了多、高层建筑中多塔、错层、转换层及楼板局部开洞等特殊结构形式。

（3）SATWE 可完成建筑结构在恒、活、风、地震力作用下的内力分析及荷载效应组合计算，对钢筋混凝土结构、钢结构及钢-混凝土混合结构均可进行截面配筋计算或承载力验算。

（4）SATWE 所需的几何信息和荷载信息都从 PMCAD 建立的建筑模型中自动提取生成，并有多塔、错层信息自动生成功能。

（5）SATWE 完成计算后，可将计算结果下传给施工图设计软件完成梁、柱、剪力墙等的施工图设计，并可为各类基础设计软件提供各荷载工况荷载，也可传给钢结构软件和非线性分析软件。

1.2.3 基础 CAD 设计软件 JCCAD

JCCAD 是建筑工程的基础设计软件。其主要功能特点如下：

1. 适应多种类型基础的设计

JCCAD 可自动或交互完成工程实践中常用的诸类基础设计，其中包括柱下独立基础、墙下条形基础、弹性地基梁基础、带肋筏板基础、柱下平板基础（板厚可不同）、墙下筏板基础、柱下独立桩基承台基础、桩筏基础、桩格梁基础等基础设计及单桩基础设计，还可进行由上述多类基础组合的大型混合基础设计，或同时布置多块筏板的基础的设计。

可设计的各类基础中包含多种基础形式：独立基础包括倒锥型、阶梯型、现浇或预制杯口基础及单柱、双柱或多柱的联合基础；砖混条基包括砖条基、毛石条基、钢筋混凝土条基（可带下卧梁）、灰土条基、混凝土条基及钢筋混凝土毛石条基；筏板基础的梁肋可朝上或朝下；桩基包括预制混凝土方桩、圆桩、钢管桩、水下冲（钻）孔桩、沉管灌注桩、干作业法桩和各种形状的单桩或多桩承台。

2. 接力上部结构模型

基础的建模是接力上部结构与基础连接的楼层进行的，因此基础布置使用的轴线、网格线、轴号，基础定位参照的柱、墙等都是从上部楼层中自动传来的，这种工作方式大大方便了用户。

基础程序首先自动读取上部结构中与基础相连的轴线和各层柱、墙、支撑布置信息（包括异形柱、劲性混凝土截面和钢管混凝土柱），并可在基础交互输入和基础平面施工图中绘制出来。

如果需要设置和上部结构两层或多个楼层相连的不等高基础，程序自动读入多个楼层中基础布置需要的信息。

3. 接力上部结构计算生成的荷载

自动读取多种 PKPM 上部结构分析程序传下来的各单工况荷载标准值，有平面荷载（PMCAD 建模中导算的荷载或砌体结构建模中导算的荷载）、SATWE 荷载、TAT 荷载、PMSAP 荷载、PK 荷载等。

程序自动按照荷载规范和地基基础规范的有关规定，在计算基础的不同内容时采用不同的荷载组合类型。在计算地基承载力或桩基承载力时采用荷载的标准组合；在进行基础抗冲切、抗剪、抗弯、局部承压计算时采用荷载的基本组合；在进行沉降计算时采用准永久组合。在进行正常使用阶段的挠度、裂缝计算时，取标准组合和准永久组合。程序在计算过程中会识别各组合的类型，自动判断是否适合当前的计算内容。

4. 考虑上部结构刚度的计算

《建筑地基基础设计规范》（GB 50007-2011）等规范规定在多种情况下基础的设计应考虑上部结构和地基的共同作用。JCCAD 软件能够较好地实现上部结构、基础与地基的共同作用。JCCAD 程序对地基梁、筏板、桩筏等整体基础，可采用上部结构刚度凝聚法、上部结构刚度无穷大的倒楼盖法、上部结构等代刚度法等多种方法考虑上部结构对基础的影响，其主要目的就是控制整体性基础的非倾斜性沉降差，即控制基础的整体弯曲。

5. 地质资料的输入及完整的计算体系

提供直观快捷的人机交互方式输入地质资料，充分利用勘察设计单位提供的地质资料完成基础沉降计算和桩的各类计算。对各种基础形式可能需要依据不同的规范、采用不同的计算方法，但是无论是哪一种基础形式，程序都提供承载力计算、配筋计算、沉降计算、冲切抗剪计算、局部承压计算等全面的计算。

6. 施工图辅助设计

JCCAD 还可以完成软件中设计的各种类型基础的施工图，包括平面图、详图及剖面图。施工图管理风格、绘制操作与上部结构施工图相同。软件依照《总图制图标准》（GB 50103-2010）、《建筑工程设计文件编制深度规定》、《设计深度图样》等相关标准，对于地梁、筏板提供了立剖面表示法、平面表示法等多种方式，还提供了参数化绘制各类常用标准大样图的功能。

1.2.4　楼梯计算机辅助设计软件 LTCAD

LTCAD 适用于单跑、二跑、三跑的梁式、板式楼梯和螺旋及悬挑等各种异形楼梯，可完成楼梯的内力与配筋计算及施工图设计，画出楼梯平面图，竖向剖面图，楼梯板、楼梯梁及平台板配筋详图，并且可与 PMCAD 连接使用，只需指定楼梯间所在位置并提供楼梯布置数据，即可快速成图。

1.2.5 砌体结构辅助设计软件 QITI

QITI 可以完成多层砌体结构、底框-抗震墙结构和配筋砌块砌体小高层建筑的结构分析计算和辅助设计的全部工作，包括结构模型及荷载输入、结构分析计算以及施工图设计等。砌体结构的材料包括烧结砖、蒸压砖和混凝土小型空心砌块。本软件功能集中，流程清晰，操作方便。其主要功能特点如下：

（1）根据规范要求自动完成多层砌体结构的抗震计算及砌体的受压计算、局部承压计算以及墙体高厚比验算，计算中可按规范考虑构造柱、芯柱的作用。软件采用了“并联式”操作模式，用户可以随意修改计算参数，随意修改构造柱、芯柱信息，随意挑选某一楼层查看计算结果。

（2）根据规范要求完成底框-抗震墙结构在恒、活、风荷载和地震作用下的结构分析和构件内力配筋计算，按照规范要求自动计算出层间刚度比，自动进行各种地震作用的调整，可考虑框架托梁的墙梁作用，可按平面表示法和其他方法完成底框梁、柱和混凝土剪力墙施工图设计。

（3）QITI 完成配筋砌块砌体小高层建筑的建模、芯柱布置、排块设计以及墙体计算信息生成，根据规范规定完成整体结构分析和内力计算，完成配筋砌块剪力墙的配筋计算，衔接结构分析计算结果完成配筋砌块剪力墙芯柱边缘构件的详图设计，解决了此类结构设计中最关键的技术问题，帮助用户顺利完成此类结构的设计工作，设计中还可引用上海市的地方设计标准。

（4）根据国家设计规范和标准图集，完成砖混结构圈梁、构造柱详图的设计，完成混凝土小型空心砌块的芯柱平面图和芯柱节点详图设计。

（5）根据有关规程中对墙体排块的要求，自动完成混凝土小型空心砌块墙体模数或非模数情况下的排块设计，可绘制任意部位的墙体排块详图，自动统计出全楼各种规格的砌块数量。

（6）QITI 可完成阳台、挑檐、雨篷、悬挑梁、墙梁、圆弧梁等经常出现在砌体结构中的混凝土构件的内力、配筋计算以及施工图设计。

其他设计结构模块名称及功能如表 1-1 所示。

表 1-1 结构模块名称及功能

PK	钢筋混凝土框架、框排架、连续梁结构计算与施工图绘制
PMSAP	复杂多层及高层建筑结构分析与设计软件
PMSAP（SpasCAD）	空间建模程序
TAT	多、高层建筑结构三维分析程序
SLABCAD	复杂楼板分析与设计软件
SLABFIT	楼板舒适度分析
EPDA&PUSH	多层及高层建筑结构弹塑性静、动力分析软件
BOX	箱形基础 CAD

续表

JCYT	基础及岩土工具箱
STS	钢结构设计软件
STPJ	钢结构重型工业厂房设计软件
STSL	钢结构算量软件
GSCAD	温室结构设计软件
PREC	预应力混凝土结构设计软件
Chimney	烟囱分析设计软件
SILO	筒仓结构设计分析软件
JDJG	建筑抗震鉴定加固设计软件
PAAD	PKPM AutoCAD 版本施工图软件
STAT-S	结构设计者的工程量统计软件
STXT	钢结构三维施工详图 CAD/CAM 软件

1.3　PKPM 结构设计的基本过程

安装好 PKPM 程序后，双击桌面上的程序快捷方式图标，进入 PKPM 程序，并选择左上角的“结构”模块，则显示结构软件主界面如图 1-1 所示。

利用 PKPM 软件进行钢筋混凝土结构设计的基本步骤及所使用的模块情况如图 1-2 所示。

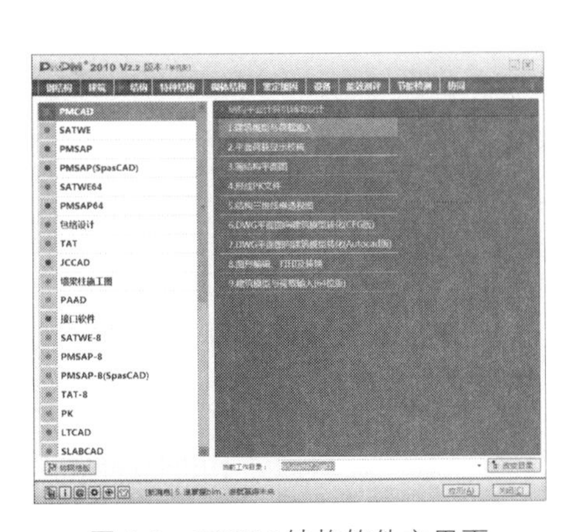

图 1-1　PKPM 结构软件主界面

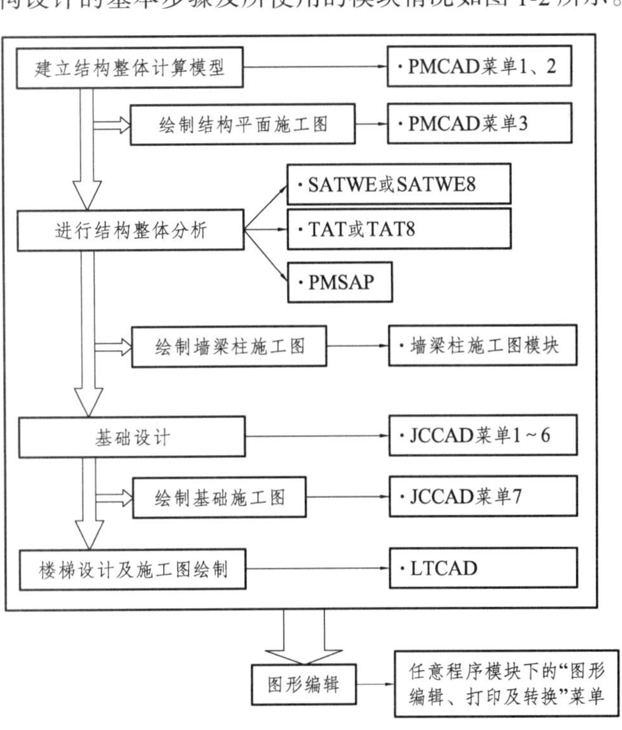

图 1-2　PKPM 结构设计基本流程

第 2 章　PMCAD——建立结构计算模型

【内容要点】

本章主要介绍 PMCAD 模块的基本功能、特点及模型建立、荷载输入以及钢筋混凝土板结构施工图的绘制方法等。

【任务目标】

（1）熟悉 PMCAD 建模的基本步骤。

（2）掌握建模过程中相关参数的正确设置方法。

（3）掌握结构平面图的绘制修改方法。

（4）了解 PMCAD 建模过程中的常见问题及解决方法。

（5）能够独立完成典型的钢筋混凝土结构的计算结构模型建立。

2.1　PMCAD 的基本功能

PMCAD 是整个结构 CAD 的核心，它建立的全楼结构模型是 PKPM 各二维、三维结构计算软件的前处理部分，也是梁、柱、剪力墙、楼板等施工图设计软件和 JCCAD 的必备接口软件，同时也是 PKPM 三维建筑设计软件 APM 与结构的必要接口。

PMCAD 采用人机交互方式，引导用户逐层布置各层平面和楼面，再通过输入层高进行竖向组装，建立起一套描述建筑物整体结构的数据。

其功能主要包括：

（1）用人机交互方式输入各层平面布置及各层楼面的次梁、预制板、洞口、错层、挑檐等信息和外加荷载信息，建模中可方便地进行复制、删除、查询等修改。逐层输入模型后即可组装成全楼模型。

（2）能自动导算人机交互方式输入的荷载，并能自动计算结构自重，自动进行从楼板到次梁、次梁到框架梁或承重墙、柱的分析计算，所有次梁传到主梁的支座反力，各梁到梁、到各节点及柱传递的力均通过平面交叉梁系计算求得，并将上部结构的恒活荷载传递到基础，从而形成整栋建筑的荷载数据库。此数据可用于其他结构计算分析软件，如 PK、SATWE、PMSAP、JCCAD 等。

（3）绘制各种类型结构的结构平面图和楼板配筋图，包括柱、梁、墙、洞口的平面布置、尺寸、偏轴，画出轴线及总尺寸线，画出预制板、次梁及楼板开洞布置，计算现浇楼板内力与配筋并画出板配筋图。

（4）多高层钢结构的三维建模从 PMCAD 扩展，包括了丰富的型钢截面和组合截面。

2.2 PMCAD 建模的基本流程

作为 PKPM 结构设计前处理的重要软件，在 PMCAD 中建立模型的主要流程如图 2-1 所示：

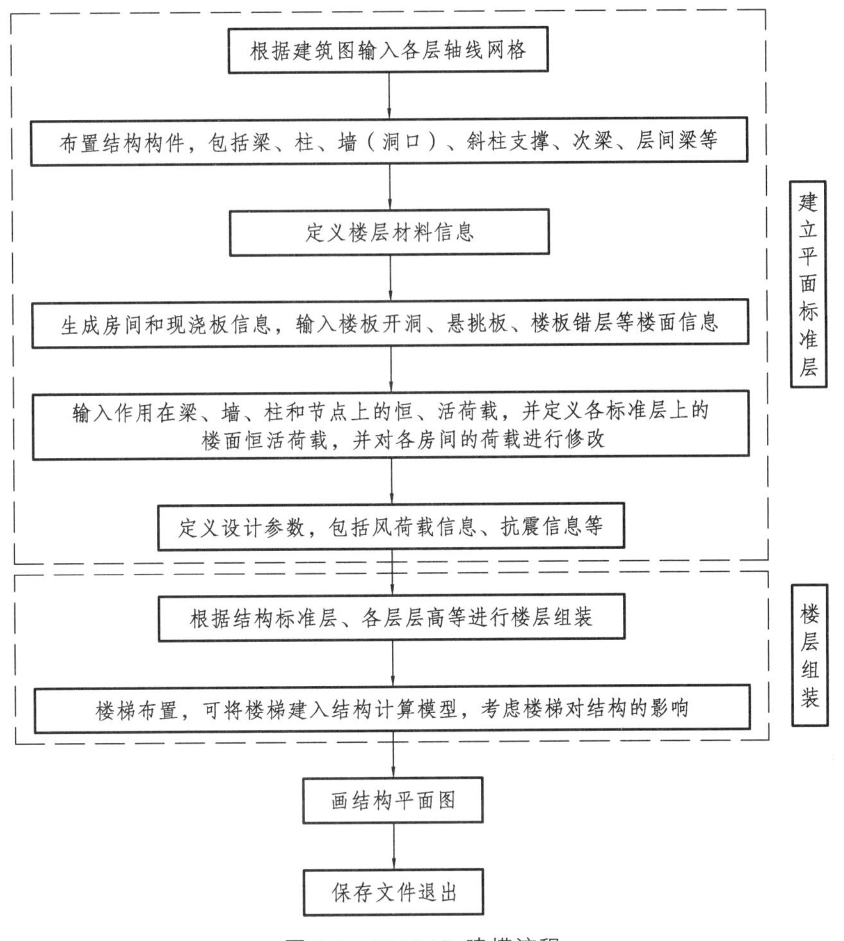

图 2-1 PMCAD 建模流程

2.3 文件管理与工作界面

2.3.1 创建工作目录

点击桌面快捷图标，进入 PKPM 主界面，选择左上角“**结构**”软件，再点击界面左侧的“**PMCAD**”模块，即出现如图 2-2 所示的 PMCAD 主菜单。在当前工作目录中，缺省目录为 C：\PKPMWORK。**在进行某项工程设计之前，首先应该更改目录，创建一个适当的文件夹。**将来由 PKPM 生成的该工程的所有数据文件、定义的各类参数和软件运行的所有结果，都会自动保存到这个文件夹中，用户可以方便地调用。

◆ **练习 2-1：**

如要用 PKPM 设计某教学楼，工程名为“2#教学楼”，创建工作目录的操作过程如下：

（1）先在电脑硬盘分区的 G 盘下建立一个名为“pkpm2.2WORK”的工作目录，再在其中建立名为“2#教学楼”的文件夹，作为当前工程的工作目录。

（2）回到 PKPM 主菜单，即在图 2-2 中点击右下角按钮【改变目录】，弹出图 2-3 所示对话框，在该对话框中，找到 G 盘，并选择\pkpm2.2WORK\2#教学楼，点击“确认”。这时，图 2-2 中的<当前工作目录>就显示为：G：\pkpm2.2WORK\2#教学楼。

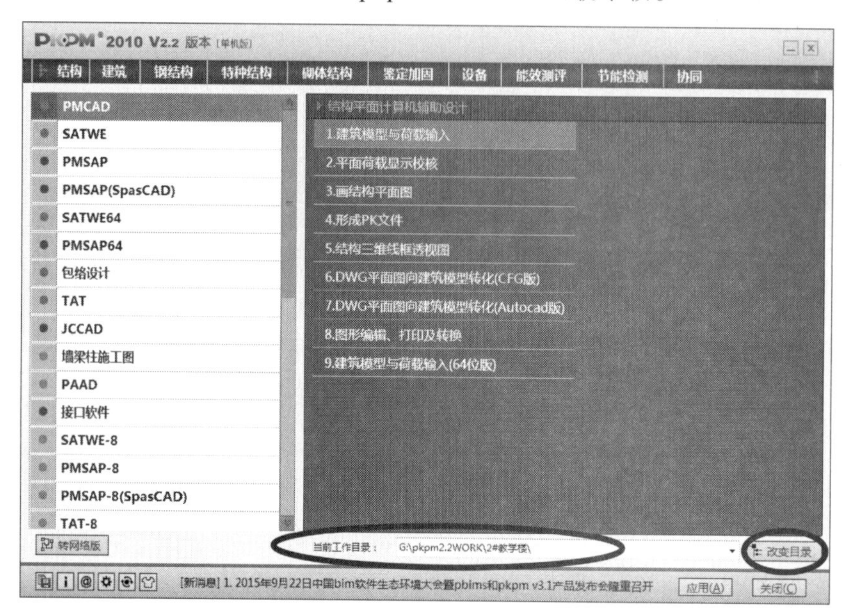

图 2-2　PMCAD 主菜单

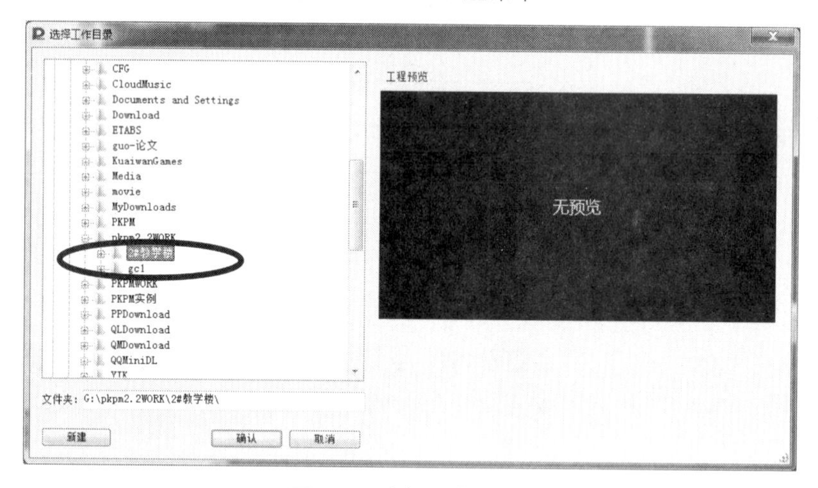

图 2-3　选择工作目录

➢　**提示：**

不同工程应建立不同的文件夹，若使用同一个文件夹，新建的模型数据会覆盖原来的所有数据。

2.3.2　输入新的工程名

在 PMCAD 主菜单（图 2-2）中选择【1. 建筑模型与荷载输入】，双击它或者点击<应用>，进入建模工作状态。此时程序弹出输入工程名对话框，如图 2-4 所示，在该对话框中可以输入用户自己定义的工程名，该工程名的总字节数不应大于 20 个英文字符或 10 个中文字符，且不能存在特殊字符。如此处输入“2#楼”，点击<确定>，就进入建模主界面，如图 2-5 所示。对于已存在的工程文件，程序可自动从当前工作子目录搜索到，若未自动搜索到，可点击【查找】，然后人工选取。

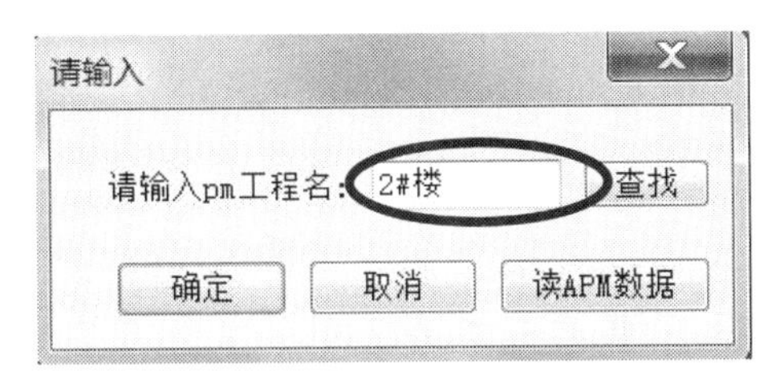

图 2-4　交互输入工程名对话框

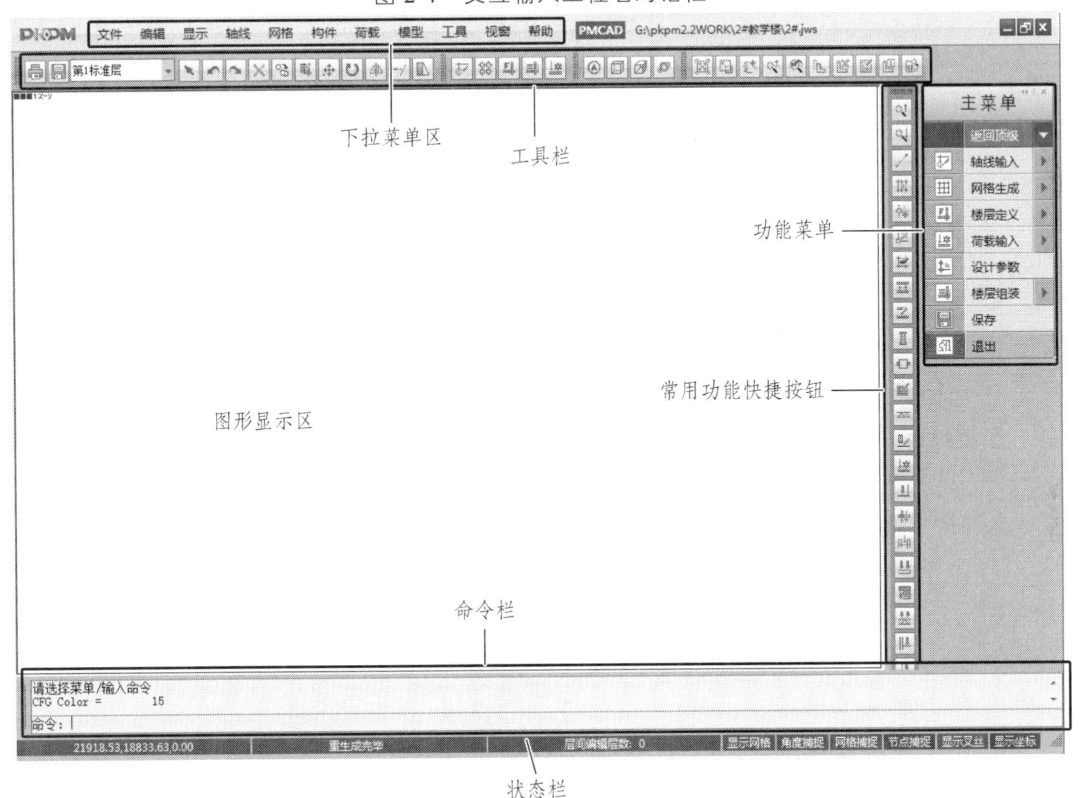

图 2-5　PMCAD 建模主界面

2.3.3　工程数据及其保存

在 PKPM 主界面的左下角（图 2-2），程序通过【文件存取管理】按钮，提供了备份工程数据的功能，可把工程目录下的各种文件压缩后保存，用户可以有选择地挑选要保存的文件，如图 2-6 所示。程序把文件类型按照模块分类，如 PMCAD 的主要数据文件为“工程名·JWS”和“*·PM”文件，程序自动挑选出该类型文件。数据文件选定后，点击<下一步>，出现如图 2-7 所示对话框，经用户确认后，点击<开始备份数据>，则程序自动按 rar 格式压缩打包，该压缩文件也保存在当前工作目录下（缺省状态），方便用户拷贝、保存到其他地方。

➢ **提示：**

压缩文件的备份位置可以在图 2-7 的对话框中进行修改。

图 2-6　PKPM 文件选择对话框

图 2-7　确认压缩文件及其备份位置

2.3.4　PMCAD 界面环境

经过 20 多年的发展改进，PMCAD 的建模主界面和 AutoCAD 的界面已非常相似，这有利于熟悉 AutoCAD 的用户快速上手。PMCAD 主界面的上方为下拉菜单区和工具栏，右侧为

PKPM 特有的专业功能操作菜单区（依次执行该区域菜单，基本上就完成了 PMCAD 的建模过程），中间最大的空白区域为图形显示区，是交互式输入结构模型的可视化窗口。在该区域的下侧是命令栏，可对点击的相关菜单进行命令提示，以帮助用户进行交互式数据输入。最下方是状态栏，显示屏幕某点坐标、捕捉、层间编辑层数等工作状态，如图 2-5 所示。

2.3.5　快捷键

鼠标左键——键盘[Enter]，用于确认、输入等。

鼠标右键——键盘[Esc]，用于否定、放弃、返回菜单等。

鼠标中滚轮——往上滚动，连续放大图形；往下滚动，连续缩小图形；按住中滚轮平移，拖动平移显示图形。

键盘[Ctrl]+按住鼠标中滚轮平移——三维线框显示时，可实时变换空间透视的方位角度。

键盘[Tab]——用于转换图素选择方式。

键盘[F1]——帮助。

键盘[F3]——网格捕捉开关。

键盘[Ctrl]+键盘[F3]——节点捕捉开关。

键盘[F4]——角度捕捉开关。

键盘[F5]——重新显示当前图形、刷新修改结果。

键盘[F6]——充满显示。

键盘[F9]——设置捕捉参数。

键盘[U]——取消上一步操作。

键盘[S]——选择光标捕捉方式。

2.4　建筑模型与荷载输入

2.4.1　PKPM 结构软件的建模方式

建立结构模型是结构分析、计算和绘制施工图的基础和前提。根据不同结构的特点，PKPM 结构软件提供了四种建模方式：

1. PMCAD 建模

这是 PKPM 结构软件最主要，也是最常用的建模方式，绝大多数工程的分析模型可以通过这种方式建立。本章重点介绍这种建模方式。

2. APM 建筑模型转换为结构模型

APM 是 PKPM 系列软件中的建筑软件，其模型与 PMCAD 模型采用相同的数据结构，因此可以在 PMCAD 中直接读取 APM 建筑模型数据，转换为 PMCAD 结构模型。但应注意原建筑模型中的非承重构件，如填充墙、女儿墙、门窗、散水等应由软件过滤掉或手工删除，仅考虑其荷载影响，而建筑模型中没有输入或输入不全的承重构件，如柱、梁、剪力墙等则必须手工补充完整。另外，楼面荷载信息、结构设计信息需手工输入或设置。

3. 将 AutoCAD 软件的平面图形转换为结构模型

对于平面布置复杂怪异的不规则工程结构，直接在 PMCAD 中建模比较麻烦，此时，如果直接将建筑专业的 AutoCAD 平面施工图转换为 PKPM 软件的三维结构模型，则大大减小了建模的工作量。

PKPM 软件提供了两种转图方式。第一种方法是基于 PKPM 软件图形平台完成转换工作，先将 AutoCAD 的建筑平面图（后缀为 DWG）转换为 PKPM 的平面图（后缀为 T），再将二维平面图转换为三维结构模型，最后完成全楼组装。可通过 PMCAD 模块下的菜单【⑥ Autocad 平面图向建筑模型转换】（图 2-8）执行，具体操作过程可参考《PKPM2010-PMCAD 用户手册及技术条件》。第二种方法是基于 AutoCAD 图形平台完成转换操作，先在 AutoCAD 中将各层的建筑平面图转换为结构模型，再到 PKPM 结构软件中组合为全楼模型。

图 2-8　AutoCAD 平面图向建筑模型转换

4. SPASCAD 复杂空间结构建模

对于空间造型复杂和不规则的三维结构模型，可使用 PKPM 结构软件中的 SPASCAD 软件建模，因为它打破了层的概念（PMCAD 是建立层模型，要求本层的构件必须布置在本层内），所以所有构件可以根据需要在空间任意布置和连接，对于空间造型复杂的三维结构特别方便。建模后可用 PMSAP 或 SATWE 进行分析计算。

以下详细介绍如何在 PMCAD 中建立结构计算模型。

2.4.2　轴线输入

对于一个多、高层工程结构，设计者应根据其建筑方案或建筑施工图，并结合结构设计的概念、原则等选择结构体系，并进一步确定结构平面布置。由于在结构的各层，结构构件的布置可能不尽相同，于是产生了结构标准层的概念。PMCAD 是通过建立平面层模型（即标准层），然后利用标准层进行全楼的竖向组装，从而实现整楼模型的建立。因此在 PMCAD 中建立整体模型时，我们应首先根据结构构件的平面布置情况，依次建立各结构标准层，进而用各标准层进行竖向组装成整体结构模型。

➢　**提示：**

一般来说，结构构件平面位置相同，构件截面形状、尺寸相同的结构层可设为同一标准层。

建立结构标准层的第一步，首先应绘制结构平面中的轴线。

进入到 PMCAD 建模主界面图 2-5 后，点击右侧第一项主菜单【轴线输入】，则显示出如图 2-9 所示的轴线输入菜单。

因为程序要求平面上布置的构件一定要放在轴线或网格线上，因此轴线输入是整个交互输入程序最为重要的一环。PMCAD 是用绘图工具绘制轴线，轴线相交处及轴线本身的端点、圆弧的圆心会自动生成白色的“节点”，轴线被交点分割成的线段则形成“网格”。

图 2-9　轴线输入菜单

PMCAD 提供了多种轴线输入方式。分别介绍如下：

2.4.2.1　在图形显示区域直接绘制轴线

这种输入方式可以直接在下面的命令提示区输入绝对坐标、相对坐标或极坐标值，也可以直接用鼠标在屏幕的图形显示区域点取。

1. 键盘坐标输入方式

这种方式直接在 PMCAD 主界面下面的命令提示区输入绝对坐标、相对坐标或极坐标值。方法如下：

绝对直角坐标输入：! X，Y，Z　或　! X，Y；

相对直角坐标输入：X，Y，Z 或 X，Y；

绝对极坐标输入：! 距离<角度，高度　或 ！距离<角度。

◆　**练习 2-2（坐标输入法）：**

如要绘制一条直线，端点坐标分别为：(0，0)，(15000，0)，操作过程如下：

点击右侧菜单【轴线输入/两点直线】，然后在命令栏中输入：

! 0，0　[Enter]

! 15000，0　[Enter]　（绝对坐标输入方法）

即在图形显示区域绘出如图 2-10 所示的直线。

➢　**提示：**

（1）绝对坐标输入前，应加感叹号“!”。

（2）相对直角坐标可以在数字前加字母 XYZ 进行过滤输入，如：X1500 表示只输入 X 坐标 1500，Y、Z 坐标不变；XY1500，600 表示输入 X 坐标 1500，Y 坐标 600，Z 坐标不变；只输 XYZ 不跟数字表示 XYZ 坐标均取上次输入值。

（3）在 PMCAD 中建模时，除了程序另有提示外，一般情况下单位都是毫米。

（4）沿坐标轴正方向为正，圆弧逆时针方向为正。

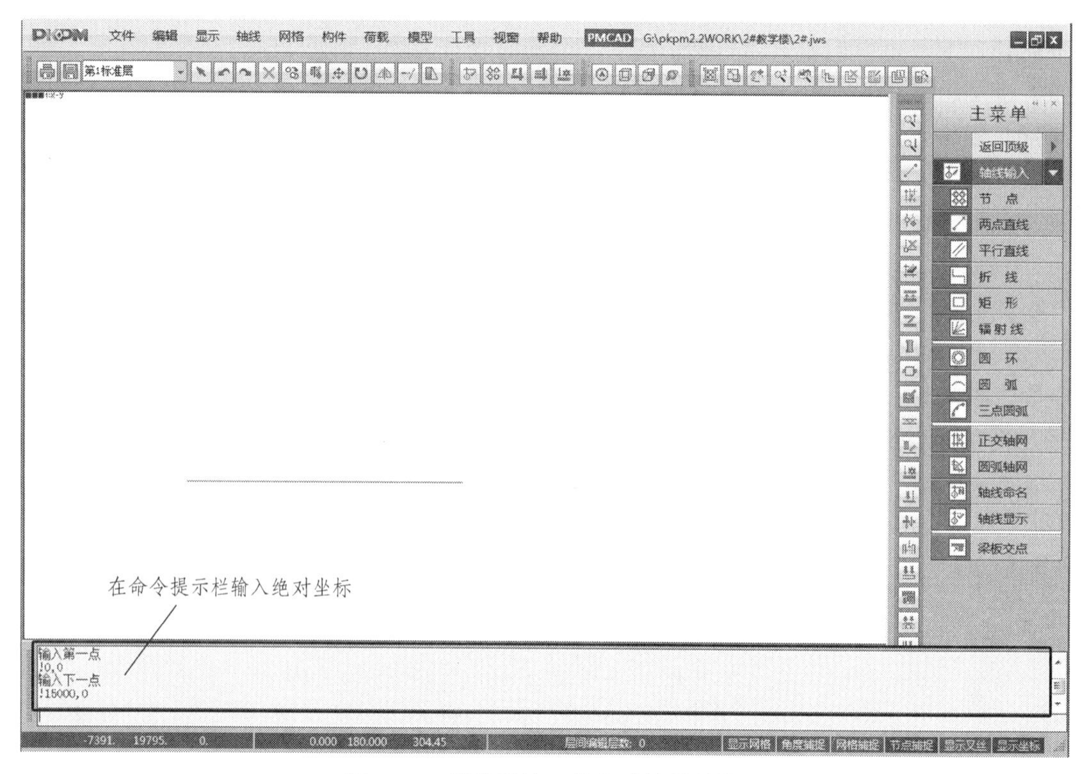

图 2-10 用坐标输入的方式绘制轴线

2. 直接用鼠标在屏幕的图形显示区域点取

直接用鼠标在屏幕的图形显示区域点取绘制轴线虽然方便，但不易控制输入的轴线的准确长度，但如果将命令栏输入相对坐标值和追踪线方式配合使用，则会使轴线的绘制相当方便、快捷。当用户在屏幕上输入一点后，即出现橙黄色的方形框套住该点，使该点成为参考点，随后鼠标移动在某些特定方向，比如水平或垂直方向时，屏幕上会出现拉长的虚线（这种虚线称为追踪线），这时输入一个数值即可画出沿虚线方向距参考点距离为该数值的直线第二个点，从而形成一条轴线。这种输入方式为追踪线方式，是一种非常方便的输入方式。

◆ **练习 2-3（键盘+鼠标追踪线方式输入）：**

如要绘制一条直线，端点坐标分别为：（0，0），（15000，0），操作过程如下：

点击右侧菜单【轴线输入/两点直线】，然后在命令栏中输入：

！0，0 [Enter]

将鼠标向右方水平方向移动，则出现水平追踪线（图 2-11），此时，在命令栏中输入：

15000 [Enter]

即在图形显示区域绘出同练习 2-2 相同的直线（图 2-10）。

➢ **提示：**

（1）可以使用角度捕捉（控制开关为[F4]）、网格捕捉（控制开关为[F3]）、节点捕捉（控制开关为 Ctrl+ [F3]）等工具辅助定位。

（2）可用[F9]修改捕捉和显示设置，如图 2-12 所示。

（3）用鼠标在任何点上稍作停留都会在该点出现橙黄色方形框，该点即成为参考点，随后都可以采用追踪线方式。

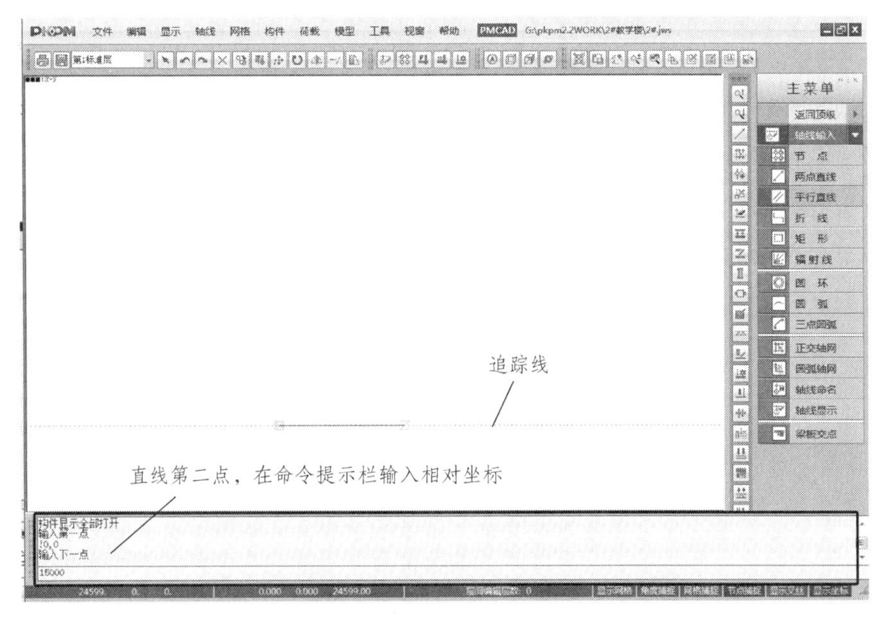

图 2-11　键盘输入配合鼠标追踪线方式绘制轴线

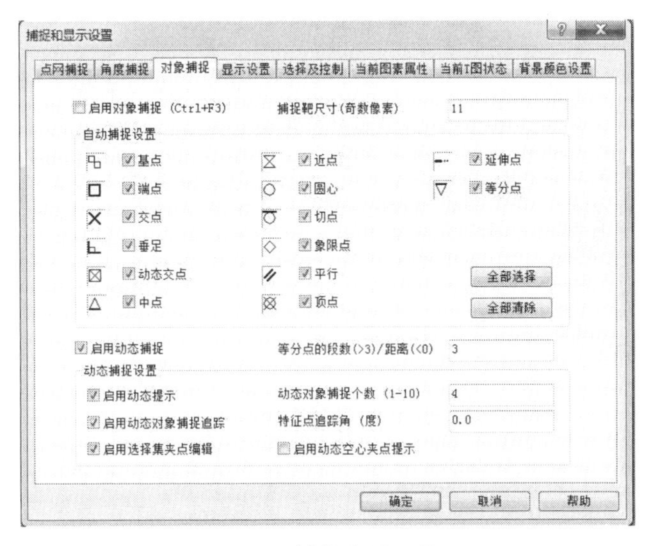

图 2-12　捕捉和显示设置

2.4.2.2　正交轴网和圆弧轴网的输入

对于大多数建筑工程都存在正交轴网或圆弧轴网，因此可以方便地使用软件提供的生成正交/圆弧轴网的方法来快速建模。

【正交轴网】是通过定义开间和定义进深形成正交网格。定义开间是输入横向从左到右连续各跨跨度，上、下开间可以输入不同的值；定义进深是输入竖向从下到上各跨跨度，左、右进深也可以输入不同的值。上述数据可以用光标从屏幕上已有的常见数据中挑选，或从键盘输入。同时还可以输入转角旋转整个轴网，并可以指定基点位置，方便用户把轴网布置在平面上的任何位置或与已有的轴网连接。

【圆弧轴网】是一个环向为开间，径向为进深的扇形轴网。其中<圆弧开间角>是指轴线展开角度，进深是指沿半径方向的跨度、内半径、旋转角，点取确定时再输入径向轴线端部延伸长度和环向轴线端部延伸角度。

◆ **练习 2-4：**

如要绘制如图 2-16 所示的某工程轴网，操作过程如下：

（1）点击右侧菜单【轴线输入/正交轴网】，进入直线轴网输入对话框，如图 2-13 所示。在<下开间>处输入“5600*6”，或者从<常用值>一栏中双击“5600”六次，在<左进深>处输入“6600，2400，6600”，其他参数都取默认值。点击<确认>，将生成的正交轴网放置到屏幕图形显示区域的合适位置后，单击鼠标左键将轴网定位，一个简单的正交轴网就生成完毕了，如图 2-14 所示。

（2）点击右侧菜单【轴线输入/圆弧轴网】，进入圆弧轴网输入对话框，如图 2-15 所示。先选择<圆弧开间角>，输入：3*60，或在<跨数*跨度>下选择“3”和“60”后点击下方<添加>按钮（图 2-15（a））；再选择<进深>，输入：3*2600，或在<跨数*跨度>下输入“3”和“2600”后点击下方<添加>按钮；将<旋转角>修改为“-90”[图 2-15（b）]，点击<确定>按钮，在弹出的图 2-15（c）对话框中，点击<确定>，在图 2-14 中用鼠标选择并点击最右侧竖向轴线的中点，即得到图 2-16 所示轴网。

➢ **提示：**

（1）图 2-13 中的<数据全清>，用于当对话框输入数据错误较多时，清除所有输入数据，重新输入。

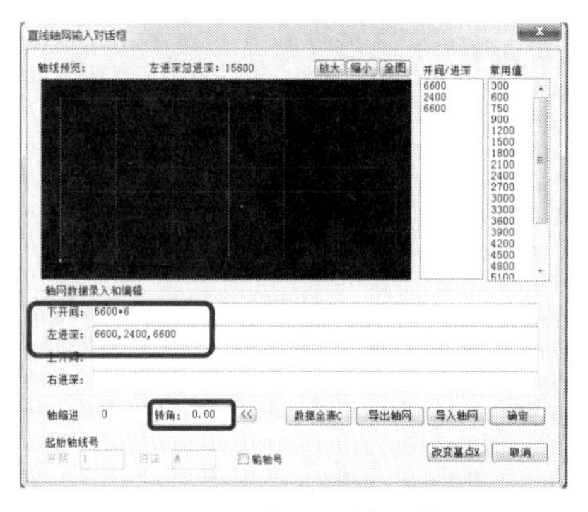

图 2-13 正交轴网输入菜单

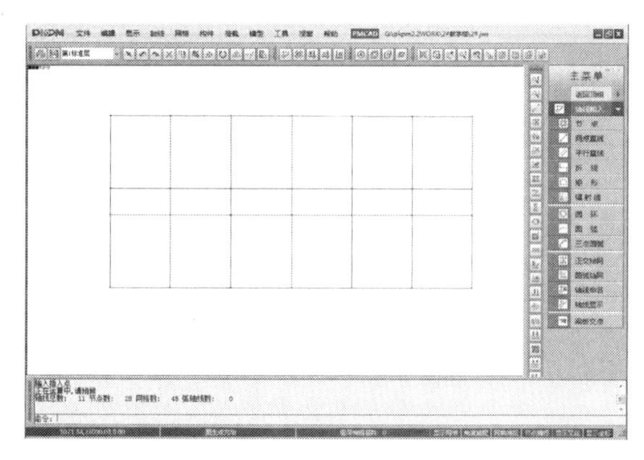

图 2-14 生成的正交轴网

（a）定义圆弧开间角

（b）定义进深

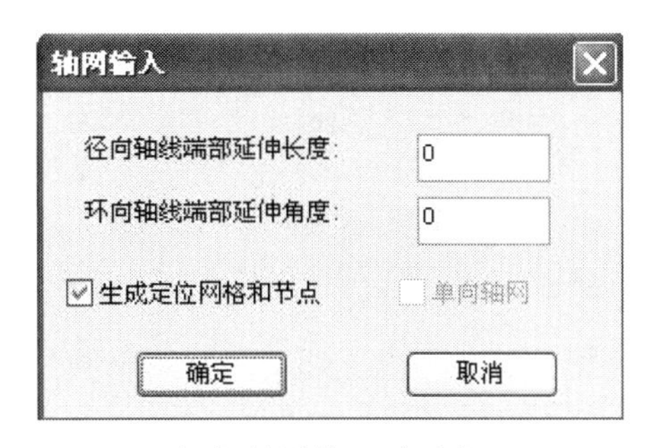

（c）轴网输入对话框

图 2-15　圆弧轴网对话框

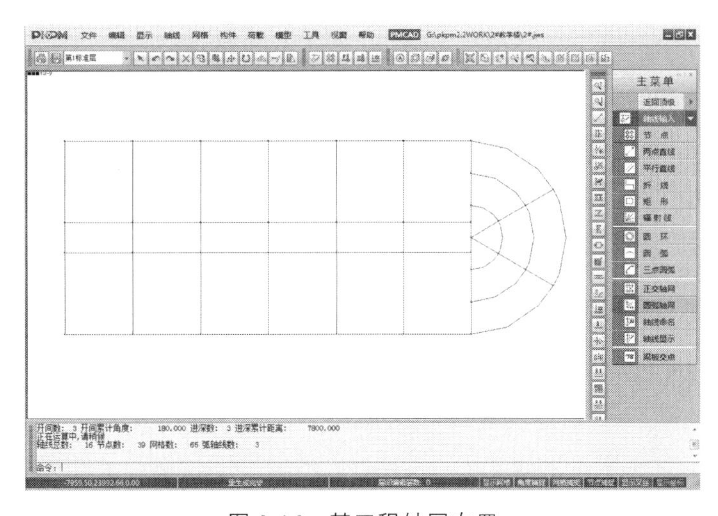

图 2-16　某工程轴网布置

（2）图 2-13 中的<导出轴网>，可将常用的轴网导出保存；<导入轴网>，可将保存的轴网重新调入。

（3）圆弧轴网以逆时针方向为正，因此圆弧的起始点和终止点应沿逆时针选取。对话框中的<旋转角>也按逆时针方向定义。

（4）多个同心圆弧轴网除了直接点取绘制外，还可以在 PMCAD 主界面中，点击工具栏的【复制】命令，通过输入复制间距绘制。

（5）轴线输入后，程序自动将轴线相交处及轴线本身的端点、圆弧的圆心生成白色的“节点”，而轴线被交点分割成的线段则自动形成“网格”。用户即可在“节点”或“网格”上布置构件了。

2.4.2.3　轴线命名

轴网生成后，可用本菜单对轴线命名。

◆　**练习 2-5：**

为图 2-16 所示的某工程轴网命名。操作过程如下：

在图 2-16 中，点击右侧菜单【轴线输入/轴线命名】。命令提示栏提示“轴线名输入：请用光标选择轴线（[Tab]成批输入）”，按键盘上的[Tab]键，选择成批轴线输入方式。

命令栏提示“移光标点取起始轴线”，此时用鼠标在屏幕绘图区点取最左边的一条竖向轴线，此时屏幕上所有竖向轴线都以黄色显示，表示所有竖向轴线都被选中。

命令栏提示“移光标去掉不标的轴线（[Esc]没有）”，本例没有不需要命名的轴线，按键盘上的[Esc]键或单击鼠标右键。

命令栏提示“输入起始轴线名：(　)”，输入“1”或者回车，表示起始轴线从“1”开始命名，程序将该方向所有轴线按横向轴线的编号 1、2、3…顺序依次命名。

以同样的方式再命名纵向轴线，注意用光标点取起始轴线时，应选择最下面的一条水平轴线，起始轴线名应输入“A”并回车。

对圆弧轴网上的轴线可不按成批输入方式，而采用选取单根，单独依次命名的方式完成。

轴线命名完成后，按[F5]刷新屏幕，如图 2-17 所示。

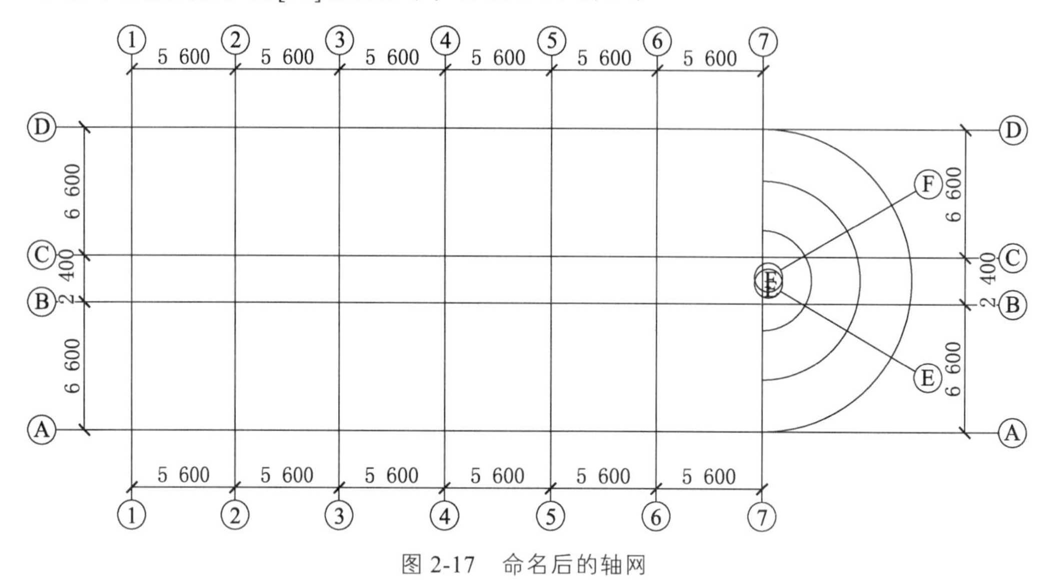

图 2-17　命名后的轴网

➢　**提示：**

（1）凡是在同一条直线上的线段，不论其是否贯通都视为同一轴线。

（2）同一位置上在施工图中出现的轴线名称，取决于该工程中最上一层（或最靠近顶层）中命名的名称，所以当用户想修改轴线名称时，应重新命名最上一层（或最靠近顶层）的轴线。

2.4.2.4　图素修改

在 PMCAD 中绘制的轴线，形成的网格和节点，包括后面在网格、节点上布置的各种构件，都可以使用【编辑】菜单（在图 2-5 中屏幕上方的下拉菜单处）进行图素编辑。【编辑】菜单如图 2-18 所示。

一般情况下，凡是有对称性、可复制性的图素尽量使用编辑工具，采取镜像、复制、平移等方法进行编辑。

【复制】和【平移】首先要求输入一基点和方向，然后命令提示栏要求输入“平移距离”“复制间距和次数”，如果放弃，则程序按用户用鼠标在屏幕绘图区输入的基点和方向“平移”或“复制”一次。

【旋转】和【旋转复制】要求输入一基点和角度，如果不从命令提示栏输入，则程序让用户从基点画出两条直线，用其夹角作为旋转角度。然后命令提示栏提示“请用光标点取图素”，这时用户用鼠标在屏幕绘图区域点取要旋转或旋转复制的图素，即可进行旋转或旋转复制。

图 2-18 【编辑】菜单

【镜像】和【镜像复制】首先要求输入一条基准线，镜像便以该直线为对称轴进行。

【UNDO】可以使用户退回一步绘图操作。其他诸如【延伸】【修剪】【打断】【比例】等修改工具的用法与 AutoCAD 类似，此处就不再一一赘述。

2.4.3 网格生成

点击图 2-5 中屏幕右侧功能菜单【网格生成】，如图 2-19 所示。

图 2-19 网格生成菜单

该菜单可以对在【轴线输入】菜单中绘制的轴线以及由此自动形成的网格、节点等进行编辑。主要有以下子菜单。

1. 轴线显示

这是显示各轴线编号并标注各跨跨度的命令开关，也可以使用第一项主菜单【轴线输入】下的【轴线显示】执行。

2. 形成网点

可将用户输入的轴线或几何线条转变为楼层布置需要的白色节点和红色网格线，并显示轴线与网点的总数。这项功能在输入轴线后程序会自动执行，所以用户一般不用专门点击该子菜单。

3. 网点编辑

它有 4 个子菜单。

【平移网点】：可以不改变构件的布置情况，而对轴线、节点、间距进行调整。注意，对于与圆弧有关的节点应使所有与该圆弧有关的节点一起移动，否则圆弧新的位置无法确定。

【删除轴线】【删除节点】【删除网格】：对已命名的轴线，或者已形成的网格、节点进行删除。注意，若删除端节点，则与该端节点相连的网格也会被删除。

4. 轴线命名

该子菜单功能同第一项主菜单【轴线输入】中的子菜单【轴线命名】。

5. 网点查询

点击该命令后，命令提示栏提示：请用光标选择查改目标[Esc]结束。此时用光标在屏幕上点取网格或节点，则程序显示该网格或节点及其关联构件的信息，如节点坐标、节点顶标高及网格长度等，如图 2-20 所示。该信息也可以直接在节点或网格上点击鼠标右键显示。

6. 网点显示

点击该命令后，弹出如图 2-21 对话框，可以数据方式显示网格长度、节点坐标等。

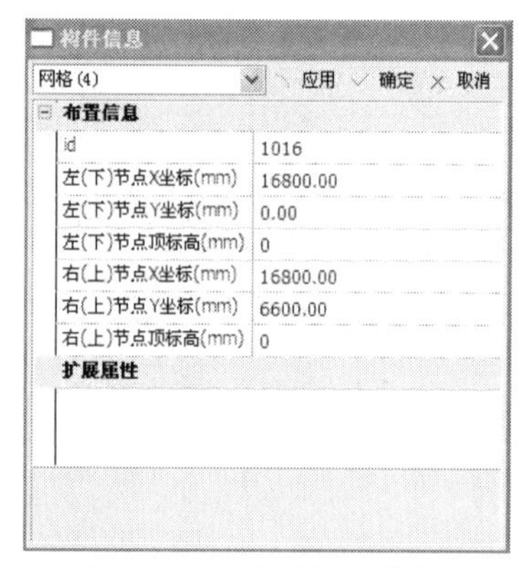

图 2-20　查询到的网格信息

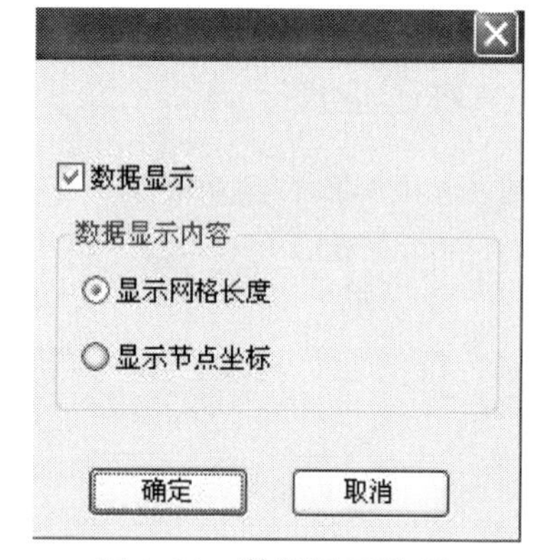

图 2-21　数据显示选项

7. 节点距离

该距离是设置程序归并节点时的节点最小间距，即程序自动将间距小于该间距值（程序缺省的间距是 50 mm）的节点都归并为同一个节点。因为有些规模很大或带有半径很大的圆弧轴线的工程，【形成网点】菜单会由于计算误差、网点位置不准而引起网点混乱，常见的现象是本来应该归并在一起的节点却分开成两个或多个节点，造成房间不能封闭。通过设置节点距离，可以减小由于精度问题产生的意外节点或网格。

8. 节点对齐

将第一标准层上面各标准层的各节点与第一标准层的相近节点对齐，归并的距离就是【节点距离】中定义的节点距离，用于纠正上面各层节点网格输入不准的情况。

9. 上节点高

上节点高是指本层在层高处相对于楼层高的高差，程序隐含为每一节点高位于层高处，即上节点高为 0。改变上节点高就改变了该节点处的柱高和与之相连的墙、梁的坡度。用该菜单可方便地处理像坡屋顶这种楼面高度有变化的情况。

为了形象地说明上节点高的应用，我们先在网格上布置梁、柱两种构件，并定义本层层高为 3300 mm。具体操作过程如练习 2-6 所示。

◆　**练习 2-6：**

点击屏幕右侧主菜单中的【楼层布置】，得到图 2-22 所示的子菜单。点击【柱布置】子菜单，程序弹出图 2-23 所示对话框。点击该对话框中的<新建>，弹出图 2-24 所示对话框，在其中<矩形截面宽度（mm）><矩形截面高度（mm）>中分别输入“400”，如图 2-24 所示。点击<确定>，得到如图 2-25 所示柱截面列表。

图 2-22　楼层定义子菜单

图 2-23　柱截面列表

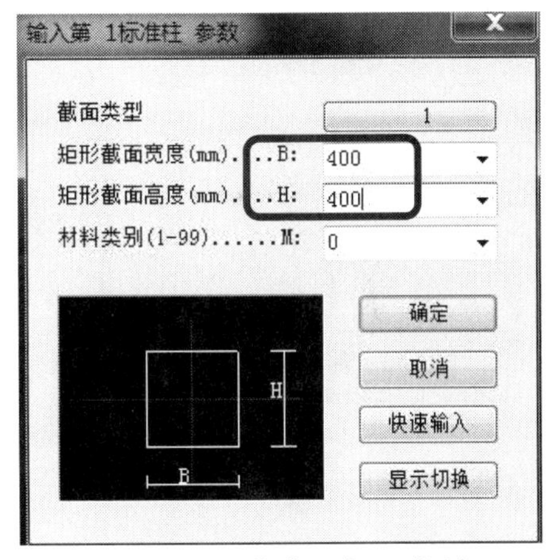

图 2-24　柱截面定义对话框

此时，选定已定义的柱截面，然后点击图 2-25 中的<布置>按钮，程序弹出柱布置对话框，如图 2-26 所示。在该对话框中保持程序缺省设置，选择“窗口”选择方式（图 2-26）。此时命令提示栏提示“窗口方式：用光标截取窗口（[Tab]转换方式，[Esc]返回）”，此时用鼠标在屏幕绘图区域，将整个图形框入窗口范围。将所定义的柱布置在所有节点上。连续按两次[Esc]退出柱布置。

点击图 2-22 中【主梁布置】子菜单，程序弹出图 2-27 所示对话框。点击该对话框中的<新建>，弹出图 2-28 所示对话框，在其中<矩形截面宽度（mm）><矩形截面高度（mm）>中分别输入“250”“500”，其余保持缺省设置，如图 2-28 所示。点击<确定>，得到如图 2-29 所示梁截面列表。此时，选定已定义的梁截面，然后点击图 2-29 中的<布置>按钮，程序弹出选择节点的对话框，如图 2-30 所示。在该对话框中保持程序缺省设置，选择“窗口”选择方式（图 2-30）。此时命令提示栏提示“窗口方式：用光标截取窗口（[Tab]转换方式，[Esc]返回）”，此时用鼠标在屏幕绘图区域，将整个图形框入窗口范围。将所定义的梁布置在所有网格上。连续按两次[Esc]退出主梁布置。

布置好梁柱构件的结构如图 2-31 所示。

点击图 2-22 中【楼层定义/本层信息】子菜单，弹出图 2-32 对话框，直接采用程序缺省参数，点击<确定>。

点击屏幕上侧工具栏中的<透视视图>及<实时漫游开关>（图 2-33）。屏幕上显示图 2-34 所示的渲染后的结构透视图。

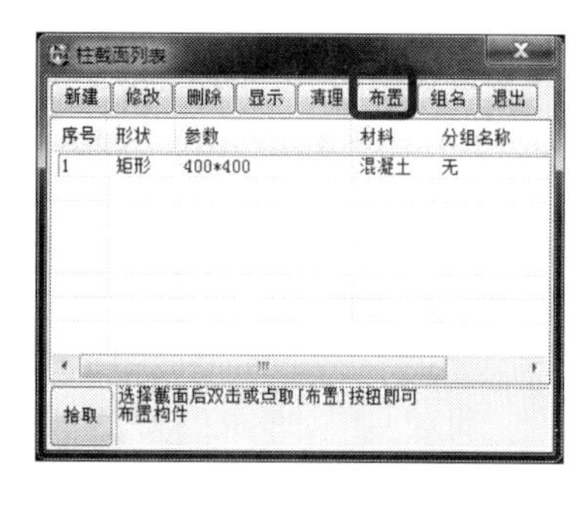

图 2-25 定义柱截面后的柱截面列表

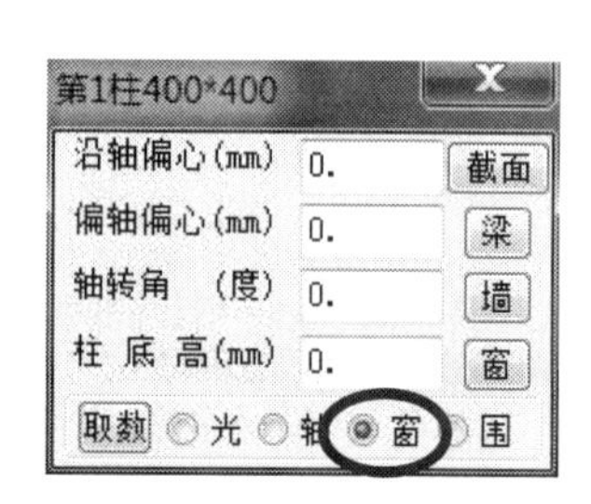

图 2-26 柱布置对话框

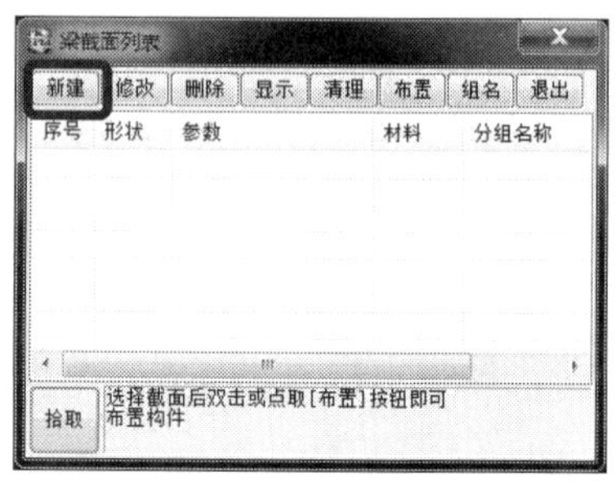

图 2-27 梁截面定义对话框

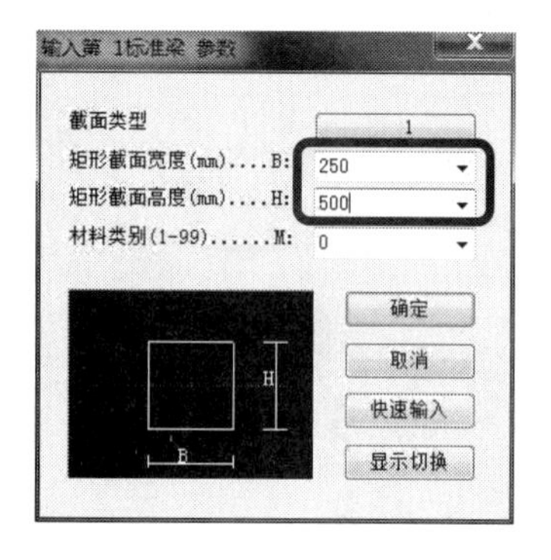

图 2-28 梁参数输入对话框

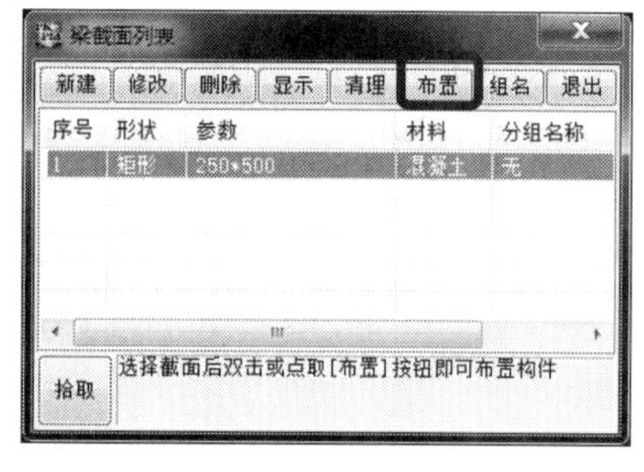

图 2-29 定义梁截面后的梁列表

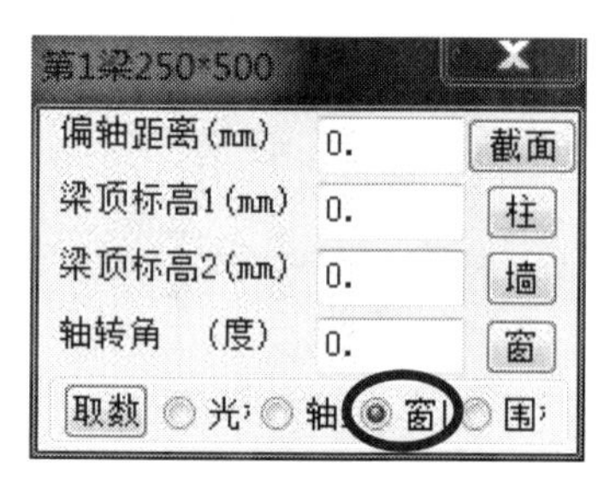

图 2-30 梁布置对话框

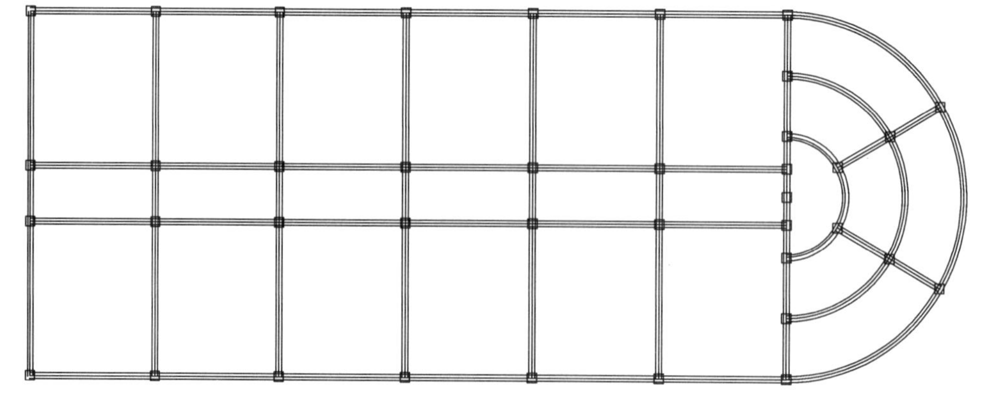

图 2-31 梁柱布置后的结构平面图

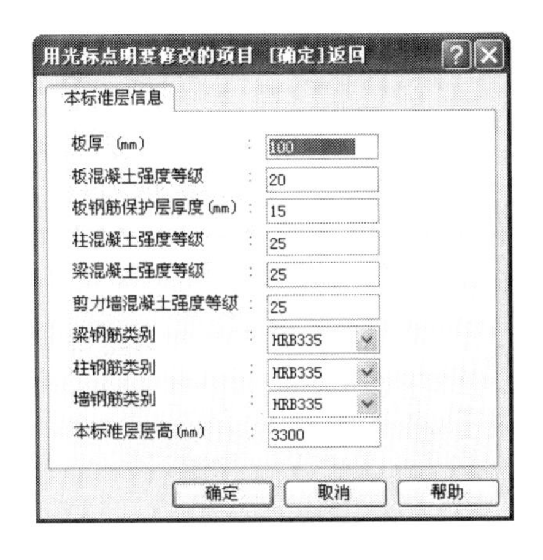

图 2-32 本层信息定义对话框

图 2-33 工具栏<透视视图>及<实时漫游开关>

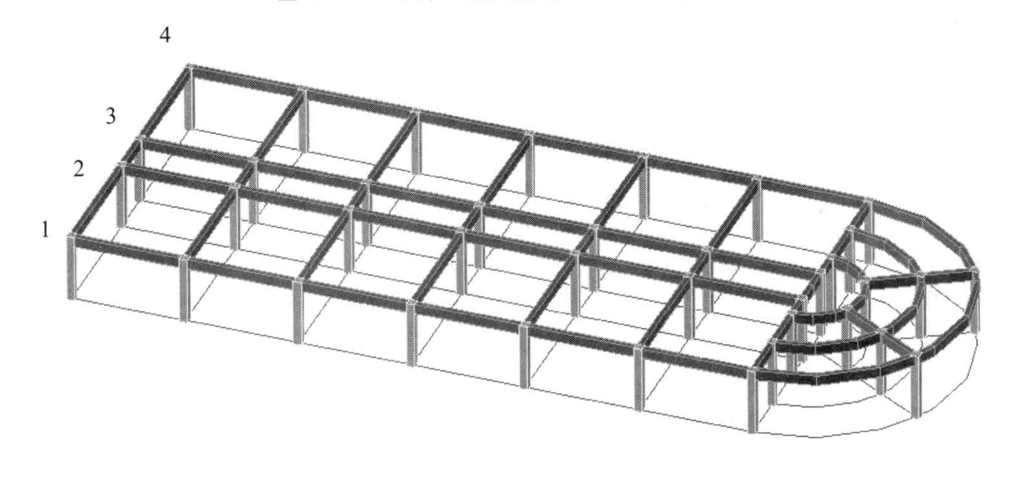

图 2-34 渲染后的结构透视图

设置上节点高有三种方式，下面分别用练习 2-7 ~ 练习 2-9 说明如下。

◆ **练习** 2-7：

改变图 2-34 中节点 1 的上节点高，使与之相连的柱顶点升高 800 mm，与之相连的梁成为斜梁。操作过程如下：

点击图 2-19 中的菜单【网格生成/上节点高】，程序弹出图 2-35 对话框。

在图 2-35 对话框中定义上节点高值为 800，并点击“光标选择”，命令提示栏提示“用光标选择目标（[Tab]转换方式，[Esc]返回）”。这时用鼠标在屏幕绘图区域选择节点 1。回车后，关闭图 2-35 所示对话框，得到如图 2-36 所示结构。

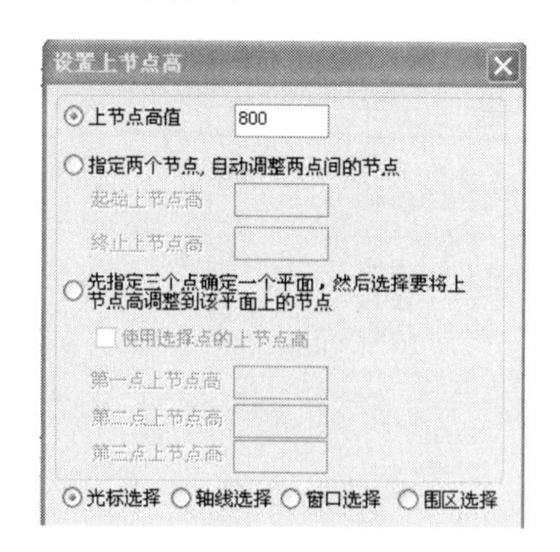

图 2-35　设置上节点高对话框

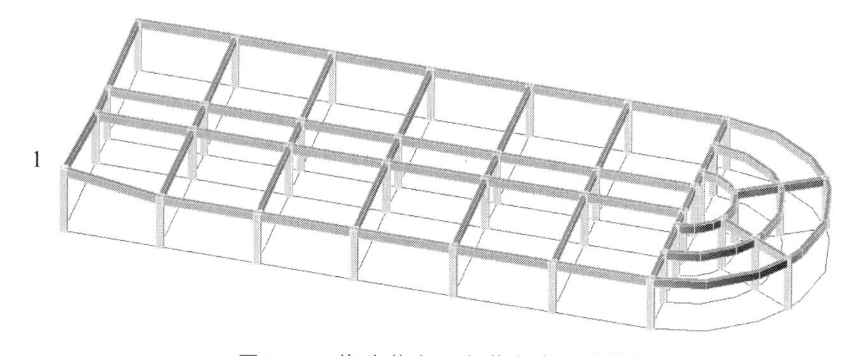

图 2-36　修改节点 1 上节点高后的结构

◆ **练习** 2-8:

改变图 2-34 中节点 1～节点 4 的上节点高，使节点 1 与节点 4 的高差为 800 mm，使①轴线上的梁顶高度从节点 4 到节点 1 逐渐升高，成为斜梁。操作过程如下：

在图 2-35 中选择第二种方式<指定两个节点，自动调整两点间的节点>，并定义<起始上节点高>为“0”，<终止上节点高>为“800”，如图 2-37 所示。此时命令提示栏提示“请用光标选择第一个点（[Esc]取消）”，这时用鼠标在屏幕绘图区域选择图 2-34 中的节点 4，此时命令提示栏提示“请用光标选择第二个点（[Esc]取消）”，这时用鼠标在屏幕绘图区域选择图 2-34 中节点 1，然后按[Esc]表示节点选择完成。程序自动将 1 点和 4 点之间的其他节点的抬高值按同一坡度自动调整。点击屏幕上侧工具栏中的“实时漫游开关”（图 2-33）。得到如图 2-38 所示结构。

◆ **练习** 2-9:

改变图 2-34 中各节点的上节点高，使该结构形成图 2-39 所示的斜面。操作过程如下：

在图 2-35 中选择第三种方式<先选择三个点形成一个平面，然后选择要将上节点高调整到该平面的点>，并定义<第一点上节点高>为“1500”，<第二点上节点高>为“1500”，<第三点上节点高>为“-500”，选择<光标选择>，如图 2-40 所示。此时，命令提示栏提示“请用光标选择第一个点（[Esc]取消）”，这时用鼠标在屏幕绘图区域选择图 2-39 中的节点 1。命令提示栏继续提示“请用光标选择第二个点（[Esc]取消）”，这时用鼠标在屏幕绘图区域选择图 2-39 中节点 2。命令提示栏继续提示“请用光标选择第三个点（[Esc]取消）”，这时用鼠标在屏幕绘图区域选择图 2-39 中节点 3。通过上述操作，就定义了 1、2、3 点的上节点高和三个节点的位置，由这三个点就确定了一个平面。接下来选择要将上节点高调整到该平面的点。此时命令提示栏继续提示“光标方式：请用光标选择目标（[Tab]转换方式，[Esc]返回）”。按[Tab]键，将目标选择方式转变为轴线方式，命令提示栏提示“轴线方式：请用光标选择轴线（[Tab]转换方式，[Esc]返回）”。此时用鼠标点取Ⓐ、Ⓑ、Ⓒ、Ⓓ及⑦号轴线，然后连续按两次[Esc]键或鼠标右键表示节点选择完成。程序自动将结构①～⑦轴线上的其他节点的标高抬高至由前述 1、2、3 点定义的平面上，形成所需的斜面。点击屏幕上侧工具栏中的“实时漫游开关”（图 2-33），得到如图 2-39 所示结构。

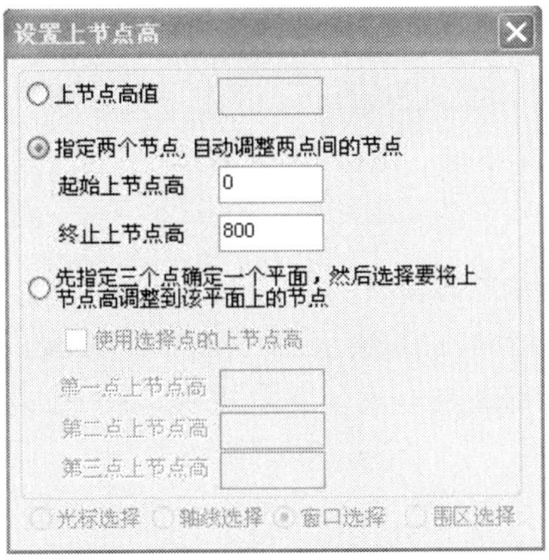

设置上节点高
○上节点高值
◉指定两个节点，自动调整两点间的节点
起始上节点高 0
终止上节点高 800
○先指定三个点确定一个平面，然后选择要将上节点高调整到该平面上的节点
使用选择点的上节点高
第一点上节点高
第二点上节点高
第三点上节点高
光标选择　轴线选择　窗口选择　围区选择

图 2-37　设置上节点高的第二种方法

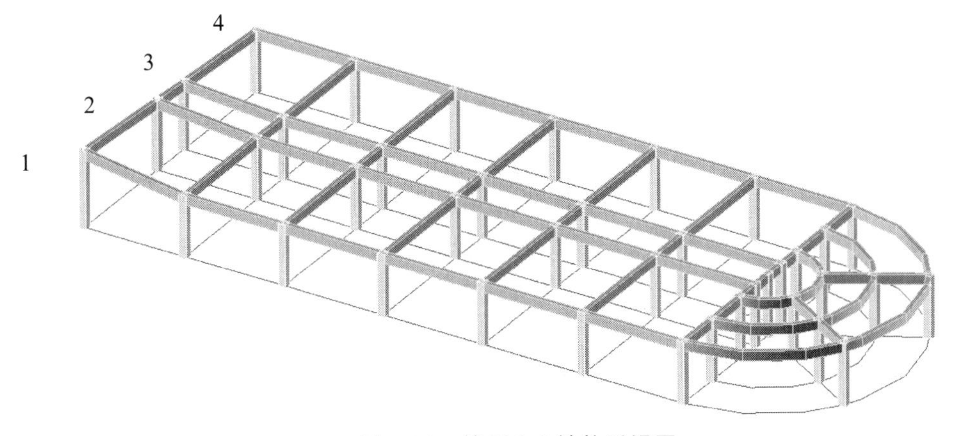

图 2-38　练习 2-8 结构透视图

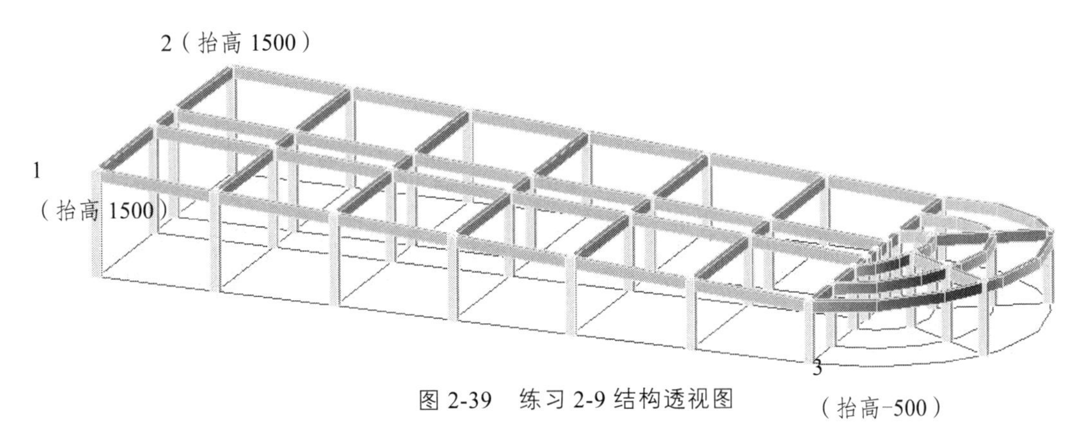

图 2-39　练习 2-9 结构透视图

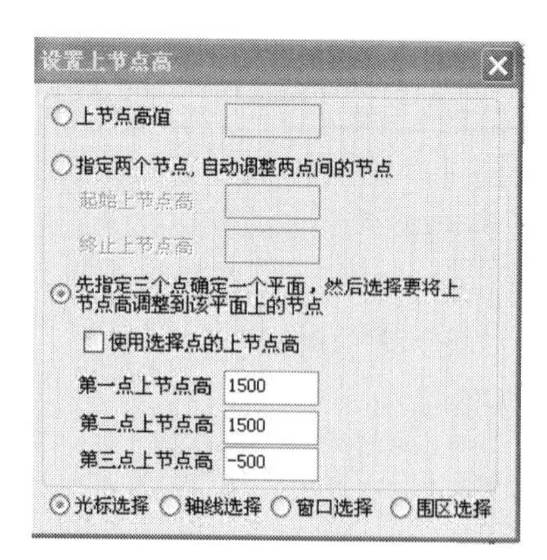

图 2-40　设置上节点高的第三种方法

➢　**提示：**

设置上节点高的三种方式各自的特点：

（1）单节点抬高，可使用对话框中的<上节点高值>。此时直接输入节点抬高值（单位：mm），同时配合对话框下侧目标选择方式（光标选择、轴线选择、窗口选择、围区选择）选定要修改的节点。

（2）指定两个节点，此时指定同一轴线上两节点的抬高值，一般这两个抬高值不等，程序会动将此两点之间的其他节点的抬高值按同一坡度自动调整，从而简化逐一输入的操作。

（3）指定三个节点，自动调整其他节点。该功能可以根据需要，在结构上快捷地形成一个斜面。

10. 清理网点

本菜单用于清除本层平面上没有用到的网格和节点。包括：没有布置任何构件且两端点上无柱的网格；没有布置柱、斜杆的节点（如做辅助线形成的网格等）。同时还应注意，如果清理此节点后会引起两端相连墙体的合并，则合并后的墙长一般不能超过 18 m。通过本菜单，可以避免无用网格对程序运行产生的负面影响。

2.4.4　楼层定义

这是各层平面布置的核心程序。点击【楼层定义】，菜单界面如图 2-41 所示。通过本菜单，能够布置主要的结构构件，如柱、梁、墙、斜杆、墙上洞口等，并且本层的相关设计参数也需要在此定义。现分述如下。

图 2-41　楼层定义菜单

2.4.4.1　柱布置

点击【柱布置】，程序弹出图 2-23 柱截面列表对话框。该对话框的作用是对整个工程所采用的柱的类型进行定义、修改、删除、清理和布置等操作。首先应定义柱截面。

1. 柱截面尺寸估算

一般结构柱的截面尺寸应根据荷载大小、延性要求等初步确定。

具体的，对于有抗震设防要求的结构，柱的截面面积可根据下式估算：

$$A_c \geqslant N / \mu_N f_c \tag{2-1}$$

式中：N 为柱轴向压力设计值，可近似取 $1.25nSN_k$。其中：n 为柱承受荷载的楼层数；S 为柱一层的受荷面积，如图 2-42 中阴影部分分别表示中柱、边柱和角柱的受荷面积；N_k 为柱考虑水平力（风、地震）影响后的竖向荷载标准值，可参考表 2-1 取值。

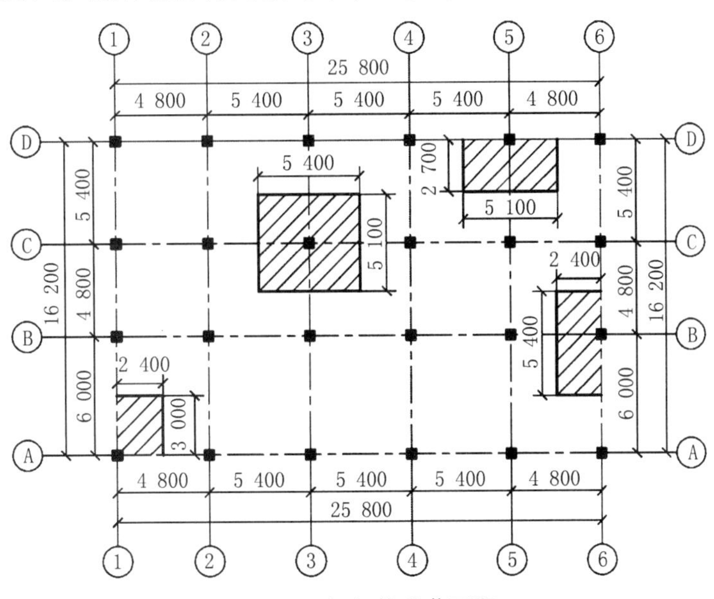

图 2-42　框架柱受荷面积

表 2-1　柱考虑水平力（风、地震）影响后的竖向荷载标准值

结构体系	竖向荷载标准值（已包含活荷载）/（kN/m^2）
框架结构	11 ~ 15
框架-抗震墙结构	13 ~ 18
筒体、抗震墙结构	16 ~ 20

μ_N 为柱轴压比限值，可根据《建筑抗震设计规范》GB 50011-2010（2016 版）（以下简称《抗震规范》）的相关规定确定，如表 2-2 所示。

f_c 为混凝土轴心抗压强度设计值。

表 2-2　柱轴压比限值

结构类型	抗震等级			
	一	二	三	四
框架结构	0.65	0.75	0.85	0.90
框架-抗震墙，板柱-抗震墙及框架-核心筒及筒中筒	0.75	0.85	0.90	0.95
部分框支抗震墙	0.6	0.7	—	

根据式（2-1）估算出柱的截面面积后，则可以结合《抗震规范》中柱截面尺寸的构造要求确定柱的截面尺寸，且一般宜取 50 mm 为模数。

➢ **提示：**

（1）《抗震规范》中柱截面尺寸的构造要求如下：

① 截面的宽度和高度，四级或不超过 2 层时不宜小于 300 mm，一、二、三级且超过 2 层时不宜小于 400 mm；圆柱的直径，四级或不超过 2 层时不宜小于 350 mm，一、二、三级且超过 2 层时不宜小于 450 mm。

② 剪跨比宜大于 2。

③ 截面长边与短边的边长比不宜大于 3。

（2）用此处估算的柱截面尺寸建立结构模型，经过 PKPM 后续程序（如 SATWE）计算分析后，若柱的承载力或变形不满足要求时，需要修改柱截面尺寸，重修验算，直到满足为止。

2. 在程序中定义柱类型和截面尺寸

在图 2-23 柱截面列表对话框中，点击<新建>按钮，弹出图 2-24 柱截面定义对话框，在该对话框中可以定义柱的截面类型、尺寸及材料。点击<截面类型>按钮，程序弹出截面类型选择对话框，如图 2-43 所示。目前程序提供的柱截面类型有 25 类，用户可根据需要选择。程序提供的柱材料类别有："1"—砌体；"5"—钢；"6"—混凝土；"10"—刚性杆；"16"—轻骨料等。如果在<材料类别>中输入 0，保存后程序自动更正为 6。在图 2-24 柱截面定义对话框中，点击<快速输入>按钮，可以从常用的数据列表中选择截面参数，快速定义柱截面。目前程序最多可以定义 300 类柱截面。

在图 2-23 柱截面列表对话框中，还可以通过<修改><删除><显示><清理>等按钮对已定义的柱截面进行编辑等操作。

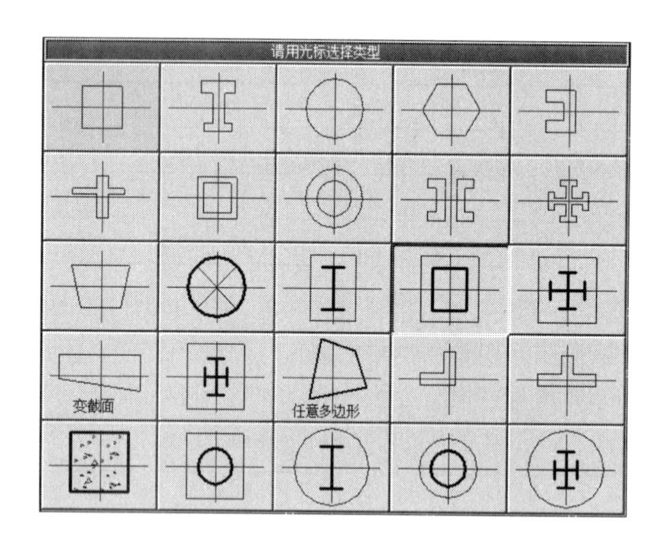

图 2-43　柱截面类型

3. 柱布置

定义好柱截面后，我们就可以在结构平面上布置柱了。在图 2-25 定义柱截面后的柱截面列表中，选择要布置的柱截面类型，然后点击<布置>按钮，程序弹出图 2-26 柱布置对话框。在该对话框中，我们可以定义柱的偏心[沿柱截面宽方向（转角方向）相对于节点的偏心称为沿轴偏心，右偏为正；沿柱截面高方向的偏心称为偏轴偏心，向上（柱高方向）为正]、轴转角（柱截面宽方向与 X 轴的夹角，逆时针方向为正）及柱底标高（指柱底相对于本层层底的高度，高于层底为正，低于层底为负）。

◆ **练习 2-10：**

将图 2-31 中Ⓔ、Ⓕ轴线上的柱转动相应的角度，使柱的宽度方向与轴线方向平行。操作过程如下：

点击图 2-41 中菜单【楼层定义/柱布置】，弹出图 2-23 柱截面列表对话框，选择已定义好的 1 号柱截面，点击<布置>按钮，在弹出来的柱布置对话框中，将轴转角定义为 30°，选择轴线方式，如图 2-44 所示。此时命令提示栏提示“轴线方式：用光标选择轴线（[Tab]转换方式，[Esc]返回）”。用鼠标在屏幕绘图区域选择轴线Ⓕ；再在柱布置对话框中，将轴转角定义为-30°，其他不变，这时用鼠标在屏幕绘图区域选择轴线Ⓔ。然后按[Esc]退出，关闭柱截面列表对话框，修改柱轴转角后的结构局部如图 2-45 所示。

图 2-44 柱布置对话框

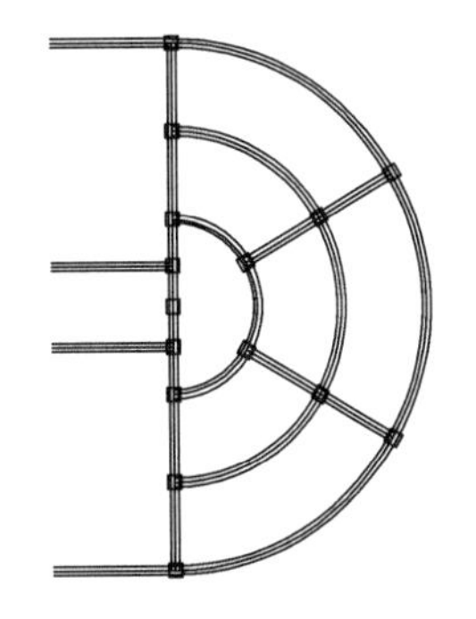

图 2-45 修改柱轴转角后的结构局部

在图 2-44 所示柱布置对话框中，点击<取数>按钮，然后选择屏幕绘图区域中已经布置的柱后，柱的布置参数信息自动提取到该对话框中。利用<取数>按钮，可以快速地布置/修改柱。

布置柱时，选择需布置柱的节点有四种方式：光标方式、轴线方式、窗口方式、围栏方式。四种方式可以通过[Tab]键依次切换。

➢ **提示：**

（1）柱应布置在节点上，且每个节点只能布置一根柱。如果在已布置了柱的节点上再布置柱，后布置的柱将覆盖已有的柱。

（2）通过修改柱底标高，实现越层柱的建模。程序取柱顶高度为本层层高，当柱所在节点在【网格生成】中修改了“上节点高”时，柱高跟随上节点高的调整而调整。

2.4.4.2 主梁布置

1. 梁截面尺寸估算

框架结构中梁的截面尺寸应根据梁承受竖向荷载大小、跨度、抗震设防烈度、混凝土强度等级等诸多因素综合考虑确定。一般当荷载或跨度较小时，现浇整体式框架结构中框架梁的截面高度可取为 $(1/15\sim1/10)l$；当荷载或跨度较大时，现浇整体式框架结构中的框架梁，或装配整体式、装配式框架结构中框架梁截面高度可取为 $(1/12\sim1/8)l$，l 为梁的计算跨度，梁的经济跨度为 5 ~ 8 m。梁的截面宽度可取为梁截面高度的 $1/3.5\sim1/2$。

同时应满足《抗震规范》中梁截面尺寸的相关构造要求，且一般宜取 50 mm 为模数。

➢ **提示：**

（1）《抗震规范》中梁截面尺寸的构造要求如下：

① 截面宽度不宜小于 200 mm；

② 截面高宽比不宜大于 4；

③ 净跨与截面高度之比不宜小于 4。

（2）用此处估算的梁截面尺寸建立结构模型，经过 PKPM 后续程序（如 SATWE）计算分析后，若梁的承载力或变形不满足要求时，可修改梁截面尺寸，重新验算，直到满足为止。

（3）次梁的经济跨度为 4～6 m。梁的截面高度可取为次梁跨度的（1/18～1/12）。

2. 在程序中定义主梁类型和截面尺寸

点击【主梁布置】，程序弹出图 2-27 梁截面列表对话框。该对话框的作用是对整个工程所采用的梁的类型进行定义、修改、删除、清理和布置等操作。点击<新建>按钮，弹出图 2-28 梁参数输入对话框，点击<截面类型>按钮，程序弹出截面类型选择对话框，如图 2-46。目前程序提供的梁截面类型有 18 类，用户可根据需要选择。其余操作与柱截面类型和尺寸定义类似，此处不再赘述。

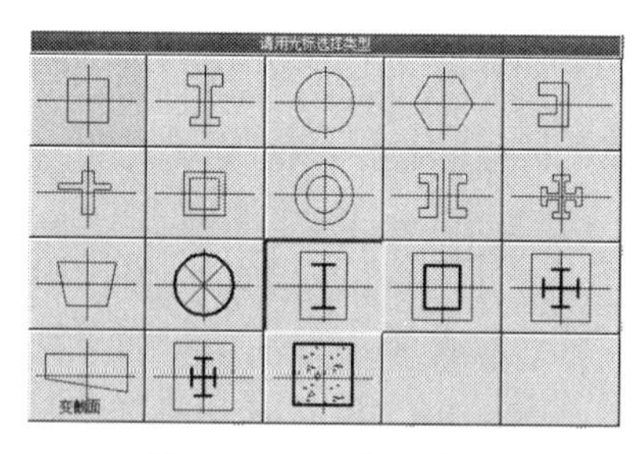

图 2-46　梁截面类型

3. 主梁布置

在图 2-29 定义梁截面后的梁列表中，选择要布置的梁截面类型，然后点击<布置>按钮，程序弹出图 2-30 梁布置对话框。在该对话框中，我们可以定义以下参数：

① 梁的偏轴距离：梁相对于网格线的偏心。若采用光标和轴线布置方式，则偏心方向与偏轴距离的正负无关，只需输入偏心的绝对值即可。布置梁时，光标偏向网格哪一侧，梁也偏向哪一侧；如果采用窗口和围栏布置方式，则此处输入正值表示向左、向上偏，输入负值表示向右、向下偏。

② 梁顶标高：梁两端相对于本层顶的高差（高于层顶为正，低于层顶为负）。如果梁所在的网格是垂直的，梁顶标高 1 指下面的节点，梁顶标高 2 指上面的节点；如果梁所在的网格不是垂直的，梁顶标高 1 指网格左边的节点，梁顶标高 2 指网格右面的节点。

③ 轴转角：梁截面绕截面中心的转角。

◆ **练习** 2-11：

在图 2-34 所示结构中，在③、④轴线交Ⓐ轴线的网格线上布置一道层间梁，梁顶标高比本层标高低 2 m。操作过程如下：

在图 2-41 中，点击【主梁布置】，弹出图 2-29 定义梁截面后的梁列表，选择要布置的梁截面类型，选择已定义好的 1 号梁截面，点击<布置>按钮，在弹出来的梁布置对话框中，修改梁顶标高，如图 2-47 所示。此时命令提示栏提示“光标方式：用光标选择目标（[Tab]转换方式，[Esc]返回)”。用鼠标选择③、④轴线交Ⓐ轴线的网格线，然后按[Esc]退出，关闭梁截面列表对话框，布置了层间梁的结构局部如图 2-48 所示。

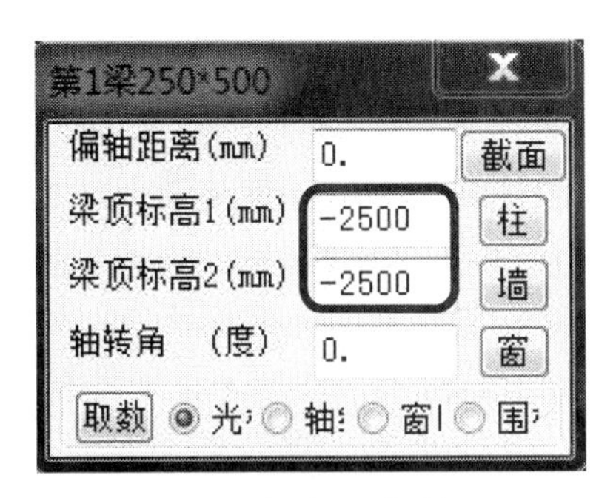

图 2-47　梁布置对话框

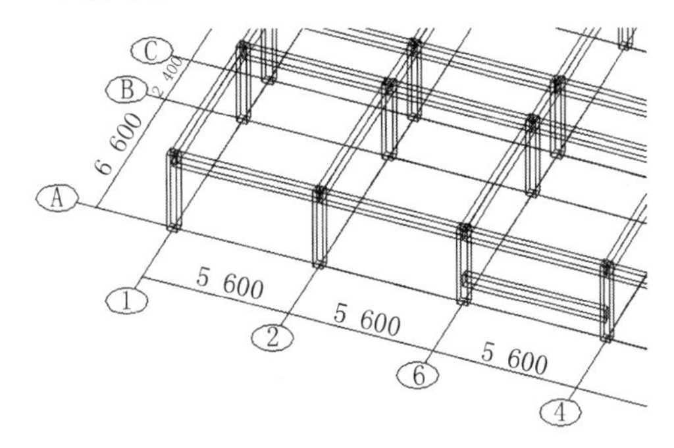

图 2-48　布置了层间梁的结构局部

➢　**提示：**

(1) 梁、墙应布置在网格上，两节点之间的一段网格上仅能布置一道墙，可以布置多道梁，但各梁标高不应重合。

(2) 通过修改梁顶标高，可以实现在一段网格线上布置多道梁（如层间梁、越层斜梁）的建模，但两根梁间不能有重合部分。

(3) 虽然程序此处能够生成层间梁，但不能用这种方式建立错层梁，错层结构的建模方式见 2.8.6。

(4) 如果布置梁的网格线两端的节点修改了“上节点高”，则梁顶标高跟随上节点高的调整而调整。

2.4.4.3　墙、洞口、斜杆布置及空间斜杆

点击【楼层定义/墙布置】，可在结构中布置承重墙体，即抗震墙结构或框架-抗震墙及筒体结构中的现浇钢筋混凝土墙体，或者是砌体结构中的墙体。对于框架结构中的填充墙，由于是非结构构件，所以在 PMCAD 建模时，不输入墙体，而只是考虑墙体荷载对结构的影响。这种影响体现在两个方面，即：其一，对结构刚度的影响；其二，对梁等受力构件受荷的影响。关于填充墙对结构刚度的影响，我们将在下一章进行讨论，此处仅讨论第二方面影响，即对梁等受力构件受荷影响的处理方法。**一般将墙重转化为梁间荷载在【荷载输入】菜单中输入**。墙体的布置方式同主梁，程序允许最多定义 80 类墙截面。

点击【楼层定义/洞口布置】，可以定义在墙体上开的洞口。洞口必须定义在布置了墙体的网格上，一段网格上只能布置一个洞口。如果要在一段网格线上布置多个洞口，程序会在两洞口间自动增加节点。如果洞口跨越节点布置，则该洞口会被节点截成两个标准洞口。洞口必须为矩形，其他形状的洞口可近似用矩形代替。

【斜杆布置】一般用于定义结构中的“层内”斜杆支撑，也可用于定义结构中的斜向柱。它有按节点布置和按网格布置两种方式。以下分别通过练习加以说明。

◆　**练习 2-12：**

图 2-34 所示结构中，在①、②轴线交Ⓐ轴线的网格线上布置一道交叉支撑，支撑采用 40b 工字钢。操作过程如下：

点击图 2-41 中的菜单【斜杆布置】，在弹出的斜杆截面列表中，点击<新建>按钮，弹出

图 2-49 所示斜杆截面定义对话框，在该对话框中根据 40b 工字钢的参数输入截面尺寸，材料类别选择“5：钢”。点击<确定>按钮，回到斜杆截面列表。在该列表中选择已定义好的 1 号斜杆截面，点击<布置>按钮，在弹出来的斜杆布置对话框中，先选择按节点布置，分别定义斜杆两端节点 1、2 的参数如图 2-50（a）所示。<1 端标高>输入“0”表示斜杆的第一个节点在本层地面，<2 端标高>输入“1”表示斜杆的第二个节点在本层层顶。此时命令提示栏提示“选择第一个节点（[Esc]返回）”。用鼠标选择①轴线与交Ⓐ轴线的交点，命令提示栏继续提示“选择第二个节点（[Esc]返回）”。用鼠标选择②轴线与交Ⓐ轴线的交点，这时布置好了第一根斜杆。然后按[Esc]退出。

接着用按网格布置的方式布置第二根斜杆。回到斜杆截面列表，在该列表中选择已定义好的 1 号斜杆截面，点击<布置>按钮，在弹出来的斜杆布置对话框中，选择按网格布置，分别定义斜杆两端节点 1、2 的参数如图 2-50（b）所示。此时命令提示栏提示“用光标选择目标（[Esc]返回）”。用鼠标选择①、②轴线交Ⓐ轴线的网格线，这时布置好了第二根斜杆，按[Esc]退出，并关闭斜杆截面列表。布置好交叉斜杆的结构局部如图 2-51 所示。

图 2-49　斜杆截面定义对话框

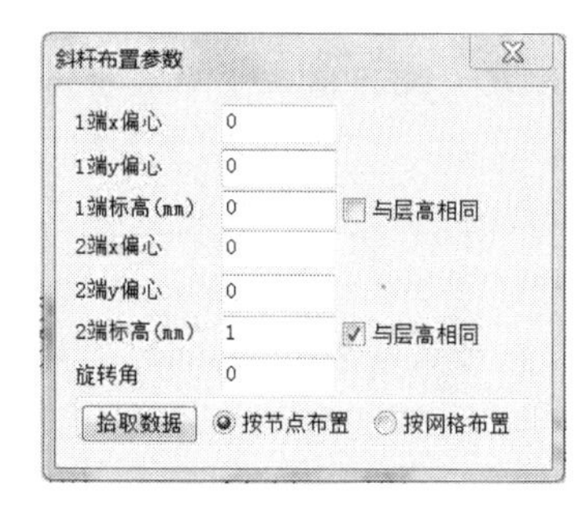

（a）

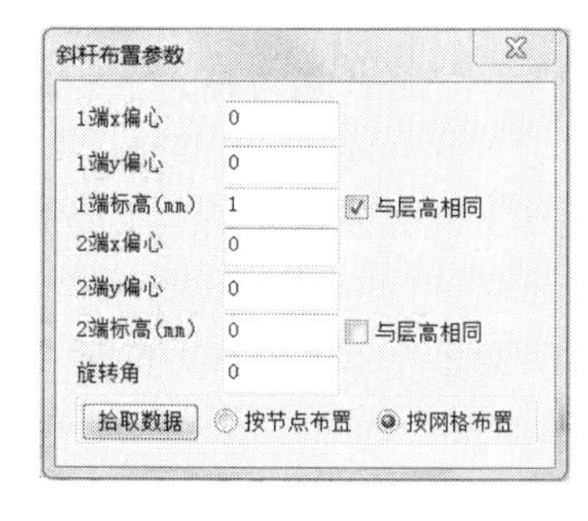

（b）

图 2-50　斜杆布置参数

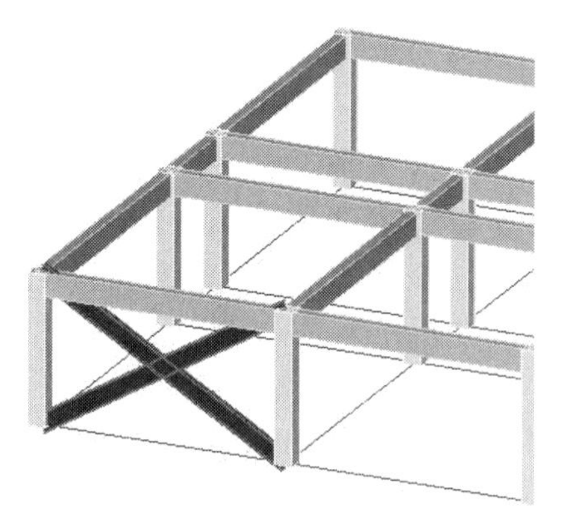

图 2-51　布置好交叉斜杆的结构局部

【空间斜杆】可以布置跨越层的斜杆。它应该在模型已建立了若干层以后（否则无法进行跨越层的斜杆布置），再进行空间斜杆布置，因此本部分的阅读学习，大家可以在完成了后续至 2.4.7 节内容后，再返回此处学习。此时点击【空间斜杆】命令后，首先弹出与层内“斜杆布置”命令一致的“斜杆截面列表”对话框，选择需要布置的截面定义，点击“布置”按钮，程序弹出“空间斜杆布置”对话框（图 2-52）：

图 2-52　空间斜杆布置”对话框

各参数功能及填写时的注意事项如下：

（1）显示楼层。

可以显示所有楼层，也可按指定起始层号进行楼层的组装显示。建议只选择需要布置的空间斜杆所在的楼层范围进行显示，以加快建模时程序的响应速度。

➢　**提示：**

（1）图 2-50 中节点的“端标高”是指斜杆端部节点处相对于层底的标高。输入 0 表示按本层地面标高，输入 1 表示使用层高。

（2）斜杆布置的旋转角指斜杆截面相对于截面中轴的转角。

（3）PKPM 不能直接输入和分析斜柱，可以用斜杆代替斜柱近似分析，但对于计算结果和配筋形式需要用户进行必要的修改，以适合斜柱的实际情况。

（4）【空间斜杆】与【斜杆布置】命令索引相同的截面定义，即修改某一截面参数，其关联的所有“空间斜杆”和“层内斜杆”都会发生变化。

2.4.4.4　次梁布置

点击【次梁布置】，程序弹出的梁截面列表对话框与布置主梁时的对话框相同，即次梁与主梁采用同一套截面定义数据。

次梁布置不需要网格线，而是选取与之首、尾两端相交的主梁或墙，此时次梁的梁顶标高和与它相连的主梁或墙的顶标高相同。因为次梁的定位不靠网格和节点，而是捕捉主梁或墙中间的一点，故经常需要对该点进行准确定位。这时，最常用的方法是“参照点定位”，以下通过练习 2-13 加以说明。

◆　**练习 2-13：**

图 2-34 所示结构中，在①号房间布置一道次梁，该次梁平行于Ⓐ轴线，且距离Ⓐ轴线 2.2 m。操作过程如下：

点击图 2-41 中的菜单【次梁布置】，程序弹出梁截面列表对话框，点击<新建>，定义一个截面尺寸为 200×300 的钢筋混凝土次梁，然后选择该梁，点击<布置>按钮，命令提示栏提示“输入第一点[TAB 节点捕捉，ESC 取消]”，这时将光标移到定位的参照点（此处，参照点可选取①、Ⓐ轴线的交点）上，程序自动捕捉到该参照点，然后将鼠标沿着①轴线方向移动，按[F4]打开角度捕捉开关，保证追踪线（见 2.4.2 节）与Ⓐ轴线垂直。这时在命令提示栏输入 2200，并回车，于是输入了第一点，即在Ⓐ轴线上，距参照点 2200 mm 的位置处。命令提示栏继续提示“输入下一点（[ESC]结束）”，这时将鼠标从刚才定义的第一点位置向右侧水平拉动，保证追踪线水平[图 2-53（a）]，然后在命令提示栏输入 5600（即①、②轴线间网格线的长度），并回车，于是输入了第二点。按[Esc]结束输入，布置好的次梁如图 2-53（b）所示。

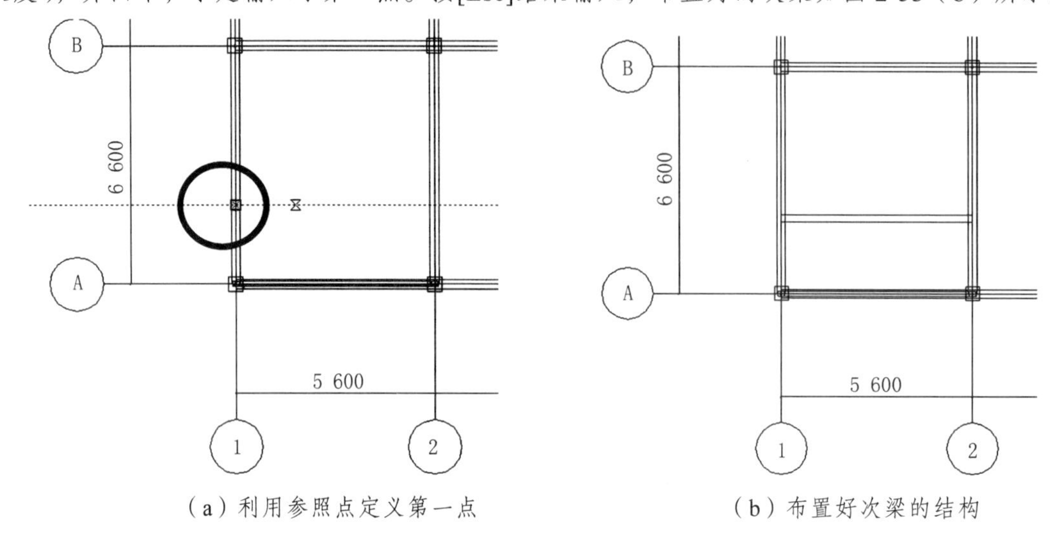

（a）利用参照点定义第一点　　（b）布置好次梁的结构

图 2-53　次梁布置

➢ **提示：**

（1）次梁的端点一定要搭在梁或墙上，否则悬空的部分传入后面的模块时会被删除。如果布置次梁时，次梁跨过多道梁或墙，布置完成后次梁自动被这些杆件打断。

（2）布置的次梁必须满足以下三个条件。对于不满足这些条件的次梁，虽然可以正常建模，但后续模块的处理可能产生问题。

① 次梁必须与房间的某边平行或垂直。

② 非二级以上次梁。

③ 次梁之间有相交关系时，必须相互垂直。

（3）次梁也可按主梁的方式输入，但这两种不同建模方式形成的次梁在很多方面是不同的，具体见 2.8.1 节的分析。

2.4.4.5　楼板生成

本菜单包含的子菜单如图 2-54 所示。除【布悬挑板】外，其他功能都要按房间进行操作。现重点介绍生成楼板、楼板错层和修改板厚几个命令，其余命令比较简单，则不再赘述。

1. 生成楼板

第一次点击【楼板生成】菜单，程序会弹出图 2-55 所示对话框。这时我们可以点击<是>，让程序自动生成楼板，板厚按【楼层布置/本层信息】中设置的板厚取值，该板厚可以在【楼板生成】菜单下的【修改板厚】中修改。

2. 楼板错层

该命令用于定义结构中与本层标高有高差的楼板，如卫生间、厨房、阳台等处的楼板。

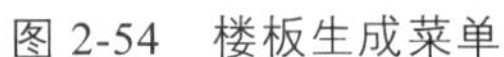
图 2-54　楼板生成菜单

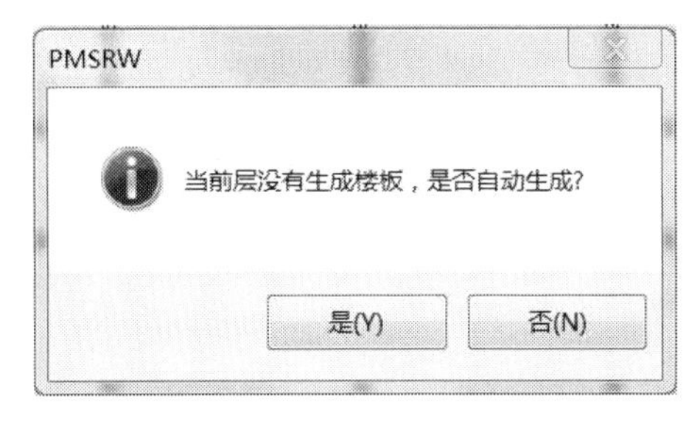

图 2-55　自动生成楼板对话框

3. 修改板厚

该命令可以修改结构中局部楼板的厚度，比如结构中的楼梯间，可通过此处设置板厚为“0”来表示此处没有楼板。

➢　**提示：**

（1）楼梯间板的建模有两种考虑方法。第一种方法是设置楼梯间板厚为 0，即该房间没有楼板；第二种方法是在楼梯间的位置开全房间洞。两种处理方法的相同点是：

① 在板施工图中均不做板内力计算和画钢筋，且与其相邻的边被认为是边缘支座。

② 在 SATWE 中形成刚性楼板、弹性楼板时，两种处理方式的楼板均被忽略，即在刚度计算上是等效的。

两种处理方法的不同点是：

① 全房间洞上不能布置均布面荷载。

② 零厚度板上可布置均布面荷载，且能近似地传导荷载至周围的梁和墙上。

③ 两者在施工图中的画法不同。全房间洞一般按洞口方式画出，而零厚度板按画楼梯间的方式画出。

（2）楼梯间一般定义为零厚度板，电梯间则一般定义为全房间洞。

（3）诸如楼梯、阳台、雨篷、挑檐、老虎窗、空调板等非结构构件在建模时，都可以不在整体模型中输入，但需考虑其荷载影响。楼梯本身的计算分析可以由 LTCAD 完成，而阳台、雨篷、挑檐等构件本身的设计计算可以在 PKPM 的砌体结构模块中的混凝土构件辅助设计中完成。在 PMCAD 中建模时，PKPM2010 版能够让用户将楼梯建立到整体模型中，以考虑楼梯对结构的整体影响，详见下节内容。而阳台、雨篷、挑檐、老虎窗、空调板等通常以悬挑板的方式布置到整体模型中，并输入其荷载，以便考虑其对整体模型的影响，但在与之相连的梁或墙上产生的倾覆力矩，程序不能自动导算，需要用户人工补充计算后，在【荷载输入】菜单中人工输入。

2.4.4.6　本层信息和材料强度

【本层信息】菜单是输入本层的结构相关信息，如图 2-56 所示；【材料强度】菜单的功能是修改在【本层信息】中定义的材料强度，如图 2-57 所示。

图 2-56　本层信息对话框

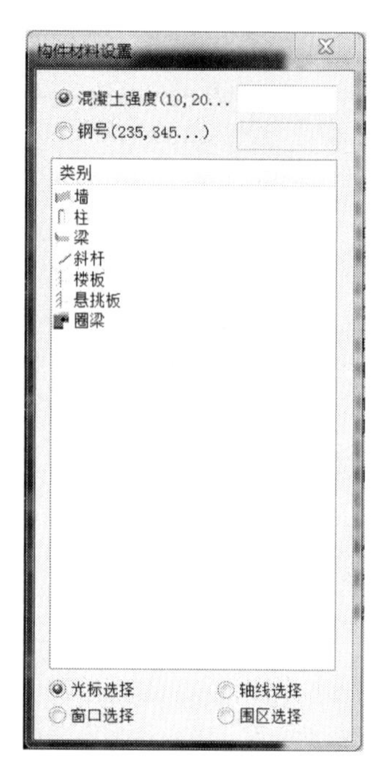

图 2-57　材料强度设置对话框

➢　**提示：**

（1）在【本层信息】中定义板厚时，应先根据板的刚度要求等初步确定板的厚度。如一般单向板厚度可取跨度的 1/40～1/35；一般双向板厚度可取跨度的 1/50～1/45；同时还应满足《混凝土结构设计规范》GB 50010-2010（2015 版）（以下简称《混凝土规范》）中关于现浇钢筋混凝土板最小厚度的要求，见《混凝土规范》表 9.1.2。并且此处定义的板厚可以在【楼板生成】菜单下的【修改板厚】中修改。

（2）板厚不仅用于计算配筋，而且可用于计算板的自重。

（3）对于混凝土的强度等级，亦应满足《混凝土规范》中 4.1.2 条的相关规定。实际工程中，板的混凝土强度等级可选用 C25，梁、柱的混凝土强度等级可选用 C30 及以上。并且此处定义的材料强度可以在【材料强度】菜单中修改。

（4）对于梁、柱、墙中的钢筋类别，应满足《混凝土规范》中 4.2.1 条的相关规定。特别注意“梁、柱纵向受力普通钢筋应采用 HRB400、HRB500、HRBF400、HRBF500 钢筋”。

（5）【本层信息】菜单必须操作，否则程序会因缺少工程信息而在数据检查时出错。

（6）图 2-54 中，本层信息对话框的最后一项参数<本标准层层高>仅用于透视观察某轴线立面时，立面高度的参考值，与实际层高没有关系，各层的实际层高应在后续【楼层组装】菜单中输入。

（7）此处设置的材料强度可以传给后续 SATWE、TAT、PMSAP 等计算软件，且在后续软件中修改材料强度，修改后的信息也能保存在 PMCAD 模型中，实现一模多改，数据共享。

2.4.4.7　构件删除

以上布置的构件可以通过【构件删除】菜单对布置不合理或有错的构件进行删除。

◆　**练习 2-14：**

在图 2-34 所示结构中，删除⑦号轴线中点处的柱。操作过程如下：

点击【楼层定义/构件删除】，弹出构件删除对话框。在其中勾选<柱>，并选取<光标选择>，如图 2-58 所示。命令提示栏提示“光标方式：用光标选择目标（[Tab]转换方式，[Esc]返回）”，于是用光标选择⑦号轴线中点处的柱，并按[Esc]返回。删除该柱后的结构如图 2-59 所示。

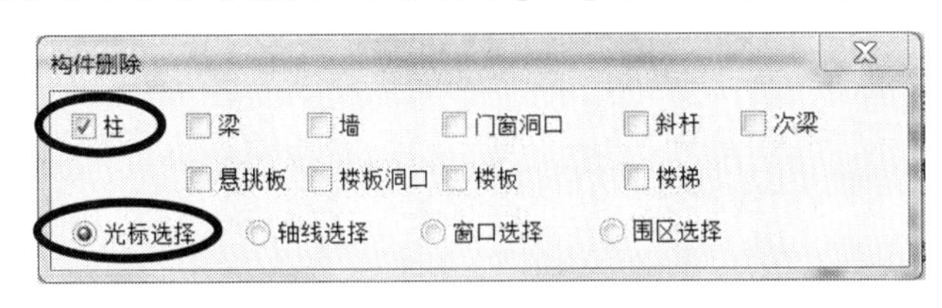

图 2-58　构件删除对话框

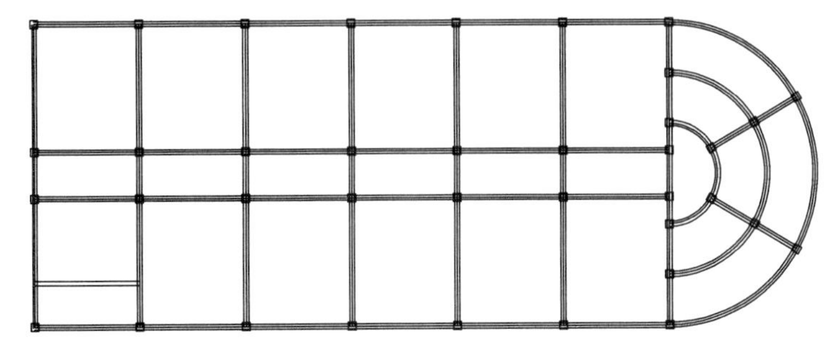

图 2-59　删除⑦号轴线中点处的柱后的结构

2.4.4.8　本层修改

本菜单的主要功能是对已布置好的构件进行替换或查改，其子菜单如图 2-60 所示。选择构件的方式仍然是四种，即逐个用光标选取、沿轴线选取、窗口选取和任意开多边形选取。替换就是把平面上某一类型的截面的构件用另一类截面替换；查改就是用光标选取已布置的构件，程序自动显示该构件的布置信息和截面信息等数据，用户可对这些参数进行修改。

图 2-60　本层修改菜单

➢　**提示：**

其中的【错层斜梁】菜单，用于输入某些梁不位于层高处或是斜梁的情况。可利用该菜单输入该梁左、右节点相对于层高的高差，其功能与使用【主梁布置】菜单时，分别定义<梁

顶标高 1><梁顶标高 2>的效果类似。

2.4.4.9　层编辑

如前所述，PMCAD 是按层模型输入，最后全楼组装，形成结构的整体模型。因此，当结构平面布置发生变化（如梁、柱、墙的截面尺寸发生改变，梁、柱、墙在平面上的位置发生改变等）时，我们就需要按新的结构平面布置，进行重修输入或修改当前层的各个构件等操作。由于结构工程中各层的轴线位置、构件布置等不会和其他结构层完全不同，因此，我们没有必要再完全重复前面的工作，而可以利用程序提供的【层编辑】菜单（图 2-61），来方便地建立新的标准层，并且方便地保证各标准层的对应节点上下对齐，以免程序在后续计算中出错。

1. 新建标准层

建立新标准层有两种操作方法：一是点击屏幕上方工具栏中的下拉选择窗口，选择“添加新标准层”，如图 2-61 所示；第二种是点击【楼层定义/层编辑/插标准层】，如图 2-62 所示。两种方式都会弹出图 2-63 所示的添加标准层对话框。

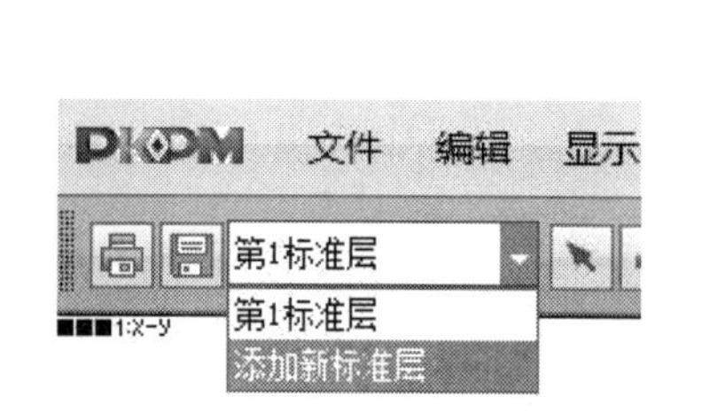

图 2-61　添加新标准层快捷方式

图 2-62　层编辑菜单

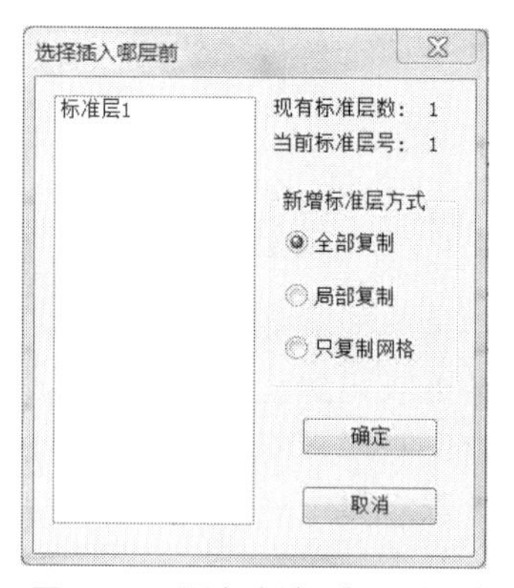

图 2-63　添加新标准层对话框

在图 2-63 添加新标准层的对话框中，新增标准层的方式有三种：全部复制、局部复制和只复制网格。用户可根据新、旧标准层的相似程度进行适当的选择。

◆　**练习 2-15**

在前面已建立的结构标准层的基础上，添加一层新标准层，并且完成以下修改：（1）删除平面上⑦轴线以右所有的结构构件。（2）在Ⓐ、Ⓓ轴线外侧布置悬挑板，板厚同本层楼板，悬挑长度为 600 mm。操作过程如下：

在图 2-63 所示的添加新标准层对话框中，选择<全部复制>后，屏幕上方工具栏中的下拉选择窗口中显示“第 2 标准层”，表示当前屏幕绘图区域显示的是第 2 标准层，并且该标准层是通过将第 1 标准层全部复制生成的。在当前显示的标准层上进行的所有操作都是针对当前标准层的。如果要编辑第 1 标准层，则可以从屏幕上方工具栏中的下拉选择窗口中选择“第 1 标准层”，则屏幕绘图区域显示第 1 标准层，并且后续的编辑操作就都是针对第 1 标准层了。

点击图 2-19 中菜单【网格生成/删除节点】，命令提示栏提示“光标方式：用光标选择目标（[Tab]转换方式，[Esc]返回）”。按[Tab]键，转换为轴线方式，用鼠标依次选择Ⓔ、Ⓕ轴线，按[F5]刷新屏幕，得到图 2-64 所示结构。连续按[Tab]键 3 次，转换为光标方式，用鼠标依次选择⑦轴线上所有不与Ⓐ、Ⓑ、Ⓒ、Ⓓ轴线相交的节点，按[F5]刷新屏幕，得到图 2-65 所示结构。按[Esc]或鼠标右键退出删除节点命令。点击【网格生成/删除网格】，命令提示栏提示“光标方式：用光标选择目标（[Tab]转换方式，[Esc]返回）”。用鼠标选择图 2-65 中剩下的圆弧网格，按[F5]刷新屏幕，得到图 2-66 所示结构。按[Esc]或鼠标右键退出删除网格命令。

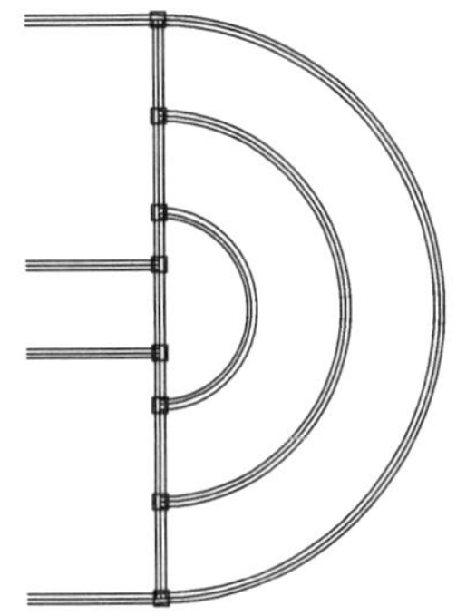

图 2-64　删除Ⓔ、Ⓕ轴线上节点后的结构

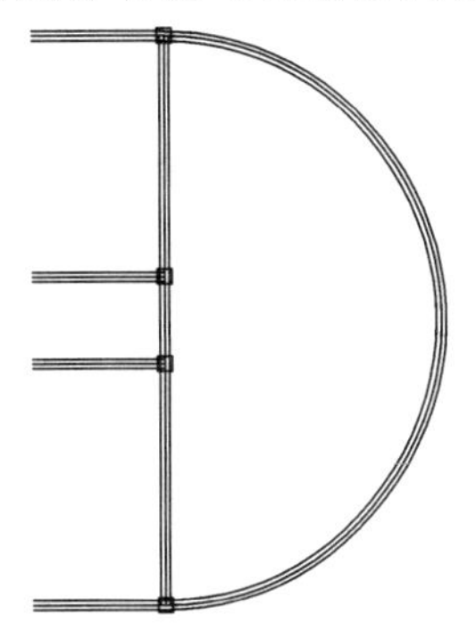

图 2-65　删除⑦轴线上部分节点后的结构

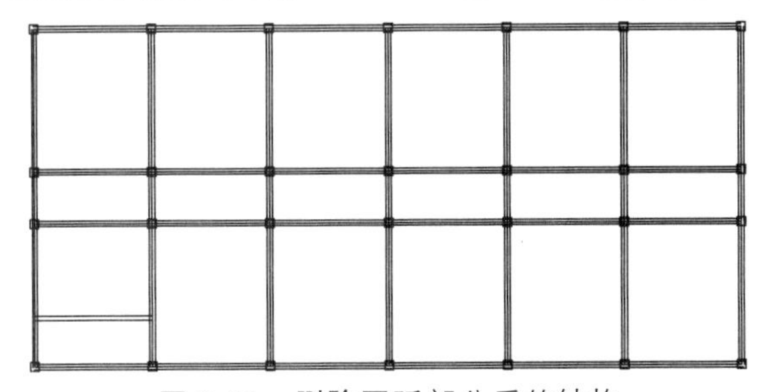

图 2-66　删除圆弧部分后的结构

接下来，在Ⓐ、Ⓓ轴线外侧布置悬挑板。点击【楼板生成/生成楼板】，程序按本层信息中定义的板厚（缺省为 100 mm）自动生成本层楼板。点击【楼板生成/布悬挑板】，程序弹出悬挑板截面列表对话框，点击<新建>按钮，弹出悬挑板参数定义对话框，如图 2-67 所示，<截面类型>选择“1”，即悬挑板为矩形，“2”表示悬挑板的形状是任意多边形。<悬挑板宽度>输入“0”表示宽度同悬挑板布置时所选择的网格线长度，也可以根据需要输入实际值（单位：mm）。<外挑长度>中输入：600。点击<确定>。弹出悬挑板布置对话框，如图 2-68 所示。<定位距离>中输入“0”（对于在图 2-67 中指定了宽度的悬挑板，还可以在此输入相对于网格线两端的定位距离）。<顶部标高>中输入“−30”，表示悬挑板板顶相对于楼面标高低 30 mm。并选择<轴线>输入方式，这时命令提示栏提示“轴线方式：用光标选择轴线（[Tab]转换方式，[Esc]返回）”。用鼠标分别点取Ⓐ、Ⓓ轴线，按[Esc]或鼠标右键结束命令，得到图 2-69 所示结构。

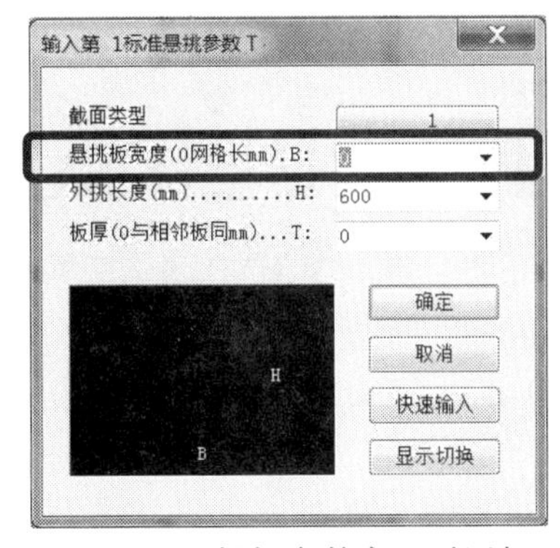

图 2-67　悬挑板参数定义对话框

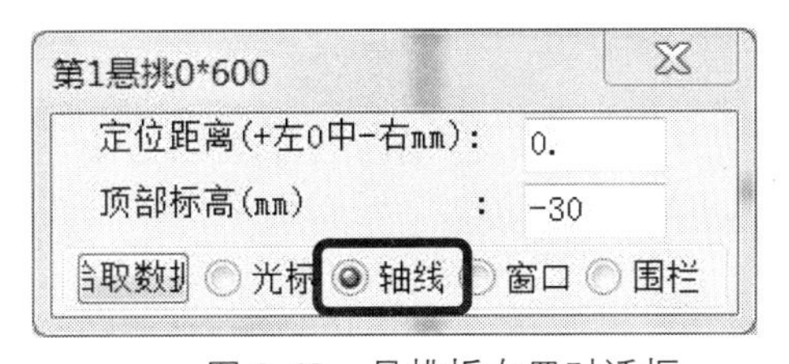

图 2-68　悬挑板布置对话框

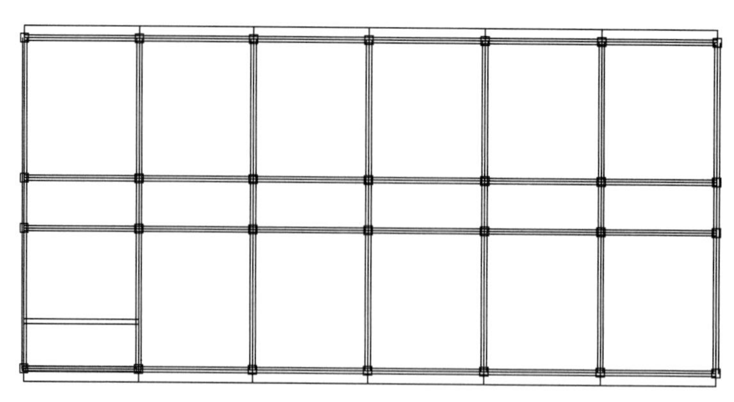

图 2-69　布置好悬挑板后的结构

2. 层间编辑

该菜单可以同时在多个或全部标准层上进行修改等操作，省去来回切换到不同标准层再去执行同一菜单的麻烦。举例说明如下：

◆　**练习** 2-16：

将前面已建立的 2 个结构标准层的角柱截面尺寸改为 500 mm×500 mm。操作如下：

点击图 2-62 中菜单【层编辑/层间编辑】，弹出图 2-70 所示的层间编辑设置对话框。在该对话框中，点击<全选>，即选中所有的标准层，点击<确定>。点击【楼层定义/柱布置】，在弹出的柱截面列表对话框中，新建一类柱截面 500 mm×500 mm，将其选中后，点击<布置>，在屏幕绘图区域用鼠标选择四个角柱所在节点（注意屏幕上方工具栏中的下拉选择窗口中显示的是“第 2 标准层”，说明我们当前的操作是在第 2 标准层上进行的），按[Esc]结束命令。由于在修改柱之前，已经进入了【层间编辑】菜单，此时程序弹出图 2-71 所示对话框，让用户选择对另一个标准层的处理方式。此时我们选择<（1）次层相同处理>，于是第 1 标准层的四个角柱截面也修改成了 500 mm×500 mm。用户可自行切换到第 1 标准层查看。

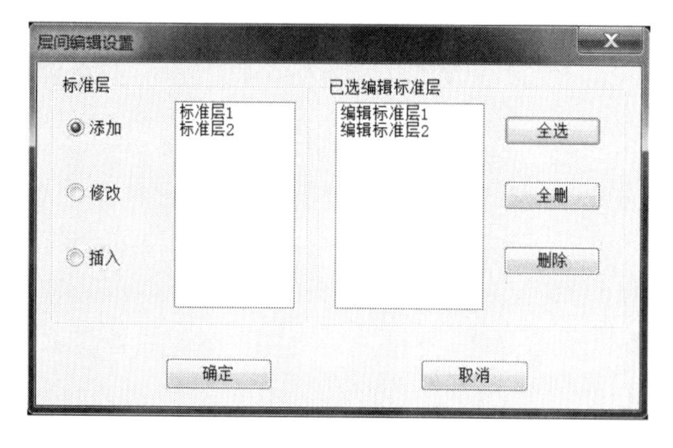

图 2-70　层间编辑设置对话框

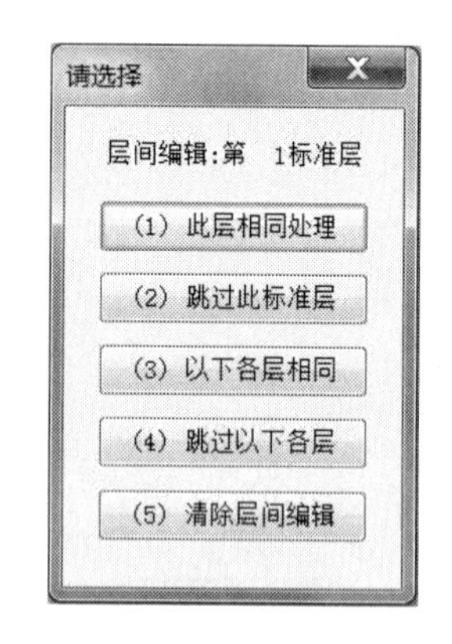

图 2-71　层间编辑对话框

3. 层间复制

该菜单可以将当前标准层的部分对象复制到其他标准层。

4. 单层拼装

该菜单可以将本工程或其他工程中的某一标准层与当前标准层拼装在一起形成新的标

准层。

5. 工程拼装

该菜单可以将其他工程中的所有标准层全部复制到当前工程的相应标准层中，与后述【楼层组装/工程拼装】命令作用相同，详见 2.4.6 相关内容。

➢　**提示：**

如果不想对所有（或部分）标准层进行相同的编辑操作，记得要退出【层间编辑】菜单。

2.4.4.10　截面显示

该菜单可以让程序以图形或数据，或同时以图形和数据方式显示构件。点击该菜单下的某类构件（如柱）截面显示菜单后，弹出图 2-72 所示对话框，当我们同时勾选<构件显示>和<数据显示>后，屏幕绘图区域显示图形如图 2-73 所示。

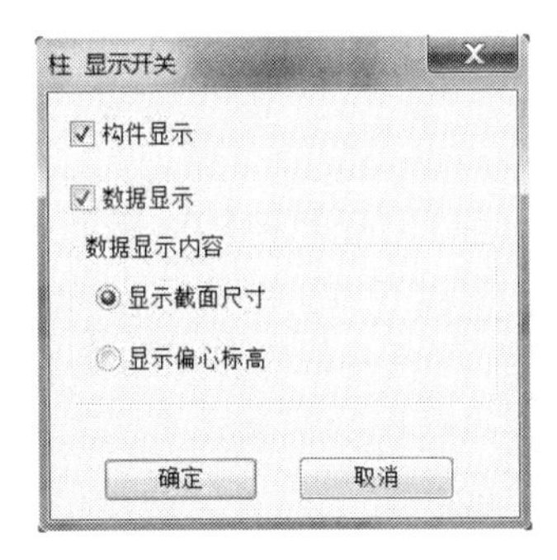

图 2-72　柱显示开关

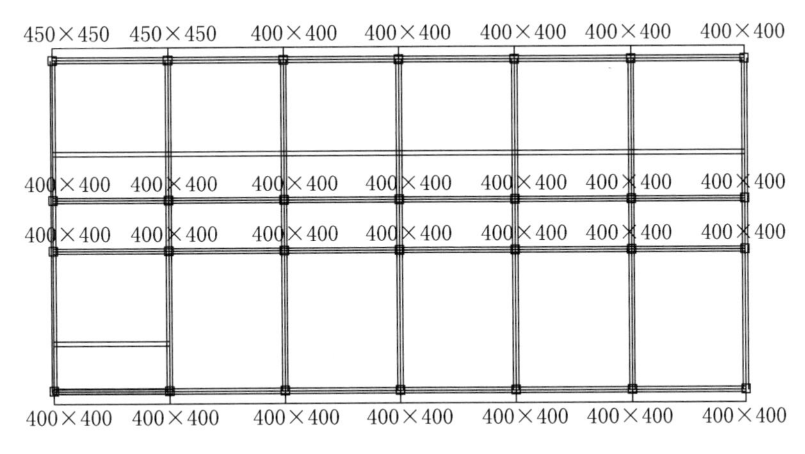

图 2-73　柱截面数据显示

2.4.4.11　绘墙线、绘梁线

这两个菜单用于把墙、梁的布置连同轴线一起输入，省去了先输入轴线再布置墙、梁的两步操作。程序提供了直线、平行线、辐射线、圆弧线及三点弧线的绘制方法。

2.4.4.12　偏心对齐

本菜单可根据构件布置要求自动完成偏心计算与偏心布置。共包括梁、柱、墙三种构件的 12 项对齐操作菜单，如图 2-74。比如【柱上下齐】，当上下层柱的尺寸不一样时，可按上层柱对下层柱某一边对齐（或中心对齐）的要求，自动算出上层柱的偏心并按该偏心，对柱的布置自动修正。此时如打开【层间编辑】，可使从上到下各标准层的某些柱都与第一层相应柱的某边对齐。这样用户在布置构件时，就可先省去偏心的输入，在各层布置完后再用本菜单修正构件的偏心。

图 2-74 【偏心对齐】菜单

2.4.4.13 楼梯布置

《抗震规范》第 3.6.6 条第 1 款“计算模型的建立、必要的简化计算与处理，应符合结构的实际工作状况，计算中应考虑楼梯构件的影响”。在条文说明中指出“注意到地震中楼梯的梯板具有斜撑的受力状态，对结构的整体刚度有较明显的影响，故增加了楼梯构件的计算要求：针对具体结构的不同，‘考虑’的结果，楼梯构件的可能影响很大或不大，然后区别对待，楼梯构件自身应计算抗震，但并不要求一律参与整体结构的计算”。

为了适应抗震规范的要求，PKPM 结构软件从 08 版开始给出了计算中考虑楼梯影响的解决方案：在 PMCAD 中输入楼梯，当 PMCAD 模型输入退出时，用户可选择是否将楼梯转化为折梁到模型中，如果用户选择此项，则程序将已建好的模型拷入工作目录下的 LT 子目录（LT 子目录程序自动建立），并自动将每一跑楼梯板和其上、下相连的平台板转化为一段折梁，在中间休息平台处自动增设 250 mm×500 mm 层间梁。两跑楼梯的第一跑下接于下层的框架梁，上接中间平台梁，第二跑下接中间平台梁，上接于本层的框架梁。当用户在 LT 子目录下接力 SATWE 等结构计算时，程序就可以考虑楼梯对结构整体刚度的影响等作用。若在原有工作目录中接力 SATWE 等结构计算，则程序将不考虑模型中的楼梯布置作用，其计算与未布置楼梯的情况相同。

图 2-75 【楼梯布置】菜单

【楼梯布置】子菜单如图 2-75 所示。现通过练习 2-17 说明各菜单功能和建模过程：

◆ **练习 2-17：**

在前面已建立的结构中输入楼梯。操作过程如下：

1. 楼梯输入

先完成【楼层组装】命令，参看 2.4.6 节练习 2-21。

点击图 2-41 中菜单【楼梯布置】，命令提示栏提示“选择楼梯间（[Esc]选择结束，[TAB]切换选择方式）”，程序提供两种选择楼梯间的方式：一种是直接选择房间（程序要求楼梯间必须是四边形房间）；另一种是通过顺序选择楼梯间四个角点的方式选择房间。此处，我们用第一种方式。用鼠标点击第 1 标准层的⑥、⑦轴线交Ⓐ、Ⓑ轴线形成的房间，程序弹出图 2-76 所示楼梯设计对话框。对话框右上角为楼梯预览图，修改参数时，预览图与之联动。对话框中的各参数含义如下：

<选择楼梯类型>：程序目前提供两跑、对折的三跑、四跑板式楼梯供用户选择。

<生成平台梯柱>：是否自动生成平台梯柱，并定义梯柱的起始高度。

<踏步总数>：楼梯的总踏步数。

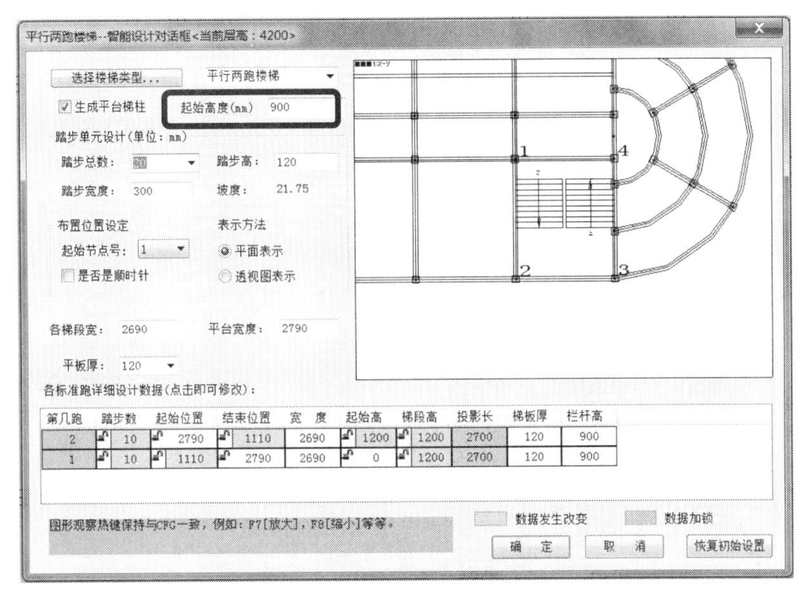

图 2-76 楼梯设计对话框

<踏步高、宽>：定义踏步尺寸。

<坡度>：当修改踏步参数时，程序根据层高自动调整楼梯坡度，并显示计算结果。

<起始节点号>：用来修改楼梯布置方向，可根据预览图中显示的房间角点编号调整。

<是否是顺时针>：程序缺省的楼梯走向是逆时针方向，可在这里修改为顺时针方向。

<表示方法>：可在平面与透视图表示方法之间切换。

<各梯段宽>：设置梯板宽度。

<平台宽度>：设置平台宽度。

<平板厚>：设置平台板厚度。

<各标准跑详细设计数据>：设置各梯跑定义与布置参数。

在本练习中，因考虑到底层柱的嵌固端取为基础顶面，故首层柱的高度取为底层层高 3300 mm 加室内地面至基础顶面的高度 900 mm（详见 2.4.6 练习 2-21），为 4200 mm，但考虑到楼梯第一跑始于室内地面即距柱底 900 mm 高处，故勾选<生成平台梯柱>，并输入起始高度为“900”，设置<踏步总数>为“20”，其余参数不修改，点击<确定>。布置好楼梯的第 1 标准层如图 2-77 所示。

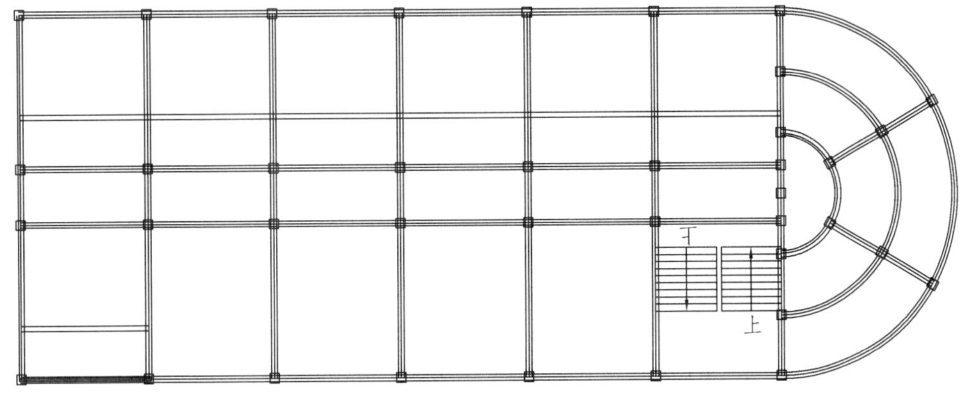

图 2-77 布置好楼梯的第 1 标准层

2. 层间复制

该菜单与【层编辑/层间复制】菜单功能是一样的，用户可按标准层间复制操作将楼梯复制到其他标准层。注意：程序要求复制楼梯的各层层高相同，且必须布置了和上跑梯板相连的杆件。

在本练习中，因为采用第 2 标准层形成的第 2 层层高为 3300 mm，故我们不采用【层间复制】命令，而是切换到第 2 标准层后，参照第 1 步重修进行楼梯布置。此时在楼梯设计对话框中，勾选<生成平台梯柱>，并输入起始高度为“0”，设置<踏步总数>为“20”，其余参数不修改，点击<确定>。布置好楼梯的第 2 标准层如图 2-78 所示。点击屏幕上方工具栏的<透视视图>及<实时漫游开关>，可以观察布置了楼梯后的第 2 层透视图，如图 2-79 所示。

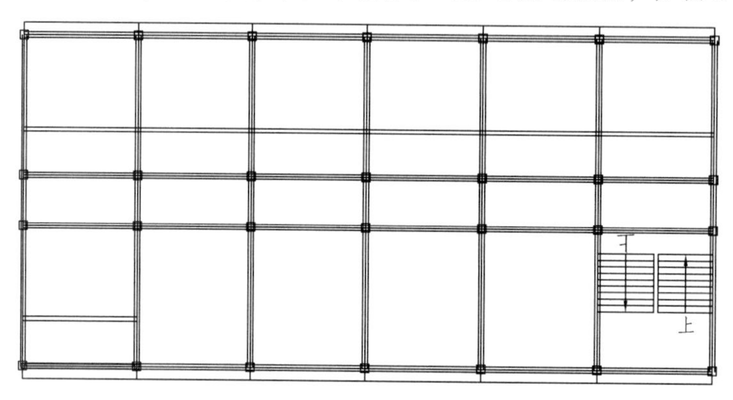

图 2-78　布置好楼梯的第 2 标准层

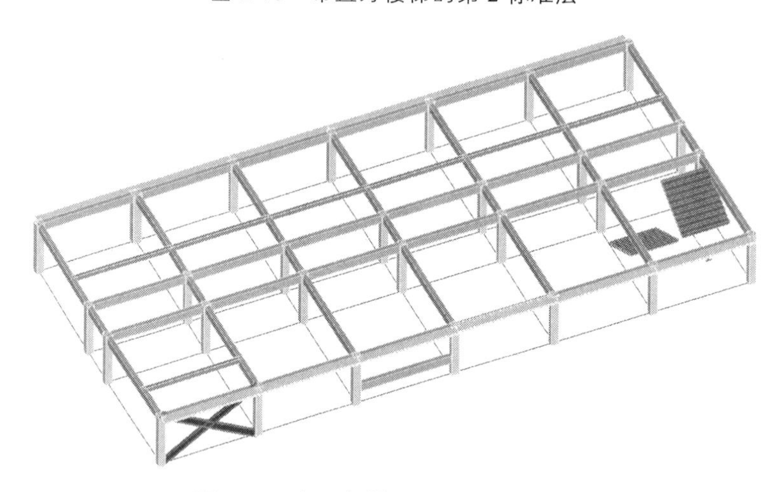

图 2-79　布置好楼梯的第 2 层透视图

3. 生成楼梯折梁

点击【主菜单/退出】，程序弹出退出选择对话框，见图 2-80。选择<存盘退出>，程序弹出选择后续操作对话框（图 2-81），勾选<楼梯自动转换为梁（数据在 LT 目录下）>，点击<确定>。于是程序在当前工程目录下生成以 LT 命名的文件夹，该文件夹中保存着将楼梯转换为宽扁梁后的模型。

在 PMCAD 主界面<当前工作目录>中选择“F：\PKPMWORK\2#教学楼\LT”，点击<应用>，进入到 LT 子目录下的结构模型，点击屏幕上方工具栏中的下拉选择窗口，选择“第 2 标准层”，点击屏幕上方工具栏的<透视视图>及<实时漫游开关>，可以观察到将楼梯转换成为宽扁梁后的结构，如图 2-82 所示。

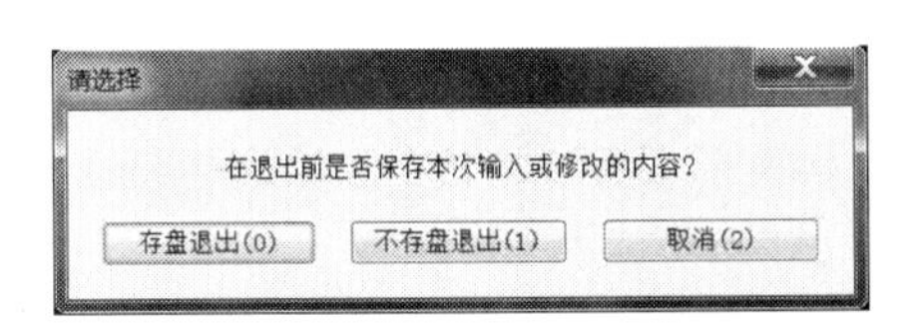

图 2-80　退出选择对话框

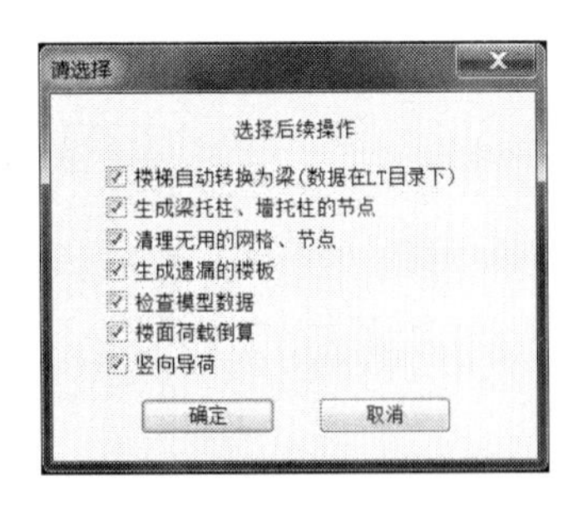

图 2-81　后续操作选择对话框

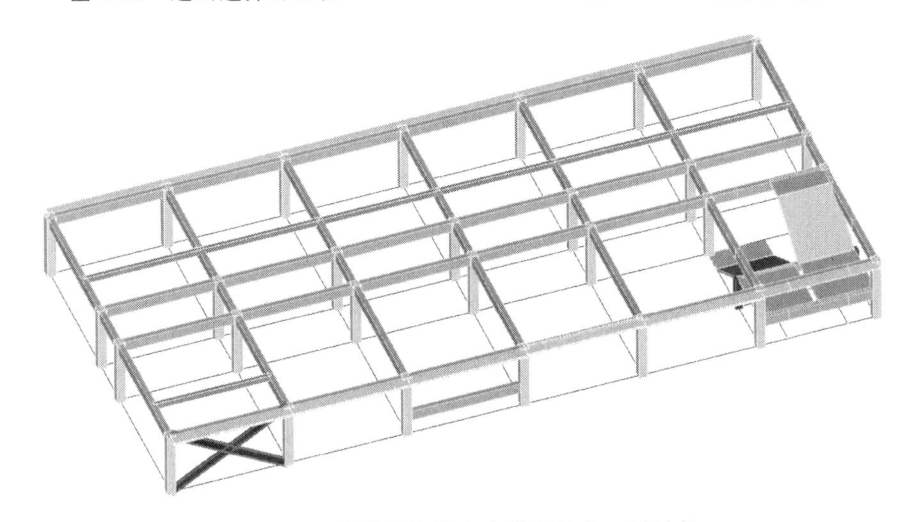

图 2-82　楼梯转换为宽扁梁后的第 2 层结构

➢　**提示：**

（1）楼梯布置最好在完成楼层组装后再进行，这样程序能自动计算出踏步高度与数量，便于建模。

（2）修改楼梯时，要先用【楼梯删除】菜单将该房间已布置的楼梯删除后再重修布置。选择楼梯时，应用鼠标点击楼梯所在房间的四角，以选中楼梯。

（3）楼梯间宜将板厚设置为 0，不宜开全房间洞。因为考虑楼梯作用的计算模型是专门生成在 LT 目录下的，当前工作子目录的模型计算时不会考虑楼梯，计算模型和没有楼梯布置的模型完全相同。这样和老版本 PKPM 处理楼梯荷载的计算方法是相同的。

（4）为了解决底层楼梯嵌固问题，程序在底层梁端增加了一个支撑。

（5）在退出 PMCAD 时，如果已经是在 LT 子目录下，则不用勾选<楼梯自动转换为梁（数据在 LT 目录下）>。

（6）LT 目录下包含了原有的模型和楼梯转换成斜梁的模型，用户可以对该模型作进一步修改。

（7）在 PMCAD 中输入楼梯是为了考虑楼梯对结构整体的影响，对楼梯构件本身并不进行设计计算，楼梯构件本身的设计计算在 LTCAD 模块中进行。

2.4.4.14 单参修改

【楼层定义】的最后一个菜单是【单参修改】，其功能是单独修改结构中个别构件的布置参数，如图 2-83 所示。

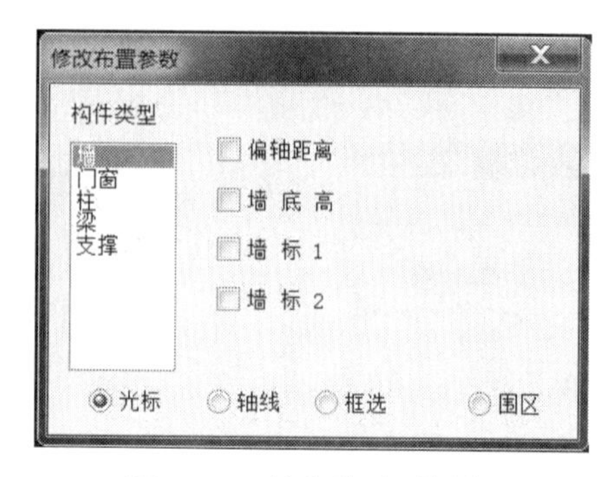

图 2-83 单参修改对话框

2.4.5 荷载输入

本菜单的功能是输入当前标准层结构上的各类荷载，包括：楼面恒活荷载；非楼面传来的梁间荷载（如填充墙自重）、次梁荷载、墙间荷载、节点荷载；人防荷载；吊车荷载等。【荷载输入】菜单如图 2-84 所示。

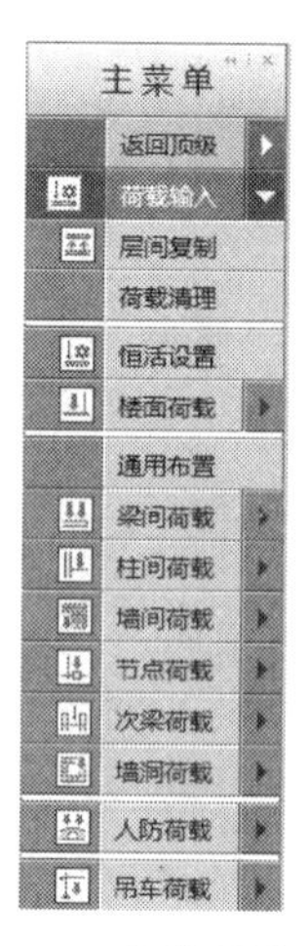

图 2-84 【荷载输入】菜单

注意所有荷载都应输入**标准值**，荷载设计值和荷载组合值由程序自动完成。荷载输入是结构设计过程中非常重要的环节，应该仔细认真，做到荷载计算正确，输入完整，不缺、不漏。

2.4.5.1 层间复制

本菜单是将其他标准层曾经输入到构件或节点上的荷载拷贝到当前标准层。

2.4.5.2 恒活设置

该菜单的功能是定义楼面的恒载和活载标准值。点击【恒活设置】，弹出图 2-85 所示荷载定义对话框。现对该对话框中各参数加以说明。

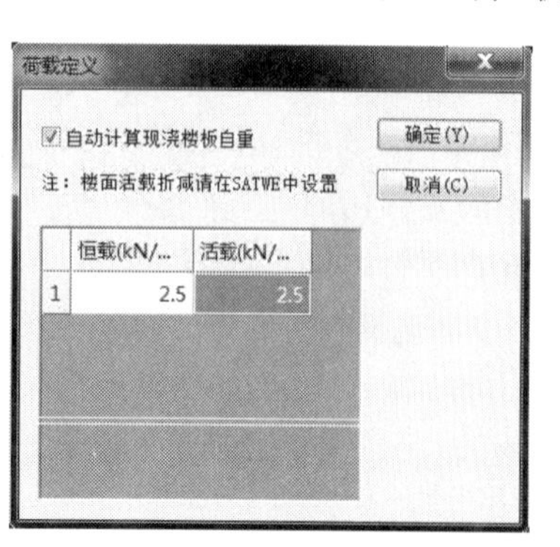

图 2-85 恒活荷载定义对话框

1. 自动计算现浇楼板自重

勾选该项后，程序可根据楼层各房间楼板厚度，自动计算出楼板结构层自重，并以均布荷载的形式叠加到楼面各房间其他恒载标准值中。如果已勾选此项，则在该对话框中输入的恒荷载值就不应该再包含楼板结构层自重。

2. 关于楼面活荷载折减

PKPM v2.2 版本将楼面活荷载折减设置调整到 SATWE 模块中进行了，这样避免了老版本中活荷载折减可能重复设置的问题。SATWE 中仍然按《建筑结构荷载规范》GB 50009-2012（以下简称《荷载规范》）5.1.2 条第 1 款规定的楼面活荷载导算到梁上时的各种折减方式进行折减，应根据结构的实际情况选择其中一种折减方式。

3. 输入当前标准层楼面恒活荷载标准值的统一值。

应注意，如在结构计算时考虑地下人防荷载时，此处必须输入活荷载，否则 SATWE、PMSAP 软件将不能进行人防地下室的计算。

➢ **提示：**

（1）输入楼面荷载前必须生成楼板，没有布置楼板的房间不能输入楼面荷载。

（2）一般楼面恒载由楼板结构层自重、楼面功能层（如找平层、防水层等）、楼面装修层等自重共同组成（楼面具体做法以建筑施工图为依据）。以 100 mm 厚的现浇钢筋混凝土楼板为例，楼板自重为 25 kN/m^3×0.1 m=2.5 kN/m^2，再加上其他功能层及装修每层的自重标准值，一般楼面荷载标准层为 4.5～5.0 kN/m^2；而屋面因为有防水层、保温层、隔热层等，自重要略大一些，为 6.5～7.0 kN/m^2；对于非下沉式卫生间（板面标高一般比本层楼面标高低 50 mm），楼面荷载标准值为 6.0～6.5 kN/m^2（包括蹲位折算荷载）；下沉式卫生间（板面标高一般比本层楼面标高低 350～400 mm）楼面荷载标准值为 9.0～10.0 kN/m^2。

（3）楼面活载可根据《荷载规范》第 5 章的相关规定取值。

（4）此处【恒活设置】定义的是当前标准层楼面恒活荷载统一值，实际工程中，同一结构的同一楼面上的楼面恒活荷载在不同房间（位置）的值可能是不相同的（如卫生间的楼面恒活荷载值不同于楼层中其他房间的恒活荷载值），需要在【荷载输入/楼面荷载】中进行修改。

（5）楼面荷载可以是负值（向上），但只对板荷载传到梁起作用，对板配筋不起作用。

2.4.5.3 楼面荷载

该菜单的功能包括两方面：其一，是对在【恒活设置】菜单中统一设置的楼面恒活荷载标准值进行局部修改；其二，是修改程序自动设定的楼面荷载传导方向（图 2-86）。

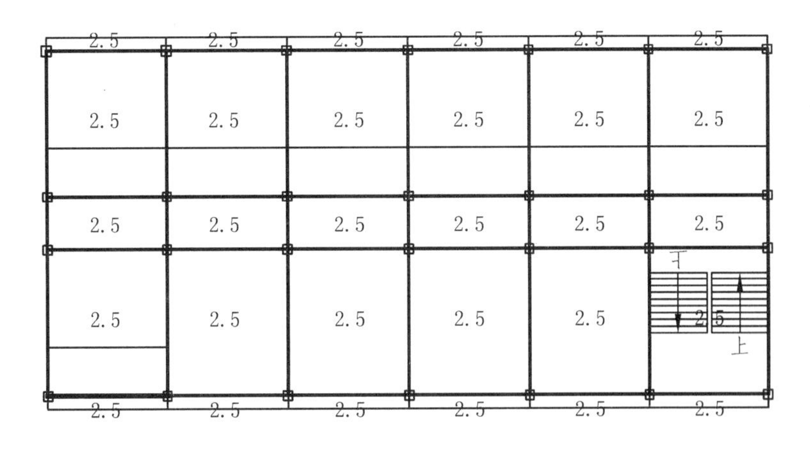

图 2-86 修改前的楼面恒荷载标准值

1. 设置楼面恒活荷载

下面先通过练习 2-18 说明【楼面荷载】的第一个功能。

◆ **练习** 2-18：

在前面已建立的结构标准层 1 中输入楼面荷载（不包括现浇楼板自重的恒载标准值为 2.5 kN/m^2，楼面活荷载标准值按教学楼查《荷载规范》)，并修改局部房间的楼面荷载。操作过程如下：

1. 恒活设置

点击图 2-84 中菜单【恒活设置】，在图 2-85 所示的恒活荷载定义对话框中，勾选<自动计算现浇楼板自重>，)（此处，按教室查《荷载规范》表 5.1.1 第 2 项，取活荷载标准值 2.5 kN/m^2，及 5.1.2 条第 1 款第 2）条），并分别输入恒活荷载标准值 2.5 kN/ m^2、2.5 kN/ m^2（图 2-85）。

2. 楼面荷载局部修改

点击【楼面荷载/楼面恒载】，屏幕绘图区域显示当前标准层各房间恒载标准值大小（图 2-86），并弹出修改恒载对话框（图 2-87）。在恒载修改对话框中输入卫生间楼面恒载（不包括楼面板自重）3.5 kN/m^2。若所需修改恒载的房间需同时修改活载，可将选项“同时输入活载值（kN/m^2）”勾选，并输入相应的值（应根据《荷载规范》表 5.1.1 确定），本例未勾选，因所需修改恒载的房间，不需修改活载，如图 2-87 所示。用鼠标点击结构左上角房间，则该房间恒载标准值显示为 3.5 kN/m^2。按[F5]刷新显示，并按[Esc]退出命令。

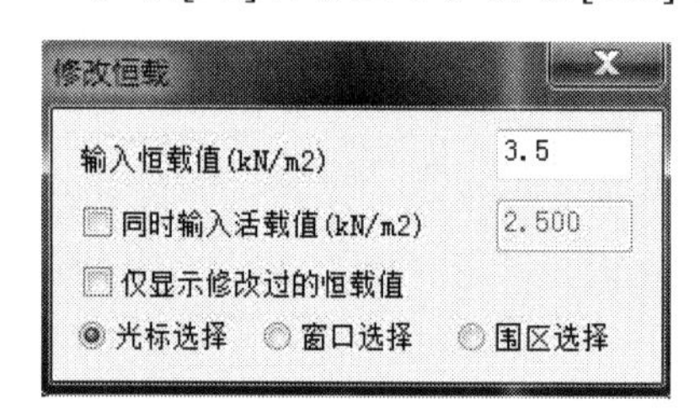

图 2-87　恒载修改对话框

点击【楼面荷载/楼面活载】，根据《荷载规范》表 5.1.1 第 11 项（3）及第 12 项（2），将本层走廊及楼梯的活荷载值修改为 3.5 kN/m^2。操作过程类似于楼面恒载的修改。楼面恒活标准值修改后的结构分别如图 2-88、图 2-89 所示。

对于结构标准层 2 的楼面恒活荷载也可进行如上所示的类似定义。此处考虑到标准层 2 将作为结构的屋面层，且为不上人屋面，故将其楼面活荷载标准值设为 0.5 kN/m^2（由《荷载规范》5.3.1 条确定）。具体操作过程不再重复。

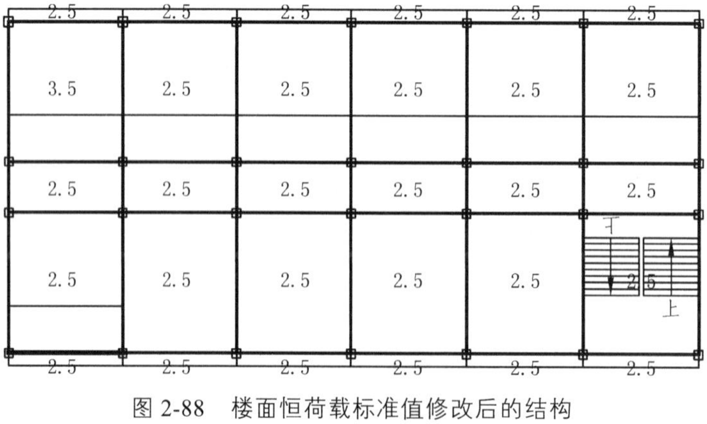

图 2-88　楼面恒荷载标准值修改后的结构

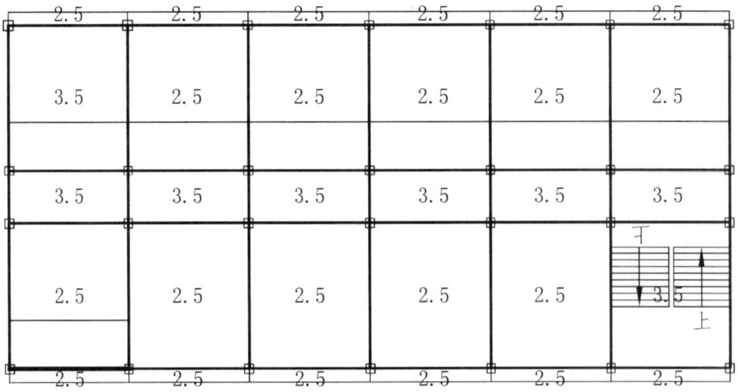

图 2-89　楼面活荷载标准值修改后的结构

2. 设定楼面荷载传导方向

点击【楼面荷载/导荷方式】，程序弹出图 2-90 所示对话框。程序给出三种导荷方式：

（1）对边传导方式：只将荷载向房间两对边传导。当矩形房间铺预制板时，程序按板的布置方向自动取用这种荷载传导方式。对现浇钢筋混凝土矩形楼板，程序缺省为第（2）种导荷方式，故当满足《混凝土规范》9.1.1 条单向板的相关规定时，可将导荷方式人工指定为对边传导方式，如对于楼梯间位置（图 2-91）。使用这种方式时，需指定房间某边为受力边。

图 2-90　导荷方式对话框

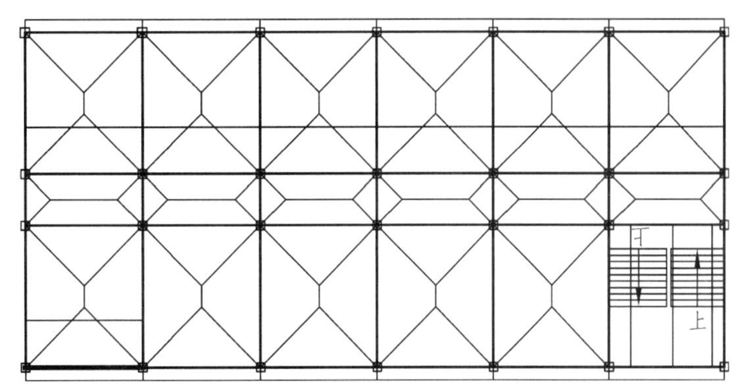

图 2-91　指定楼梯间导荷方式为对边传导方式

（2）梯形三角形方式：对现浇钢筋混凝土矩形楼板，程序缺省的导荷方式。

（3）沿周边布置方式：将房间内的总荷载沿房间周长等分为均布荷载布置，对于非矩形房间，程序自动选用这种传导方式。使用这种方式时，可以指定房间的某些边为不受力边。

（4）对于全房间开洞的情况，程序自动将其楼面荷载设置为 0。

【调屈服线】菜单主要针对按梯形三角形方式导算荷载的房间，可以对屈服线角度进行修改，从而实现房间两边或三边受力等状态。程序缺省的屈服线角度是 45°，如图 2-92 所示。

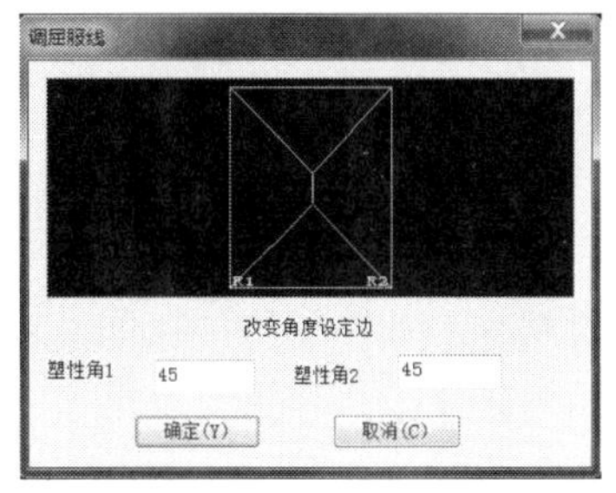

图 2-92　调屈服线对话框

➢ **提示：**

对于以下两种情况，有必要修改【楼面荷载/导荷方式】为“对边传导方式”：

① 满足《混凝土规范》9.1.1 条单向板的相关规定的现浇钢筋混凝土矩形楼板。

② 因梯板（或梯梁）荷载是向两对边传递的，故楼梯间位置的楼面荷载传导方向也需修改。

2.4.5.4 各构件（节点）荷载输入

梁、柱、承重墙等构件的自重程序自动计算。但这些构件上的荷载需要用户输入。可通过【荷载输入】菜单下其他构件（梁、柱、墙、节点、次梁、墙洞）的荷载输入菜单完成，各构件荷载输入菜单如图 2-93 所示。在此菜单下首先定义荷载标准值的类型、值及其他参数信息，再将标准荷载布置到构件上，可在每个构件上加载多个荷载。如果构件被删除，其上的荷载也自动被删除。

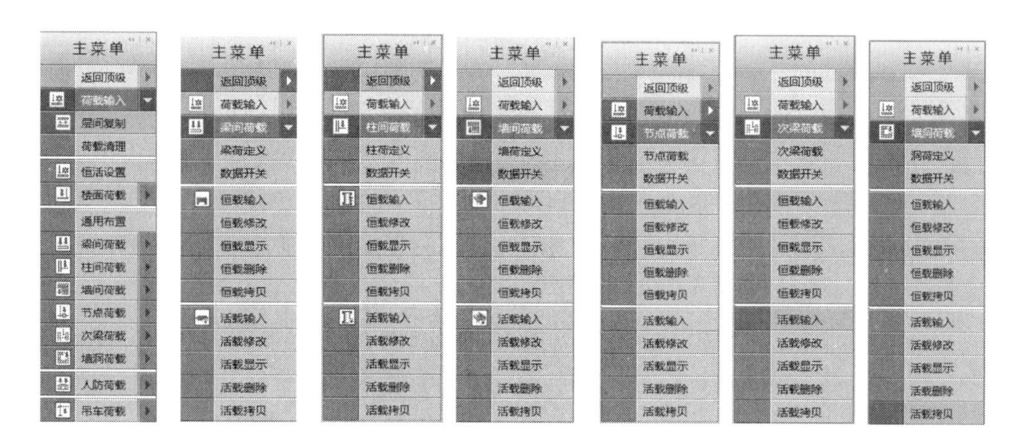

图 2-93　荷载输入菜单

1. 梁间荷载

本菜单是输入非楼面传来的作用在梁上的恒载或活载。由于在 PMCAD 建模时不输入框架结构中的填充墙等非结构构件，所以这些非结构构件的自重应由用户自己折算成均布荷载布置在相应梁上。

在该菜单下可以进行梁间荷载（包括恒载和活载）的定义、荷载输入、修改、删除、拷贝及显示等操作。

◆ **练习 2-19：**

填充墙自重计算方法：

如某结构层高 3.3 m，框架梁截面为 250 mm×450 mm，计算长度为 6 m，填充墙采用页岩空心砖（自重标准值 10 kN/m^3），墙厚 200 mm，墙体每侧采用 20 mm 厚水泥粉刷（自重标准值 0.36 kN/m^2），墙上开有 1.5 m×1.8 m 窗洞口，安装的塑钢窗自重 0.45 kN/m^2。则将该填充墙自重折算为下层梁上的均布恒荷载标准值的计算过程为：

墙体自重（未扣除窗洞时），折算成线荷载[注意墙高应取为：（层高-梁截面高度）]:

10×0.2×（3.3−0.45）+0.36×（3.3−0.45）=6.726 kN/m

窗洞处墙体自重，折算成线荷载：

$$\frac{(10\times0.2+0.36)\times1.8\times1.5}{6}=1.062\ \text{kN/m}$$

窗自重，折算成线荷载：

$$\frac{0.45\times1.8\times1.5}{6}=0.202\,5\ \text{kN/m}$$

该填充墙自重折算到下层梁上的均布恒荷载标准值为：6.726−1.062+0.2025=5.8665 kN/m

点击【梁间荷载/梁荷定义】，弹出图 2-94（a）所示梁荷载布置对话框，点击该对话框中<添加>按钮，弹出图 2-94（b）所示选择荷载类型对话框，选择相应荷载类别后，再输入该荷载类别对应的参数，即定义了一类梁间荷载。定义完梁荷载类型后，在图 2-94（a）所示的对话框中会出现这些荷载。

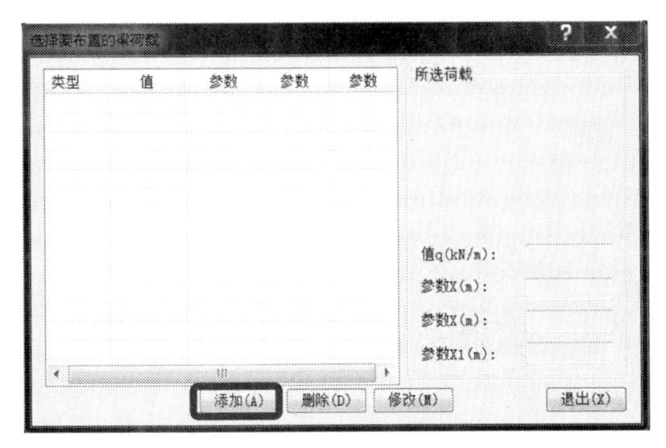

（a）梁荷载布置对话框　　　　（b）选择荷载类型对话框

图 2-94　梁间荷载定义

◆ **练习** 2-20：

在第 1 标准层的Ⓐ、Ⓓ轴线上输入由填充墙自重传来的梁间均布荷载，大小为 5.87 kN/m。操作过程如下：

点击图 2-93 中菜单【梁间荷载/梁荷定义】，在弹出的图 2-94（a）中点击<添加>按钮，选择图 2-94（b）中的第一种荷载类型“满布均布线荷载”，在弹出的荷载参数输入对话框中输入“5.87”，如图 2-95 所示。点击<确定>，回到梁荷载布置对话框，此时已经定义了一种梁间荷载，如图 2-96 所示，点击<退出>按钮，退出【梁荷定义】菜单。

点击【梁间荷载/荷载输入】，弹出梁荷载列表对话框（图 2-97），选择刚才定义的荷载类型，点击<布置>按钮，此时命令提示栏提示“光标方式：用光标选择目标（[Tab]转换方式，[Esc]返回）”。按[Tab]键转换方式，转换为轴线方式，用鼠标依次选择轴线Ⓐ、Ⓓ。注意当选择轴线Ⓐ时，因在其中一段网格上布置了标高不同的两道梁，故命令提示栏出现如图 2-98 所示确认荷载布置在哪一道梁上的提示（以梁顶标高区分不同的梁），应根据实际情况作出选择。本练习中选择布置在梁顶标高与本层标高相同的梁上，即顶标高为 0 的梁上。按[Esc]退出【恒载输入】。

点击【梁间荷载/数据开关】，在弹出的数据显示状态对话框中勾选<数据显示>，再点击【梁间荷载/恒载显示】，则屏幕绘图区域用数据显示本练习布置好的梁间荷载，如图 2-99 所示。

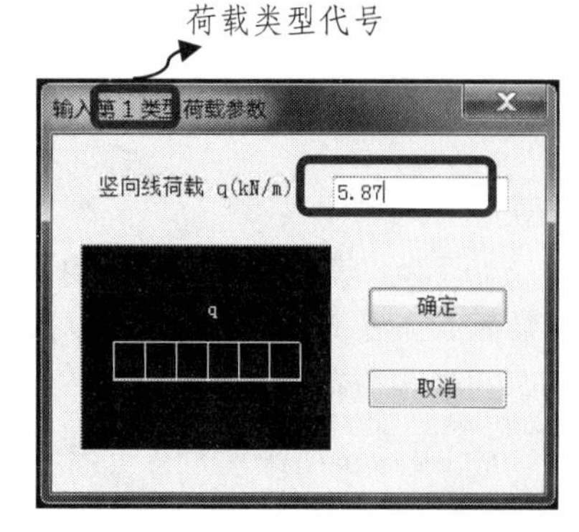

图 2-95　荷载参数输入对话框

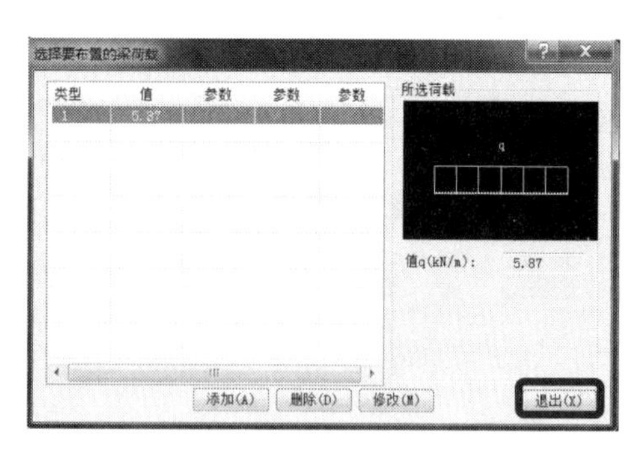

图 2-96　定义好梁间荷载后的对话框

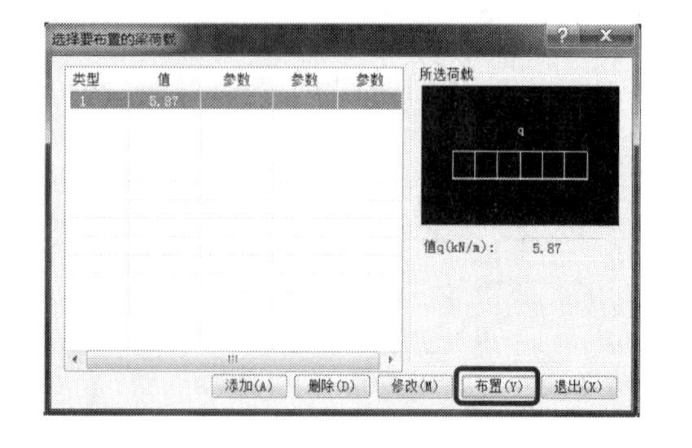

图 2-97　梁荷载列表对话框

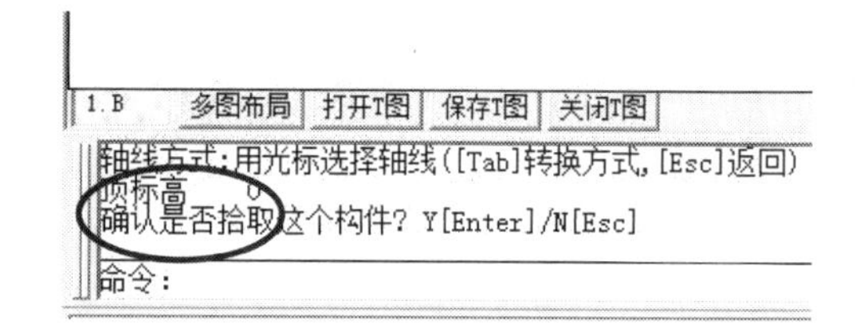

图 2-98　选择需要布置梁间荷载的梁提示

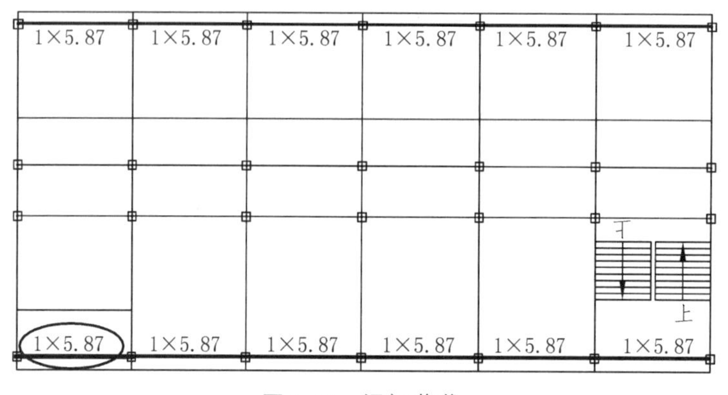

图 2-99　梁间荷载

➢　**提示：**

（1）程序目前提供 11 种梁间荷载，但其中两种[即图 2-94（b）中圈出的“梁上水平集中力”和“梁上水平均布荷载”]可以参与结构整体计算，但不支持构件设计。

（2）布置好的梁间荷载可以通过【梁间荷载/数据开关】查看。在图 2-99 显示的荷载数据中，第 1 个数是荷载类型代号（在每类荷载的参数输入对话框中有该类荷载的类型代号，如图 2-95 所示），以后各数字分别是该荷载类型的各个参数。如“1*5.87”表示此时梁间荷载是第“1”种类型（即梁上均布荷载），大小是 5.87 kN/m[因第“1”类荷载只定义一个参数，即均布荷载的大小（图 2-91）]。其余荷载类型可通过点击图 2-94（b）中的不同荷载类型，查看不同的荷载参数输入对话框中的参数了解，此处不一一列举。

2. 柱间荷载

本菜单一般是输入工业厂房柱受到的非楼面传来的恒载或活载，对于普通框架结构，程序能根据用户后面定义的风荷载或地震作用相关参数，自动计算其作用大小，并将荷载传递到柱上，无须用户单独输入柱间荷载。

程序目前提供 3 种柱间荷载，分别为竖向偏心集中力、水平均布荷载和水平集中力，如图 2-100 所示。

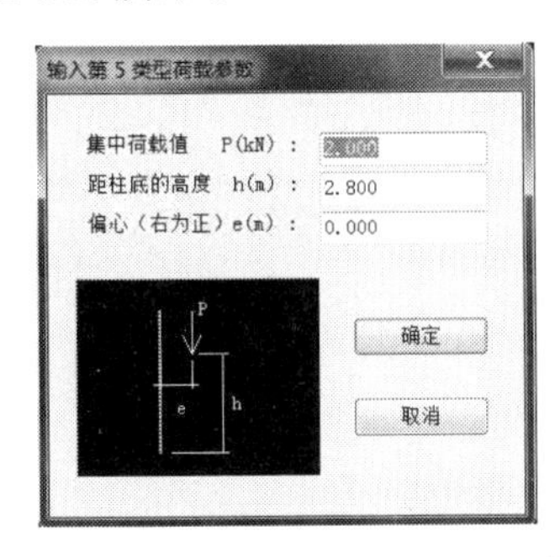

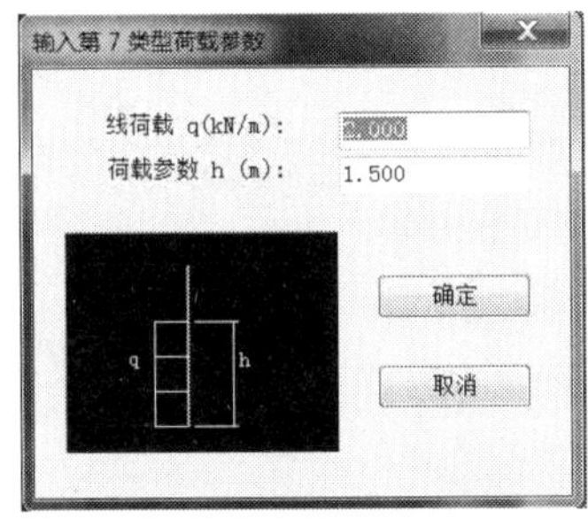

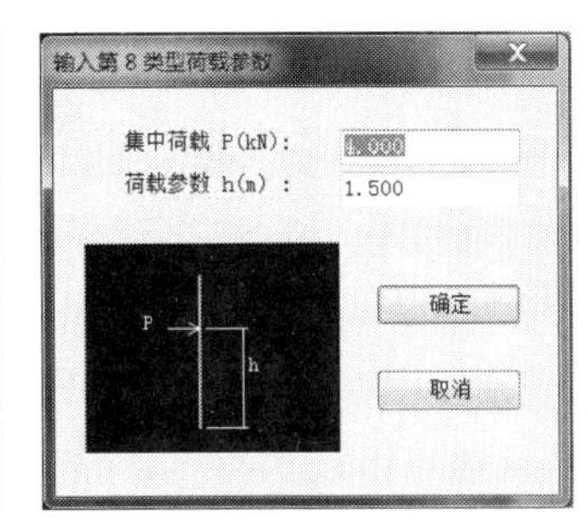

图 2-100　柱间荷载参数输入对话框

其他构件，如墙、节点、次梁、墙洞的荷载操作命令与上述类似，不再赘述。

3. 人防荷载

对需要进行人防设计的结构，应定义人防荷载。点击【人防荷载/荷载设置】，弹出人防荷载设置对话框，如图 2-101 所示。可根据《人民防空地下室设计规范》(GB 50038-2005)(以下简称《人防规范》)及《防空地下结构设计示例》(04FG01)中的相关规定确定人防等级及人防等效荷载。

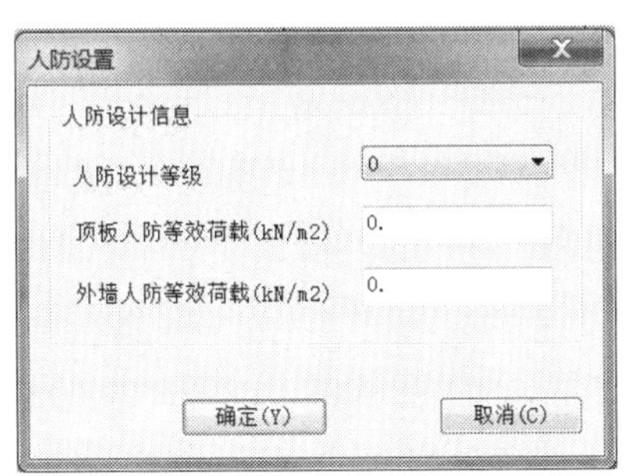

图 2-101　人防荷载设置

➢　**提示：**

人防荷载只能布置在±0.00 以下的地下室楼面，否则可能造成计算错误。

4. 吊车荷载

点击【吊车荷载/吊车布置】，弹出吊车资料输入对话框，如图 2-102 所示。为了减少吊车参数输入难度，程序提供了自动计算吊车参数的功能，点击<导入吊车库>按钮，弹出吊车数据库对话框（图 2-103），其中储存了常用的吊车及其参数，根据跨度、起重量等选定适合本工程的吊车，就能将相应吊车荷载资料输入到结构中。

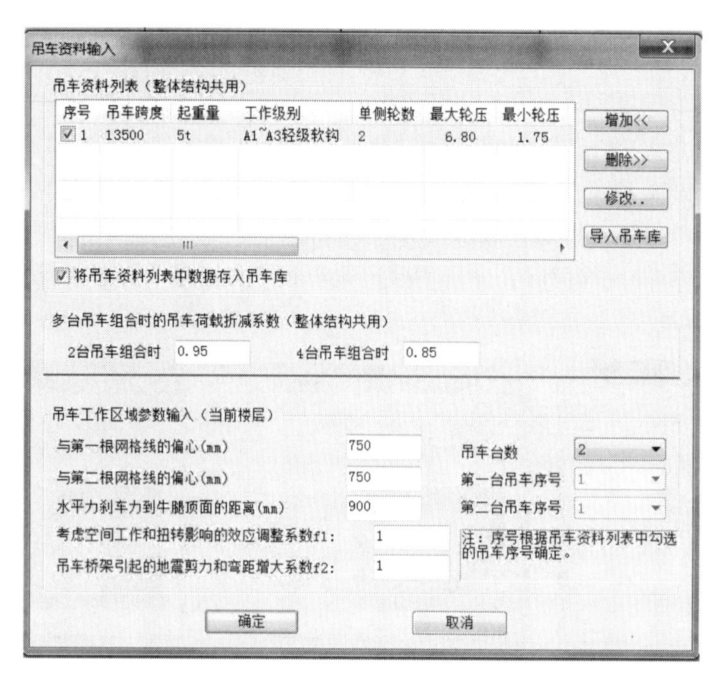

图 2-102　吊车资料输入对话框

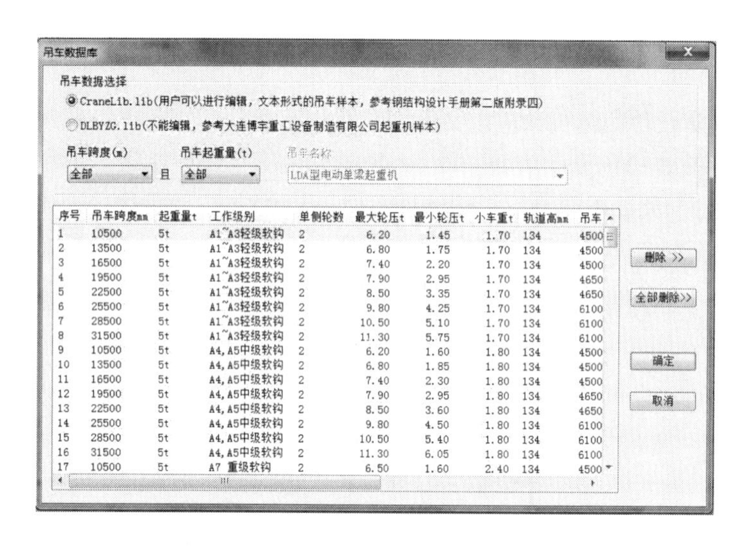

序号	吊车跨度mm	起重量t	工作级别	单侧轮数	最大轮压t	最小轮压t	小车重t	轨道高mm	吊车
1	10500	5t	A1~A3轻级软钩	2	6.20	1.45	1.70	134	4500
2	13500	5t	A1~A3轻级软钩	2	6.80	1.75	1.70	134	4500
3	16500	5t	A1~A3轻级软钩	2	7.40	2.20	1.70	134	4500
4	19500	5t	A1~A3轻级软钩	2	7.90	2.95	1.70	134	4650
5	22500	5t	A1~A3轻级软钩	2	8.50	3.35	1.70	134	4650
6	25500	5t	A1~A3轻级软钩	2	9.80	4.25	1.70	134	6100
7	28500	5t	A1~A3轻级软钩	2	10.50	5.10	1.70	134	6100
8	31500	5t	A1~A3轻级软钩	2	11.30	5.75	1.70	134	6100
9	10500	5t	A4,A5中级软钩	2	6.20	1.60	1.80	134	4500
10	13500	5t	A4,A5中级软钩	2	6.80	1.85	1.80	134	4500
11	16500	5t	A4,A5中级软钩	2	7.40	2.30	1.80	134	4500
12	19500	5t	A4,A5中级软钩	2	7.90	2.95	1.80	134	4650
13	22500	5t	A4,A5中级软钩	2	8.50	3.60	1.80	134	4650
14	25500	5t	A4,A5中级软钩	2	9.80	4.50	1.80	134	6100
15	28500	5t	A4,A5中级软钩	2	10.50	5.40	1.80	134	6100
16	31500	5t	A4,A5中级软钩	2	11.30	6.05	1.80	134	6100
17	10500	5t	A7 重级软钩	2	6.50	1.60	2.40	134	4500

图 2-103　吊车数据库对话框

➢　**提示：**

关于楼梯荷载的输入，一般有两种处理方法。一种方法是：将楼梯间板厚取为零，将楼梯荷载折算成楼面荷载，在输入楼面恒荷载时，将楼梯的面荷载适当加大。这是一种近似处理方法，优点就是快速方便，缺点则是不太符合结构实际的传力情况，准确性较差，适合结构的初步估算。第二种方法是将楼梯的荷载折算成线荷载或集中力，前者作用在楼层框架梁或楼梯梁上，后者通过梯柱作用于下层框架梁上。这种方法与实际的受力传力情况基本一致，所以比较准确。此处，我们以某楼梯（图 2-104）为例，按第二种方法说明楼梯间荷载的计算输入。

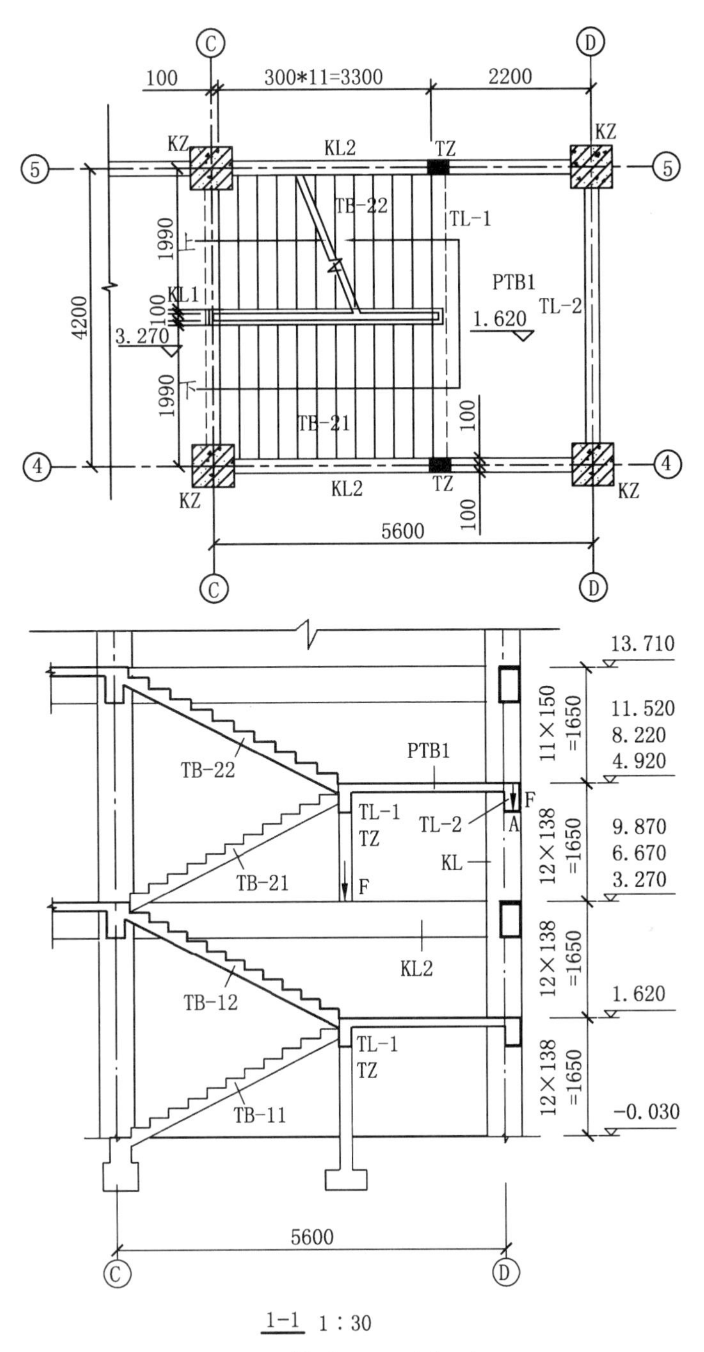

图 2-104　楼梯平面及剖面布置图

以二层楼梯为例，各梯段板均按简支构件计算，TB-21 将板上荷载一部分传给 KL1（这部分荷载以均布线荷载的形式加在 KL1 上，同时 KL1 还受到 TB-12 传来的均布荷载），另一部分传给 TL-1，TL-1 再将 PTB1（按简支在 TL-1 和 TL-2 上计算）传来的荷载，连同 TL-1 本身的自重一起传给 TZ，TZ 再将这部分荷载连同 TZ 本身的自重一起以集中力 F 的形式传递给 KL2，此外，PTB1 将其自重的另一部分传给 TL-2，TL-2 再将该荷载连同梁上墙体自重及本身自重一起以集中力 F 的形式作用在框架柱 KZ 层间高度 A 点处。下面对上述荷载分别进行计算。

（1）取 1 m 宽梯段板作为计算单元，梯段板水平投影净长为 3300 mm，梯段板高度按 1650 mm 计算，$\cos\alpha = 0.894$，则梯段斜板实际长度 L'为 3690 mm，按（1/25～1/30）L'估算梯板厚度，取梯板厚 130 mm。各踢步高取 138 mm，各踏步宽取 300 mm。

（2）楼梯梯段斜板（TB-12、TB-21、TB-22）荷载的计算过程见表 2-3。

表 2-3 楼梯梯段斜板（TB-12、TB-21、TB-22）荷载计算表

荷载种类		荷载标准值/（kN/m）
恒荷载	栏杆自重	0.2
	锯齿型斜板自重	25×0.138/2+25×0.13/0.894=1.725+3.635=5.36
	30 厚水磨石面层	0.65×（0.30+0.138）/0.30=0.949
	板底 20 厚纸筋灰粉刷	16×0.02/0.894=0.358
	恒载合计	6.87
活荷载		2.5（查《荷载规范》）

（3）则 KL1 受到 TB-21 及 TB-12 传来的均布线荷载为：

恒载（标准值）：6.87×3.3/2=11.33 kN/m

活荷载（标准值）：2.5×3.3/2=4.125 kN/m

这部分荷载应以梁间荷载的形式输到 KL1 上。

（4）二层楼梯 TL-1 的荷载计算过程见表 2-4。

表 2-4 TL-1（二层）荷载计算表

荷载种类	传递途径	荷载标准值/（kN/m）
恒荷载	TB-21 传来 （根据表 2-3 的计算结果）	6.87×3.3/2=11.33
	TB-22 传来 （根据表 2-3 的计算结果）	6.87×3.3/2=11.33
	PTB1 传来（取板厚 100 mm，30 厚水磨石面层，板底 20 厚纸筋灰粉刷）	(25×0.10+0.65+16×0.02)×1×(2.2−0.3)/2=3.02
	TL-1 自重（200 mm×400 mm）及抹灰	25×0.2×(0.4−0.1)+17×2×0.01×(0.4−0.1) =1.602
	恒载合计	11.33+3.02+1.602=15.94
活荷载	TB-21 传来	2.5×3.3/2=4.125
	TB-22 传来	2.5×3.3/2=4.125
	PTB1 传来	2.5×(2.2−0.3)/2=2.375
	活荷载合计	4.125+2.375=6.5

（5）TL-1 传给 TZ 的集中荷载为（假设 TL-1 计算跨度为 4.2 m）：

恒载（标准值）：15.94×4.2/2=33.51 kN

活荷载（标准值）：6.5×4.2/2=13.65 kN

TZ（200 mm×300 mm）本身的自重（包括抹灰，此处将混凝土容重按 26 kN/m^3 估算）标准值为：26×0.2×0.3×(1.65−0.4)=1.95 kN

则 TZ 传给 KL2 的集中荷载 F 为：

恒载（标准值）：33.51+1.95=35.46 kN

活荷载（标准值）（仅包括 TL-1 经 TZ 传来的）：13.65 kN

这部分荷载以梁间荷载上集中力的形式加在 KL2 上。

（6）二层楼梯 TL-2 的荷载计算过程见表 2-5。

表 2-5　TL-2（二层）荷载计算表

荷载种类	传递途径	荷载标准值/（kN/m）
恒荷载	PTB1 传来（取板厚 100mm，30 厚水磨石面层，板底 20 厚纸筋灰粉刷）	(25×0.10+0.65+16×0.02)×1×(2.2−0.3)/2=3.02
	上部墙体传来的自重（200 厚空心砌块及墙体两侧抹灰，带 1800mm×900mm 塑钢窗）	$\dfrac{[(1.65-0.5)\times4.2-(1.8\times0.9)]\times3+1.8\times0.9\times0.45}{4.2}=2.47\ \text{kN/m}$
	TL-2 自重（200mm×400mm）及抹灰	25×0.2×(0.4−0.1)+17×2×0.01×(0.4−0.1)=1.602
	恒载合计	3.02+2.47+1.602=7.09
活荷载	PTB1 传来	2.5×(2.2−0.3)/2=2.375
	活荷载合计	2.375

则 TL-2 传给 KZ 在 A 点的集中荷载 F 为：

恒载（标准值）：7.09×4.2/2=14.89 kN

活荷载（标准值）（仅包括 PTB1 经 TL-2 传来的）：2.375×4.2/2=4.99 kN

这部分荷载以柱间荷载上集中力的形式加在 KZ 上。

2.4.6　设计参数

当结构构件布置、荷载输入完成后，即可定义本工程的相关设计参数，内容包括结构总信息、材料信息、地震信息、风荷载信息及钢筋信息。

2.4.6.1　总信息

在总信息中，需定义的参数如下：

（1）结构体系：点击<结构体系>，从其下拉菜单可以选择程序提供的结构体系（图 2-105）。

（2）结构主材：从其下拉菜单中选择程序提供的结构主材（图 2-105）。

（3）结构重要性系数：应根据《混凝土规范》3.3.2 条相关规定选择。具体条文规定，此处略。

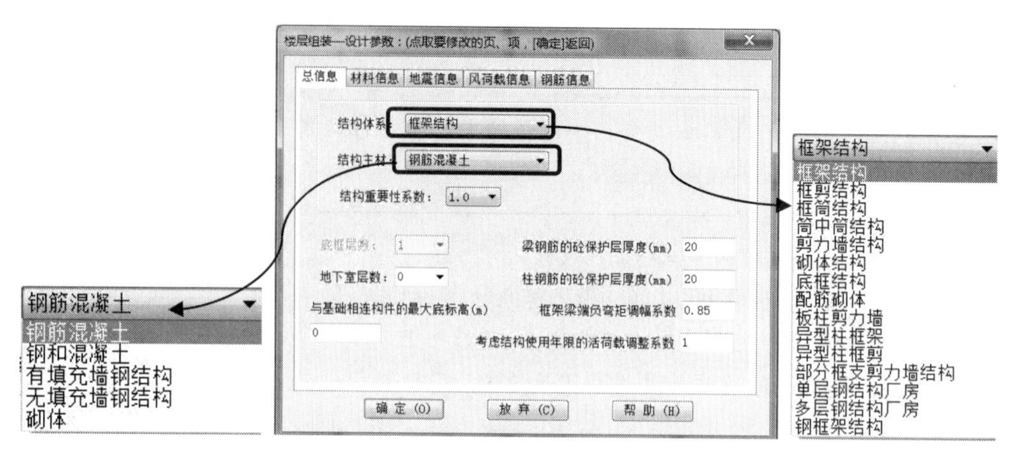

图 2-105　结构总信息设置对话框

（4）地下室层数：此处输入实际结构的地下室层数。该层数在后续 SATWE 或 TAT 计算时，对地震作用、风荷载、地下人防计算时有一定影响，详见第 3 章相关内容。

（5）与基础相连构件的最大底标高：该标高是程序自动生成接基础支座信息的控制参数，指除底层外，其他层的柱、墙也可以与基础相连，如建在坡地上的建筑。

（6）梁、柱钢筋的混凝土保护层厚度：按《混凝土规范》8.2.1 条确定，并应注意到该厚度指最外层钢筋的外边缘到混凝土构件外边缘的距离。

（7）框架梁端负弯矩调幅系数：根据《高层建筑混凝土结构技术规程》JGJ 3-2010（以下简称《高层规程》）5.2.3 条确定。负弯矩调幅系数取值范围 0.7 ~ 1.0，一般工程取 0.85。

（8）考虑结构使用年限的活荷载调整系数：根据《荷载规范》3.2.5 条取值。设计使用年限为 5 年，取 0.9；设计使用年限为 50 年，取 1.0；设计使用年限为 100 年，取 1.1。

2.4.6.2　材料信息

定义结构中所用材料的相关信息，如图 2-106 所示。

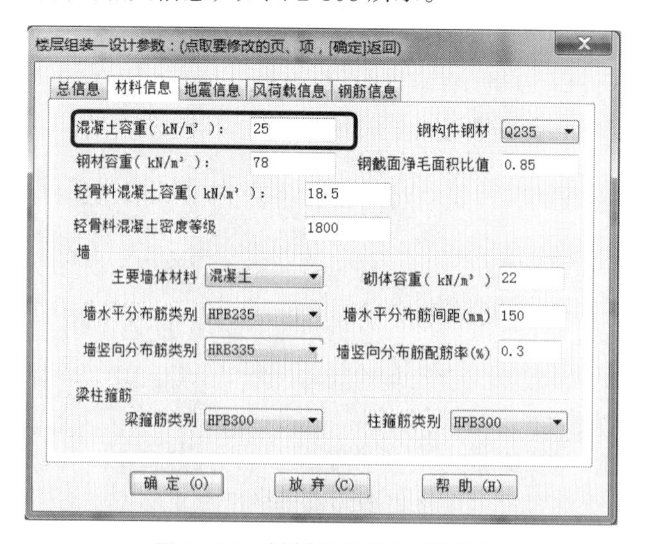

图 2-106　材料信息设置对话框

其中“混凝土容重”（图 2-106）应根据《荷载规范》附录 A 的规定填写。一般情况下，钢筋混凝土结构的容重为 25 kN/m^3，若考虑到构件表面装修层重量时，可将该容重修改为 26 ~ 28 kN/m^3。

若采用钢结构或砌体结构时，其主材的容重均根据《荷载规范》附录 A 的规定取值，同样可考虑构件表面装修，将容重值适当填写得大一些。

2.4.6.3　地震信息

本页定义与地震作用设计计算相关的参数（图 2-107）：

（1）设计地震分组：根据所设计工程的所在地，查《抗震规范》附录 A 确定。

（2）地震烈度：根据所设计工程的所在地，查《抗震规范》附录 A 确定。注意这里填写的地震烈度不要根据场地类别等影响因素调整，就是由工程所在地直接查《抗震规范》附录 A 得到的地震烈度。

（3）场地类别：根据工程地质勘察报告的内容填写。

（4）混凝土框架抗震等级：根据《抗震规范》表 6.1.2 或《高层规范》3.9.3 条确定。注意在确定抗震等级时，“设防烈度”应根据抗震设防分类、场地类别等影响因素调整后，再查规范确定抗震等级。

（5）钢框架抗震等级：根据《抗震规范》表 8.1.3 确定。注意事项同上。

（6）剪力墙抗震等级：根据《抗震规范》表 6.1.2 或《高层规范》3.9.3 条确定。注意事项同上。

（7）抗震构造措施的抗震等级是否与结构抗震措施的抗震等级相同：在抗震等级的确定过程中应注意，抗震措施的抗震等级与抗震构造措施的抗震等级有时不完全一致，使用时应注意区分。当二者不一致时，应按抗震措施的抗震等级进行抗震计算，并应按抗震构造措施的抗震等级进行构造设计。根据《抗震规范》3.3.2 条、3.3.3 条、6.1.3 条第 4 款，以及《高层规范》3.9.7 条进行调整。具体可参考表 2-6 所示的设防标准并查阅《抗震规范》表 6.1.2 确定。

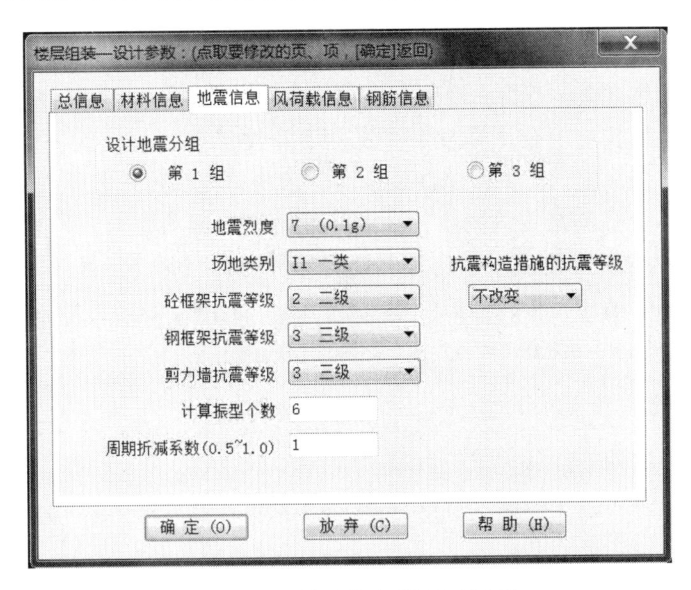

图 2-107　地震信息设置对话框

表 2-6　确定结构抗震措施时的设防标准

抗震设防类别	本地区抗震设防烈度		确定抗震措施时的设防标准				
			Ⅰ类场地		Ⅱ类场地	Ⅲ、Ⅳ类场地	
			抗震措施	构造措施	抗震措施	抗震措施	构造措施
甲类建筑 乙类建筑	6 度	0.05g	7	6	7	7	7
	7 度	0.10g	8	7	8	8	8
		0.15g	8	7	7	8	8+
	8 度	0.20g	9	8	9	9	9
		0.30g	9	8	9	9	9+
	9 度	0.40g	9+	9	9+	9+	9+
丙类建筑	6 度	0.05g	6	6	6	6	6
	7 度	0.10g	7	6	7	7	7
		0.15g	7	6	7	7	8
	8 度	0.20g	8	7	8	8	8
		0.30g	8	7	8	8	9
	9 度	0.40g	9	8	9	9	9
丁类建筑	6 度	0.05g	6	6	6	6	6
	7 度	0.10g	6	6	6	6	6
		0.15g	6	6	6	6	7
	8 度	0.20g	7	7	7	7	7
		0.30g	7	7	7	7	8
	9 度	0.40g	8	8	8	8	8

注：表中的“9+”可理解为“应符合比 9 度抗震设防更高的要求”，需按有关专门规定执行《抗震规范》；“8+”可理解为“应符合比 8 度抗震设防更高的要求”。

（8）计算振型个数：根据《抗震规范》5.2.2 条、5.2.3 条，对于一般多层结构可取 3 个，对高层结构，可增加到 6 个，若为不规则高层结构，则可取 9 ~ 15 个振型。振型个数应该是 3 的倍数，且不应超过结构的固有计算振型总数（即 3×楼层数）。

（9）周期折减系数：由于在 PMCAD 建模时，未将填充墙建入整体模型，但实际结构中，因为填充墙的存在，会提高结构的刚度，从而降低结构的振动周期，为了充分考虑框架结构和框架-剪力墙结构的填充墙刚度对结构计算周期的影响，因此需要进行周期折减。根据填充墙数量的多少，对框架结构，折减系数可取 0.6 ~ 0.8；对于框架-剪力墙结构，可取 0.8 ~ 0.9；对纯剪力墙结构，可取 0.9 ~ 1.0。

2.4.6.4　风荷载信息

本页主要定义与风荷载计算相关的参数[图 2-108（a）]：

（1）修正后的基本风压：根据《荷载规范》8.1.2 条，并查附录表 E.5 取值。此处填写的基本风压不用考虑地形条件的修正。

（2）地面粗糙度类别：根据工程所在场地的情况，由《荷载规范》8.2.1 条确定。

（3）沿高度体型分段数：若结构沿整个高度体型形状没有变化，则选择<1>；若体型沿高度有变化，如某高层建筑共 50 层，其中 1 ~ 20 层为正八边形，21 ~ 40 层为十字形，41 ~ 50 层为矩形（图 2-109），则应从下拉列表中选择<3>。程序限定体型系数最多可分为三段。

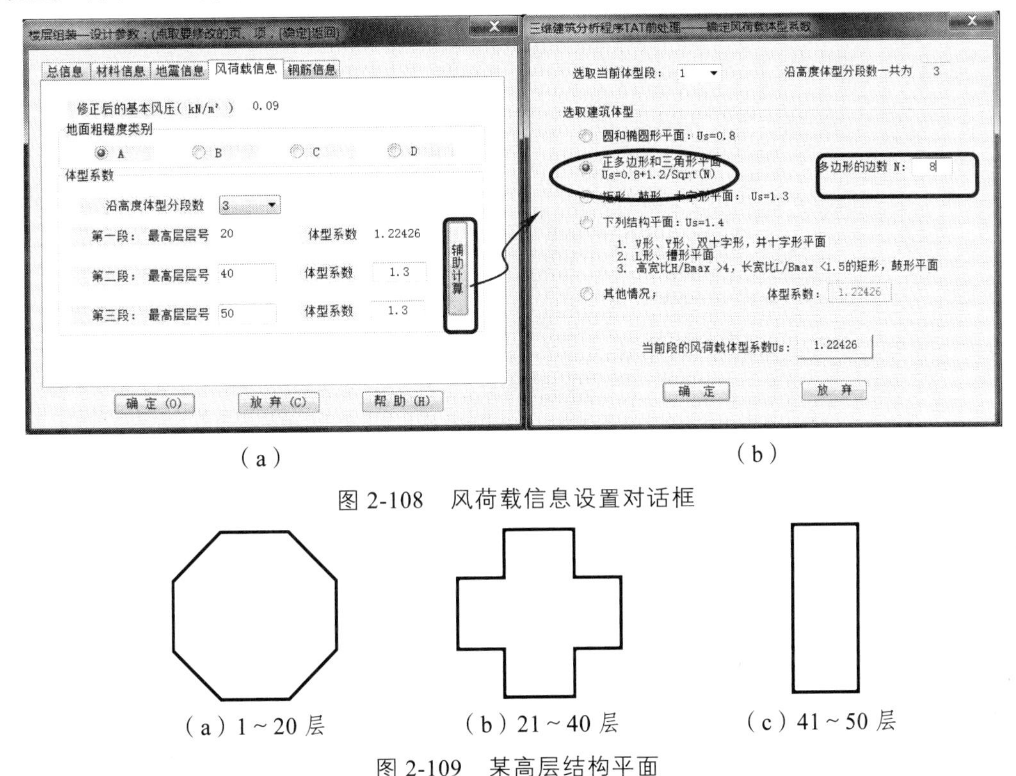

（a）　　　　（b）

图 2-108　风荷载信息设置对话框

（a）1 ~ 20 层　　（b）21 ~ 40 层　　（c）41 ~ 50 层

图 2-109　某高层结构平面

（4）各段最高层层号、体型系数：体型沿高度分段中每一段的最高层层号及体型系数。如上述高层建筑的第一段，最高层号为 20，体型系数可自行根据《荷载规范》表 8.3.1 第 30 项计算得到，也可以点击风荷载信息设置对话框右侧<辅助计算>，在弹出的辅助计算对话框中，选择相应的建筑体型，并填写正确的参数，程序可以自动计算出对应的体型系数，如图 2-108（b）。

2.4.6.5　钢筋信息

本页设置各级别钢筋的强度设计值（图 2-110）。

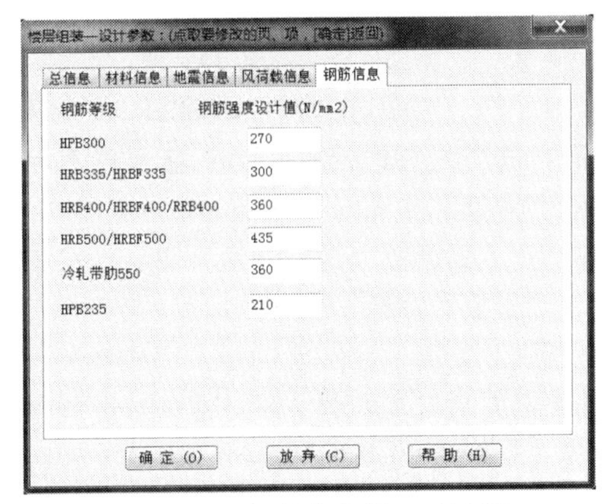

图 2-110　钢筋信息设置对话框

以上设置的“设计参数”，当在 PMCAD 中保存后，程序会自动存储到.JWS 文件中，对后续各计算模块均起控制作用。

2.4.7　楼层组装

本菜单是将已输入完毕的各标准层按指定次序搭建为建筑整体模型的过程。其菜单内容如图 2-111 所示。

图 2-111　楼层组装菜单

2.4.7.1　楼层组装

本菜单可以为每个输入完成的标准层指定层高、层底标高，并将其布置到整体建筑的某一位置，从而搭建出完整的建筑模型。根据实际工程的情况，进行楼层组装的时候，常有两种情况：

1. 普通楼层组装

普通楼层组装即简单地将每一个标准层从低到高依次向上串联的组装方式。下面以练习 2-21 说明普通楼层组装的方法。

◆　**练习 2-21：**

将前面练习中建立的 2 个标准层组装成一栋 4 层的结构。其中第 1、2、3 层由第 1 结构标准层形成，第 4 层由第 2 结构标准层形成，每层的层高为 3.3 m。根据地勘报告，基础埋深取在室外地面以下 0.6 m，室内外高差 0.3 m。操作过程如下：

点击【楼层组装/楼层组装】，在弹出的楼层组装对话框中，在<复制层数>栏中选择“1”；<标准层>栏中选择“第 1 标准层”；<层高>栏中输入“4200”（**对于无地下室的一般结构，底层柱的嵌固端取为基础顶面，故首层柱的高度应为：底层层高** 3300 mm+**室内外地面高差** 300 mm+**室外地面至基础顶面的高度** 600 mm=4200 mm）；<层名>可以不输入或勾选“自动”输入。若为了在后续计算程序生成的计算书等结果文件中标识出某个楼层，也可以在此输入自己命名的层名；勾选<自动计算底标高>，则新增加的楼层会根据其上一层（指在本对话框中右侧<组装结果>列表中鼠标选中的那一层的上一层，在实际结构中为鼠标选中层的下层）的标高加上本层层高自动计算得到底标高数值（也可在使用过程中选取不同楼层作为新加楼层的基准层，见广义楼层组装）；点击<增加>，则在右侧<组装结果>列表中显示组装好的第 1 层的组装信息。

继续组装第 2、3 层，在<复制层数>栏中选择“2”；<标准层>栏中选择“第 1 标准层”；<层高>栏中输入“3300”；勾选<自动计算底标高>；勾选<面活荷载折减>。点击<增加>，则在右侧<组装结果>列表中显示组装好的第 1、2、3 层的组装信息。

继续组装第 4 层，在<复制层数>栏中选择“1”；<标准层>栏中选择“第 2 标准层”；<层高>栏中输入“3300”；勾选<自动计算底标高>；勾选<面活荷载折减>。点击<增加>，则在右侧<组装结果>列表中显示组装好的全部楼层的组装信息[图 2-112（a）]。

组装完成后，点击【楼层组装/整楼模型】，在弹出的组装方案对话框中[图 2-112（b）]，选择<重修组装>，点击<确定>。则在屏幕绘图区域显示组装好的结构轴测图图 2-113。在该轴测图中，点击鼠标右键，可选择〔旋转〕，从任意角度观察该轴测图。

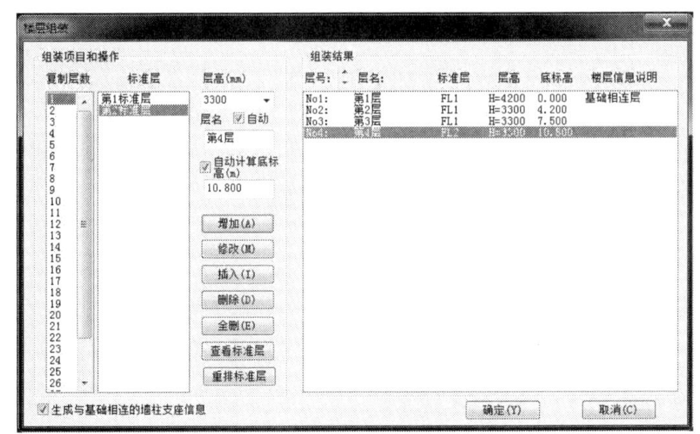

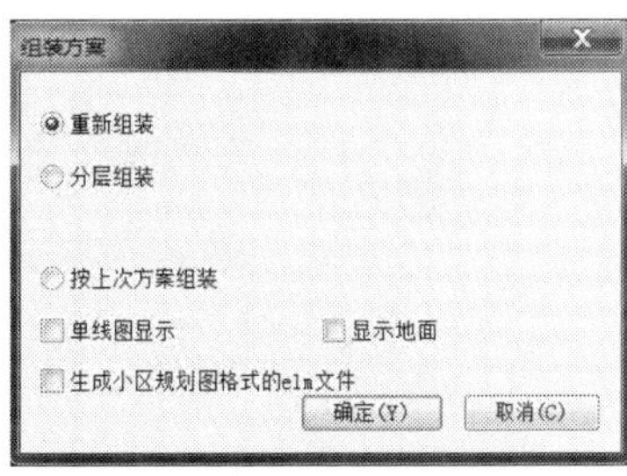

（a）楼层组装对话框　　　　（b）组装方案对话框

图 2-112　楼层组装

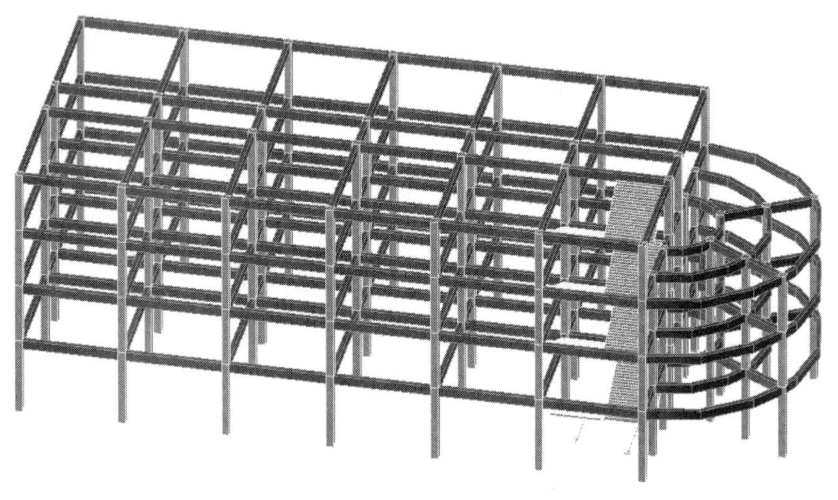

图 2-113　全楼模型图

2. 广义楼层组装

对于比较复杂的建筑，比如不对称的多塔结构、连体结构等，用前述普通楼层组装则不能满足要求，这时可采用程序提供的广义层概念进行组装。它通过在楼层组装时，为每一个楼层增加一个“层底标高”参数，该标高是相对于±0.000 的标高值。这样，模型中每个楼层在空间上的位置就由本层底标高确定，而不再依赖楼层组装顺序去判断楼层的高低位置了。以下通过练习 2-22 说明广义楼层的组装。

◆ **练习** 2-22：

在前面练习中建立的 2 个标准层基础上，再增加 2 个标准层（图 2-114），并将其组装成如图 2-115 所示的一栋带大底盘的 10 层结构。操作过程如下：

点击【楼层定义/换标准层】，点击<添加新标准层>，并选择<局部复制>，建立图 2-114（a）所示第 3 标准层，同样的方法，新建第 4 标准层[图 2-114（b）]。

点击【楼层组装/楼层组装】，在弹出的楼层组装对话框中，在右侧<组装结果>列表中“层号”的前 10 层的组装过程与练习 2-21 完全相同，此处不再重复。在<组装结果>列表中“层号”的第 11 层时，不勾选<自动计算底标高>，而在下面填入标高值“14.100”（该标高值根据 4.200+3.300×3=14.100 m 得出），从“层号”的第 12 层起，又可勾选<自动计算底标高>，最后的楼层组装表如图 2-116 所示。

组装完成后，点击【楼层组装/整楼模型】，在弹出的组装方案对话框中，选择<重修组装>，点击<确定>，则在屏幕绘图区域显示组装好的结构轴测图 2-115。

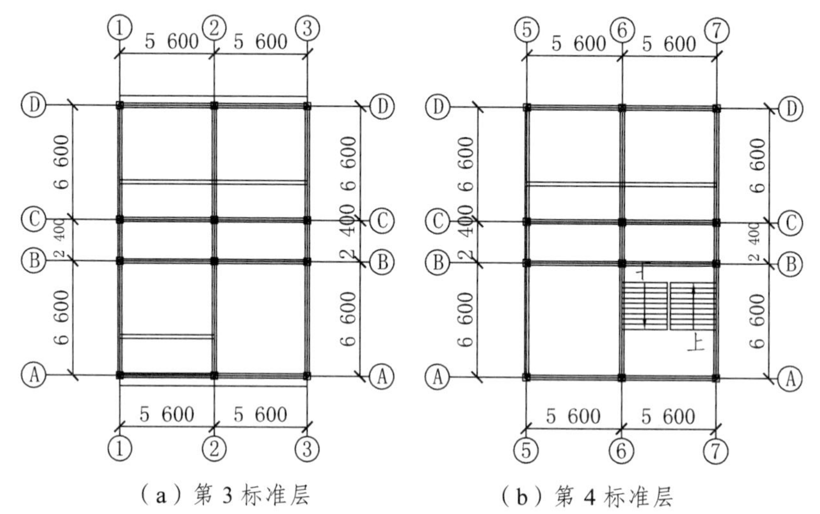

（a）第 3 标准层　　（b）第 4 标准层

图 2-114　新建标准层

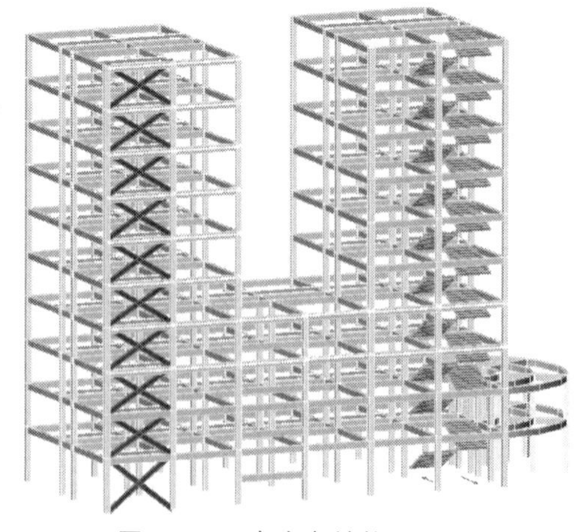

图 2-115　大底盘结构轴测图

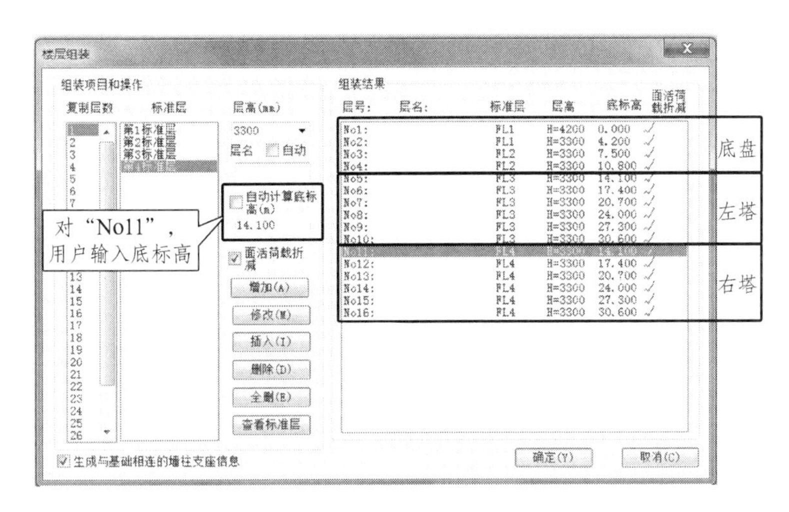

图 2-116　广义楼层组装表

➢　**提示:**

（1）楼层组装时，首层柱高度应从嵌固端算至第 2 层楼面，一般情况下，嵌固端取基础顶面。故首层柱高=结构首层层高+室内外高差+室外地面到基础顶面的距离。

（2）普通楼层组装应选择<自动计算底标高>，以便由软件自动计算各自然层的底标高。广义楼层的组装顺序，仍应遵循从下而上的原则，跳跃只限于在每塔组装完成后到组装另一塔之间。

（3）一般情况下，应勾选<生成与基础相连的墙柱支座信息>，软件可以自动判断并设置常规工程与基础相连的墙柱支座信息。若结构支座情况特别复杂，用户可自行通过【楼层组装/设支座】和【楼层组装/清除设置】命令修改。

（4）屋顶楼梯间、电梯间、水箱等通常应建入整体模型中进行计算分析。

（5）对于有地下室的结构，当采用 SATWE 等软件进行空间有限元整体分析时，应将地下室建入整体模型。

（6）当定义模型的顶层时，图 2-111 楼层组装对话框中的<面活荷载折减>则不应勾选。因为根据《荷载规范》的要求，对屋面活荷载不根据面积进行折减。

2.4.7.2　节点下传

一般情况下，PMCAD 中上下楼层之间的节点和轴网是对齐的，但某些情况下，也可能出现上层构件的定位节点在下层没有对齐节点的情况，如梁托柱、梁托墙、梁托斜杆、墙托柱、墙托斜杆、斜杆上接梁等情况，这时，有两种方式可以使节点自动下传：第一种方式，可以在【楼层组装/节点下传】弹出的对话框中点击<自动下传>按钮，程序将当前标准层相关节点自动下传至下方的标准层上；第二种方式，是在退出 PMCAD 时的提示对话框中勾选<生成梁托柱、墙托柱节点>，则程序会自动对所有楼层执行节点下传。所以一般情况下，可以不执行这个命令。

只有在一些特殊的情况下，才需要使用本命令弹出对话框中的<选择下传>功能。详见相关参考文献。

2.4.7.3 工程拼装

工程拼装的功能，是将多个分别建模的工程拼装到一起，从而形成一个完整的工程模型。对于一些大型复杂工程，常常分别由几个人同时在不同的计算机上建立工程的部分模型，再通过本命令，将各自建立的部分模型拼装到一起，以达到提高工效的目的。在进行拼装时，程序能够保留结构布置、楼板布置、各类荷载、材料强度以及在 SATWE 等后续分析软件中定义的特殊构件在内的完整模型数据。

工程拼装时，可以采用【单层拼装】，将几个单独建立的结构标准层（可以是在本机上建立的，也可以是在其他计算机上建立的）拼装为一个结构标准层，也可以采用【工程拼装】。【工程拼装】有两种方式，一种是<合并顶标高相同的楼层>，另一种是<楼层表叠加>，如图 2-117。第一种方式是将楼层顶标高都相同的楼层拼装为一层，且拼装出的这一层会形成一个新的标准层，又称为“合并层”方式。第二种方式是基于广义楼层的概念，直接将工程 B 的各标准层模型追加到工程 A 中，并将楼层组装表也添加到工程 A 的楼层表末尾，不改变原来两个工程各自的标准层组成。

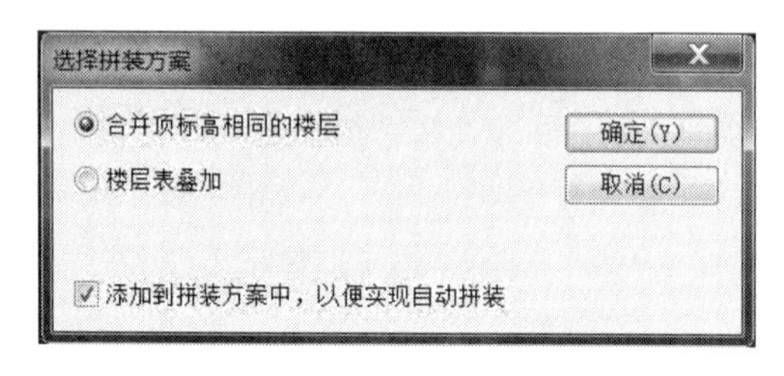

图 2-117 选择工程拼装方案对话框

2.4.7.4 支座设置

设置支座的主要作用是为 JCCAD 程序准备网点、构件及荷载等信息。支座设置有自动设置和手工设置两种方式。

1. 自动设置

进行楼层组装时，若选取了图 2-116 中左下角的<生成与基础相连的墙柱支座信息>，程序自动将最低楼层的墙、柱底标高低于在图 2-104 结构总信息设置对话框中设置的<与基础相连构件的最大底标高（m）>的节点（并且该节点下部没有其他构件）设置为支座。

2. 手工设置

对于特别复杂的工程，如果自动设置的支座不正确，可以利用【设支座】和【清除设置】命令手工修改。

➢ **提示：**

（1）清理网点功能对于同一片墙被无用节点打断的情况，即使此节点被设置为支座，也同样会被程序清理，从而使墙体合为一片。

（2）对于同一个标准层布置了多个自然楼层的情况，支座信息仅底层标高最低的楼层有效。

2.4.8 保存与退出

所有模型建立完成，点击【保存】，然后点击【退出】，建模工作结束。

➢ **提示：**

（1）在整个建模过程中，【保存】命令应经常做。

（2）点击【退出】后，如果屏幕上方有红色提示栏显示未完成操作，此时应返回相应菜单去执行完毕后再退出。退出时，程序自动完成导荷、数据检查等工作。

2.5　平面荷载显示与校核

模型建好后，可在 PMCAD 主菜单 2【平面荷载显示校核】中检查交互输入和自动导算的荷载是否准确。

荷载类型和种类很多，按荷载作用位置分为主梁、次梁、墙、柱、节点和房间楼板；按荷载工况分为恒载、活载及其他各种工况；按获得荷载的方法分为交互输入的、楼板导算的和自重（主梁、次梁、墙、柱、楼板）；按荷载作用构件位置分为横向和竖向；按荷载作用面分布密度分为分布荷载（均布、三角形、梯形）和集中荷载。

荷载检查有多种方法：文本方式和图形方式；按层检查和全楼检查；按横向检查和竖向检查；按荷载类型和种类检查。

2.5.1　荷载显示校核的内容

在 PMCAD 主菜单（图 2-2）中选择【②平面荷载显示校核】，双击它或者点击<应用>，进入平面荷载显示校核，程序缺省显示第一层的楼面恒、活荷载，如图 2-118 所示。

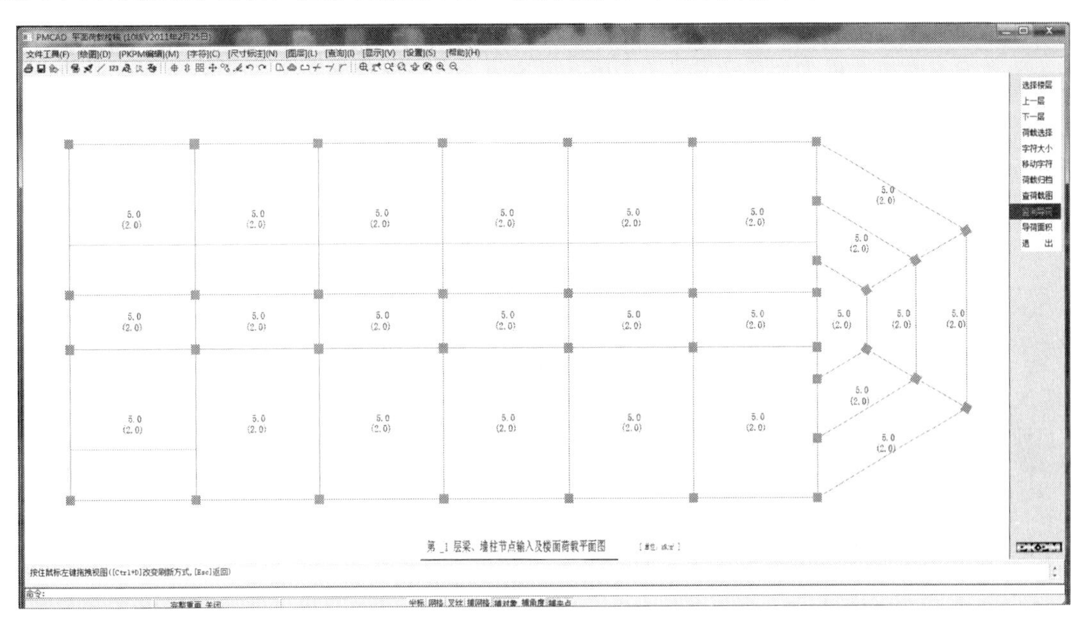

图 2-118　平面荷载显示校核

2.5.1.1　荷载选择及校核

点击【荷载选择】，程序弹出图 2-119 所示荷载校核选项对话框。

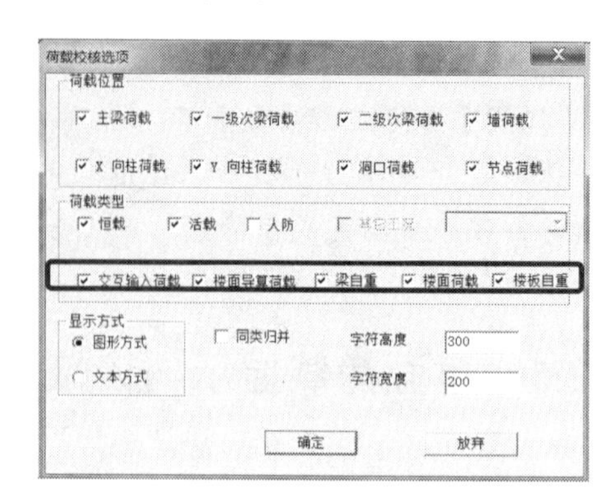

图 2-119　荷载校核选项对话框

在该对话框中，用户可以选择以<图形方式>或<文本方式>显示校核不同构件或节点上作用的不同类型的荷载（包括恒载、活载、交互输入荷载、楼面导算荷载、自重荷载等）。如图 2-119 所示，勾选相应的荷载类型，并以<图形方式>显示，则屏幕绘图区域出现第一层楼面恒、活荷载，梁、板自重，以及各梁的导算荷载，如图 2-120 所示。

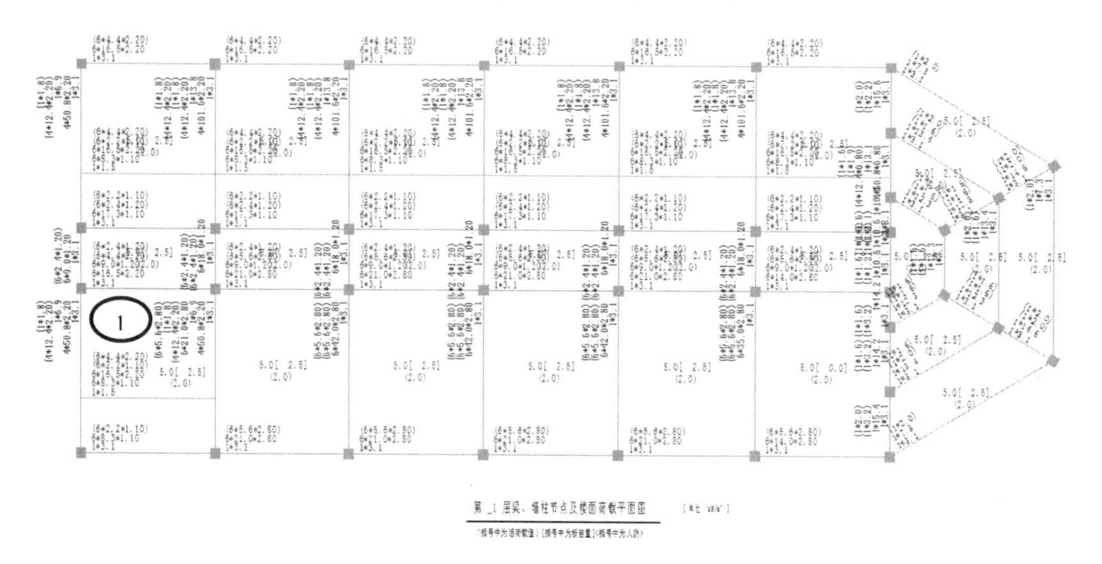

图 2-120　第 1 层梁及楼面荷载平面图

下面以图 2-120 中的“1”号房间为例，说明图中显示的各数字含义。板面正中的三个数字依次为楼面恒载、板自重（中括号内）、板面活载（小括号内），如图 2-121 所示。我们以图中①号梁为例，说明梁上显示的荷载。从右向左依次为：

1*3.1，它表示梁自重。其中，第一个数字“1”表示梁上荷载类型为均布荷载（表 2-7 中的 KL 值）；第二个数字“3.1”表示均布荷载的大小（表 2-7 外加荷载示意图中的 P 值），因为本框架梁截面尺寸为 250 mm×500 mm，故将自重换算为均布荷载为：0.25×0.5×25=3.125 kN/m，程序仅显示了小数点后一位。

4*50.8*2.20，它表示由次梁传来的集中恒荷载。其中，第一个数字“4”表示 KL 值为 4，即表 2-7 中的集中荷载；第二个数字“50.8”表示集中荷载的大小，包括：

由次梁自重传来的集中力：0.2×0.3×25×5.6/2=4.2 kN

由次梁传来的板的自重集中力：(16.5×1.2+2×2.2×16.5×1/2)/2+(8.25×3.4+2×1.1×8.25×1/2)

/2=46.612 5 kN（其中的 16.5 为在图 2-121（b）中，Ⓐ区域范围内板自重传来的梯形分布荷载的最大荷载集度，即（5+2.5）×2.2=16.5 kN/m；8.25 为在图 2-121（b）中，Ⓑ区域范围内板自重传来的梯形分布荷载的最大荷载集度，即（5+2.5）×1.1=8.25 kN/m），

故由次梁传来的总的恒载集中力大小为 4.2+46.6125=50.812 5 kN，程序四舍五入取 50.8 kN。

第三个数字“2.20”表示集中力作用的位置，在距该框架梁端 2.2 m 处，即表 2-7 中“外加荷载示意图中的 *X* 值”。

1*6.9，表示图 2-121（b）中，Ⓒ、Ⓓ两块三角形板区域传来的等效均布恒荷载。其中，第一个数字“1”表示梁上荷载类型为均布荷载；第二个数字“6.9”表示均布荷载的大小：（16.5×4.4+8.25×2.2）/（2×6.6）=6.875 kN，程序四舍五入取 6.9 kN。

（4*12.4*2.20），表示由次梁传来的集中活荷载。

（1*1.8），表示图 2-121（b）中，Ⓒ、Ⓓ两块三角形板区域传来的等效均布活荷载。由于活荷载的计算方法与恒载计算方法类似，此处不再赘述。

“1”号房间中其余框架梁及次梁上的荷载含义与上述内容类似，读者可参考上述说明自行计算验证。

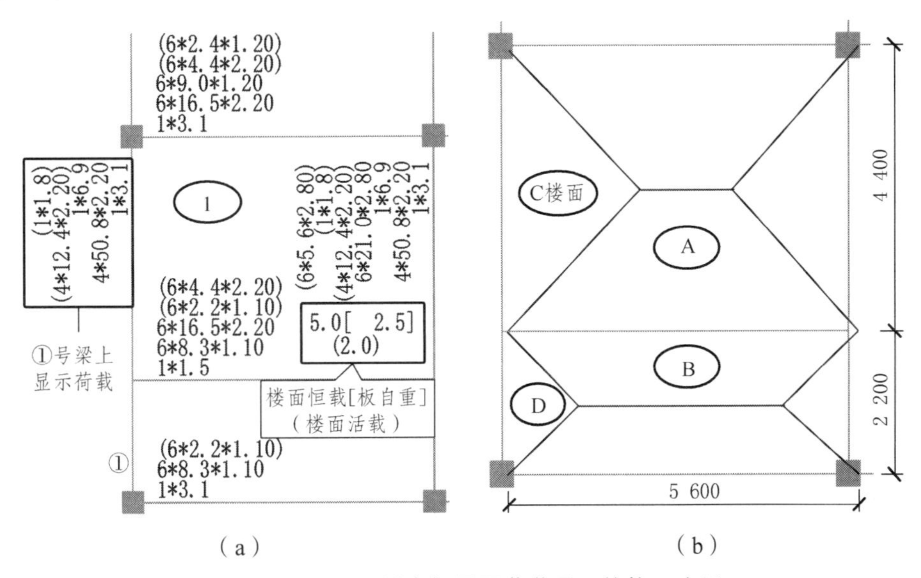

图 2-121　“1”号房间平面荷载显示校核示意图

➤ **提示：**

对于梁上荷载类型，PMCAD 中共定义了 12 种，见表 2-7。

表 2-7　PMCAD 中外加荷载数据格式

荷载类型	KL 值	外加荷载示意图
均布	1	P

续表

荷载类型	KL 值	外加荷载示意图
左均布	2	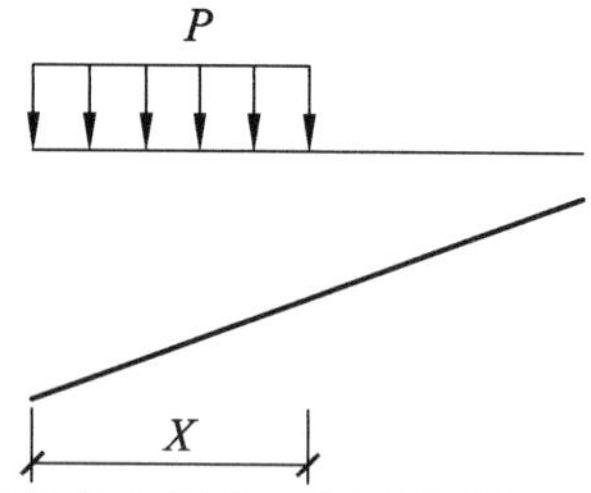
右均布	3	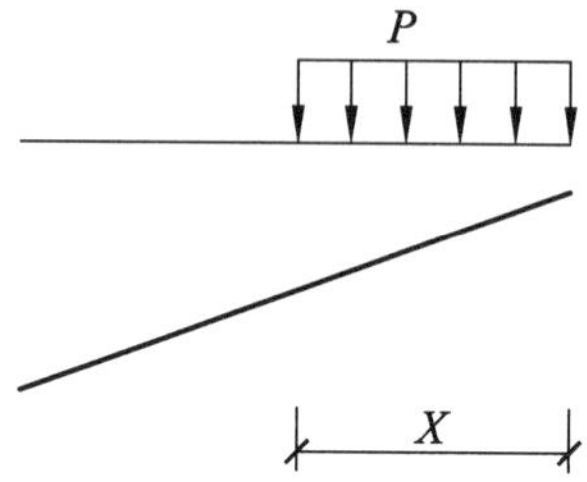
集中荷载	4	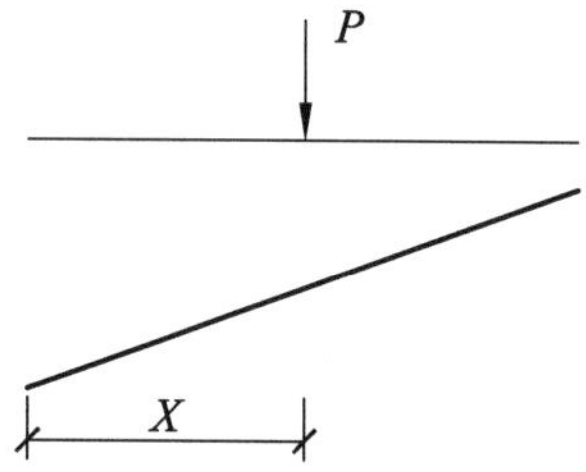
满布梯形（$X=L/2$）	6	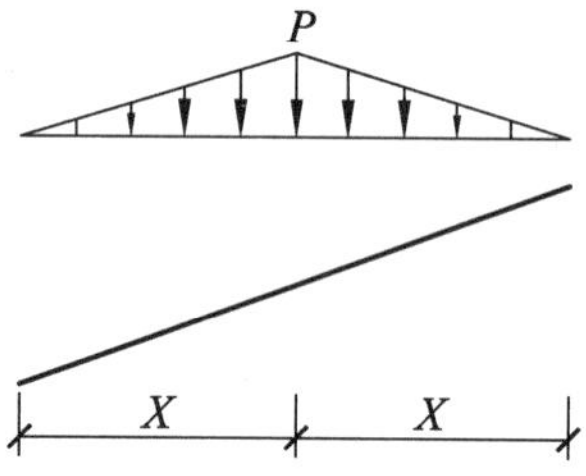
满布梯形（$X<L/2$）		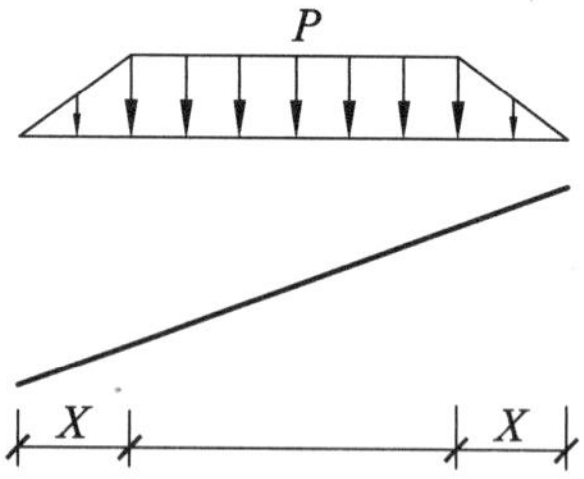
分布三角形	10	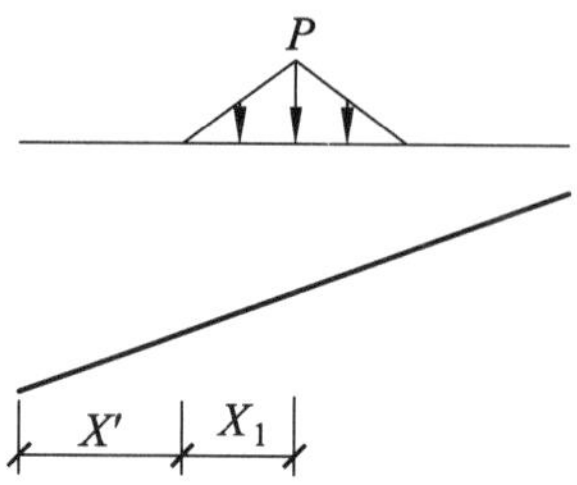

续表

荷载类型	KL 值	外加荷载示意图
分布梯形	11	P，P_1，X，X_1
水平集中	24	P，X
水平均布	21	P
集中扭矩	64	T
均布扭矩	61	T

说明：

1. 当 KL=1 时，只需输入 P 值；KL=2，3，4，6 时，需输入 P、X 两值；KL=10 时，需输入 P、X、X_1 值；KL=11 时，需输入 P、P_1、X、X_1 值。

2. 以上荷载均以图示为正，反之为负。

2.5.1.2 荷载归档

该菜单用来自动生成全楼各层的各种荷载图并保存，方便存档。点击【荷载归档】，程序弹出荷载归档选项对话框，在该对话框中选择需要显示的荷载，确定后弹出选择楼层对话框，在该对话框中选择要归档的楼层，并可自定义图名，缺省图名为所选择的荷载类型和荷载工况。

2.5.1.3 查荷载图

荷载归档后，可用本菜单参看前面已经归档的荷载图，如图 2-122。

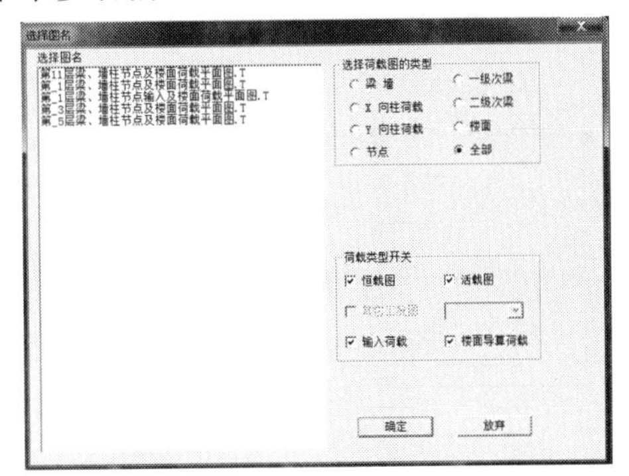

图 2-122 查荷载图对话框

2.5.1.4　竖向导荷

该菜单用于计算作用于任意层柱底或墙底的由其上各层传来的恒活荷载。点击【荷载归档】，程序弹出竖向导荷选项对话框，如图 2-123 所示。

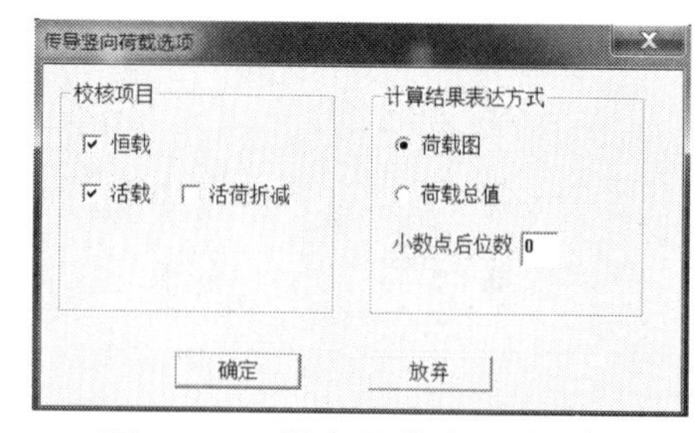

图 2-123　竖向导荷选项对话框

该对话框中的<活荷折减>根据《荷载规范》第 5.1.2-2 条，设计墙、柱和基础时的活荷载折减，程序取用荷载规范规定值为缺省值。在 SATWE、TAT、PMSAP 等三维计算软件中也可考虑这种折减。

计算结果可以用<荷载图>或<荷载总值>表达，分别见图 2-124（a）及（b）。

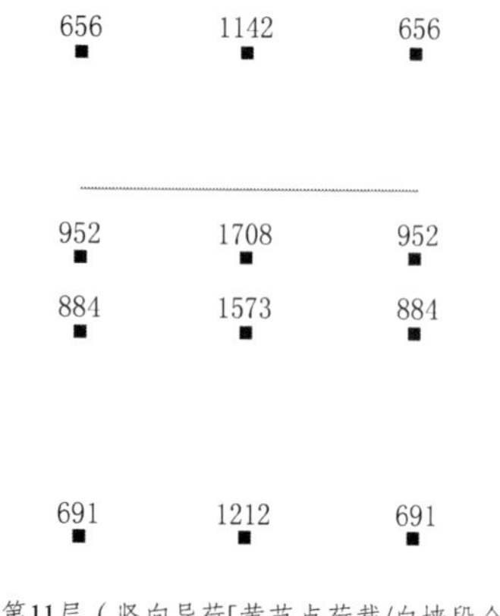

（a）荷载图表达

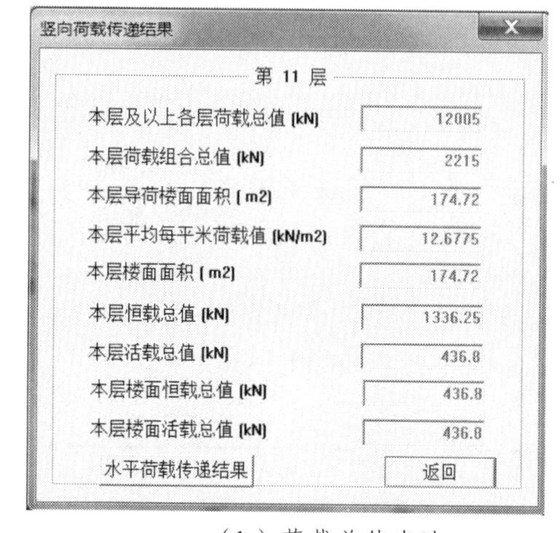

（b）荷载总值表达

图 2-124　第 11 层竖向导荷结果

2.5.1.5　导荷面积

该菜单用来显示参与导荷的房间号及房间面积，如图 2-125 所示。

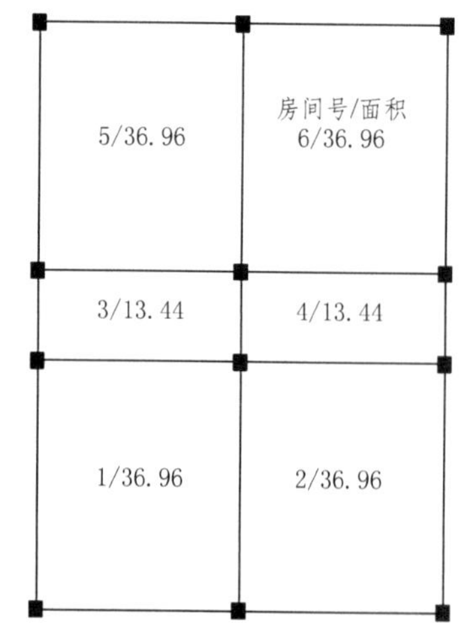

图 2-125　房间号及导荷面积

2.5.2　平面导荷原则

楼面均布荷载传导路线如下：

（1）现浇矩形板时，按梯形或三角形规律导到次梁或框架梁、墙，程序缺省屈服线角度为 45°。

（2）预制板按板的铺设方向导荷。

（3）房间周边网格上如果同时存在梁和墙，则楼面荷载优先导算至墙上。

（4）有次梁时，荷载先传至次梁，再从次梁传给主梁或墙。

（5）房间为非矩形时，或房间为矩形但某一边由多于一根的梁、墙组成时，近似按房间周边各杆件长度比例分配楼板荷载。

（6）房间如果设置了全房间洞则不会进行楼面导荷。但如果只是将板厚设置为 0，则仍会导算房间恒活荷载。

（7）如果在主菜单 1 的【荷载输入/恒活设置】中勾选了<.考虑活荷载折减>，则导算到梁上的楼面活荷载会折减。

（8）悬挑板荷载会按均布荷载传至其布置的梁或墙上，但未考虑对梁或墙产生的扭矩。

（9）房间内有二级次梁或交叉次梁时，程序先将楼板上荷载自动导算到次梁上，再把每一房间的次梁当作一个交叉梁系作超静定分析求出次梁的支座反力，并将其加到承重的主梁或墙上。计算完各房间次梁，再把每层主梁当作一个以柱和墙为竖向约束支承的大的交叉梁系计算。计算时，梁下有墙或柱处无位移，但在无柱节点处有三个位移，通过这种计算可保证在无柱节点处梁与梁之间荷载传递正确。经过以上两步交叉梁系计算后，原则上，一根梁作为主梁输入和作为次梁输入这两种方式，在导荷时对该梁本身和结构整体计算的结果是一样的。

各层恒活荷载，包括结构自重，可逐层顺承重结构传下，形成作用于底层柱、墙根部的荷载，可用作基础设计，因未作柱墙与梁间的有限元分析，故该荷载仅为竖向轴力，无柱底墙底的剪力弯矩。PM 恒活荷载往下传导时，柱的上下层荷载传递是一一对应的；对于墙，如果上下层墙体的节点是一一对应的，则上层荷载也可一一对应直接传给下层，但是如果墙布置时上下层节点并不一一对应，则程序也会基于一定的原则将当前层墙上的荷载往下传，此处不再赘述。

2.6　画结构平面图

荷载校核后，可进入 PMCAD 主菜单 3【画结构平面图】，它属于 PKPM 软件的后处理模块，需接力 PM 生成的模型和荷载导算来完成计算。在 PMCAD 主菜单（图 2-2）中选择【③画结构平面图】，双击它或者点击<应用>，进入板施工图绘图环境，程序自动打开第 1 标准层平面图，如图 2-126 所示。

该界面上侧的下拉菜单主要有两大类：一类是通用的图形绘制、编辑、打印等内容；另一类是含专业功能的四列下拉菜单，包括施工图设置、平面图标注轴线、平面图构件标注、大样详图。

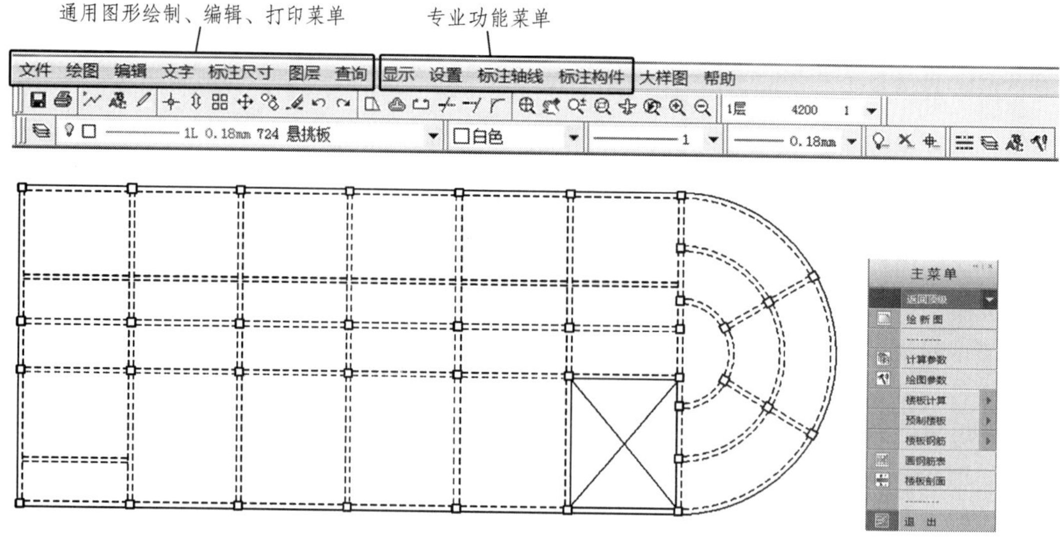

图 2-126 板施工图绘制界面

屏幕右侧菜单主要为专业设计的内容，包括楼板计算、预制楼板、楼板钢筋等内容。

所绘制的施工图均放在“工程目录/施工图”路径下，文件名为“PM*.T”，其中“*”为层号。每次进入软件或切换楼层时，在施工图目录下搜寻相应的缺省名称的 T 图文件，若找到，程序则打开旧图继续编辑，若没有找到，则根据用户的相关设置计算并生成以缺省名称命名的 T 图文件。

2.6.1 绘新图

执行图 2-126 右侧主菜单【绘新图】，程序弹出图 2-127 所示的选择对话框。

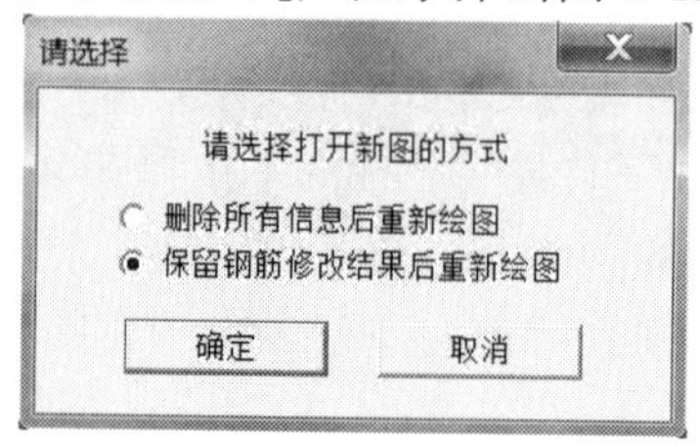

图 2-127 绘新图对话框

<删除所有信息后重新绘图>：将内力计算结果，已经布置过的钢筋，已经修改过的边界条件等全部删除，当前层需要重新生成边界条件，内力需要重新计算。

<保留钢筋修改结果后重新绘图>：保留内力计算结果及生成的边界条件，仅将已经布置的钢筋施工图删除，重新布置钢筋。

➢ **提示：**

<删除所有信息后重新绘图>：一般用于当 PMCAD 主菜单一中的模型或荷载有修改时，或想修改楼板计算时的一些参数重新计算内力时选用。

2.6.2 计算参数

在进行楼板内力及配筋计算前，应先设置相关计算及配筋参数。点击右侧主菜单【计算参数】，弹出图 2-128 所示楼板配筋参数对话框。该对话框包括三个部分的参数设置：配筋计算参数、钢筋级配表、连板及挠度参数。以下分别进行说明。

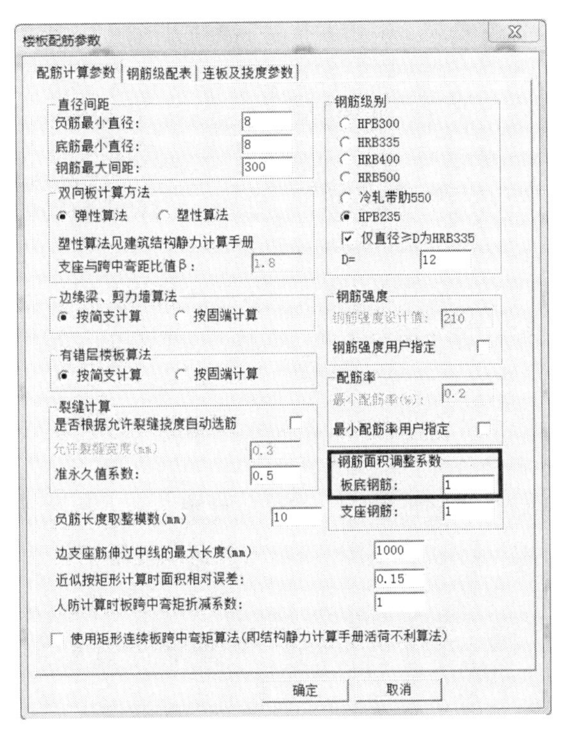

图 2-128　楼板配筋计算参数对话框

2.6.2.1　配筋计算参数

1. 直径间距

当此处设置了相应的值后，程序在选实配钢筋时，首先满足规范及构造要求，其次再与用户在此处设置的数值做比较，如自动选出的直径小于用户设置的值，则取用户设置的值，否则取自动选择的结果。

2. 双向板计算方法

有弹性或塑性两种计算方法。由于我国楼板厚度普遍较小，为了减小楼板开裂等不利影响的风险，一般均采用弹性算法。若要采用塑性算法，则需要设置支座与跨中弯矩的比值 β，该比值一般取 1.5 ~ 2.5。若 β 值过小（β<1.5），会使支座截面弯矩调幅过大，导致裂缝的过早开展；β 值过大（β>2.5），则易形成局部破坏机构，降低极限荷载。

3. 边缘梁、剪力墙算法

分固端和简支两种。一般选择简支，以消除梁、墙的扭矩，此时可手工调整（适当增大）该位置的支座钢筋。若此处选择固端，则宜将<板底钢筋>的钢筋面积调整系数（图 2-128）填为大于 1 的数，如 1.05。

4. 有错层楼板算法

支座按固端或简支计算，一般选择简支。

5. 裂缝计算

<是否根据允许裂缝挠度选择钢筋>：若勾选，则程序选出的钢筋不仅满足强度计算要求，还将满足允许裂缝宽度及挠度要求。一般初次进行配筋计算时，不勾选本选项，等程序配筋计算完成后，分别查看图 2-134 所示楼板计算菜单中的<裂缝>及<挠度>菜单，若显示的结构裂缝及挠度验算结果均符合《混凝土规范》要求，则此参数不勾选；若显示的结构裂缝及挠度验算结果均只超过规范限值很小（如三级裂缝控制等级的结构，计算出的最大裂缝宽度为 0.31 mm），此时可回到本页面，勾选本参数，让程序通过调整钢筋的方法，满足允许裂缝挠度限值；但如果显示的结构裂缝及挠度验算结果超过规范限值较多，则不宜勾选本参数（因为通过直接增加钢筋的做法来满足裂缝及挠度限值是极不经济的），而应通过调整结构布置、修改构件截面参数、调整配筋直径等方法进行调整，直到裂缝及挠度验算结果基本满足规范限值为止。

<允许裂缝宽度>：根据所设计结构中板的裂缝控制等级，填写规范规定的允许裂缝宽度。参见《混凝土规范》3.4.5 条及 3.5.2 条。

<准永久值系数>：在做板挠度计算时，荷载取准永久组合，其中活荷载的准永久值系数采用此处设定的数值。对于不同结构，用户应根据《荷载规范》第 5 章的相关规定填写。

6. 钢筋级别

根据《混凝土规范》第 4.2.1 条，纵向受力普通钢筋宜优先采用 HRB400、HRB500、HRBF400、HRBF500。

7. 钢筋强度

对于钢筋强度设计值为非规范指定值时，用户可自行指定钢筋强度，程序按此值计算钢筋面积。

8. 配筋率

程序缺省取《混凝土规范》表 8.5.1 中规定的最小配筋率，也可由用户自行指定最小配筋率。

9. 钢筋面积调整系数

程序隐含为 1。若板采用弹性算法，此处可用程序隐含值；若板采用塑性算法，可将计算配筋面积略微放大，此处可填写 1.05。

10. 负筋长度取整模数

对于支座负筋长度，程序按此处设置的模数取整。

11. 边支座筋伸过中线的最大长度

根据《混凝土规范》中钢筋锚固要求，对于普通的板边支座，一般的做法是板负筋伸至支座外侧减去保护层厚度，再根据规范锚固长度的要求做弯锚。即该值可填写：（支座宽度/2-保护层厚度）。但如果支座宽度较大，直接按上述计算方法计算则可能造成钢筋浪费，因此，程序规定支座负筋至少伸至中心线，在满足锚固长度的前提下，伸过中心线的最大长度不超过用户所设定的数值。对于无梁楼盖，此时可根据《混凝土结构施工图平面整体表示方法制图规则和构造详图》11G101-1 中板带端支座纵向钢筋构造要求计算确定边支座筋伸过中线的最大长度。

◆　**练习 2-23：**

某钢筋混凝土板边支座为现浇钢筋混凝土梁，截面尺寸为 300 mm×600 mm，板厚 120 mm，板支座钢筋为 HRB400，直径 8 mm，混凝土采用 C30。试确定边支座筋伸过中线的最大长度（板顶支座钢筋按充分利用钢筋抗拉强度计算）。

板顶支座钢筋伸入支座所需的最小水平段锚固长度为(从梁内侧算起)：$0.6l_{ab}=0.6\alpha\dfrac{f_y}{f_t}d=0.6\times0.14\times\dfrac{360}{1.43}\times8=169.2\text{ mm}$，取 180 mm。由于梁截面宽 300 mm，扣除梁混凝土保护层厚度 20 mm，还剩 280 mm>180 mm，足够板顶支座钢筋所需的锚固长度。由此算出边支座筋伸过中线的最小长度为：180−300/2=30 mm。

板底支座钢筋伸入梁下部所需的最小锚固长度为（从梁内侧算起）：5d=5×8=40 mm，且至少伸到梁中线。

因此，根据上述计算，<边支座筋伸过中线的最大长度>可填写为 30 mm 或略大于 30 mm。

12. 近似按矩形计算时面积相对误差

由于平面布置的需要，有时候在平面中存在与规则矩形很接近的非规则房间，如图 2-129 所示。对于此种情况，其板的内力计算结果与规则板的计算结果很接近，可直接按规则板计算。

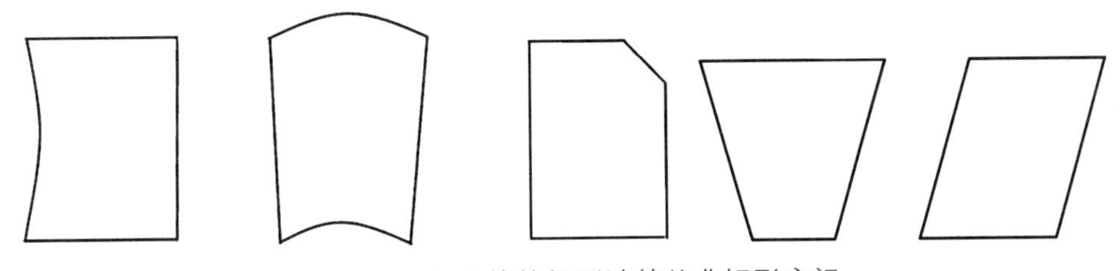

图 2-129　可直接按矩形计算的非矩形房间

13. 人防计算时板跨中弯矩折减系数

根据《人防规范》第 4.10.4 条规定，当板的周边支座横向伸长受到约束时，其跨中截面的计算弯矩值对梁板结构可乘以折减系数 0.7，对无梁楼盖可乘以折减系数 0.9，若在板的计算中已计入轴力的作用，则不应乘以折减系数。

14. 矩形连续板跨中弯矩算法

即是否选用《建筑结构静力计算手册》中介绍的考虑活荷载不利布置的算法。考虑活荷载不利布置主要是为了求出结构跨中和支座的最大内力。一般情况下，目前国内混凝土结构高层建筑由永久荷载和活荷载引起的单位面积重力荷载，框架与框架-剪力墙结构为 12 ~ 14 kN/m^2，剪力墙和筒体结构为 13 ~ 16 kN/m^2，而其中活荷载部分为 2 ~ 3 kN/m^2，只占全部重力的 15% ~ 20%，活荷载不利分布的影响较小。所以，一般情况下，可不考虑考虑楼面活荷载不利布置的影响。但根据《高层规范》5.1.8 条的规定，当楼面活荷载大于 4 kN/m^2 时，应考虑楼面活荷载不利布置引起的结构内力的增大，即此时可勾选该选项。

➢　**提示：**

此处设置的配筋计算参数与《混凝土规范》的相关规定相比，还应注意：

（1）根据《混凝土规范》9.1.6 条规定，按简支边或非受力边设计的现浇混凝土板，当与混凝土梁、墙整体浇筑或嵌固在砌体墙内时，应设置板面构造钢筋。具体要求参看规范条文，此处略。

（2）根据《混凝土规范》9.1.8 条规定，在温度、收缩应力较大的现浇板区域，应在板的表面双向配置防裂构造钢筋。配筋率均不宜小于 0.10%，间距不宜大于 200 mm。防裂构造钢筋可利用原有钢筋贯通布置，也可另行设置钢筋并与原有钢筋按受拉钢筋的要求搭接或在周边构件中锚固。楼板平面的瓶颈（在产生应力集中的蜂腰、洞口、转角等易开裂部位）部位宜适当增加板厚和配筋。沿板的洞边、凹角部位宜加配防裂构造钢筋，并采取可靠的锚固措施。

2.6.2.2 钢筋级配表

点取钢筋级配表，如图 2-130，程序含有隐含值，用户可根据选筋习惯对该表进行修改。一般不宜在板中同时选用直径相同，而间距相近的钢筋级配，以免在施工中出现工人放错钢筋，又不易检查出的情况。

2.6.2.3 连板及挠度参数

在该对话框中设置连续板计算时所需的参数（图 2-131）。楼板计算分为自动计算和连板计算，二者的区别详见 2.6.4 节叙述。

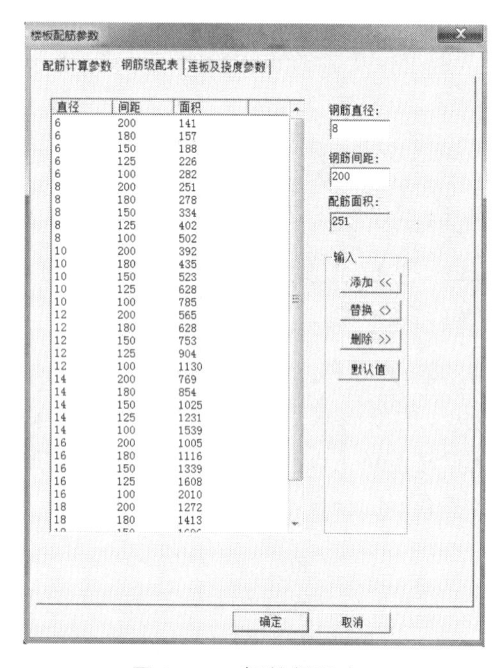

图 2-130 钢筋级配表

图 2-131 连板及挠度参数对话框

1. 负弯矩调幅系数

对于现浇楼板，一般取 1.0，即不进行弯矩调幅。若要按塑性方法计算，考虑弯矩调幅，则该调幅系数一般不小于 0.80。

2. 左（下）、右（上）端支座

均可设置为“铰接”。

3. 板跨中正弯矩按不小于简支板跨中正弯矩的一半调整

板底弯矩是否根据《高层建筑混凝土结构技术规程》JGJ 3-2010（以下简称《高层规程》）

5.2.3 条的条文说明（在竖向荷载作用下，框架梁端负弯矩往往较大，配筋困难，不便于施工和保证施工质量。因此允许考虑塑性变形内力重分布对梁端负弯矩进行适当调幅。钢筋混凝土的塑性变形能力有限，调幅的幅度应该加以限制。框架梁端负弯矩减小后，梁跨中弯矩应按平衡条件相应增大。截面设计时，为保证框架梁跨中截面底钢筋不至于过少，其正弯矩设计值不应小于竖向荷载作用下按简支梁计算的跨中弯矩之半），按不小于简支弯矩的一半考虑，如果板内力计算时，未考虑弯矩调幅，即<负弯矩调幅系数>取 1，则此处不勾选；若 <负弯矩调幅系数>取小于 1 的数，则此处可勾选。

4. 次梁形成连续板支座

此项指在连续板串方向如果有次梁，次梁是否按支座考虑。一般应勾选。

5. 荷载考虑双向板作用

形成连续板串的板块，有可能是双向板，此板块上作用的荷载是否考虑双向板作用。如果考虑，程序自动分配板式两个方向的荷载；否则板上的均布荷载全部作用在该板串方向。一般情况下可勾选。

6. 挠度限值

在做板挠度计算时，挠度值是否超限按此处用户设置的数值验算。该数值宜填写成《混凝土规范》表 3.4.3 中规定的数值。及当计算跨度 $l_0<7$ m 时，挠度 $f \leqslant l_0/200(l_0/250)$；$7\text{ m} \leqslant l_0 \leqslant 9$ m 时，$f \leqslant l_0/200(l_0/300)$；$l_0>9$ m 时，$f \leqslant l_0/300(l_0/400)$。其中括号中的数值用于使用上对挠度有较高要求的构件。

2.6.3 绘图参数

点击右侧主菜单【绘图参数】，弹出图 2-132 所示对话框。在该对话框中设置结构平面施工图的相关绘图参数。修改钢筋的设置不会对已绘制的图形进行改变，只对修改后新绘图起作用。

1. 负筋位置

<界线位置>：负筋标注时的起点位置。一般选择梁边。

<尺寸位置>：标注负筋尺寸时标注在负筋的上方还是下方。一般选择下方。

2. 负筋标注

可按尺寸标注，也可按文字标注。两者的区别主要在于是否画尺寸线及尺寸界线。

3. 多跨负筋

<长度>：选择“1/4 跨长”或“1/3 跨长”时，程序直接按该设定值确定多跨负筋长度；选择“程序内定”时，则与恒载和活载的比值有关，当 $q \leqslant 3g$ 时，负筋长度取跨度的 1/4；当 $q>3g$ 时，负筋长度取跨度的 1/3。其中，q 为可变荷载设计值，g 为永久荷载设计值。一般可采用“程序内定”。

<两边长度取大值>：为方便施工，一般可选择“是”。

<负筋自动拉通距离>：当相邻板相邻支座负筋距离小于该设定值时，程序自动将该相邻支座的负筋拉通。如图 2-133 所示，（a）图为<负筋自动拉通距离>设置为 50（单位：mm）时，

程序绘出的板配筋图，由于两相邻支座负筋间距为 140 mm，修改<负筋自动拉通距离>为 140 mm，重新配筋后，程序绘出的板配筋图如图 2-133（b）所示。

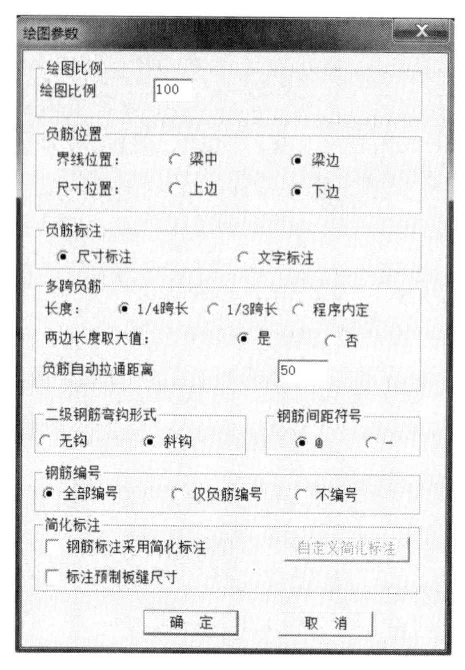

图 2-132 绘图参数对话框

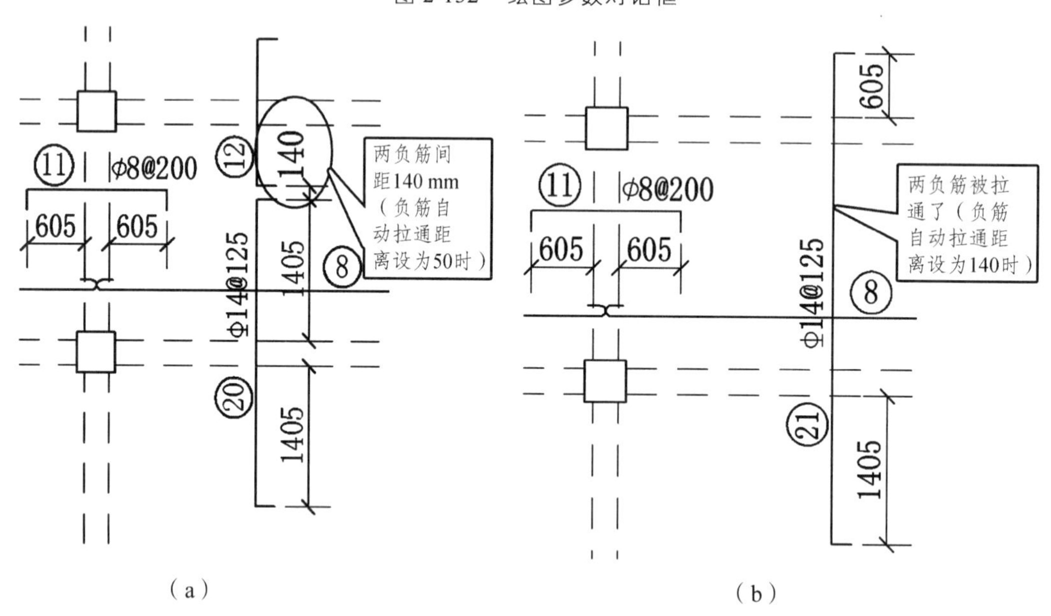

图 2-133 不同负筋自动拉通距离下的板配筋图

4. 二级钢筋弯钩形式及钢筋间距符号

可根据绘图习惯选择。

5. 钢筋编号

板钢筋编号时，相同钢筋均编同一个号，只在其中的一根上标注钢筋信息及尺寸。不编号时，则图上的每根钢筋没有编号，而在每根钢筋上都标注钢筋的级配及尺寸。此处有三种选择：正负钢筋都编号、仅负筋编号、都不编号。用户可根据习惯选择。

6. 简化标注

当采用简化标注时，对于支座负筋，当左右两侧长度相等时，仅标注负筋的总长度。用户也可自定义简化标注。

2.6.4　楼板计算

点击右侧主菜单【楼板计算】，它包括图 2-134 所示菜单内容。

其中【计算参数】与 2.6.2 节所述内容完全相同，此处不再重复。

图 2-134　楼板计算菜单

2.6.4.1　板厚、荷载及边界条件修改

在进行计算之前，可根据工程情况，修改板厚、板面恒活荷载，以及边界条件（固定（红色表示）、简支（蓝色表示）或自由）。点击图 2-134 中相应的菜单命令，即可执行相应的操作，此处不再详述。

➢　**提示：**

1. 此处修改板厚或楼面荷载会直接同步修改 PMCAD 中的数据，修改后需回到 PM 主菜单 1，重新过一遍，以正确完成导荷，再接力此处的楼板计算。

2. 板计算之前，必须生成各板块的边界条件，首次生成板的边界条件按以下条件形成：

① 公共边界没有错层的支座两侧均按固定边界；

② 公共边界有错层（错层值相差 10 mm 以上）的支座两侧均按楼板配筋参数中的“错层楼板算法”设定；

③ 非公共边界（边支座）且其外侧没有悬挑板布置的支座楼板按楼板配筋参数中的“边缘梁、墙算法”设定；

④ 非公共边界（边支座）且其外侧有悬挑板布置的支座按固定边界。

2.6.4.2 计算方法

程序有自动计算和连板计算两种计算方法。

1. 自动计算

自动计算时程序会对各块板逐块做内力计算，对非矩形的凸形不规则板块，则程序用边界元法计算该板块，对非矩形的凹形不规则板，则程序用有限元法计算该块板，程序自动识别板的形状类型并选择相应的计算方法。对于矩形规则板，采用用户在楼板配筋计算参数对话框中指定的弹性或塑性的计算方法。房间内有次梁时，程序对房间按被次梁分割的多个板块计算。

自动计算时，每块板不考虑相邻板块的影响，但会考虑该板块是否是独立的板块，以考虑是否按<楼板配筋计算>参数中的“矩形连续板跨中弯矩算法（即结构静力计算手册中“活荷载不利算法”）”进行计算。如果是连续板块则可考虑活荷载不利算法，否则仅按独立板块计算。对于中间支座两侧板块大小不一，板厚不同的情况，程序分别按两块板计算内力及配筋面积，实配钢筋则是取两侧计算面积的较大值。

点击【自动计算】，如果之前已经执行过计算，并在板上布置了钢筋，程序弹出图 2-135 所示对话框，如果修改了计算条件，并想重新布置钢筋，则选择第 1 个选项。

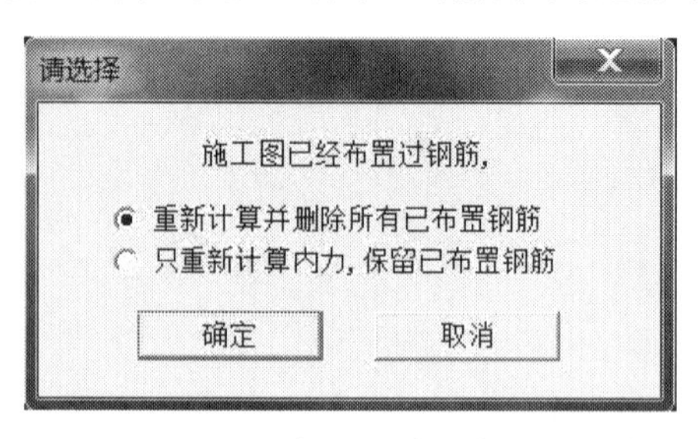

图 2-135　是否保留已布置钢筋对话框

程序在这里对每个房间完成板底和支座的配筋计算，房间就是由主梁和墙围成的闭合多边形。当房间内有次梁时，程序对房间按被次梁分割的多个板块计算。

2. 连板计算

对于自动计算，各板块是分别计算其内力，不考虑相邻板块的影响，因此对于中间支座两侧，其弯矩值可能存在不平衡的问题。对于跨度相差较大的情况，这种不平衡弯矩会更为明显。**为了在一定程度上考虑相邻板块的影响，特别是对于连续单向板，当各块板的跨度不一致时，其内力就可在跨度方向上按连续梁的方式计算，以满足中间支座弯矩平衡的条件，同时考虑相邻板块的影响。因此对于这种情况，可采用“连板计算”。**

若需要按连板计算，则点击【连板计算】，屏幕下方命令提示栏提示：请指定连续板串的起点（[Esc]返回）。这时用鼠标点击想做连续板串计算的起始板边缘。命令提示栏再提示：请指定连续板串的终点（[Esc]返回）。这时再用鼠标点击想做连续板串计算的结束板边缘。于是程序就沿这两点的方向对该指定的连续板串进行计算，并马上将计算结果写在板上，取代原来单个板块的计算结果。如果想取消连板计算，只能重新点取<自动计算>。

2.6.4.3 房间编号

选此菜单，可全层显示各房间编号。当自动计算时，提示某房间计算有错误时，方便用户检查。

2.6.4.4 计算结果显示

计算出板的内力后，程序就可以根据用户定义的配筋参数，计算配筋面积，再根据定义的钢筋级配库，选取实配钢筋。做完计算后由程序选出的实配钢筋，只能作为楼板设计的**基本钢筋数据**，其与施工图中的最终钢筋数据有所不同。

有了楼板的计算内力和基本钢筋数据后，可以通过楼板计算菜单中的相应菜单显示其计算结果及实配钢筋，如显示弯矩、计算面积、实配钢筋、裂缝宽度等。对矩形房间，还可显示支座剪力及跨中挠度。这些计算结果均显示在“板计算结果*.T”（*代表层号）中，如果需要保存计算结果于图形文件中，则需执行下拉菜单“文件”中的“另存为”命令，否则仅能保存最后一次显示结果。

➢ **提示：**

（1）基本钢筋数据主要是指通过内力计算确定的结果，而最终钢筋数据应是以基本钢筋数据为依据，但可能由用户做过修改，或者拉通（归并）等操作。如果最终钢筋数据是经过基本钢筋数据修改调整而来，再次执行自动计算则钢筋数据又会恢复为基本钢筋数据。

（2）当楼板某一条边的边界条件不统一时（如某边部分为固定支座，部分为铰支座），程序则不能完成该房间的挠度计算，需手工调整边界。

（3）板的计算书仅对弹性计算时的规则现浇板起作用。计算书包括内力、配筋、裂缝和挠度。

2.6.4.5 面积校核及修改钢筋

【面积校核】可将实配钢筋面积与计算钢筋面积做比较，以校核实配钢筋是否满足计算要求。实配钢筋与计算钢筋的比值小于 1 时，以红色显示。另外，可以根据需要修改板内实配钢筋。

➢ **提示：**

当用【面积校核】菜单，发现有实配钢筋与计算钢筋的比值小于 1 的情况时，可点取修改钢筋的相应命令，修改相应钢筋，宜使实配钢筋与计算钢筋的比值不小于 1。修改结束后，回到主菜单，程序会弹出如图 2-136 所示提示框，用户应在后续的板施工图中对修改过的钢筋作对应修改。

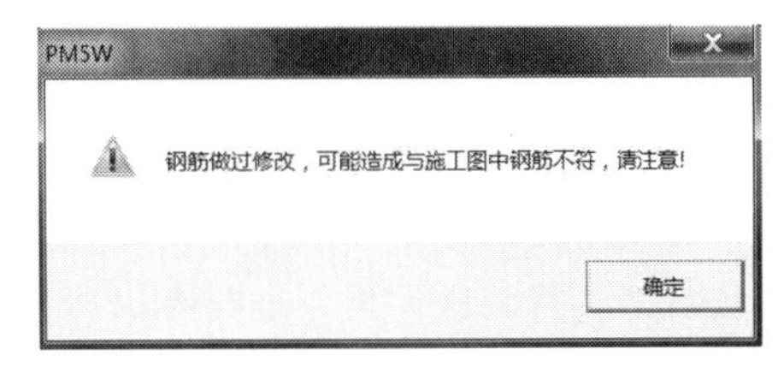

图 2-136　钢筋修改提示框

2.6.5 预制楼板

布置预制楼板信息在建模过程中已经定义，这里主要是将预制板信息在平面施工图中画出来。【板布置图】或【板标注图】可自动绘制预制楼板布置图；在平面图上，用户若需将预制板边画在主梁或墙的中心位置时，可点击【预制板边】，然后根据屏幕提示选择相应选项即可。【板缝尺寸】可标注预制板之间的板缝大小。

2.6.6 楼板钢筋

完成楼板计算后，接下来就可进入【楼板钢筋】，让程序给出各房间的板底钢筋和支座钢筋。【楼板钢筋】包含的子菜单如图 2-137 所示。

2.6.6.1 单间布筋与单向拉通布筋

根据计算结果，程序给现浇钢筋混凝土板配筋有多种方式。其中【逐间布筋】【板底正筋】【支座负筋】属于以房间为单元的单间布筋方式；而【板底通长】【支座通长】属于将钢筋单向拉通布置方式。板底钢筋以主梁或墙围成的房间为单元，给出 X、Y 两个方向配筋。

图 2-137 楼板钢筋子菜单

【逐间布筋】是以房间为单元画出每块板的板底及四周支座钢筋。在绘制板的配筋图时，可以用该菜单对所有板绘制钢筋，然后在此基础上进行钢筋的拉通、替换等修改。

【板底正筋】也是以房间为单元，但只画出板底钢筋。

【支座负筋】是用来布置板的支座负筋，布置时以梁、墙、次梁为基本单元。

【板底通长】是将板底钢筋跨越房间布置，按 X、Y 方向分别布置。画 X 向板底筋时，用户先用光标点取左边钢筋起始点所在的梁或墙，再点取该板底钢筋在右边终点处的梁或墙，这时程序挑选出起点与终点跨越的各房间，并取各房间 X 向板底筋的最大值统一布置，随后命令提示栏提示点取该钢筋画在图面上的位置，用鼠标点击想绘制该板底通长钢筋的位置后，程序即把钢筋画出。画 Y 向板底筋时，操作方法类似。

【支座通长】菜单可把并行排列的不同杆件的支座钢筋连通，程序将在用户指定的多个支座和方向上取大值画出钢筋。

➢ **提示：**

（1）程序在板下的每一根梁、墙、次梁位置处都配置了支座负钢筋，而且当两支座钢筋相距很近（小于图 2-128 绘图参数对话框中设置的<负筋自动拉通距离>）时，程序会自动将两负筋拉通合并（图 2-129）。

（2）每个房间的板底筋和每个杆件的支座筋不会重复画出，若在使用【板底通长】菜单前，已用【逐间布筋】或【板底正筋】以房间为单元画出过每块板的板底钢筋，则现在绘制的板底通长筋将取代原来绘制的钢筋。

（3）通长配筋通过的房间是矩形房间时，程序可自动找出板底钢筋的平面布置走向，如通过的房间为非矩形房间，则要求用户点取一根梁或墙来指示钢筋的走向，也可输入一个角度确定方向，此后，各房间钢筋的计算结果将向这个方向投影，确定钢筋的直径与间距。

（4）用【逐间布筋】菜单时，不管房间的每边包含几个杆件（可以是梁、墙或次梁），都只在每边上的其中一根杆件上画出支座钢筋。当使用【支座负筋】菜单时，可取任一根杆件画出其上支座钢筋。

2.6.6.2 区域布筋与钢筋补强

无论是【板底通长】还是【支座通长】，仅仅只能表示钢筋在一个方向上的拉通，在与拉通钢筋垂直的方向，钢筋还是只能按一个房间或一个杆件（网格）范围布置（即没有拉通）。如果想将钢筋在双向范围内拉通，就必须使用【区域布筋】。

“区域”是以房间为基本单位，可以是一个房间，也可以是多个彼此相连的房间，但需能形成一个封闭的多边形。对于区域钢筋一般是表示双向拉通，因此与单向拉通稍有不同，在画此类钢筋时需要使用【区域标注】菜单同时标注布置该拉通钢筋的区域范围。对于已经布置好的区域钢筋可多次在不同位置标注其区域范围。

在已有拉通钢筋的范围内，可能存在局部需要加强的范围（支座或房间），在此范围的钢筋与拉通钢筋的关系是补充拉通钢筋在局部的不足，此类钢筋可称为“补强钢筋”。可使用【补强正筋】或【补强负筋】菜单进行布置。

➢ **提示：**

程序自动拉通钢筋时，拉通钢筋取为拉通范围内所有钢筋面积的最大值。但这样做不一定很经济，用户可将拉通钢筋作适当调整，以使其满足大部分拉通范围的要求，再在局部不足的地方做补强，比如楼板中设置温度钢筋时（按《混凝土规范》9.1.8 条规定，**在温度、收缩应力较大的现浇板的未配筋表面布置温度收缩钢筋，钢筋间距宜取为** 150 ~ 200 mm，**温度收缩钢筋可利用原有钢筋贯通布置，也可另行设置构造钢筋，并与原有钢筋按受拉钢筋的要求搭接或在周边构件中锚固。板的上、下表面沿纵、横两个方向的配筋率均不宜小于** 0.1%）。

2.6.6.3 洞口钢筋

该菜单对楼板上洞口作洞边附加钢筋，只对边长或直径在 300 ~ 1000 mm 的洞口才作配筋，用光标点取规则洞口即可。绘图时，要注意洞口周围是否有足够的空间以免画线重叠。

2.6.6.4 钢筋编辑

对已画在图面上的钢筋，可以使用【钢筋修改】【移动钢筋】【删除钢筋】【负筋归并】【钢筋编号】菜单进行编辑。

点击【钢筋修改】，在图中点取钢筋，程序弹出修改该钢筋的对话框，如图 2-138。其中<简化输入>是指当修改支座负筋时，当支座负筋两侧长度相等时，仅标注负筋的总长度。<同编号修改>指编号相同的钢筋同时修改。

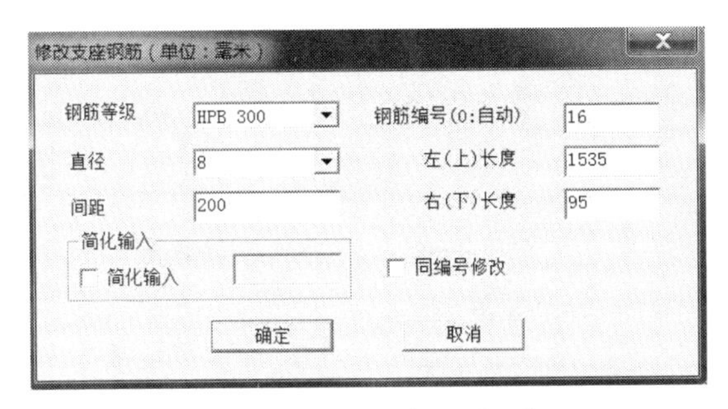

图 2-138 钢筋修改对话框

【负筋归并】的作用是考虑到一个标准层中，负筋种类很多，长度也就很可能不一样，种类繁多，不利于施工快捷，这时，只要不是太浪费，可以利用该命令将好多类负筋直接归成一类或几类。点击【负筋归并】，弹出负筋归并参数定义对话框，如图 2-139 所示。其中的<归并长度>是指当图面中不同负筋的总长度之差在该值范围内时，程序就按照负筋长度较长的值将长度较小的负筋也取为这个较长的长度值。在归并时，可定义<归并方法>为“不区分直径归并”或“相同直径归并”。

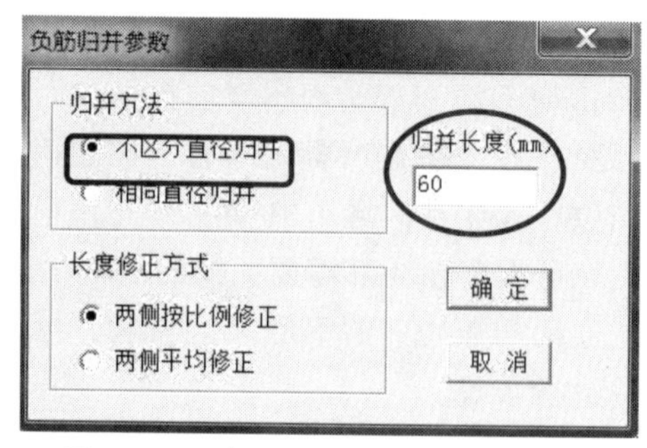

图 2-139　负筋归并参数定义对话框

例如，某楼板的局部配筋如图 2-140（a）所示，其中⑨号钢筋与④号钢筋的长度差为：830−780=50 mm，⑥号钢筋与⑦号钢筋及⑭号钢筋的长度差均为：2460−2400=60 mm。此时，若点击【负筋归并】，并按图 2-139 中的参数设置，点击<确定>，则程序自动将④号钢筋的长度调整为和⑨号钢筋的长度相等，即 830 mm，⑦号钢筋及⑭号钢筋的长度调整为与⑥号钢筋的长度相等，即 2460 mm，如图 2-140（b）所示。

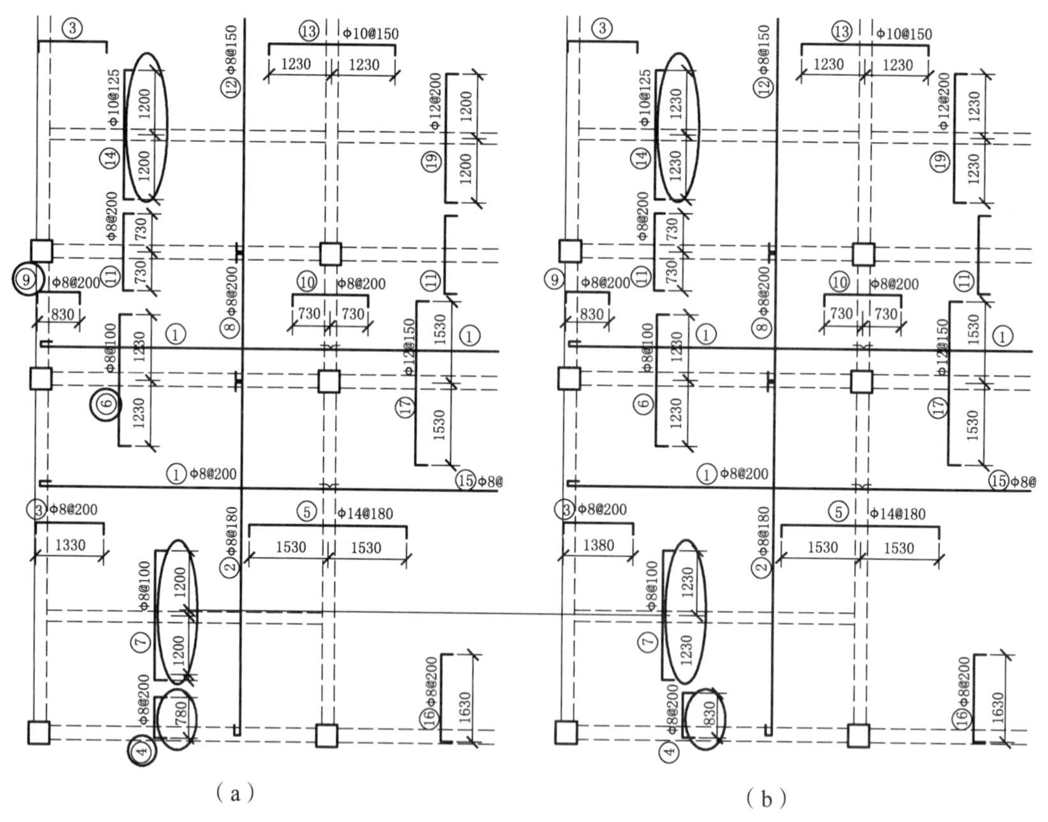

图 2-140　使用【负筋归并】前后板配筋对比

➢　**提示：**

程序只对从支座端挑出长度大于 300 mm 的负筋才做归并处理。因为小于 300 mm 的挑出长度常常是支座宽度限制生成的长度。

【钢筋编号】的主要功能是对各钢筋重新按照指定的规律编号。对于已经绘制好的钢筋平面图，由于绘图过程中的随意性，从而造成钢筋编号从整体上来说没有一定的规律性，想查找某编号的钢筋需要反复寻找，可利用该菜单重新编号。点击【钢筋编号】，弹出钢筋编号参数对话框，如图 2-141（若在图 2-132 绘图参数定义对话框中没有选择钢筋编号，则此对话框不显示）。在此对话框中可指定钢筋编号的顺序，标注角度和起始编号，程序先对房间按此规律排序，对于排好序的房间按先板底再支座的顺序重新对钢筋编号。

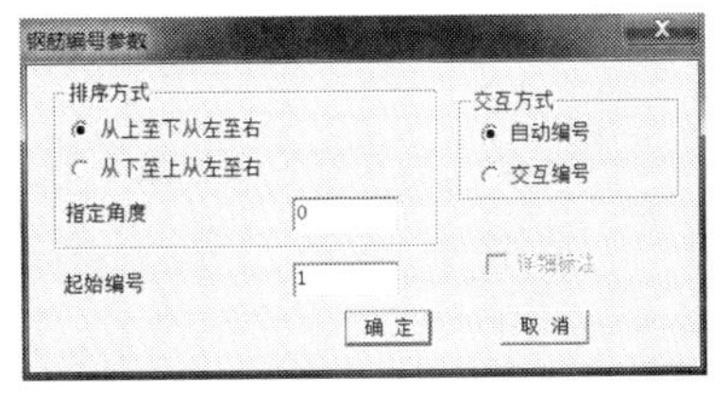

图 2-141　钢筋编号定义对话框

2.6.6.5　房间归并

程序可对相同钢筋布置的房间进行归并，相同归并号的房间只在其中的样板间上画出详细配筋值，其余只标上归并号。其菜单内容如图 2-142 所示。

【自动归并】是程序对相同钢筋布置的房间进行归并，而后要点取【重画钢筋】，可根据实际情况选择程序提示。

【人工归并】是对于配筋布置并不相同的房间，人为地指定某些房间与另一房间归并为相同房间，而后也要点取【重画钢筋】。

【定样板间】是程序按归并结果选择某一房间为样板间来画钢筋详图，其目的是避开钢筋布置密集的情况，可人为指定样板间的位置。注意此菜单操作后要点取【重画钢筋】，程序才能将详图布置到新指定的样板间内。

2.6.7　画钢筋表及楼板剖面

可使用【画钢筋表】菜单，让程序自动生成钢筋表，上面会显示出所有已编号钢筋的直径、间距、级别、单根钢筋的最短长度和最长长度、根数、总长度和总重量等结果。

【楼板剖面】菜单可将用户指定位置的板的剖面，按一定比例绘出。

2.6.8　改变楼层

当前楼层配筋图绘制完成后，可点击屏幕上方的层列表下拉菜单，如图 2-143 所示，选择其他楼层，继续按前述操作过程，绘制该层配筋图。

图 2-142　房间归并菜单

图 2-143　楼层列表下拉菜单

2.6.9 退出【画结构平面图】主菜单

点击【退出】，该层平面图即形成一个图形文件，名称为 PM*.T，其中“*”代表楼层号，保存在“工程目录/施工图”路径下。方便后面的图形编辑等操作调用。

➢ **提示：**

在 PMCAD 主菜单 3 中绘制的各层结构平面图（板配筋图），在最终出结构施工图时，用户应适当进行楼层归并，以减少板的配筋类别，方便施工，提高效率。

2.7 图形编辑、打印及转换

PKPM 系列 CAD 各模块（如 PMCAD、墙梁柱施工图、LTCAD 等）主菜单均设有“图形编辑、打印及转换”菜单（在 PMCAD 中为主菜单 7）。用户可在程序自动成图之外，采用该绘图工具包作补充绘图及编辑修改，工具包除提供用户一个像 AutoCAD 的工作环境外，还有大量专业化的功能。如各类图形图素绘制，图形编辑、缩放，尺寸、文字标注，图层管理，图块图库管理，打印机、绘图机驱动，将 PKPM 的.T 文件转化为 AutoCAD 的.dwg 文件或将 AutoCAD 的.dxf 文件转化为 PKPM 的.T 文件等。

这里简单说明文件的转化方法。对于习惯使用 AutoCAD 进行图形编辑处理的用户，可方便地将在 PKPM 中生成的施工图调入 AutoCAD 进行处理。

在 PMCAD 主菜单（图 2-2）中选择【⑦图形编辑、打印及转换】，双击它或者点击<应用>，进入图形编辑、打印及转换工作界面，如图 2-144 所示。点击屏幕上方的下拉菜单“工具”，出现图 2-145 所示菜单，在该菜单中，点击“T 图转 DWG”，在弹出的对话框中，选择“施工图”目录，再选择“施工图”目录下的“Pm1.T”文件，点击<打开>（图 2-146），在屏幕下方的命令提示栏显示如图 2-147 所示提示，表示程序已将 Pm1.T 文件转化为名为 Pm1.dwg 的 AutoCAD 文件，就保存在“工程目录/施工图”目录下。以后用户可进入 AutoCAD 程序，然后打开该文件在 AutoCAD 中进行修改、编辑等操作。其他文件转化的方法类似，此处不再一一说明。

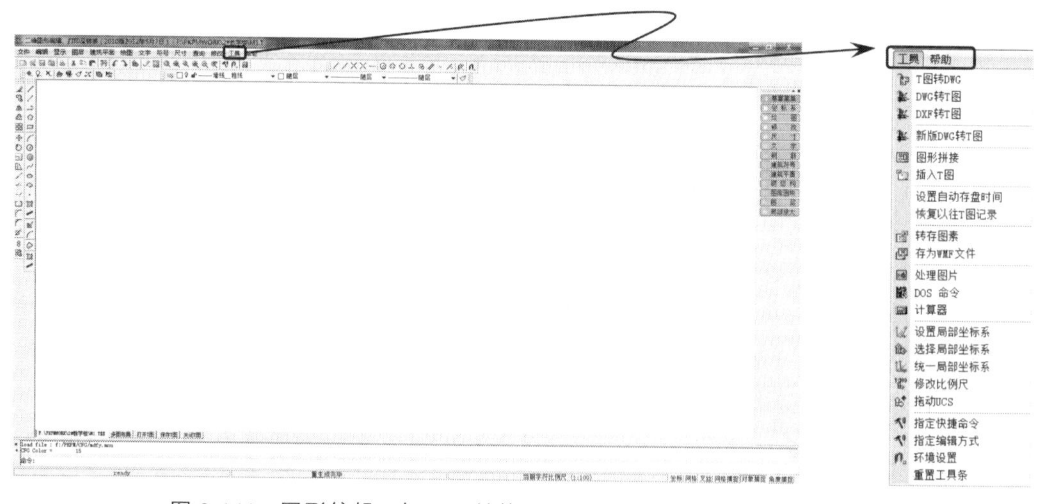

图 2-144 图形编辑、打印及转换界面

图 2-145 工具下拉菜单

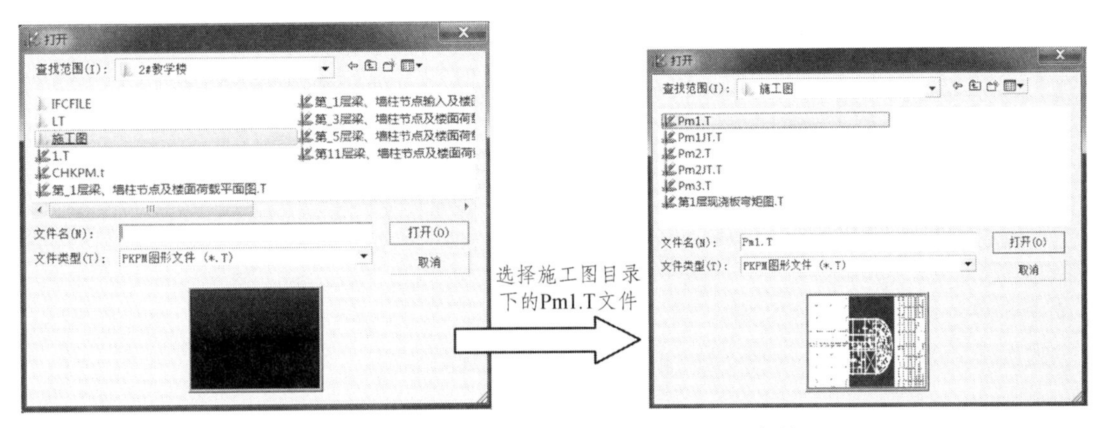

图 2-146　打开准备转化为 dwg 文件的 T 文件

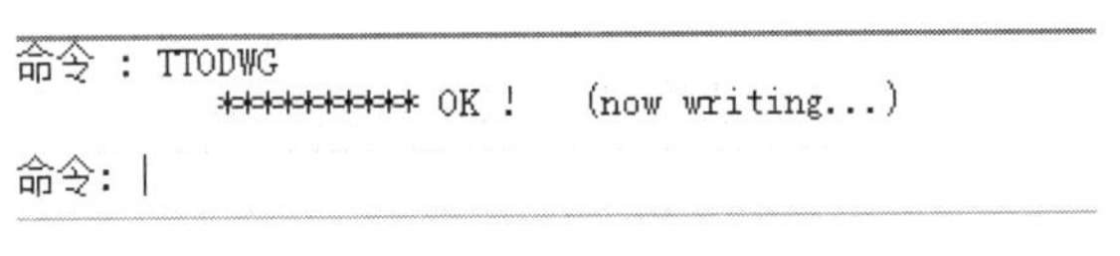

图 2-147　命令提示栏显示内容

2.8　常见问题解析

2.8.1　两类次梁输入方式的区别

PKPM 软件对次梁的处理方式有两种：按主梁方式输入次梁（简称主次梁）和按次梁方式输入次梁（简称次次梁）。二者在建模、分析、配筋等方面均有不同，应注意到这些差别，以便合理应用。

2.8.1.1　建模方式区别

二者的区别主要存在于以下方面：

（1）主次梁只能布置在网格上，而次次梁不需要网格线即可直接布置次梁。

（2）主次梁在所有梁与梁相交处形成节点，将一根主梁打断成许多小梁段，由于模型中的房间是按主梁和墙围成的单元进行的，因此会大大增加节点数、梁段数和房间数；而次次梁不在梁与梁相交处形成节点，在与主梁相交处，次梁被打断，主梁不被打断，因此不增加节点数和房间数。

（3）主次梁可布置在任何形状的房间内，布置方向无限制，相交角度无限制，并可设置偏心；而次次梁必须布置在比较规则的房间内，且与房间一边平行或垂直，次梁间必须正交，且不能是二级以上的次梁。

2.8.1.2　程序分析两类次梁的区别

1. 导算荷载的不同

由于作用于楼板上的恒、活荷载是以房间为单元传导的，故对于主次梁，楼板荷载不分主次直接传导到板周边的梁上，主次梁间力的传导由计算决定；对于次次梁，楼板荷载先传导到次梁上，该房间若有相互交叉次梁，则对房间内次梁做交叉梁系分析，程序假定次梁简支于房间周边，房间周边的主梁承担由次梁围成的板块传来的线荷载和次梁集中力。两种次梁都可以按单向板或双向板导荷，且结构总荷载相同，但平面局部荷载会有差异。

2. 设计参数的不同

主次梁具有主梁的属性，可在 SATWE 中设置<中梁刚度放大系数><梁端负弯矩调幅系数><梁设计弯矩放大系数><梁扭矩折减系数>等参数，并可在 SATWE 的【特殊构件补充定义】菜单中修改为调幅梁、铰接梁等。

次次梁不能进行上述参数设置，也不能修改为特殊梁。

3. 计算模型不同

对主次梁，程序按空间杆元同主梁一起作交叉梁系三维整体计算，即根据节点变形协调条件和各梁线刚度的大小进行计算，考虑节点竖向位移。次次梁在次梁独立分析模块中进行连续梁简化力学模型二维计算，不考虑节点竖向位移。

4. 地震作用不同

对于主次梁，其刚度要计入结构整体刚度，对地震作用如刚度、周期、位移等均有影响。而次次梁只是将荷载传给主梁，次梁的刚度不计入整体刚度，对地震作用计算没有影响。

5. 梁交点连接不同

对主次梁，程序默认次梁与主梁刚接，其节点不仅传递竖向力，还传递弯矩和扭矩，但允许用户设定为铰接。对次次梁，程序默认次梁与主梁铰接，其节点只传递竖向力，因此次梁跨中弯矩和挠度较大，设计人员可酌情处理。

6. 梁支座负弯矩调幅不同

对于主次梁，因其梁端没有柱、墙等支座，程序默认其为不调幅梁，用户设定的梁支座负弯矩调幅系数对其无效。如果想要对这种次梁梁端弯矩调幅，需要在 SATWE 的【特殊构件补充定义】菜单中将其修改为调幅梁。对次次梁，在 SATWE 的主菜单 3【PM 次梁内力与配筋计算】中，程序会提示设计人员输入梁（指以次次梁方式建立的次梁）支座处的负弯矩调幅系数。

7. 梁荷载计算不同

按主次梁方式布置的次梁，会大量增加房间的数量，而 SATWE 中活荷载不利布置是按房间逐个分析的，因此会加大计算量。而按次次梁布置的次梁，不会增加房间数量，活荷载不利布置的计算更快捷。同时，程序对主次梁计算时会考虑水平荷载（水平地震作用和风荷载）的影响，而对次次梁程序不考虑水平荷载的影响。

2.8.1.3 绘图方式的区别

经过 SATWE 等空间结构分析软件的计算分析，可在 PKPM 主菜单的“墙梁柱施工图”中绘制梁施工图。绘图时，两种不同方式建立的次梁也有所不同，具体如下。

1. 梁与梁相交支座的调整

对于主次梁，程序在梁与梁相交的无柱节点处要进行主梁和次梁的判断，在端跨要进行支撑梁和悬臂梁的判断。

梁与梁相交节点如位于负弯矩区，则为“支座”，用“△”表示，此时该梁为次梁，另一方向的支座梁为主梁。因次梁在支座处按非受拉设计，施工图中该梁在支座处分为两跨，下部钢筋断开按锚固设计。如图 2-148 中的主次梁，在水平方向与框架梁相交的节点均为“支座”，故在图 2-149 对应的梁配筋图中，该主次梁显示为“4”跨。

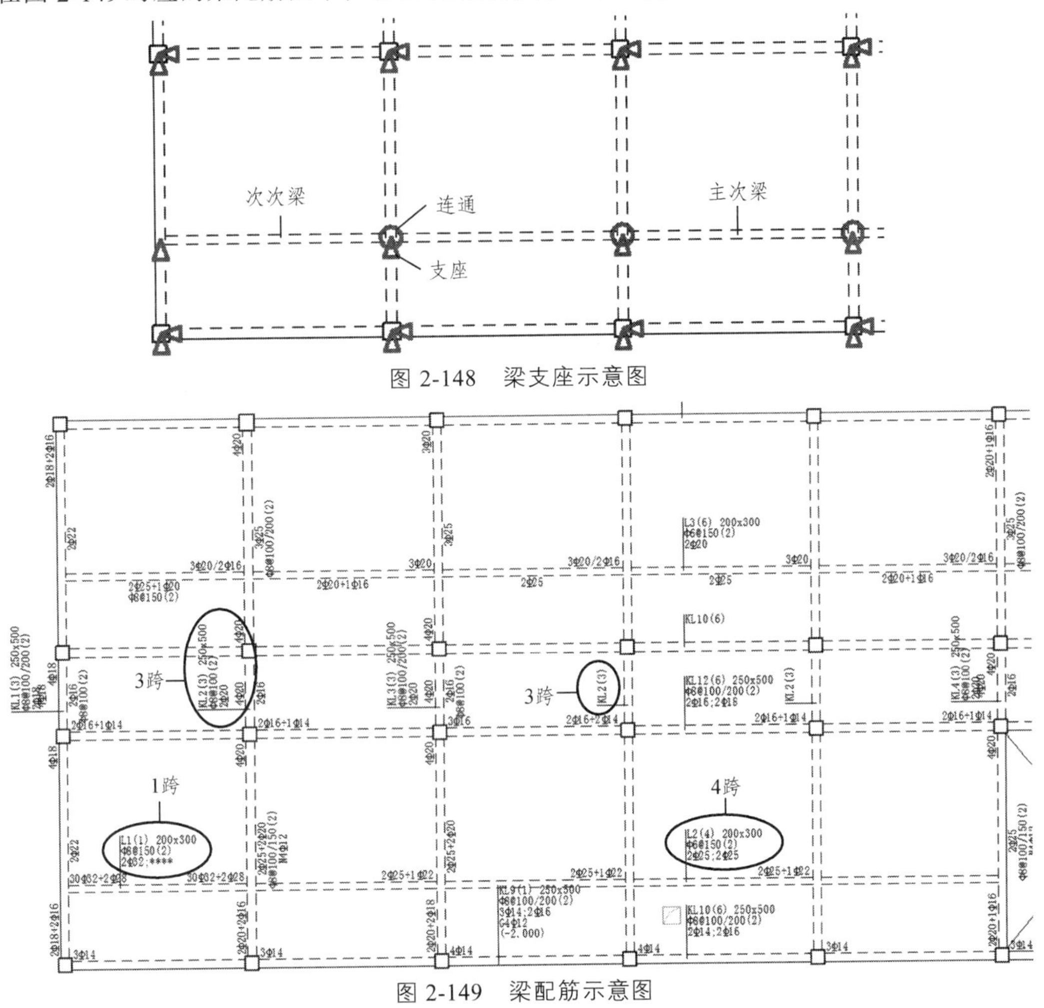

图 2-148 梁支座示意图

图 2-149 梁配筋示意图

梁与梁相交节点如位于正弯矩区为“连通”，用“○”表示，此时节点两个方向的梁都是“主梁”，没有严格的支座关系。程序将节点两端的梁合并为一跨，该梁按受拉设计，施工图中梁下部钢筋在节点处拉通。如图 2-148 中的主次梁，在纵向与框架梁相交的节点均为“连通”，即与该主次梁相交的横向框架梁没有被该主次梁打断，故在图 2-149 对应的梁配筋图中，该横向框架梁显示为“3”跨。

对处于端跨的次梁（支承在梁支座上），当端跨梁全跨均为负弯矩时，程序判定该端跨为“悬臂梁”，其端部用“○”表示；反之，程序判定该跨为“端支承梁”，其端部用“△”表示。

如对程序自动判定的支座和跨数不满意，可在“墙梁柱施工图”模块的【连梁定义/支座修改】中进行人工干预。一般来说把“支座”改为“连通”梁构造是偏于安全的。调整支座后，程序会自动更新梁施工图。

对于次次梁，因程序已确定其为次梁，故其支座处另一方向的梁作为主梁处理，主梁一定是次梁的支座，主梁的跨度和跨数都已确定，不需要人工修改支座。如图 2-148 中的次次梁，横向框架梁作为其支座，在图 2-149 中，该次次梁为 1 跨，作为该次次梁主梁的横向框架梁均不在与该次梁相交处打断，故为 3 跨。

2. 次梁配筋计算结果

由于程序对两种次梁的计算分析方法不同，默认的初始参数也不同，故配筋计算结果有一定差别。但由于两种次梁的施工图设计原则和配筋参数是相同的，故当构造配筋起控制作用时，两种次梁的配筋量基本相同。

但值得注意的是，在施工图中如果主次梁上出现箍筋加密区应当修改。

3. 次梁对楼板配筋的影响

由于楼板配筋以房间为单元进行，而主次梁会划分房间，且程序在每个房间内进行内力计算和配筋，因此绘制楼板施工图时，一般应采用【板底通长】菜单将板底钢筋在一定范围内拉通配置。

次次梁虽然不会划分房间，但楼板计算仍以次次梁划分的板块为单元进行，在结果输出时取区间内板块配筋最大值为设计值，因此施工图绘制时，程序会自动将板底钢筋在经过次梁位置处拉通配置。

从计算结果看，两种次梁对处于跨中板块的板的挠度、内力和配筋影响基本相同，而周边板块稍有差异。

2.8.1.4 应用注意事项

（1）在 PKPM 软件中不能用次次梁的方式输入二级以上的次梁，且次次梁必须平行或垂直于房间的某边，且次次梁必须正交。

（2）对于大跨度的井字梁，不论是否有主次梁之分，均应作为主次梁输入，使全部梁共同参与空间交叉梁系分析，保证计算精度，且应检查调整全部梁支座为“连通”。

（3）对于不规则房间、楼梯间和卫生间等需要划分房间时，宜布置主次梁。而对于大量规则的房间的次梁，宜布置次次梁；此外，对于较小房间内的短跨度轻荷载次梁，也可作次次梁输入，这样可以不增加节点，不划分房间，能够满足工程设计需要。

2.8.2 虚梁的应用

2.8.2.1 虚梁的概念

虚梁是指截面尺寸为 100 mm×100 mm 的混凝土梁，软件自动识别为虚梁。其定义和布置方法同普通混凝土梁。

在结构平面施工图中，虚梁被忽略，不会画出来。同样，虚梁上的支座钢筋也被略去，不会绘出。在梁的平法施工图和梁的立面、剖面施工详图中，虚梁也被略去。

用 SATWE 等三维结构软件计算时，对虚梁所在处的楼板要设成刚性楼板或弹性板，不能使交叉虚梁周围没有板，否则会引起结构的局部振动，导致计算异常。

2.8.2.2　虚梁的作用

引导有限元分析程序划分单元和确定网格边界。

2.8.2.3　需要布置虚梁的情况

（1）用 PMCAD 软件建立无梁楼板模型时，需要在柱与柱、柱与墙等各轴线间布置虚梁。若后续采用 SATWE 设计无梁楼盖（若使用 PMSAP 设计无梁楼盖，则不需要在每个房间内增设虚梁），则还需要在每个大房间每隔 1 ~ 2 m 增设虚梁，以帮助 SATWE 进行有限元划分，如图 2-150 所示。

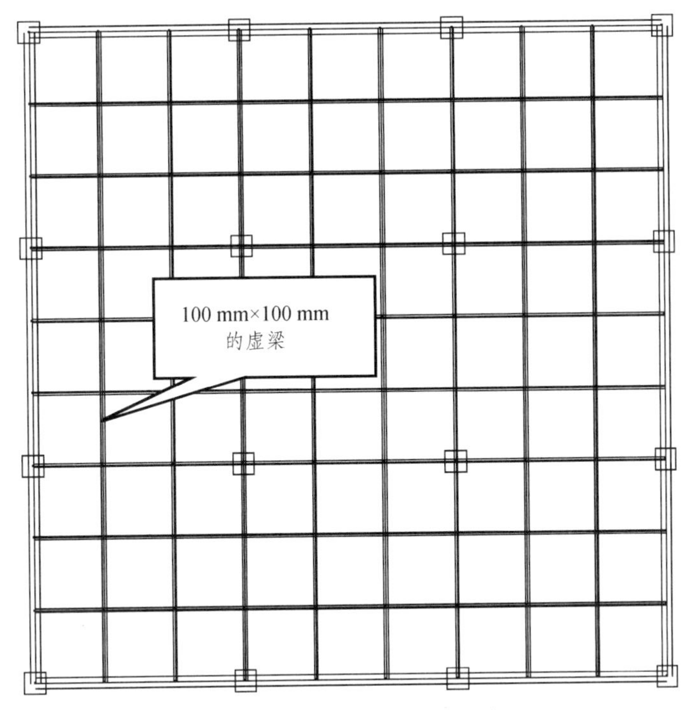

图 2-150　无梁楼盖中设置的虚梁

（2）对板柱-剪力墙结构、厚板转换结构使用 SATWE 进行有限元分析时，在 PMCAD 中建模时也应设置虚梁。

（3）想把复杂平面形状的楼板划分为若干规则形状的楼板时，也可使用虚梁。

2.8.3 坡屋面建模

由于建筑立面、节能和使用功能等方面的需要，坡屋顶建筑应用越来越多。这类屋面建模时，一般是先建立斜梁，然后再由斜梁围成坡屋面。在 PMCAD 中生成斜梁有以下几种方式：

（1）输入参数方式，在布置主梁时输入梁两端顶点的不同标高生成斜梁。

（2）修改标高方式，对已布置好的主梁点击鼠标右键，修改已布置梁的端点标高生成斜梁。

（3）调整节点标高方式，点击【网格生成/上节点高】，可有三种生成斜梁的方法。一般应将坡屋面屋脊处最高的高度设为层高，坡屋面上的其他节点的上节点高一般为负值。

（4）错层斜梁方式，点击【楼层定义/本层修改/错层斜梁】，可有两种斜梁做法。

同时，为了保证坡屋面上的荷载正确传递，必须在坡屋面的下檐布置一道封口梁。该封口梁和其下层楼面的封口梁处于同一位置，两者是重合的，它们同时连接下层楼板和坡屋面的斜板，并同时承担两层楼板传来的荷载，如图 2-151。如果上层梁直接搭在下层墙上，可以在上层布置 100 mm×100 mm 的虚梁为封口梁（否则无法封闭房间布置楼板）。

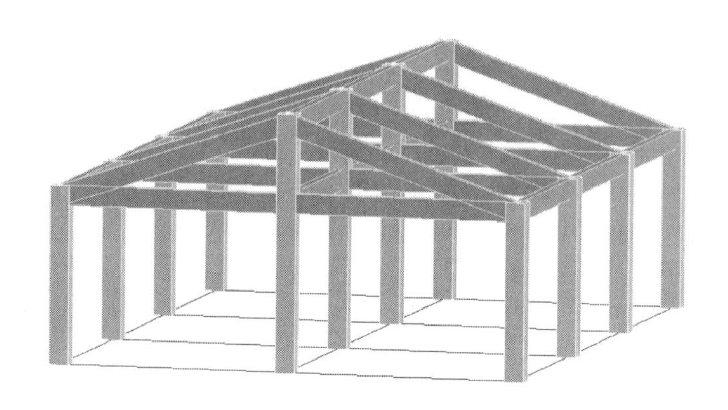

图 2-151　带横梁的坡屋面

2.8.4　悬空梁和悬空柱

2.8.4.1　悬空梁

当用户输入斜梁、层间梁或不与楼面等高的梁时，如果不仔细检查，可能会出现梁在两端不与如何构件相连的情况，即梁被悬空，这也是 SATWE 中总刚计算出现问题的常见原因。比如遮阳板梁，由于其位置一般在结构楼层的上部，用户往往通过抬高梁两端节点高的方式形成，这样一旦没有其他构件与梁两端相连，就会形成悬空梁。

2.8.4.2　悬空柱

在实际工程中，经常遇到梁托柱等情况，这时应注意避免出现悬空柱。由于 PMCAD 建模时，本层梁只能托上层柱，故梁所托柱必须是属于上一层的构件，否则程序会提示“柱悬空”。如图 2-152 所示，想布置图中的梁上柱，则不能将该结构设置为一层，且将层标高的位置定义在图中“2”点所在位置的高度；而应将结构定义为两层，第一层的层高在图示“1”所在的高度，而将梁所托柱作为上层柱布置，布置时，将其底标高降低至第一层的标高所在的位置。

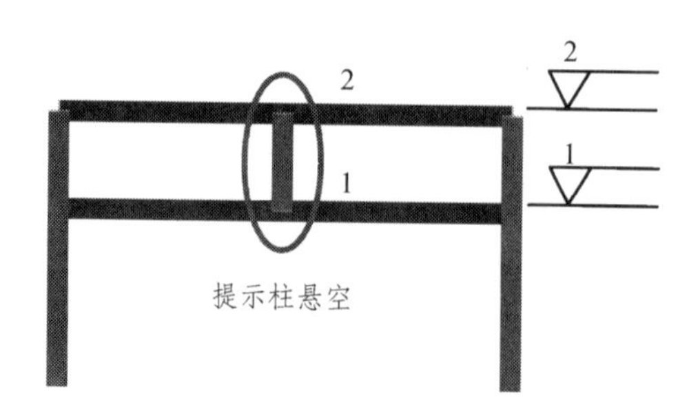

图 2-152　梁托柱

2.8.5　连体及有缝结构的建模

2.8.5.1　连体结构

连体结构是指在两个或多个建筑物的上部或中部设置连接体，将各个建筑连接起来。如两建筑物之间的连廊，或与主体结构用作相同功能的办公楼、酒店等，如上海凯旋门大厦、北京西客站主站房（图 2-153）。

图 2-153　连体建筑

1. 连体建筑建模的主要方法及特点

对于绝大多数规则连体建筑，即两侧主体部分层数、层高一致，可直接用 PMCAD 建模，采用广义楼层组装即可。

对于复杂的连体结构，如连体与主体结构存在较大错层等，可用 SpasCAD 空间建模，再接力 SATWE 或 PMSAP 计算。

2. 刚性连接建模

《高层规范》规定，连接体结构与主体结构宜采用刚性连接，必要时连接体结构可延伸至主体部分的内筒，并与内筒可靠连接。连接体与主体结构非刚性连接时，支座滑移量应能满足两个方向在罕遇地震作用下的位移要求。

所谓刚性连接，即连接体部分刚度较大，能与主体部分协调变形、受力，此时连接体与主体的支座可做成两端刚接或两端铰接。连体层数较多时多做成两端刚接，且构造上容易实现。

在 PMCAD 建模时，除钢和圆形钢管混凝土斜杆外，连体部分中与主体结构相连的墙、梁、柱都默认为固接，如果需要设置为铰接或滑动支座，需进入 SATWE 的【特殊构件设置】中人为指定。

3. 非刚性连接建模

当连体部分刚度较弱，不能协调两侧主体结构的变形时（如连廊），可做成非刚性连接，即一端与结构铰接，另一端为滑动支座，但构造上要求满足滑移变形要求，较难实现。在 SATWE 或 PMSAP 中可以将梁的一端设置为滑动支座来模拟支座处的水平滑移。

2.8.5.2 有缝结构

1. 规范规定

《混凝土规范》8.1.1 条，规定了排架结构、框架结构、剪力墙结构等的伸缩缝的最大间距。

《地基基础设计规范》（GB 50007-2011）（以下简称《地基规范》）7.3.2 条规定了沉降缝的设置要求。

《抗震规范》6.1.4 条，规定了防震缝的设置要求。

因而，在实际工程中常常遇到设缝结构。

2. 有缝结构的特点

设缝结构可以看作一类特别的多塔结构，只不过塔之间的距离非常之小而已。由于缝的宽度很小，导致缝隙面不是迎风面，故在相关软件计算时需要定义遮挡面以准确计算风荷载。

3. 有缝结构的建模方法

对于有缝结构有两种建模方法。

其一，以缝将各部分分开，各部分分别建模，独立计算。这种方法一般针对缝自顶到底将结构完全分开、只有基础相连的情况，或者设沉降缝的结构。需要注意的是，计算风荷载时，程序把缝所在的面也作为迎风面，该方向的风荷载计算值会偏大，此时需要在 SATWE 的【多塔结构补充定义】中将缝所在的面定义为遮挡面。

其二，建立一个整体计算模型，各部分一起计算。原则上，各种设缝结构均可做整体计算。需要注意的是，在 PMCAD 中进行楼层组装时，不能使用广义楼层组装的方法，否则无法在后续 SATWE 软件中定义多塔结构以及遮挡面。计算中，参与的振型数应取得足够多，以保证有效质量参与系数超过 90%（见第 3 章）。

2.8.6 错层结构的建模

错层结构是指在建筑中同层楼板不在同一高度，并且高差大于梁高（或大于 500 mm）的结构类型。错层结构由于楼板不连续，会引起构件内力分配及地震作用沿层高分布的复杂化，错层部位还容易形成不利于抗震的短柱和矮墙。属于复杂多高层结构，因此错层结构在建模、计算、出图等各个设计环节上都有其特殊性，比平层结构的设计要困难得多。

2.8.6.1 错层结构的建模方式

1. 错层框架结构的建模方式

（1）修改梁标高方式。

该方式适用于仅有个别楼层的个别房间错层的情况。PMCAD 提供了【上节点高】【错层斜梁】及单击鼠标右键的快捷构件修改方式，来指定或修改梁两端的标高，使部分房间周边的梁与同楼层其他梁标高不同。根据 PKPM 软件自动生成楼板，且楼板标高总与周边梁标高对齐的规律，使得这部分房间楼板标高也与该楼层其他楼板标高不同，从而实现了错层设计。

（2）增加标准层方式。

该方式适用于很多楼层大量房间错层的情况。如果仍然使用修改梁标高的方式，虽然可行，但手工计算错层标高繁冗易出错，修改的工作量太大。在 PMCAD 模型输入时，结构层的划分原则是以楼板为界，通过增加标准层，将错层部分的楼板人为地分开，实现相同楼层梁板标高不同的目的。该方式在工程中广泛应用，如某框架错层结构（图 2-154），可划分为左、中、右三部分。左边 1 层，层高 5 m；中间 2 层，层高 4 m；右边 2 层，层高 3 m。该错层结构有 5 个不同标高的楼板，可通过增加标准层后按 5 个标准层建立模型，楼层的层高取各楼板的高差，建模时仅复制轴网、梁和柱的布置范围。各标准层组成情况如表 2-8 所示。

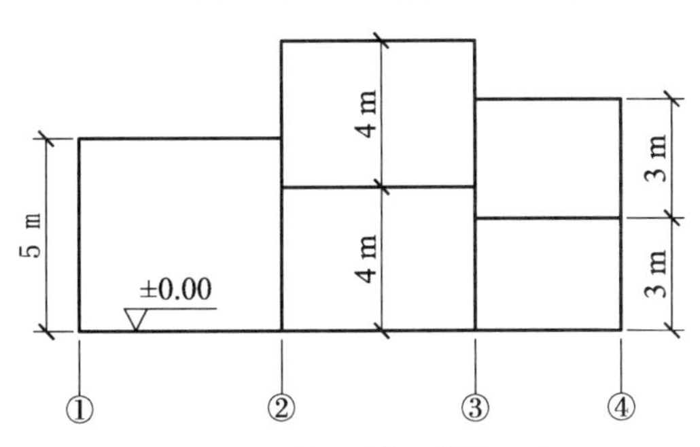

图 2-154 某框架错层结构示意图

表 2-8 标准层定义

标准层号	标准层情况	标准层示意
1	①、②、③轴线间无梁、无楼板；③、④轴线间有梁和楼板	3.00；3 m；①②③④
2	①、②轴线间及③、④轴线间无梁、无楼板；②、③轴线间有梁和楼板	4.00；1 m；①②③④
3	②、③、④轴线间无梁、无楼板；①、②轴线间有梁和楼板	5.00；1 m；①②③④
4	①轴线无柱，②、③轴线间无梁、无楼板；③、④轴线间有梁和楼板	6.00；1 m；②③④
5	①、④轴线无柱，②、③轴线间有梁和楼板	8.00；2 m；②③

该建模方法的主要缺点是构件节点数量增多。

（3）广义楼层组装方式。

可参考本书 2.4.6 节中广义楼层组装的方式，按图 2-155 所示楼层组装顺序进行整体建模。此时仍按 5 个标准层建立模型，但各标准层均只在有楼板的轴线处有梁、板，其余轴线处均无网格和构件，且组装时，各楼层的层高直接取图 2-155 中所示的层高。

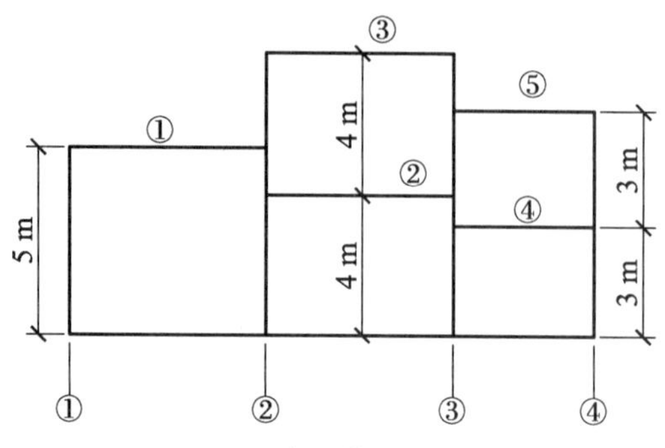

图 2-155　广义楼层组装顺序

2. 错层剪力墙结构建模

错层剪力墙结构也采用增加标准层的方式，但由于结构中没有梁，不能以梁确定楼板的标高；同时因为墙在立面上是连续的，也不能以墙确定楼板的标高。楼层标高应通过【楼层组装】命令在楼层表中设定，程序自动在指定标高处布置整层楼板，而错层结构中没有楼板的部分，可以用【楼板开洞/全房间洞】命令将其设置为洞口，或用【修改板厚】命令将板厚设定为 0。这两条命令在开洞效果方面完全一致，不同之处仅在于前者在开洞处没有板荷载，而后者保留了开洞处的荷载，设计人员可以灵活选用。

3. 错层框剪结构建模

可综合采用错层框架结构和剪力墙结构的方法。

4. 错层砌体结构建模

单从建模角度看，错层砌体结构可以采用错层混凝土剪力墙的建模方式；但从设计角度看，由于砌体结构按规范要求应采用基底剪力法作分析，而基底剪力法仅适用于平面规则对称的结构，不适用于错层结构分析。因此在抗震设防烈度较高的地区，不宜设计带错层的砌体结构。如楼板高差小于 500 mm，砌体结构可按没有错层设计；如楼板高差大于 500 mm，可通过设缝将错层砌体结构转换为不带错层的结构。

5. 错层多塔结构建模

其建模方式有两种。方法一是按本书 2.4.6 节中普通楼层组装的方法，按相同的楼层标高建立多塔模型，再利用 SATWE 前处理“多塔结构补充定义”中的【多塔立面/修改参数】命令，将各塔楼的相关塔段设定为不同的层高。方法二则按本书 2.4.6 节中广义楼层组装的方法建模，不必再在 SATWE 前处理“多塔结构补充定义”中补充定义了。

2.8.6.2　建模注意事项

（1）PMCAD 中的【错层斜梁】命令不是用来做错层结构的，其仅用于布置楼层之间的梁（如工业厂房的圈梁），该梁上不生成楼板。

（2）PMCAD 中的【楼板错层】命令主要用于设定部分房间楼板不同于本层标高，且高差较小的情况（如卫生间），而不能改变梁的标高，且仅对施工图有效，对计算没有影响，不能用于建立错层模型。

2.8.6.3 错层结构的计算分析

1. 错层对结构抗震性能的不利影响

（1）错层结构的楼板不连续，在没有楼板的区域，存在跃层构件和不受楼板和梁约束的自由节点，使内力计算十分复杂。

（2）错层结构的各层楼板布置不均匀，不对称，质心和刚心严重偏置，在水平地震作用或风荷载下会发生较大的扭转效应。

（3）错层结构引起楼层概念模糊。如图 2-155 所示结构，本来是 2 层的框架结构，由于建模和计算的需要，人为地变成了 5 层，使以层模型为基础的计算分析与实际不符。

（4）错层结构的层高不一致，容易造成延性较差的短柱和矮墙，对结构抗震很不利。

2. 错层结构计算分析中应注意的问题

（1）根据规范精神，错层结构中，错开的楼层应各自参加结构整体计算，不应归并为一层计算。但各自独立计算的错层楼板不宜简单地按“刚性楼板”假定计算，特别是楼板被洞口切分成狭长板带时，应考虑楼板面内刚度削弱的影响。建议将这些楼板设定为“弹性膜”，用 SATWE 计算时选择“总刚分析方法”（详见本书第 3 章），将按两种模型定义的楼板的计算结果进行分析对比。

（2）在没有楼板的区域可能存在大量的跃层竖向构件和不受梁板约束的自由节点，因此“计算振型个数”需要增多，以保证有效质量系数大于 90%（详见本书第 3 章）。

（3）错层结构属于复杂多高层结构，抗震计算时应选择“考虑双向地震作用”；如是高层错层结构；还应选择“考虑偶然偏心”（详见本书第 3 章）。2010 版 SATWE 程序允许同时选择以上两项，程序分别计算，取不利情况。

（4）错层结构层高不一致，使有关楼层间的控制参数，如层间位移比、层间刚度比、层间受剪承载力比等计算失真（详见本书第 3 章），因此不宜机械地直接采用这些数值，而应加以分析判断和手工校核调整，确定其是否合理。

（5）SATWE 可自动搜索错层结构中的跃层柱及正确设定其计算长度系数，但内力和配筋只能按楼层分段描述，设计人员可取各段配筋中的最大值出图。

（6）目前 SATWE 没有自动搜索分析短柱和矮墙的功能，需要设计人员手工对这些容易发生脆性破坏的构件采取特别的加强措施。

（7）考虑到错层结构计算分析的复杂性和不确定性，除了用 SATWE 等软件进行常遇地震下的弹性计算以外，必要时还应采用 EPDA（弹塑性动力时程分析）程序进行弹塑性动力时程分析和 Pushover 弹塑性静力分析，以便对比验算及找出需要加强的薄弱部位。

（8）带转换层、加强层、连体、多塔等情况，或建筑各部分层数，结构布置或刚度等有较大不同的错层高层结构，即属于明显不规则的复杂高层建筑，根据建设部令第 111 号《超限高层建筑工程抗震设防管理规定》的要求，应进行专项审查，这是保证错层结构设计质量的重要措施。

第 3 章　SATWE——结构空间有限元分析

【内容要点】

本章主要介绍 SATWE 模块的基本功能、各参数的定义方法，如何与规范结合对计算结果文件进行分析判断。

【任务目标】

（1）熟悉 SATWE 各参数的含义、定义原则与方法。

（2）能读懂 SATWE 计算结果的主要图形和文本文件。

（3）会结合规范要求，对 SATWE 计算结果文件进行分析。

（4）能根据规范要求，对未达规范要求的结构进行修改、调整。

3.1　SATWE 的特点及应用

SATWE 是多高层建筑结构空间有限元分析与设计软件，分为多层（即 SATWE-8）和多高层（即 SATWE）两种版本。多层版本只能用于 8 层及 8 层以下的多层建筑结构，程序中不考虑楼板的弹性变形，不能进行动力时程分析、吊车荷载分析和人防设计，没有与 FEQ（高精度平面有限元框支剪力墙计算及配筋软件）的数据接口；多高层版本可用于多层和高层建筑结构的分析计算与设计，除具备 SATWE-8 的基本分析设计功能外，还能进行结构的弹性动力时程分析和框支剪力墙的有限元分析等。不论多层还是高层建筑结构，一般情况下，我们都可以直接用多高层（即 SATWE）版本进行计算分析与设计。本章也仅介绍 SATWE。

3.1.1　SATWE 的特点

其特点如下：

1. 模型化误差小、分析精度高

多高层结构分析的关键是对剪力墙和楼板的合理简化。SATWE 以壳元理论为基础，构造一种通用墙元来模拟剪力墙。这种墙元对剪力墙洞口（仅限于矩形）的尺寸和位置无限制，墙元不仅具有平面内刚度，也具有平面外刚度，可以较好地模拟工程中剪力墙的真实受力状态。对于楼板，SATWE 通过四种简化假定（即假定楼板整体平面内无限刚、分块无限刚、分块无限刚带弹性连接板带，以及弹性楼板）来满足工程设计中对楼板计算所需的简化假定。

2. 计算快速且解题能力强

SATWE 具有自动搜索计算机内存的能力，并能充分利用内存资源，从而在一定程度上解决了在计算机上运行结构有限元分析软件的计算速度和解题能力的问题。

3. 强大的前后处理功能

SATWE 前处理模块能自动读取 PMCAD 生成的建筑物几何及荷载数据，并通过补充输入 SATWE 的特有信息（如特殊构件信息、温度荷载、支座位移等），因此能完成墙元和弹性楼板单元的自动划分，并最终形成基础设计所需荷载。

SATWE 可后接 PK、FEQ、JLQ（剪力墙辅助设计软件）、梁柱施工图程序、JCCDA 等软件，可方便地进行后续设计绘图等工作。

3.1.2　SATWE 的使用范围

结构层数（高层版）≤200；
每层梁数≤8000 根；
每层柱数≤5000 根；
每层墙数≤3000 片；
每层支撑数≤2000 个；
每层塔数≤9 个；
每层刚性楼板数≤99 片；
结构总自由度数不限。

3.1.3　SATWE 的基本操作步骤

SATWE 的基本操作步骤如图 3-1 所示。

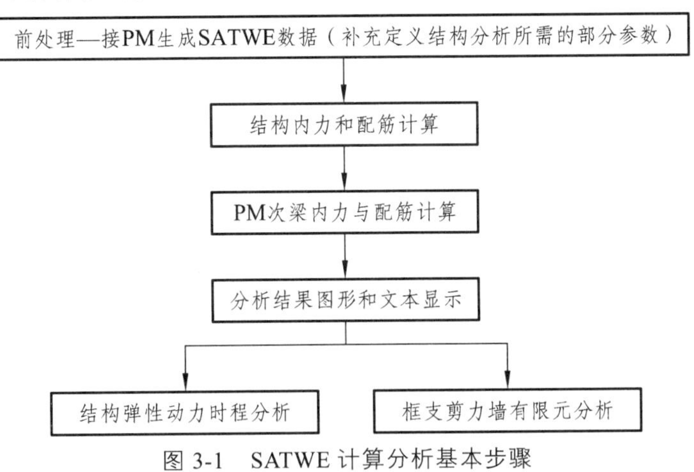

图 3-1　SATWE 计算分析基本步骤

其中，第 3 步“PM 次梁内力与配筋计算”，若次梁在 PMCAD 中都是通过主梁方式输入的，则不必执行；最后一步“结构弹性动力时程分析”和“框支剪力墙有限元分析”可根据工程具体情况选择执行。本章重点介绍 SATWE 的前 4 步操作，其余内容可参考相关资料。

3.2　SATWE 的前处理

SATWE 的主菜单如图 3-2 所示。其中，SATWE 的第一项主菜单【接 PM 生成 SATWE 数据】的主要功能是在 PMCAD 生成的模型数据基础上，补充结构分析所需的部分参数，并对一些特殊结构（如多塔、错层、带缝结构）、特殊构件（如角柱、弹性楼板等）、特殊荷载（如温度荷载）等进行补充定义，最后综合上述所有信息，自动转换成结构有限元分析及设计所需的数据格式，供 SATWE 的第二、三项主菜单调用。

在 SATWE 主菜单（图 3-2）中选择【1. 接 PM 生成 SATWE 数据】，双击它或者点击<应用>，进入 SATWE 前处理工作状态，程序弹出图 3-3 所示对话框。它包括两方面内容：一是补充输入及 SATWE 数据生成，其中又包括 9 方面的内容（图 3-3），这当中的“分析与设计参数补充定义”和“生成 SATWE 数据文件及数据检查”是必须执行的，其他各项菜单则不是必须的，可根据工程实际情况，有针对性地选择执行；二是图形检查，它主要是以图形方式检查几何数据文件和荷载数据文件的正确性。

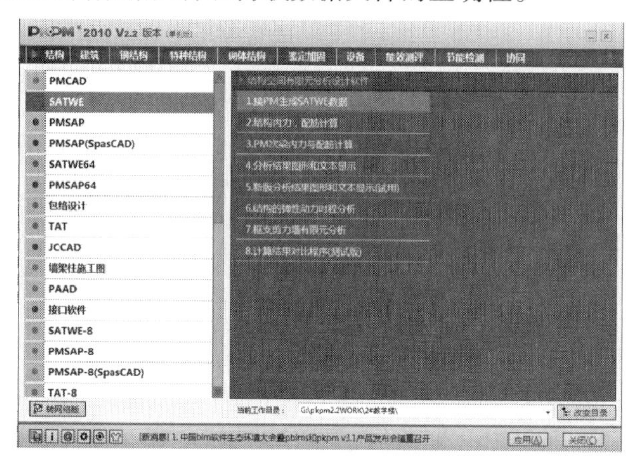

图 3-2　SATWE 主菜单

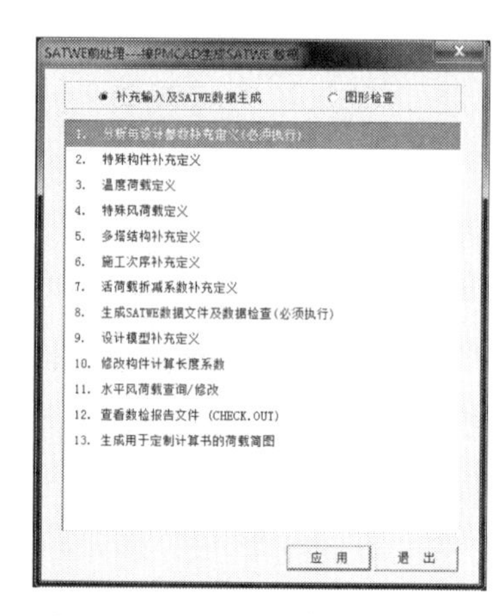

图 3-3　SATWE 前处理对话框

> **提示：**

凡是在 PMCAD 中修改了模型数据，或在 SATWE 中修改了“分析与设计参数补充定义”中的参数或修改了 SATWE 中特殊结构、特殊构件、特殊荷载等相关信息，都必须重新执行“生成 SATWE 数据文件及数据检查”，才能使修改生效。

3.2.1　分析与设计参数补充定义

对于一个新建工程，在 PMCAD 模型中已经包含了部分参数，但对结构分析而言还不完备，因此 SATWE 在 PMCAD 参数基础上，提供了一套完整的参数定义数据，以适应结构分析计算的需要。

软件参数设置正确与否，直接关系到软件分析的结果是否准确可用，这是学好用好软件的关键一步，因此，必须加以重视。同时，结构设计必须以相关规范为依据，要想正确地理解并设置参数，就必须首先熟悉并理解结构设计的相关规范，在规范指导原则下，才能正确地完成参数设置。因此本节的说明将以相关规范为依据，从“规范要求”“参数含义”“取值方法”“设置提示”四方面说明参数选取的原则和合理定义的方法。

在图 3-2 中选择第 1 项【分析与设计参数补充定义（必须执行）】，程序弹出图 3-4 所示参数设置对话框，该对话框共分为 10 页，分别是：总信息、风荷载信息、地震信息、活荷信息、调整信息、设计信息、配筋信息、荷载组合、地下室信息和砌体结构信息。以下对这些参数分别进行说明。

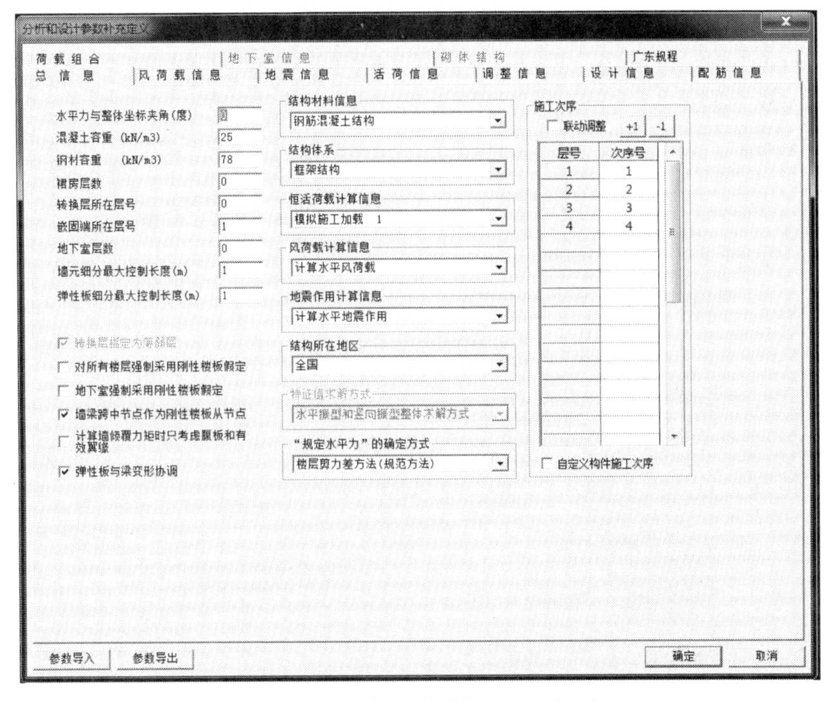

图 3-4 分析与设计参数设置对话框

3.2.1.1 总信息

该页包含了结构分析所必需的最基本的 24 个参数(图 3-4)。各参数含义及设置原则如下。

1. 水平力与整体坐标夹角

规范要求:《抗震规范》5.1.1-1 条和《高层规程》4.3.2-1 条规定:**一般情况下,应至少在建筑结构的两个主轴方向分别计算水平地震作用,各方向的水平地震作用应由该方向抗侧力构件承担。**

《抗震规范》5.1.1-2 条规定:有斜交抗侧力构件的结构,当相交角度大于 15°时,应分别计算各抗侧力构件的水平地震作用。

参数含义:地震或风荷载沿着不同的方向作用在结构上时,结构的反应大小是不相同的。如图 3-5(a)所示结构,显然,当水平地震作用或风荷载从 1 或 2 方向作用在结构上时,将比从 3 方向或其他方向作用在结构上引起的结构响应(变形、剪重比等)更大,导致结构的变形及部分结构构件内力可能会达到最大。该方向就称为“最不利地震作用方向”。

严格地说,规范中所讲的“主轴”是指地震沿该轴方向作用时,结构只发生沿该轴方向的侧移而不发生扭转位移的轴线,对于两主轴正交的规则结构而言,两正交主轴就是规范中所指“主轴”(该主轴一般与结构整体坐标平行或垂直,规范缺省为平行,即为 0°),但当结构不规则时,地震作用的主轴就不一定是沿两正交主轴方向了。因此,本参数就是针对这种情况,填写最不利水平地震作用或风荷载作用方向与结构整体坐标的夹角,逆时针方向为正。

当用户在此处输入一个非 0°(比如 30°)后,程序并不直接改变水平力的作用方向,而是将结构反向即沿顺时针方向旋转相应角度(即 30°),从而间接改变水平力的作用方向,而水平地震力、风荷载仍沿屏幕的 X 向和 Y 向作用，竖向荷载不受影响，如图 3-5（b）所示。

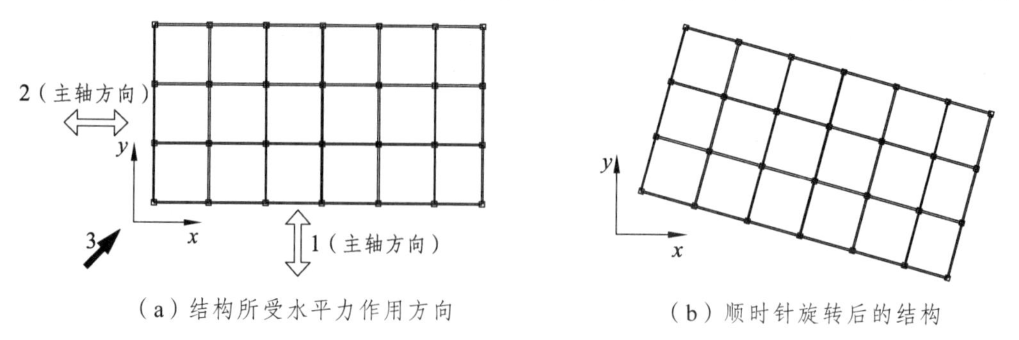

（a）结构所受水平力作用方向　　　（b）顺时针旋转后的结构

图 3-5　结构所受水平力作用方向

取值方法：由于用户很难事先估算结构的最不利地震作用方向，因此可以先取程序的缺省值 0°，当执行完图 3-1 中的第 2 步后，在 SATWE 主菜单【4. 分析结果图形和文本显示】的输出文本文件 WZQ.OUT 中查看“地震作用最大的方向（度）”（图 3-6），如果这个角度与主轴夹角大于±15°，则将该角度填入此处，并重新计算，以考虑最不利地震作用方向的影响。

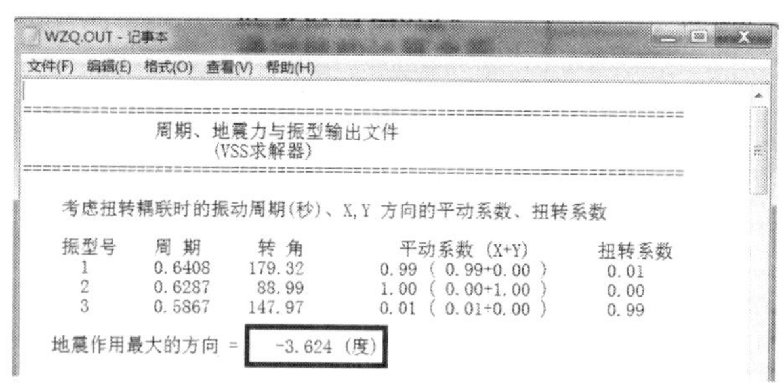
WZQ.OUT - 记事本

文件(F) 编辑(E) 格式(O) 查看(V) 帮助(H)

周期、地震力与振型输出文件
(VSS求解器)

考虑扭转耦联时的振动周期(秒)、X,Y 方向的平动系数、扭转系数

振型号	周 期	转 角	平动系数 (X+Y)	扭转系数
1	0.6408	179.32	0.99 (0.99+0.00)	0.01
2	0.6287	88.99	1.00 (0.00+1.00)	0.00
3	0.5867	147.97	0.01 (0.01+0.00)	0.99

地震作用最大的方向 = -3.624 (度)

图 3-6　WZQ.OUT 输出的地震作用最大方向

设置提示：一般当需要改变风荷载作用方向时，才修改该参数，主要原因是：

① 按 WZQ.OUT 输出的“地震作用最大的方向（度）”输入该角度后，程序在计算结果及施工图中输出的整个图形也会沿顺时针方向旋转一个相应的角度，给识图带来不便。当结构的主轴方向与坐标系方向不一致时，宜将最不利地震作用方向在<地震信息>页的<斜交抗侧力构件方向附加地震方向>中输入。

② 按“最不利地震作用方向”输入水平荷载时，不一定能得到所有结构构件的最不利内力，因此，对于构件的配筋还需按“考虑该角度”和“不考虑该角度”两次计算结果做包络设计得到。对于这种情况，可通过在<地震信息>页的<斜交抗侧力构件方向附加地震方向>中输入相应角度，程序可自动考虑每一方向地震作用下构件内力的组合，可直接用于配筋设计，不需人为进行包络设计。

③ 图形旋转后的方向并不一定是用户所希望的风荷载作用方向。而改变此参数时，地震作用和风荷载的方向将同时改变，所以建议在仅需改变风荷载作用方向时，才采用此参数。如不需要改变风荷载方向，只需考虑其他角度的地震作用时，则无须填写本参数，只填写<地震信息>页的<斜交抗侧力构件方向附加地震方向>即可。

2. 混凝土容重（kN/m^3）

规范要求：《荷载规范》附录 A 给出了常用材料和构件的自重表。

参数含义：该参数用于计算模型中钢筋混凝土结构构件如梁、柱、墙等的自重。

取值方法：程序初始值为 25 kN/m^3，这适合一般的工程情况，但若采用轻质混凝土或需要考虑构件装饰层等自重时，可适当在 25 kN/m^3 基础上减小或增大。

设置提示：一般均应考虑构件表面抹灰等装饰层自重，故该值可填写为 26 ~ 27 kN/m^3。一般框架、框剪及框架-核心筒结构可取 26 kN/m^3，剪力墙结构可取 27 kN/m^3。

3. 钢材容重（kN/m^3）

规范要求：《荷载规范》附录 A 给出了常用材料和构件的自重表。

参数含义：该参数用于计算钢结构构件如梁、柱、墙等的自重。

取值方法：程序初始值为 78 kN/m^3，这适合一般的工程情况，若需要考虑钢构件中加劲肋等加强板件、连接节点及高强螺栓等附加重量，以及表面装饰层、防腐涂层和防火层自重时，可适当增大。

设置提示：考虑钢构件中加劲肋等加强板件、连接节点及高强螺栓等附加重量，以及表面装饰层、防腐涂层和防火层自重时，钢材容重通常要乘以 1.04 ~ 1.18 的放大系数，故该值可填写为 81 ~ 92 kN/m^3。

4. 裙房层数

规范要求：《抗震规范》6.1.10 条规定了抗震墙底部加强部位的范围，且在 6.1.10 条的条文说明中指出：有裙房时，按该规范 6.1.3 条要求，加强部位的高度可延伸至裙房以上一层。相应的，6.1.3-2 条规定，裙房与主梁相连，主梁结构在裙房顶板对应的相邻上下各一层应适当加强抗震构造措施。

参数含义：该参数用于确定带裙房的塔楼结构剪力墙底部加强区的高度。程序在确定剪力墙底部加强部位高度时，总是将裙房以上一层作为加强区高度判定的一个条件。

取值方法：程序不能自动识别裙房层数，需人工指定。确定时，应从结构最底层起算（包括地下室层数）。例如：地下室 2 层，地上裙房 3 层，则此处应填 5。

设置提示：此处所填裙房层数仅用作程序判断剪力墙底部加强区高度，而规范中关于对裙房顶部上下各一层及塔楼与裙房相连接处的其他构件应采取加强措施的规定，则程序并不自动完成，需要用户自己手动完成。如《高层规程》10.6.3-3 条规定：抗震设计时，塔楼中与裙房相连的外围柱、剪力墙，从固定端至裙房屋面上一层的高度范围内，柱纵向钢筋的最小配筋率宜适当提高，柱箍筋宜在裙楼屋面上、下层的范围内全高加密。

5. 转换层所在层号

规范要求：《高层规程》10.2 节规定了两种带转换层的结构，即带托墙转换层的剪力墙结构（即部分框支剪力墙结构）及带托柱转换层的筒体结构，并对这两种带转换层的结构规定了不同的设计要求。

参数含义：该参数是为了适应不同类型转换层结构的设计需要。通过此处设置<转换层所在层号>和本菜单页的<结构体系>两项参数，可以区分并完成不同类型的带转换层结构的设计。

只要用户填写了<转换层所在层号>，程序即判断该结构为带转换层结构，并自动执行《高层规程》10.2 节针对两种结构的通用设计规定，如 10.2.2 条、10.2.3 条等。

如果用户填写了<转换层所在层号>，同时在本菜单页的<结构体系>中选择了“部分框支剪力墙结构”，则程序就判断该结构为“带托墙转换层的剪力墙结构”，因此就执行《高层规程》10.2 节专门针对部分框支剪力墙结构的设计规定，如 10.2.6 条、10.2.16 条、10.2.17 条等。

取值方法：该层号应按 PMCAD 楼层组装中的自然层号填写，如：地下室 2 层，转换层位于地上 2 层时，则此处应填 4。

设置提示：

① 程序不能自动识别转换层，需要人工指定。

② 允许输入多个转换层号，数字间以逗号或空格隔开。

③ 对于高位转换的判断，转换层位置以嵌固端起算，即以（转换层所在层号 - 嵌固端所在层号+1）进行判断是否为 3 层或 3 层以上转换。

④ 对于水平转换构件和转换柱的设计要求，用户还需在【特殊构件补充定义】中，对构件属性进行指定，以便程序执行相应的调整，如《高层规程》10.2.4 条关于水平转换构件地震内力的放大、10.2.7 条关于转换梁的设计要求等。

⑤ 对于仅有个别结构构件进行转换的结构，如剪力墙结构或框架-剪力墙结构中存在的个别墙或柱在底部进行转换的结构，可仅参照水平转换构件和转换柱（《高层规程》10.2.4 条、10.2.7 条、10.2.10 条等）的要求进行设计，不需要定义为带转换层的结构。此时，只需对这部分构件在【特殊构件补充定义】中指定其特殊构件属性即可，不必填写<转换层所在层号>。

6. 嵌固端所在层号

规范要求：《抗震规范》6.1.3-3 条规定了地下室顶板作为上部结构嵌固部位时，抗震等级确定的原则；6.1.10 条规定了抗震墙底部加强部位的确定与嵌固端位置的关系；6.1.14 条规定了地下室顶板作为上部结构的嵌固部位时的相关要求。

《高层规程》3.5.2-2 条规定结构底部嵌固层与其相连上层的侧向刚度比不宜小于 1.5；3.9.5 条规定了当地下室顶层作为上部结构的嵌固端时，抗震等级确定的原则；5.3.7 条规定，当地下室顶板作为上部结构嵌固部位时，地下一层与首层侧向刚度比不宜小于 2；12.2.1 条也规定了地下室顶板作为上部结构的嵌固部位时的相关设计要求。

参数含义：该参数用于确定上部结构的计算嵌固端。以便程序完成以下功能：

① 确定剪力墙底部加强部位时，将加强部位延伸到嵌固端下一层（比《抗震规范》要求略保守一点）。

② 自动将嵌固端下一层的柱纵向钢筋面积取为相应上一层对应位置柱同侧纵筋面积的 1.1 倍，梁端弯矩设计值放大 1.3 倍（根据《抗震规范》第 6.1.14 条和《高层规程》第 12.2.1 条）。

③ 当嵌固层为模型底层时，进行薄弱层判断时，与其相连上层的侧向刚度比限值取为 1.5（根据《高层规程》第 3.5.2-2 条）。

④ 涉及“底层”的内力调整时，除底层外，程序将同时针对嵌固层进行调整（根据《抗震规范》第 6.2.3 条及 6.2.10-3 条）。

取值方法：当地下室顶板作为嵌固部位时，嵌固端所在的层为地上一层，即地下室层数+1；当结构嵌固在基础顶面时，则嵌固端所在的层号为 1。程序缺省为“地下室层数+1”。

设置提示：

① 判断嵌固端位置应由用户自行完成。一般情况下，结构的嵌固端取在基础顶面；若满

足《抗震规范》6.1.14 条的要求时，可将结构的嵌固端取在地下室顶面。

② 如果修改了地下室层数，应注意确认嵌固端所在层号是否需要相应修改。

7. 地下室层数

参数含义：该参数指与上部结构同时进行内力分析的地下室部分的层数。因为地下室层数会影响风荷载、地震作用计算、内力调整、底部加强区判断等众多内容。程序还能结合<地下室信息>页的地下室外围回填土约束作用数据，考虑回填土的约束作用（参看<地下室信息>页相关内容）。

取值方法：当上部结构与地下室共同进行内力整体分析时（此时，一般基础顶面为结构嵌固端），应输入地下室层数；当地下室不与上部结构进行整体分析时（此时，一般地下室顶板为嵌固端，按规范要求，此时地下一层结构的楼层侧向刚度与相邻上层的侧向刚度比大于 2），则虽然有地下室，也输入 0。程序缺省为 0。

设置提示：当该参数为 0 时，<地下室信息>页为灰色，即不允许输入地下室信息。

8. 墙元、弹性板细分最大控制长度

规范要求：《高层规程》5.3.6 条规定，复杂平面和立面的剪力墙结构，当采用有限元模型时，应在截面变化处合理地选择和划分单元。

参数含义：该参数指对于尺寸较大的剪力墙，在作墙元细分形成一系列小壳元时，为确保分析精度，所要求的小壳元的边长的最大值。

取值方法：为保证网格划分质量，该参数一般要求控制在 0.5 ~ 1 m。程序缺省为 1 m。一般可取该缺省值。当工程规模较大，剪力墙数量较多，不能正常计算时，可适当增大细分尺寸，在 1.0 ~ 2.0 m 取值，但仍应注意保证网格划分质量。可在 SATWE 前处理的“图形检查/结构轴测简图”中查看网格划分结果。

设置提示：一般情况下，该参数不宜设置过小，以免无谓增加系统计算时间。

9. 转换层指定为薄弱层

规范要求：《高层规程》5.5.3-1 条规定，结构薄弱层（部位）的位置可按下列情况确定：

（1）楼层屈服强度系数沿高度分布均匀的结构，可取底层。

（2）楼层屈服强度系数沿高度分布不均匀的结构，可取该系数最小的楼层（部位）和相对较小的楼层，一般不超过 2 ~ 3 处。

《高层规程》3.5.8 条条文说明规定，刚度变化不符合本规程第 3.5.2 条要求的楼层，一般称作软弱层；承载力变化不符合本规程第 3.5.3 条要求的楼层，一般可称作薄弱层。为了方便，本规程把软弱层、薄弱层以及竖向抗侧力构件不连续的楼层统称为结构薄弱层。结构薄弱层在地震作用标准值作用下的剪力应适当增大，增大系数为 1.25。

《抗震规范》对结构中的薄弱层设计也有相关要求（具体条文略）。

参数含义：该参数是由用户确定是否将转换层指定为薄弱层，若指定，程序将根据相关规范中薄弱层的相关设计要求进行设计。

取值方法：根据规范规定，结构薄弱层有以下几种情况：

（1）不超过 12 层且层刚度无突变的钢筋混凝土框架和框排架结构、单层钢筋混凝土柱厂房，可根据《高层规程》5.5.3-1 条或《抗震规范》5.5.4 条确定。

（2）竖向不规则结构的薄弱层则有三种情况：① 楼层侧向刚度突变；② 层间受剪承载力突变；③ 竖向构件不连续。

程序缺省转换层不作为薄弱层。转换层是否应作为薄弱层，需根据规范中上述关于薄弱层的定义进行判断后确定。因为转换层一般是楼层竖向抗侧力构件不连续的楼层，因此一般都应人工将该层定义为薄弱层。

设置提示：在此项打钩与在<调整信息>页中<指定薄弱层号>中直接填写转换层层号的效果是完全一致的。

10. 对所有楼层强制采用刚性楼板假定

规范要求：《高层规程》5.1.5 条规定，进行高层建筑内力与位移计算时，可假定楼板在其自身平面内为无限刚性。

参数含义：此处的"强制刚性楼板假定"与"刚性楼板假定"是两个相关但不等同的概念，应注意区分。"刚性楼板假定"是指楼板平面内无限刚，平面外刚度为零的假定，当结构有变位时，楼板只做刚体运动，因而各片抗侧力结构的侧移值呈线性关系。如图 3-7 所示。SATWE 会自动搜索全楼楼板，对于符合条件的楼板，自动判断为刚性楼板，并采用刚性楼板假定，用户无须另行定义。在某些工程中，若采用刚性楼板假定会出现较大误差时，为提高分析精度，可在【特殊构件补充定义】菜单中将这部分楼板定义为适合的弹性板（见本书下节相关内容）。即在同一楼层内既可有刚性板，也可有弹性板，还可存在独立的弹性节点。

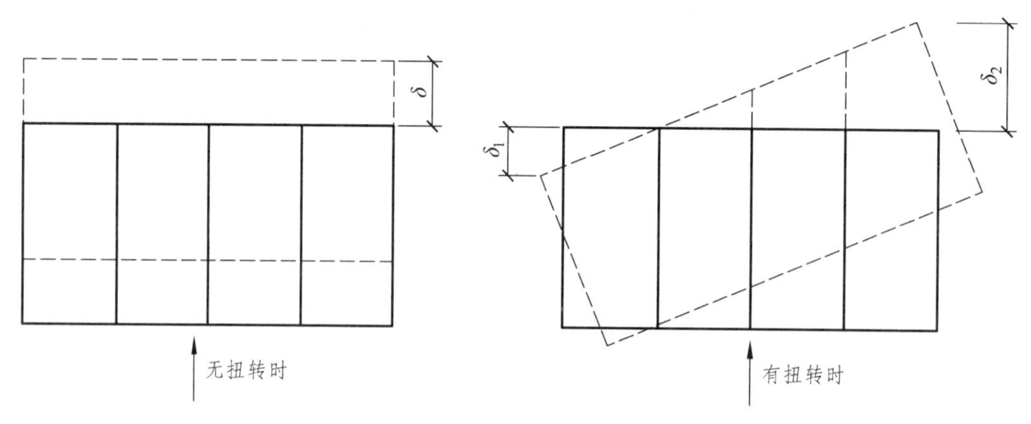

图 3-7　刚性楼板

而"强制刚性楼板假定"是不区分楼板是否符合刚性楼板条件，一律强制假定为刚性楼板，即勾选该项后，程序将不区分结构中的刚性板、弹性板，或独立弹性节点，只要位于该层楼面标高处的所有节点，在计算时都将**强制作为刚性板计算**。

若不勾选此项，则程序自动搜索全楼楼板，对于符合刚性楼板假定条件的楼板，自动判断为刚性楼板，否则不作为刚性楼板进行计算。

对于多塔结构，各塔分别执行"强制采用刚性楼板假定"，塔与塔之间互不关联。

取值方法：程序缺省为不勾选该项。

① 在某些工程中，采用刚性楼板假定可能误差较大，为提高分析精度，可在【特殊构件补充定义】菜单中将这部分楼板定义为弹性板。此时，如果设定了弹性楼板，或结构中存在楼板开大洞的情况，在计算位移比、周期比、层间刚度比（《高层规程》3.4.5 条规定）等时，

应选择该项，以满足规范要求的计算条件（《抗震规范》条文说明第 3.4.3 及 3.4.4 条），以忽略局部振动造成的影响。在进行结构内力分析和配筋计算时，则仍应遵循结构的真实模型（即不勾选该项），才能获得正确的分析和设计结果。

② 如果没有定义弹性楼板或不存在楼板开大洞的情况，则不选择此项，避免出现异常情况。

设置提示：

① 对于复杂结构或空间结构，如不规则坡屋顶、体育馆看台、工业厂房，或者墙、柱不在同一标高，或者没有楼板等情况，控制“位移比”“周期比”等比值已没有多大意义。如果采用强制刚性楼板假定，结构分析会严重失真。对这类结构可查看位移的<详细输出>，或观察结构的动态变形图，考察结构扭转效应。因此可忽略本选项。

② 当采用强制刚性楼板假定时，当计算模型中存在越层柱、通高柱时，柱的计算长度由于强制刚性楼板作用在中间被强制截断，与实际的计算长度不符（一般计算长度变小），造成框架柱的内力和配筋结果存在安全隐患。故此时应核查柱计算长度系数，并在计算书中输出。

11. 地下室强制采用刚性楼板假定

参数含义：地下室强制采用刚性楼板假定时，存在以下问题：

① 对于带有扩大地下室的结构，会造成主体部分地震（风荷载）作用下剪力分配减小，而将剪力分配给主楼以外的地下室墙体（包括外墙）及周边框架柱，与实际的受力状态不吻合。

② 对于带有越层柱的地下室，由于强制刚性楼板在中间截断了柱，造成柱的计算长度会与实际计算长度不符。

③ 上部结构刚度会增大，而且其影响主要在下部几层，随着高度的增加，其影响逐渐减小。

取值方法：本选项与上一选项<对所有楼层强制采用刚性楼板假定>在逻辑上是包含关系，即如果勾选了<对所有楼层强制采用刚性楼板假定>，则必然也包括地下室，与本选项是否勾选无关；若未勾选<对所有楼层强制采用刚性楼板假定>，则可以根据工程实际情况对本选项进行选择。

对于地下室楼板开洞较多的结构，在内力和配筋计算时一般不勾选<对所有楼层强制采用刚性楼板假定>，同时也不勾选本选项，即地下室采用刚性板计算。

设置提示：

当勾选了本选项时，地下室楼板面外刚度与其他构件的协调问题则通过本页参数“弹性板与梁变形协调”来控制。

12. 墙梁跨中节点作为刚性楼板从节点

参数含义：本选项主要是定义连梁的变形是否受到刚性板约束。当采用刚性楼板假定时，因为墙梁（即在剪力墙中用开洞方式形成的连梁）与楼板是相互连接的，因此在计算模型中，墙梁跨中节点（如图 3-8 中圈示节点）是作为刚性楼板从节点的，即受到刚性板的约束。此时，一方面会由于刚性板的约束作用过强而导致连梁的剪力偏大，另一方面，楼板的平面内作用使得墙梁两侧的弯矩和剪力不满足平衡关系。所以程序增加该选项。默认勾选。如不选择，则认为墙梁跨中节点为弹性节点，其水平面内的位移不受刚性楼板约束，此时墙梁的剪力一般比勾选时偏小，但相应结构整体刚度变小，周期加长，侧移增大。

取值方法：一般勾选。如果不选择则程序会认为墙梁跨中节点为弹性节点，其水平内位移不受刚性板约束，这显然是不符合现实的，楼板不可能对梁无约束，关键在于多少的问题。

特别是在计算周期比和位移比的时候，我们通常是强制楼板刚性假定的，既然是刚性板，对墙梁就必有约束，因此此时必须勾选。

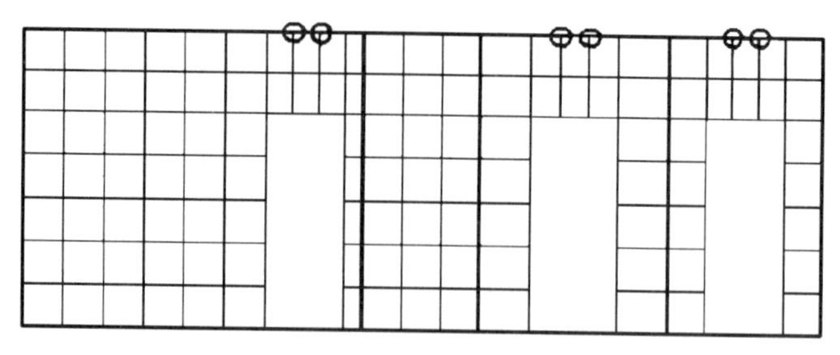

图 3-8　墙梁跨中节点作为刚性楼板从节点

13. 计算墙倾覆力矩时只考虑腹板和有效翼缘

规范要求：《抗震规范》6.2.13 条规定，抗震墙应计入腹板与翼墙共同工作。6.2.13 条的条文说明规定，对于翼墙的有效长度，每侧由墙面算起可取相邻抗震墙净间距的一半、至门窗洞口的墙长度及抗震墙总高度的 15%三者的最小值。

参数含义：本选项主要是定义倾覆力矩的统计方式。对于 L 形、T 形等截面形式，垂直于地震作用方向的墙段称为翼缘，平行于地震作用方向的墙段称为腹板。勾选后，墙的无效翼缘部分计入框架部分倾覆力矩的计算，程序每一种方法计算得到的墙所承担的倾覆力矩均进行折减，这会使框架-剪力墙结构或者框架-筒体结构中框架承担的倾覆力矩比例增加，但短肢剪力墙承担的倾覆力矩作用一般会变小。

取值方法：一般应勾选，这使结构中框架、短肢墙、普通墙倾覆力矩结果更为合理。

14. 弹性板与梁变形协调

参数含义：本选项主要是定义梁、弹性板边界变形是否协调。勾选后，程序在进行弹性板划分时自动实现梁、板边界变形协调，计算结果符合实际受力。

取值方法：程序默认不勾选，这样可以提高计算效率。但对于一些特殊的工程结构，如板柱体系、斜屋面或者温度荷载等情况的计算，不勾选此项时，程序按照非协调模式计算会造成较大偏差，因此此时应勾选。

15. 结构材料信息

参数含义：本选项提供 5 种结构材料供用户选择，程序将按照用户指定的材料信息执行相关的规范规定。包括以下 5 种结构材料：

① 钢筋混凝土结构：程序执行混凝土结构的相关规范。

② 钢与混凝土混合结构：目前没有专门规范，参照相关规范执行。

③ 有填充墙钢结构；执行钢结构相关规范。

④ 无填充墙钢结构：执行钢结构相关规范。

⑤ 砌体结构：执行砌体结构相关规范，但仅限于选择配筋砌块砌体结构。

取值方法：按结构的实际情况确定结构材料。

设置提示：

① 型钢混凝土和钢管混凝土结构属于钢筋混凝土结构，不是钢结构。

② 区分<有填充墙钢结构>和<无填充墙钢结构>是为了计算脉动风荷载的共振分量因子

R，并不影响风荷载计算时的迎风面宽度。可参看《荷载规范》8.4.4 条：在计算脉动风荷载的共振分量因子 R 时，对钢结构，结构阻尼比可取 0.01，对有填充墙的钢结构房屋可取 0.02。在<风荷载信息>页的<风荷载作用下的阻尼比>参数，其初始值就由此处的<结构材料信息>控制。

16. 结构体系

参数含义：本选项提供 15 种结构体系供用户选择，如图 3-9。程序将根据用户指定的结构体系执行相关的规范规定，如计算结构整体指标、构件内力调整、构件设计等。

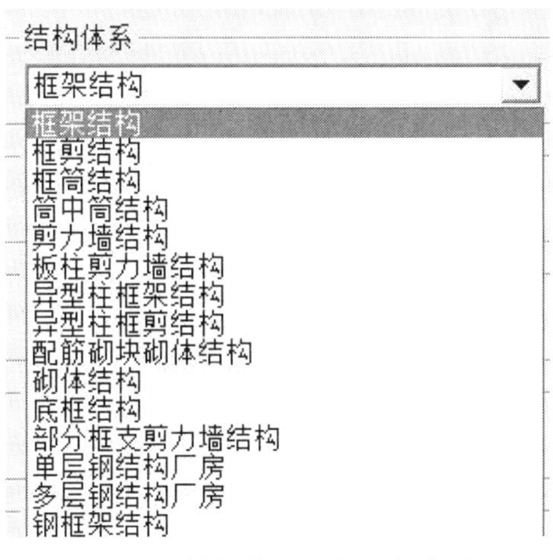

图 3-9　结构体系选择下拉菜单

取值方法：按工程的实际情况选择结构体系。因结构体系的选择影响到众多规范条文的执行，应正确选择。

设置提示：

① 有较强竖向支撑的钢框架结构可以设置为框剪结构。

② 在 SATWE 多高层版中，不允许选择“砌体结构”和“底框结构”，这两类结构需单独购买砌体版本的 SATWE 软件和加密锁；“配筋砌块砌体结构”仅在 SATWE 多高层版本中支持，砌体版本的 SATWE 则不支持“配筋砌块砌体结构”的计算。

17. 恒活荷载计算信息

规范要求：《高层规程》5.1.9 条规定：高层建筑进行重力荷载作用效应分析时，柱、墙、斜撑等构件的轴向变形宜采用适当的计算模型考虑施工过程的影响；复杂高层建筑及房屋高度大于 150 m 的其他高层建筑结构，应考虑施工过程的影响。

参数含义：该参数为竖向荷载计算控制参数，程序提供以下 5 个选项：

① 不计算恒活荷载：程序不计算所有的竖向恒载和活荷载。

② 一次性加载：程序采用整体刚度模型，按一次加载方式计算竖向力。其计算结果的特点是：结构各点的变形完全协调，并且由此产生的弯矩在各点都能保持内力平衡状态。但是由于竖向荷载是一次性施加到结构上的，造成结构竖向位移往往偏大。尤其对于高层结构和竖向刚度有差异的结构而言，由于墙与柱的竖向刚度相差很大，两者间将产生较大的竖向位移差，该竖向位移差通过墙柱间的连梁协调，其结果是使柱的轴力减小，墙的轴力增大，层层调整累加的结果，有时会使高层结构的顶部出现受拉柱或梁没有负弯矩的不真实情况。

③ 模拟施工加载 1：在实际工程的施工过程中，结构是逐层建造，即荷载是逐层施加的，同时施工过程中，会逐层找平，因此下层的变形对上层基本没有影响，连梁的调节作用也不大。本选项即是程序采用整体刚度、分层加载，来模拟施工中逐层加载、逐层找平的加载方式计算竖向力，如图 3-10 所示。

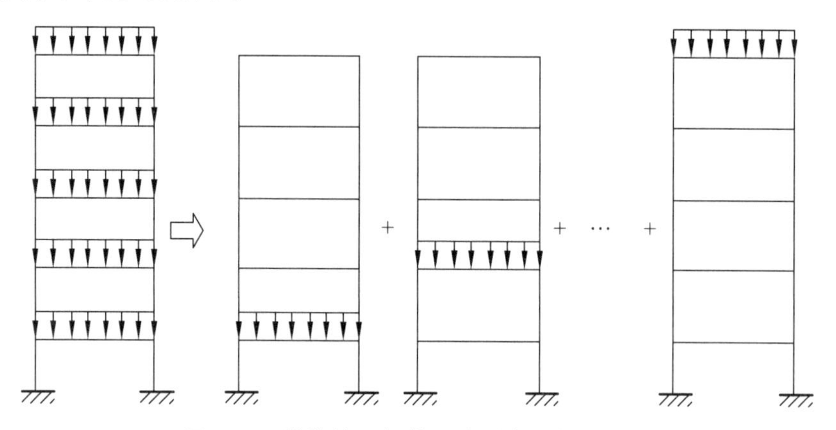

图 3-10　模拟施工加载 1 的刚度和加载模式

④ 模拟施工加载 2：按模拟施工加载 1 的加载方式计算竖向荷载作用下的结构内力，但为了防止竖向构件（墙、柱）按刚度分配荷载可能出现的不合理情况，先将这些竖向构件的刚度放大 10 倍（以削弱竖向荷载按刚度的重分配），再进行荷载分配，这样处理后，使得墙、柱上分配到的轴力比较均匀，外围框架柱受力会有所增大，剪力墙核心筒受力略有减小，接近手算结果，传给基础的荷载也更为合理。但这种处理方法没有理论上的依据，只是一种经验上的处理方式。

⑤ 模拟施工加载 3：该方法采用分层刚度分层加载模型，即分层加载时，不采用整体刚度，只采用本层及本层以下层的刚度，这样更符合施工的实际过程，虽然计算量增大了，但是计算结果与实际情况更一致，如图 3-11 所示。

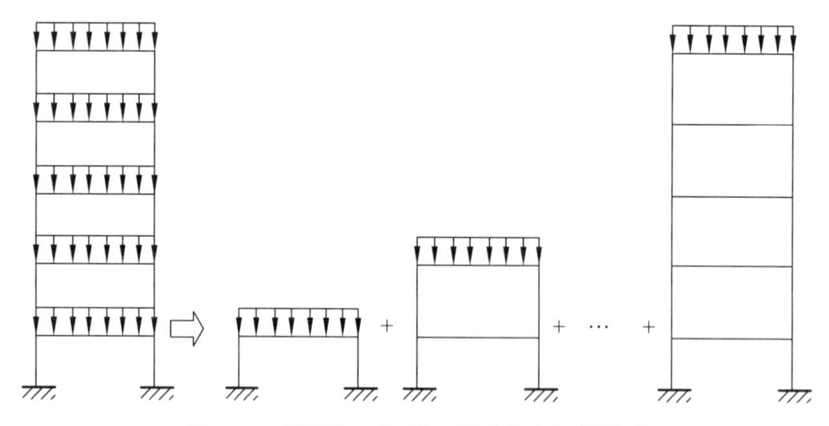

图 3-11　模拟施工加载 3 的刚度和加载模式

取值方法：

① 不计算恒活荷载：仅用于研究分析。实际工程设计中不能选用。

② 一次性加载：主要适用于多层结构、钢结构、大型体育场馆类（没有严格的标准楼层

概念）结构、有上传荷载（例如吊柱）的结构。另外对长悬臂结构（由于一般是采用悬挑脚手架的施工工艺）的悬臂部分应采用该加载方法。

③ 模拟施工加载 1：适用于多、高层结构。

④ 模拟施工加载 2：一般仅用于当基础落在非坚硬土层上时的框剪结构或框筒结构的基础设计，不用于上部结构设计。

⑤ 模拟施工加载 3：适用于无吊车的多、高层结构，更符合工程实际情况，建议首选该项。

设置提示：

① 不同的模拟施工方法，对柱、墙的轴压比计算影响也很大。建议采用 PMCAD 中的“竖向导荷”结果进行复核。

② 当模拟施工加载 1 能正常计算，而模拟施工加载 3 不能正常计算时，应注意检查模拟施工加载次序的定义是否正确。

18. 施工次序

参数含义：对某些复杂结构（如转换层结构、下层荷载由上层构件传递的巨型结构等），在采用模拟施工 3 加载时，因为逐层施工，可能缺少上部构件刚度贡献而导致上层构件传递的荷载丢失的情况，而使计算出现问题。另外，对于采用广义楼层组装的结构，由于层概念的泛延，应考虑楼层的连接关系来指定施工次序，以避免下层还未建造，上层反倒先行施工的情况，此时无论使用模拟施工 1 还是模拟施工 3 加载，都会出现问题。

对于上面两种情况，采用本参数可以对楼层组装的各自然层分别指定施工次序号。

取值方法：程序隐含指定每一个自然层是一次施工（简称为逐层施工），用户可通过该参数指定若干层为一次施工（简称多层施工）。

对于采用广义楼层概念建立的模型，应考虑楼层的连接关系来指定施工次序。如图 3-12 所示的按广义楼层方式组装的双塔结构，会出现若干层同时施工的情况，则必须人为指定施工次序。

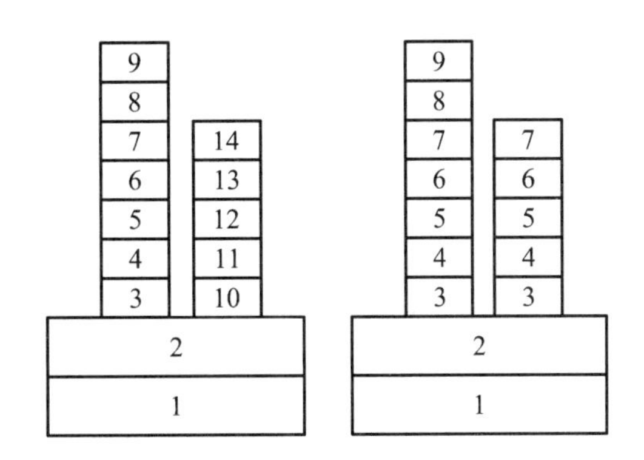

图 3-12　广义楼层施工次序指定

对于某些传力复杂的结构，如转换层结构、上部悬挑结构、越层柱结构、越层支撑结构等，都可能出现多层施工和拆模的情况，因此应设定这些楼层为同一施工次序，以符合工程实际情况，如图 3-13 所示。

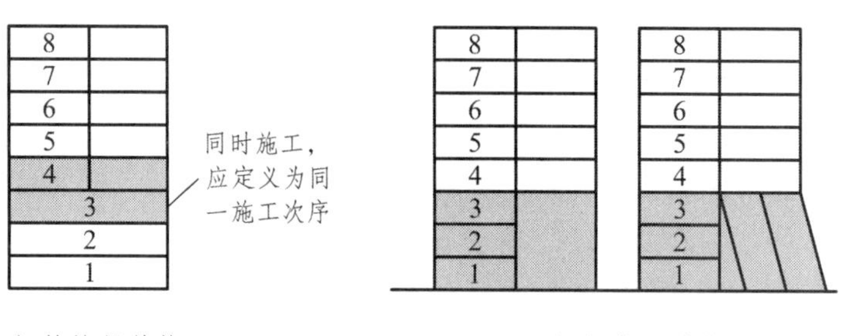

图 3-13　复杂结构的施工次序指定

设置提示：

指定施工次序的总原则是：

① 结构分析时，如果已经明确知道实际的施工次序，则按实际的施工次序指定。

② 结构分析时，如果对实际的施工次序不太清楚，那么施工次序的定义至少要满足以下条件：被定义成在同一个施工次序内施工且同时拆模的一个或若干个楼层，当拆模后，这部分结构在力学上应为合理的承载体系，且其受力性质应尽可能与整体结构建成后该部分的受力性质接近。

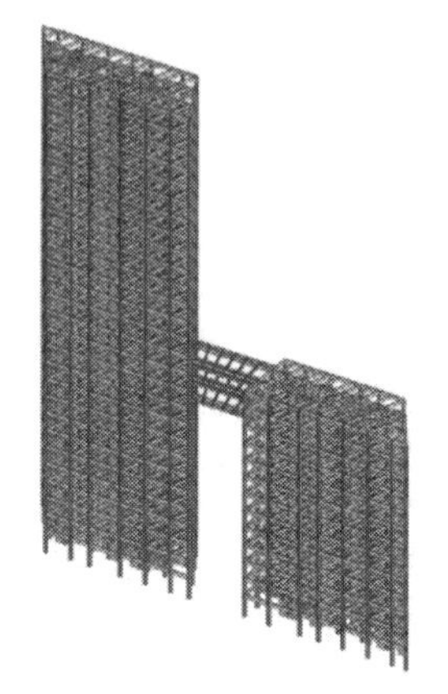

图 3-14　指定构件施工次序的结构模型

对于多构件施工，如图 3-14 所示工程，两侧的塔楼先行施工，最后才建造中间的连廊。若在 PMCAD 中按正常标准层建模，可在后续的【特殊构件定义】菜单中指定连廊部分构件的施工次序即可，如图 3-15 所示。

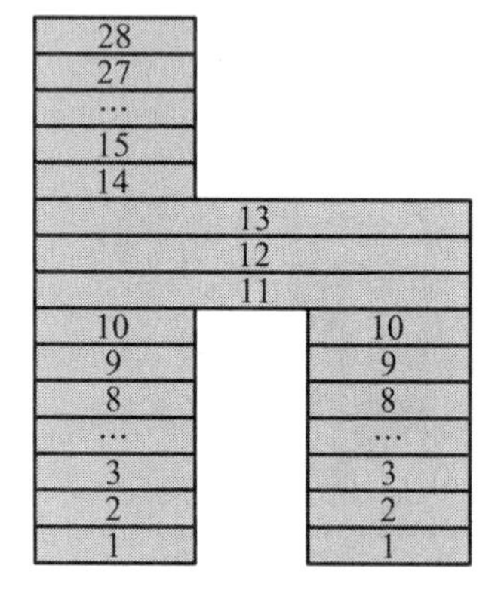

图 3-15　指定构件级施工顺序示意

19. 风荷载计算信息

参数含义：该参数是风荷载计算的控制参数，程序通过该参数判断参与内力组合和配筋时的风荷载。SATWE 提供两类风荷载：一是程序根据《荷载规范》的风荷载计算公式(8.1.1-1)，在【生成 SATWE 数据和数据检查】时自动计算的水平风荷载，作用在整体坐标系的 X 和 Y

两个方向，可在【水平风荷载查询/修改】中查看，简称“水平风荷载”；第二是在【特殊风荷载定义】菜单中自动生成或由用户定义的特殊风荷载，简称“特殊风荷载”。

在本参数中，程序提供以下四个选项：

① 不计算风荷载：任何风荷载均不计算。

② 计算水平风荷载：仅计算 *X* 和 *Y* 两个方向的水平风荷载，即使定义了特殊风荷载，也只有 *X* 和 *Y* 两个方向的水平风荷载参与内力计算。

③ 计算特殊风荷载：当定义了自动生成的特殊风荷载或由用户定义的特殊风荷载时，程序仅将特殊风荷载参与内力计算与组合。

④ 计算水平和特殊风荷载：水平风荷载和特殊风荷载同时参与内力分析和组合。

取值方法：通常选择程序初始项“计算水平风荷载”。如需考虑更细致的风荷载，则可通过“特殊风荷载”实现。

20. 地震作用计算信息

规范要求：《抗震规范》3.1.2 条规定，**抗震设防烈度为 6 度时，除本规范有具体规定外，对乙、丙、丁类建筑可不进行地震作用计算。**

《抗震规范》5.1.6 条规定，**6 度时的建筑（不规则建筑及建造于Ⅳ类场地上较高的高层建筑除外），以及生土房屋和木结构房屋等，应符合有关的抗震措施要求，但应允许不进行截面抗震验算。6 度时不规则建筑、建造于Ⅳ类场地上较高的高层建筑，7 度和 7 度以上的建筑结构（生土房屋和木结构房屋等除外），应进行多遇地震作用下的截面抗震验算。**

《抗震规范》5.1.1-4 条规定，**8、9 度时的大跨度和长悬臂结构及 9 度时的高层建筑，应计算竖向地震作用。**

《抗震规范》5.3.1 条、5.3.2 条、5.3.3 条规定，**9 度时的高层建筑，跨度、长度小于本规范第 5.1.2-5 条规定（即平面投影尺度很大的空间结构）且规则的平板型网架屋盖和跨度大于 24 m 的屋架、屋盖横梁及托架，以及 8、9 度时的长悬臂结构可采用规范简化方法计算竖向地震作用。**

《抗震规范》5.3.4 条规定，**大跨度空间结构的竖向地震作用，可按竖向振型分解反应谱方法计算。**

《高层规程》4.3.1 条规定，**抗震设防类别为甲类的高层建筑，其地震作用应按批准的地震安全性评价结果且高于本地区抗震设防烈度的要求确定；抗震设防类别为乙、丙类的高层建筑，应按本地区抗震设防烈度计算。**

《高层规程》4.3.2 条规定，**高层建筑中的大跨度、长悬臂结构，7 度（0.15*g*）、8 度抗震设计时应计入竖向地震作用。9 度抗震设计时应计算竖向地震作用。**

《高层规程》4.3.14 条规定，**跨度大于 24 m 的楼盖结构、跨度大于 12 m 的转换结构和连体结构、悬挑长度大于 5 m 的悬挑结构，结构竖向地震作用效应标准值宜采用时程分析方法或振型分解反应谱法进行计算。**

《高层规程》10.2.4 条规定，**转换构件应按本规程 4.3.2 条的规定考虑竖向地震作用。**

《高层规程》10.5.2 条规定，**7 度（0.15*g*）和 8 度抗震设计时，连体结构的连接体应考虑竖向地震的影响。**

参数含义：该参数为地震作用计算控制参数。程序提供以下 4 个选项：

① 不计算地震作用：不计算任何地震作用。

② 计算水平地震作用：计算 X 和 Y 两个方向的水平地震作用。

③ 计算水平和规范简化方法竖向地震作用：计算 X 和 Y 两个方向的水平地震作用，并按《抗震规范》5.3.1 ~ 5.3.3 条规定的简化方法计算竖向地震作用。

④ 计算水平和反应谱方法竖向地震作用：计算 X 和 Y 两个方向的水平地震作用，并按竖向振型分解反应谱方法计算竖向地震作用。

取值方法：应结合工程实际情况，按照上述相关规范规定进行选择。

① 不计算地震作用：用于不进行抗震设防的地区的建筑，或抗震设防烈度为 6 度的多层建筑。

② 计算水平地震作用：用于抗震设防烈度为 7、8 度地区的多、高层建筑，以及 6 度时的甲、乙、丙类高层建筑。

③ 计算水平和规范简化方法竖向地震作用：用于 9 度时的高层建筑，跨度、长度小于《抗震规范》规范第 5.1.2-5 条规定（即平面投影尺度很大的空间结构）且规则的平板型网架屋盖和跨度大于 24 m 的屋架、屋盖横梁及托架，以及 8、9 度时的长悬臂结构。

④ 计算水平和反应谱方法竖向地震作用：主要用于大跨度空间结构、跨度大于 24 m 的楼盖结构、跨度大于 12 m 的转换结构和连体结构、悬挑长度大于 5 m 的悬挑结构。

设置提示：8（9）度时的大跨度结构一般指跨度不小于 24（18）m 的结构，长悬臂构件指悬臂板不小于 2（1.5）m，悬臂梁不小于 6（4.5）m 的构件。

21. 结构所在地区

参数含义：该参数用于确定工程所在地区，以便程序执行相应的国家规范和地方规程。程序提供以下六个选项：

①“全国”：程序执行国家规范。

②“上海”：程序除执行国家规范外，还执行上海市有关的地方规程。

③“广东”；程序除执行国家规范外，还执行广东省有关的地方规程。

④“B 类建筑（89 规范全国）”：仅用于鉴定加固版本。

⑤“B 类建筑（89 规范上海）”：仅用于鉴定加固版本。

⑥“A 类建筑”：仅用于鉴定加固版本。

取值方法：应按工程所在地区进行选择。除上海、广东，都应选择“全国”。

22. 特征值求解方式

参数含义：该参数用于地震作用计算时，采用振型分解反应谱法的特征值计算方式。且仅在【地震作用计算信息】中选择了“计算水平和反应谱方法竖向地震”时，才能激活该选项。程序提供两种选项：

①“水平振型和竖向振型整体求解”：只做一次特征值分析，此种求解方法可以更好地体现三个方向振动的耦联关系，但竖向地震作用的有效质量系数在个别情况下较难达到 90%。此时，在【地震信息】中输入的振型数为水平与竖向振型数的总和，且“竖向地震参与振型数”选项为灰，用户不能修改。

②“水平振型和竖向振型独立求解”：做两次特征值分析，此种求解方法不能体现三个方向振动的耦联关系，但是可以得到更多的有效竖向振型。此时，在【地震信息】中需分别输

入水平与竖向振型个数。

取值方法：一般宜首选“整体求解”以真实反映水平与竖向振动间的耦联。当竖向地震作用的有效质量系数达不到90%时，再选择“独立求解”。

23.“规定水平力”的确定方式

规范要求：《抗震规范》表 3.4.3-1 中对“扭转不规则”的定义中提到，**“在规定的水平力作用下，楼层的最大弹性水平位移或（层间位移），大于该楼层两端弹性水平位移（或层间位移）平均值的 1.2 倍。”**

《抗震规范》6.1.3-1 条规定，**设置少量抗震墙的框架结构，在规定的水平力作用下，底层框架部分所承担的地震倾覆力矩大于结构总地震倾覆力矩的 50%时，其框架的抗震等级应按框架结构确定，……**

《高层规程》3.4.5 条规定，**在考虑偶然偏心影响的规定水平地震力作用下，楼层竖向构件最大的水平位移和层间位移，A 级高度高层建筑不宜大于该楼层平均值的 1.2 倍，不应大于该楼层平均值的 1.5 倍；……**

《高层规程》8.1.3 条规定，**抗震设计的框架-剪力墙结构，应根据在规定的水平力作用下结构底层框架部分承担的地震倾覆力矩与结构总地震倾覆力矩的比值，确定相应的设计方法。**

参数含义：程序提供了两种选项：

①“楼层剪力差方法（规范方法）”：在上述规范的相关条文中，要求对位移比和倾覆力矩的计算，采用“规定水平力”。对该规定水平力，《抗震规范》3.4.3 条文说明中规定，**该水平力一般采用振型组合后的楼层地震剪力换算的水平作用力，并考虑偶然偏心。**《高层规程》3.4.5 条文说明中规定了水平作用力的换算原则：**“每一楼面处的水平作用力取该楼面上、下两个楼层的地震剪力差的绝对值；连体下一层各塔楼的水平作用力，可由总水平作用力按该层各塔楼的地震剪力大小进行分配计算”**。本选项即是按上述规范方法确定“规定水平力”，即采用楼层地震剪力差的绝对值作为楼层的规定水平力。

②“节点地震作用 CQC 组合方法”：该方法是由 CQC 组合的各个有质量节点上的地震力作为“规定水平力”。它主要用于不规则结构，即楼层概念不清晰，剪力差无法计算的情况。

取值方法：一般宜首选“楼层剪力差方法（规范方法）”。“节点地震作用 CQC 组合方法”主要用于不规则结构，即楼层概念不清晰，楼层剪力差无法计算的情况。

设置提示：“规定水平力”主要用于计算位移比和倾覆力矩，结构楼层位移和层间位移控制值验算时，仍应采用 CQC 的效应组合。

3.2.1.2 风荷载信息

该页包含与风荷载计算的 34 个参数，如图 3-16 所示。本页各参数主要依据《荷载规范》进行定义，若在总信息参数页中选择了不计算风荷载，可不必考虑本页参数的取值。各参数含义及设置原则如下。

1. 地面粗糙度类别

规范要求：《荷载规范》8.2.1 条规定：**地面粗糙度可分为 A、B、C、D 四类。**

参数含义：程序根据该参数确定风压高度变化系数。

取值方法：应根据规范对地面粗糙度的定义和工程所在地具体情况选择地面粗糙度类别。

设置提示： 其中 D 类（有密集建筑群且房屋较高的城市市区）应慎用。

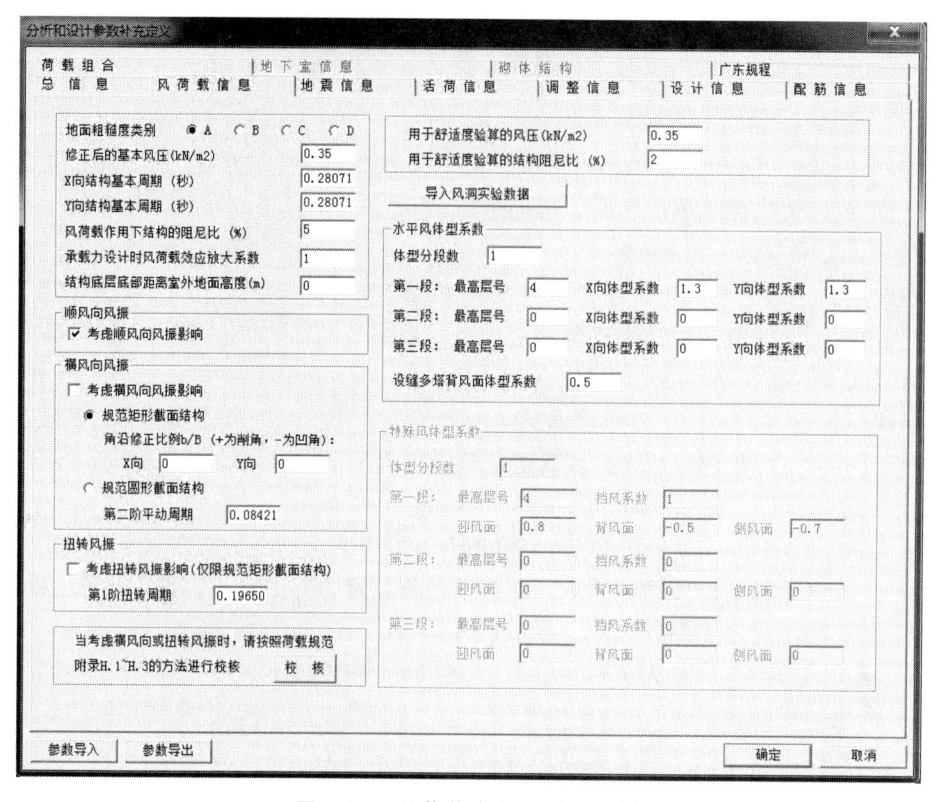

图 3-16　风荷载信息设置对话框

2. 修正后的基本风压

规范要求：《荷载规范》8.1.2 条规定：**基本风压应按本规范规定的方法确定的 50 年重现期的风压，但不得小于 0.3 kN/m2。对于高层建筑、高耸结构以及风荷载比较敏感的其他结构，基本风压的取值应适当提高，并应符合有关结构设计规范的规定。**

《高层规程》4.2.2 条规定，**对风荷载比较敏感的高层建筑，承载力设计时应按基本风压的 1.1 倍采用。**

参数含义： 该参数用于按《荷载规范》公式（8.1.1-1）计算时的风压值 ω_0。

取值方法： 一般按《荷载规范》附表 E.5 给出的重现期为 50 年的风压采用，但对部分风荷载敏感建筑，应考虑地点和环境的影响（如沿海地震和强风地带等）进行修正，在进行承载力极限状态设计时在规范规定基础上将基本风压放大 1.1 ~ 1.2 倍，对于正常使用极限状态设计（如侧移验算等），一般仍可采用基本风压值。又如《门式刚架轻型房屋钢结构技术规程》CECS102 2002（2012 年版）中规定，基本风压按现行国家标准《荷载规范》的规定值乘以 1.05 采用。

设置提示： 对风荷载是否敏感，主要与高层建筑的体型、结构体系和自振特性有关，目前尚无实用的划分标准。一般情况下，对于房屋高度大于 60m 的高层建筑，承载力设计时风荷载计算可按基本风压的 1.1 倍采用；对于房屋高度不超过 60m 的高层建筑，风荷载取值是否提高，可由设计人员根据实际情况确定。

3. X、Y 向结构基本周期（秒）

规范要求：《荷载规范》附录 F 给出了各类结构基本自振周期的经验公式。

参数含义：该参数用于按《荷载规范》公式（8.1.1-1）计算风荷载时，其中风振系数 β_z 的计算。

取值方法：新版 SATWE 可分别指定 X 向和 Y 向的基本周期，用于计算 X 向和 Y 向的风荷载。对于比较规则的结构，可以采用以下近似方法计算基本周期：框架结构 $T=(0.08\sim0.1)n$，框架-剪力墙和框架-核心筒结构 $T=(0.06\sim0.08)n$，剪力墙结构和筒中筒结构 $T=(0.05\sim0.06)n$，n 为结构层数。其他结构可以根据《荷载规范》附录 F 给出的经验公式估算。

设置提示：按照上述估算的周期值完成一次 SATWE 的计算后，应将计算结果文件 WZQ.OUT 中的结构第一平动周期值输入此处，重新计算，按照新的计算结果进行设计。

4. 风荷载作用下结构的阻尼比（%）

规范要求：《荷载规范》8.4.4 条规定，ζ_1**——结构阻尼比，对钢结构取** 0.01，**对有墙体材料填充的房屋钢结构取** 0.02，**对钢筋混凝土及砖石砌体结构取** 0.05，**对其他结构可根据工程经验确定。**

参数含义：该参数也主要用于按《荷载规范》公式（8.1.1-1）计算风荷载时，其中风振系数 β_z 的计算。

取值方法：按照结构材料类型取值即可。

5. 承载力设计时风荷载效应放大系数

规范要求：《高层规程》4.2.2 条规定，**对风荷载比较敏感的高层建筑，承载力设计时应按基本风压的** 1.1 **倍采用。**

参数含义：按照上述《高层规程》的规定，对于承载力设计时，应放大基本风压，而对于正常使用极限状态设计，一般仍采用基本风压或由设计人员根据实际情况确定。因此，对风荷载比较敏感的高层建筑在风荷载承载力设计和正常使用极限状态设计时，需要采用两个不同的风压值，进行两次计算。有了 SATWE 这个参数后，在【风荷载信息】中填写“修正后的基本风压”时，就可以只填写按正常使用极限状态设计时所确定的风压值，程序在进行风荷载承载力设计时，再按此处填入的系数对风荷载效应进行放大，相当于对承载力设计时的风压值进行了提高。这样通过一次计算就可以得到全部结果。填写该系数后，程序只对风荷载作用下的构件内力进行放大，不改变结构位移。

取值方法：对一般结构，取 1.0；对风荷载比较敏感的高层建筑（由于结构对风荷载是否敏感，以及是否需要提高基本风压，规范尚无明确规定，需由设计人员根据实际情况确定），可取 1.1。

6. 用于舒适度验算的风压和结构阻尼比

规范要求：《高层规程》3.7.6 条规定，**房屋高度不小于** 150 m **的高层混凝土建筑结构应满足风振舒适度要求。在现行国家标准《建筑结构荷载规范》**（GB 50009–2012）**规定的** 10 **年一遇的风荷载标准值作用下，结构顶点的顺风向和横风向振动最大加速度计算值不应超过表** 3.7.6 **的限值。计算时结构阻尼比宜取** 0.01 ~ 0.02。

参数含义：程序根据《高层民用建筑钢结构技术规程》（JGJ 99-98）第 5.5.1-4 条计算结

构顶点的顺风向和横风向振动最大加速度，以验算风振舒适度。验算结果在 WMASS.OUT 文件中输出。如图 3-17 所示。

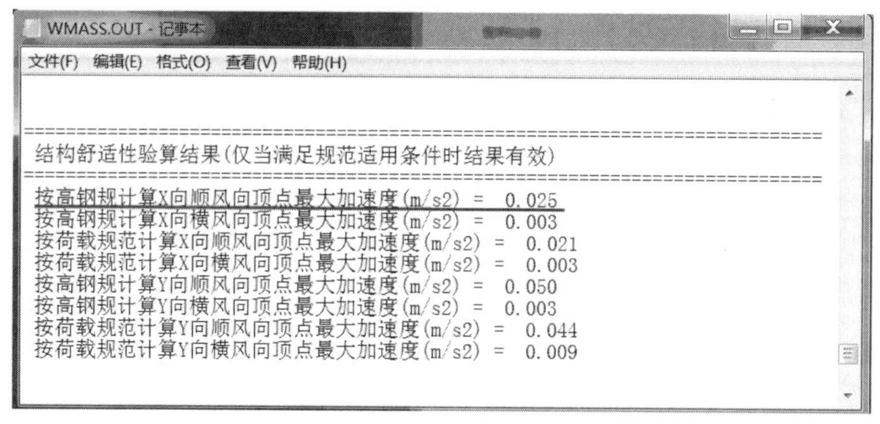

图 3-17 WMASS.OUT 输出的舒适度验算结果

取值方法：根据规范要求，验算风振舒适度的风压取《荷载规范》附表 E.5 给出的重现期为 10 年的风压，结构阻尼比取 0.01 ~ 0.02。

7. 顺风向风振

规范要求：《荷载规范》8.4.1 条规定，**对于高度大于 30 m 且高宽比大于 1.5 的房屋，以及基本自振周期 *T*1 大于 0.25 s 的各种高耸结构，应考虑风压脉动对结构产生顺风向风振的影响。**

《荷载规范》8.4.2 条规定，**对于风敏感的或跨度大于 36 m 的柔性屋盖结构，应考虑风压脉动对结构产生风振的影响。**

《荷载规范》8.4.3 条规定，**对于一般竖向悬臂型结构，例如高层建筑和构架、塔架、烟囱等高耸结构，均可仅考虑结构第一振型的影响。**

参数含义：本选项用于确定按《荷载规范》公式（8.1.1-1）计算风荷载标准值时，是否考虑顺风向风振系数的影响。

取值方法：凡是满足《荷载规范》上述相关条文要求的结构，都应该考虑顺风向风振的影响，即应勾选该选项。当满足《荷载规范》8.4.3 条规定时，可采用风振系数法计算顺风向荷载。

8. 横风向风振

规范要求：《荷载规范》8.5.1 条规定，**对于横向风振作用效应明显的高层建筑以及细长圆形截面构筑物，宜考虑横风向风振的影响。**

《荷载规范》8.5.1-1 条规定，**对于平面或立面体型较复杂的高层建筑和高耸结构，横风向风振的等效风荷载宜通过风洞试验确定，也可比照有关资料确定。**

《荷载规范》8.5.1-2 条规定，**对于圆形截面高层建筑及构筑物，其横风向风振等效风荷载可按本规范附录 H.1 确定。**

《荷载规范》8.5.1-3 条规定，**对于矩形截面及凹角或削角矩形截面的高层建筑，其横风向风振等效风荷载可按本规范附录 H.2 确定。**

参数含义：本选项用于确定是否考虑横风向风振对结构的影响。

取值方法：凡是满足《荷载规范》8.5.1 条规定的结构，都应勾选本选项。同时根据结构平面形状，勾选圆形截面或矩形截面，并填写相关参数。如图 3-18 所示。

① 当结构为规范矩形截面结构时，应定义角沿修正比例 b/B，其中，b 与 B 的含义如图 3-19 所示。

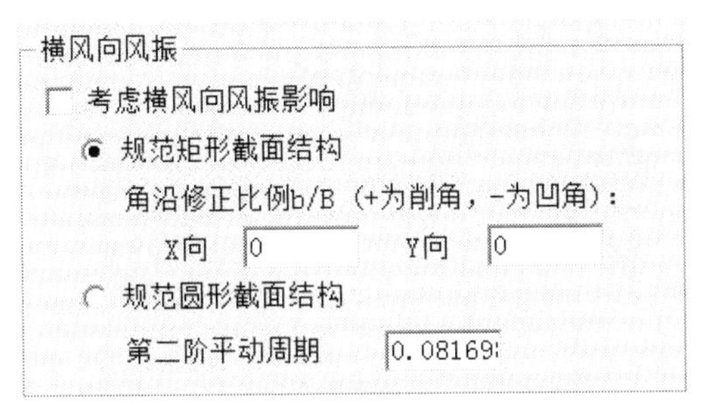

图 3-18　横风向风振定义对话框

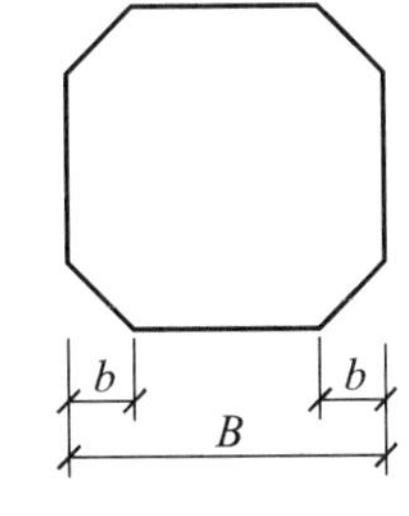

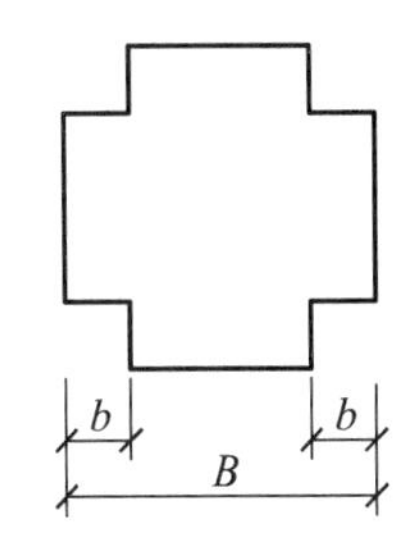

图 3-19　截面削角和凹角示意图

② 当结构为规范圆形截面结构时，其第二阶平动周期可在运行一次 SATWE 后，从程序输出的 WZQ.OUT 文件中查找到结构第二阶平动周期，再回填至该位置，重新进行计算分析。

设置提示：

① 一般而言，建筑高度超过 150 m 或高宽比大于 5 的高层建筑可出现较为明显的横风向风振效应。

② 规范矩形截面结构是指高宽比（H/B）和截面深宽比（D/B）分别为 4 ~ 8 和 0.5 ~ 2 的矩形截面结构。

③ 细长圆形截面构筑物一般指高度超过 30 m 且高宽比大于 4 的构筑物。

9. 扭转风振

规范要求：《荷载规范》8.5.4 条规定，**对于扭转风振作用效应明显的高层建筑及高耸结构，宜考虑扭转风振的影响。**

《荷载规范》8.5.5-1 条规定，**对于体型较复杂以及质量或刚度有显著偏心的高层建筑，扭转风振等效风荷载宜通过风洞试验确定，也可比照有关资料确定。**

《荷载规范》8.5.5-2 条规定，**对于质量和刚度较对称的矩形截面高层建筑，其扭转风振等效风荷载可按本规范附录 H.3 确定。**

参数含义：本选项用于确定是否考虑扭转风振对结构的影响。

取值方法：凡是满足《荷载规范》8.5.4 条及 8.5.5-2 条规定的规则矩形截面高层建筑，可勾选此项。结构第 1 阶扭转周期，可在运行一次 SATWE 后，从程序输出的 WZQ.OUT 文件中查找到结构第 1 阶扭转周期，再回填至该位置，重新进行计算分析。

设置提示：

当选择“矩形或圆形截面结构并考虑横风向或扭转风振影响”时，程序将按照《荷载规范》附录 H.1 ~ H.3 的方法自动进行计算，除了需要正确填写周期等相关参数外，用户应特别注意校核本工程是否符合规范公式的适用范围，否则计算结果可能无效。为便于验算，软件提供图示“校核”结果供用户参考（图 3-20），应认真阅读。

当不符合《荷载规范》附录提供的计算公式的适用范围时，应根据风洞试验或有关资料自行确定横风向和扭转风振影响。

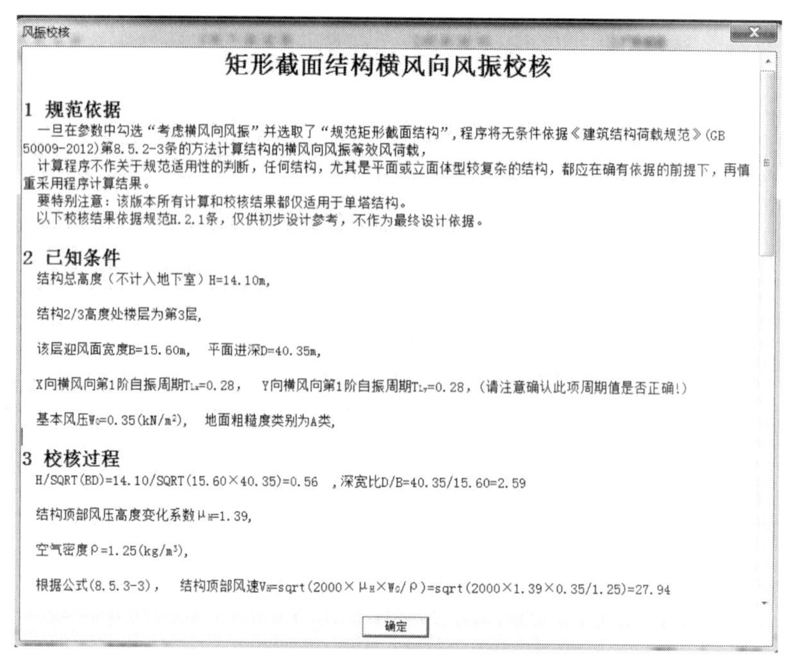

图 3-20 横风向风振校核

10. 水平风体型系数

规范要求：《荷载规范》8.3.1 条规定了房屋和构筑物的风荷载体型系数。

《高层规程》4.2.3 条规定了计算主体结构的风荷载效应时，风荷载体型系数的取值方法。

参数含义：由于现代多高层建筑结构立面变化较大，不同区段的体型系数可能不同，因此程序采用不同的立面输入不同体型系数的方法来计算各区段的风荷载标准值。但程序限定一个建筑物最多可分三段设定体型系数。

此处需要输入的参数包括：① 体型分段数；② 各分段的最高层号；③ 各段体型系数。

取值方法：

① 体型分段数：按照结构实际的体型情况设置，但最多分为 3 段。若建筑物立面体型无变化，则填 1。

② 各分段的最高层号：根据工程实际立面变化情况填写。

③ 各段体型系数：按《荷载规范》8.3.1 条或《高层规程》4.2.3 条填写。

设置提示：

① 计算水平风荷载时，程序不区分迎风面和背风面，直接按最大外轮廓计算风荷载的总值，因此应填入迎风面体型系数和背风面体型系数绝对值之和。

② 对于（基础梁与上部结构共同分析计算的）多层框架或（地下室顶板不作为上部结构嵌固端的）高层结构，当定义底层为地下室后，体型分段数应只考虑上部结构，程序会自动扣除地下室部分的风载。

③ 对处于密集建筑群中的单体建筑，体型系数应考虑相互增大影响，可参考《工程抗风设计计算手册》（张相庭）进行设置。

④ 还可以利用本参数定义多塔结构中不同形状塔楼的体型系数。如图 3-21 所示，对大底盘上的三栋塔楼可根据广义楼层组装时定义的楼层数，将体型分段数定义为三段，分别填写

其体型系数。

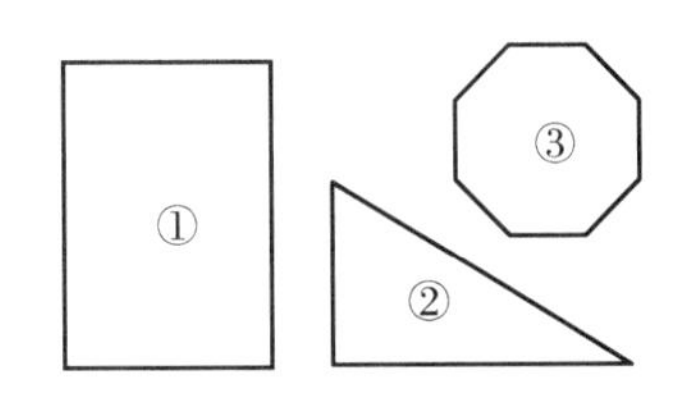

图 3-21　多塔结构的不同体型

11. 设缝多塔背风面体型系数

参数含义：在计算带变形缝的结构时，如果设计人员将该结构以变形缝为界定义成多塔后，程序在计算各塔的风荷载时，对设缝处仍将作为迎风面，计算的风荷载将偏大。为扣除设缝处遮挡面的风荷载，设计人员可在此处设置“设缝多塔背风面体型系数”，然后在 SATWE 前处理菜单的第 5 项【多塔结构补充定义】中指定各塔的遮挡面（**见本书** 3.5 **节**），则程序在计算风荷载时，将采用此处输入的系数对定义好的遮挡面的风荷载进行扣减。

取值方法：按实际情况输入该系数。如果此参数填为 0，则相当于不考虑风荷载的影响。

12. 特殊风体型系数

参数含义：如果在“总信息”页的<风荷载计算信息>项选择了“计算特殊风荷载”或者“计算水平和特殊风荷载”，则此处需要输入特殊风荷载的参数。包括：① 体型分段数；② 各段最高层号；③ 各段挡风系数；④ 各段迎风面、背风面及侧风面的体型系数。

“特殊风荷载”的计算公式与“水平风荷载”相同，区别在于程序自动区分迎风面、背风面和侧风面，分别计算其风荷载，是更为精细的计算方式。

其中“挡风系数”是为了考虑楼层外侧轮廓并非全部为受风面积，存在部分镂空的情况，即有效受风面积占全部外轮廓的比例。当该系数为 1.0 时，表明外轮廓全部为受风面积，小于 1.0 表示有效受风面积占全部外轮廓的比例，程序计算风荷载时按有效受风面积生成风荷载，可用于无填充墙的敞开式结构。

取值方法：根据规范规定和结构实际情况输入该参数各个值。

设置提示：不是所有结构都需要进行风荷载的精细计算，对一般的简单结构均可不进行特殊风荷载计算。

3.2.1.3　地震信息

该页包含与地震计算相关的 26 个参数，如图 3-22。对于抗震设防烈度为 6 度，不需要进行抗震计算，但仍应采取抗震构造措施的结构，可在“总信息”页的<地震作用计算信息>项选择“不计算地震作用”，则在本页中各项抗震等级仍应按实际情况填写，其他参数则全部变灰，不用填写。本页中各参数含义及设置原则如下。

1. 结构规则性信息

规范要求：《抗震规范》5.2.3-1 条规定，**规则结构不进行扭转耦联计算时，平行于地震作用方向的两个边榀各构件，其地震作用效应应乘以增大系数。**

《高层规程》4.3.4-1 条规定，**对质量和刚度不对称、不均匀的结构以及高度超过** 100 m **的**

高层建筑结构应采用考虑扭转耦联振动影响的振型分解反应谱法。

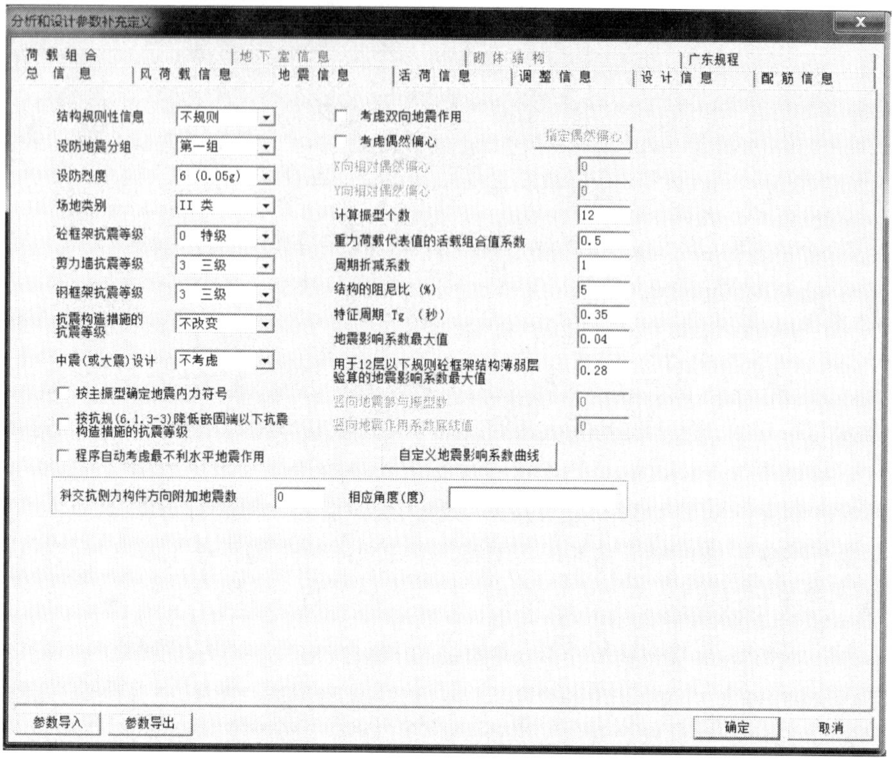

图 3-22　地震信息设置对话框

参数含义：新版软件考虑到扭转耦联计算适用于任何空间结构的分析，因此去掉了 2005 版软件中的<扭转耦联信息>选项，即不论结构是否规则总进行扭转耦联计算，故不必考虑结构边榀地震效应的增大。因此该参数目前在程序内部不起作用。

2. 设防地震分组

规范要求：《抗震规范》3.2.3 条规定，**本规范的设计地震共分为三组。**

《抗震规范》3.2.4 条规定，**我国主要城镇（县级及县级以上城镇）中心地区的设计地震分组，可按本规范附录 A 采用。**

参数含义：本参数定义设计地震分组，用于程序进行地震作用等计算。

取值方法：根据《抗震规范》附录 A 设置工程所在地区的设计地震分组。

3. 设防烈度

规范要求：《抗震规范》3.2.2 条规定，**抗震设防烈度和设计基本地震加速度取值的对应关系，应符合表 3.2.2 的规定。设计基本地震加速度为 0.15 *g* 和 0.30 *g* 地区内的建筑，除本规范另有规定外，应分别按抗震设防烈度 7 度和 8 度的要求进行抗震设计。**

《抗震规范》3.2.4 条规定，**我国主要城镇（县级及县级以上城镇）中心地区的抗震设防烈度、设计基本地震加速度值，可按本规范附录 A 采用。**

参数含义：本参数定义抗震设防烈度，用于程序进行地震作用计算、抗震措施设计等。

取值方法：用户可根据《抗震规范》附录 A 设置工程所在地区的抗震设防烈度和基本加

速度。

设置提示：此处设置的“设防烈度”是直接根据工程所在地区，查《抗震规范》附录 A 确定的设防烈度，不需要根据场地类别及抗震设防分类进行调整。

4. 场地类别

规范要求：《抗震规范》4.1.6 条规定，**建筑的场地类别，应根据土层等效剪切波速和场地覆盖层厚度按表 4.1.6 划分为四类，其中Ⅰ类分为 $Ⅰ_0$、$Ⅰ_1$ 两个亚类。**

参数含义：本参数定义场地类别，用于程序进行地震作用计算、抗震措施设计等。

取值方法：用户可根据工程地质勘测报告输入工程所在地区的场地类别。

5. 混凝土框架、剪力墙、钢框架抗震等级

规范要求：《抗震规范》6.1.2 条规定，**钢筋混凝土房屋应根据设防类别、烈度、结构类型和房屋高度采用不同的抗震等级，并应符合相应的计算和构造措施要求。丙类建筑的抗震等级应按表 6.1.2 确定。**

《抗震规范》6.1.2 条规定，**钢结构房屋应根据设防分类、烈度和房屋高度采用不同的抗震等级，并应符合相应的计算和构造措施要求。丙类建筑的抗震等级应按表 8.1.3 确定。**

《高层规程》3.9.3 条及 3.9.4 条分别规定了抗震设防分类为丙类时，A 级和 B 级高层建筑的抗震等级确定依据。

参数含义：本参数定义结构抗震等级，用于程序进行地震作用计算、抗震构造措施设计等。

取值方法：用户可根据规范规定和工程实际情况设定抗震等级。

设置提示：

① 设定抗震等级时，应注意根据抗震设防分类等因素调整确定抗震等级时的设防烈度。

② 对于混凝土框架和钢框架，程序按材料进行区分：纯钢截面的构件取钢框架的抗震等级；混凝土或钢与混凝土混合截面的构件，取混凝土框架的抗震等级。

6. 抗震构造措施的抗震等级

规范要求：《建筑工程抗震设防分类标准》GB 50223-2008 中 3.0.3 条规定，**各抗震设防类别建筑的抗震设防标准，应符合下列要求：① 标准设防类，应按本地区抗震设防烈度确定其抗震措施和地震作用，达到在遭遇高于当地抗震设防烈度的预估罕遇地震影响时不致倒塌或发生危及生命安全的严重破坏的抗震设防目标。② 重点设防类，应按高于本地区抗震设防烈度一度的要求加强其抗震措施；但抗震设防烈度为 9 度时应按比 9 度更高的要求采取抗震措施；地基基础的抗震措施，应符合有关规定。同时，应按本地区抗震设防烈度确定其地震作用。③ 特殊设防类，应按高于本地区抗震设防烈度提高一度的要求加强其抗震措施；但抗震设防烈度为 9 度时应按比 9 度更高的要求采取抗震措施。同时，应按批准的地震安全性评价的结果且高于本地区抗震设防烈度的要求确定其地震作用。④ 适度设防类，允许比本地区抗震设防烈度的要求适当降低其抗震措施，但抗震设防烈度为 6 度时不应降低。一般情况下，仍应按本地区抗震设防烈度确定其地震作用。**

《抗震规范》3.3.2 条规定，**建筑场地为Ⅰ类时，对甲、乙类的建筑应允许仍按本地区抗震设防烈度的要求采取抗震构造措施；对丙类的建筑应允许按本地区抗震设防烈度降低一度的要求采取抗震构造措施，但抗震设防烈度为 6 度时仍应按本地区抗震设防烈度的要求采取抗**

震构造措施。

《抗震规范》3.3.3 条规定，**建筑场地为Ⅲ、Ⅳ类时，对设计基本地震加速度为** $0.15g$ **和** $0.30g$ **的地区，除本规范另有规定外，宜分别按抗震设防烈度** 8 **度（**$0.20g$**）和** 9 **度（**$0.40g$**）时各抗震设防类别建筑的要求采取抗震构造措施。**

《抗震规范》6.1.3-4 条规定，**当甲乙类建筑按规定提高一度确定其抗震等级而房屋的高度超过本规范表** 6.1.2 **相应规定的上界时，应采取比一级更有效的抗震构造措施。**

参数含义：在本页参数中定义的<砼框架抗震等级>、<剪力墙抗震等级>和<钢框架抗震等级>为抗震措施的抗震等级，在某些情况下（如上述提到的规范条文规定情况），抗震构造措施的抗震等级可能与抗震措施的抗震等级不同，可能提高或降低，因此程序提供了这个选项。

取值方法：用户应根据规范规定和工程实际情况确定抗震构造措施的抗震等级。

设置提示：应注意根据工程的抗震设防分类、场地类别等影响因素确定抗震构造措施的抗震等级。具体可根据工程实际情况按本书表 2-6 确定。

"抗震措施"与"抗震构造措施"有所不同，应注意区分。

①《抗震规范》2.1.10 条规定，"抗震措施"是指**除地震作用计算和抗力计算以外的抗震设计内容，包括抗震构造措施。**

《抗震规范》中的"一般规定"及"计算要点"中的地震作用效应（内力和位移）调整的规定均属于抗震措施。另外在"抗震设计要求"中也包含部分属于抗震措施的内容。如建筑总体布置、结构选型、地基抗液化措施等。

②《抗震规范》2.1.11 条规定，"抗震构造措施"是指**根据抗震概念设计原则，一般不需计算而对结构和非结构各部分必须采取的各种细部要求。**

抗震构造措施用来确保结构的整体性、加强局部薄弱环节并保证抗震计算结果的有效性。《抗震规范》中的"抗震构造措施"所规定的内容均属于抗震措施。另外在"抗震设计要求"中也包含部分属于抗震构造措施的内容，如构件的轴压比、最小截面尺寸、最小配筋率、箍筋及加密要求等。

7. 中震（或大震）设计

规范要求：《高层规程》3.11 节规定了结构抗震性能设计的相关要求。

参数含义：本参数用于实现基于性能的抗震设计，程序提供了两种性能设计方法的选择：

① 中震（或大震）弹性设计。此时，程序将执行以下 3 项操作：a. 地震影响系数最大值 α_{max} 按中震或大震取值；b. 取消组合内力的调整（即取消强柱弱梁、强剪弱弯调整）；c. 不考虑风荷载。

② 中震（或大震）不屈服设计。此时，程序将执行以下 6 项操作：a. 地震影响系数最大值 α_{max} 按中震或大震取值；b. 取消组合内力的调整（即取消强柱弱梁、强剪弱弯调整）；c. 荷载作用分项系数取 1.0（组合值系数不变）；d. 材料强度取标准值；e. 抗震承载力调整系数 γ_{RE} 取 1.0；f. 不考虑风荷载。

取值方法：程序提供了三个选项：不考虑、不屈服和弹性。用户应根据工程实际情况进行选择。

设置提示：若此处选择了"不屈服"或"弹性"，则在本页的<地震影响系数最大值>参数中应输入中震或大震的地震影响系数最大值，如表 3-1 所示。

表 3-1 水平地震影响系数最大值

地震影响	烈度			
	6度	7度	8度	9度
多遇地震	0.04	0.08（0.12）	0.16（0.24）	0.32
按“中震”设计	0.12	0.23（0.34）	0.45（0.68）	0.90
罕遇地震	0.28	0.50（0.72）	0.90（1.20）	1.40

注：括号中数值分别用于设计基本地震加速度为 0.15g 和 0.30g 的地区。

8. 按主振型确定地震内力符号

规范要求：《抗震规范》中公式（5.2.3-5）给出了考虑扭转耦联时计算地震作用效应的公式。

参数含义：由于《抗震规范》公式（5.2.3-5）给出的地震作用效应计算式并不含符号，因此地震作用效应的符号需要单独指定。SATWE 原有的符号确定原则为：每个内力分量取各振型下绝对值最大者的符号。新版程序增加本参数，以解决原有方式可能导致个别构件内力符号不匹配的问题。

取值方法：程序默认为不勾选，以便与旧版程序结构对比。

9. 按抗规（6.1.3-3）降低嵌固端以下抗震构造措施的抗震等级

规范要求：《抗震规范》第 6.1.3-3 条规定，当地下室顶板作为上部结构的嵌固部位时，地下一层的抗震等级应与上部结构相同，地下一层以下抗震构造措施的抗震等级可逐层降低一级，但不应低于四级。

参数含义：当勾选本参数后，程序将自动按照规范规定执行，用户不需要再到【特殊构件补充定义】中单独指定相应楼层构件的抗震构造措施的抗震等级。

取值方法：用户可根据工程实际情况，当采用地下室顶板作为上部结构的嵌固部位时，勾选该选项。

10. 程序自动考虑最不利水平地震作用

参数含义：在老版本的 SATWE 中，当用户需要考虑最不利水平地震作用时，必须先进行一次计算，然后在 WZQ.OUT 文件中查看最不利地震角度（参看本章 3.2.1 节“1.水平力与整体坐标夹角”的相关内容），然后回填到附加地震相应角度进行第二次计算。而勾选本参数后，程序将自动完成最不利水平地震作用方向的地震作用效应计算，即一次完成计算，而无须用户手动回填后二次计算。

取值方法：用户可勾选本参数。

11. 自定义地震影响系数曲线

参数含义：SATWE 允许用户输入任意形状的地震设计谱，以考虑来自安评报告或其他情形的比规范设计谱更贴切的反应谱曲线。点击该按钮，在弹出的对话框中可查看按规范公式描绘的地震影响系数曲线，并可在此基础上根据需要进行修改，形成自定义的地震影响系数曲线，如图 3-23 所示。其中，“按规范定义的时间”项，代表该时间之前曲线采用规范值，之后采用自定义值。

取值方法：用户可根据工程实际情况输入地震影响系数曲线参数。

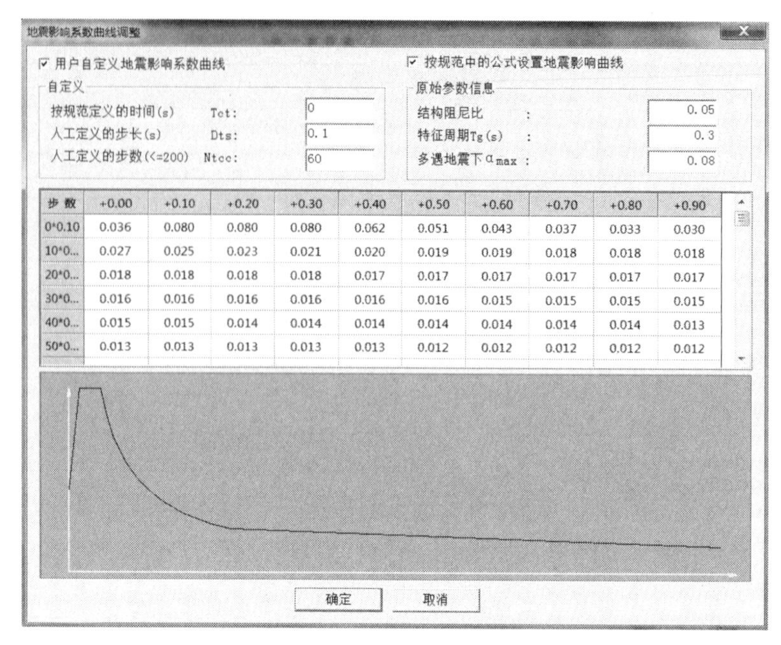

图 3-23 地震影响系数曲线调整对话框

12. 是否考虑偶然偏心

规范要求：《高层规程》4.3.3 条规定，**计算单向地震作用时应考虑偶然偏心的影响，附加偏心距可取与地震作用方向垂直的建筑物边长的 5%**。

参数含义：偶然偏心是指由偶然因素引起的结构质量分布的变化，会导致结构固有振动特性的变化，因而结构在相同地震作用下的反应也将发生变化。考虑偶然偏心，也就是考虑由偶然偏心引起的可能的最不利地震作用。

理论上，各个楼层的质心都可以在各自不同的方向出现偶然偏心，从最不利的角度出发，假设偶然偏心值为 5%，则程序中只考虑下列四种偏心方式：

① X 向地震，所有楼层的质心沿 Y 轴正向偏移 5%，该工况记作 EXP；

② X 向地震，所有楼层的质心沿 Y 轴负向偏移 5%，该工况记作 EXM；

③ Y 向地震，所有楼层的质心沿 X 轴正向偏移 5%，该工况记作 EYP；

④ Y 向地震，所有楼层的质心沿 X 轴负向偏移 5%，该工况记作 EYM。

考虑了偶然偏心地震后，共有三组地震作用效应：无偏心地震作用效应（EX、EY），左偏心地震作用效应（EXM、EYM），右偏心地震作用效应（EXP、EYP）。在内力组合时，对于任一个有 EX 参与的组合，将 EX 分别代以 EXM、EXP，将增加成三个组合；任一个有 EY 参与的组合，将 EY 分别代以 EYM、EYP，也将增加成三个组合。即地震组合将增加到原来的三倍。

考虑偶然偏心，对结构的荷载（总重、风荷载）、周期、竖向位移、风荷载作用下的位移及结构的剪重比没有影响，而对结构的地震力和地震下的位移（最大位移、层间位移、位移角等）有较大影响，使其平均增大 18.47%，从而也使结构构件（梁、柱）的配筋平均增大 2% ~ 3%。

当勾选了本选项后，程序允许用户修改 X 和 Y 向的相对偶然偏心值，点击<指定偶然偏心>按钮，程序弹出如下文本文件，分层分塔填写相对偶然偏心值，如图 3-24 所示。

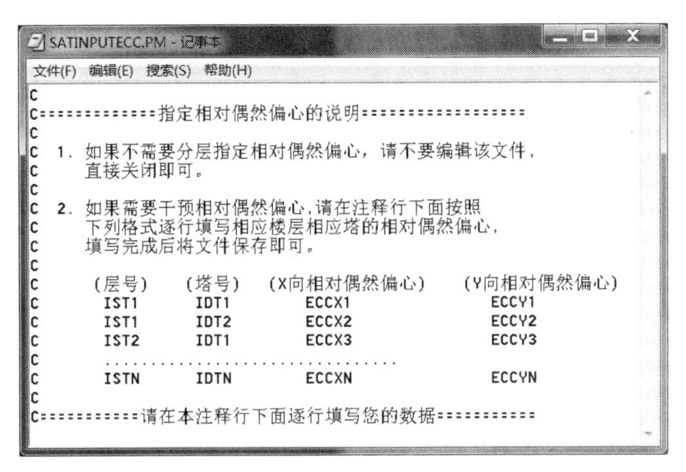
SATINPUTECC.PM - 记事本
文件(F) 编辑(E) 搜索(S) 帮助(H)

```
C
C=============指定相对偶然偏心的说明==================
C
C  1. 如果不需要分层指定相对偶然偏心，请不要编辑该文件，
C     直接关闭即可。
C
C  2. 如果需要干预相对偶然偏心,请在注释行下面按照
C     下列格式逐行填写相应楼层相应塔的相对偶然偏心，
C     填写完成后将文件保存即可。
C
C      (层号)    (塔号)   (X向相对偶然偏心)      (Y向相对偶然偏心)
C       IST1      IDT1        ECCX1                 ECCY1
C       IST1      IDT2        ECCX2                 ECCY2
C       IST2      IDT1        ECCX3                 ECCY3
C       .................................
C       ISTN      IDTN        ECCXN                 ECCYN
C
C===========请在本注释行下面逐行填写您的数据===========
```

图 3-24　指定相对偶然偏心文本

取值方法：

① 对于高层建筑不管结构是否规则，均应考虑偶然偏心；

② 对于多层结构，由于结构平、立面布置的多样性、复杂性，大量计算分析表明，计算双向水平地震作用并考虑扭转影响与计算单向水平地震作用并考虑偶然偏心的影响相比，前者并不总是最不利的。根据《抗震规范》5.2.3 条规定及其条文说明，除平面规则的可通过考虑扭转耦联计算来估计水平地震作用的扭转影响外，凡符合该规范第 3.4.3 条（表 3-2）所指的平面不规则多层建筑，亦应考虑偶然偏心的影响。

表 3-2　平面不规则的主要类型

不规则类型	定义和参考指标
扭转不规则	在规定的水平力作用下，楼层的最大弹性水平位移或（层间位移），大于该楼层两端弹性水平位移（或层间位移）平均值的 1.2 倍
凹凸不规则	平面凹进的尺寸，大于相应投影方向总尺寸的 30%
楼板局部不连续	楼板的尺寸和平面刚度急剧变化，例如，有效楼板宽度小于该层楼板典型宽度的 50%，或开洞面积大于该层楼面面积的 30%，或较大的楼层错层

设置提示：

① 根据《高层规程》3.4.5 条规定，在计算位移比时，必须考虑偶然偏心的影响；

② 根据《高层规程》3.7.3 条规定，在计算层间位移角时可不考虑偶然偏心的影响。

13. 是否考虑双向地震作用

规范要求：《抗震规范》5.1.1-3 条规定，**质量和刚度分布明显不对称的结构，应计入双向水平地震作用下的扭转影响。**

《高层规程》4.3.2-3 条规定，**质量与刚度分布明显不对称的结构，应计算双向水平地震作用下的扭转影响。**

参数含义：考虑双向地震扭转效应，程序自动对 X 方向和 Y 方向的地震作用效应（S_X 和 S_Y）进行调整，并按以下计算结果中的较大值确定地震作用效应：

$$S_{EK}=\sqrt{S_X^2+(0.85S_Y)^2} \tag{3-1}$$

$$S_{EK} = \sqrt{S_Y^2 + (0.85S_X)^2} \tag{3-2}$$

计算分析表明，双向地震作用对结构竖向构件（如框架柱）设计影响较大，对水平构件（如框架梁）设计影响不明显。

考虑双向地震作用时，输出双向地震作用下楼层最大位移及位移比，将原地震工况内力替换成双向地震作用工况内力。

取值方法：对于质量和刚度分布明显不对称的结构，应勾选本选项。

设置提示：

① 对于规范中提到的“质量与刚度分布明显不均匀不对称”，主要看结构质量和刚度的分布情况以及结构扭转效应的大小。一般而言，可根据楼层最大位移与平均位移的比值判断，若该比值超过 1.2，则可认为“质量与刚度分布明显不均匀不对称”。

② 目前 SATWE 允许用户同时选择<偶然偏心>和<双向地震>，程序取两者的不利值进行计算，结果不叠加。

③ 用 SATWE 进行底框结构计算时，不应同时选择<偶然偏心>和<双向地震>，否则程序计算会出错。

14. 计算振型个数

规范要求：《抗震规范》5.2.2 条文说明规定，**振型个数一般可以取振型参与质量达到总质量 90%所需的振型数。**

《高层规程》5.1.13-1 条规定，**抗震设计时，**B **级高度的高层建筑结构、混合结构和本规程第** 10 **章规定的复杂高层建筑结构，尚应符合下列规定：宜考虑平扭耦联计算结构的扭转效应，振型数不应小于** 15**，对多塔结构的振型数不应小于塔楼数的** 9 **倍，且计算振型数应使各振型参与质量之和不小于总质量的** 90%。

参数含义：程序通过此处设定的值确定参与振型分解反应谱法计算水平地震作用或（和）竖向地震作用的振型个数。

取值方法：通常振型数不应小于 3，并且为了使得每阶振型都尽可能地得到两个平动振型和一个扭转振型，振型数最好为 3 的倍数，但不能超过结构的固有振型总数（每块刚性楼板取 3 个自由度，每个弹性节点取 2 个自由度）。可按如下方法取值：

① 考虑耦联效应时不应小于 9，且≤3 倍层数（采用刚性楼板假定时）。对高层建筑，振型数可先取 15，多层建筑可直接取 $3n$（n 为结构模型的层数），进行试算，并查看 SATWE 计算结果文件 WZQ.OUT 给出的有效质量系数是否达到 90%。

② 不考虑耦联效应时不小于 3，且≤层数。

设置提示：

① 振型数是否取够，应根据 SATWE 计算结果文件 WZQ.OUT 给出的有效质量系数是否达到 90%来确定，如图 3-25 所示。

② 如果选取的振型组合数已经达到结构层数的 3 倍，其有效质量系数仍小于 90%，则不能再增加振型数，而应认真分析原因，考虑结构方案是否合理。

③ 当结构楼层数较多或结构层刚度突变较大时，如高层、错层、越层、多塔、楼板开大洞、顶部有小塔楼、有转换层、有弹性板等复杂结构，振型数应相对多取。

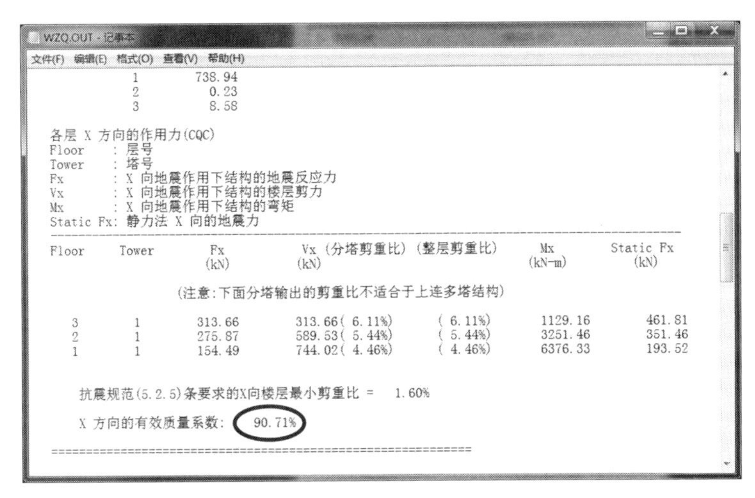

图 3-25 WQZ.OUT 输出文件中的有效质量系数

④ 当需要计算竖向地震作用，并按图 3-26 所示，在“总信息”页中选择<计算水平和反应谱方法竖向地震>，且特征值求解方式采用<水平振型和竖向振型整体求解方式>时，一般应适当增加振型数，以满足竖向振动的有效质量系数。

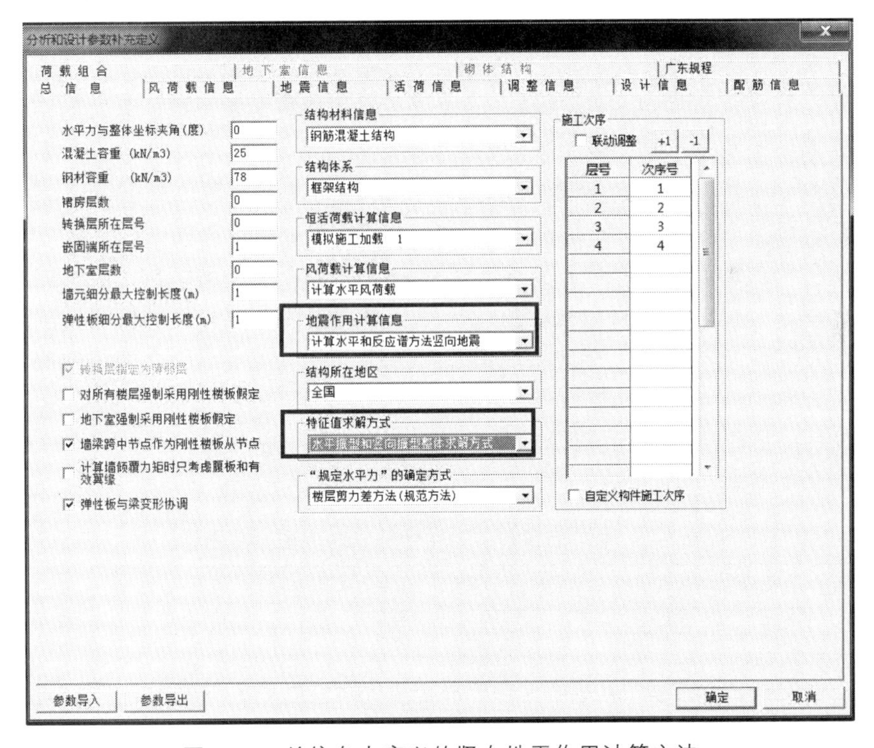

图 3-26 总信息中定义的竖向地震作用计算方法

15. 重力荷载代表值的活荷载组合值系数

规范要求：《抗震规范》5.1.3 条及《高层规程》4.3.6 条规定，**计算地震作用时，建筑的重力荷载代表值应取结构和构配件自重标准值和各可变荷载组合值之和。各可变荷载组合值系数一般取值如下：**

按实际情况计算的楼面活荷载取 1.0；

按等效均布荷载计算的楼面活荷载：藏书库、档案库取 0.8，**其他民用建筑取** 0.5。

参数含义：程序通过此处设定的活荷载组合值系数计算重力荷载代表值。

取值方法：根据工程实际情况设定该系数，缺省值为 0.5。

设置提示：

① 在 SATWE 结果输出文件 WMASS.OUT 中“各层的质量、质心坐标信息”项输出的“活载产生的总质量”为已乘上该组合系数后的结果。

② 在 SATWE 结果输出文件 WMASS.OUT 中“各楼层的单位面积质量分布”项输出的单位面积质量为“1.0 恒+0.5 活”组合，而 PM 竖向导荷默认采用“1.2 恒+1.4 活”组合，故两者结果可能有差异。

③ 本参数用于地震作用计算。在“荷载组合”页中还有一项“活荷载重力代表值系数”参数,它是用于地震验算,即地震作用效应的基本组合中[$S=\gamma_G S_{GE}+\gamma_{Eh}S_{Ehk}+\gamma_{Ev}S_{Evk}+\psi_w\gamma_w S_{wk}$《抗震规范》式（5.4.1）]重力荷载效应的活荷载组合值系数。根据《抗震规范》5.4.1 条及其条文说明，该活荷载组合值系数与此处取值相同。但由于两处参数含义不同，取值相同，应注意区别，勿与本参数混淆。

④ 当在此处修改了本参数，在“荷载组合”页中的“活荷载重力代表值系数”将联动修改。

16. 周期折减系数

规范要求：《高层规程》4.3.16 条规定，**计算各振型地震影响系数所采用的结构自振周期应考虑非承重墙体的刚度影响予以折减。**

《高层规程》4.3.17 条规定，**当非承重墙体为砌体墙时，高层建筑结构的计算自振周期折减系数可按规定取值。**

参数含义：周期折减的目的是充分考虑框架结构和框架-剪力墙结构的填充墙刚度对计算周期的影响。由于建模时，不将填充墙建入模型，而填充墙的存在使结构实际刚度大于计算刚度，实际周期小于计算周期，据此周期值算出的地震剪力将偏小，会使结构偏于不安全，程序通过此参数将地震作用放大。该系数不改变结构的自振特性，只改变地震影响系数 α。

取值方法：不同结构类型地震计算时的周期折减系数可按表 3-3 取用。填充墙刚度越大，数量越多，该折减系数越小。

表 3-3　不同结构类型地震计算时的周期折减系数

填充墙类型	框架结构	框-剪结构	剪力墙结构	短肢墙结构	钢结构
实心砖	0.6～0.7	0.7～0.8	0.9～0.99	0.8～0.9	0.9
空心砖或砌块	0.8～0.9	0.9～0.95	0.95	0.9	0.9

设置提示：某些轻质材料作填充墙时，如石膏板等，由于这些墙体的刚度非常弱，无法与承重结构共同作用，因此周期折减系数可取得大一些，或者不折减。

17. 结构的阻尼比

规范要求：《抗震规范》5.1.5-1 条规定，**除有专门规定外，建筑结构的阻尼比应取** 0.05。

《抗震规范》8.2.2 条规定，**钢结构抗震计算的阻尼比宜符合下列规定：**

1 **多遇地震下的计算，高度不大于** 50 m **时可取** 0.04；**高度大于** 50 m **且小于** 200 m **时，**

可取 0.03；**高度不小于** 200 m **时，宜取** 0.02。

2 **当偏心支撑框架部分承担的地震倾覆力矩大于结构总地震倾覆力矩的** 50%**时，其阻尼比可比本条** 1 **款相应增加** 0.005。

3 **在罕遇地震下的弹塑性分析，阻尼比可取** 0.05。

《高层规程》4.3.8-1 条规定，**除有专门规定外，钢筋混凝土高层建筑结构的阻尼比应取** 0.05。

参数含义：此参数用于结构地震作用计算。结构阻尼比是反映结构内部在动力作用下相对阻力情况的参数。

取值方法：通常根据规范规定，结合工程实际情况填写。

设置提示：对混合结构可取 0.04。

18. 特征周期 T_g

规范要求：《抗震规范》5.1.4 条规定，**特征周期应根据场地类别和设计地震分组按表** 5.1.4-2 **采用，计算罕遇地震作用时，特征周期应增加** 0.05 s。

参数含义：此参数用于地震影响系数的计算。

取值方法：由工程所在场地类别、设计地震分组，根据《抗震规范》表 5.1.4-2 填写。

19. 地震影响系数最大值、用于 12 层以下规则砼框架结构薄弱层验算的地震影响系数最大值

规范要求：《抗震规范》5.1.4 条规定，**建筑结构的地震影响系数应根据烈度、场地类别、设计地震分组和结构自振周期以及阻尼比确定。其水平地震影响系数最大值应按表** 5.1.4-1 **采用。**

参数含义："地震影响系数最大值"用于地震作用计算，无论多遇地震或中、大震弹性或不屈服计算时均应在此输入<地震影响系数最大值>。

"用于 12 层以下规则砼框架结构薄弱层验算的地震影响系数最大值"，则仅用于 12 层以下规则混凝土框架结构的薄弱层验算。

取值方法："地震影响系数最大值"应根据《抗震规范》表 5.1.4-1 取值，小震时可按"多遇地震"行填写，中震时按小震的 2.8 倍填写，大震时按"罕遇地震"行填写。

"用于 12 层以下规则砼框架结构薄弱层验算的地震影响系数最大值"，应根据《抗震规范》表 5.1.4-1"罕遇地震"行填写。

20. 竖向地震参与振型数

参数含义：当采用反应谱法计算竖向地震作用时，如果竖向谱震 EZZ 的参与系数难以达到规范规定的 90%时，可用本参数强制指定竖向地震的参与振型数。

当"总信息"页中选择<计算水平和反应谱方法竖向地震>，且特征值求解方式采用<水平振型和竖向振型整体求解方式>时，若此振型数填零，则在本页<计算振型个数>中填写的振型数是水平和竖向振型数的总和；若此振型数填大于零的数，则在本页<计算振型个数>中填写的振型数是水平振型数，同时程序会采用强迫解耦近似求解，即用水平振型和竖向振型独立求解方式计算特征值。亦即当"总信息"页中选择<计算水平和反应谱方法竖向地震>，且特征值求解方式采用<水平振型和竖向振型独立求解方式>时，此处必须填写一个大于零的振型数。

21. 竖向地震作用系数底线值

规范要求：《高层规程》4.3.15 条规定，**高层建筑中，大跨度结构、悬挑结构、转换结构、**

连体结构的连接体的竖向地震作用标准值，不宜小于结构或构件承受的重力荷载代表值与表 4.3.15 所规定的竖向地震作用系数的乘积。

参数含义：该参数是为了确定竖向地震作用的最小值，当振型分解反应谱法计算的竖向地震作用小于该值时，将自动取该参数确定的竖向地震作用底线值。

取值方法：程序按不同的设防烈度确定缺省的竖向地震作用系数底线值，设防烈度修改时，该参数也联动改变，用户也可自行修改。

设置提示：该参数作用相当于竖向地震作用的最小剪重比。在 SATWE 结果输出文件 WZQ.OUT 中输出竖向地震作用系数的计算结果，如果不满足要求，则程序自动进行调整。

22. 斜交抗侧力构件方向附加地震数（0～5）及相应角度

规范要求：《抗震规范》5.1.1-2 条及《高层规程》4.3.2-1 条规定，**有斜交抗侧力构件的结构，当相交角度大于 15°时，应分别计算各抗侧力构件方向的水平地震作用。**

参数含义：该参数是为了考虑水平地震作用的方向是任意的，故应考虑对各构件最不利方向的水平地震作用。程序可根据用户指定的多对斜交地震作用方向，将原有的一对水平地震工况和新增的多对水平地震工况一起进行地震作用及地震作用效应计算，并在构件设计时考虑进内力组合中，最后构件验算取最不利一组内力组合。

程序允许最多 5 组多方向地震，附加地震数可在 0～5 之间取值。在相应角度填入各角度值，该角度是与 X 轴正方向的夹角，逆时针方向为正。

取值方法：当结构中有相交角度大于 15°的斜交抗侧力构件时，即应该在此定义附加地震数和相应的角度。

设置提示：

① 多方向地震作用造成配筋增加，但对于规则结构考虑多方向地震输入时，构件配筋不会增加或增加不多。

② 多方向地震输入角度的选择尽可能沿着平面布置中局部柱网的主轴方向。

③ 建议选择对称的多方向地震，因为风荷载并未考虑多方向，否则容易造成配筋不对称。

3.2.1.4 活荷信息

该页包含与活荷载计算相关的 10 个参数，如图 3-27 所示。各参数含义及设置原则如下。

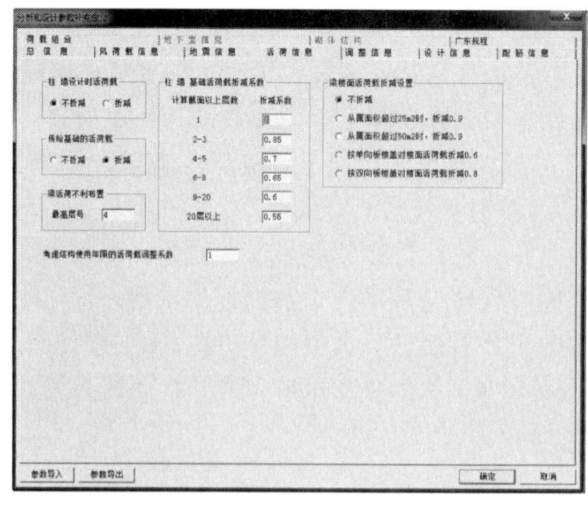

图 3-27　活载信息设置对话框

1. 柱、墙设计时活荷载，传给基础的活荷载是否折减

规范要求：《荷载规范》5.1.2 条。

参数含义：该参数是为了考虑楼面上的活荷载，不可能以标准值的大小同时满布在所有楼面上，故在设计梁、柱、墙及基础时，对楼面活荷载进行折减。勾选该项后，程序根据《荷载规范》5.1.2-2 条对全楼活荷载进行折减。

取值方法：用户应根据《荷载规范》5.1.2 条确定，结构楼面活荷载是否应该折减，一般情况下应折减。

设置提示：

SATWE 中设置的活荷载折减仅用于 SATWE 设计结果的文本及图形输出，在接力 JCCAD 时，SATWE 传递的内力为没有折减的标准内力，因此基础设计时还需在 JCCAD 中另行指定折减信息，参见 JCCAD 一章相关内容。

2. 柱 墙 基础活荷载折减系数

规范要求：《荷载规范》5.1.2 条。

参数含义：该参数设置是为了让程序按此处设置的折减系数进行活荷载计算。只有勾选了<柱、墙设计时活荷载折减>及<传给基础的活荷载折减>，此折减系数才有效。

取值方法：程序默认按根据《荷载规范》表 5.1.2 取值，一般不需修改。

3. 梁活荷不利布置最高层号

规范要求：《高层规程》5.1.8 条规定，**高层建筑结构内力计算中，当楼面活荷载大于 4 kN/m^2 时，应考虑楼面活荷载不利布置引起的结构内力的增大；当整体计算中未考虑楼面活荷载不利布置时，应适当增大楼面梁的计算弯矩。**

参数含义：若此参数取 0，表示不考虑梁活荷不利布置作用；若取大于零的数 N，则表示从 1 ~ N 各层均考虑梁活荷载的不利布置，而（N+1）层以上则不考虑。

取值方法：一般多层混凝土结构**应**取全部楼层考虑活荷载不利布置；高层混凝土结构**宜**取全部楼层考虑活荷载不利布置。

设置提示：此处仅对梁作活荷不利布置计算，对墙、柱等竖向构件并未考虑活荷不利布置作用，而只考虑了活荷一次性满布作用。

4. 梁楼面活荷载折减设置

规范要求：《荷载规范》5.1.2-1 条规定，**设计楼面梁时，《荷载规范》表 5.1.1 中楼面活荷载标准值应按如下规定取折减系数：**

（1）第 1（1）项当楼面梁从属面积超过 25 m^2 时，应取 0.9。

（2）第 1（2）~ 7 项当楼面梁从属面积超过 50 m^2 时，应取 0.9。

（3）第 8 项对单向板楼盖的次梁和槽形板的纵肋应取 0.8，对单向板楼盖的主梁应取 0.6，对双向板楼盖的梁应取 0.8。

（4）第 9 ~ 13 项应采用与所属房屋类别相同的折减系数。

5. 考虑结构使用年限的活荷载调整系数

规范要求：《荷载规范》3.2.5-1 条规定，**楼面和屋面活荷载考虑设计使用年限的调整系数 γ_L 应按表 3.2.5 采用。**

上述规范规定如表 3-4 所示。

表 3-4　楼面和屋面活荷载考虑设计使用年限的调整系数 γ_L

结构设计使用年限（年）	5	50	100
γ_L	0.9	1.0	1.1

参数含义： 在进行荷载效应组合时，程序将按此参数将活荷载效应乘以该考虑使用年限的活荷载调整系数。

取值方法： 用户可根据工程实际情况输入该参数。

3.2.1.5　调整信息

该页包含与调整相关的 25 个参数，如图 3-28 所示。各参数含义及设置原则如下。

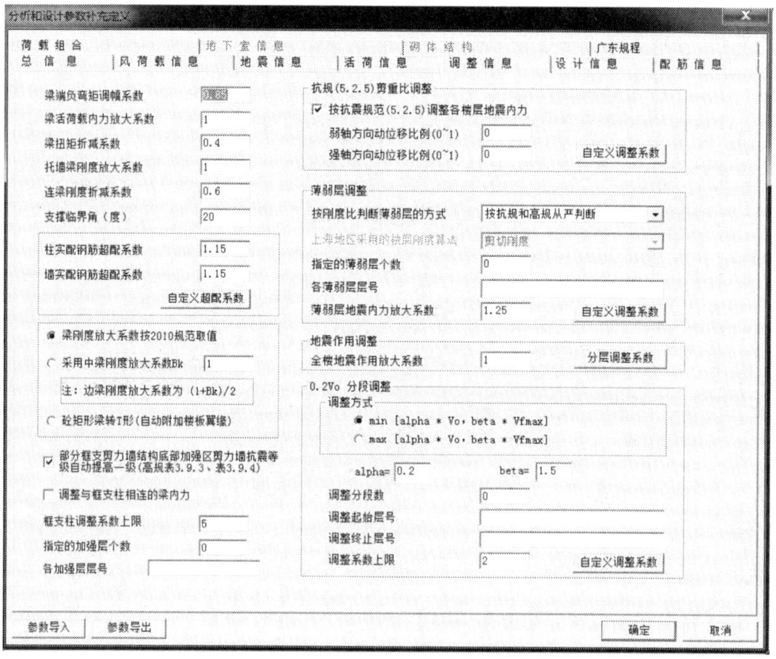

图 3-28　调整信息设置对话框

1. 梁端负弯矩调幅系数

规范要求：《混凝土规范》（GB 50010-2010）5.4.1 条规定，**重力荷载作用下的框架、框架-剪力墙结构中的现浇梁以及双向板等，经弹性分析求得内力后，可对支座或节点弯矩进行适度调幅，并确定相应的跨中弯矩。**

《混凝土规范》5.4.3 条规定，**钢筋混凝土梁支座或节点边缘截面的负弯矩调幅幅度不宜大于 25%。**

《高层规程》5.2.3 条规定，**在竖向荷载作用下，可考虑框架梁端塑形变形内力重分布对梁端负弯矩乘以调幅系数进行调幅，并应符合下列规定：**

1 **装配整体式框架梁端负弯矩调幅系数可取** 0.7 ~ 0.8，**现浇框架梁端负弯矩调幅系数可取** 0.8 ~ 0.9；

2 **框架梁端负弯矩调幅后，梁跨中弯矩应按平衡条件相应增大；**

3 应先对竖向荷载作用下框架梁的弯矩进行调幅，再与水平作用产生的框架梁弯矩进行组合；

4 截面设计时，框架梁跨中截面正弯矩设计值不应小于竖向荷载作用下按简支梁计算的跨中弯矩设计值的 50%。

参数含义：竖向荷载下，钢筋混凝土框架梁设计可考虑塑形内力重分布，适当减小支座负弯矩，相应增大梁跨中正弯矩，使梁上、下配筋比较均匀，方便施工，节约材料。

取值方法：可根据工程实际情况并结合上述规范规定取值。

设置提示：

① 该调幅系数只对竖向荷载作用下的梁端弯矩有用，对其余作用下的梁端弯矩不影响。

② 程序内定纯钢梁以及按主梁方式输入的次梁（见 2.9.1 节）为不调幅梁，如需调整，可在【特殊构件补充定义】菜单中定义[按《钢结构设计规范》（GB 50017-2003）第 11.1.6 条，最大可考虑 15%的塑形发展内力调幅]，但该系数对钢与混凝土组合梁有效。

③ 通常实际工程中悬挑梁的梁端负弯矩不调幅。

2. 梁活荷载内力放大系数

参数含义：当未考虑活荷载不利布置时，梁活载内力偏小，程序通过此参数来放大梁在满布活载下的内力（包括弯矩、剪力、轴力），然后再与其他活载工况进行组合。

取值方法：当在“活荷信息”页的<梁活荷不利布置最高层号>中填 0 时，应在此处填入一个大于 1 的数。一般工程建议取 1.1 ~ 1.2。如果在<梁活荷不利布置最高层号>中填入了楼层数，则此处填 1。

3. 梁扭矩折减系数

规范要求：《高层规程》5.2.4 条规定，**高层建筑结构楼面梁受扭计算时应考虑现浇楼盖对梁的约束作用。当计算中未考虑现浇楼盖对梁扭转的约束作用时，可对梁的计算扭矩予以折减。梁扭矩折减系数应根据梁周围楼盖的约束情况确定。**

参数含义：钢筋混凝土结构楼面梁受楼板（有时还有次梁）的约束作用，其受力性能与无楼板的独立梁完全不同。当结构计算中未考虑楼盖对梁扭转的约束作用时，梁的扭转变形和扭矩计算值往往过大，因此应对现浇楼板的梁扭矩折减。

取值方法：对于现浇楼板结构，采用刚性楼板假定时，折减系数取值范围 0.4 ~ 1.0，建议一般取初始值 0.4。

设置提示：

① 该系数对弧形梁、不与楼板相连的独立梁均不起作用。在 SATWE 的【特殊构件补充定义】的“特殊梁”中，用户可以交互指定楼层中各梁的扭矩折减系数。在此处程序默认显示的折减系数，是没有搜索独立梁的结果，即所有梁的扭矩折减系数均按同一折减系数显示。但在后面的计算中，SATWE 自动判断梁与楼板的连接关系，对与楼板相连（单侧或两侧）的梁，直接取交互指定的值来计算；对于两侧均未与楼板相连的独立梁，则梁扭矩不做折减，无论交互指定的值为多少，均按 1.0 计算。

② 若不是现浇楼板，或楼板开洞，或设定了弹性楼板，梁扭矩应不折减或少折减。

4. 托墙梁刚度放大系数

参数含义：在框支剪力墙转换结构中，当采用梁式转换结构时，常常出现“转换大梁托剪力墙”的情况，当软件使用梁单元模拟转换大梁，用壳单元模式的墙单元模拟剪力墙时，墙与梁之间的实际协调工作关系在计算模型中不能得到充分体现。实际的结构受力情况是，剪力墙的下边缘与转换大梁的上表面变形协调；而计算模型的情况是，剪力墙的下边缘与转换大梁的中性轴变形协调。于是计算模型中的转换大梁的上表面在荷载作用下将会与剪力墙脱开，失去本应存在的变形协调性。与实际情况相对比，这样的计算模型刚度偏柔了。因此软件提供该托墙梁刚度放大系数。

取值方法：根据经验，该刚度放大系数一般可取 100 左右。当考虑托墙梁刚度放大时，转换层附近的超筋情况通常可以缓解。当然，为了使设计保持一定的富裕度，也可以不考虑或少考虑托墙梁刚度放大。

设置提示：使用该功能时，用户只需指定托墙梁刚度放大系数，托墙梁段的搜索由软件自动完成。这里所说的“托墙梁”特指转换梁与剪力墙“墙柱”部分直接相连、共同工作的部分。如果转换梁上托开洞剪力墙，对洞口下的梁段，程序不看作托墙梁，不作刚度放大。

5. 连梁刚度折减系数

规范要求：《抗震规范》6.2.13-2 条规定，**抗震墙地震内力计算时，连梁的刚度可折减，折减系数不宜小于** 0.50。

《高层规程》5.2.1 条规定，**高层建筑结构地震作用效应计算时，可对剪力墙连梁刚度予以折减，折减系数不宜小于** 0.5。

参数含义：多、高层剪力墙结构或框架-剪力墙结构设计中，允许连梁开裂（从而把内力转移到墙体等其他构件上，连梁的开裂可以保护剪力墙），开裂后连梁刚度会有所降低，程序通过该参数来反映开裂后的连梁刚度。

取值方法：该参数的取值一般与设防烈度有关，设防烈度高时可折减多些（8、9 度时可取 0.5）；设防烈度低时可折减少些（6、7 度时可取 0.7），但一般不小于 0.5，一般工程取 0.7；位移由风荷载控制时取≥0.8。

设置提示：

① 程序对连梁进行缺省判断，原则是：两端均与剪力墙相连，且至少在一端与剪力墙轴线的夹角不大于 30°、跨高比小于 5 的梁隐含定义为连梁，以亮黄色显示。

② 无论是按框架梁输入的连梁，还是按剪力墙输入的洞口上方的墙梁，程序都进行刚度折减。按框架梁方式输入的连梁，可在【特殊构件补充定义】菜单“特殊梁”中指定单构件的折减系数；按剪力墙输入的洞口上方的墙梁，则可在“特殊墙”菜单下修改单构件的折减系数。

③ 指定该折减系数后，程序只在集成地震作用计算刚度矩阵时对连梁刚度进行折减，在竖向荷载和风荷载计算时连梁刚度不折减。

④ 地震作用控制时，剪力墙的连梁刚度折减后，如部分连梁尚不能满足剪压比限值，可按剪压比要求降低连梁剪力设计值及弯矩，并相应调整抗震墙的墙肢内力。

⑤ 计算地震内力时，连梁刚度可按此参数折减；计算位移时，连梁刚度可不折减。目前，程序对于用框架梁方式输入的连梁，并未执行此规定，需要用户修改该参数为 1，来复算层间位移角，也可偏于保守地不将本参数改为 1，直接查看层间位移角验算情况。

6. 支撑临界角（度）

参数含义：在 PMCAD 中建模时，常会有倾斜构件出现，这类倾斜构件可以是柱，也可以是斜向支撑，定义该角度即为让程序判断构件是按柱还是按支撑来进行计算。当构件轴线与 Z 轴夹角小于该临界角度时，程序对构件按照柱进行设计，否则按照支撑进行设计。

取值方法： 程序默认 20（度）为判断“柱”或支撑的临界角度。通常实际工程中应按“柱”设计的斜杆其倾角（与 Z 轴所夹锐角）一般小于 20 度。但应注意复杂工程中也可能出现倾角大于 20 度的斜杆仍需按“柱”设计的情况，此时，如将这样的斜柱按“支撑”考虑，则程序统计的框架部分地震倾覆弯矩、地震剪力、0.2 V_0 调整系数及“强柱弱梁”等设计内容可能存在一定的不合理性。因此，用户应根据工程实际情况，设置本角度。

7. 柱、墙实配钢筋超配系数

参数含义： 对于 9 度设防烈度的各类框架和一级抗震等级的框架结构，框架梁和连梁端部剪力、框架柱端弯矩和剪力调整，应按实配钢筋和材料强度标准值来计算，参见《抗震规范》6.2.2 条、6.2.4 条、6.2.5 条，《高层规程》6.2.1 条、6.2.3 条、6.2.5 条。但在程序出施工图之前并不知道实际配筋面积，所以程序将此参数提供给用户，由用户根据工程实际情况填写。同时该参数还用于楼层抗剪承载力的计算。

用户也可以点取“自定义调整系数”，分层分塔指定钢筋超配系数，如图 3-29 所示。图 3-29（a）为对话框输入方式，3-29（b）为文本输入方式。文本输入时，应注意在注释行下面逐行填写，不要留空行，且不要填入“C”字符，否则表示该行为注释行，将不起作用。程序将优先读取该文件信息，若无该文件，则取自动计算的调整系数。

（a）对话框输入

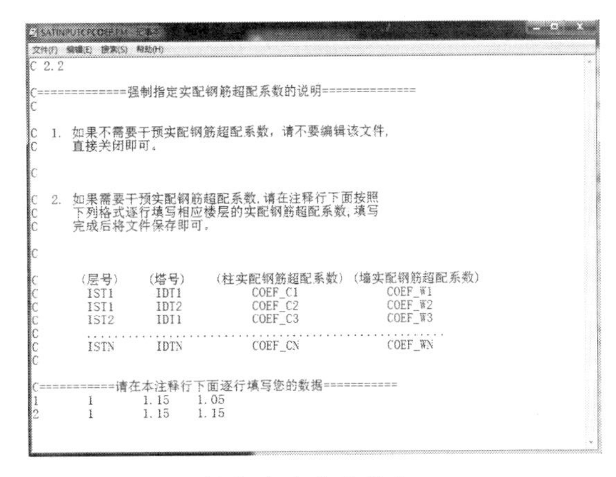

（b）文本文件输入

图 3-29　自定义柱、墙钢筋实配超配系数

取值方法： 根据工程实际情况需要输入柱、墙钢筋超配系数。初始值为 1.15。

8. 梁刚度放大系数按 2010 规范取值

规范要求：《混凝土规范》5.2.4 条规定，**对现浇楼盖和装配整体式楼盖，宜考虑楼板作为翼缘对梁刚度和承载力的影响。梁受压区有效翼缘计算宽度 b_f' 可按表 5.2.4（表略）所列情况中的最小值取用；也可采用梁刚度增大系数法近似考虑，刚度增大系数应根据梁有效翼缘尺寸与梁截面尺寸的相对比例确定。**

参数含义： 考虑楼板作为翼缘对梁刚度的贡献时，对每根梁，由于截面尺寸和楼板厚度的差异，其刚度放大系数可能各不相同。当勾选此项时，程序将根据上述规范条文及表格，自动计算每根梁的楼板有效翼缘宽度，按照 T 形截面与梁截面的刚度比例，确定每根梁的刚度系数。

取值方法：用户可以勾选此项，让程序自动计算每根梁的刚度放大系数。但当用户将次梁按主梁输入时，主梁被分成若干段，因为程序判定梁跨度取的是节点间距离，而非真正的跨度，所以此时程序自动计算的刚度放大系数将偏小。故此时仍推荐采用下述（即填写<中梁刚度放大系数>）的手工填写刚度放大系数的方式。

9. 中梁刚度放大系数

规范要求：《高层规程》5.2.2 条规定，**在结构内力与位移计算中，现浇楼盖和装配整体式楼盖中，梁的刚度可考虑翼缘的作用予以增大。近似考虑时，楼面梁刚度增大系数可根据翼缘情况取** 1.3 ~ 2.0。

对于无现浇面层的装配式楼盖，不宜考虑楼面梁刚度的增大。

《高层民用建筑钢结构技术规程》（JGJ 99-98）（以下简称《高钢规程》）5.1.3 条规定，**当进行结构弹性分析时，宜考虑现浇钢筋混凝土楼板与钢梁的共同工作，且在设计中应使楼板与钢梁间有可靠连接。当进行结构弹塑性分析时，可不考虑楼板与梁的共同工作。**

当进行框架弹性分析时，压型钢板组合楼盖中梁的惯性矩对两侧有楼板的梁宜取 $1.5I_b$**，对仅一侧有楼板的梁宜取** $1.2I_b$**，**I_b **为钢梁惯性矩。**

参数含义：梁刚度放大的目的，主要是考虑在刚性板假定下楼板刚度对结构的贡献，而非为了在计算梁的内力和配筋时，将楼板作为梁的翼缘，按 T 形梁设计，以达到降低梁内力和配筋的目的。该参数的大小对结构的周期、位移等均有影响。

取值方法：用户可以定义中梁（两侧均与刚性楼板相连）刚度放大系数 B_k 为 2。程序自动取边梁（仅一侧与刚性楼板相连），刚度放大系数为（$1+B_k$）/2。而对两侧都不与楼板相连的独立梁，不管交互指定的值为多少，则其刚度放大系数程序均按 1.0 计算。

设置提示：在【特殊构件补充定义】菜单“特殊梁”中，用户可交互指定楼层中各梁的刚度放大系数。

10. 砼矩形梁转 T 形（自动附加楼板翼缘）

参数含义：勾选后，程序自动搜索与梁相邻的楼板，将矩形梁转成 T 形或 L 形梁进行内力和配筋计算，同时梁刚度放大系数和梁扭矩折减系数应取为 1。

设置提示：此时仍应注意次梁按主梁输入时，主梁被分成若干段的情况。因为程序判定梁跨度取的是节点间距离，而非真正的跨度，所以此时程序自动计算的 T 形或 L 形梁的翼缘宽度可能偏小。

11. 部分框支剪力墙结构底部加强区剪力墙抗震等级自动提高一级（《高层规程》表 3.9.3、表 3.9.4）

规范要求：《高层规程》表 3.9.3、表 3.9.4 规定，部分框支剪力墙结构底部加强区和非底部加强区的剪力墙抗震等级可能不同。

参数含义：对于“部分框支剪力墙结构”，如果用户在“地震信息”页“剪力墙抗震等级”中填入的是该结构中一般部位剪力墙的抗震等级，并在此勾选了“部分框支剪力墙结构底部加强区剪力墙抗震等级自动提高一级”，则程序将自动按《高层规程》表 3.9.3、表 3.9.4 规定将底部加强区的剪力墙等级提高。

设置提示：如果工程实际情况符合规范的相关规定，应勾选。

12. 调整与框支柱相连的梁内力

规范要求：《高层规程》10.2.17 条规定，**框支柱剪力调整后，应相应调整框支柱的弯矩及柱端框架梁的剪力和弯矩，但框支梁的剪力、弯矩、框支柱的轴力可不调整。**

参数含义：由于框支柱的内力调整幅度较大，若相应调整框架梁的内力，则可能使框架梁难于设计。为避免这种情况，程序给出是否调整的开关，由用户把握。

设置提示：对框支转换结构通常应选择调整与框支柱相连的梁的内力。

13. 框支柱调整系数上限

规范要求：《抗震规范》6.1.9 条、6.2.10 条规定了部分框支剪力墙结构中框支层的楼层侧向刚度要求，以及框支框架的底层框架部分承担的地震倾覆力矩的最大值；同时还规定了框支柱内力调整的相关要求。

《高层规程》3.10.4 条、10.2.11 条、10.2.17 条规定了框支柱的地震内力调整要求。

参数含义：规范的上述相关规定是为了使部分框支剪力墙结构在转换层以下具有足够的落地剪力墙数量，所以部分框支剪力墙结构的框支柱的最小地震剪力也应进行调整。此处：调整系数=调整后剪力/调整前剪力。由于程序计算的调整系数值可能很大，用户可设置调整系数的上限值。

取值方法：程序设置的上限值为 5，用户可自行修改。

设置提示：一般不建议设置上限，当调整系数超过 5 较多时（在 SATWE 各层内力标准值输出文件 WWNL*.OUT 中可以查看未经调整和调整后的结构内力及调整系数），说明部分框支剪力墙结构在转换层以下的落地剪力墙数量过少，宜调整结构的布置。

14. 指定的加强层个数及层号

规范要求：《高层规程》10.3.1 ~ 10.3.3 条，规定了带加强层高层建筑结构的设计要求。

参数含义：在高层建筑中，由于巨大的风和水平地震作用，有可能使结构层间位移和总体位移超过规范允许的限值，这时可以采取设置加强层的方式处理。带加强层的高层建筑结构，为避免结构在加强层附近形成薄弱层，使结构在罕遇地震作用下能呈现强柱弱梁、强剪弱弯的延性机制，要求设置加强层后，加强层及其相邻层的框架柱和核心筒剪力墙的抗震等级应提高一级采用，并注意加强层上、下外围框架柱的强度及延性设计，轴压比从严控制。

当用户指定加强层后，程序自动实现如下功能：

① 加强层及相邻层柱、墙抗震等级自动提高一级；

② 加强层及相邻层轴压比限值减小 0.05；

③ 加强层及相邻层设置约束边缘构件。

取值方法：根据规范要求和工程实际情况输入加强层个数和层号。当有多个加强层时，层号间用逗号或空格隔开。

设置提示：多塔结构可在【多塔结构补充定义】菜单中分塔指定加强层。

15. 按抗震规范（5.2.5）调整各楼层地震内力

规范要求：《抗震规范》5.2.5 条规定，**抗震验算时，结构任一楼层的水平地震剪力应符合下式要求：**

$$V_{eki}>\lambda\sum_{j=i}^{n}G_j$$

式中：V_{eki}——第 i 层对应于水平地震作用标准值的楼层剪力；

λ——剪力系数，不应小于表 5.2.5（表略）规定的楼层最小地震剪力系数值，对竖向不规则结构的薄弱层，尚应乘以 1.15 的增大系数；

G_j——第 j 层的重力荷载代表值。

《高层规程》4.3.12 条也有上述类似规定。（略）

参数含义：由于地震影响系数在长周期段下降较快，对长周期结构（$T_1>3.5$ s）按振型分解反应谱法计算所得的水平地震作用效应偏小，同时，地震动态作用中的地面运动速度和位移对结构的破坏具有更大的影响，反应谱只反映加速度对结构的影响，对长周期结构往往是不全面的，因此，当计算的楼层剪力过小时，应进行调整。

取值方法：初次运行 SATWE 时，不勾选，然后根据 SATWE 的计算结果，查看各楼层的剪重比（WZQ.OUT 文件）（图 3-59），如果剪重比与规范要求的限值相差较小，可回到此处，勾选本选项，让程序自动调整结构各楼层地震内力；如果剪重比与规范要求的限值相差较大，则说明结构有可能出现比较明显的薄弱部位，应优化设计方案，改进结构布置、调整结构刚度。具体方法可参看本书 3.5.2 节第二部分关于结构剪重比的相关内容。

设置提示：

① 当结构底部总剪力相差较多时，结构的选型和总体布置需要重新调整，不能仅采用乘以增大系数方法处理。故一般不建议直接由程序调整地震力。当结构某楼层的地震剪力小得多，地震剪力调整系数过大（调整系数大于 1.2）时，说明该楼层结构刚度过小，其地震作用主要不是地震加速度而是地震地面运动速度和位移引起的。此时应先调整结构布置和相关构件的截面尺寸，提高结构刚度，使计算的剪重比能自然满足规范要求。

② 只要底部总剪力不满足要求，则结构各楼层的剪力均需要调整，不能仅调整不满足的楼层。即此时，应按下条所述方法设置<弱（强）轴方向动位移比例（0 ~ 1）>，让程序计算各楼层的剪力调整系数进行剪力调整。

③ 满足最小地震剪力是结构后续抗震计算的前提，只有调整到符合最小剪力要求才能进行相应的地震倾覆力矩、构件内力、位移等的计算分析。也就是说，当各层地震剪力需要调整时，原先计算的倾覆力矩、内力和位移均需要相应调整。

16. 弱（强）轴方向动位移比例（0 ~ 1）

规范要求：《抗震规范》5.2.5 条条文说明指出，**当结构底部总地震剪力略小于本条规定而中、上部楼层均满足最小值时，结构各楼层的剪力均需根据结构的基本周期，采用相应的调整，即加速度段调整、速度段调整和位移段调整（具体调整方法详见规范该条条文说明，此处略），继而原先计算的倾覆力矩、内力和位移均需相应调整。**

参数含义：弱轴方向即结构的第一平动周期方向，强轴方向即结构的第二平动周期方向。在相应方向上，当动位移比例因子为 0 时，为加速度段调整；当动位移比例因子为 1 时，为位移段调整；当动位移比例因子为 0.5 时，为速度段调整。

当平动方向与 X，Y 轴有夹角时，程序自动换算 X，Y 方向的周期，并根据用户所填系数，按照《抗震规范》5.2.5 条条文说明的方法计算调整系数，进行地震剪力调整。由于两个方向的周期可能出现相差较大的情况，因此程序提供两个方向的参数，可以对 X，Y 两个方向进行不同的调整。

取值方法：用户可根据工程实际第一平动周期 T 与场地特征周期 T_g 的比值来确定该参数：当 $T<T_g$ 时，属加速度控制段，参数取 0；当 $T_g<T<5T_g$ 时，属速度控制段，参数取 0.5；当 $T>5T_g$ 时，属位移控制段，参数取 1。

设置提示：

① 用户应校核结构底部总地震剪力是否满足《抗震规范》5.2.5 条规定，并自行计算工程实际第一平动周期 T 与场地特征周期 T_g 的比值，以确定本参数取值。

② 在 SATWE 各层内力标准值输出文件 WWNL*.OUT 中可以查看未经调整和调整后的结构内力及调整系数。

③ 对于经验丰富的用户也可自行定义动位移比例，甚至采用<自定义调整系数>方式对全楼直接指定剪重比的调整系数。

17. 按刚度比判断薄弱层的方式

规范要求：《抗震规范》表 3.4.3-2 规定，**当结构某层的侧向刚度小于相邻上一层的 70%，或小于其上相邻三个楼层侧向刚度平均值的 80%，属于侧向刚度不规则。**

《抗震规范》3.4.4-2 条规定，**平面规则而竖向不规则的建筑，应采用空间结构计算模型，刚度小的楼层的地震剪力应乘以不小于 1.15 的增大系数，其薄弱层应按本规范有关规定进行弹塑性变形分析。**

《抗震规范》3.4.3 条、3.4.4 条条文说明指出，**侧向刚度可取地震作用下的层剪力与层间位移之比值计算。**

《高层规程》3.5.2 条规定，**抗震设计时，高层建筑相邻楼层的侧向刚度变化应符合下列规定：**

1 对框架结构，楼层与其相邻上层的侧向刚度比 γ_1 可按 $\gamma_1=\dfrac{V_i\Delta_{i+1}}{V_{i+1}\Delta_i}$ 计算，且本层与相邻上层的比值不宜小于 0.7，与相邻上部三层刚度平均值的比值不宜小于 0.8。

2 对框架-剪力墙、板柱-剪力墙结构、剪力墙结构、框架-核心筒结构、筒中筒结构，楼层与相邻上层的侧向刚度比 γ_2 可按 $\gamma_2=\dfrac{V_i\Delta_{i+1}}{V_{i+1}\Delta_i}\cdot\dfrac{h_i}{h_{i+1}}$ 计算，且本层与相邻上层的比值不宜小于 0.9；当本层层高大于相邻上层层高的 1.5 倍时，该比值不宜小于 1.1；对结构底部嵌固层，该比值不宜小于 1.5。

[上述两式中，V_i、V_{i+1}——第 i 层和第 $i+1$ 层的地震剪力标准值（kN）；

Δ_i、Δ_{i+1}—第 i 层和第 $i+1$ 层在地震作用标准值作用下的层间位移（m）]

《高层规程》第 3.5.8 条规定，**楼层侧向刚度变化、承载力变化、竖向抗侧力构件连续性不符合本规程第 3.5.2 条、3.5.3 条、3.5.4 条要求的楼层，其对应于地震作用标准值的剪力应乘以 1.25 的增大系数。**

《高层规程》附录 E 给出了带转换层结构的侧向刚度比计算方法。附录 E.0.1 给出了剪切刚度的计算方法；附录 E.0.3 给出了剪弯刚度的计算方法；

参数含义：根据规范规定，竖向不规则结构的薄弱层有 3 种情况：① 楼层侧向刚度突变；

② 层间受剪承载力突变；③ 竖向构件不连续。

此处，程序提供了按侧向刚度比判断薄弱层的 4 个选项，分别是：① 按抗规和高规从严判断；② 仅按抗规判断；③ 仅按高规判断；④ 不自动判断，可由用户选择判断标准。

按刚度比判断薄弱层时，选项②按《抗震规范》3.4.3 条及其条文说明执行；选项③按《高层规程》3.5.2 条及附录 E 执行，《高层规程》3.5.2-1 条同《抗震规范》3.4.3 条，但《高层规程》3.5.2-2 条对框架-剪力墙、板柱-剪力墙结构、剪力墙结构、框架-核心筒结构、筒中筒结构的要求则不同于《抗震规范》3.4.3 条，比《抗震规范》3.4.3 条要求更严，《高层规程》附录 E 用于带转换层结构的侧向刚度比计算；选项①则同时按《抗震规范》3.4.3 条和《高层规程》3.5.2 条及附录 E 计算，并取偏严的计算结果；选项④则不由程序自动判断，而由用户自行指定薄弱层。

取值方法：用户可根据工程实际情况选择本参数。对框架结构，可选择②按抗规判断，或选择③按高规判断；对非框架结构建议选择①按抗规和高规从严判断；若有需要（程序无法自动判断的薄弱层），也可选择④，也可由用户自行指定薄弱层。

18. 指定的薄弱层个数及各薄弱层层号

规范要求：《抗震规范》表 3.4.3-2 规定，**抗侧力结构的层间受剪承载力小于相邻上一楼层的 80%，属于楼层承载力突变。竖向抗侧力构件不连续的楼层也属于竖向不规则结构的薄弱层。**

参数含义：SATWE 对所有楼层都计算其楼层刚度及刚度比，根据刚度比自动判断薄弱层，并对薄弱层地震力自动放大。需要注意的是程序对于竖向构件不连续或承载力突变的楼层不能自动判断为薄弱层，需要用户在此指定。

取值方法：用户可根据工程实际情况选择本参数。对框架结构，可按抗规或高规判断。

设置提示：在 SATWE 计算结果输出文件 WMASS.OUT 中输出楼层受剪承载力的比值，当该比值小于 0.8 时，应指定楼层受剪承载力突变的楼层为薄弱层。可参考 3.5.2 节第 13 条相关内容。因为该承载力按照 SATWE 计算配筋乘以超配筋系数近似求得，而非真正实配钢筋，但可作为参考，结合《抗震规范》表 3.4.3-2 规定判断是否存在薄弱层。

19. 薄弱层地震内力放大系数，自定义调整系数

参数含义：输入薄弱层楼层号后，程序对薄弱层构件的地震作用内力按<薄弱层地震内力放大系数>进行放大。但对某些特殊工程，可能该系数不能满足需要，因此程序提供了自定义薄弱层调整系数的方式，可由用户自行确定薄弱层的调整系数。

取值方法：<薄弱层地震内力放大系数>缺省值为 1.25（《抗震规范》3.4.4-2 条要求放大 1.15 倍，《高层规程》第 3.5.8 条要求放大 1.25 倍）。用户可根据工程实际情况修改。

用户若需自行确定薄弱层的调整系数，则点<自定义调整系数>，程序弹出如图 3-30 所示的记事本，可在其中指定结构各层分别在 *X*、*Y* 方向的调整系数。

20. 全楼地震作用放大系数

参数含义：这是地震力调整系数，可通过此系数来放大地震作用，提高结构的抗震安全度。比如在吊车荷载的三维计算中，吊车桥架重和吊重产生的竖向荷载，与荷载和活载不同，软件目前不能识别并将其质量带入到地震作用计算中，会导致计算地震力偏小。这时可采用此参数对其近似放大来考虑。

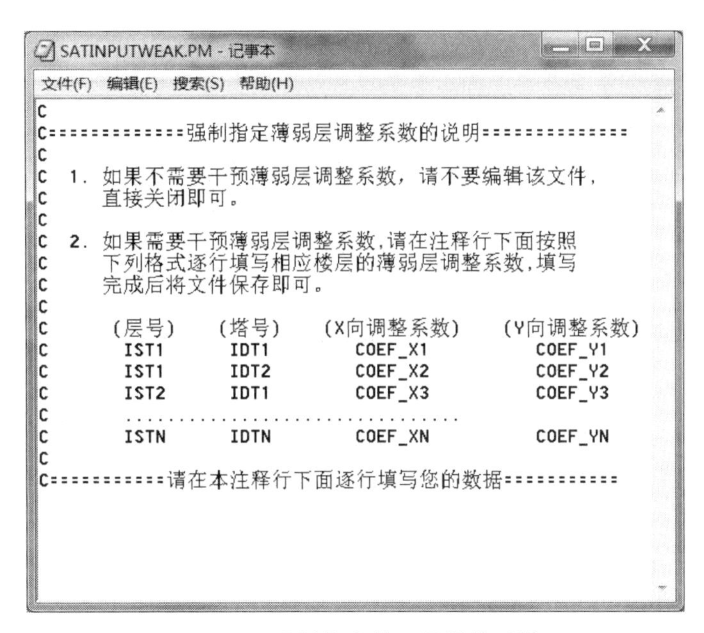

SATINPUTWEAK.PM - 记事本

文件(F) 编辑(E) 搜索(S) 帮助(H)

```
C
C=============强制指定薄弱层调整系数的说明=============
C
C  1. 如果不需要干预薄弱层调整系数，请不要编辑该文件，
C     直接关闭即可。
C
C  2. 如果需要干预薄弱层调整系数,请在注释行下面按照
C     下列格式逐行填写相应楼层的薄弱层调整系数,填写
C     完成后将文件保存即可。
C
C     (层号)    (塔号)    (X向调整系数)    (Y向调整系数)
C      IST1      IDT1       COEF_X1          COEF_Y1
C      IST1      IDT2       COEF_X2          COEF_Y2
C      IST2      IDT1       COEF_X3          COEF_Y3
C      ..............................
C      ISTN      IDTN       COEF_XN          COEF_YN
C
C===========请在本注释行下面逐行填写您的数据===========
```

图 3-30　强制指定薄弱层调整系数

取值方法：根据工程实际情况确定是否需要放大地震作用，取值范围是 1.0 ~ 1.5。

设置提示：① 此项调整对位移、剪重比、内力计算有影响，而对周期计算没有影响。

② 一般情况下，不必考虑全楼地震力放大系数。但在下述情况下应考虑全楼地震力放大系数。B 级高度的高层建筑结构、钢-混凝土混合结构和《高层规程》第 10 章规定的复杂高层建筑结构，以及特别不规则的建筑结构，根据《抗震规范》和《高层规程》的规定，结构计算时应采用弹性时程分析法进行多遇地震作用下的补充计算。当弹性时程分析算出的全部楼层剪力或部分楼层剪力大于振型分解反应谱法的计算结果时，可根据地震剪力差异情况填入一个适当的地震力放大系数，使振型分解反应谱法算得的楼层剪力不小于时程分析法的计算结果的包络值或平均值（根据《抗震规范》5.1.2 条）。通过这样的放大后，就可以根据 SATWE 的计算结果来进行结构设计了。

21. 顶塔楼地震作用放大起算层号及放大系数

规范要求：《抗震规范》5.2.4 条规定，**采用底部剪力法时，突出屋面的屋顶间、女儿墙、烟囱等的地震作用效应，宜乘以增大系数 3，此增大部分不应往下传递，但与该突出部分相连的构件应予计入；采用振型分解法时，突出屋面部分可作为一个质点。**

参数含义：顶塔楼通常指突出屋面的楼、电梯间、水箱间等，由于顶塔楼在动力分析中会引起很大的鞭梢效应，填写该系数，则程序会据此放大结构顶部塔楼的内力，但并不改变位移计算结果。

取值方法：因《抗震规范》对鞭端效应的考虑，是要求当采用底部剪力法计算时，其地震作用效应应乘以增大系数 3。但由于 SATWE 采用振型分解反应谱法计算地震作用，因此可不填入此放大系数，但结构建模时应将突出屋面部分同时输入，并增加振型数量。如果结构计算时所取的振型数量较少，也可参考以下给出的计算振型数（N_{node}）与顶层小塔楼地震作用放大系数（R_{tl}）之间的对应关系，调整小塔楼的地震作用。

耦联抗震计算：$9 \leqslant N_{node} < 12$，$R_{tl} \leqslant 3.0$；$12 \leqslant N_{node} < 15$，$R_{tl} \leqslant 1.5$。

除特殊工程的特殊需要外，一般不需放大顶塔楼的地震作用，故起算层号可填 0，放大系数填 1。

22. 0.2/0.25V_0调整分段数、调整起始层号、调整终止层号、0.2V_0调整系数上限、自定义调整系数

规范要求：《抗震规范》6.2.13-1 条规定，**钢筋混凝土结构抗震计算时，侧向刚度沿竖向分布基本均匀的框架-抗震墙结构和框架-核心筒结构，任一层框架部分承担的剪力值，不应小于结构底部总地震剪力的 20%和按框架-抗震墙结构、框架-核心筒结构计算的框架部分各楼层地震剪力中最大值 1.5 倍二者的较小值。**

《高层规程》第 8.1.4 条、9.1.11 条亦有类似规定。

《抗震规范》8.2.3-2 条规定，**钢结构在地震作用下的内力和变形分析，钢框架-支撑结构的斜杆可按端部铰接杆计算；其框架部分按刚度分配计算得到的地震层剪力应乘以调整系数，达到不小于结构底部总地震剪力的 25%和框架部分计算最大层剪力 1.8 倍二者的较小值。**

参数含义：抗震设计时，框架-剪力墙结构在规定的水平力作用下，框架部分计算所得的地震剪力一般都较小。按多道防线的抗震设计概念，剪力墙是第一道防线，框架是第二道防线。剪力墙在设防烈度地震或罕遇地震作用下会先于框架破坏，由于塑形内力重分布，框架部分按侧向刚度分配得到的地震剪力会远大于按多遇地震作用下计算得到的地震剪力，为保证作为第二道抗震防线的框架具有一定的抗震能力，故规范要求框架部分承担的地震剪力不宜太小，以增加结构的安全储备。

程序根据用户指定的调整范围、自动对框架部分的梁、柱剪力进行调整，以满足规范的相关要求。

取值方法：① 当结构为钢筋混凝土结构时，如图 3-31 所示，“调整方式”选择“min[alpha*V_0，beta*Vfmax]”时，系数“alpha”应填写 0.2，“beta”应填写 1.5；当结构为钢结构时，则系数“alpha”应填写 0.25，“beta”应填写 1.8。调整系数的上限可在“调整系数上限”中填写。

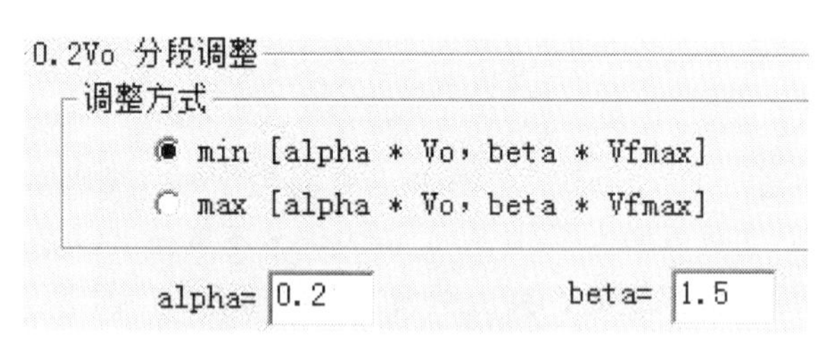

图 3-31 “alpha”及“beta”的填写

② 当框架柱的数量沿竖向有规律变化时，可在变化处分段，并分段调整框架承担的地震剪力，即填入每段的起始层号（当有地下室时宜从地下一层顶板开始调整）和终止层号（应设在剪力墙到达的层号，当有塔楼时，宜算到不包括塔楼在内的顶层为止）；若不分段，则分段数填入 1；若不进行 0.2/0.25V_0调整，应将分段数填为 0。

③ 0.2V_0调整系数上限，程序隐含为 2。抗震设计时，基于上述要求保证框架作为结构第二道防线的抗震能力，不建议对 0.2V_0调整设上限值。当将 0.2V_0调整的起始层号填为负值，则框架承担的地震剪力调整不受软件隐含的上限值 2 的控制。应当注意，尽管不建议对 0.2V_0

调整设上限值，但该调整系数也不能过大，一般以控制调整系数不超过 3 ~ 4 为宜。当计算结果显示，调整系数超过 3 ~ 4 时，宜调整框架-剪力墙结构中剪力墙的数量和布置，必要时也可调整框架柱的截面面积或框架柱的数量。

④ 由于 $0.2V_0$ 调整可能导致过大或不合理的调整系数，故程序允许用户<自定义调整系数>，分层分塔指定 $0.2V_0$ 调整系数，如图 3-32 所示。

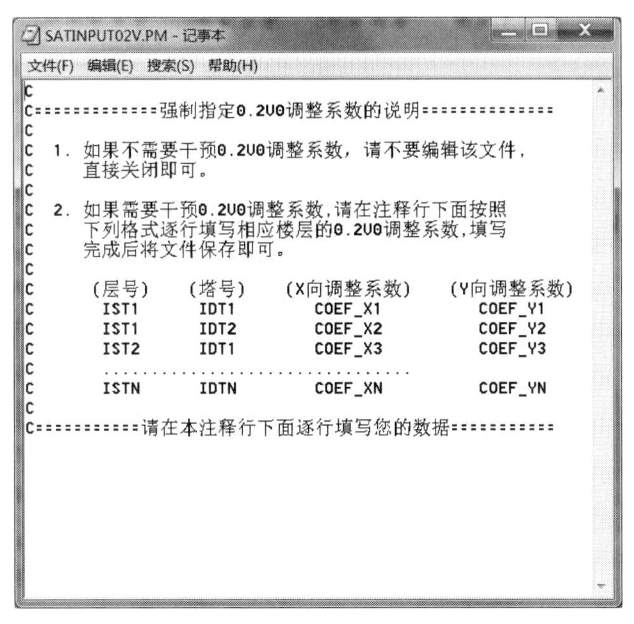

图 3-32　强制指定 $0.2V_0$ 调整系数

设置提示：

① $0.2V_0$ 调整计算结果（包括 $0.2V_0$ 调整系数）可在 SATWE 结果输出文件 WV02Q.OUT 中查看。

② $0.2V_0$ 调整的放大系数只针对框架柱的弯矩和剪力，不调整轴力。

3.2.1.6　设计信息

该页包含与设计相关的 15 个参数，如图 3-33 所示。各参数含义及设置原则如下。

1. 结构重要性系数

规范要求：《混凝土规范》3.3.2 条规定，**结构重要性系数 γ_0：在持久设计状况和短暂设计状况下，对安全等级为一级的结构构件不应小于** 1.1**，对安全等级为二级的结构构件不应小于** 1.0**，对安全等级为三级的结构构件不应小于** 0.9**；对地震设计状况下应取** 1.0。

参数含义：该参数用于非抗震组合的构件承载力验算。

取值方法：根据工程实际情况，结合规范规定取值。

2. 钢构件截面净毛面积比

参数含义：该参数用来描述钢截面被开洞（如螺栓孔等）后的削弱情况。该值仅影响强度计算，不影响应力计算。

取值方法：建议当构件连接采用全焊接时取 1.0，为螺栓连接时取 0.85。

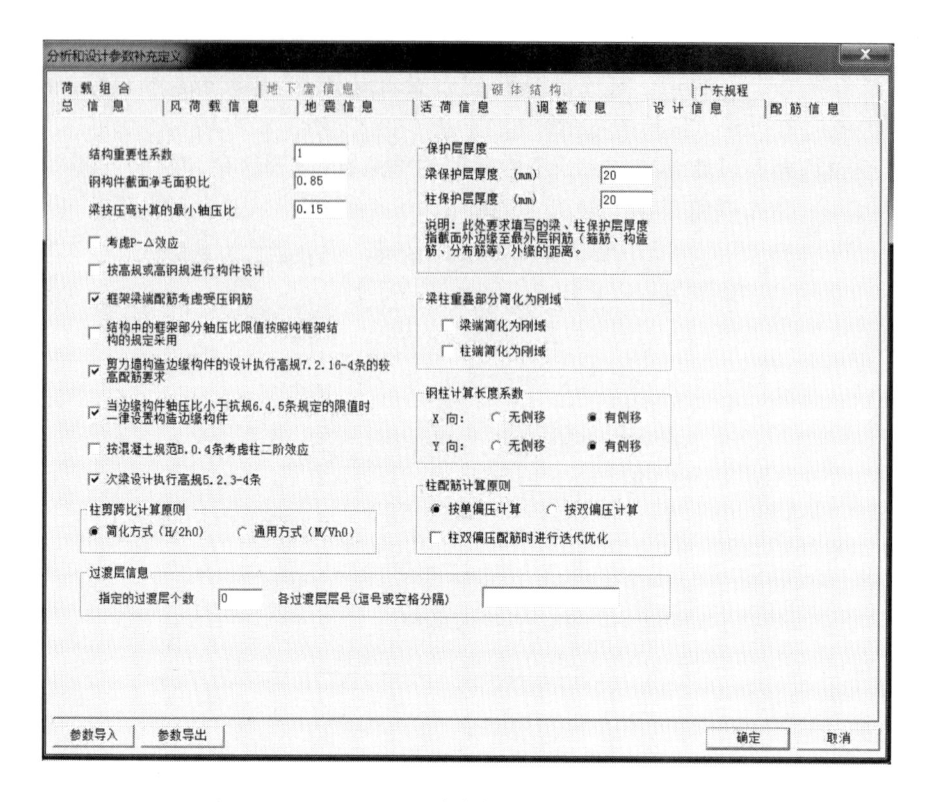

图 3-33　设计信息设置对话框

3. 梁按压弯计算的最小轴压比

参数含义：梁承受的轴力一般较小，默认按受弯构件计算。但实际工程中某些梁可能承受较大的轴力，此时应按照压弯构件进行计算。程序根据该值来确定梁是按压弯构件计算还是按受弯构件计算，默认值为 0.15。当程序对该结构的计算轴压比（此处的计算轴压比是指所有抗震组合和非抗震组合轴压比的最大值）大于此处填写的数值时，梁按压弯构件计算，否则按受弯构件计算。

取值方法：对一般工程可采用程序默认值。

4. 考虑 $P\text{-}\Delta$ 效应

规范要求：《抗震规范》3.6.3 条规定，**当结构在地震作用下的重力附加弯矩大于初始弯矩的 10%时，应计入重力二阶效应的影响。**

《高层规程》5.4.1 条和 5.4.2 条规定了高层建筑结构需考虑重力二阶效应的条件，以及计算要求。

参数含义：建筑结构的二阶效应由两部分组成：$P\text{-}\delta$ 效应和 $P\text{-}\Delta$ 效应。$P\text{-}\delta$ 效应是指由于构件在轴向压力作用下，自身发生挠曲引起的附加弯矩，可称为构件挠曲二阶效应。附加弯矩与构件的挠曲形态有关，一般中间大，两端小。$P\text{-}\Delta$ 效应是指由于结构的水平变形而引起的重力附加效应，可称为重力二阶效应。结构在水平力（风荷载或水平地震作用）作用下发生水平变形后，重力荷载因该水平变形而引起附加效应，结构发生的水平侧移绝对值越大，$P\text{-}\Delta$ 效应越显著。若结构水平变形过大，则可能因重力二阶效应而导致结构失稳。

SATWE 软件采用的是等效几何刚度的有限元法考虑 $P\text{-}\Delta$ 效应，与不考虑 $P\text{-}\Delta$ 效应的分析结果相比，结构的周期不变，仅改变结构的位移和构件的内力。程序允许用户自行选择是否考虑 $P\text{-}\Delta$ 效应，其实现方法具有一般性，既适用于采用刚性楼板假定的结构，也适用于存在独立弹性节点的结构。

通常当侧移附加弯矩大于水平力作用下构件弯矩的 1/10 时，应考虑重力二阶效应。

取值方法：对于一般的混凝土结构可不考虑 $P\text{-}\Delta$ 效应，只有高层钢结构和不满足《高层规程》5.4.1 条要求的高层混凝土结构才需要考虑 $P\text{-}\Delta$ 效应。

设置提示：建议一般先不选择，经 SATWE 试算后根据结果输出文件 WMASS.OUT 中的提示，若显示“可以不考虑重力二阶效应”（图 3-34），则可不选择此项，否则选择此项。

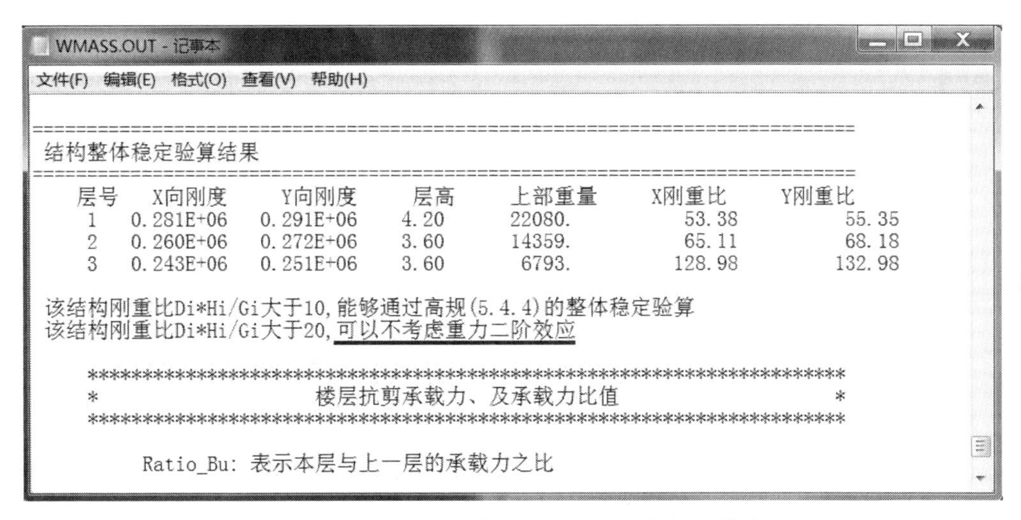

图 3-34　WMASS.OUT 输出的“结构稳定性验算结果”

5. 按高规或高钢规进行构件设计

参数含义：选择此项，程序按《高层规程》进行荷载组合计算，按《高钢规程》进行构件设计计算；否则，程序按多层结构进行荷载组合计算，按《钢结构设计规范》（GB 50017-2003）（以下简称《钢结构规范》）进行构件设计计算。

取值方法：按工程实际情况确定是否勾选此项。

6. 钢柱计算长度系数按有侧移计算

参数含义：该参数仅对钢结构有效，对混凝土结构不起作用。选择此项后，程序按《钢结构规范》附录 D-2 公式（有侧移框架柱）计算钢柱的长度系数；否则，程序按《钢结构规范》附录 D-1 公式（无侧移框架柱）计算钢柱的长度系数。

取值方法：对于无支撑纯框架，应勾选本项，按有侧移框架柱计算钢柱长度系数；对于有支撑框架，应根据是“强支撑”还是“弱支撑”（参考《钢结构规范》5.3.3 条）来确定是否勾选本项。通常钢结构宜勾选本项，按有侧移计算长度系数，如不考虑地震、风作用时，可以不勾选。

设置提示：钢柱有无侧移，也可近似按以下原则考虑：

① 当楼层最大柱间位移小于 1/1 000 时，可按“无侧移”设计；

② 当楼层最大柱间位移大于 1/1 000 但小于 1/300 时，柱长度系数可按 1.0 设计；

③ 当楼层最大柱间位移大于 1/300 时，应按“有侧移”设计。

7. 框架梁端配筋考虑受压钢筋

规范要求：《混凝土规范》11.3.1 条规定，**梁正截面受弯承载力计算中，计入纵向受压钢筋的梁端混凝土受压区高度应符合下列要求：一级抗震等级 $x \leqslant 0.25h_0$；二、三级抗震等级 $x \leqslant 0.35h_0$。**

《混凝土规范》11.3.6-2 条规定，**框架梁梁端截面的底部和顶部纵向受力钢筋截面面积的比值，除按计算确定外，一级抗震等级不应小于 0.5；二、三级抗震等级不应小于 0.3。**

《混凝土规范》5.4.3 条规定，**钢筋混凝土梁支座或节点边缘截面的负弯矩调幅幅度不宜大于 25%；弯矩调整后的梁端截面相对受压区高度不应超过 0.35，且不宜小于 0.10。**

《高层规程》6.3.3-1 条规定，**梁的纵向钢筋配置，抗震设计时，梁端纵向受拉钢筋的配筋率不宜大于 2.5%，不应大于 2.75%；当梁端受拉钢筋的配筋率大于 2.5%时，受压钢筋的配筋率不应小于受拉钢筋的一半。**

参数含义：根据《高层规程》6.3.3 条，勾选本项后，程序在进行梁端支座抗震设计时，如果受压钢筋配筋率不小于受拉钢筋的一半时，梁端最大配筋率可以放宽到 2.75%。

① 抗震设计时，程序取抗震组合得到的最不利弯矩设计值，按单筋（或双筋）方式计算受拉钢筋，并取 $A_s' = 0.5A_s(0.3A_s)$（一级抗震等级时取 $0.5A_s$，二、三级抗震等级时取 $0.3A_s$），验算相对受压区高度（一级抗震等级 $x \leqslant 0.25h_0$，二、三级抗震等级 $x \leqslant 0.35h_0$），当不满足受压区高度限值时，程序按受压区高度限值重新计算受压及受拉钢筋，最后取计算所得的 A_s' 与反向弯矩所求的拉筋 A_s 比较取大值。

② 非抗震设计时，程序取非抗震组合得到的最不利弯矩设计值，对调幅框架梁，按单筋（或双筋）方式计算受拉钢筋，此时不考虑受压钢筋，即取 $A_s' = 0$，验算相对受压区高度不应超过 0.35，当不满足受压区高度限值时，程序按受压区高度限值重新计算受压及受拉钢筋，最后取计算所得的 A_s' 与反向弯矩所求的拉筋 A_s 比较取大值。

若不勾选本项，则程序按以下功能执行：

① 抗震设计时，程序取抗震组合得到的最不利弯矩设计值，按单筋（或双筋）方式计算受拉钢筋，并取 $A_s' = 0.5A_s(0.3A_s)$，验算相对受压区高度（一级抗震等级 $x \leqslant 0.25h_0$，二、三级抗震等级 $x \leqslant 0.35h_0$），当不满足受压区高度限值时，给出超限提示。

② 非抗震设计时，程序取非抗震组合得到的最不利弯矩设计值，按单筋（或双筋）方式计算受拉钢筋，此时不考虑受压钢筋，即取 $A_s' = 0$，验算相对受压区高度不应超过 0.35，当不满足受压区高度限值时，程序给出超限提示。

取值方法：对于钢筋混凝土结构一般建议勾选本项。

设置提示：由于程序对框架梁端截面按正、负包络弯矩分别配筋（其他截面也是如此），在计算梁上部配筋时并不知道可以作为其受压钢筋的梁下部的配筋，因此按《混凝土规范》11.3.1 条进行受压区高度验算时，程序自动按《混凝土规范》11.3.6-2 条规定，取梁上部计算配筋的 50%或 30%作为受压钢筋计算。计算梁的下部钢筋时也是这样。

8. 结构中的框架部分轴压比限值按照纯框架结构的规定采用

规范要求：《高层规程》8.1.3 条规定，**抗震设计的框架-剪力墙结构，应根据在规定的水平力作用下的结构底层框架部分承受的地震倾覆力矩与结构总地震倾覆力矩的比值，确定相**

应的设计方法，并符合：当框架部分承受的地震倾覆力矩大于结构总地震倾覆力矩的 50%但不大于 80%时，按框架-剪力墙结构进行设计，框架部分的抗震等级和轴压比限值宜按框架结构的规定采用；当框架部分承受的地震倾覆力矩大于结构总地震倾覆力矩的 80%时，按框架-剪力墙结构设计，但框架部分的抗震等级和轴压比限值应按框架结构的规定采用。

参数含义：抗震设计时，框架-剪力墙结构中的剪力墙数量须满足一定的要求，当基本振型地震作用下剪力墙部分承受的倾覆力矩小于结构总倾覆力矩的 50%时，意味着结构中剪力墙的数量偏少，框架承担较大的地震作用，因此结构的抗震等级和轴压比宜（应）按框架结构的规定执行。

当勾选此项后，程序一律按纯框架结构的规定控制结构中框架的轴压比，除轴压比外，其余设计仍遵循框剪结构的规定。

取值方法：根据工程实际情况确定是否勾选本项。

设置提示：在规定的水平力作用下的结构框架部分承受的地震倾覆力矩与结构总地震倾覆力矩的比值可在 SATWE 计算结果文件 WV02Q.OUT 中查看。

9. 剪力墙构造边缘构件的设计执行高规 7.2.16-4 条的较高配筋要求

规范要求：《高层规程》7.2.16-4 条规定，**抗震设计时，对于连体结构、错层结构以及 B 级高度高层建筑结构中的剪力墙（筒体），其构造边缘构件的最小配筋应按照要求相应提高。**

参数含义：勾选此项，程序一律按照上述规范要求控制构造边缘构件的最小配筋，即对于不符合上述条件的结构类型，也进行从严控制；如不勾选，则程序一律不执行此条规定。

取值方法：根据工程实际情况确定是否勾选本项。

10. 当边缘构件轴压比小于抗规 6.4.5 条规定的限值时一律设置构造边缘构件

规范要求：《抗震规范》6.4.5-1 条规定，**对于抗震墙结构，底层墙肢底截面的轴压比不大于表 6.4.5-1 规定的一、二、三级抗震墙及四级抗震墙，墙肢两端可设置构造边缘构件，构造边缘构件的范围可按图 6.4.5-1 采用，构造边缘构件的配筋除应满足受弯承载力要求外，并宜符合表 6.4.5-2 的要求。**

参数含义：勾选此项后，程序会自动判断约束边缘构件楼层，并按照上述规范要求设置构造边缘构件；若不勾选此项，则程序隐含执行：底部加强区及以上一层均设约束边缘构件。

取值方法：一般应勾选此项，对四级剪力墙及非抗震设计，此项亦应勾选，否则底部加强区及其上一层会按约束边缘构件给出配筋结果。

11. 按混凝土规范 B.0.4 条考虑柱二阶效应

规范要求：《混凝土规范》附录 B.0.4 条规定，**排架结构柱考虑二阶效应的弯矩设计值可按下列公式计算：（略）。**

参数含义：勾选此项后，程序一律按《混凝土规范》附录 B.0.4 条方法考虑排架柱二阶效应，此时长度系数仍按底层 1.0、上层 1.25 采用，如有需要可自行修改长度系数。如不勾选，则程序一律按《混凝土规范》6.2.4 条方法考虑柱二阶效应。

取值方法：《混凝土规范》6.2.4 条条文说明指出，对排架结构柱，应按 B.0.4 条考虑其二阶效应。故对排架结构柱，应勾选此项；对非排架结构，如果认为按 6.2.4 条计算的配筋结果过小，也可参考勾选此项后按 B.0.4 条方法计算的结果。

12. 指定的过渡层个数，各过渡层层号

规范要求：《高层规程》7.2.14 条规定，**B 级高度高层建筑的剪力墙，宜在约束边缘构件层与构造边缘构件层之间设置 1 ~ 2 层过渡层，过渡层边缘构件的箍筋配置要求可低于约束边缘构件的要求，但应高于构造边缘构件的要求。**

参数含义：程序不自动判断过渡层，用户可在此指定。程序按以下原则设计过渡层：

① 过渡层边缘构件的范围仍按构造边缘构件；

② 过渡层剪力墙边缘构件的箍筋配置按约束边缘构件确定一个体积配箍率（配箍特征值 λ_c），又按构造边缘构件为 0.1，最后取其平均值。

取值方法：根据工程实际情况指定。

13. 保护层厚度

规范要求：《混凝土规范》3.5.2 条规定了混凝土结构的环境类别划分，8.2.1 条规定了混凝土构件保护层厚度的取值。（具体条文略）

参数含义：程序根据此项参数进行混凝土结构的相关设计计算。

取值方法：根据规范规定和工程实际情况指定。

14. 梁柱重叠部分简化为刚域

规范要求：《混凝土规范》5.2.2-4 条规定，**梁、柱等杆件间连接部分的刚度远大于杆件中间截面的刚度时，在计算模型中可作为刚域处理。**

《高层规程》5.3.4 条规定，**在结构整体计算中，宜考虑框架或壁式框架梁、柱节点区的刚域影响。**

参数含义：一般情况下，梁的长度取为柱形心线间的距离，此时，梁柱重叠部分作为梁长度的一部分进行计算，其计算结果为梁刚度略小，自重略大，梁端负弯矩略大。若柱截面面积不大时，上述影响很小。但当柱截面面积较大时，此影响较大，则可将梁柱重叠部分作为刚域考虑。此时程序按如下原则计算：

① 梁的自重按扣除刚域后的梁长计算；

② 梁上的外荷载按梁两端节点间长度计算；

③ 截面设计按扣除刚域后的梁长计算。

取值方法：对一般结构，可不勾选此项。而对异形柱框架结构，宜选择“梁端刚域”。“柱端刚域”暂时不建议使用。

设置提示：

① 当考虑了“梁端负弯矩调幅”后，则不宜再考虑“节点刚域”；

② 当考虑了“节点刚域”后，则在【梁平法施工图】中不宜再考虑“支座宽度对裂缝的影响”。

15. 柱配筋计算原则

规范要求：《混凝土规范》6.2 节规定了柱正截面承载力计算的相关要求。附录 F 给出了柱双偏压计算的有关方法。（具体条文略）

《高层规程》6.2.4 条规定，**抗震设计时，框架角柱应按双向偏心受力构件进行正截面承载力计算。**

参数含义： 选择“按单偏压计算”时，程序按单向偏心受力构件计算配筋，即只考虑计算方向的内力值，不考虑另一方向内力对其影响，计算结果具有唯一性。

选择“按双偏压计算”时，程序按双向偏心受力构件计算配筋，即两个方向的内力均影响配筋。由于框架柱作为竖向构件配筋计算时会多达几十种组合，而每一种组合都会产生不同的 X 向和 Y 向配筋，故计算结果不唯一，且有可能配筋率较大。

取值方法：

① 对一般结构，均选择“按单偏压计算”，然后在【墙梁柱施工图】菜单中进行“双偏压验算”（见第 4 章相关内容）。

② 对框架角柱，宜在【特殊构件补充定义】中“特殊柱”菜单下指定角柱，这时程序对其自动按照“双偏压”计算。

③ 对异形柱框架结构，选择“按双偏压计算”，再根据计算结果，调整个别配筋偏大的柱。

设置提示：

① 角柱是指建筑角部柱的两个方向各只有一根框架梁与之相连的框架柱，故建筑凸角处的框架柱为角柱，而凹角处框架柱并非角柱；

② 全钢结构中，指定角柱并选“按高钢规进行构件设计”时，程序自动按《高钢规程》5.3.4 条放大角柱内力 30%。

3.2.1.7　配筋信息

该页包含与设计相关的 12 个参数，如图 3-35 所示。各参数含义及设置原则如下。

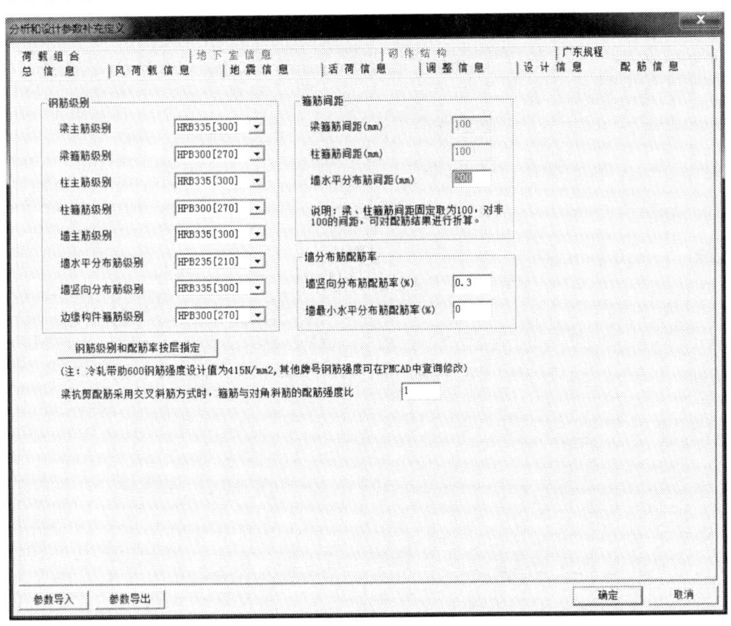

图 3-35　配筋信息设置对话框

1. 钢筋级别

参数含义： 该参数包括梁主筋、梁箍筋、柱主筋、柱箍筋、墙主筋、墙水平分布筋、墙竖向分布筋及边缘构件箍筋级别。用于程序进行配筋设计。边缘构件箍筋级别指暗柱内箍筋级别，影响其体积配箍率。

取值方法： 其中的梁、柱箍筋和墙分布筋强度设计值在 PMCAD 建模时已经定义，在 SATWE 中可以修改，并与 PMCAD 联动。

也可按层分别指定钢筋级别和配筋率，如图 3-36 所示。

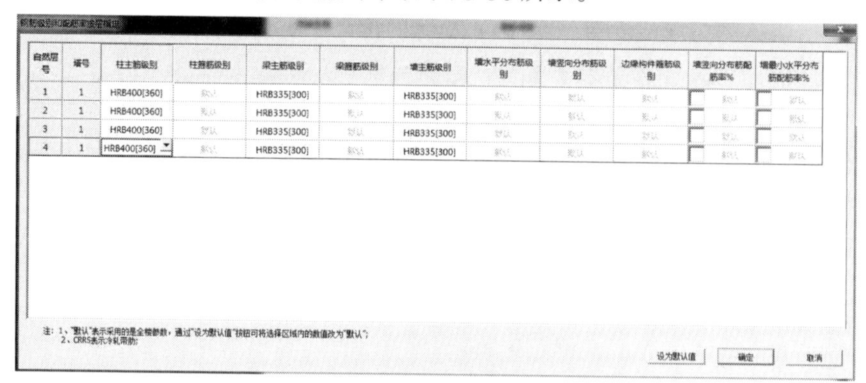

图 3-36　按层指定钢筋级别和配筋率

2. 箍筋强度（N/mm²）

参数含义： 该参数包括梁箍筋、柱箍筋、墙水平分布筋、墙竖向分布筋及边缘构件箍筋强度。用于程序进行配筋设计。边缘构件箍筋强度指暗柱内箍筋强度，影响其体积配箍率。

取值方法： 其中的梁、柱箍筋和墙分布筋强度设计值在 PMCAD 建模时已经定义，在 SATWE 中仅可以查看。边缘构件箍筋强度可由用户在此定义。

设置提示：

① 根据《混凝土规范》《抗震规范》等对结构材料的要求，箍筋宜采用符合抗震性能指标的不低于 HRB335 级的热轧钢筋。

② 梁柱箍筋宜采用同一强度等级的钢筋，以方便施工。受力较大时，梁柱箍筋基本由计算控制配筋，此时宜选用 HRB400 级钢筋；受力不大时，梁柱箍筋主要由构造配箍，此时也可选用 HRB400 级钢筋。

③ 剪力墙的竖向分布筋有利于防止剪力墙在受弯裂缝出现后立即达到极限受弯承载力，剪力墙的水平分布筋有利于防止剪力墙出现剪切斜裂缝后发生脆性的剪拉破坏和剪压破坏。因此，在高烈度地震区，剪力墙的分布筋宜采用 HRB400 级钢筋，在低烈度地震区和非地震区，剪力墙的分布筋也可采用 HRB335 级钢筋。

3. 箍筋间距及墙水平分布筋间距

规范要求：《混凝土规范》9.4.4 条规定，**墙水平及竖向分布钢筋直径不宜小于** 8 mm，**间距不宜大于** 300 mm。

参数含义： 梁、柱箍筋间距程序默认为梁、柱加密区的箍筋间距，取 100 mm，不能修改。

取值方法： 墙水平分布筋间距可在 100 ~ 300 mm 间取值，常用 200 mm。当墙水平分布筋最大间距采用 200 mm 时，与剪力墙底部加强部位约束边缘构件通常采用的箍筋间距 100 mm 容易协调，特别是当墙水平分布筋在约束边缘构件内满足可靠锚固要求，可计入约束边缘构件箍筋的体积配箍率时，这种协调会给施工带来很大便利。

设置提示： 梁、柱箍筋间距无须设置。由于 SATWE 软件输出的梁、柱非加密区箍筋面积也是按间距 100 mm 计算的，所以当梁、柱非加密区箍筋间距未采用 100 mm 时，应注意换算。

4. 墙竖向分布筋配筋率

规范要求：《混凝土规范》9.4.4 条规定，**墙水平及竖向分布钢筋配筋率不宜小于 0.2%。**

《混凝土规范》9.4.4 条规定，**一、二、三级抗震等级的剪力墙的水平和竖向分布钢筋配筋率均不应小于 0.25%；四级抗震等级的剪力墙不应小于 0.2%。部分框支剪力墙结构的剪力墙底部加强部位，水平和竖向分布钢筋配筋率不应小于 0.3%。**

《高层规程》3.10.5-2 条规定，**特一级剪力墙、筒体墙一般部位的水平和竖向分布钢筋最小配筋率应取为 0.35%，底部加强部位的水平和竖向分布钢筋最小配筋率应取为 0.40%。**

《高层规程》7.2.17 条规定，**剪力墙竖向和水平分布钢筋的配筋率，一、二、三级时均不应小于 0.25%，四级和非抗震设计时均不应小于 0.20%。**

参数含义：本参数除用于墙端所需钢筋截面面积计算外，还传到“剪力墙结构计算机辅助设计程序 JLQ”中作为选择竖向分布筋的依据。竖向分布筋的大小会影响端头暗柱的纵向配筋。

取值方法：按工程实际情况根据规范相关规定设置。

5. 梁抗剪配筋采用交叉斜筋方式时，箍筋与对角斜筋的配筋强度比

规范要求：《混凝土规范》11.7.10-1 条规定，**对于一、二级抗震等级的连梁，当跨高比不大于 2.5 时，除普通箍筋外宜另配置斜向交叉钢筋，其截面限制体积及斜截面受剪承载力可按下列规定计算：**（略）。其中，**箍筋与对角斜筋的配筋强度比，当小于 0.6 时取 0.6，当大于 1.2 时取 1.2。**

参数含义：程序对连梁抗剪有两种配筋方式，分别是“交叉斜筋”和“对角暗撑”，其属性可在【特殊构件补充定义】中“特殊梁”菜单下指定。当采用“交叉斜筋”方式时，需用户在此指定箍筋与对角斜筋的配筋强度比。

取值方法：按工程实际情况设置。一般取值在 0.6 ~ 1.2 之间。

3.2.1.8　荷载组合

该页包含与荷载组合相关的 18 个参数，如图 3-37 所示。各参数含义及设置原则如下。

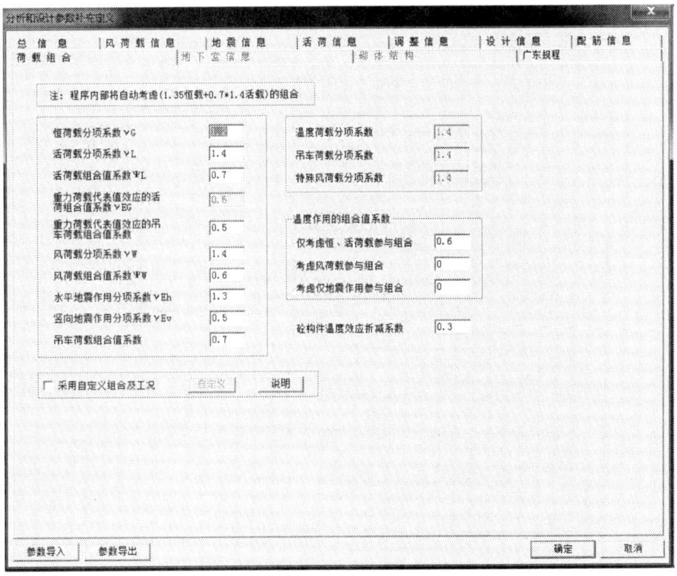

图 3-37　荷载组合信息设置对话框

1. 各荷载分项系数、组合值系数、温度作用的组合值系数

规范要求：《荷载规范》《混凝土规范》《高层规程》中规定了荷载组合时各荷载分项系数、组合值系数及温度作用组合等的相关要求，具体条文略。

参数含义：新版 SATWE 前处理修改了荷载组合的相关参数：温度作用与恒、活、风、地震的组合值系数单独控制；吊车荷载添加了单独的组合值系数；吊车与地震作用组合时，由“重力荷载代表值的吊车荷载组合值系数”控制。

取值方法：程序默认采用规范规定的系数作为初始值。除工程特殊需要外，一般不需修改上述参数。

2. 采用自定义组合及工况

参数含义：程序允许用户自行指定各类荷载的分项系数和组合值。点取<采用自定义组合及工况>，程序弹出对话框，首次进入该对话框，程序显示缺省组合，如图 3-38 所示。

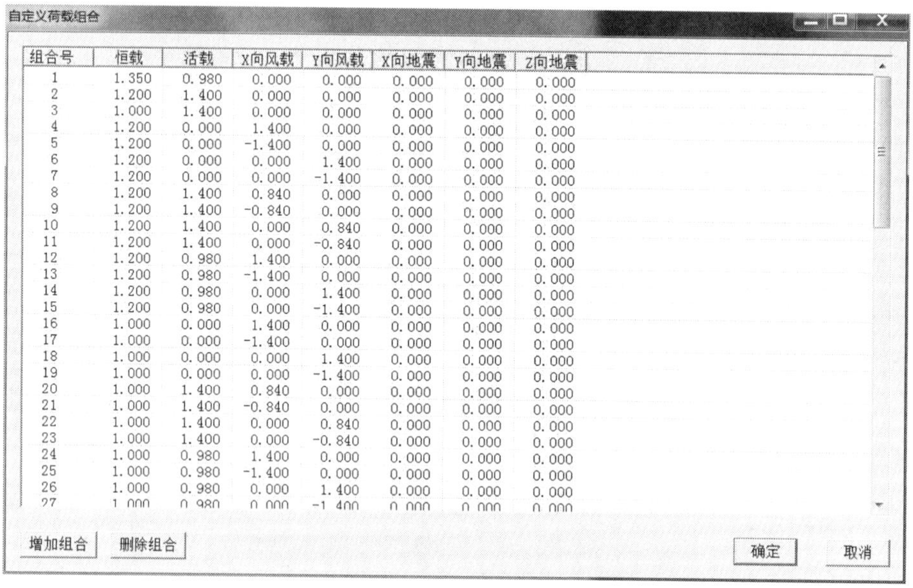

自定义荷载组合

组合号	恒载	活载	X向风载	Y向风载	X向地震	Y向地震	Z向地震
1	1.350	0.980	0.000	0.000	0.000	0.000	0.000
2	1.200	1.400	0.000	0.000	0.000	0.000	0.000
3	1.000	1.400	0.000	0.000	0.000	0.000	0.000
4	1.200	0.000	1.400	0.000	0.000	0.000	0.000
5	1.200	0.000	-1.400	0.000	0.000	0.000	0.000
6	1.200	0.000	0.000	1.400	0.000	0.000	0.000
7	1.200	0.000	0.000	-1.400	0.000	0.000	0.000
8	1.200	1.400	0.840	0.000	0.000	0.000	0.000
9	1.200	1.400	-0.840	0.000	0.000	0.000	0.000
10	1.200	1.400	0.000	0.840	0.000	0.000	0.000
11	1.200	1.400	0.000	-0.840	0.000	0.000	0.000
12	1.200	0.980	1.400	0.000	0.000	0.000	0.000
13	1.200	0.980	-1.400	0.000	0.000	0.000	0.000
14	1.200	0.980	0.000	1.400	0.000	0.000	0.000
15	1.200	0.980	0.000	-1.400	0.000	0.000	0.000
16	1.000	0.000	1.400	0.000	0.000	0.000	0.000
17	1.000	0.000	-1.400	0.000	0.000	0.000	0.000
18	1.000	0.000	0.000	1.400	0.000	0.000	0.000
19	1.000	0.000	0.000	-1.400	0.000	0.000	0.000
20	1.000	1.400	0.840	0.000	0.000	0.000	0.000
21	1.000	1.400	-0.840	0.000	0.000	0.000	0.000
22	1.000	1.400	0.000	0.840	0.000	0.000	0.000
23	1.000	1.400	0.000	-0.840	0.000	0.000	0.000
24	1.000	0.980	1.400	0.000	0.000	0.000	0.000
25	1.000	0.980	-1.400	0.000	0.000	0.000	0.000
26	1.000	0.980	0.000	1.400	0.000	0.000	0.000
27	1.000	0.980	0.000	-1.400	0.000	0.000	0.000

增加组合　删除组合　确定　取消

图 3-38　自定义荷载组合对话框

用户可直接对组合系数进行修改，或通过下方的按钮增加、删除荷载组合。用户修改的信息保存在 SAT_LD.PM 和 SAT_LF.PM 文件中，如果要恢复缺省组合，删除这两个文件即可。

如果在本页中修改了荷载工况的分项系数或组合值系数，或者参与计算的荷载工况发生了变化，再次点击<采用自定义组合及工况>进入自定义荷载组合时，程序会自动采用缺省组合，以前定义的数据将不被保留。但如果不进入“自定义荷载组合”对话框，程序仍采用先前定义的数据。

程序在缺省组合中自动判断用户是否定义了人防、温度、吊车和特殊风荷载，其中温度和吊车荷载分项系数与活荷载相同，特殊风荷载分项系数与风荷载相同。

取值方法：用户根据工程实际情况进行修改。如未指定，程序采用缺省组合。

3.2.1.9　地下室信息

该页包含与地下室设计相关的 8 个参数，如图 3-39 所示。SATWE 可进行土、水、人防

荷载作用下地下室外墙的平面外配筋设计，并给出配筋结果。各参数含义及设置原则如下。

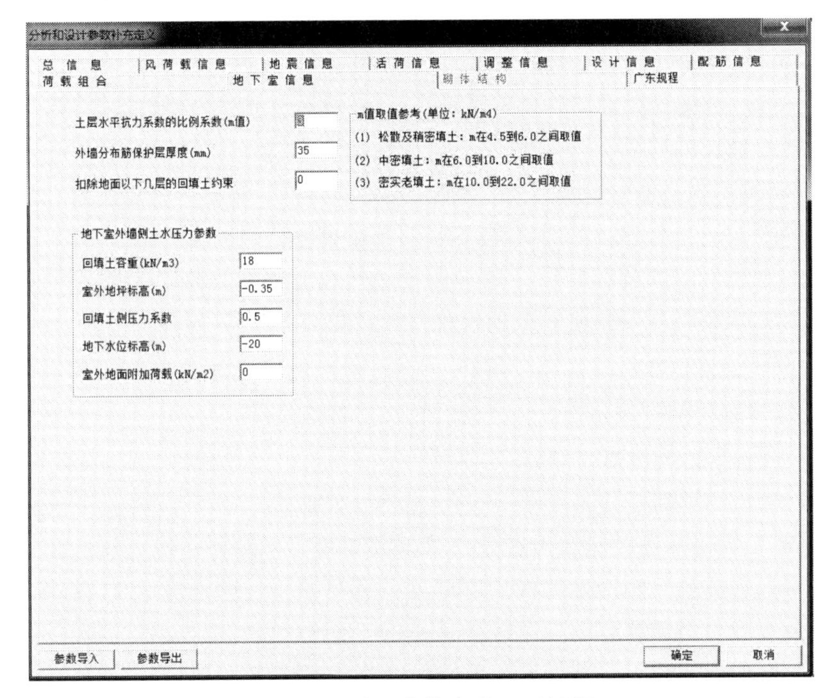

图 3-39　地下室信息设置对话框

1. 土层水平抗力系数的比例系数（*m* 值）

规范要求：《建筑桩基技术规范》（JGJ 94-2008）5.7.5-2 条规定，**桩侧土水平抗力系数的比例系数 *m*，宜通过单桩水平静载试验确定，当无静载试验资料时，可按表 5.7.5 取值。**

参数含义：该参数表示地下室侧向约束的情况。其计算方法即是土力学中水平力计算常用的 *m* 法。*m* 值的大小随土类及土状态而不同，通过 *m* 值、地下室的深度和侧向迎土面积，可以得到地下室侧向约束的附加刚度，该附加刚度与地下室层刚度无关，而与土的性质有关，所以侧向约束更合理。用 *m* 值求出的地下室侧向刚度约束呈三角形分布，在地下室顶层处为 0，并随深度增加而增加。

SATWE 通过填写的 *m* 值，按 $k=1000\times m\times H$（$\mathrm{kN/m^3}$）可得到土的水平抗力系数 k（$\mathrm{kN/m^3}$），再根据地下室的迎土面积，得到土层对地下室的约束刚度（kN/m）。

取值方法：该参数一般可按《建筑桩基技术规范》（JGJ 94—2008）表 5.7.5 的灌注桩顶来取值。取值范围一般为 2.5 ~ 100（对少数情况的中密、密实的沙砾、碎石类土取值可为 100 ~ 300，上海地区的软弱土层可取 14）。一般取值如下：

淤泥、淤泥质土，饱和湿陷性黄土：m=2.5 ~ 6.0；

流塑（$I_L>1$）、软塑（$0.75<I_L\leqslant 1$）状黏性土，$e>0.9$ 的粉土，松散粉细砂，松散、稍密填土：m=6 ~ 14；

可塑（$0.25<I_L\leqslant 0.75$）状黏性土、湿陷性黄土，e=0.75 ~ 0.9 的粉土，中密填土，稍密细砂：m=14 ~ 35；

硬塑（$0<I_L\leqslant 0.25$）、坚硬（$I_L\leqslant 0$）状黏性土、湿陷性黄土，$e<0.75$ 的粉土，中密的中粗砂，密实老填土：m=35 ~ 100。

其他松散及稍密填土、中密填土、密实老填土也可参考图 3-39 取值。

设置提示：

① 目前程序设定该值最大为 100。

② 该参数若填入负数 m（m 小于或等于地下室层数 N），则表示地下室下部的 m 层侧向完全约束，无水平位移，即嵌固。当判断地下室顶板能否作为上部结构的嵌固端时，可通过查看刚度比的计算结果（SATWE 结果文件 WMASS.OUT 中）确定，但要注意应严格采用“剪切刚度”计算层刚度，且注意不要计入地下室的基础回填土的约束刚度。由于嵌固端的假定条件是将节点的所有自由度全部约束，这种假定条件在竖向结构构件与刚度较大的底板连接部位或地下室刚度足够大的箱型地下室顶板连接部位的计算模型中误差不大，可假定为嵌固。但现行工程中设计的地下室，由于使用要求，其结构体系的布置大多不能满足箱型基础的要求，故也难于满足作为嵌固端的条件，因此一般不建议填负值。

2. 外墙分布筋保护层厚度（mm）

规范要求： 参见《混凝土规范》表 8.2.1、表 3.5.2 规定。

《混凝土规范》8.2.2-4 条规定，当有充分依据并对地下室墙体采取可靠的建筑防水做法或防护措施时，与土层接触一侧钢筋的保护层厚度可适当减少，但不应小于 25 mm。

参数含义： 该参数用于计算地下室外围墙体的平面外配筋。

取值方法： 根据规范规定，并结合工程实际情况取值。初始值为 35 mm。

3. 扣除地面以下几层的回填土约束

参数含义： 鉴于地下室最高的几层回填土约束作用较弱，设计人员可通过该参数指定从第几层地下室考虑基础回填土对结构的约束作用。如对有 3 层地下室的结构，此参数填 1，则程序只考虑地下 3 层和地下 2 层回填土对结构有约束作用。

取值方法： 根据工程实际情况取值。

4. 回填土容重（kN/m^3）

参数含义： 该参数用于计算回填土对地下室侧壁的水平压力。

取值方法： 根据工程实际情况取值。一般工程可取 18 kN/m^3。

5. 室外地坪标高（m）

参数含义： 该参数表示建筑物室外地面标高。

取值方法： 当用户指定地下室时，该参数以结构地下室顶板标高为参照，高为正、低为负；当没有指定地下室时，则以柱（或墙）脚标高为准。单建式地下室的室外地坪标高一般均为正值。按工程实际情况填写。

6. 回填土侧压力系数

参数含义： 该参数用于计算回填土对地下室外墙的水平压力。

取值方法： 地下车库外墙在净高范围内的土压力由于墙顶部的位移可认为等于 0，因此应按静止土压力计算。而静止土压力系数可近似按 $K_0 = 1 - \sin\varphi$（土的内摩擦角 $\varphi = 30°$）计算，故建议一般取默认值 0.5。当地下室施工采用护坡桩时，该值可乘以折减系数 0.66 后取 0.33。

7. 地下水位标高（m）

参数含义： 该参数用于计算地下室外墙的侧水压力。

取值方法：以结构±0.0标高为准，高填正值，低填负值。

8. 室外地面附加荷载（kN/m^2）

参数含义：该参数用于计算地面附加荷载对地下室外墙的水平压力。该地面附加荷载包括恒载和活载，其中活载应包括地面上可能的临时荷载。对于室外地面附加荷载分布不均的情况，取最大的附加荷载计算。程序按侧压力系数转化为侧土压力。

取值方法：根据工程实际情况取值，一般情况下可取5.0 kN/m^2。

3.2.1.10　砌体结构

该页是有关砌体结构的信息，新版软件已将砌体结构计算功能转移到QITI砌体结构分析模块中，因此不能打开此页。有关砌体结构设计的相关内容请参考本书第七章。

3.2.2　特殊构件补充定义

在SATWE前处理菜单中，【分析与设计参数补充定义】和【生成SATWE数据文件及数据检查】这两项是必须执行的，除这两项外的其他各项菜单则并非必须执行，主要用于定义特殊构件、特殊荷载、定义多塔、显示图形检查及数据文件等，如图3-2所示。本书限于篇幅，仅介绍一些常用设置。

点取【特殊构件补充定义】，弹出图3-40所示界面，用户可在此补充定义特殊梁、特殊柱、特殊支撑、特殊墙、弹性板、材料强度和抗震等级等信息。设定特殊构件后，程序可根据规范的有关规定，选择计算方法，进行内力调整和采取相应的抗震构造措施。

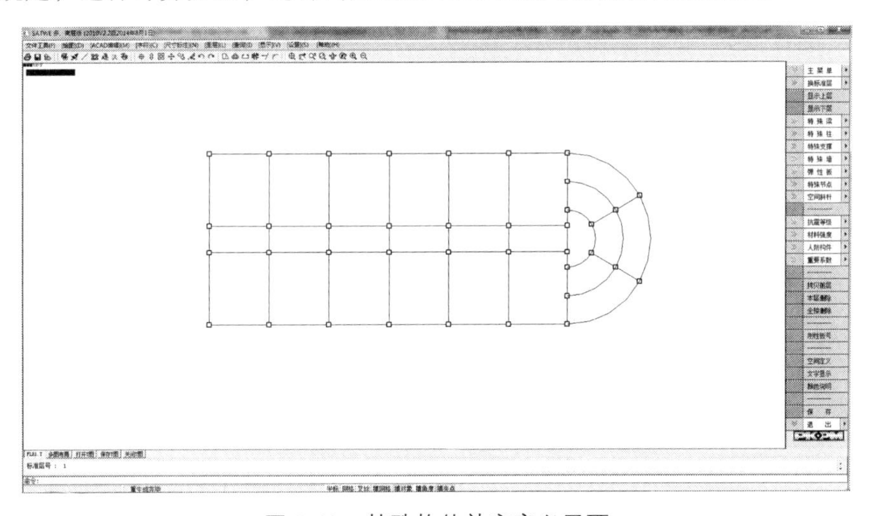

图3-40　特殊构件补充定义界面

3.2.2.1　特殊梁

通过本菜单可以设置8类特殊梁。

1. 不调幅梁

不调幅梁指梁两端都没有支座或只有一端有支座的梁，如次梁、悬臂梁等，在配筋计算时，不作弯矩调幅。

程序自动搜索“调幅梁”[具体原则是：搜索连续的梁段并判断其两端支座，如果两端均存在竖向构件（柱或墙）作为支座，即为“调幅梁”，以暗青色显示]，程序亦自动搜索“不调幅梁”(具体原则是：如两端都没有支座或仅有一端有支座，如次梁、悬臂梁等，以亮青色显示)。

如需修改为“不调幅梁”，可在此人工指定。

➢ **提示：**钢梁不允许调幅，程序强制为“不调幅梁”。

2. 连梁

本意指与剪力墙相连，允许开裂，可作刚度折减的梁，此处特指对框架梁指定“连梁”特性，以便在后续程序中进行刚度折减、设计调整等。

程序对剪力墙开洞连梁进行缺省判断。原则是：两端均与剪力墙相连且至少在一端与剪力墙轴线的夹角不大于 30°的梁隐含定义为连梁，以亮黄色显示。

另外，程序对框架梁定义的连梁是不做缺省判断的，需要用户手动指定。

3. 转换梁

转换梁包括“部分框支剪力墙结构”中的托墙转换梁和其他转换层结构类型中的转换梁（如筒体结构的托柱转换梁），程序均不作缺省判断，需用户指定。以亮白色显示。

4. 一端铰接、两端铰接

铰接梁没有隐含定义，需用户指定。当选择一端铰接时，用光标点取需定义的梁，则该梁在靠近光标的一端出现一红色小圆点，表示梁的该端为铰接，再一次点取则可删除铰接定义。当选择两端铰接时，在这根梁上任意位置用光标点一次，则该梁的两端各出现一个红色小圆点，表示梁的两端为铰接，再一次点取则可删除铰接定义。

➢ **提示：**梁端是否定义为铰接，主要取决于柱与梁的线刚度之比（一般柱线刚度 i_c 与梁线刚度 i_b 之比 $i_c / i_b \geqslant 20$ 时，可按梁端完全固接计算），以及支座锚固条件，因此可从两方面考虑。

① 根据该支座处钢筋的锚固条件来决定。如对于梁端支座为柱或与剪力墙平面外相接时，如果柱截面尺寸（或剪力墙厚度）不是很大，按照刚接设计时，梁内受拉钢筋应锚入柱（墙）内的长度很长，施工质量很难保证，若改为铰接，则锚固长度可大大减少，容易实现。

② 适当考虑结构体系的受力需要，释放弯矩。如在某些次梁与主梁相交的端支座处，可按次梁端支座铰接设计，但这时次梁受力钢筋在端支座的锚固仍应满足 11G101-1 第 86 页，关于受力钢筋按铰接设计的锚固长度。

5. 滑动支座

滑动支座梁没有隐含定义，需用户指定。用光标点取需定义的梁，则该梁在靠近光标的一端出现一白色小圆点，表示梁的该端为滑动支座（指一端有滑动支座约束的梁）。

6. 门式钢梁

门式钢梁没有隐含定义，需用户指定。用光标点取需定义的梁，则梁上标识 MSGL 字符，表示该梁为门式钢梁。

7. 耗能梁

耗能梁没有隐含定义，需用户指定。用光标点取需定义的梁，则梁上标识 HNL 字符，表示该梁为耗能梁。

8. 组合梁

组合梁没有隐含定义，需用户指定。点取“组合梁”可进入下级菜单。选择“自动生成”，程序将从 PM 数据自动生成组合梁定义信息，并在所有组合梁上标注“ZHL”，表示该梁为组合梁，用户可通过右侧菜单查看或修改组合梁参数。

➢ **注意：**在进行特殊梁定义时，不调幅梁、连梁和转换梁三者中只能进行一种定义，但门式钢梁、耗能梁和组合梁可以同时定义，也可以同时和前三种梁中的一种进行定义。

9. 单缝连梁和多缝连梁

当连梁截面剪力设计值不满足规范要求时，可采用减小连梁截面高度或其他减小连梁刚度的措施，如采用单缝或多缝连梁，如图 3-41 为单缝和多缝连梁的一种做法。工程实际中，多缝连梁一般用得较少。

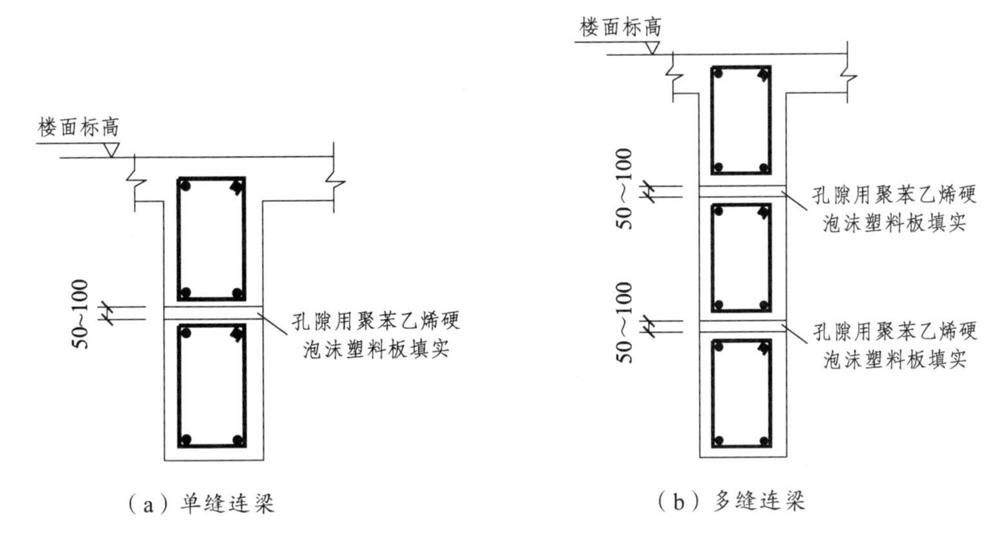

图 3-41　单缝连梁和多缝连梁

10. 交叉斜筋

该项指定按“交叉斜筋”方式进行抗剪配筋的框架梁。

11. 对角暗撑

该项指定按“对角暗撑”方式进行抗剪配筋的框架梁。

12. 抗震等级

根据《高层规程》6.1.8 条规定，不与框架柱相连的次梁，可按非抗震要求进行设计。程序自动搜索主梁和次梁，主梁按框架抗震等级（在“地震信息”页中<框架抗震等级>定义）设计，次梁默认抗震等级为 5 级，即不考虑抗震要求。主梁搜索的原则是：搜索连续的梁段并判断其两端支座，如果有一端存在竖向构件（包括柱、墙及竖向支撑）作为支座，则按主梁取抗震等级；其余均为次梁。对于仅一端有支座的梁，如果是悬挑结构中作为上部结构支承的梁，理应作为主梁，但如果是阳台挑梁则可作为次梁。为保守起见，程序对上述情况不作区分，一律按主梁取抗震等级，故用户可根据工程实际进行修改。

13. 材料强度

此处修改材料强度的功能与 PMCAD 中的功能一致。此外，在 SATWE 多塔定义里也可指定各塔各层的材料强度，若用户没有修改，则多塔的材料强度缺省值也取 PMCAD 中指定的强度。

程序最终确定材料强度的原则是：如果特殊构件里有指定，则用户指定值优先，否则，取多塔定义的材料强度。

14. 刚度系数

当在“调整信息”页中勾选了<梁刚度放大系数按 2010 规范取值>时，程序自动计算梁刚度系数，否则程序自动判断中梁、边梁，相应取不同的刚度系数缺省值。

连梁的刚度系数缺省值取“连梁刚度折减系数”，不与中梁刚度放大系数连乘。

此处，用户可对刚度系数进行修改，但组合梁由于在计算梁刚度时已包含了楼板刚度，因此不允许进行修改。

15. 扭矩折减

扭矩折减系数的缺省值为用户在“调整信息”页中定义的<梁扭矩折减系数>。但对于弧梁和不与楼板相连的梁，不进行扭矩折减，缺省值为 1。此处可对该折减系数进行修改。

16. 调幅系数

此处可对调幅梁修改调幅系数。

17. 弯矩调整

广东省规范《高层建筑混凝土结构技术规程》（DBJ 15-92—2013）第 5.2.4 条规定，在竖向荷载作用下，由于竖向构件变形导致框架梁端产生的附加弯矩可适当调幅，弯矩增大或减小的幅度不宜超过 30%。其缺省值为“框架梁附加弯矩调整系数”，用户可在此对单个框架梁的附加弯矩调幅系数进行修改。

3.2.2.2 特殊柱

本菜单可以设定五类特殊柱，包括：铰接柱、角柱、转换柱、门式钢柱、水平转换柱。同时，程序还可以有选择地修改柱的抗震等级、材料强度、剪力系数。

1. 铰接柱

铰接柱包括上端铰接、下端铰接和两端铰接柱，没有隐含定义。铰接柱由用户指定，一般钢筋混凝土结构中较少用到。

2. 角柱

角柱没有隐含定义，需由用户指定。一般结构角部的柱子应定义为角柱。定义为角柱后，程序按《抗震规范》对角柱进行内力调整，对抗震等级为二级及二级以上的角柱按双向偏心受压构件进行配筋验算。

3. 转换柱

转换柱没有隐含定义，需由用户指定。对“部分框支抗震墙结构”的框支柱和其他转换层结构类型中的转换柱均应在此指定为“转换柱”。

4. 门式钢柱

门式钢柱没有隐含定义，需由用户指定。

5. 水平转换柱

带转换层的结构，水平转换构件除采用转换梁外，还可以采用桁架、空腹桁架、箱形结构、斜撑等。根据《高层规程》10.2.4 条规定，水平转换构件在水平地震作用下的计算内力应进行放大。用户在此指定后，程序将自动对其进行内力调整。

6. 抗震等级及材料强度

柱抗震等级、材料强度菜单功能与修改方式与特殊梁定义中类似。

柱抗震等级缺省值按框架抗震等级（在“地震信息”页中<框架抗震等级>定义的）设计，程序还将自动进行如下调整：

① 根据《高层规程》10.2.6 条规定，对部分框支剪力墙结构，当转换层的位置设置在 3 层及 3 层以上时，框支柱的抗震等级自动提高一级。

② 根据《高层规程》10.3.3 条规定，对加强层及其相邻层的柱抗震等级自动提高一级。

用户可在此修改柱的抗震等级。

7. 剪力系数

这是针对广东规程提供的系数。用户可指定柱两个方向的地震剪力系数。

3.2.2.3 特殊支撑、特殊墙

程序还提供五类特殊支撑和两类地下室人防设计中的特殊墙定义。具体可参看 SATWE 用户手册，此处不再赘述。

3.2.2.4 弹性板

在此菜单中，程序允许用户自定义弹性楼板，弹性楼板是以房间为单位进行定义的。定义为弹性楼板后，在内力分析时，程序将考虑该房间楼板的弹性变形影响。可设定三类弹性楼板。

（1）弹性楼板 6：程序真实地计算楼板平面内和平面外的刚度。主要用于板柱结构和板柱-剪力墙结构中的楼板。

（2）弹性楼板 3：假定楼板平面内无限刚，程序仅真实地计算楼板平面外刚度。主要用于厚板转换层结构中的转换厚板。

（3）弹性膜：程序真实地计算楼板平面内刚度，平面外刚度则不考虑（取为零）。主要用于空旷的工业厂房和体育场结构中的楼板或斜板、楼板局部开大洞的结构、楼板平面布置时产生的狭长板带、框支转换结构中的转换层楼板以及多塔联体结构中的弱连接板等结构。

3.2.2.5 特殊节点

此处可指定节点的附加质量。附加质量是指不包含在恒载、活载中，但规范中规定的地震作用计算应考虑的质量，如吊车桥架重量、自承重墙等。用户可在此在当前层的节点上布置附加质量。

这里输入的附加节点质量只影响结构地震作用计算时的质量统计。

3.2.3 温度荷载定义

当结构受到较大温差影响时，SATWE 可以通过指定结构节点的温差，来反映结构温度变化，定义结构温度荷载，实现温度应力分析。温度荷载记录在文件 SATWE_TEM.PM 中，若想取消定义，简单地将该文件删除即可。

温度荷载定义的一般步骤如下：

1. 指定自然层号（注意：此处为自然层，非标准层）

除 0 层外，各层平面均为楼面，第 0 层对应首层地面。

若在 PMCAD 主菜单 1 中对某一标准层的平面布置进行过修改，须相应修改该标准层对应各层的温度荷载。所有平面布置未被改动的构件，程序会自动保留其温度荷载。但当结构层数发生变化时，应对各层温度荷载重新进行定义，否则可能造成计算出错。

2. 指定温差

温差指结构某部位的当前温度值与该部位处于自然状态（无温度应力）时的温度值的差值。升温为正，降温为负，单位是摄氏度。

3. 捕捉节点

用鼠标捕捉相应节点，被捕捉到的节点将被赋予当前温差。未捕捉的节点温差为零。

以上三步是定义温差的基本步骤。此外，程序还提供一些命令作为辅助步骤，如删除节点、拷贝前层等。

3.2.4 特殊风荷载定义

对于平、立面变化比较复杂，或者对风荷载有特殊要求的结构或某些部位，例如空旷结构、体育场馆、工业厂房、轻钢屋面、有大悬挑结构的广告牌、候车站、收费站等，普通风荷载的计算方式可能不能满足要求，此时，可使用本菜单的【自动生成】功能以更精细的方式自动生成风荷载，还可在此基础上进行修改。即特殊风荷载定义的方式有两种：程序自动生成和用户补充定义。

特殊风荷载数据记录在文件 SPWIND.PM 中，若想取消定义，可简单地删除该文件。

特殊风荷载定义的具体操作过程可参看 SATWE 用户手册。

➢ **注意：**特殊风荷载仅能布置在梁和节点上，不能布置在楼板上，需要时可将楼板荷载折算到梁或节点上。

3.2.5 多塔结构补充定义

本菜单是为了补充定义结构的多塔信息，对于非多塔结构，可跳过此项菜单，直接执行【生成 SATWE 数据文件】，程序自动按非多塔结构进行设计。

本菜单定义的多塔信息保存在当前目录的两个名为 SAT_TOW.PM 和 SAT_TOW_PARA.PM 的文件中，以后再启动 SATWE 的前处理时，程序自动读入以前定义的多塔信息。若想取消对某个工程已经定义的多塔信息，将上述两个文件删除即可。

➢ **注意：**

（1）多塔结构在 PMCAD 中进行楼层组装时，除按广义楼层组装的多塔模型外，多塔结构必须在此进行多塔定义，否则程序按单塔计算。若已按广义楼层方式组装了多塔模型，则不必在此进行多塔定义。

（2）多塔结构定义时，围区线应当准确从各塔缝隙间通过（特别是带缝多塔结构），防止出现某个构件属于两个塔，或某个构件不属于任何塔，或定义空塔等情况。

（3）各塔楼编号应按塔楼高度，从高到低依次排序。

（4）各塔楼可单独设定层高及材料属性，以便于设置错层多塔结构。

（5）带缝的多塔结构应定义风荷载遮挡面。

（6）可利用【多塔检查】命令检查多塔定义是否正确。

（7）程序限定最多定义十个多塔，底盘大小不限。

3.2.6 施工次序补充定义

《高层规程》第 5.19 条规定，复杂高层建筑结构及房屋高度大于 150 m 的其他高层建筑结构，应考虑施工过程的影响，本菜单可满足部分复杂工程的需要。当在【总信息】中勾选〈采用自定义施工次序〉后，可使用本菜单进行构件施工次序补充定义。

在本菜单中，可通过“参数设置”“修改次序”等命令，修改调整楼层施工次序，并可通过“动画显示”命令查看修改定义后的施工次序。该菜单界面如图 3-42 所示。

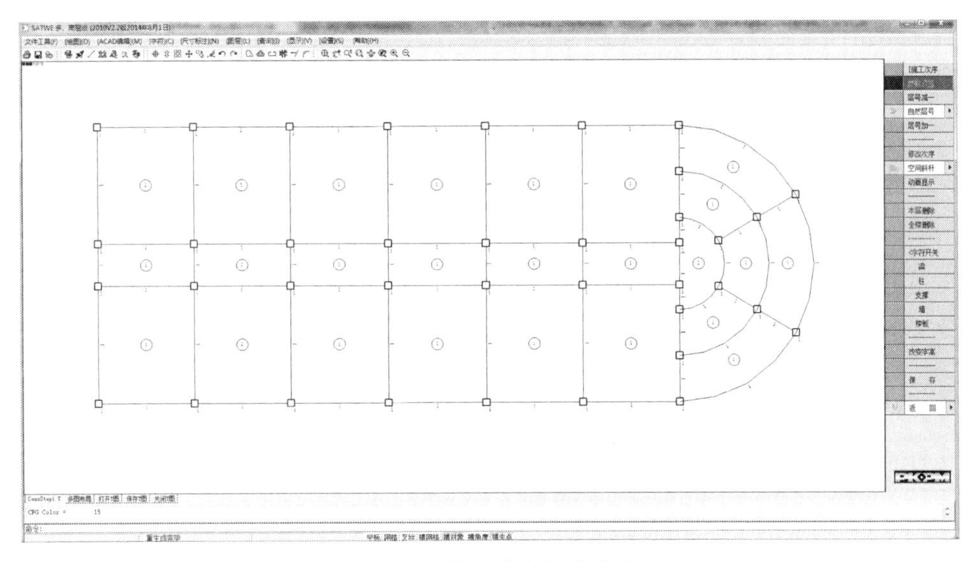

图 3-42 施工次序补充定义

3.2.7 活荷载折减系数补充定义

SATWE 除了可以在【总信息】的〈活荷信息〉中设置活荷载折减外，还可使用本菜单进行构件级的活荷载折减，从而使定义更加方便灵活。

在本菜单中，可通过“参数设置”“修改系数”等命令，修改调整构件的活荷载折减系数。该菜单界面如图 3-43 所示。

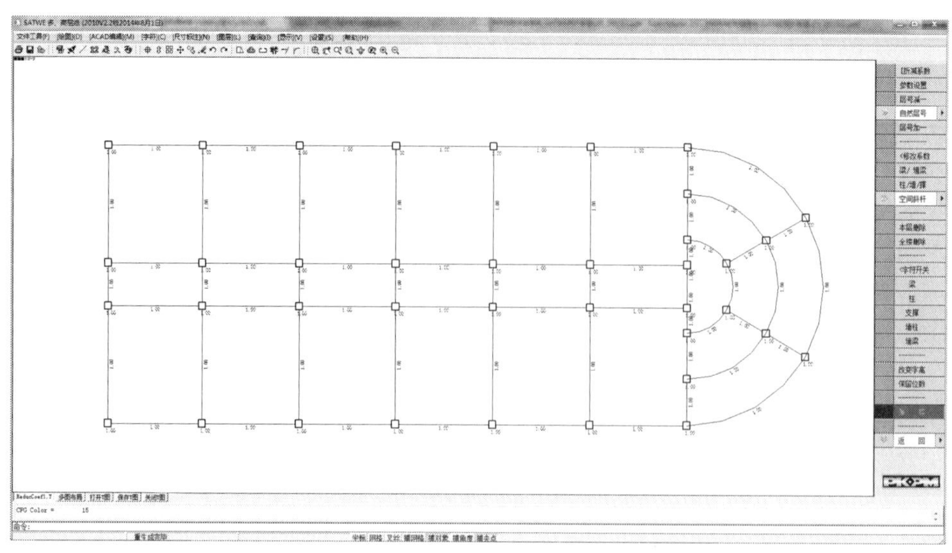
图 3-43 活荷载折减系数补充定义

3.2.8 生成 SATWE 数据文件及数据检查（必须执行）

本菜单是 SATWE 前处理的核心，其功能是综合 PMCAD 建模数据和前述几项菜单输入的补充信息，将其转换成空间结构有限元分析所需数据格式。所有工程都必须执行本菜单，正确生成数据并通过数据检查后，方可进行下一步计算分析。

点取本菜单，程序弹出如图 3-44 所示对话框。在该对话框中，用户可选择某些保留信息，并指定剪力墙边缘构件的类型，现分别说明如下。

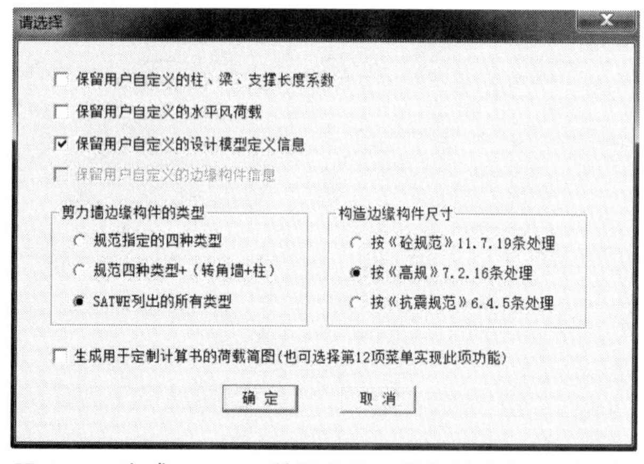

图 3-44 生成 SATWE 数据文件及数据检查设置对话框

新建工程必须在执行了本菜单后，才能生成缺省的长度系数和风荷载数据，继而才允许在第 8、9 项菜单中进行查看和修改。此后若调整了模型或参数，需再次生成数据时，若希望保留先前自定义的长度系数或风荷载数据，可在此选择“保留”，否则，程序将重新计算长度系数和风荷载，并用自动计算结果覆盖用户数据。

同样，剪力墙边缘构件也是在第一次计算完成后，程序自动生成，用户可在 SATWE 后处理中自行修改，并在下一次计算前选择是否保留先前修改的数据。选择由程序自动生成剪力墙边缘构件数据时，用户可指定边缘构件的类型，程序提供 3 种选项，分别如下：

（1）规范指定的四种类型。

《抗震规范》6.4.5 **条或《高层规程》**7.2.14 **条**所述的抗震墙构造边缘构件和抗震墙约束边缘构件（图 3-45）。

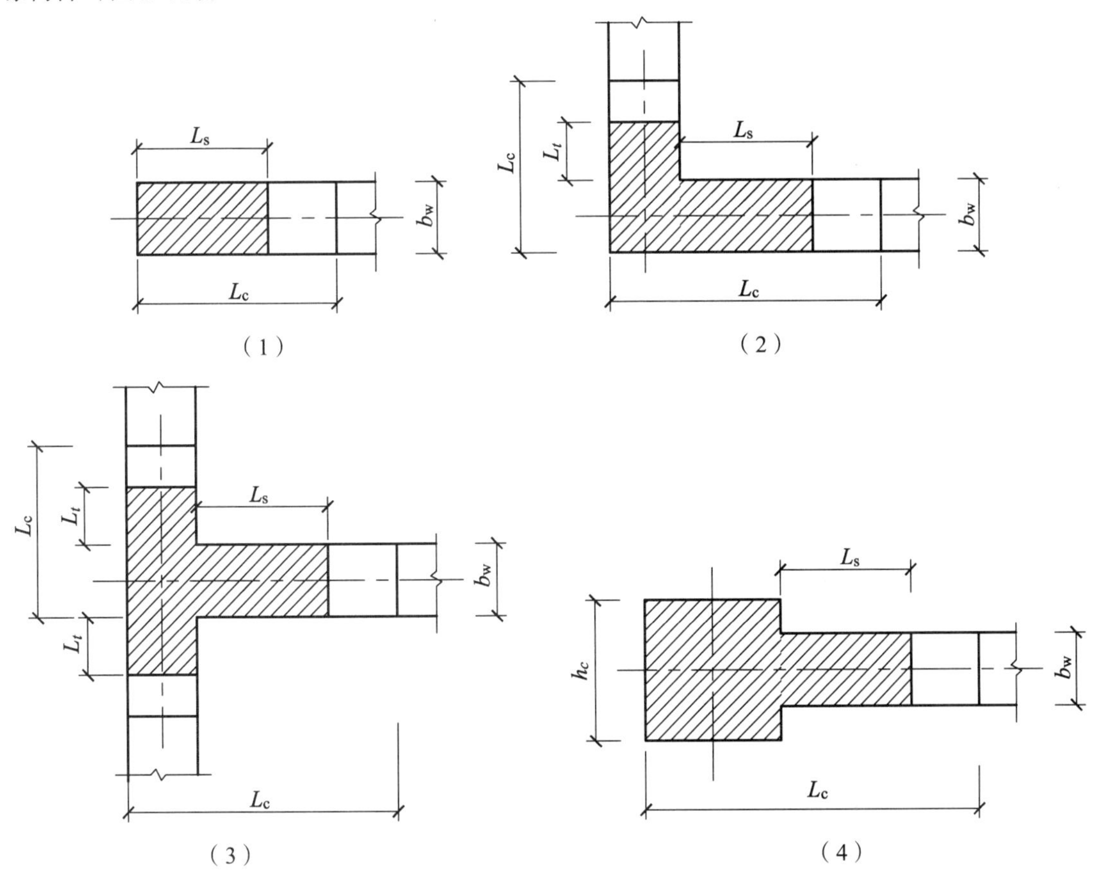

图 3-45　规范指定的四种抗震墙边缘构件类型

（2）规范四种类型+（转角墙+柱）。

（3）SATWE 列出的所有类型，见图 3-46。

SATWE 通过归纳总结，补充的边缘构件类型有：

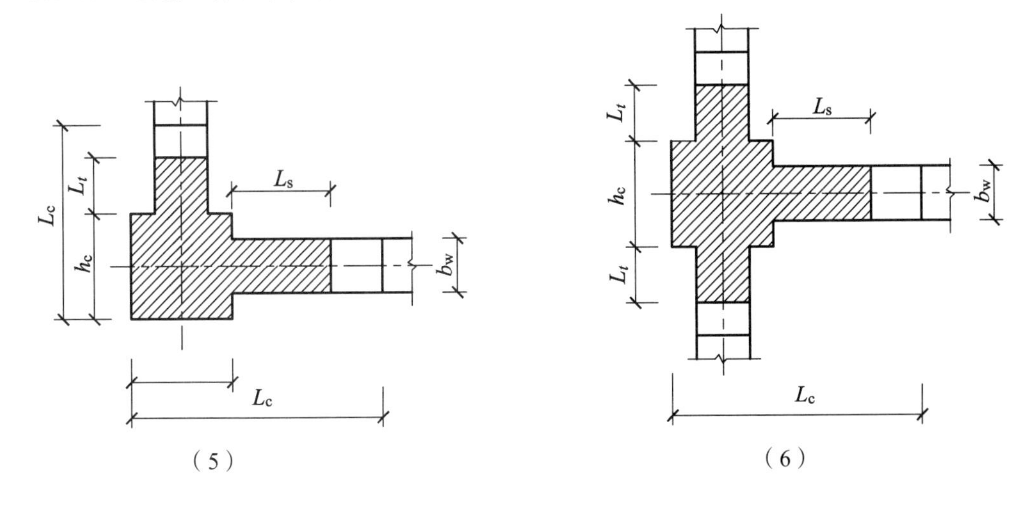

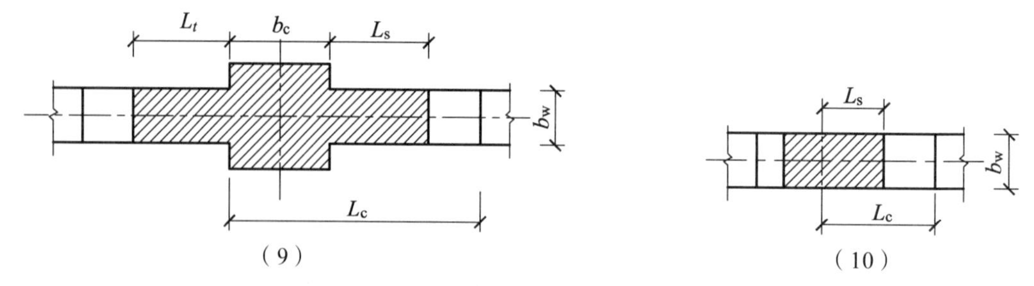

图 3-46　SATWE 列出的所有抗震墙边缘构件类型

上述列出的是规则的边缘构件类型。在实际工程中，常有剪力墙斜交的情况，因此，除上述第 1 种、第 9 种和第 10 种以外，其余各种类型中的墙肢都允许斜交。

第 1 种～第 4 种边缘构件类型的阴影区范围的确定方法，程序完全根据《高层规程》的相关条文执行。

对于 SATWE 补充的 4 种边缘构件，其阴影区的确定方法，程序是参照规范指定边缘构件类型的计算方法，推算得到，故其结果仅供参考，用户可根据实际情况决定是否采用。

设置完成，点取<确定>后，程序将生成 SATWE 数据文件，并执行数据检查。在数检过程中，如果发现几何数据文件或荷载数据文件有错，会在数检报告中输出有关错误信息，用户可在【查看数检报告】菜单中查阅数检报告中的有关信息。

➢　**注意：**

如果在 PMCAD 中对结构的几何布置或楼层数等信息进行了修改，则此处的保留信息选项均不能打钩，必须重新生成长度系数、水平风荷载和边缘构件信息，否则会造成计算出错。

3.2.9　修改构件计算长度系数

点取【修改构件计算长度系数】，程序弹出如图 3-47 所示修改构件计算长度系数工作界面，屏幕上显示程序隐含计算的柱、支撑计算长度系数和梁的面外长度，可根据工程实际情况交互修改。

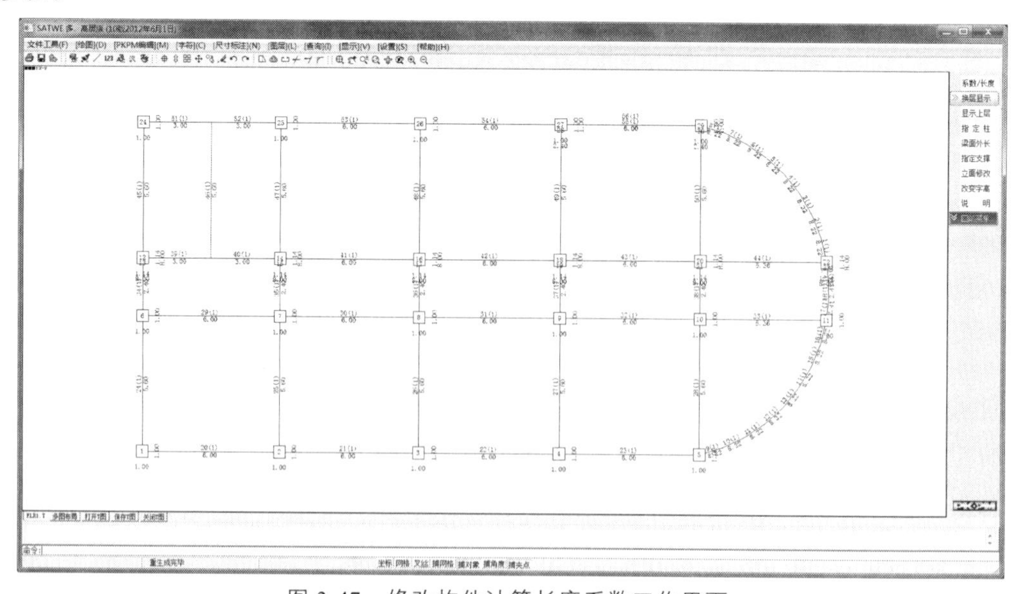

图 3-47　修改构件计算长度系数工作界面

退出本菜单后，即可执行 SATWE 主菜单第二步【2 结构内力，配筋计算】，不需要再执行【生成 SATWE 数据及数据检查】。

➢ **注意：**

① 如果需要恢复程序隐含计算的长度系数，可再执行一遍【生成 SATWE 数据及数据检查】，并且**不选择**<保留用户自定义的柱、梁、支撑长度系数>，此时用户在本菜单中定义的数据将被删除，程序将重新计算长度系数值。反之，若用户需要保留在本菜单中修改的长度系数数据，则每次执行【生成 SATWE 数据及数据检查】时，都**应选择**<保留用户自定义的柱、梁、支撑长度系数>。

② 如果在 PMCAD 中对结构的几何布置或层数进行了修改，则不应**选择**<保留用户自定义的柱、梁、支撑长度系数>，需要重新生成数据后，再进行修改。

3.2.10 水平风荷载查询/修改

在执行完【生成 SATWE 数据及数据检查】后，程序会自动导算出水平风荷载用于后面的计算，用户可在本菜单中查看，若需要，可修改。

进入本菜单后，程序首先显示首层的风荷载，其中刚性楼板上的荷载以红色显示，弹性节点上以白色显示，如图 3-48 所示。当显示 X 向荷载时，该风荷载数值从上到下依次表示：顺风向风荷载的 X 轴分量、顺风向风荷载的 Y 轴分量、顺风向风荷载的 Z 轴扭转分量、横风向风振等效荷载、扭转风振等效荷载。

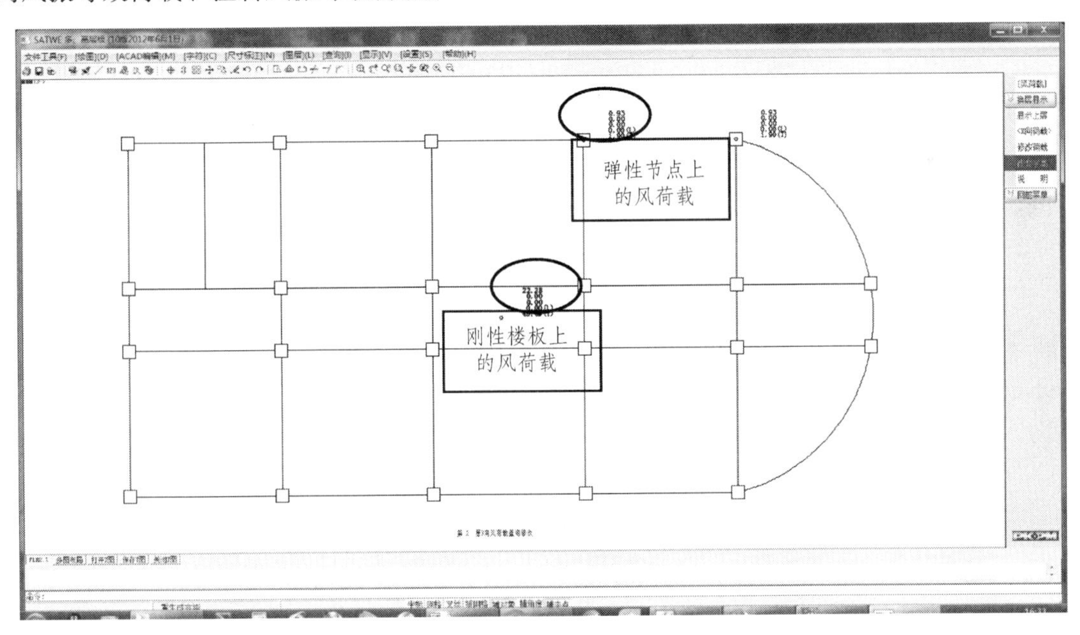

图 3-48 水平风荷载查询/修改工作界面

要修改荷载，则点取右侧菜单<修改荷载>，然后选中表示荷载作用位置的小圆圈或三角形标志，在弹出的对话框中进行修改即可。

退出本菜单后，即可执行 SATWE 主菜单第二步进行内力分析和配筋计算，不需要再执行【生成 SATWE 数据及数据检查】。

> **注意：**

如果需要恢复程序自动导算的风荷载，可再执行一遍【生成 SATWE 数据及数据检查】，并**不选择**<保留用户自定义的水平风荷载>，则程序将重新生成风荷载数据。反之，若用户需要保留在本菜单中修改的长度系数数据，则每次执行【生成 SATWE 数据及数据检查】时，都**应选择**<保留用户自定义的水平风荷载>。

3.2.11 图形检查

点击 SATWE 前处理的【图形检查】，弹出如图 3-49 所示的图形检查选择对话框。用户可通过图形方式检查几何数据文件和荷载数据文件的正确性，可检查的内容包括图 3-49 所示的六项。

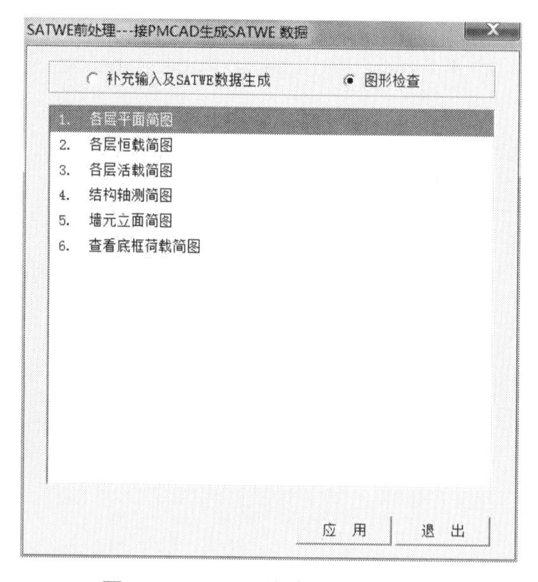

图 3-49　图形检查选择对话框

各层平面简图，可显示结构各层平面布置、节点编号、构件截面尺寸等信息。结构各层的恒载和活荷载都是分开显示的，恒载简图的文件名为 Load-d*.T，活载简图文件名为 Load-L*.T。结构轴测简图可以轴测图的方式复核结构的几何布置是否正确。墙元立面简图可让用户以图形方式检查墙元数据的正误，并且了解墙元细分情况。

3.3 SATWE 结构内力和配筋计算

SATWE 的第二项主菜单为【结构内力、配筋计算】，它是 SATWE 的核心功能，在这里程序按现行规范进行荷载组合、内力调整，然后计算钢筋混凝土构件梁、柱、剪力墙的配筋。对于带有剪力墙的结构，程序自动生成边缘构件，并可在边缘构件配筋简图中，或在边缘构件的文本文件 SATBMB.OUT 中查看边缘构件的配筋结果。

对于 12 层以下的混凝土矩形柱纯框架结构，程序将自动用《抗震规范》5.5.3 条规定的简化方法进行弹塑性位移验算和薄弱层验算，并可在 SAT-K.OUT 文件中查看计算结果。

3.3.1　SATWE 计算控制参数

点取【结构内力、配筋计算】，程序弹出如图 3-50 所示计算控制参数。通常程序默认的计算项目，即带“√”项目都应选中，下面对部分参数含义进行说明。

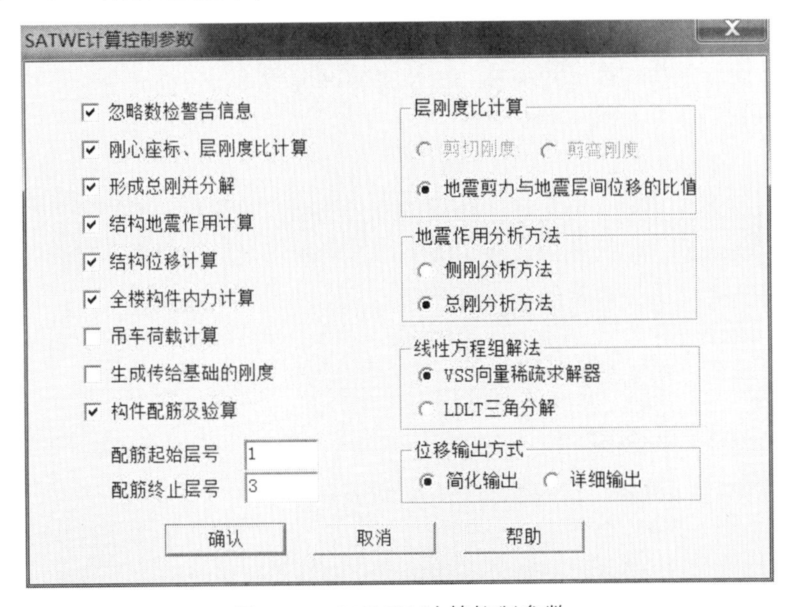

图 3-50　SATWE 计算控制参数

3.3.1.1　吊车荷载计算

参数含义：对于有吊车的工业厂房设计，应选择此项，并应在 PMCAD 建模时输入吊车荷载。

取值方法：根据工程实际情况确定是否勾选本项。程序缺省为不计算此项。

3.3.1.2　生成传给基础的刚度

规范要求：《抗震规范》5.2.7 条规定，**结构抗震计算，一般情况下可不计入地基与结构相互作用的影响；8 度和 9 度时建造于Ⅲ、Ⅳ类场地，采用箱基、刚性较好的筏基和桩箱联合基础的钢筋混凝土高层建筑，当结构基本自振周期处于特征周期的 1.2 倍至 5 倍范围时，可计入地基与结构动力相互作用的影响。**

参数含义：SATWE 不仅可以向 JCCAD 软件传递上部结构的荷载，还能将上部结构的刚度凝聚到基础，考虑基础与上部结构共同工作，使地基基础的变形计算更符合实际情况。

取值方法：当基础设计需要考虑上部结构刚度影响时，勾选本项。程序缺省为不考虑。

3.3.1.3　层刚度比计算

规范要求：《抗震规范》3.4.3 条、3.4.4 条条文说明，及《高层规程》3.5.2 条均指出**侧向刚度可取地震作用下的层剪力与层间位移之比值计算。**

《高层规程》附录 E.0.1 给出了剪切刚度的计算方法。

《高层规程》附录 E.0.3 给出了剪弯刚度的计算方法。

参数含义：SATWE 提供了三种层刚度比的计算方法，分别是“剪切刚度”“剪弯刚度”

和“地震剪力与地震层间位移的比值”。三种计算方法的规范出处见上述规范要求。

由于计算理论不同，三种方法的计算结果可能差异较大。根据 2010 版《抗震规范》和《高层规程》，“地震剪力与地震层间位移的比值”方法考虑了刚体转动位移和层间位移，其概念和计算都较简单，计算结果较宽松，易于满足规范要求；“剪切刚度”方法仅与结构本身刚度有关，未考虑洞口、支撑等外部作用的影响，计算也较为简单，计算结果较严；“剪弯刚度”方法取转换楼层同高度的楼层位移倒数，但它没有考虑更高楼层的影响，计算较为繁杂，计算结果最严。

取值方法：

① 当为一般常规工程时，可采用“地震剪力与地震层间位移的比值”方法。

② 对第一层为底部大空间并为转换层的结构，应采用“剪切刚度”方法。

③ 对高位转换的结构，应采用“剪弯刚度”方法。

④ 由于这三种刚度计算方法不同，毫无联系，因此计算的刚度比数值可能相差很大，这属于正常情况。对于特别复杂的结构应多采用几种刚度比计算，从严控制。

3.3.1.4　地震作用分析方法

参数含义：SATWE 提供了两种地震作用分析方法。

① 侧刚分析法，是指按侧刚模型进行结构振动分析。当结构中各楼层均采用刚性楼板假定的普通建筑或分块刚性楼板假定的多塔结构时，可采用侧刚分析法。此时，每块刚性楼板只有两个独立的平动自由度和一个独立的转动自由度。该方法的优点是计算速度快，但其应用范围有限。当定义有弹性楼板或不与楼板相连的构件时，如错层结构、空旷的工业厂房、体育馆等，其为近似的计算。当弹性楼板范围不大或不与楼板相连的构件不多时，计算精度能满足工程需要。

② 总刚分析法，是直接采用结构的总刚和与之相应的质量矩阵进行地震反应分析，是一种详细方法，能准确分析出结构各楼层各构件的空间反应，通过分析计算结果，可以发现结果的刚度突变部位、连接薄弱的构件以及数据输入有误的部位等。该方法的优点是计算精度高，适用范围广；不足之处是计算量大，速度稍慢。

取值方法：当结构中各楼层均采用刚性楼板假定的普通建筑或分块刚性楼板假定的多塔结构时，可采用侧刚分析法；当结构中定义有弹性楼板，或有不与楼板相连的构件时，选择总刚分析法。

3.3.1.5　线性方程组解法

参数含义：SATWE 提供了两种线性方程组解法。

① VSS 向量稀疏求解器。这是一种大型稀疏对称矩阵快速求解方法，计算速度快，但适应能力和稳定性稍差。

② LDLT 三角分解。这是通常所用的三角求解方法，求解速度比 VSS 向量稀疏求解慢，但适应能力强，稳定性好。

取值方法：一般结构均可选用 VSS 向量稀疏求解器求解。

设置提示：

① 当采用了“模拟施工加载 3”时，求解器的选择是由程序内部决定的，即必须选用 VSS

方法，如一定要用LDLT方法，则必须取消“模拟施工加载3”选项。

② 求解器的选择与<地震作用分析方法>中的侧刚模型和总刚模型是互相关联的，当选用LDLT方法时，侧刚和总刚的选项才有效，若选择VSS方法，则上述选项无效。

3.3.1.6 位移输出方式

参数含义：SATWE提供了两种输出方式。

① 简化输出。在WDISP.OUT文件中仅输出各工况下结构的楼层最大位移值，不输出各节点的位移信息，按总刚模型进行结构的振动分析，在WZQ.OUT文件中仅输出周期、地震力，不输出各振型信息。

② 详细输出。在上述简化输出的基础上，在WDISP.OUT文件中还输出各工况下每个节点的三个线位移和三个转角位移，在WZQ.OUT文件中还输出各振型下每个节点位移。

取值方法：根据需要设置。

3.3.2 启动计算分析

确定好各项计算控制参数后，可点取“确认”按钮开始进行结构分析。

3.4 PM次梁内力与配筋计算

这项菜单的功能是将在PMCAD中输入的次梁按“连续梁”简化力学模型进行内力分析，并进行截面配筋设计。在SATWE配筋图中将把次梁和SATWE计算的梁共同显示在一张图上，统一查看。

点击该菜单，程序弹出“请输入梁支座处的负弯矩调幅系数（Bt=1.0）”，此时应先输入次梁支座处的负弯矩调幅系数，程序默认取1.0。输入该系数后，按[Enter]键启动程序分析进程。程序分析结束后，弹出显示次梁内力和配筋图的选择对话框，可根据需要查看、修改编辑相应信息。

3.5 分析结果图形和文本显示

本菜单包括图形文件输出和文本文件输出两部分，如图3-51所示。

<图形文件输出>共有17个选项，通过平面图和三维彩色云斑图显示计算分析结果；<文本文件输出>共有12个计算结果文件，详细提供了计算结果数据。

设计人员应充分重视计算结果，认真核对，对不满足规范要求的控制参数应进行分析和必要的调整。主要的控制参数包括位移比、层间位移比、周期比、层间刚度比、层间受剪承载力比、刚重比、剪重比等。以下就结合主要的控制参数说明分析结果文件的查看方法与要点。

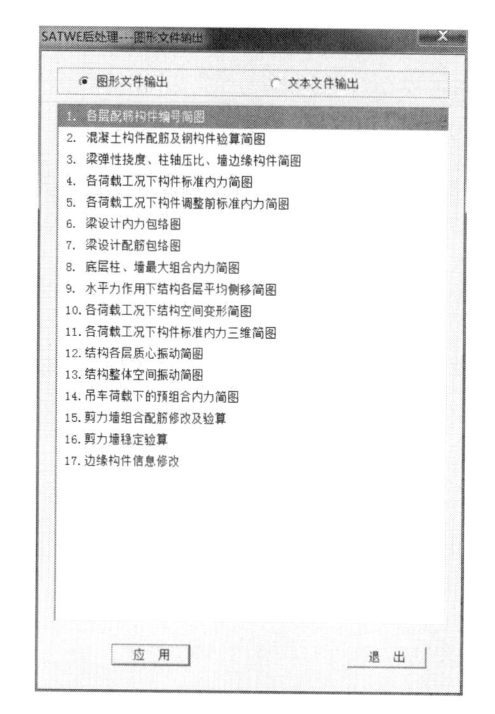

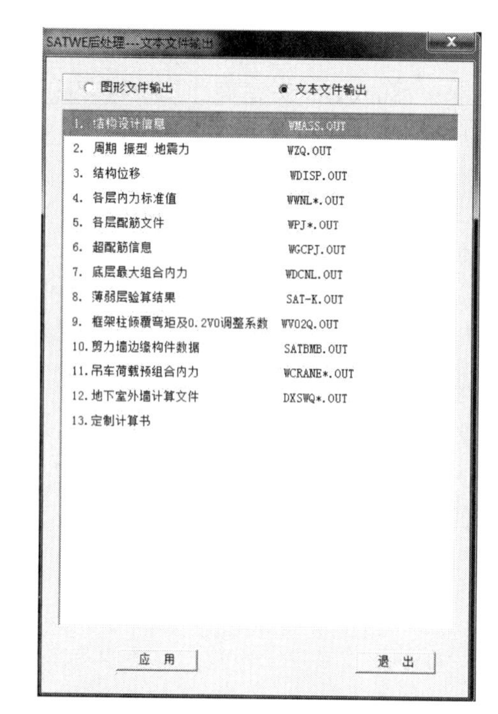

3-51 SATWE 的结果输出文件

3.5.1 图形文件输出

3.5.1.1 各层配筋构件编号简图

在该简图中，程序输出梁、柱、支撑和墙-柱（SATWE 中剪力墙采用直线段配筋，剪力墙的一个配筋墙段称为一个“墙-柱”）、墙-梁（上、下层剪力墙洞口之间的部分称为“墙-梁”）的序号。

配筋构件编号简图中青色数字为梁序号，黄色数字为柱序号，紫色数字为支撑序号，绿色数字为墙-柱序号，蓝色数字为墙-梁序号。对于每根墙-梁，还在其下部标出了其截面宽度和高度。另外，程序在该图中采用双同心圆表示结构的刚度中心，旁边的数字表示刚心坐标；带十字线的圆表示结构的质量中心，旁边的数字表示质心坐标。

3.5.1.2 混凝土构件配筋及钢构件验算简图

本菜单是以图形方式显示混凝土构件（包括梁、柱、墙、异形混凝土柱、钢管混凝土柱、支撑等）配筋验算结果，如图 3-52 所示。这里重点介绍钢筋混凝土梁和钢筋混凝土柱的配筋验算简图含义。

1. 钢筋混凝土梁

其配筋输出格式如图 3-53（a）所示。其中各符号含义如下：

A_{su1}、A_{su2}、A_{su3}——梁上部左端、跨中、右端配筋面积（cm^2）。

A_{sd1}、A_{sd2}、A_{sd3}——梁下部左端、跨中、右端配筋面积（cm^2）。

A_{sv}——梁加密区抗剪箍筋面积和剪扭箍筋面积的较大值（cm^2）。

A_{sv0}——梁非加密区抗剪箍筋面积和剪扭箍筋面积的较大值（cm^2）。

A_{st}、A_{st1}——梁受扭纵筋面积和抗扭箍筋沿周边布置的单肢箍的面积，若 A_{st} 和 A_{st1} 都为零，则不输出这一行（cm^2）。

A_{sd}——单向对角斜筋的截面面积（cm^2）。

A_{sdv}——同一截面内箍筋各肢的全部截面面积（cm^2）。

G、VT——箍筋和剪扭配筋标志。

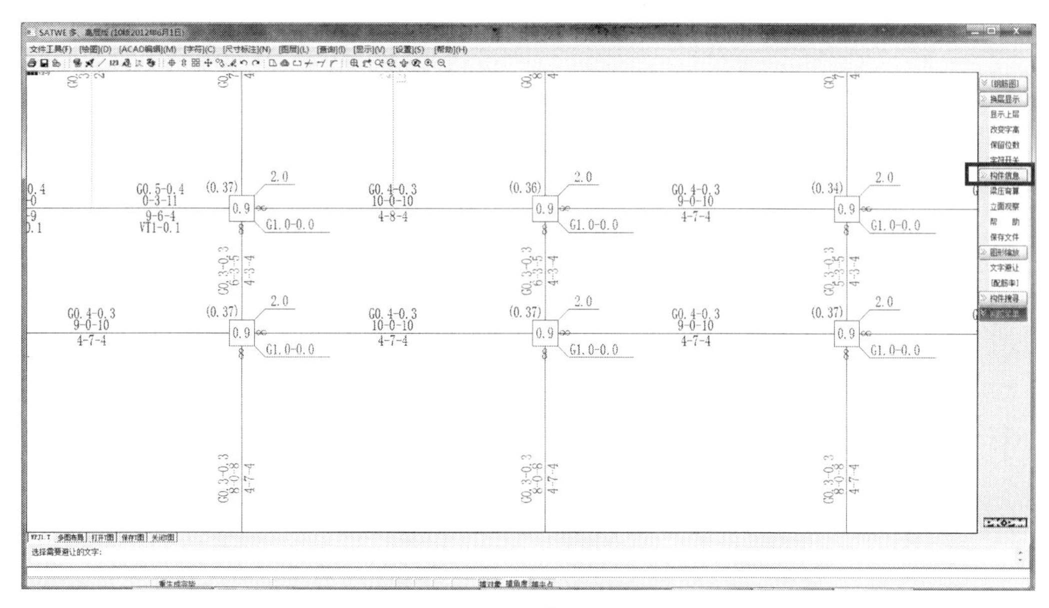

图 3-52　混凝土构件配筋简图

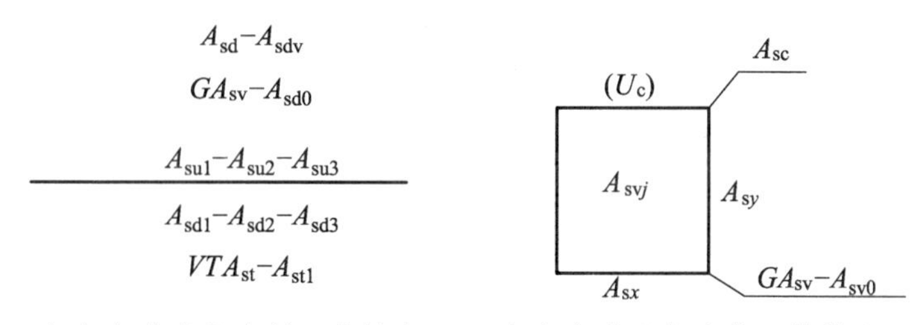

（a）钢筋混凝土梁配筋输出　　（b）钢筋混凝土柱配筋输出

图 3-53　钢筋混凝土梁配筋输出

➢　**注意：**

加密区和非加密区箍筋都是按用户输的箍筋间距计算的，并按沿梁全长箍筋的面积配筋率要求控制。

若输入的箍筋间距为加密区间距，则加密区的箍筋计算结果可直接参考使用，如果非加密区与加密区的箍筋间距不同，则应按非加密区箍筋间距对计算结果进行换算；反之亦然。现举例说明如下：

若某梁配筋输出为 G0.4-0.3，即非加密区箍筋面积为 30 mm^2，若输入的箍筋间距为 100 mm，则按该输入的箍筋间距计算时，非加密区的配箍率为（假设梁截面宽度为 200 mmm）：

$\rho_{sv}=\dfrac{A_{sv0}}{s\cdot b}=\dfrac{30}{100\times 200}$；假设实际配筋时，非加密区箍筋间距取为 250 mm，则该箍筋间距计算

的配箍率应等于按加密区箍筋间距计算的配箍率，即 $\dfrac{A'_{sv0}}{s'\cdot b}=\dfrac{A_{sv0}}{s\cdot b}$，由此可求得箍筋间距为 250 mm 时的箍筋面积 A'_{sv0} 应为：$A'_{sv0}=\dfrac{s'}{s}A_{sv0}=\dfrac{250}{100}\times 30=75\ \text{mm}^2$。

2. 矩形钢筋混凝土柱

其配筋输出格式如图 3-53（b）所示。其中各符号含义如下：

A_{sc}——柱的一根角筋的面积，采用双偏压计算时，角筋面积不应小于此值，采用单偏压计算时，角筋面积可不受此值控制（cm^2）。

A_{sx}、A_{sy}——该柱 B 边和 H 边的单边配筋，也包括两根角筋（cm^2）。

A_{svj}、A_{sv}、A_{sv0}——该柱节点域抗剪箍筋面积、加密区斜截面抗剪箍筋面积、非加密区斜截面抗剪箍筋面积，箍筋间距均在 s_c 范围内，各值均是取 x 和 y 方向计算值中的较大值（cm^2）。

若该柱与剪力墙相连（边框柱），而且是构造配筋控制，则程序取 A_{sc}、A_{sx}、A_{sy}、A_{svx}、A_{svy} 均为零。此时，该柱的配筋应在剪力墙边缘构件配筋图中查看。

U_c——柱的轴压比。

G——箍筋标志。

➢ **注意：**

（1）柱全截面的配筋面积为 $A_s=2(A_{sx}+A_{sy})-4A_{sc}$。

（2）柱的箍筋是按用户输入的箍筋间距 s_c 计算的，并按加密区内最小体积配箍率的要求控制。

（3）柱的体积配箍率是按普通箍和复合箍的要求取值的。

3. 右侧其他功能菜单

对于桁架上弦杆件，可以按照柱或斜杆建模，也可按照梁杆件建模。为顺利完成房间的荷载导算，大多按梁杆件输入。由于按梁输入时程序按受弯构件设计，这对于桁架上弦杆件的计算是不够的。因此，程序设置了“梁压弯算”功能，用户可在此对桁架上弦杆件等需要做压弯计算的梁进行补充验算。

3.5.1.3 梁弹性挠度、柱轴压比、墙边缘构件简图

本菜单以图形方式显示柱轴压比和计算长度系数、梁弹性挠度（该挠度值是按梁的弹性刚度和短期作用效应组合计算的，未考虑长期作用效应的影响）以及剪力墙、边框柱产生的边缘构件信息。

查看要点：

应注意检查柱轴压比有没有超过规范规定的轴压比限值（在柱轴压比与有效长度系数简图中，柱旁边括号内标注的数字为该柱轴压比，柱两侧标注的是柱两个方向的计算长度系数），如图 3-54 所示。

对剪力墙轴压比的计算，如果仅判别单个墙肢的轴压比，而不考虑与其相连的墙肢、边框柱等构件的协同工作，在某些情况下该轴压比值是不合理的，如 L 形带端柱剪力墙的短墙肢。因此，程序增加了“组合轴压”验算功能，可用于用户交互指定的 L 形、T 形和十字形等剪力墙的组合轴压比验算。

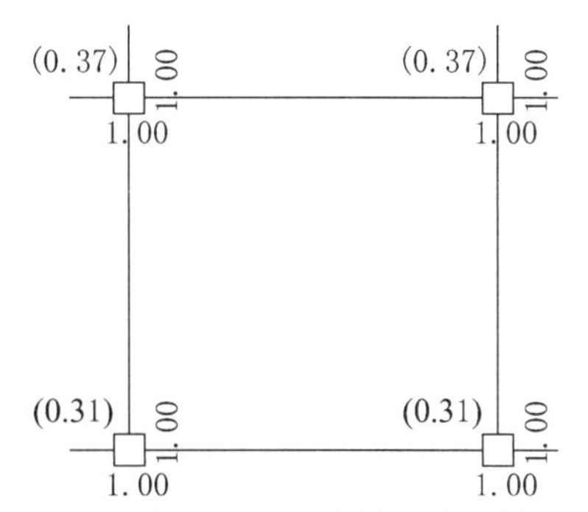

图 3-54　柱轴压比和计算长度系数简图

3.5.1.4　各荷载工况下构件标准内力简图

本菜单可以显示各荷载工况下构件的标准内力，包括梁弯矩、梁剪力、柱底内力及柱顶内力。

在梁弯矩简图中，若有“N=*”，则表示该梁存在轴力；在梁剪力图中，若有“T=*”，则表示该梁存在扭矩。

在柱底（顶）内力简图中，每个柱输出 5 个数（V_x/ V_y/ N/ M_x/ M_y），分别为该柱局部坐标系内 X 和 Y 方向的剪力、轴力、X 和 Y 方向的弯矩。

➢　**注意：构件内力正负号的说明。**

SATWE 输出的构件内力，其正向的取值一般是遵循右手螺旋法则，但为了读取、识别的方便和需要，SATWE 在输出的内力作了如下处理：

梁的右端弯矩加负号，其物理含义是：负弯矩表示梁的上表面受拉、正弯矩表示下表面受拉；

梁、柱、墙肢、支撑的右端或下端轴力加负号，其物理含义是：正轴力为拉力、负轴力为压力；

柱、墙肢、支撑的上端弯矩加负号，其物理含义是：正弯矩表示右边或上边受拉、负弯矩表示左边或下边受拉（与梁的弯矩规定一致）。

3.5.1.5　各荷载工况下构件调整前标准内力简图

本菜单显示的是各构件未作调整的各地震工况下的内力，即未做 $0.2V_0$ 调整、框支柱调整、最小剪重比调整、薄弱层剪力放大调整、板柱剪力墙结构地震作用调整。

3.5.1.6　梁设计内力包络图

本菜单以图形方式查看梁各截面设计内力包络图。每根梁给出 9 个设计截面，梁设计内力曲线是将各设计截面上的控制内力连线而成的。

3.5.1.7　梁设计配筋包络图

本菜单以图形方式查看梁各截面的配筋结果，图面上负弯矩对应的配筋以负数表示，正弯矩对应的配筋以正数表示。

3.5.1.8　底层柱、墙最大组合内力简图

本菜单显示的传基础的设计内力仅供参考。更准确的基础荷载应由 JCCAD 中读取上部分

析的标准内力。

3.5.1.9 水平力作用下结构各层平均侧移简图

本菜单可以查看在地震作用和风荷载作用下，以楼层为单位统计的结构的变形和内力，使用户从宏观上把握结构在水平力作用下的反应。具体内容包括每一楼层的地震力、风荷载以及分别由地震和风荷载引起的楼层剪力、倾覆弯矩、位移、位移角。

查看要点：

用户可重点查看地震力（风荷载）、楼层剪力沿楼层的分布是否符合这些力的分布特点，最大的层间位移角发生的楼层位置等。

3.5.1.10 各荷载工况下结构空间变形简图

本菜单用来显示各个工况作用下的结构空间变形图，为了清楚变化趋势，变形图均以动画显示。

查看要点：

用户应重点观察构件变形情况，注意结构中是否存在局部突变的情况。

（1）应同时查看 *X*、*Y* 两个方向的地震和风荷载等引起的水平向变形图。

（2）如果采用模拟施工计算，则竖向荷载变形图只看活载的，若采用一次性加载计算，则可查看恒、活载产生的变形图中的任意一个。

（3）不仅要看结构整体变形是否合理，还应检查每一层变形是否合理，尤其是复杂工程，因为有些局部变形发生错误时，很难从观察结构整体变形中发现。

（4）特别应注意认真检查主要受力构件的单工况内力是否合理。

3.5.1.11 各荷载工况下构件标准内力三维简图

本菜单以三维方式显示构件标准内力，功能与“各荷载工况下构件标准内力简图”类似，但更直观形象。

3.5.1.12 结构各质心振动简图

本菜单可显示简化的楼层质心振型图，且多个振型的图形可以叠加到同一张图上。

在质心振动简图中根据各楼层的质量中心振动情况，可以反映出结构的刚度分配问题。在概念设计中应注意这一点，使得结构布置尽量简单，传力直接，能简避烦，从整体上来把握结构的整体受力性能。

3.5.1.13 结构整体空间振动简图

本菜单里可以显示详细的结构三维振型图及其动画，也可以显示结构某一榀或任一平面部分的振型动画。

查看要点：

设计人员应特别注意查看结构整体空间振动简图。通过该图，可以一目了然地看出每个振型的形态，可以判断结构的薄弱方向，可以看出结构计算模型是否存在明显错误，尤其是验算周期比时，侧振第一周期和扭转第一周期的确定，不能只通过文本文件（WZQ.OUT）确定，一定要参考三维振型图。

同时，通过空间振动图，还可以识别工程中可能出现的周期较大的局部振型。这种振型的基底剪力和主振型的基底剪力是差了几个数量级的，例如，一个悬臂构件，悬伸在空中，这个构件可能发生左右、上下的甩动，周期好几秒，成了第一周期，可是其基底剪力几乎为 0，此时这个周期显然不能作为“侧振第一周期”来对待，在三维振型图中能很清楚地看到这个振动是局部振动。

对于刚度不均匀的结构，其主振型出现在高阶振型的可能性很大：如楼层有错层、跃层或楼板开洞较大、削弱过多，其计算结果可能是前几个甚至几十个振型仅为某一层某块楼板或某根梁的局部振动，并非建筑物的整体振动。因此，主振型出现在高阶振型完全是有可能的。

一个结构计算完后，可以通过看振型图了解平面各个部位的相对强弱，根据总体刚度情况或加强或减弱。比如，在整体振型图中某张图是平动形态，下部振幅明显比上部振幅大说明下部比上部抗侧力弱或刚度小或质量偏大，总之结论是下部刚度偏小。此时，可采取相关的调整方案：① 加强平面结构使上下刚度比较均匀。② 削弱上部或加强下部，如果位移角值已接近规范的限值则加强下部，若位移角的限值有富余则削弱上部。

3.5.1.14　吊车荷载下的预组合内力简图

本菜单可以显示梁、柱在吊车荷载作用下的预组合内力。其中，每根柱输出 7 个数字，从上到下分别为该柱 X、Y 方向的剪力、柱底轴力和该柱 X、Y 方向的柱顶弯矩、柱底弯矩。

3.5.1.15　剪力墙组合配筋修改及验算

本菜单是 SATWE 配筋计算的一个补充，为剪力墙的合理配筋提供了一种补充方法。可以在这里指定需要处理的组合墙并对其进行组合配筋。

3.5.1.16　剪力墙稳定验算

本菜单是基于《高层规程》附录 D 墙体稳定验算的要求，在立面图中选择单片墙或越层墙后，通过自定义约束条件后即可进行墙体的稳定验算，并将验算结果各参数显示在文本中。

3.5.1.17　边缘构件信息修改

本菜单可以通过对剪力墙端部的边缘构件种类（约束边缘构件、构造边缘构件）的修改，达到修改边缘构件信息的目的。

在 SATWE 计算中，程序根据剪力墙端部所处位置，按要求已经生成了剪力墙边缘构件信息（约束边缘构件或构造边缘构件），对于生成的结果，如果用户想要改变剪力墙端部的边缘构件种类，则可以通过本菜单实现。在完成每一次修改操作后，程序将根据修改后的边缘构件种类，即时重新生成当前层的边缘构件信息，并以新的边缘构件信息刷新图面。

➢　**注意：**

在经过剪力墙边缘构件信息的修改后，程序也会同时更新剪力墙边缘构件输出文件 SATBMB. OUT 及其他相关文件的内容，因此，凡是与边缘构件信息有关联的后续功能模块，如要采用新的结果，都应重新处理。

3.5.2　文本文件输出

在 SATWE 的计算分析结果，以文本文件输出的共有 12 项。限于篇幅本节重点介绍前 3

个文件。

3.5.2.1　结构设计信息输出文件 WMASS.OUT

在该文件中输出结构分析控制参数、各层的楼层质量和质心坐标、风荷载、层刚度、薄弱层、楼层承载力等有关信息。其具体内容包括：

1. 结构分析的控制信息

这部分是用户在 SATWE 前处理“分析与设计参数补充定义”中设定的一些参数，程序在此输出这些参数以便用户存档。如图 3-55 所示。

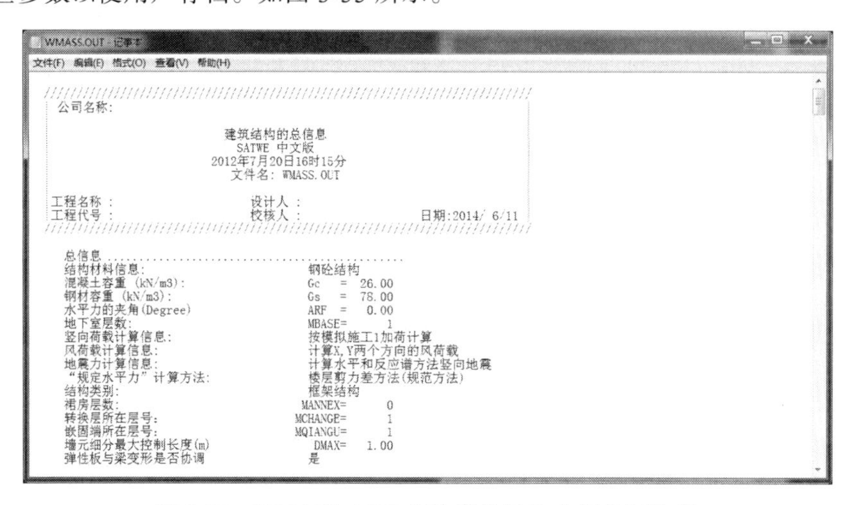

WMASS.OUT - 记事本

文件(F)　编辑(E)　格式(O)　查看(V)　帮助(H)

公司名称:

建筑结构的总信息
SATWE 中文版
2012年7月20日16时15分
文件名: WMASS.OUT

工程名称 :　　设计人 :
工程代号 :　　校核人 :　　日期:2014/ 6/11

总信息	
结构材料信息:	钢砼结构
混凝土容重 (kN/m3):	Gc = 26.00
钢材容重 (kN/m3):	Gs = 78.00
水平力的夹角(Degree)	ARF = 0.00
地下室层数:	MBASE= 1
竖向荷载计算信息:	按模拟施工1加荷计算
风荷载计算信息:	计算X,Y两个方向的风荷载
地震力计算信息:	计算水平和反应谱方法竖向地震
“规定水平力”计算方法:	楼层剪力差方法(规范方法)
结构类别:	框架结构
裙房层数:	MANNEX= 0
转换层所在层号:	MCHANGE= 1
嵌固端所在层号:	MQIANGU= 1
墙元细分最大控制长度(m)	DMAX= 1.00
弹性板与梁变形是否协调	是

图 3-55　WMASS.OUT 中输出的结构分析控制信息

2. 各层的质量、质心坐标信息

这部分输出结构的恒载（总）质量、活载（总）质量、质心坐标以及各层质量比等信息。如图 3-56 所示。

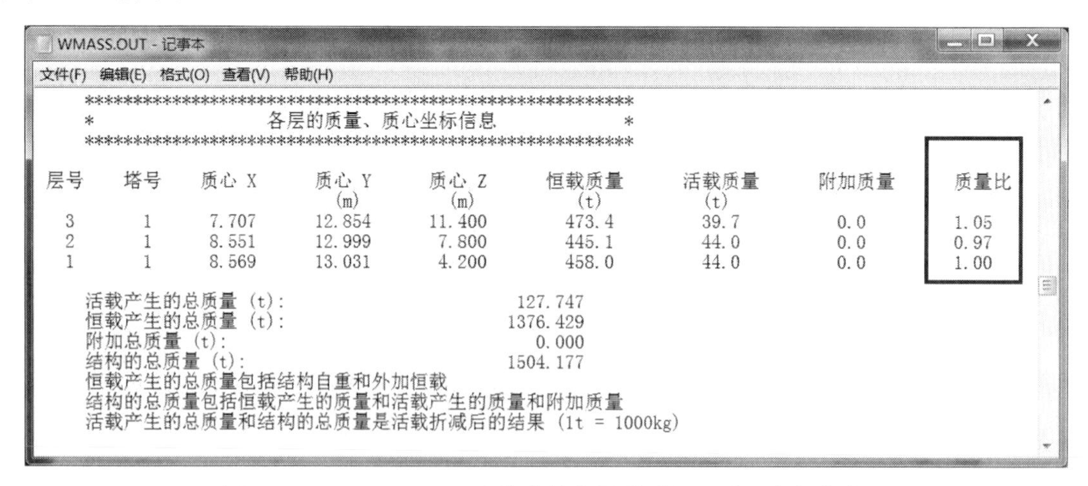

WMASS.OUT - 记事本

文件(F)　编辑(E)　格式(O)　查看(V)　帮助(H)

各层的质量、质心坐标信息

层号	塔号	质心 X	质心 Y (m)	质心 Z (m)	恒载质量 (t)	活载质量 (t)	附加质量	质量比
3	1	7.707	12.854	11.400	473.4	39.7	0.0	1.05
2	1	8.551	12.999	7.800	445.1	44.0	0.0	0.97
1	1	8.569	13.031	4.200	458.0	44.0	0.0	1.00

活载产生的总质量 (t):　127.747
恒载产生的总质量 (t):　1376.429
附加总质量 (t):　0.000
结构的总质量 (t):　1504.177
恒载产生的总质量包括结构自重和外加恒载
结构的总质量包括恒载产生的质量和活载产生的质量和附加质量
活载产生的总质量和结构的总质量是活载折减后的结果 (1t = 1000kg)

图 3-56　WMASS.OUT 中输出的各层的质量、质心坐标信息

其中，恒载产生的总质量包括结构自重和外加恒载的重力方向分量；结构的总质量包括恒载产生的质量、活载产生的质量和附加质量；活载产生的质量及结构的总质量都是活载折

减后的结果。其中质量单位为 t（1 t=1000 kg）。

查看要点：

《高层规程》3.5.6 条规定，**楼层质量沿高度宜均匀分布，楼层质量不宜大于相邻下部楼层质量的 1.5 倍**。

应注意，此处输出的"质量比"应满足上述规范要求。

3. 各层构件数量、构件材料和层高

这部分的输出内容如图 3-57 所示。用户可查看每层各塔构件的数量及其材料强度。

WMASS.OUT - 记事本
文件(F) 编辑(E) 格式(O) 查看(V) 帮助(H)

```
    ***************************************************
    *            各层构件数量、构件材料和层高            *
    ***************************************************
```

层号(标准层号)	塔号	梁元数 (混凝土/主筋)	柱元数 (混凝土/主筋)	墙元数 (混凝土/主筋)	层高 (m)	累计高度 (m)
1(1)	1	56(25/ 360)	30(25/ 360)	0(30/ 300)	4.200	4.200
2(1)	1	56(25/ 360)	24(25/ 360)	0(30/ 300)	3.600	7.800
3(2)	1	52(25/ 300)	22(25/ 300)	0(30/ 300)	3.600	11.400

图 3-57　WMASS.OUT 中输出的各层构件数量、构件材料和层高

4. 风荷载信息

这部分输出的内容如图 3-58 所示。

WMASS.OUT - 记事本
文件(F) 编辑(E) 格式(O) 查看(V) 帮助(H)

```
    ***************************************************
    *                  风荷载信息                       *
    ***************************************************
```

层号	塔号	风荷载X	剪力X	倾覆弯矩X	风荷载Y	剪力Y	倾覆弯矩Y
3	1	31.36	31.4	112.9	67.69	67.7	243.7
2	1	24.14	55.5	312.7	52.11	119.8	675.0
1	1	0.00	55.5	545.8	0.00	119.8	1178.1

图 3-58　WMASS.OUT 中输出的风荷载信息

5. 各楼层等效尺寸

这部分输出的内容如图 3-59 所示。单位：m，m^2。

这是根据广东规程 2.3.3 条和 3.2.2 条要求输出的，等效尺寸便于用户计算结构高宽比，以及考虑偶然偏心时，计算每层质心沿垂直地震作用方向的偏移值时采用。

WMASS.OUT - 记事本
文件(F) 编辑(E) 格式(O) 查看(V) 帮助(H)

```
=====================================================================
              各楼层等效尺寸(单位:m, m**2)
=====================================================================
```

层号	塔号	面积	形心X	形心Y	等效宽B	等效高H	最大宽BMAX	最小宽BMIN
1	1	369.25	8.03	13.11	27.48	13.21	27.48	13.21
2	1	369.25	8.03	13.11	27.48	13.21	27.48	13.21
3	1	369.25	8.03	13.11	27.48	13.21	27.48	13.21

图 3-59　WMASS.OUT 中输出的各楼层等效尺寸

6. 各楼层的单位面积质量分布

这部分输出的内容如图 3-60 所示。

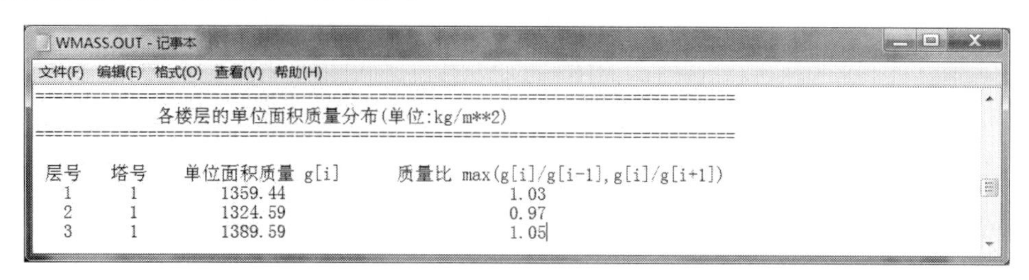


```
=============================================================================
              各楼层的单位面积质量分布(单位:kg/m**2)
=============================================================================

 层号    塔号     单位面积质量 g[i]       质量比 max(g[i]/g[i-1],g[i]/g[i+1])
   1       1          1359.44                      1.03
   2       1          1324.59                      0.97
   3       1          1389.59                      1.05
```

图 3-60 WMASS.OUT 中输出的各楼层的单位面积质量分布

查看要点：

通过查看其中的单位面积质量是否在经验范围内，参考表 3-5，可以检查结构模型建立是否合理，建模过程中荷载等参数输入是否正确等。

表 3-5 结构单位面积荷载经验值

结构体系	单位面积荷载（已包含活载）/（kN/m^2）
框架结构	11 ~ 15
框架-抗震墙结构	13 ~ 17
筒体、抗震墙结构	15 ~ 18

注：质量比与在“各层的质量、质心坐标信息”部分输出的质量比相同。

7. 计算信息

这部分输出的内容如图 3-61 所示，主要是记录工程文件名、分析时间、自由度、对硬盘资源需求及主要计算步骤等信息。

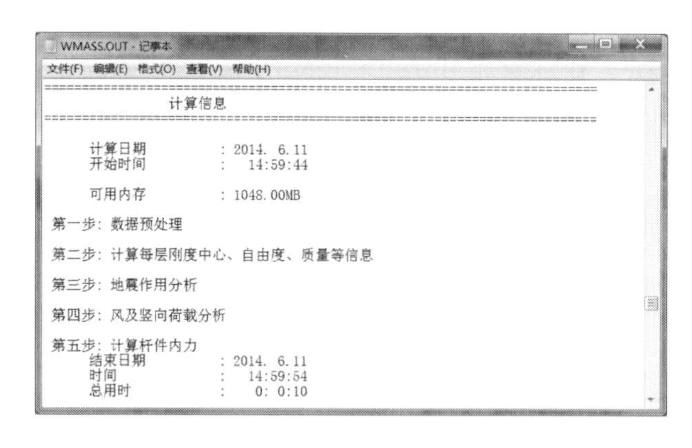


```
=============================================================================
                    计算信息
=============================================================================

      计算日期          : 2014. 6.11
      开始时间          :    14:59:44

      可用内存          : 1048.00MB

 第一步: 数据预处理

 第二步: 计算每层刚度中心、自由度、质量等信息

 第三步: 地震作用分析

 第四步: 风及竖向荷载分析

 第五步: 计算杆件内力
      结束日期          : 2014. 6.11
      时间              :    14:59:54
      总用时            :    0: 0:10
```

图 3-61 WMASS.OUT 中输出的计算信息

8. 结构各层刚心、偏心率、相邻层侧移刚度比等计算信息

这部分输出的内容如图 3-62 所示，包括各层刚心，质心，相邻层侧移刚度比，按剪切刚度、剪弯刚度及地震剪力与地震层间位移比求得的结构各层抗侧移刚度和抗扭转刚度，以及薄弱层地震剪力放大系数。

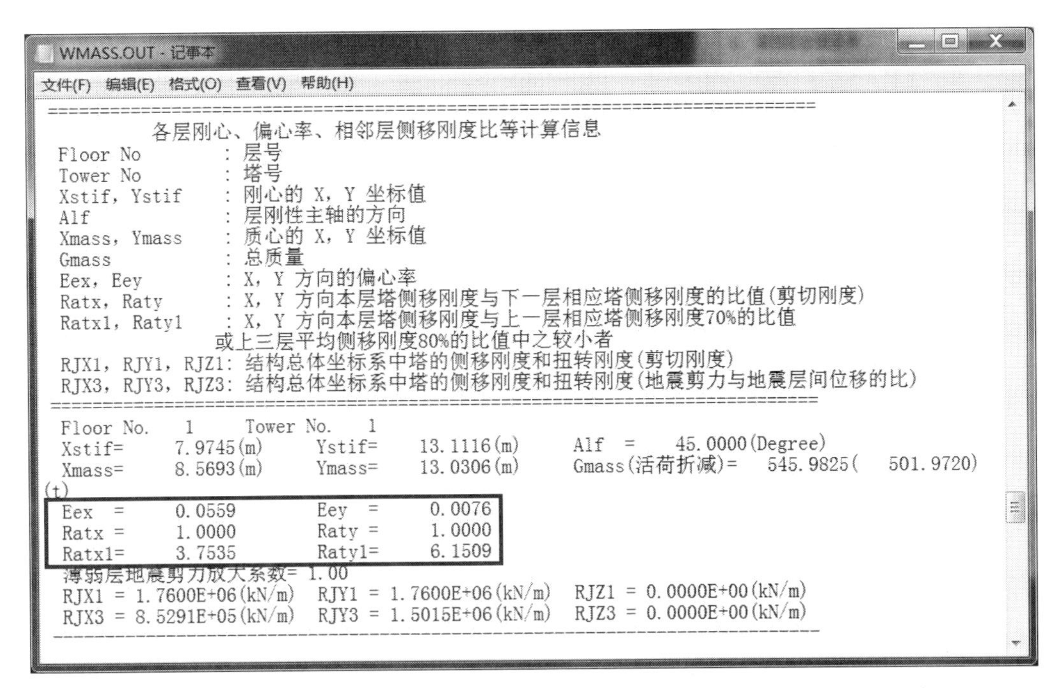

```
WMASS.OUT - 记事本
文件(F) 编辑(E) 格式(O) 查看(V) 帮助(H)
===========================================================================
            各层刚心、偏心率、相邻层侧移刚度比等计算信息
 Floor No            : 层号
 Tower No            : 塔号
 Xstif, Ystif        : 刚心的 X, Y 坐标值
 Alf                 : 层刚性主轴的方向
 Xmass, Ymass        : 质心的 X, Y 坐标值
 Gmass               : 总质量
 Eex, Eey            : X, Y 方向的偏心率
 Ratx, Raty          : X, Y 方向本层塔侧移刚度与下一层相应塔侧移刚度的比值(剪切刚度)
 Ratx1, Raty1        : X, Y 方向本层塔侧移刚度与上一层相应塔侧移刚度70%的比值
                     或上三层平均侧移刚度80%的比值中之较小者
 RJX1, RJY1, RJZ1: 结构总体坐标系中塔的侧移刚度和扭转刚度(剪切刚度)
 RJX3, RJY3, RJZ3: 结构总体坐标系中塔的侧移刚度和扭转刚度(地震剪力与地震层间位移的比)
===========================================================================
 Floor No.    1       Tower No.    1
 Xstif=     7.9745(m)      Ystif=     13.1116(m)      Alf  =     45.0000(Degree)
 Xmass=     8.5693(m)      Ymass=     13.0306(m)      Gmass(活荷折减)=    545.9825(    501.9720)
(t)
 Eex  =     0.0559         Eey  =      0.0076
 Ratx =     1.0000         Raty =      1.0000
 Ratx1=     3.7535         Raty1=      6.1509
 薄弱层地震剪力放大系数= 1.00
 RJX1 = 1.7600E+06(kN/m)  RJY1 = 1.7600E+06(kN/m)  RJZ1 = 0.0000E+00(kN/m)
 RJX3 = 8.5291E+05(kN/m)  RJY3 = 1.5015E+06(kN/m)  RJZ3 = 0.0000E+00(kN/m)
---------------------------------------------------------------------------
```

图 3-62　WMASS.OUT 中输出的各层刚心、偏心率、相邻层侧移刚度比等计算信息

规范要求：

《高层规程》3.5.2 条规定，抗震设计时，高层建筑相邻楼层的侧向刚度变化应符合下列规定：

1 对框架结构，楼层与其相邻上层的侧向刚度比 γ_1 可按 $\gamma_1 = \dfrac{V_i \Delta_{i+1}}{V_{i+1} \Delta_i}$ 计算，且本层与相邻上层的比值不宜小于 0.7，与相邻上部三层刚度平均值的比值不宜小于 0.8。

其中：V_i、V_{i+1}——第 i 层和第 $i+1$ 层的地震剪力标准值（kN）；

Δ_i、Δ_{i+1}——第 i 层和第 $i+1$ 层在地震作用标准值作用下的层间位移（m）。

2 对框架-剪力墙、板柱-剪力墙结构、剪力墙结构、框架-核心筒结构、筒中筒结构，楼层与其相邻上层的侧向刚度比 γ_2 可按 $\gamma_2 = \dfrac{V_i \Delta_{i+1}}{V_{i+1} \Delta_i} \cdot \dfrac{h_i}{h_{i+1}}$ 计算，且本层与相邻上层的比值不宜小于 0.9；当本层层高大于相邻上层层高的 1.5 倍时，该比值不宜小于 1.1；对结构底部嵌固层，该比值不宜小于 1.5。

《高层规程》3.5.8 条规定，侧向刚度变化、承载力变化、竖向抗侧力构件连续性不符合本规程第 3.5.2、3.5.3、3.5.4 条要求的楼层，其对应于地震作用标准值的剪力应乘以 1.25 的增大系数。

《抗震规范》3.4.3 条规定，建筑形体及其构件布置的平面、竖向不规则性，应按下列要求划分：

1 混凝土房屋、钢结构房屋和钢-混凝土混合结构房屋存在表 3.4.3-1 所列举的某项平面不规则类型或表 3.4.3-2（表 3-6）所列举的某项竖向不规则类型以及类似的不规则类型，应属于不规则的建筑。

表 3-6 结构竖向不规则的主要类型（《抗震规范》表 3.4.3-2）

不规则类型	定义和参考指标
侧向刚度不规则	当该层的侧向刚度小于相邻上一层的 70%，或小于其上相邻三个楼层侧向刚度平均值的 80%时；除顶层或出屋面小建筑外，局部收进的水平向尺寸大于相邻下一层的 25%
竖向抗侧力构件不连续	竖向抗侧力构件（柱、抗震墙、抗震支撑）的内力由水平转换构件（梁、桁架等）向下传递
楼层承载力突变	抗侧力结构的层间受剪承载力小于相邻上一楼层的 80%

《抗震规范》3.4.4 条规定，**建筑形体及其构件布置不规则时，应按下列要求进行地震作用计算和内力调整，并应对薄弱部位采取有效的抗震构造措施：**

1 平面规则而竖向不规则的建筑，应采用空间结构计算模型，刚度小的楼层的地震剪力应乘以不小于 1.15 的增大系数，其薄弱层应按本规范有关规定进行弹塑性变形分析。

2）侧向刚度不规则时，相邻层的侧向刚度比应依据其结构类型符合本规范相关章节的规定。

《抗震规范》6.1.14 条规定，**地下室顶板作为上部结构的嵌固部位时，应符合下列要求：**

2 结构地上一层的侧向刚度，不宜大于相关范围地下一层侧向刚度的 0.5 倍；地下室周边宜有与其顶板相连的抗震墙。

《抗震规范》7.1.8 条规定，**底部框架-抗震墙砌体房屋的结构布置，应符合下列要求：**

3 底层框架-抗震墙砌体房屋的纵横两个方向，第二层计入构造柱影响的侧向刚度与底层侧向刚度的比值，6、7 度时不应大于 2.5，8 度时不应大于 2.0，且均不应小于 1.0。

4 底部两层框架-抗震墙砌体房屋纵横两个方向，底层与底部第二层侧向刚度应接近，第三层计入构造柱影响的侧向刚度与底部第二层侧向刚度的比值，6、7 度时不应大于 2.0，8 度时不应大于 1.5，且均不应小于 1.0。

查看要点：

重点查看相邻层侧移刚度比 Ratx1，Raty1 以及 Ratx2，Raty2，是否符合上述规范要求，并可检查侧向是否已按规范对薄弱层取了相应的增大系数。

9. 转换时转换层与上一层的侧向刚度比

当在 SATWE 前处理“分析与设计参数补充定义”的【总信息】中，填有转换层层号时，本部分根据《高层规程》附录 E.0.3 计算转换层与上一层的侧向刚度比，并输出。

规范要求：

《高层规程》附录 E.0.3 规定，**当转换层设置在第 2 层以上时，尚宜采用图 E 所示的计算模型按** $\gamma_{e2}=\dfrac{\Delta_2 H_1}{\Delta_1 H_2}$ **计算转换层下部结构与上部结构的等效侧向刚度比** γ_{e2}。γ_{e2} **接近 1，非抗震设计时** γ_{e2} **不应小于 0.5，抗震设计时** γ_{e2} **不应小于 0.8。**

查看要点：

检查该侧向刚度比是否符合规范要求。

若【总信息】中，未定义转换层层号，本部分输出可忽略不看。

10. 结构整体抗倾覆验算结果

2010 版 SATWE 分别给出风及地震作用下的抗倾覆验算结果。其中风荷载作用下的抗倾覆力矩的永久重力荷载按 1.0 恒+0.7 活计算，而地震作用下则为 1.0 恒+0.5 活（此处的 0.5 活荷重力荷载代表值组合系数）。如图 3-63 所示。

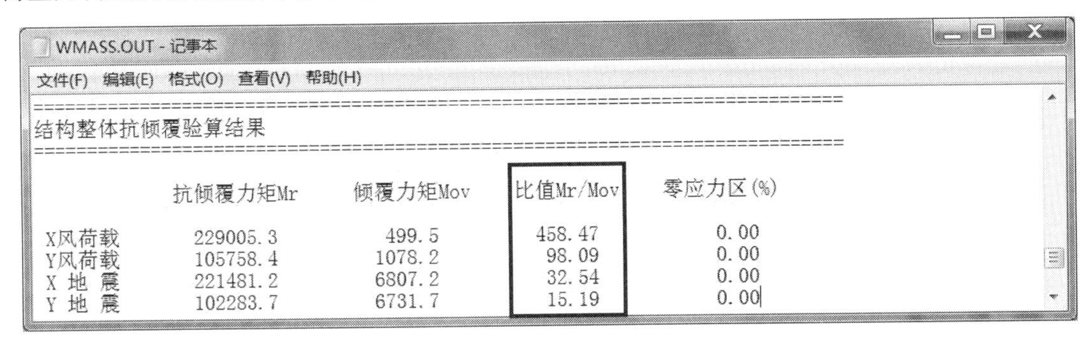

WMASS.OUT - 记事本

文件(F) 编辑(E) 格式(O) 查看(V) 帮助(H)

结构整体抗倾覆验算结果

	抗倾覆力矩Mr	倾覆力矩Mov	比值Mr/Mov	零应力区(%)
X风荷载	229005.3	499.5	458.47	0.00
Y风荷载	105758.4	1078.2	98.09	0.00
X 地 震	221481.2	6807.2	32.54	0.00
Y 地 震	102283.7	6731.7	15.19	0.00

图 3-63　WMASS.OUT 中输出的结构整体抗倾覆验算结果

查看要点：

检查倾覆验算是否满足要求，即比值 Mr/Mov 应大于 1。

11. 结构舒适性验算结果

程序提供了按《高钢规程》和《荷载规范》规定的不同方法计算出的结构顺风向和横风向顶点最大加速度，以便用户进行结构舒适性验算。如图 3-64 所示。

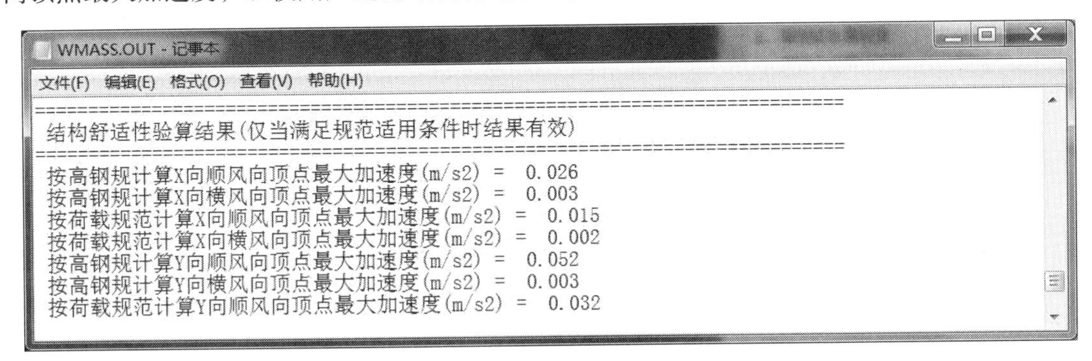

WMASS.OUT - 记事本

文件(F) 编辑(E) 格式(O) 查看(V) 帮助(H)

结构舒适性验算结果(仅当满足规范适用条件时结果有效)

按高钢规计算X向顺风向顶点最大加速度(m/s2) = 0.026
按高钢规计算X向横风向顶点最大加速度(m/s2) = 0.003
按荷载规范计算X向顺风向顶点最大加速度(m/s2) = 0.015
按荷载规范计算X向横风向顶点最大加速度(m/s2) = 0.002
按高钢规计算Y向顺风向顶点最大加速度(m/s2) = 0.052
按高钢规计算Y向横风向顶点最大加速度(m/s2) = 0.003
按荷载规范计算Y向顺风向顶点最大加速度(m/s2) = 0.032

图 3-64　WMASS.OUT 中输出的结构舒适性验算结果

规范要求：

《高钢规程》第 5.5.1-3 条规定，**高层建筑钢结构在风荷载作用下的顺风向和横风向顶点最大加速度，应满足下列关系式的要求：公寓建筑 α_w 或(α_{tr})≤0.20 m/s^2；公共建筑 α_w 或(α_{tr})≤0.28 m/s^2。**

《高钢规程》第 5.5.1-4 条规定了结构顺风向和横风向的顶点最大加速度计算公式。此处略。

《荷载规范》附录 J 中规定了高层建筑顺风向和横风向风振加速度计算方法。此处略。

《高层规程》3.7.6 条规定，**房屋高度不小于 150 m 的高层混凝土建筑结构应满足风振舒适度要求。在现行国家标准《建筑结构荷载规范》GB 50009 规定的 10 年一遇的风荷载标准值作用下，结构顶点的顺风向和横风向振动最大加速度计算值不应超过表 3.7.6（表 6-7）的限值。结构顶点的顺风向和横风向振动最大加速度可按现行行业标准《高层民用建筑钢结构技术规程》JGJ 99 的有关规定计算，也可通过风洞试验结果判断确定，计算时结构阻尼比宜取 0.01～0.02。**

表 3-7　结构顶点风振加速度限值 $\alpha_{\lim}$（《高层规程》表 3.7.6）

使用功能	$\alpha_{\lim}(\mathrm{m/s^2})$
住宅、公寓	0.15
办公、旅馆	0.25

查看要点：

检查结构顶点风振加速度是否满足要求，并应注意该结果在满足规范适用条件时有效。

12. 结构整体稳定验算结果（刚重比及重力二阶效应）

这部分给出结构的刚重比和是否需要考虑 $P-\Delta$ 效应等信息。如图 3-65 所示。

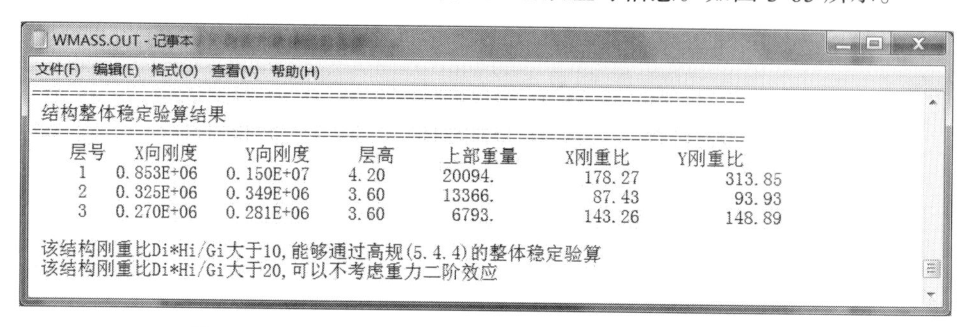

图 3-65　WMASS.OUT 中输出的结构整体稳定验算结果

规范要求：

《高层规程》第 5.4.1 条规定，**当高层建筑结构满足下列规定时，弹性计算分析时可不考虑重力二阶效应的不利影响。**

1 **剪力墙结构、框架-剪力墙结构、板柱剪力墙结构、筒体结构：刚重比** $EJ_d/H^2\sum_{j=1}^{n}G_j \geqslant 2.7$；

2 **框架结构：刚重比** $D_ih_i/\sum_{j=1}^{n}G_j \geqslant 20$。

《高层规程》第 5.4.4 条规定，**高层建筑结构的整体稳定性应符合下列规定：**

1 **剪力墙结构、框架-剪力墙结构、板柱剪力墙结构、筒体结构：刚重比** $EJ_d/H^2\sum_{j=1}^{n}G_j \geqslant 1.4$；

2 **框架结构：刚重比** $D_ih_i/\sum_{j=1}^{n}G_j \geqslant 10$。

控制意义：

检查结构是否满足整体稳定性要求。

高层建筑一般仅在竖向重力荷载作用下产生整体失稳的可能性很小。其稳定设计主要是控制在风荷载或水平地震作用下，重力二阶效应（$P-\Delta$ 效应）不致过大，以致引起结构的失稳倒塌。而刚重比是影响重力 $P-\Delta$ 效应的主要参数。

查看要点：

检查此处输出的刚重比是否满足规范要求。

调整方法：

当结构的设计水平力较小，如计算的楼层剪重比小于 0.02 时，结构刚度虽能满足水平位移限值要求，但往往不能满足此处最小刚重比要求。

当结构整体稳定性（刚重比）验算不满足《高层规程》5.4.4 条要求时，需调整结构布置，减小结构高宽比，增大结构侧向刚度。

13. 楼层抗剪承载力及承载力比值

此处输出楼层抗剪承载力及承载力比值，如图 3-66 所示。

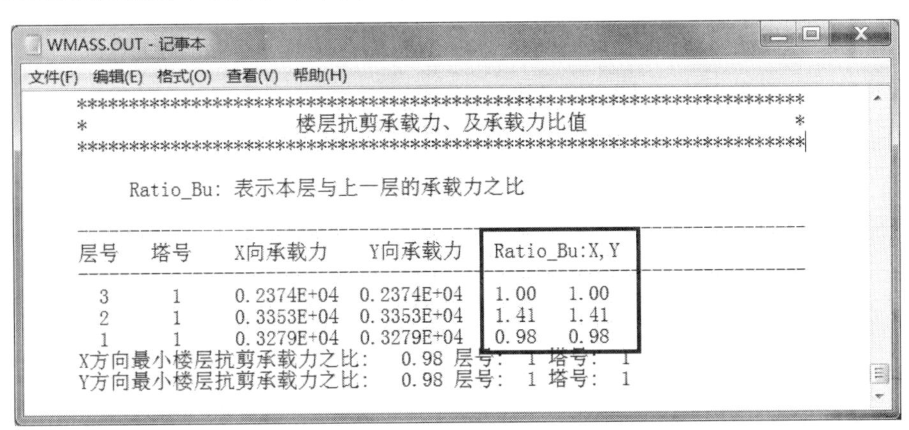

```
**************************************************************
*                 楼层抗剪承载力、及承载力比值                *
**************************************************************

    Ratio_Bu: 表示本层与上一层的承载力之比

---------------------------------------------------------------
层号   塔号     X向承载力     Y向承载力    Ratio_Bu:X,Y
---------------------------------------------------------------
  3      1      0.2374E+04   0.2374E+04   1.00    1.00
  2      1      0.3353E+04   0.3353E+04   1.41    1.41
  1      1      0.3279E+04   0.3279E+04   0.98    0.98
X方向最小楼层抗剪承载力之比:    0.98 层号:   1 塔号:   1
Y方向最小楼层抗剪承载力之比:    0.98 层号:   1 塔号:   1
```

图 3-66　WMASS.OUT 中输出的楼层抗剪承载力及承载力比值

规范要求：

《抗震规范》表 3.4.3-2 规定，**抗侧力结构的层间受剪承载力小于相邻上一楼层的** 80%**时，属于楼层承载力突变引起的结构竖向不规则。**

《抗震规范》3.4.4-2 条规定，**平面规则而竖向不规则的建筑，应采用空间结构计算模型，刚度小的楼层的地震剪力应乘以不小于** 1.15 **的增大系数，其薄弱层应按本规范有关规定进行弹塑性变形分析。**

3）**楼层承载力突变时，薄弱层抗侧力结构的受剪承载力不应小于相邻上一楼层的** 65%。

《高层规范》3.5.3 条规定，A **级高度高层建筑的楼层抗侧力结构的层间受剪承载力不宜小于其相邻上一层受剪承载力的** 80%**，不应小于其相邻上一层受剪承载力的** 65%**；**B **级高度高层建筑的楼层抗侧力结构的层间受剪承载力不应小于其相邻上一层受剪承载力的** 75%。

注：楼层抗侧力结构的层间受剪承载力是指在所考虑的水平地震作用方向上，该层全部柱、剪力墙、斜撑的受剪承载力之和。

查看要点：

检查输出的本层与上一层的承载力之比 Ratio_Bu 是否满足上述规范要求。

对不满足规范（即 Ratio_Bu 小于 0.8）的楼层，需要用户回到 SATWE 前处理“1.分析与设计参数补充定义（必须执行）”的“调整信息”中，自行将这些楼层手工指定为薄弱层。

3.5.2.2　结构设计信息输出文件 WMASS.OUT

本文件输出各振型特征参数、各振型地震力、主振型判断信息、剪重比等有助于用户对结构的整体性能进行评估分析的计算结果及参数，是非常重要的计算结果文件。

1. 各振型特征参数（周期比计算）

这部分输出内容如图 3-67 所示。

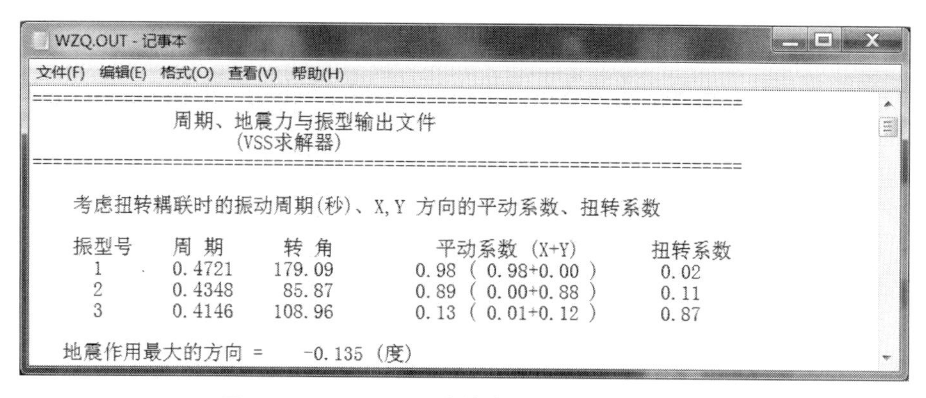
WZQ.OUT - 记事本

文件(F) 编辑(E) 格式(O) 查看(V) 帮助(H)

周期、地震力与振型输出文件
(VSS求解器)

考虑扭转耦联时的振动周期(秒)、X,Y 方向的平动系数、扭转系数

振型号	周 期	转 角	平动系数 (X+Y)	扭转系数
1	0.4721	179.09	0.98 (0.98+0.00)	0.02
2	0.4348	85.87	0.89 (0.00+0.88)	0.11
3	0.4146	108.96	0.13 (0.01+0.12)	0.87

地震作用最大的方向 = -0.135 (度)

图 3-67 WZQ.OUT 中输出的各振型特征参数

规范要求：

《高层规程》3.4.5 条规定，**结构扭转为主的第一自振周期 T_t 与平动为主的第一自振周期 T_1 之比，A 级高度高层建筑不应大于 0.9，B 级高度高层建筑、超过 A 级高度的混合结构及本规程第 10 章所指的复杂高层建筑不应大于** 0.85。

查看要点：

该部分信息主要用于结构周期比，即结构扭转为主的第一自振周期 T_t 与平动为主的第一自振周期 T_1 之比是否超过上述规范要求。

控制意义：

周期比侧重控制结构侧向刚度与扭转刚度之间的一种相对关系，而不是绝对大小。目的是使抗侧力构件的平面布置更有效、更合理，使结构不至于出现过大（相对于侧移）的扭转效应。

注意事项：

① 可以通过扭转系数来判断一个周期是扭转周期还是平动周期。当平动系数较大（最好大于 0.8 时，至少也要大于 0.5）时，可认为是平动周期，否则为扭转周期。

② 在结构符合刚性楼板假定时，周期比计算应在刚性楼板假定下进行；对于楼板开洞较复杂，或为错层结构时，结构往往会产生局部振动，此时应选择“强制刚性楼板假定”来计算结构的周期比，以过滤局部振动产生的周期。

③ 多塔结构不能直接按整体模型进行周期比验算，而必须按各塔楼分开的模型分别计算周期并验算周期比。

④ 对应体育场馆、空旷结构和特殊工业建筑结构，若没有特殊要求，一般不需要控制周期比。

⑤ 多层建筑结构不需要控制周期比。

调整方法：

如果周期比不满足规范要求，说明该结构扭转效应明显，对抗震不利，此时应通过调整结构平面布置来改善，如尽量使结构抗侧力构件的布置均匀对称、增加结构周边的刚度（增大周边梁、柱、剪力墙的截面或数量；在楼板外伸段凹槽处设置连接梁或连接板；减小周边剪力墙洞口等）或降低结构中部刚度等（结构中部剪力墙上开洞）。

例 3-1 计算图 3-59 输出的结构的周期比。

计算步骤如下：

（1）划分平动振型和扭转振型。从图 3-58 的计算结果可见，第 1、2 振型为平动振型，第 3 振型为扭转振型。

（2）找出第一平动周期 T_1 和第一扭转周期 T_t。在平动振型中周期最长的为第一平动振型，其周期即为 T_1；在扭转振型中周期最长的为第一扭转振型，其周期即为 T_t（必要时，还应查看该振型的基底剪力是否较大，对照“结构整体空间振动简图”，考察第一平动/扭转周期是否能引起结构整体振动，若仅为局部振动，则应考察下一个次长周期）。从图 3-54 的计算结果可见，T_1=0.4721 s，T_t=0.4146 s。

（3）计算周期比。T_t/ T_1=0.4146/0.4721=0.878＜0.9，满足规范要求。

2. 各振型的地震力输出

此部分输出各振型下的地震力，包括 X、Y 方向的分量及扭矩，如图 3-68 所示。

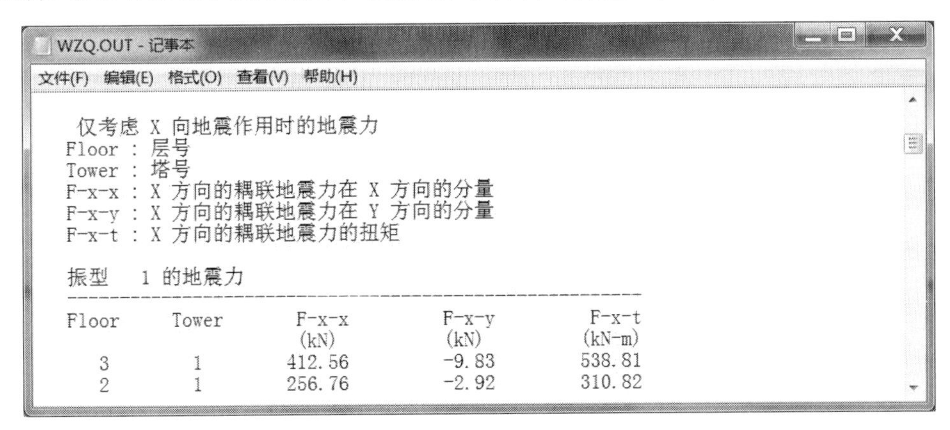
WZQ.OUT - 记事本
文件(F) 编辑(E) 格式(O) 查看(V) 帮助(H)

仅考虑 X 向地震作用时的地震力
Floor : 层号
Tower : 塔号
F-x-x : X 方向的耦联地震力在 X 方向的分量
F-x-y : X 方向的耦联地震力在 Y 方向的分量
F-x-t : X 方向的耦联地震力的扭矩

振型 1 的地震力

Floor	Tower	F-x-x (kN)	F-x-y (kN)	F-x-t (kN-m)
3	1	412.56	-9.83	538.81
2	1	256.76	-2.92	310.82

图 3-68　WZQ.OUT 中输出的各振型下的地震力

3. 主振型判断信息

这部分输出内容如图 3-69 所示，包括各振型作用下 X 方向及 Y 方向的基底剪力。

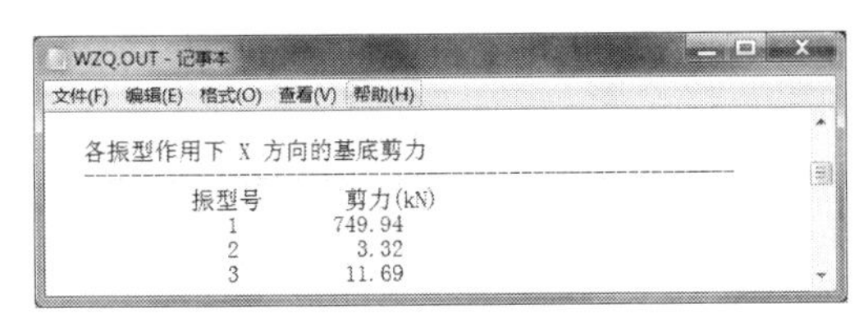
WZQ.OUT - 记事本
文件(F) 编辑(E) 格式(O) 查看(V) 帮助(H)

各振型作用下 X 方向的基底剪力

振型号	剪力(kN)
1	749.94
2	3.32
3	11.69

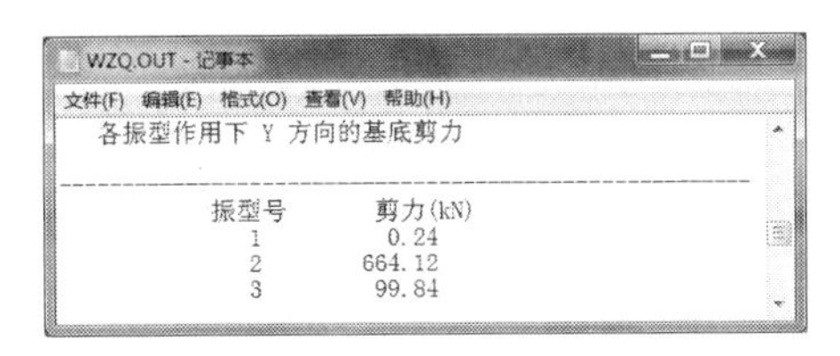
WZQ.OUT - 记事本
文件(F) 编辑(E) 格式(O) 查看(V) 帮助(H)

各振型作用下 Y 方向的基底剪力

振型号	剪力(kN)
1	0.24
2	664.12
3	99.84

图 3-69　WZQ.OUT 中输出的振型及其基底剪力

查看要点：

对于刚度均匀的结构，在考虑扭转耦联计算时，一般前两个或几个振型为其主振型。但对于刚度不均匀的复杂结构，上述规律不一定存在，这时，可通过查看各振型对基底剪力的贡献判断主振型。

如图 3-69 中，X 方向的主振型为第 1 振型，Y 方向的主振型为第 2 振型。

4. 等效各楼层的地震作用、剪力、剪重比、弯矩（剪重比）

这部分输出内容如图 3-70 所示，按 X 方向和 Y 方向分别输出。图 3-60 所示的为各层 X 方向的地震作用、剪力、剪重比和弯矩。其中的“静力法 X 向的地震力”是按基底剪力法计

算的 X 向地震力。

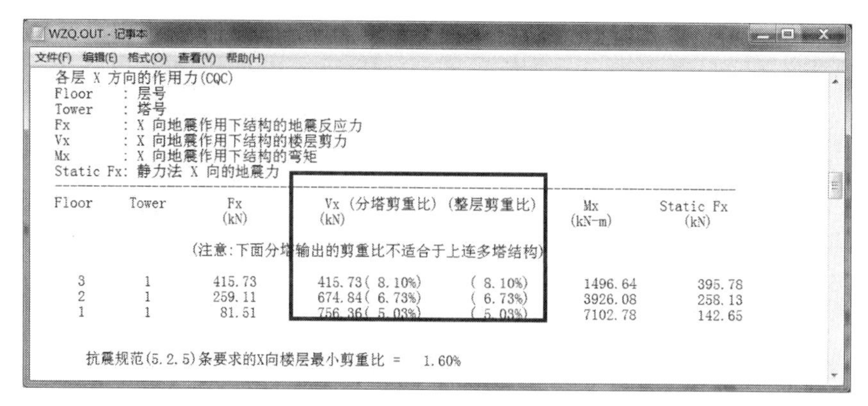

图 3-70　WZQ.OUT 中输出的各层 X 方向的作用力及剪重比

规范要求：

《抗震规范》5.2.5 条规定，**抗震验算时，结构任一楼层的水平地震剪力应符合下式要求：$V_{eki}>\lambda\sum_{j=1}^{n}G_j$。其中 λ 是剪力系数，不应小于表** 5.2.5（**表** 3-8）**规定的楼层最小地震剪力系数值，对竖向不规则结构的薄弱层，尚应乘以** 1.15 **的增大系数。**

表 3-8　楼层最小地震剪力系数值（《抗震规范》表 5.2.5）

类别	6 度	7 度	8 度	9 度
扭转效应明显或基本周期小于 3.5 s 的结构	0.008	0.016 （0.024）	0.032 （0.048）	0.064
基本周期大于 5.0 s 的结构	0.006	0.012 （0.018）	0.024 （0.036）	0.048

《高层规程》4.3.12 条规定，**多遇地震水平地震作用计算时，结构各楼层对应于地震作用标准值的剪力应符合下式要求：**$V_{eki}>\lambda\sum_{j=1}^{n}G_j$。其中 λ 取值同上。

查看要点：

重点查看此处输出的剪重比是否满足规范要求。

控制意义：

剪重比是抗震设计中非常重要的参数。因为在长周期作用下，地震影响系数下降较快，由此计算出来的水平地震作用下的结构效应可能太小。而对于长周期结构，地震动态作用下的地面加速度和位移可能对结构具有更大的破坏作用，但采用振型分解反应谱法计算时，无法对此作出准确的计算。因此，出于安全考虑，规范规定了各楼层水平地震剪力的最小值要求。

注意事项：

正确计算剪重比，必须选取足够的振型个数，使有效质量系数大于 90%。可参见本书下一条“5. 有效质量系数”。

调整方法：

如果剪重比不满足规范要求，说明结构有可能出现比较明显的薄弱部位，必须进行调整。调整方法有以下两种：

① 程序调整。

在 SATWE 前处理“1.分析与设计参数补充定义（必须执行）”的“调整信息”中，勾选“按抗震规范（5.2.5）调整各楼层地震内力”后，程序按《抗震规范》5.2.5 条自动将楼层最小地震剪力系数直接乘以该层及以上重力荷载代表值之和，用以调整该楼层地震剪力，以满足剪重比要求。

② 人工调整。

一般不建议直接选择程序调整，而采用人工调整的方法。

首先查看剪重比的原始值，如果该值与规范要求相差较大，则应优化设计方案，改进结构布置、调整结构刚度，具体的可对下列两种情况进行调整：

a. 当地震剪力偏小而层间侧移角又偏大时，说明结构过柔，宜适当增大墙、柱截面，提高刚度；

b. 当地震剪力偏大而层间侧移角又偏小时，说明结构过刚，宜适当减小墙、柱截面，降低刚度以取得合适的经济技术指标。

如果程序计算得出的原始剪重比与规范要求相差不大时，可采用程序调整的方法。

5. 有效质量系数

这部分输出内容如图 3-71 所示，按 X 方向和 Y 方向分别输出。

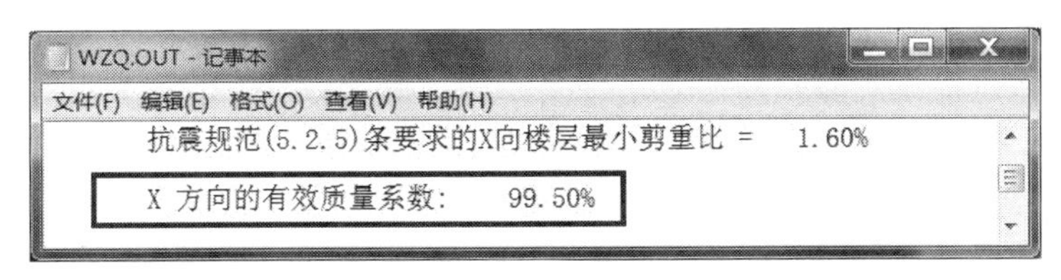

图 3-71　WZQ.OUT 中输出的 X 方向的有效质量系数

规范要求：

《高层规程》5.1.13 条规定，**抗震设计时，B 级高度的高层建筑结构、混合结构和本规程第 10 章规定的复杂高层建筑结构，尚应符合下列规定：**

1 宜考虑平扭耦联计算结构的扭转效应，振型数不应小于 15，对多塔楼结构的振型数不应小于塔楼数的 9 倍，且计算振型数应使各振型参与质量之和不小于总质量的 90%。

查看要点：

检查计算所取振型数的有效质量系数是否满足规范要求，即不小于 90%。

控制意义：

有效质量系数是地震作用计算准确性的重要保证之一。根据经验，当有效质量系数大于 0.8 时，基底剪力误差一般小于 5%。

调整方法：

如果有效质量系数不满足规范要求，则应在 SATWE 前处理“1.分析与设计参数补充定义（必须执行）”的“地震信息”中，增加“计算振型个数”，直到满足规范要求为止。

6. 竖向地震作用

如果在 SATWE 前处理“1.分析与设计参数补充定义（必须执行）”的“总信息”中，在“地震作用计算信息”中选择计算竖向地震作用时，程序输出竖向地震作用相应结果。具体如下：

如选择采用规范简化算法则仅输出每层各塔的竖向地震力。

在“特征值求解方式”中，当选择水平振型与竖向振型整体求解时，则与水平振型相同，给出每个振型的竖向地震力；如选择水平振型与竖向振型独立求解，还给出竖向振型的各个周期值；程序给出每个楼层各塔的竖向总地震力。如图 3-72 所示。

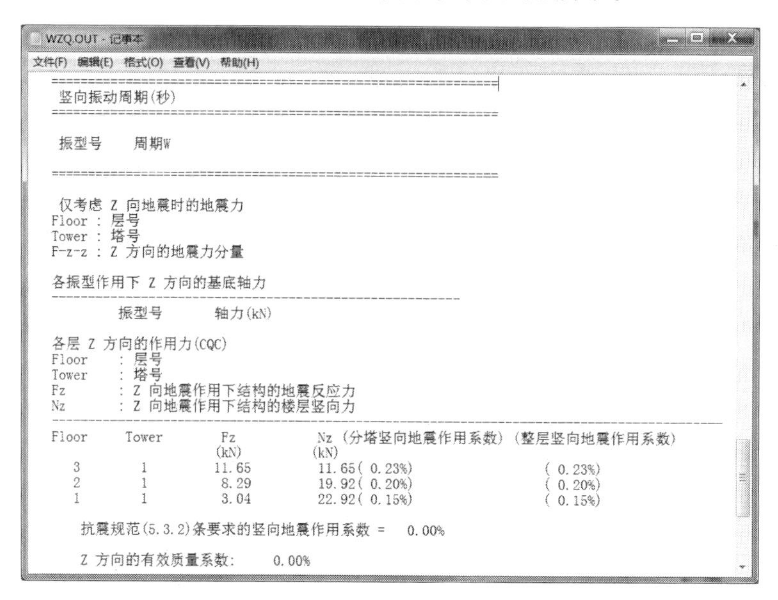

```
WZQ.OUT - 记事本
文件(F) 编辑(E) 格式(O) 查看(V) 帮助(H)
=========================================================
 竖向振动周期(秒)
=========================================================

 振型号      周期W

=========================================================

 仅考虑 Z 向地震时的地震力
Floor : 层号
Tower : 塔号
F-z-z : Z 方向的地震力分量

各振型作用下 Z 方向的基底轴力
---------------------------------------------------------
          振型号          轴力(kN)

各层 Z 方向的作用力(CQC)
Floor      : 层号
Tower      : 塔号
Fz         : Z 向地震作用下结构的地震反应力
Nz         : Z 向地震作用下结构的楼层竖向力
-----------------------------------------------------------------------------------------
Floor      Tower          Fz           Nz (分塔竖向地震作用系数) (整层竖向地震作用系数)
                          (kN)         (kN)
  3          1            11.65        11.65( 0.23%)              ( 0.23%)
  2          1             8.29        19.92( 0.20%)              ( 0.20%)
  1          1             3.04        22.92( 0.15%)              ( 0.15%)

    抗震规范(5.3.2)条要求的竖向地震作用系数 =    0.00%

    Z 方向的有效质量系数:      0.00%
```

图 3-72　WZQ.OUT 中输出的竖向地震作用

7. 各楼层地震剪力系数调整情况[抗震规范（5.2.5）验算]及各楼层竖向地震作用系数调整情况[高规（4.3.15）验算]

按照《抗震规范》5.2.5 条规定，程序给出按该规范要求，计算出的楼层剪力调整系数，如图 3-73 所示。若该调整系数大于 1.0，说明该楼层的地震剪力不满足《抗震规范》5.2.5 条要求。此时，若在 SATWE 前处理“1.分析与设计参数补充定义（必须执行）”的“调整信息”中，勾选了“按抗震规范（5.2.5）调整各楼层地震内力”，程序在内力计算时，自动对地震作用下的内力乘以该调整系数。调整方法按《抗震规范》5.2.5 条条文说明，当首层地震剪力不满足要求需调整时，对其上部所有楼层进行调整，且同时调整位移和倾覆力矩。

在最后程序给出各楼层竖向地震作用按《高层规程》4.3.15 条要求的调整信息。如图 3-73 所示。

```
WZQ.OUT - 记事本
文件(F) 编辑(E) 格式(O) 查看(V) 帮助(H)

==========各楼层地震剪力系数调整情况 [抗震规范(5.2.5)验算]==========

   层号        塔号        X向调整系数          Y向调整系数
    1           1            1.000                1.000
    2           1            1.000                1.000
    3           1            1.000                1.000

==========各楼层竖向地震作用系数调整情况 [高规(4.3.15)验算]==========

   层号        塔号        调整系数W
    1           1            1.000
    2           1            1.000
    3           1            1.000
```

图 3-73　WZQ.OUT 中输出的水平地震剪力调整和竖向地震作用调整情况

3.5.2.3　结构位移 WDISP.OUT

这里程序输出结构在各种荷载工况下的位移信息，包括层平均位移、最大层间位移、平均层间位移、层间位移角等，以及层位移比等信息。

本结果文本的查看要点参看 3.5.3 节。

3.5.2.4　其他计算结果文本文件

在 SATWE 中还输出其他计算结果文件，包括：

（1）各层内力标准值文件 WWNL*.OUT，可在其中分层查看各构件在各工况下的标准内力值（其中地震作用下的内力分别给出调整前及调整后的）。

（2）各层配筋文件 WPJ*.OUT，可在其中分层查看各构件的配筋计算结果。

（3）超配筋信息 WGCPJ.OUT，该信息随着配筋一起输出，既在 WGCPJ.OUT 中输出，也在 WPJ*.OUT 中输出。程序认为不满足规范规定的，均属于超筋超限，在配筋图上以红色字符表示。

（4）底层最大组合内力 WDCNL.OUT，该文件主要用于基础设计，给基础计算提供上部结构的各种组合内力，以满足基础设计的要求，但仅限于基础在同一标高的结构，对不等高嵌固的情况不适用。

（5）薄弱层验算结果 SAT-K.OUT，该文件是程序对 12 层以下的混凝土矩形柱框架结构，当计算完各层配筋后，按简化薄弱层计算方法求出的弹塑性位移、位移角等。

规范要求：《抗震规范》5.5.2 条规定了应（宜）进行罕遇地震下薄弱层弹塑性层变形验算的结构。

《抗震规范》5.5.3 条规定了结构在罕遇地震作用下薄弱层弹塑性变形计算的方法。其中**不超过 12 层且层刚度无突变的钢筋混凝土框架和框排架结构、单层钢筋混凝土柱厂房可采用本规范第 5.5.4 条的简化计算法；**

《抗震规范》5.5.4 条规定了结构薄弱层弹塑性层间位移的简化计算方法。

《抗震规范》表 5.5.5 规定了弹塑性层间位移角的限值。

查看要点：重点查看 SAT-K.OUT 输出文件中的 Dxsp/h 和 Dysp/h 是否超过《抗震规范》表 5.5.5 规定的弹塑性层间位移角限值。如图 3-74 所示。

调整方法：

当结构的弹塑性层间位移角超过规范限值时，应适当增加结构抗侧移刚度。

（6）框架柱倾覆弯矩及 $0.2V_0$ 调整信息 WV02Q.OUT，该信息输出规定水平力下的倾覆力矩，以及通过各振型下构件内力进行 CQC 得到的结果给出剪力统计和调整信息。

规范要求：《抗震规范》6.1.3-1 条规定，**设置少量抗震墙的框架结构，在规定的水平力作用下，底层框架部分所承担的地震倾覆力矩大于结构总倾覆力矩的 50%时，其框架的抗震等级应按框架结构确定，抗震墙的抗震等级可与其框架的抗震等级相同。**

查看要点：对框架-抗震墙结构，应重点查看 WV02Q.OUT 输出文件中“规定水平力框架柱及短肢墙地震倾覆力矩百分比（抗震规范）”，并且根据规范要求，一般以首层柱的倾覆弯矩百分比作为判断依据，如图 3-75 所示。当该比值小于 0.5 时，框架部分的抗震等级及柱轴压比按框架-抗震墙结构中的框架结构确定；当该比值大于 0.5 时，框架部分的抗震等级及柱轴压比按纯框架结构确定，此时，用户应回到 SATWE 的前处理“1.分析与设计参数补充定义

（必须执行）”的“地震信息”中，重新定义“砼框架抗震等级”及“剪力墙抗震等级”。

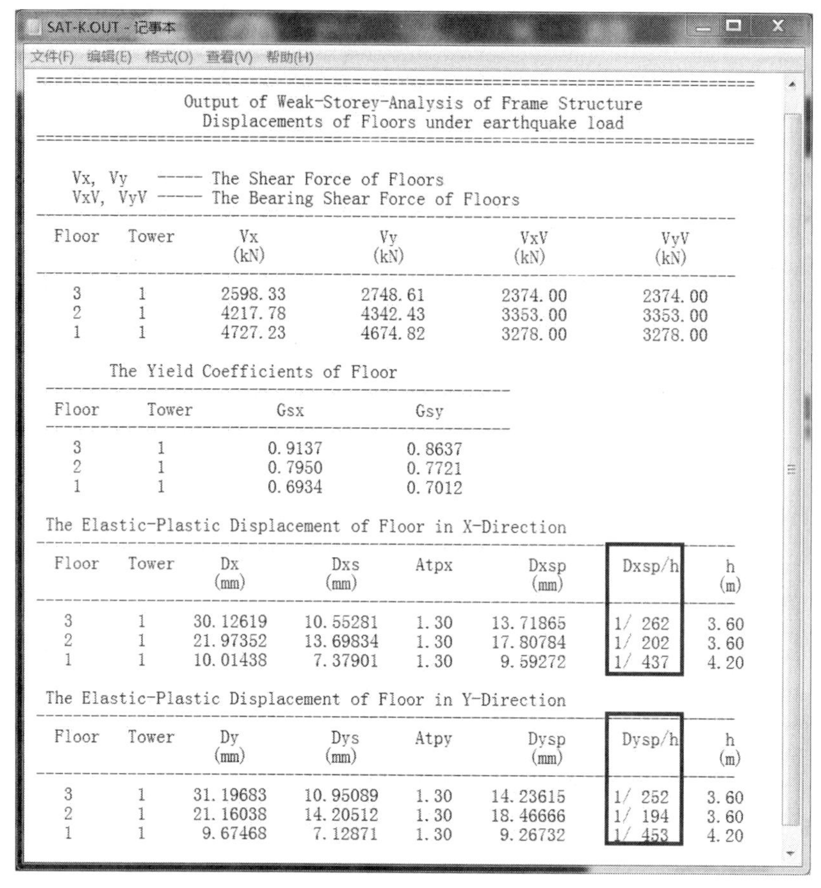

SAT-K.OUT - 记事本

文件(F) 编辑(E) 格式(O) 查看(V) 帮助(H)

Output of Weak-Storey-Analysis of Frame Structure
Displacements of Floors under earthquake load

Vx, Vy ----- The Shear Force of Floors
VxV, VyV ----- The Bearing Shear Force of Floors

Floor	Tower	Vx (kN)	Vy (kN)	VxV (kN)	VyV (kN)
3	1	2598.33	2748.61	2374.00	2374.00
2	1	4217.78	4342.43	3353.00	3353.00
1	1	4727.23	4674.82	3278.00	3278.00

The Yield Coefficients of Floor

Floor	Tower	Gsx	Gsy
3	1	0.9137	0.8637
2	1	0.7950	0.7721
1	1	0.6934	0.7012

The Elastic-Plastic Displacement of Floor in X-Direction

Floor	Tower	Dx (mm)	Dxs (mm)	Atpx	Dxsp (mm)	Dxsp/h	h (m)
3	1	30.12619	10.55281	1.30	13.71865	1/ 262	3.60
2	1	21.97352	13.69834	1.30	17.80784	1/ 202	3.60
1	1	10.01438	7.37901	1.30	9.59272	1/ 437	4.20

The Elastic-Plastic Displacement of Floor in Y-Direction

Floor	Tower	Dy (mm)	Dys (mm)	Atpy	Dysp (mm)	Dysp/h	h (m)
3	1	31.19683	10.95089	1.30	14.23615	1/ 252	3.60
2	1	21.16038	14.20512	1.30	18.46666	1/ 194	3.60
1	1	9.67468	7.12871	1.30	9.26732	1/ 453	4.20

图 3-74　SAT-K.OUT 输出的结构弹塑性变形验算结果

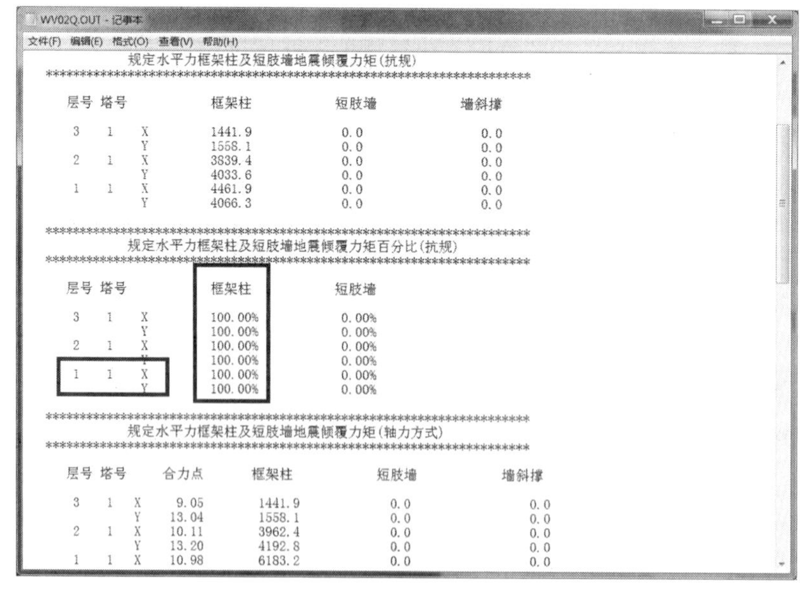

WV02Q.OUT - 记事本

文件(F) 编辑(E) 格式(O) 查看(V) 帮助(H)

规定水平力框架柱及短肢墙地震倾覆力矩(抗规)

层号	塔号		框架柱	短肢墙	墙斜撑
3	1	X	1441.9	0.0	0.0
		Y	1558.1	0.0	0.0
2	1	X	3839.4	0.0	0.0
		Y	4033.6	0.0	0.0
1	1	X	4461.9	0.0	0.0
		Y	4066.3	0.0	0.0

规定水平力框架柱及短肢墙地震倾覆力矩百分比(抗规)

层号	塔号		框架柱	短肢墙
3	1	X	100.00%	0.00%
		Y	100.00%	0.00%
2	1	X	100.00%	0.00%
		Y	100.00%	0.00%
1	1	X	100.00%	0.00%
		Y	100.00%	0.00%

规定水平力框架柱及短肢墙地震倾覆力矩(轴力方式)

层号	塔号		合力点	框架柱	短肢墙	墙斜撑
3	1	X	9.05	1441.9	0.0	0.0
		Y	13.04	1558.1	0.0	0.0
2	1	X	10.11	3962.4	0.0	0.0
		Y	13.20	4192.8	0.0	0.0
1	1	X	10.98	6183.2	0.0	0.0

图 3-75　WV02Q.OUT 输出的倾覆力矩比及 $0.2V_0$ 调整信息

（7）剪力墙边缘构件数据 SATBMB.OUT，该文件输出剪力墙边缘构件的计算及配筋信息。SATWE 输出的剪力墙配筋结果，在两个数据文件中有不同的表示：

① 在构件的配筋输出文件 WPJ*.OUT 中，以“墙-柱的配筋”项目出现。此处的结果是 SATWE 以各个直线墙段的墙柱为单元对象，按单向偏心受力构件的配筋计算方法进行配筋，所以输出的是直线段单侧端部暗柱的计算配筋量。而且，当构件计算所得的配筋计算值小于 0 时则取为 0，并不考虑构件的构造配筋要求。

② 在剪力墙边缘构件数据 SATBMB.OUT 中，程序先确定边缘构件沿墙肢的长度，继而确定主筋和箍筋的配置区域及主筋配筋量。

因此，对于剪力墙的配筋结果，应以边缘构件形式 SATBMB.OUT 输出的结果为准，而 WPJ*.OUT 中输出的以直线墙段为单元的墙柱计算配筋值，仅供构件配筋计算的校核之用。

（8）吊车荷载预组合内力 WCRANE*.OUT，输出有吊车的各层吊车预组合内力值。预组合目标为：最大负弯矩及对应的扭矩、最大负剪力及对应的轴力、最大正弯矩及对应的扭矩、最大正剪力及对应的轴力。

（9）地下室外墙计算文件 DXSWQ*.OUT，输出地下室外墙详细计算结果。程序进行地下室外墙设计的主要流程如下：

① 先根据土、水压力进行设计。

② 按 3 种情况分别计算：按一边固定、一边铰接单向板计算；按两边固定单向板计算；按偏心受压柱计算。并给出各自的计算结果，最终配筋结果取上述 3 种情况的较大值。

③ 有人防荷载作用时重复上述步骤，最终设计结果取有人防荷载作用和无人防荷载作用的较大值。

对临空墙，程序只输出其荷载的计算结果。

3.5.3 常见问题及对策

此处结合结构设计的主要控制参数，即位移比、层间位移角、周期比、刚重比、剪重比等说明结构设计整体性能在 SATWE 中的控制方法和要点。

3.5.3.1 位移比

规范要求：《高层规程》3.4.5 条规定，**在考虑偶然偏心影响的规定水平地震力作用下，楼层竖向构件的最大水平位移和层间位移，A 级高度建筑不宜大于该楼层平均值的 1.2 倍，不应大于该楼层平均值的 1.5 倍；B 级高度高层建筑、超过 A 级高度的混合结构及本规程第 10 章所指的复杂高层建筑不宜大于该楼层平均值的 1.2 倍，不应大于该楼层平均值的 1.4 倍。**

《抗震规范》表 3.4.3-1 规定了结构平面不规则的类型，其中的扭转不规则就是通过“**在规定的水平力作用下**，楼层的最大弹性水平位移（或层间位移）与该楼层两端弹性水平位移（或层间位移）平均值之比”来定义的。

控制意义：位移比由层扭转效应控制，用于限制结构平面布置的不规则性，避免产生过大的偏心而导致结构产生较大的扭转效应。

查看位置：在 SATWE 的计算结果文本文件——结构位移 WDISP.OUT 中，可查看两个位移比计算值：

① Ratio-（X）和 Ratio-（Y），即楼层竖向构件的最大水平位移与平均水平位移的比值。

② Ratio-Dx 和 Ratio-Dy，即楼层竖向构件的最大层间位移与平均层间位移的比值。

注意到规范对位移比的计算是“在规定的水平力作用下”的，故查看上述比值时，也应在 WDISP.OUT 的相应工况，即“***地震作用规定水平力下的楼层最大位移”中查看。如图 3-76 所示，列出了部分地震工况下的位移比验算结果。

=== 工况 13 === X 方向地震作用规定水平力下的楼层最大位移

Floor	Tower	Jmax JmaxD	Max-(X) Max-Dx	Ave-(X) Ave-Dx	Ratio-(X) Ratio-Dx	h
3	1	115	4.64	4.55	1.02	3600.
		115	1.62	1.53	1.06	
2	1	113	3.63	3.27	1.11	3600.
		72	2.11	2.11	1.00	
1	1	70	1.65	1.28	1.00	4200
		70	1.21	1.21	1.00	

X方向最大位移与层平均位移的比值:　　1.11(第 2层第 1塔)
X方向最大层间位移与平均层间位移的比值:　1.06(第 3层第 1塔)

=== 工况 14 === X+偶然偏心地震作用规定水平力下的楼层最大位移

Floor	Tower	Jmax JmaxD	Max-(X) Max-Dx	Ave-(X) Ave-Dx	Ratio-(X) Ratio-Dx	h
3	1	115	4.82	4.56	1.06	3600.
		115	1.69	1.53	1.10	
2	1	113	3.50	3.16	1.11	3600.
		72	2.19	2.18	1.00	
1	1	70	1.59	1.24	1.00	4200.
		70	1.17	1.17	1.00	

X方向最大位移与层平均位移的比值:　　1.11(第 2层第 1塔)
X方向最大层间位移与平均层间位移的比值:　1.10(第 3层第 1塔)

图 3-76　WDISP.OUT 中输出的位移比

注意事项：

① 程序仅输出位移比数值，不进行是否超限判断，用户应根据规范自行判断。

② 根据《高层规程》4.3.3 条规定，**高层建筑结构计算单向地震作用时应考虑偶然偏心的影响**。根据《抗震规范》3.4.3 条条文说明要求，**扭转位移比计算时，楼层的位移不采用各振型位移的 CQC 组合计算，改为取“给定水平力”计算，该水平力一般采用振型组合后的楼层地震剪力换算的水平作用力，并考虑偶然偏心**；故在计算高层或多层结构位移比时，应在 SATWE 前处理“1.分析与设计参数补充定义（必须执行）”的“地震信息”中，勾选“考虑偶然偏心”。

③ 根据《抗震规范》5.1.1-3 条规定，**质量和刚度分布明显不对称的结构，应计入双向水平地震作用下的扭转影响**。故在计算复杂结构位移比时，应在 SATWE 前处理“1.分析与设计参数补充定义（必须执行）”的“地震信息”中，勾选“考虑双向地震作用”。

④ 根据《抗震规范》3.4.3 条条文说明，**扭转位移比计算时，采用刚形楼板假定**。如果在结构模型中设定了弹性楼板或楼板开大洞，则应计算两次：第一次，在 SATWE 前处理“1.分析与设计参数补充定义（必须执行）”的“总信息”中，勾选“对所有楼层强制采用刚性楼板假定”，按规范要求的条件计算位移比；第二次，应在位移比满足要求后，回到 SATWE 前处理的“总信息”中，不勾选“对所有楼层强制采用刚性楼板假定”，按弹性楼板假定进行结构的内力和配筋计算。

⑤ 对于某些复杂结构，如坡屋顶层、体育馆、看台、工业建筑、错层或带夹层的结构，“对所有楼层强制采用刚性楼板假定”时，结构分析可能失真，位移比也不一定有意义。所以

这类结构可以通过位移的“详细输出”或观察结构的变形示意图，来考察结构的扭转效应。

调整方法：

① 当位移比超过 1.2 时，应在 SATWE 前处理“1.分析与设计参数补充定义（必须执行）”的“地震信息”中，勾选“考虑双向地震作用”。

② 当 A 级高度建筑位移比超过 1.5，或当 B 级高度高层建筑、超过 A 级高度的混合结构及《高层规程》第 10 章中规定的复杂高层建筑位移比超过 1.4 时，应增大结构的抗扭刚度。具体措施可参考前述周期比不满足时的相关措施。

3.5.3.2　层间位移角

规范要求：《抗震规范》5.5.1 条规定，不同结构在多遇地震作用标准值下其楼层内最大的弹性层间位移角限制应符合表 3-9 的要求：

表 3-9　弹性层间位移角限值

结构类型	$[\theta_e]$
钢筋混凝土框架	1/550
钢筋混凝土框架-抗震墙、板柱-抗震墙、框架-核心筒	1/800
钢筋混凝土抗震墙、筒中筒	1/1000
钢筋混凝土框支层	1/1000
多、高层钢结构	1/250

控制意义：限制层间位移角是为了控制结构的整体平动刚度不宜过小，以保证主体结构基本处于弹性受力状态，避免混凝土受力构件出现裂缝或裂缝超过规范限值，同时，也保证填充墙、隔墙和幕墙等非结构构件的完好，避免产生明显损坏。

查看位置：在 SATWE 的计算结果文本文件——结构位移 WDISP.OUT 中，以 Max-Dx/h 和 Max-Dy/h 表示。如图 3-77 所示。

```
=== 工况  1 === X 方向地震作用下的楼层最大位移

Floor  Tower    Jmax     Max-(X)     Ave-(X)        h
                JmaxD    Max-Dx      Ave-Dx     Max-Dx/h    DxR/Dx    Ratio_AX
  3      1      115      4.82        4.57          3600.
                115      1.69        1.54       1/2132.     35.2%      1.00
  2      1      113      3.52        3.17          3600.
                 72      2.19        2.19       1/1643.     60.2%      1.04
  1      1       70      1.60        1.24          4200.
                 70      1.18        1.18       1/3557.     75.2%      0.35

X方向最大层间位移角:              1/1643.(第  2层第  1塔)
```

图 3-77　WDISP.OUT 中输出的层间位移角

注意事项：

① 程序仅输出层间位移角数值，不进行是否超限判断，用户应根据规范自行判断。

② 与位移比一样，也应按刚性楼板假定计算。

调整方法：

当层间位移角超过规范要求时，应适当增加结构抗侧移刚度。

3.5.3.3 周期比

周期比的相关问题可参阅本书 3.3.2.1 点中的“1. 各振型特征参数（周期比计算）”。

3.5.3.4 刚重比及重力二阶效应

刚重比的相关问题可参阅本书 3.3.2.1 点中的“12. 结构整体稳定验算结果（刚重比及重力二阶效应）”。

3.5.3.5 剪重比

剪重比的相关问题可参阅本书 3.3.2.2 点中的“4. 等效各楼层的地震作用、剪力、剪重比、弯矩（剪重比）”。

第 4 章　墙梁柱施工图设计

【内容要点】

墙梁柱施工图模块主要功能是接力 SATWE（或 TAT、PMSAP）软件的计算结果，完成墙、梁、柱施工图的配筋设计与施工图绘制的模块。本章主要介绍墙梁柱施工图后处理模块的操作步骤，墙、梁、柱施工图的绘制与修改，以及梁正常使用极限状态的验算等内容。

【任务目标】

（1）重点掌握各构件钢筋归并、钢筋标准层等概念。

（2）能够完成墙、梁、柱施工图的绘制与修改。

（3）能够进行梁正常使用极限状态的验算。

4.1　墙梁柱施工图模块操作步骤

施工图模块是 PKPM 设计系统的主要组成部分之一，其功能主要是辅助用户完成上部结构各种混凝土构件的配筋设计，并绘制施工图。它包括板、墙、梁、柱四个子模块，用于分别处理上部结构中最常用到的四大类构件。

施工图模块作为 PKPM 的后处理模块，需要接力其他 PKPM 软件的计算结果进行计算。其中板施工图模块是接力 PM 生成的模型和荷载导算结果来完成计算，这在本书第 2 章已进行了介绍；墙梁柱施工图模块除了需要 PM 生成的模型与荷载外，还需要接力结构整体分析软件（如 SATWE、TAT 或 PMSAP）生成的内力与配筋信息才能正确运行。在 PKPM 主界面中，选择左上角“**结构**”软件，再点击界面左侧的“**墙梁柱施工图**”模块，即出现如图 4-1 所示的墙梁柱施工图主菜单。

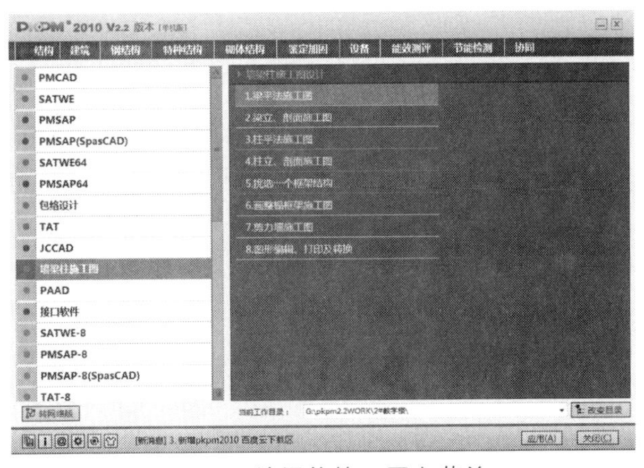

图 4-1　墙梁柱施工图主菜单

4.1.1 操作步骤

施工图模块的设计思路基本都是按照划分钢筋标准层、构件分组归并、自动选筋、钢筋修改、施工图绘制、施工图修改的步骤进行操作的。其中必须执行的步骤包括：划分钢筋标准层、构件分组归并、自动选筋以及施工图绘制。

这些步骤软件会自动执行，用户可以通过修改参数控制执行过程。对程序自动选定的钢筋和自动绘制的施工图，用户也可在自动生成的数据基础上进行交互修改。

4.1.2 钢筋标准层

出施工图之前，需要划分钢筋标准层。构件布置相同、受力特点类似的数个自然层可以划分为一个钢筋标准层，每个钢筋标准层只出一张施工图。钢筋标准层是软件引入的新概念，它与结构标准层既有联系又有区别。在 PMCAD 建模时使用的标准层称为结构标准层，一般进入梁墙柱施工图时，程序会按结构标准层的划分状况生成默认的钢筋标准层。一般来讲，同一钢筋标准层的自然层都属于同一结构标准层，但是同一结构标准层的自然层不一定属于同一钢筋标准层。二者之间的区别主要有两点：一是在同一结构标准层内的自然层的构件布置与荷载完全相同，而钢筋标准层不要求荷载相同，只要构件布置完全相同；二是结构标准层只看本层，而钢筋标准层的划分与上层构件也有关系，例如屋面层与中间层不能划分为同一钢筋标准层。

板、梁、柱、墙各构件的钢筋标准层是各自独立设置的，用户可以分别修改。

4.1.3 钢筋归并

对于几何形状相同、受力特点类似的构件，通常做法是归为一组，采用相同的配筋进行施工，这样既可以减少施工图数量，也能降低施工难度。各施工图模块在配筋之前都会自动执行分组归并过程，分在同一组的构件会使用相同的名称和配筋。

4.1.4 自动配筋及施工图绘制

钢筋归并完成后，软件进行自动配筋。板模块根据荷载自动计算配筋面积并给出配筋，墙梁柱施工图模块则根据整体分析软件提供的配筋面积进行配筋。用户可以调整和修改钢筋。

施工图绘制是本模块的重要功能。软件提供多种施工图表示方法，如平面整体表示法，柱、墙的列表画法，传统的立剖面图画法等。软件缺省输出平法图，钢筋修改等操作均在平法图上进行（本章重点讲述平法图的绘制过程）。软件使用自主开发的图形平台 TCAD 绘制施工图。绘制的施工图后缀为.T，统一放置在工程路径的“\施工图”目录中。用户可使用独立的 T 图编辑软件 TCAD 来编辑施工图，TCAD 还提供了 T 图转 AutoCAD 图的接口，因此用户也可以将 T 图转换为后缀为.dwg 的 AutoCAD 图形后，在 AutoCAD 中进行编辑。

4.2 梁施工图

梁施工图模块的主要功能为读取计算软件 SATWE（或 TAT、PMSAP）的计算结果，完成钢筋混凝土连续梁的配筋计算与施工图绘制。在图4-1所示的墙梁柱施工图主菜单中选择第1项“梁平法施工图”或第2项“梁立、剖面施工图”即可进入梁施工图模块。

梁施工图模块的具体功能包括连续梁的生成、钢筋标准层归并、自动配筋、梁钢筋的修改与查询、梁正常使用极限状态的验算、施工图绘制与修改等。使用流程如图4-2所示。

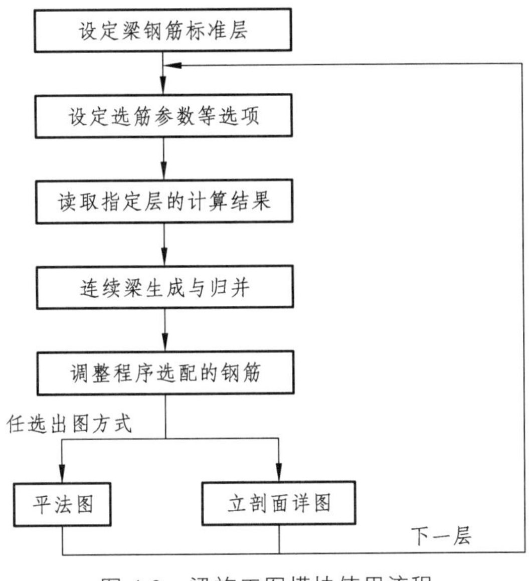

图4-2　梁施工图模块使用流程

4.2.1　连续梁的生成与归并

SATWE（或TAT、PMSAP）计算完成后，进行梁柱施工图设计之前，要对计算配筋的结果作归并，从而简化出图。归并可以自动在全楼进行，称为全楼归并。全楼归并包括竖向归并和水平归并。

连续梁生成和归并的基本过程如下：

（1）划分钢筋标准层（竖向归并），确定哪几个楼层可以用一张施工图表示。

（2）根据建模时布置的梁段位置生成连续梁，判断连续梁的性质属于框架梁还是非框架梁。

（3）在同一个标准层内对几何条件（包括性质、跨数、跨度、截面形状与大小等）相同的连续梁归类，相同的程序称作“几何标准连续梁类别”相同，找出几何标准连续梁类别总数。

（4）对属于同一几何标准连续梁类别的连续梁，预配钢筋，根据预配的钢筋和用户给出的钢筋归并系数进行归并分组（水平归并）。

（5）为分组后的连续梁命名，在组内所有连续梁的计算配筋面积中取大，配出实配钢筋。

4.2.1.1　划分钢筋标准层（竖向归并）

实际设计中，为了减少施工图数量、方便施工，经常把构件布置完全相同和受力情况类似的几层结构统一处理，配置同样的钢筋，用同一张施工图表示。在软件中，将这些楼层划分为同一个钢筋标准层，软件会为各层同样位置的连续梁给出相同的名称，配置相同的钢筋。读取配筋面积时，软件会在各层同样位置的配筋面积数据中取大值作为配筋依据。

在图4-1墙梁柱施工图主菜单中，点击①梁平法施工图，首次进入梁施工图时，会自动弹出定义钢筋标准层对话框，要求用户调整和确认钢筋标准层的定义，如图 4-3 所示。程序会按结构标准层的划分状况生成默认的梁钢筋标准层。用户应根据工程实际状况，进一步将不同的结构标准层也归并到同一个钢筋标准层中，只要这些结构标准层的梁截面布置相同。定义了多少个钢筋标准层，就应该画多少层的梁施工图。

➢ **提示：**

在施工图编辑过程中，也可随时通过梁平法施工图绘图界面（图 4-4）右侧菜单的“设钢筋层”命令来调整钢筋标准层的定义。

图 4-3 中，左侧的定义树表示当前的钢筋层定义情况，点击任意钢筋层左侧的⊞号，可以查看该钢筋层包含的所有自然层。右侧的分配表表示各自然层所属的结构标准层和钢筋标准层。

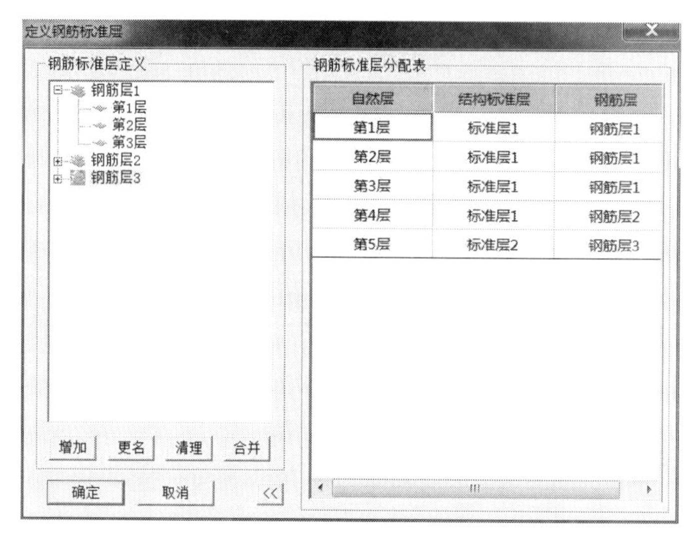

图 4-3　钢筋标准层定义对话框

软件根据以下两条标准进行梁钢筋标准层的自动划分：

（1）两个自然层所属结构标准层相同。

（2）两个自然层上层对应的结构标准层也相同。

符合上述条件的自然层被划分为同一钢筋标准层。

➢ **提示：**

① 本层相同，保证了各层中同样位置上的梁有相同的几何形状；上层相同，保证了各层中同样位置上的梁有相同的性质。上层构件布置不同可能引起本层连续梁性质不同，例如，通常顶层都是单独的一个钢筋标准层，因为屋顶层的梁都是屋面框架梁，其构造与其他层的框架梁是不同的。

② 此处的“上层”指楼层组装时直接落在本层上的自然层，是根据楼层底标高判断的，而不是根据组装顺序判断的。

③ 不同标准层的自然层也可以划分为一个钢筋层，但必须保证两自然层上的梁几何位置全部对应。软件绘图时以当前层的构件布置为准，其他层如果存在不能对应位置的梁构件将会被忽略。

定义好钢筋标准层后，点击<确定>，进入梁施工图绘图界面，程序自动打开当前目录下的第 1 标准层梁平法施工图，如图 4-4 所示。

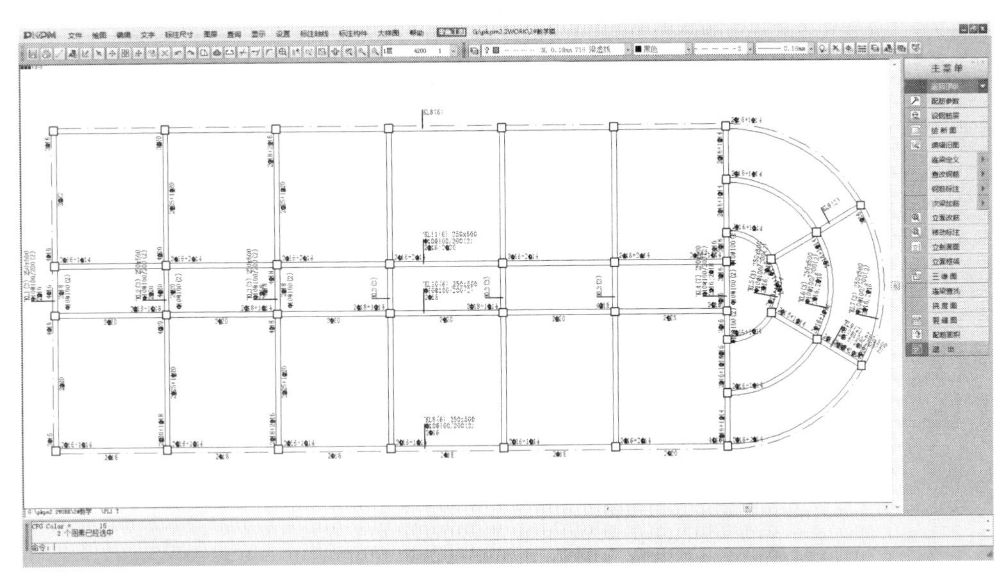

图 4-4　梁平法施工图绘图界面

4.2.1.2　连续梁生成

梁以连续梁为基本单位进行配筋，因此在配筋之前首先应将建模时逐网格布置的梁段串成连续梁。软件按下列标准将相邻的梁段串成连续梁：

（1）两个梁段有共同的端节点。

（2）两个梁段在共同端节点处的高差不大于梁高。

（3）两个梁段在共同端节点处的偏心不大于梁宽。

（4）两个梁段在同一直线上，即两个梁段在共同端节点处的方向角（弧梁取切线方向角）相差 180°±10°。

➢　**提示：**

① 用户可以使用图 4-4 右侧菜单的“连梁定义”—“连梁查看”命令来查看连续梁的生成结果，如图 4-5 所示。如果不满意程序自动生成的结果，可使用“连梁拆分”或“连梁合并”命令对连续梁的定义进行调整，具体参看本节“4.2.1.6 连续梁拆分与合并”。

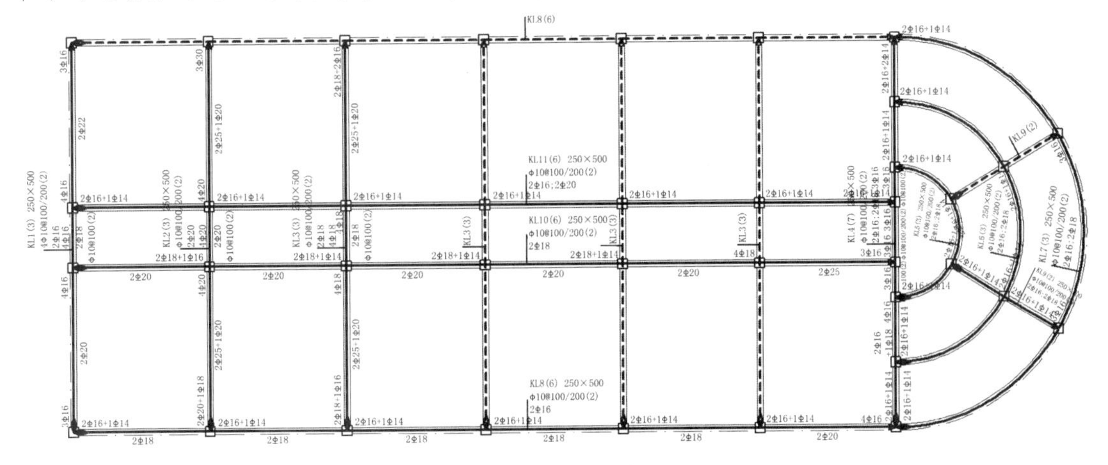

图 4-5　连续梁查看

② 图 4-5 中，实线表示有详细标注的连续梁，虚线表示简略标注的连续梁。连续梁的起始端绘制一个菱形块，表达连续梁第一跨所在位置，连续梁的终止端绘制一个箭头，表达连续梁最后一跨所在位置。

③ 直梁与弧梁可以串成一根连续梁，但软件不会自动处理。用户可自行通过"连梁合并"命令手工定义。

4.2.1.3 支座调整与梁跨划分

一个连续梁由几个梁跨组成。梁跨的划分对配筋会产生很大影响。在梁与梁相交的支座处，程序要作主次梁判断，在端跨时作端支撑梁或悬挑梁的判断，并且根据判断情况确定是否在此处划分梁跨。其判断原则是：

（1）框架柱或剪力墙一定作为支座，在支座图上用三角形表示。

（2）当连续梁在节点有相交梁，且在此处恒载弯矩 $M<0$（即梁下部不受拉）且为峰值点时，程序认定该处为一梁支座，在支座图上用三角形表示，连续梁在此处分成两跨。否则认为连续梁在此处连通，相交梁成为该跨梁的次梁，在支座图上用圆圈表示。

（3）对于端跨上挑梁的判断，当端跨内支承在柱或墙上，外端支承在梁支座上时，如该跨梁的恒载弯矩 $M<0$（即梁下部不受拉）时，程序认定该跨梁为挑梁，支座图上该点用圆圈表示，否则为端支承梁，在支座图上用三角形表示。

（4）PMCAD 中输入的次梁与 PMCAD 中输入的主梁相交时，主梁一定作为次梁的支座。

（5）非框架梁的端跨只要有梁就一定作为支座，不会判断为悬挑。

➢ **提示：**

① 按此标准自动生成的梁支座可能不满足实际工程需要，用户可使用图 4-4 右侧菜单"连梁定义"—"支座修改"命令对梁支座进行修改，如图 4-6 所示。

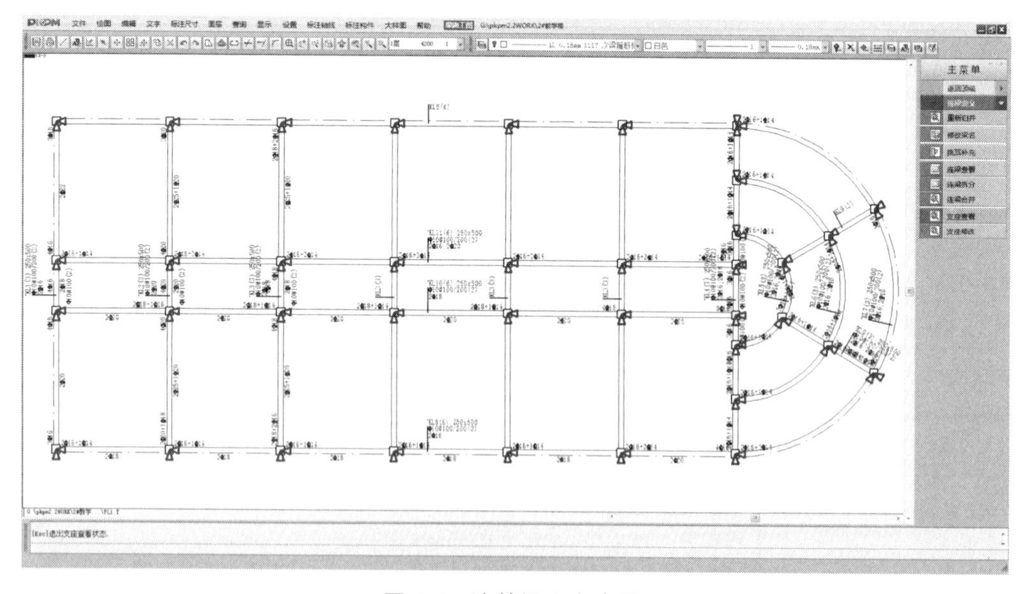

图 4-6　连续梁支座查看

② 图 4-6 中，三角形表示梁支座，圆圈表示连梁的内部节点。对于端跨，把三角形支座改为圆圈后，则端跨梁会变成挑梁；把圆圈改为三角形支座后，则挑梁会变成端支撑梁。对

于中间跨，如为三角支座，该处是两个连续梁跨的分界支座，梁下部钢筋将在支座处截断并锚固在支座内，增配支座负筋；把三角形支座改为圆圈后，则两个连续梁跨会合并成一跨梁，梁下部纵筋将在圆圈支座处连通，计算配筋面积取两跨配筋面积的较大值，梁上部支座负筋改为配置相应面积的梁上部通长钢筋。

③ 支座的调整只影响配筋构造，不影响构件的内力计算和配筋面积计算。一般来说，将支座改为连通后的梁构造是偏于安全的。

④ 支座修改将引起挠度计算的变化。支座改为连通，将使挠度的计算结果偏大，反之，计算得到的挠度减小。

4.2.1.4　连续梁的性质判断与命名

软件根据连续梁的支座特点对连续梁进行性质判断并命名，其判断规则如下：

（1）如果连续梁的支座中存在框架柱或剪力墙等竖向构件，则此连续梁被认定为框架梁；否则，被认定为非框架梁。

（2）如果框架梁上存在梁托柱或托混凝土剪力墙的情况，则此梁被认定为框支梁。如果框架梁位于底框层，且其梁上有砌体墙，则此梁被认定为底框梁。

（3）如果梁上不存在墙、柱等构件，则此梁被认定为屋面框架梁。

连续梁采用类型前缀+序号的规则进行命名。默认的类型前缀为：框架梁 KL，非框架梁 L，屋面框架梁 WKL，底框梁 KZL。类型前缀可以在“配筋参数”中修改，比如在类型前缀前加所属的楼层号等。软件的连续梁排序采用分类型分楼层的编号规则，就是说每个钢筋标准层都从 KL1、L1 或 WKL1 开始编号。

➢　**提示：**

① 连续梁性质对梁的配筋和构造有重要影响，因此需在选筋之前确定梁的性质。一般，因框支梁属于转换结构，构造要求最严；屋面框架梁由于上端没有其他构件约束，在锚固上的要求也要高于普通框架梁；而非框架梁作为次要受力构件，要求可适当降低，可按非抗震构件进行设计。

② 在检查连续梁配筋构造前，首先应检查连续梁的性质是否正确。对一些特殊结构，软件判断的连续梁可能与用户的设计意图不符（例如某梁一端是地下室围护墙，另一端是主梁，软件判断为框架梁，但用户可能希望按非框架梁设计），对于这样的梁，可以通过修改梁名前缀来达到修改连续梁性质的目的。用户可通过右侧菜单【连梁定义】—【修改梁名】命令来修改连续梁名称，也可直接双击集中标注来修改梁名。当梁名前缀发生变化，软件会根据变化后的前缀重新选筋。

③ 修改梁名可以修改连续梁的分组归并。因为梁名是判断连续梁分组的唯一依据，凡修改为相同梁名的梁，程序自动采用完全相同的配筋。

4.2.1.5　连续梁的归并规则

如前所述，连续梁的归并包括竖向归并和水平归并。竖向归并即划分钢筋标准层，前面已经介绍过了，这里主要介绍水平归并。

水平归并仅在同一钢筋标准层平面内进行，这个过程处理同一层内的连续梁之间的关系。一般按以下过程进行。

（1）按几何条件归类。找出几何条件（包括连续梁的跨数、各跨的截面形状、各支座的类型与尺寸、各跨网格长度与净跨长度等）相同的连续梁类别总数。只有几何条件完全相同的连续梁才被归为一类。

（2）按实配钢筋归并。首先在几何条件相同的连续梁中选择任意一根梁进行自动配筋，将此实配钢筋作为比较基准。接着选择下一个几何条件相同的连续梁进行自动配筋，如果此实配钢筋与基准实配钢筋基本相同（即其差异系数小于用户定义的归并系数，具体见下段内容），则将两根梁归并为一组，将不一样的钢筋取大作为新的基准配筋，继续比较其他梁。

每跨梁比较 4 种钢筋：左右支座、上部通长筋、底筋。每次需要比较的总种类数为跨数×4。每个位置的钢筋都要进行比较，并记录实配钢筋不同的位置数量，并计算两根梁的差异系数：差异系数=实配钢筋不同的位置数÷（连续梁跨数×4）。如果此系数小于归并系数，则两根梁可以看作配筋基本相同，即可归并为一组。

➢ **提示：**

① 归并系数是控制归并过程的重要参数。归并系数越大，则归并出的连续梁种类越少。其取值范围为 0～1，缺省值为 0.2。

② 用户可通过点击右侧主菜单下的【配筋参数】，打开“参数修改”对话框，在其中修改“归并系数”，如图 4-7 所示。

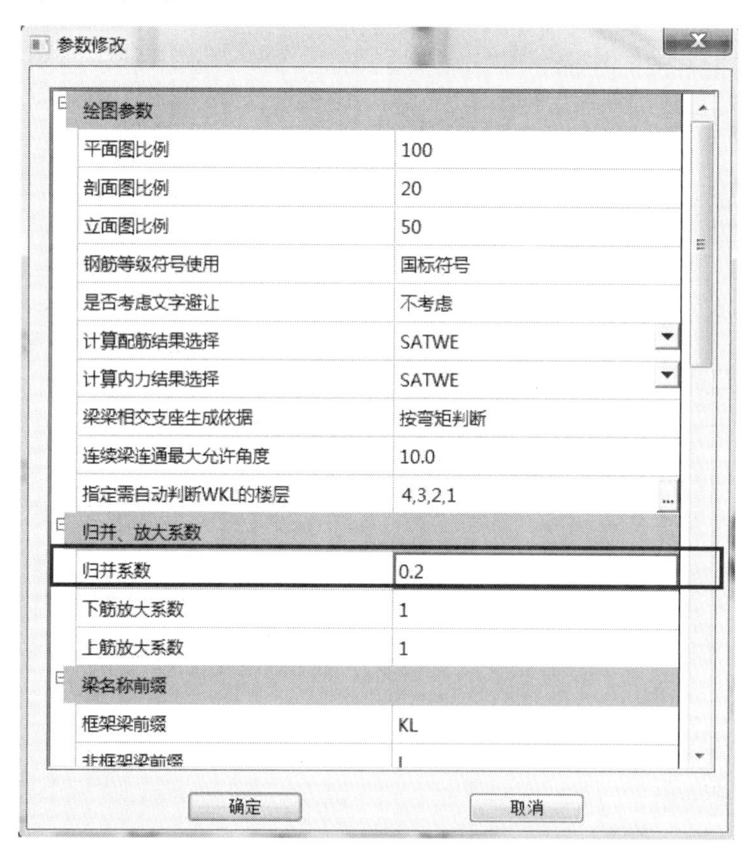

图 4-7　归并系数修改对话框

③ 施工图软件在配筋时使用的钢筋计算面积都是归并后的结果。

④ 归并时，软件只关心（多跨）连续梁中其他跨相对于第一跨中线的偏心，而不是梁跨相对网格的偏心。即如果某两根连续梁几何条件完全相同且实配钢筋的差异系数小于用户定义的归并系数，则若有一根梁整体偏心 50 mm，二者仍会归为一组；但若有一根梁仅其中某一跨偏心 50 mm，其他跨不偏心，则这两根梁不会归为一组。

⑤ 归并过程中不考虑箍筋面积的差别。但是选钢筋时会在同组连续梁中取箍筋计算面积的最大值进行配筋。

4.2.1.6　连续梁拆分与合并

如前所述，程序自动生成连续梁，但如果用户对自动生成结果不满意，可以通过右侧菜单的【连梁定义】—【连梁拆分】(或【连梁合并】) 命令进行手工的连续梁拆分或合并。

➢　**提示：**

① 拆分节点时需注意两点：一是只能从中间节点拆分，端节点不能作为拆分节点。二是只能从支座节点（即支座查看时显示为三角的节点）拆分，非支座节点（即支座查看时显示为圆圈的节点）不能拆分。

② 合并连续梁时，待合并的两个连续梁必须有共同的端节点，其在共同端节点处的高差不大于梁高，偏心不大于梁宽。直梁与弧梁也可以手工合并。

③ 合并后的连续梁与所选第一根连续梁的方向保持一致。

4.2.2　梁配筋参数设置

生成连续梁并归并后，施工图模块将根据计算软件提供的配筋面积计算结果选择符合规范构造要求的钢筋。

软件按下列步骤自动选择钢筋：① 选择箍筋；② 选择腰筋；③ 选择上部通长钢筋和支座负筋；④ 选择下筋；⑤ 根据实配纵筋调整箍筋；⑥ 选择次梁附加箍筋；⑦ 选择构造钢筋。以上钢筋自动选筋的相关参数可由用户在主菜单下的【配筋参数】中定义。现说明如下。

点击【配筋参数】，弹出梁参数修改对话框，如图 4-8 所示。该对话框包括：绘图参数；归并、放大系数；梁名称前缀；纵筋选筋参数；箍筋选筋参数；裂缝、挠度计算参数；其他参数。由于部分类参数已经在上一节中介绍了，所以本节重点介绍放大系数和后面四类参数。

4.2.2.1　归并、放大系数

1. 归并系数

归并系数的取值范围从 0 到 1，主要影响连续梁归并的数量。归并系数越小，则连续梁种类越多，归并系数越大，则连续梁种类越少。但在设置时用户仍应兼顾经济合理。

2. 上、下筋放大系数

为给结构留出足够的安全储备，有些用户习惯将计算面积放大后进行配筋，这时可通过此项参数设置。

➢　**提示：**

对于 9 度设防的各类框架和一级抗震的框架结构，纵筋放大系数应该略小于 SATWE 等计算软件调整信息中输入的“9 度结构及一级抗震框架梁柱钢筋超配系数”，否则可能实配钢筋

不能满足强剪弱弯和强柱弱梁的设计要求。

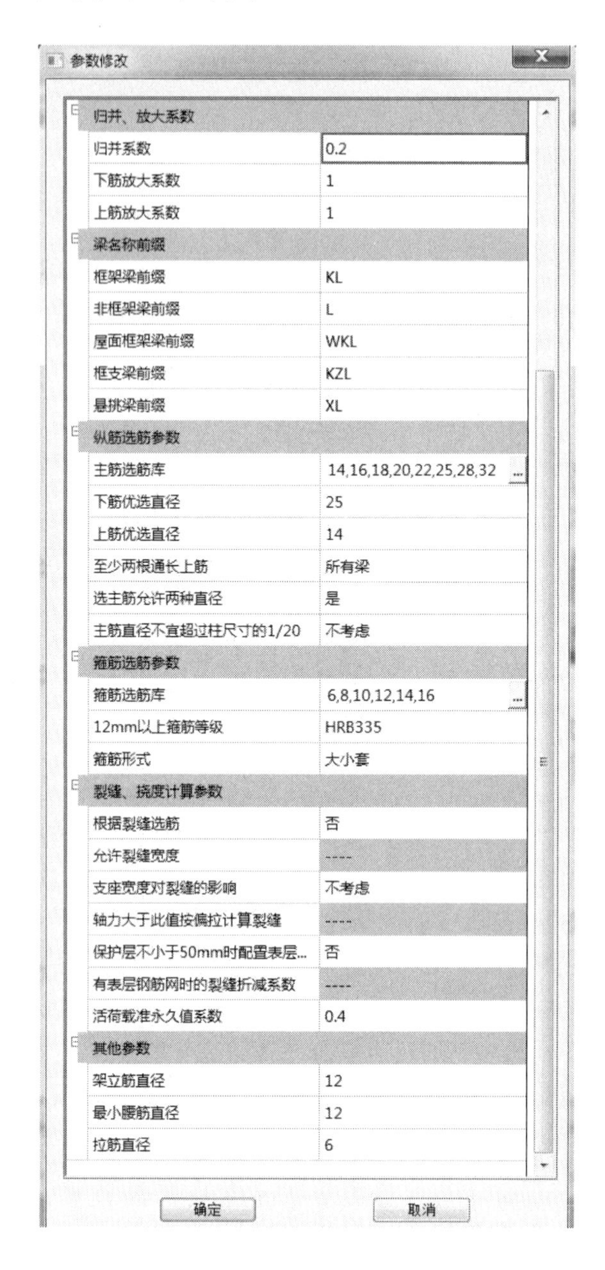

图 4-8　配筋参数修改对话框

4.2.2.2　纵筋选筋参数

在 SATWE 等软件中，计算纵筋配筋面积时，考虑双筋计算截面面积。软件先按单筋截面配筋，如不能满足要求，则采用双筋截面同时配置受拉钢筋和受压钢筋。计算配筋面积包络时，取两方向弯矩需配钢筋面积的较大值。

1. 上、下筋优选直径

选择纵筋的基本原则是尽量使用优选直径，尽量不配多于两排的钢筋。软件自动配筋时大部分梁均使用优选直径，这样能减少钢筋种类，降低施工难度。根据工程结构实际情况，荷载大小，一般下筋优选直径可设为 20 ~ 25 mm（由于 25 mm 以上的钢筋连接困难，施工不便，很少用于梁纵筋，因此一般不选择 25 mm 以上的大直径钢筋），上筋优选直径可设为 16 ~ 20 mm。

2. 至少两根通长上筋

规范要求：《混凝土规范》11.3.7 条规定：**梁端纵向受拉钢筋的配筋率不宜大于 2.5%。沿梁全长顶面和底面至少应各配置两根通长的纵向钢筋，对一、二级抗震等级，钢筋直径不应小于 14 mm，且分别不应少于梁两端顶面和底面纵向受力钢筋中较大截面面积的 1/4；对三、四级抗震等级，钢筋直径不应小于 12 mm。**

程序执行上述规定，应严格从规范角度考察，非抗震梁和非框架梁可以不配置通长上筋，而是使用直径较小的架立筋代替，所以本选项一般可选择“仅抗震框架梁”。

3. 选主筋允许两种直径

软件自动选筋的结果可能比计算钢筋面积大一些。为了尽量减小钢筋面积，梁施工图软件可能将部分钢筋的直径减小以降低实配钢筋面积。由于直径相差过大的钢筋放在一起受力会不协调，因此软件选筋时直径只会减小一到两级，保证相同位置的钢筋直径差异不大于 5 mm。因此为了使实配钢筋经济合理，本选项可选择“是”。

若设计人员出于施工方便考虑，可能希望同一位置只有一种直径，则此处也可选择“否”。

4. 主筋直径不宜超过柱尺寸的 1/20

规范要求：《抗震规范》6.3.4-2 条规定：**一、二、三级框架梁内贯通中柱的每根纵向钢筋直径，对框架结构不应大于矩形截面柱在该方向截面尺寸的 1/20，或纵向钢筋所在位置圆形截面柱弦长的 1/20；对其他结构类型的框架不宜大于矩形截面柱在该方向截面尺寸的 1/20，或纵向钢筋所在位置圆形截面柱弦长的 1/20。**

选择该项，程序将根据连续梁各跨支座中最小的柱截面控制梁上部钢筋。但遇到小尺寸柱，会造成梁上部钢筋直径小而根数多的不合理情况，用户可根据实际情况选择。

➢　**提示：**

① 为保证地震作用下框架梁的延性，抗震设计时框架梁端部纵向受拉钢筋（支座负筋）的最大配筋率 $\rho_{\max}[\rho_{\max}=A_s/(bh_0)]$ 为 2.5%。同时，受压区高度应符合下列要求：一级抗震等级 $x\leqslant 0.25h_0$，二、三级抗震等级 $x\leqslant 0.35h_0$。软件计算时，已经考虑最大配筋率的要求，但由于实配钢筋总会比计算面积大一些，因此对于配筋较大的梁，用户仍应复核实配钢筋是否满足最大配筋率的要求。

② 程序自动配筋时的主筋等级采用 PM 设计参数中的梁主筋强度等级。在 SATWE 等软件中有一个主筋强度参数，如果此参数与 PM 中输入的主筋强度不对应，软件会自动进行等强度代换后使用。但代换过程不考虑最小配筋率，可能出现进行等强度代换后不满足最小配筋率的情况，故应尽量保证两个参数一致以免出现问题。

③ 软件将 99999 mm^2 作为纵筋的超筋标志。SATWE 等软件算出纵筋超筋或配筋面积大于 99999 mm^2 时，均会按 99999 mm^2 输出。梁施工图软件遇到这样的截面，不会自动配筋，而是直接在平法图上用红色的星号“*****”来表示此处超筋。

4.2.2.3 箍筋选筋参数

1. 箍筋选筋库

程序默认的直径从 6 ~ 16 mm，可根据工程实际情况修改。

2. 12 mm 以上箍筋等级

只有在 PM 中将梁箍筋等级设为 HPB300 时，本选项才有效。软件默认 12 mm 及以下的箍筋使用一级钢，12 mm 以上的箍筋使用二级钢（HRB335）。

➢ **提示：**

程序自动配筋时的箍筋等级采用 PM 设计参数中的箍筋强度等级。在 SATWE 等软件中有一个箍筋强度参数，如果此参数与 PM 中输入的箍筋强度不对应，软件会自动进行等强度代换后使用。但代换过程不考虑最小配箍率，可能出现进行等强度代换后不满足最小配箍率的情况，故应尽量保证两个参数一致以免出现问题。

因此此处的箍筋等级最好与 PM 中输入的箍筋强度对应。

3. 箍筋形式

可以选择“大小套”或“连环套”。该参数只有在箍筋肢数多于 4 肢时才起作用。大小套指外圈一个大箍并箍住全部纵筋，中间再用小套箍筋拉接纵筋；连环套指纵筋由尺寸相近的几个箍筋套拉接。一般大小套的箍筋受力情况要好于连环套，受扭梁应配大小套。

箍筋形式不需在平法图上标注，只有在剖面图上才能看出箍筋形式的区别。

4.2.2.4 裂缝、挠度计算参数

1. 根据裂缝选筋

该项选择“是”，并在其后面一项参数中输入<允许裂缝宽度>（根据构件的裂缝控制等级填写），则程序在选完主筋后会计算相应位置的裂缝（下筋验算跨中下表面裂缝，支座筋验算支座处裂缝。如果所得裂缝大于允许裂缝宽度，则将钢筋计算面积放大 1.1 倍重新选筋，再重复验算裂缝、放大面积、选筋、验算裂缝的过程，直到裂缝满足要求或选筋面积放大 10 倍为止。

➢ **提示：**

单纯通过增大配筋面积减小梁裂缝宽度不是经济有效的做法，往往钢筋面积增大很多，而裂缝减小很少。建议配合其他方法，如调整钢筋强度、增大梁高或增大保护层厚度等则可比较迅速地减小裂缝宽度。

2. 支座宽度对裂缝的影响

当<根据裂缝选筋>选择“是”时，该选项才起作用；当<根据裂缝选筋>选择“否”时，程序偏于安全地采用梁的柱支座形心处的负弯矩值。

若本项选择“考虑”，程序在计算支座处裂缝时会对支座弯矩进行折减，从而减小支座实配负钢筋。另外，过大的支座负筋配置对于梁的强剪弱弯设计、柱的强柱弱梁设计也很不利。

➢ **提示：**

如果 SATWE 等计算软件计算时选择了考虑节点刚域的影响，可以认为计算软件给出的弯矩已经考虑了支座截面尺寸的影响，在计算裂缝时就不应该对弯矩做重复折减了。

3. 轴力大于此值按偏拉计算裂缝

因拉力会增大梁裂缝，当梁中存在轴拉力时，应填写该项。

4. 保护层不小于 50 mm 时配置表层钢筋网

规范要求：《混凝土规范》8.2.3 条规定，**当梁、柱、墙中纵向受力钢筋的保护层厚度大于 50 mm 时，宜对保护层采取有效的构造措施。当在保护层内配置防裂、防剥落的钢筋网片时，网片钢筋的保护层厚度不应小于 25 mm。**

《混凝土规范》9.2.15 条规定，**当梁的混凝土保护层厚度大于 50 mm 且配置表层钢筋网片时，应符合下列规定：**

1 **表层钢筋宜采用焊接网片，其直径不宜大于 8 mm，间距不应大于 150 mm；网片应配置在梁底和梁侧，梁侧的网片钢筋应延伸至梁高的 2/3 处。**

2 **两个方向上表层网片钢筋的截面积均不应小于相应混凝土保护层面积的 1%。**

根据上述规定，本选项宜选择“是”。

5. 有表层钢筋网时的裂缝折减系数

规范要求：《混凝土规范》7.1.2 条注 2 规定，**对按本规范 9.2.15 条配置表层钢筋网片的梁，按公式（7.1.2-1）计算的最大裂缝宽度可适当折减，折减系数可取 0.7。**

根据上述规定，本选项可填入“0.7”。

6. 活荷载准永久值系数

参考《建筑结构荷载规范》（GB 50009–2012）表 5.1.1 的相关规定输入。由于风荷载的准永久值系数为 0，因此计算准永久组合时不考虑风荷载的作用。

4.2.2.5　其他参数

1. 架立筋直径

规范要求：《混凝土规范》9.2.6 条规定，**梁的上部纵向构造钢筋应符合下列要求：**

1 **当梁端按简支计算但实际受到部分约束时，应在支座区上部设置纵向构造钢筋。其截面面积不应小于梁跨中下部纵向受力钢筋计算所需截面面积的 1/4，且不应少于 2 根。该纵向构造钢筋自支座边缘向跨内伸出的长度不应小于 $l_0/5$，l_0 为梁的计算跨度。**

2 **对架立钢筋，当梁的跨度小于 4 m 时，直径不宜小于 8 mm；当梁的跨度为 4 ~ 6 m 时，直径不应小于 10 mm；当梁的跨度大于 6 m 时，直径不宜小于 12 mm。**

此选项可选择“按混规 9.2.6 计算”或直接指定直径值。如果选择“按混规 9.2.6 计算”，则程序会根据不同梁跨选出不同直径的架立筋。

2. 最小腰筋直径

规范要求：《混凝土规范》9.2.13 条规定，**梁的腹板高度 h_w 不小于 450 mm 时，在梁的两个侧面应沿高度配置纵向构造钢筋。每侧纵向构造钢筋（不包括梁上、下部受力钢筋及架立钢筋）的间距不宜大于 200 mm，截面面积不应小于腹板截面面积（bh_w）的 0.1%，但当梁宽较大时可以适当放松。此处，腹板高度 h_w 按本规范第 6.3.1 条的规定取用。**

规范要求：《抗震规范》7.5.8-3 条规定，**底部框架-抗震墙砌体房屋的钢筋混凝土托墙梁，沿梁高应设腰筋，数量不应少于 2ϕ14，间距不应大于 200 mm。**

用户可根据上述规范规定输入腰筋直径。

➢ **提示：**

需要注意的是梁腹板高度 h_w 的计算。按照《混凝土规范》6.3.1 条对梁截面腹板高度 h_w 的规定：对矩形截面，取有效高度 h_0；对 T 形截面，取有效高度减去翼缘高度 $h_w=h_0-h_f$；I 形截面，取腹板净高。如果梁两侧板厚不同，取板厚较大一侧作为梁翼缘高度。

3. 拉筋直径

该参数影响腰筋的拉筋和挑耳纵筋的拉筋，应选择“按平法图集计算”。

《混凝土结构施工图平面整体表示方法制图规则和构造详图（现浇混凝土框架、剪力墙、梁、板）》（16G101-1）（以下简称《平法图集》（16G101-1））中 90 页规定，拉筋直径：当梁宽≤350 mm 时为 6 mm，梁宽>350 mm 时为 8 mm。拉筋间距为 2 倍箍筋间距，拉筋等级同箍筋等级。

拉筋在平法图上不需标注，只有在立剖面图上才能看到。

4.2.3 查改钢筋

通过前述的操作过程，即设定梁钢筋标准层、设置梁配筋参数、让程序读取指定层的计算结果并进行连续梁的生成与归并，则程序会自动根据用户的相关定义绘出指定层梁的平法施工图，若用户对其中梁的某些配筋不满意，可利用图 4-4 所示梁平法施工图绘图界面的右侧菜单中的【查改钢筋】【立面改筋】【配筋面积】等命令进行钢筋查询与修改。

程序提供了多种梁钢筋查改的方式，简要介绍如下。

4.2.3.1 平面查改钢筋

点击【查改钢筋】，显示查改钢筋的二级菜单，如图 4-9 所示。包括以下几种修改钢筋的方法：

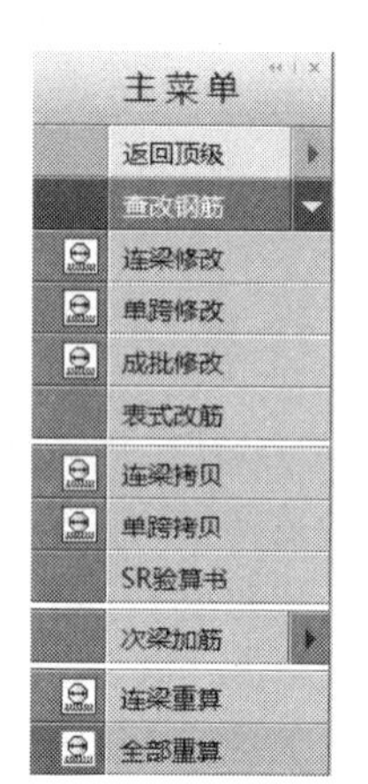

图 4-9 查改钢筋菜单

① 连梁修改：主要是修改连续梁的集中标注信息，包括箍筋、顶筋、底筋、腰筋等。

② 单跨修改：对连续梁的某一跨的配筋信息进行修改。

③ 成批修改：对连续梁的若干跨的配筋信息同时进行修改。

④ 表式改筋：以表格的形式对连续梁的配筋信息进行修改，除可修改钢筋外，还可修改加密区长度、支座负筋截断长度等，如图 4-10 所示。

⑤ SR 验算书：按实际配筋计算及 h_0 验算指定梁跨的承载力极限，并输出计算书。请参看 4.2.7 配筋面积查询一节。

⑥ 连梁重算与全部重算：在保持钢筋标注位置不变的基础上，使用自动选筋程序重新选筋并标注。前者是针对指定的单根连续梁，后者是针对本层所有梁。

4.2.3.2 双击钢筋标注

在图中双击任意钢筋标注字符（集中标注或原位标注均可），在光标处弹出钢筋修改对话框，直接修改即可。

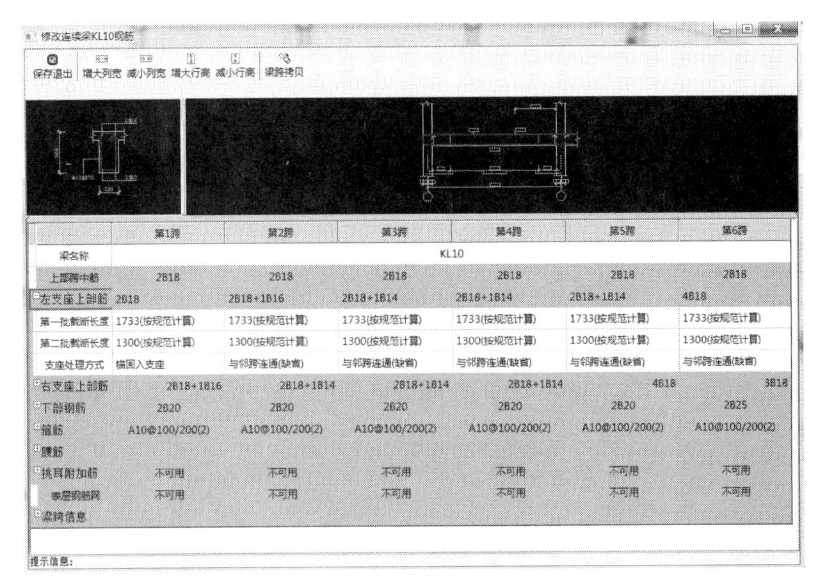

修改连续梁KL10钢筋

保存退出　增大列宽　减小列宽　增大行高　减小行高　梁跨拷贝

	第1跨	第2跨	第3跨	第4跨	第5跨	第6跨
梁名称	KL10					
上部跨中筋	2B18	2B18	2B18	2B18	2B18	2B18
左支座上部筋	2B18	2B18+1B16	2B18+1B14	2B18+1B14	2B18+1B14	4B18
第一批截断长度	1733(按规范计算)	1733(按规范计算)	1733(按规范计算)	1733(按规范计算)	1733(按规范计算)	1733(按规范计算)
第二批截断长度	1300(按规范计算)	1300(按规范计算)	1300(按规范计算)	1300(按规范计算)	1300(按规范计算)	1300(按规范计算)
支座处理方式	锚固入支座	与邻跨连通(缺省)	与邻跨连通(缺省)	与邻跨连通(缺省)	与邻跨连通(缺省)	与邻跨连通(缺省)
右支座上部筋	2B18+1B16	2B18+1B14	2B18+1B14	2B18+1B14	4B18	3B18
下部钢筋	2B20	2B20	2B20	2B20	2B20	2B25
箍筋	A10@100/200(2)	A10@100/200(2)	A10@100/200(2)	A10@100/200(2)	A10@100/200(2)	A10@100/200(2)
腰筋						
挑耳附加筋	不可用	不可用	不可用	不可用	不可用	不可用
表层钢筋网	不可用	不可用	不可用	不可用	不可用	不可用
梁跨信息						

提示信息:

图 4-10　表式改筋对话框

4.2.3.3　次梁加筋

点击【次梁加筋】—【箍筋开关】或【次梁加筋】—【吊筋开关】，可显示主次梁相交处的附加箍筋或吊筋，点击【加筋修改】并选择需要修改的附加钢筋，弹出修改连续梁附加钢筋的对话框，如图 4-11 所示。

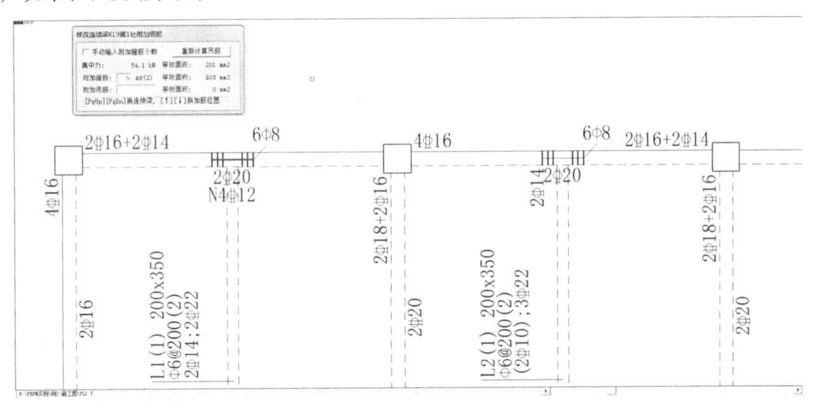

图 4-11　次梁加筋及附加钢筋修改对话框

4.2.3.4　动态查询配筋信息

将光标停留在梁轴线上，即弹出浮动框显示此跨梁的截面和配筋数据，如图 4-12 所示。

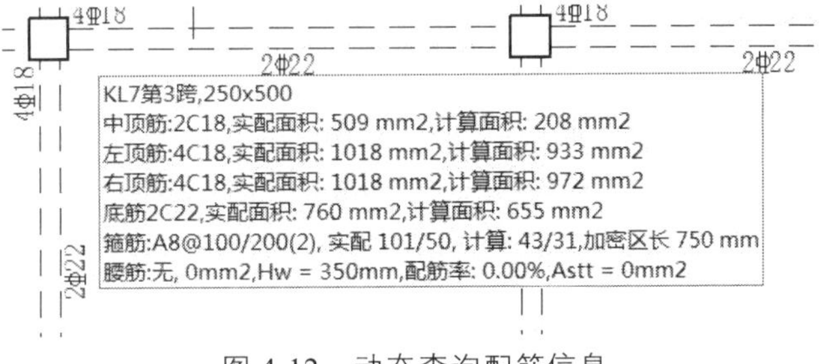

图 4-12　动态查询配筋信息

4.2.3.5　立面改筋

点击右侧菜单【立面改筋】命令后，显示二级菜单如图 4-13 所示。可通过菜单命令修改梁上部钢筋、下部钢筋、箍筋或腰筋等信息。

同时在绘图区显示各根梁的立面配筋简图（图 4-14）。图中可以查看实配钢筋包络图（如图 4-14 中的蓝色线条，程序中缺省是紫色线条显示）及计算配筋包络图（如图 4-14 中的灰色线条）。

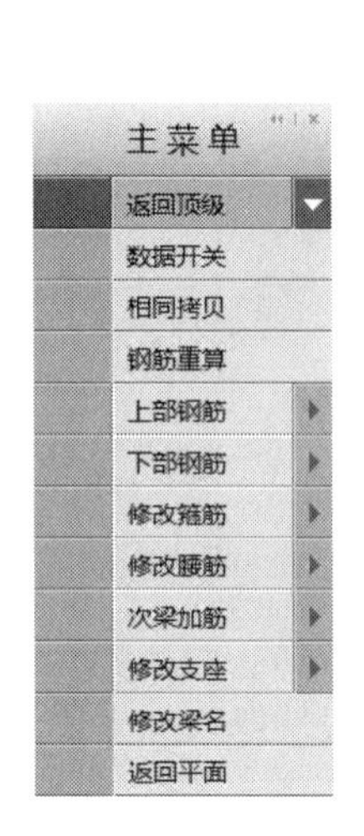

图 4-13　立面改筋菜单

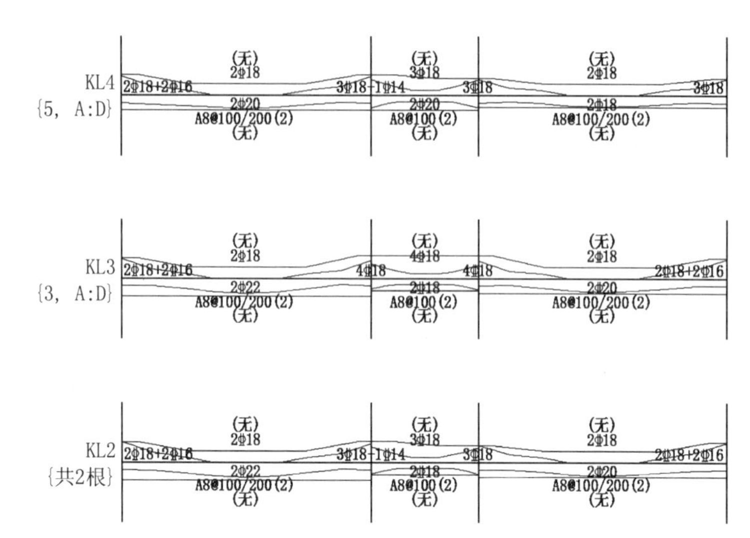

图 4-14　梁立面配筋简图

在每根梁轴线的跨中下部依次显示的数值为：第一排：下部钢筋；第二排：箍筋；第三排：腰筋；根据工程实际情况，还可能显示第四排、第五排等数值。在每根梁轴线的跨中上部依次显示的数值为：第一排：无；第二排：通长负筋；第三排：架立钢筋；根据工程实际情况，还可能显示第四排、第五排等数值。在每根梁轴线的支座处依次显示的数值为：第一排：支座负筋；根据工程实际情况，还可能显示第二排、第三排等数值。

4.2.3.6　配筋面积查询

点击右侧菜单【配筋面积】命令后，可进入配筋面积查询状态，屏幕右侧显示其子菜单如图 4-15 所示。

第一次进入配筋面积查询状态时显示的是计算配筋面积，如图 4-16 所示。每跨梁上有 4 个数，其中梁下方跨中的标注代表下筋面积，梁上方左右支座处的标注分别代表支座钢筋面积，梁上方跨中的标注代表梁上部通长筋的面积。需要注意的是计算配筋面积在所有归并梁中取较大值，因此可能与 SATWE 等计算软件显示的配筋面积不一致。点击右侧子菜单中的【计算配筋】和【实际配筋】即可在两种配筋面积中切换。

【S/R 验算】显示的是 S（效应）与 R（抗力）的比值，如图 4-17 所示。对于非抗震结构要求该比值小于 1；对于抗震结构，由于考虑了 γ_{RE}（承载力抗震调整系数），该比值应小于 $1/\gamma_{RE}$（当 $\gamma_{RE}=0.75$ 时，该比值即为 1.33）。也可点击【查改钢筋】菜单下的【SR 验算书】参看详细的计算结果，方便校核。

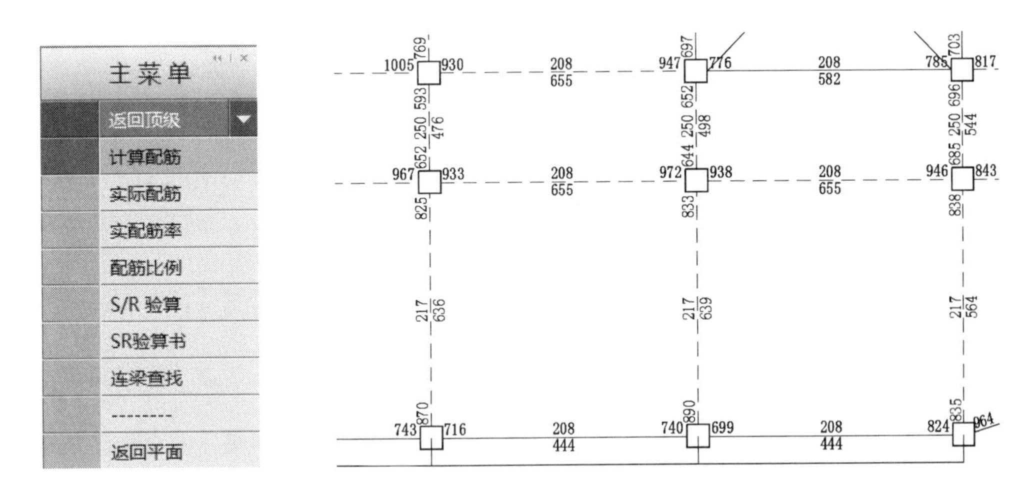

图 4-15 配筋面积子菜单

图 4-16 计算配筋面积图

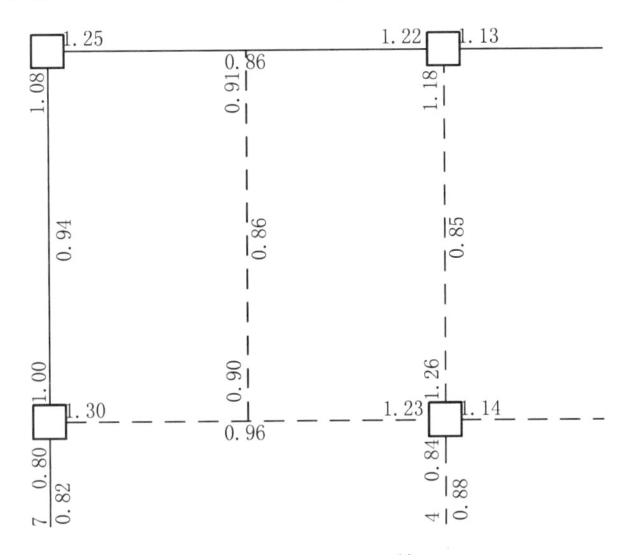

图 4-17 梁 *S*/*R* 验算图

4.2.4 钢筋标注

可以利用右侧菜单【钢筋标注】及图 4-4 梁平法施工图绘图界面中上方下拉菜单中的【标注尺寸】【标注轴线】【标注构件】等，来完善梁平法施工图。

《平法图集》(16G101-1)中规定梁平法施工图有平面注写方式和截面注写方式两种表达方式。软件生成的平法施工图主要采用平面注写方式表达，如需要增加截面注写方式时，可使用右侧菜单的【钢筋标注】—【增加截面】命令选择需要详细注写的梁截面位置。软件会根据绘图参数中输入的剖面图比例绘制详细截面。

《平法图集》(16G101-1)中规定平法施工图中应注明各结构层的顶面标高和相应的结构层号。软件自动生成的施工图不包含这些信息，需要用户手工插入。在下拉菜单【标注轴线】中可以用“标注图名”和“层高表”完成相关内容插入，如图 4-18 所示。

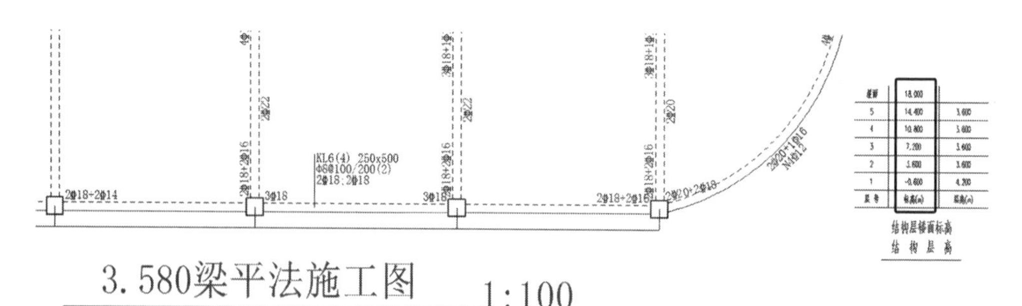

图 4-18　注图名及插入层高表

➢ **提示：**

① 软件直接生成的层高表中的“标高（m）”标注的是建筑标高，用户应自行修改为结构标高。

② 使用“标注图名”命令时，软件弹出注图名对话框，如图 4-19 所示。软件缺省标注的图名一般为“第*层梁结构平面图”，而在平法图集中一般表示为“**.***～**.***梁平法施工图”（**.***表示相对标高数值），因此用户需在该对话框中自行修改。

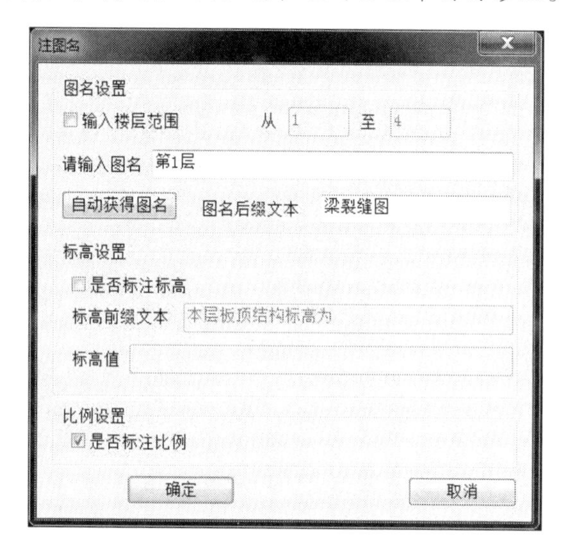

图 4-19　注图名对话框

对轴线未居中的梁，应标注其偏心定位尺寸，自动生成的施工图不绘制此项，用户可以通过下拉菜单【标注构件】中的“注梁尺寸”命令添加偏心定位尺寸。

4.2.5　挠度图、裂缝图

4.2.5.1　挠度图

点击右侧菜单中的【挠度图】，在弹出的挠度计算参数对话框（图 4-20）中设定相关参数，生成梁挠度图。其中挠度计算参数含义如下。

（1）使用上对挠度有较高要求：勾选该项时，程序采用《混凝土规范》表 3.4.3 括号中的挠度限值。

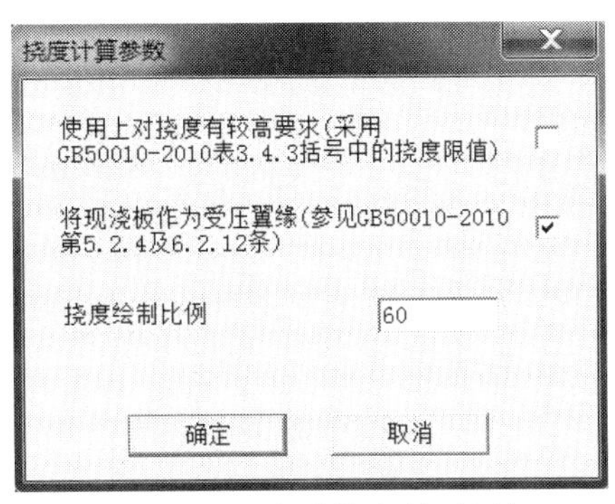

图 4-20　挠度计算参数对话框

（2）将现浇板作为受压翼缘：与梁相邻的现浇板在一定条件下可以作为梁的受压翼缘，而受压翼缘存在与否对不同梁的挠度计算有不同的影响。由梁短期刚度的计算公式可知，对于普通钢筋混凝土梁，受压翼缘对挠度影响较小；对于型钢混凝土梁，受压翼缘对挠度影响则很大。据此特点，程序由用户决定是否将现浇板作为受压翼缘。如果勾选此项，程序按《混凝土规范》6.2.12 条及 5.4.2 条计算受压翼缘宽度。

（3）挠度绘制比例：表示 1 mm 的挠度在图上用多少毫米表示。该数值越大，则绘制出的挠度曲线离梁轴线越远。

挠度值超限时，程序用红色显示。点击右侧菜单中的【计算书】命令并选择一跨梁，程序显示该跨梁的挠度计算书。计算书输出挠度计算的中间结果，包括各工况内力、标准组合、准永久组合、长期刚度、短期刚度等，便于检查校核。

4.2.5.2　裂缝图

点击右侧菜单中的【裂缝图】，在弹出的挠度计算参数对话框（图 4-21）中设定相关参数，生成梁裂缝图。相关参数含义在前面 4.2.2 节已有讲解，此处不再重复。

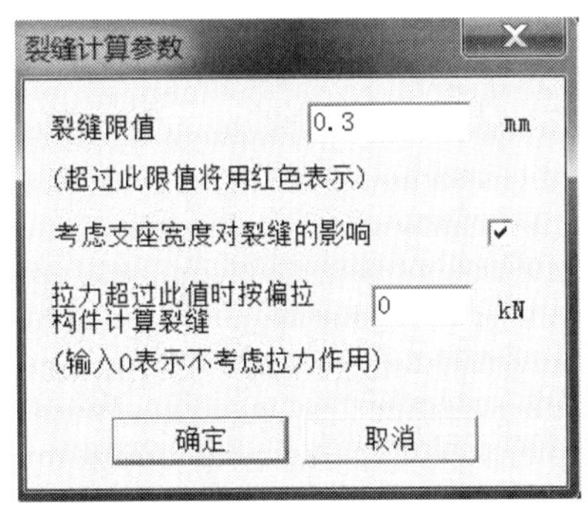

图 4-21　裂缝计算参数对话框

裂缝值超限时，程序同样用红色显示。与挠度图类似，软件同样提供了裂缝计算书的查询功能，可以使用计算书对梁跨进行复核。

4.2.6　梁施工图的表示方式

梁施工图模块可以输出平法图、立剖面图、三维示意图等多种形式的施工图。本节主要介绍各种施工图的特点及与施工图相关的功能。

4.2.6.1 施工图的管理

梁所有施工图均放在“工程目录\施工图”路径下（其他模块的施工图也在该路径下），其中“工程目录”是当前工程所在的具体路径。梁平法施工图的缺省名称为 PL*.T。其中“*”代表具体的自然层号。

每次进入软件或切换楼层时，系统会在施工图目录下搜寻相应的缺省名称的 T 图文件，如果找到，则打开旧图继续编辑，如果没有找到，则生成以缺省名称命名的 T 图文件。

如果模型已经更改或经过重新计算，原有的旧图可能与修改后的模型或计算不符，这时就需要重新绘制一张新图。在图 4-4 梁平法施工图绘图界面的右侧菜单中的【绘新图】命令即可实现此功能。点此命令后，会弹出图 4-22 所示对话框，用户可以选择绘新图时所进行的操作。各相关选项的含义如下：

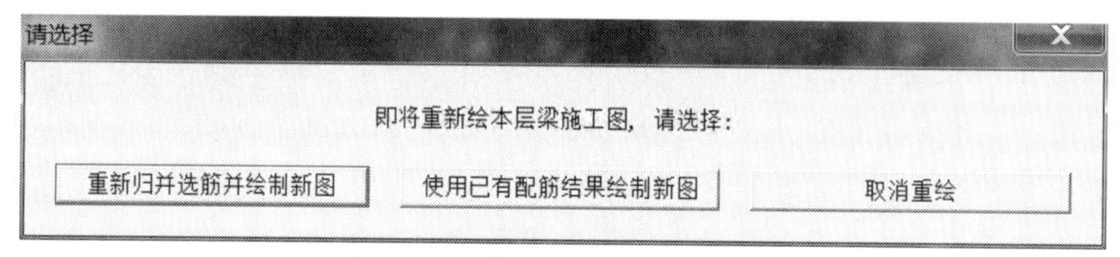

图 4-22 绘制新图时的对话框

（1）重新归并选筋并绘制新图：选择该项，则软件会删除本层所有已有数据，重新归并选筋后重新绘图。此项比较适合模型更改或重新进行有限元分析后的施工图更新。

（2）使用已有配筋结果绘制新图：选择该项，则软件只删除施工图目录中本层的施工图，然后重新绘图。绘图时使用数据库中保存的钢筋数据，不会重新选筋归并。此项适合模型和分析数据没变，但是钢筋标注和尺寸标注的修改比较混乱，需要重新出图的情况。

（3）取消重绘：该选项与点击右上角的小叉一样，都是不做任何实质性操作，只是关掉窗口，取消命令。

软件在图 4-4 所示梁平法施工图绘图界面的右侧菜单中还提供【编辑旧图】命令，用户可以通过此命令反复打开修改编辑过的施工图。

4.2.6.2 平法图的绘制

平面整体表示法施工图，简称平法图，已经成为梁施工图中最常用的标准表示方法。该表示方法具有简单明了、节省图纸和工作量的优点，因此梁施工图软件一直把平法作为软件最主要的施工图表示方法。

软件绘制平法施工图的依据是《平法图集》（16G101-1），主要采用平面注写方式，分别在不同编号的梁中各选一根梁，在其上使用集中标注和原位标注注写其截面尺寸和配筋具体数值，如图 4-4 所示。

4.2.6.3 立剖面图的绘制

立剖面图表示法是传统的施工图表示法，现在虽因其绘制烦琐而使用人数逐渐减少，但其钢筋构造表达直接详细的优点是平法图无法取代的。软件绘制的立剖面图如图 4-23 所示。

绘制立剖面图的具体方法是点击图 4-4 所示梁平法施工图绘图界面中的右侧菜单【立剖面图】命令，选择需要出图的连续梁。软件会标示将要出图的梁，同时用虚线标出所有归并结果相同并要出图的梁。一次可以选择多根连续梁出图，所选连续梁均会在同一张图上输出。

由于出图时图幅的限制，一次选梁不宜过多。选梁结束后，程序会弹出绘图参数对话框，用户在这里输入图纸号、立面图比例、剖面图比例等参数，如图 4-24 所示。如要查看每个连续梁的钢筋汇总结果，可勾选图 4-24 中的“梁钢筋编号并给出钢筋表”选项，这时程序会为本张图上的每个梁提供一个钢筋表。

1700
2Φ16
2Φ18
1Φ18+1Φ14
2Φ22
2Φ18
2Φ20
750
3600
1900
3599
Φ8@100(2)
Φ8@200(2)
5600
2400
5599
250 250
A
B
C
D
1Φ18+1Φ14
1Φ14
3Φ18
500
Φ8
2Φ22
2Φ18
250
13-13
14-14
15-15
16-16

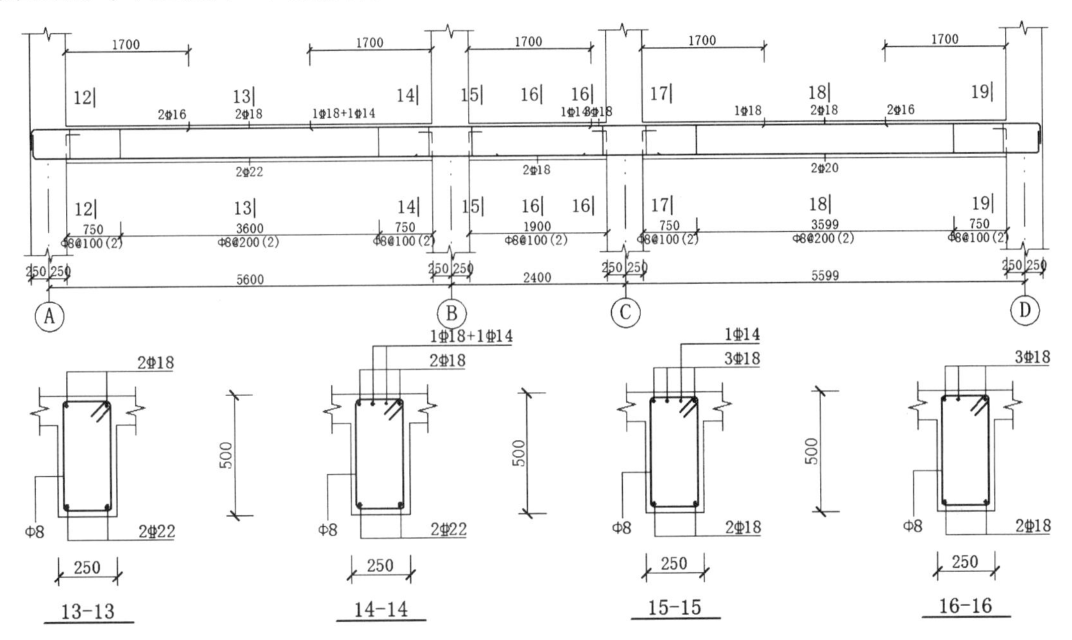

图 4-23　立剖面图

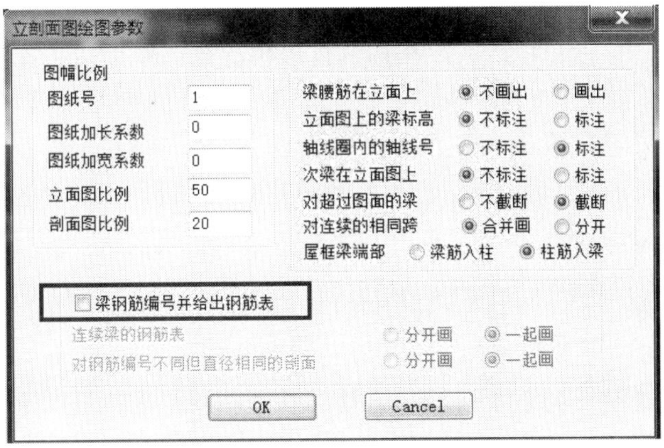

立剖面图绘图参数
图幅比例
图纸号 1
图纸加长系数 0
图纸加宽系数 0
立面图比例 50
剖面图比例 20
梁腰筋在立面上 不画出 画出
立面图上的梁标高 不标注 标注
轴线圈内的轴线号 不标注 标注
次梁在立面图上 不标注 标注
对超过图面的梁 不截断 截断
对连续的相同跨 合并画 分开
屋框梁端部 梁筋入柱 柱筋入梁
梁钢筋编号并给出钢筋表
连续梁的钢筋表 分开画 一起画
对钢筋编号不同但直径相同的剖面 分开画 一起画
OK
Cancel

图 4-24　立剖面图绘图参数

立剖面图的默认保存路径仍然是施工图目录，如果一次选择多根连续梁，则默认文件名是 LLM.T；如果一次选择一根连续梁，将用连续梁的名字作为默认图名。

4.2.6.4　三维图的绘制

与前两种图相比，三维图更能直观地体现各构件的空间位置以及钢筋的构造特点与摆放情况，用户可直观地判断钢筋构造是否合理。

图 4-4 所示梁平法施工图绘图界面中的右侧菜单【三维图】命令，选择需要出图的连续梁。软件自动绘出该梁的配筋三维图，如图 4-25 所示。

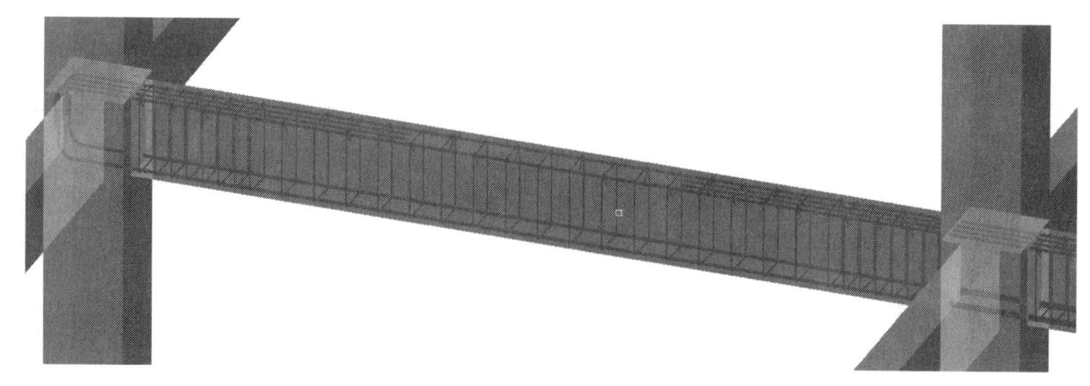

图 4-25　梁配筋三维图

4.3　柱施工图

柱施工图绘制主要包括以下几个步骤：（1）参数设置；（2）设置钢筋标准层；（3）柱筋归并；（4）选择绘制楼层绘新图；（5）钢筋修改；（6）绘制柱表或按平法出图。

4.3.1　连续柱的生成与归并

SATWE、TAT、PMSAP 等空间结构计算完成后，做柱施工图设计之前，首先要将上下层相互连接的柱段串成一根连续的柱串，然后根据计算配筋的结果对各连续柱串进行归并，从而简化出图。

把水平位置重合，柱顶和柱底彼此相连的柱段串起来，就形成了连续柱。连续柱是柱配筋的基本单位。

形成连续柱后需要进行归并，柱子的归并仍然包括竖向归并（划分钢筋标准层）和水平归并。

4.3.1.1　连续柱的生成

程序把水平位置重合，柱顶和柱底彼此相连的柱生成连续柱。其关键是确定柱段是否可以彼此连接，程序判断的主要依据是：

（1）下层柱上端 Z 坐标与上层柱下端 Z 坐标必须相等，也就是说下层柱的柱顶标高应等于上层柱的柱底标高。

（2）上下柱的截面水平投影位置必须有重叠部分。

4.3.1.2　划分钢筋标准层

连续柱生成后，程序对同一连续柱内的不同层柱段进行竖向归并，即划分钢筋标准层。同一位置且同属一个钢筋标准层的若干柱段应该有相同的几何性质和相似的计算配筋，程序在自动选筋时会将连续柱上相同钢筋标准层的各层柱段的计算配筋面积统一取较大值，然后为这些柱段配置完全相同的实配钢筋。划分钢筋标准层后，若干自然层可使用同一张平法施工图，以减少图纸数量。

点击图 4-26 所示柱平法施工图绘图界面的右侧菜单【设钢筋层】，程序弹出柱钢筋标准层的定义界面，此界面与梁施工图模块的钢筋标准层定义界面完全相同，详细操作方法也与梁钢筋标准层相同，此处不再重复。

程序默认每个自然层均为一个单独的柱钢筋层，钢筋标准层数与自然层数一致。这是由于柱内力和配筋主要取决于上层传来的荷载，即使结构标准层相同，不同自然层的柱计算配筋也可能会有较大差异，强制划为同一个钢筋层的话，可能上层柱钢筋放大较多，不经济。但对于荷载不大，层数较少的结构，可能不同层的柱配筋相似，此时用户也可以修改钢筋标准层少于自然层数，这样可以减少出图数量。

➢ **提示：**

① 设置的钢筋标准层少时，虽然画的施工图可以简化减少，但实配钢筋是在各层自然层的柱段中归并取大，有时会造成钢筋使用量偏大。

② 将多个结构标准层归为一个钢筋标准层时，应注意一般情况下属于一个钢筋层的各自然层的柱平面布置、连续柱上下层的截面布置也应该相同。截面布置不同的柱段，程序不会按照钢筋层的设置进行竖向归并，而是各层柱段分别进行配筋。

4.3.1.3 连续柱的水平归并

为了减少连续柱种类，简化出图，一般会把几何条件相同、受力配筋相似的连续柱归为一类，这个过程就是柱的水平归并。其步骤如下：

（1）对连续柱作几何归并。只有几何信息完全相同的柱才能归并为一组。几何信息相同，首先要求连续柱包含的柱段数完全相同，其次比较各对应柱段的几何参数，包括自下至上各层对应柱段的截面形式、截面尺寸、柱段高、与柱相连的梁的几何参数都需要完全相同。

➢ **提示：**

如果用户选择归并参数“归并是否考虑柱偏心”为“考虑”，则归并时还考虑了各层柱的平面布置是否相同，此时偏心信息不同的柱也不能归并为同一类几何相同柱。

（2）将各层中每根柱的计算配筋面积乘以参数中的放大系数，然后根据钢筋归并标准层的设置，对每根连续柱分别作计算配筋取大值的归并，即当某个钢筋标准层内包含的自然层数大于一时，该标准层的柱配筋取各自然层中的最大值。取得各柱段配筋面积后，程序为每根连续柱分别选择纵筋和箍筋。

（3）根据每根连续柱的实配钢筋和用户给出的归并系数，在各类几何相同的连续柱内进行归并。如果某个类别的几何相同柱包含多根连续柱时，程序按照它们之间的配筋差异进行归并。这里的配筋差异是连续柱之间实配纵筋数据（主要指纵筋）的不同率，不同率≤归并系数，就可以归并为同一个编号的柱。

➢ **提示：**

① 不同率指两根连续柱之间实配纵筋数据不同的数量占全部对比的钢筋数量的比值。如某8层的矩形截面柱，描述一段柱的纵筋数据有3个：角筋、X向纵筋、Y向纵筋。8层共有24个对比的纵筋数据，如果这24个数据中有6个不同，不同率就是6/24=0.25。

② 归并时，不同率不考虑箍筋，最后相同编号的柱实配箍筋自动取同一自然层的最大值。

③ 不同几何相同类别的连续柱不会归并在一起。即当归并系数取最大值1时，只要几何条件相同的连续柱，就可以归并为相同编号的柱，程序自动取同层柱段的实配钢筋最大值。

4.3.2 柱施工图的参数设置

在图 4-1 所示的墙梁柱施工图主界面选择主菜单 3“柱平法施工图”或主菜单 4“柱立剖面施工图”，即可进入柱施工图模块。进入绘图环境后，程序自动打开当前工作目录下的第一标准层平面图，此时柱子参数还未输入，柱尚未归并，因此各柱配筋不显示，柱名均为“未命名”，如图 4-26 所示。

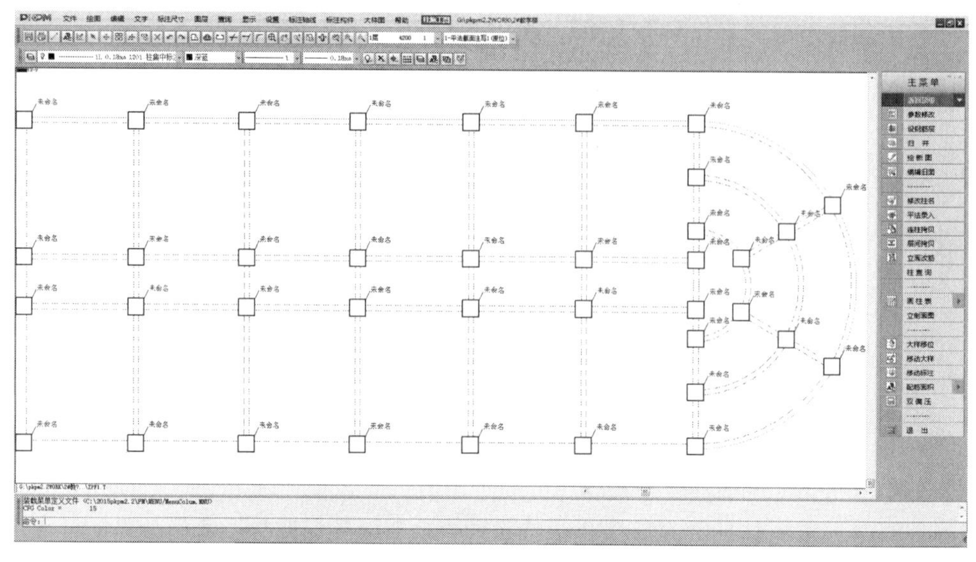

图 4-26 柱平法施工图绘图界面

点击右侧菜单中的【参数设置】，弹出对话框如图 4-27 所示。在出施工图之前要设置绘图、归并、配筋等参数。下面介绍其中的主要参数。

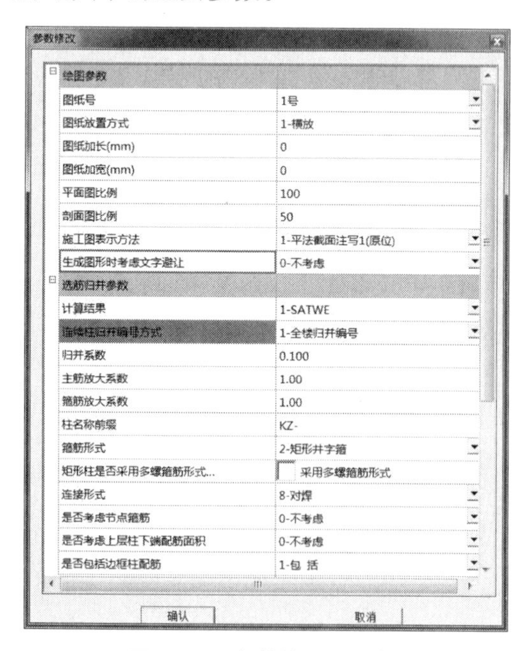

图 4-27 参数修改对话框

4.3.2.1　绘图参数

该参数主要设置图纸大小、图纸放置方式、是否加长、比例及施工图表示方法等。这里主要介绍施工图表示方法。软件提供了7种不同的画法，满足不同地区对施工图表示方法的不同需求，如图4-28所示。

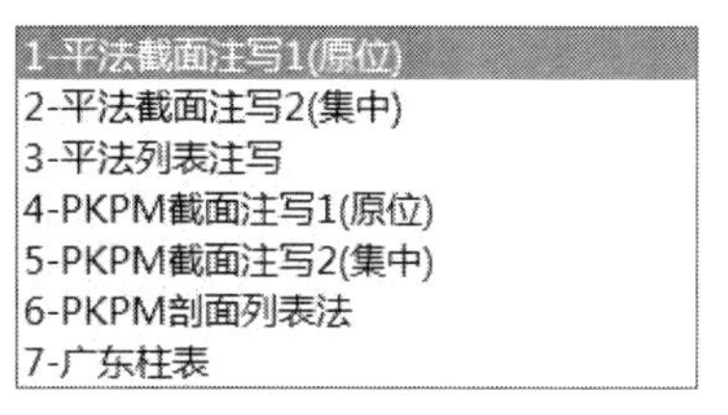

图4-28　柱画法选择

1. 平法截面注写1（原位）

平法截面注写1参照《平法图集》（16G101-1），分别在同一个编号的柱中选择其中一个截面，用比平面图放大的比例在该截面上直接注写截面尺寸、具体配筋数值的方式来表达柱配筋。如图4-29所示。

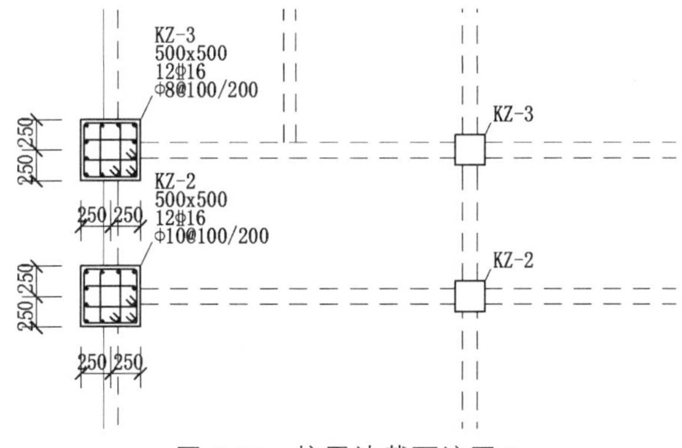

图4-29　柱平法截面注写1

2. 平法截面注写2（集中）

平法截面注写2参照《平法图集》（16G101-1），在平面图上原位标注归并的柱号和定位尺寸，截面详图在图面上集中绘制，也可以采取表格的形式和集中绘制，如图4-30所示。

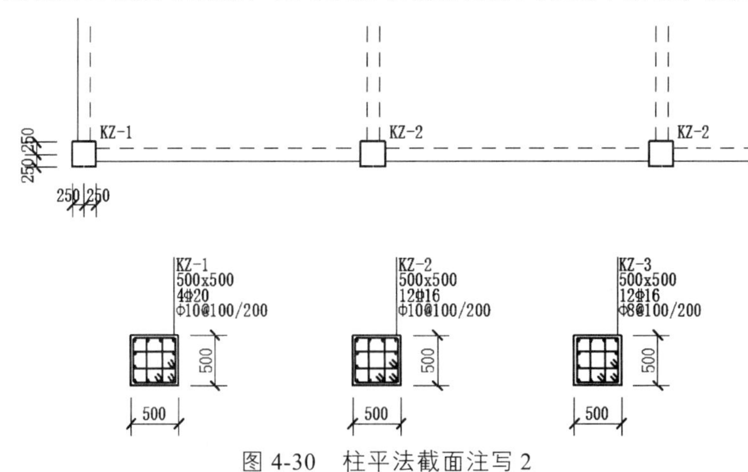

图4-30　柱平法截面注写2

3. 平法列表注写

平法列表注写参照《平法图集》（16G101-1），该法由平面图和表格组成，表格中注写每一种归并截面柱的配筋结果，包括该柱各钢筋标准层的结果，注写了它的标高范围、尺寸、偏心、角筋、纵筋、箍筋等。点击右侧菜单【画柱表】—【平法柱表】，弹出如图4-31所示选择柱子对话框，确定好各参数后，生成按平法列表注写的柱子施工图，如图 4-32 所示。

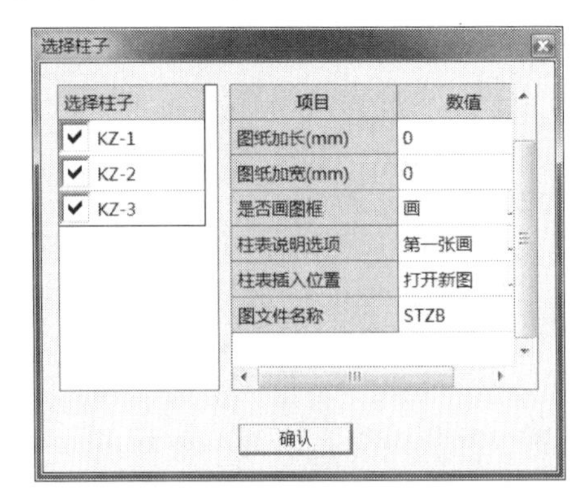

图 4-31　选择柱子对话框

箍筋类型1.(mxn)　箍筋类型2.　箍筋类型3.　箍筋类型4.　箍筋类型5.　箍筋类型6.　箍筋类型7.　箍筋类型8.　箍筋类型9.　箍筋类型10.

柱号	标高	bxh(bixhi) (圆柱直径D)	b1	b2	h1	h2	全部纵筋	角筋	b边一侧中部筋	h边一侧中部筋	箍筋类型号	箍筋	备注
KZ-1	-0.600-14.400	500x500	250	250	250	250		4Φ20	2Φ16	2Φ16	1.(4x4)	Φ10@100/200	
	14.400-18.000	500x500	250	250	250	250	12Φ16				1.(4x4)	Φ8@100/200	
KZ-2	-0.600-14.400	500x500	250	250	250	250	12Φ16				1.(4x4)	Φ10@100/200	
	14.400-18.000	500x500	250	250	250	250	12Φ16				1.(4x4)	Φ8@100/200	
KZ-3	-1.200-14.400	500x500	250	250	250	250	12Φ16				1.(4x4)	Φ8@100/200	
	14.400-18.000	500x500	250	250	250	250	12Φ16				1.(4x4)	Φ8@100/200	

图 4-32　平法列表注写

4. PKPM 截面注写 1（原位标注）

将传统的柱剖面详图和平法截面注写方式结合起来，在同一个编号的柱中选择其中一个截面，用比平面图放大的比例直接在平面图上柱原位放大绘制详图，如图 4-33 所示。

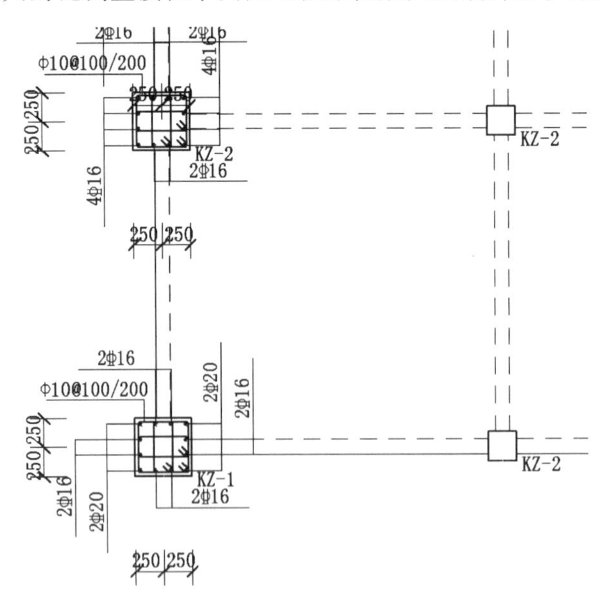

图 4-33　PKPM 截面注写 1

5. PKPM 截面注写 2（集中标注）

在平面图上柱原位只标注柱编号和柱与轴线的定位尺寸，并将当前层的各柱剖面大样集中起来绘制在平面图侧方，图纸看起来简洁，并便于柱详图与平面图的相互对照，如图 4-34 所示。

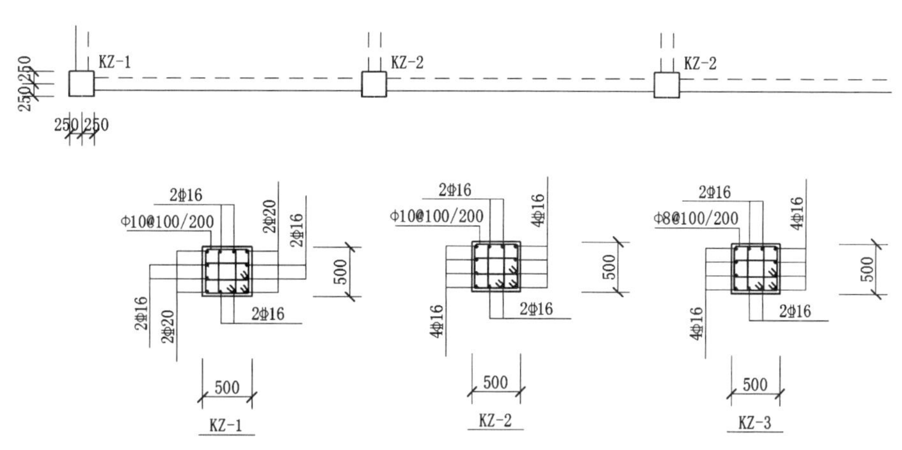

图 4-34　PKPM 截面注写 2

6. PKPM 剖面列表法

PKPM 柱表表示法，是将柱剖面大样画在表格中排列出图的一种方法。表格中每个竖向列是一根纵向连续柱各钢筋标准层的剖面大样图，横向各列为自下到上的各钢筋标准层的内容，包括标高范围和大样。平面图上只标注柱名称。这种方法平面标注图和大样图可以分别管理，图纸标注清晰，如图 4-35 所示。

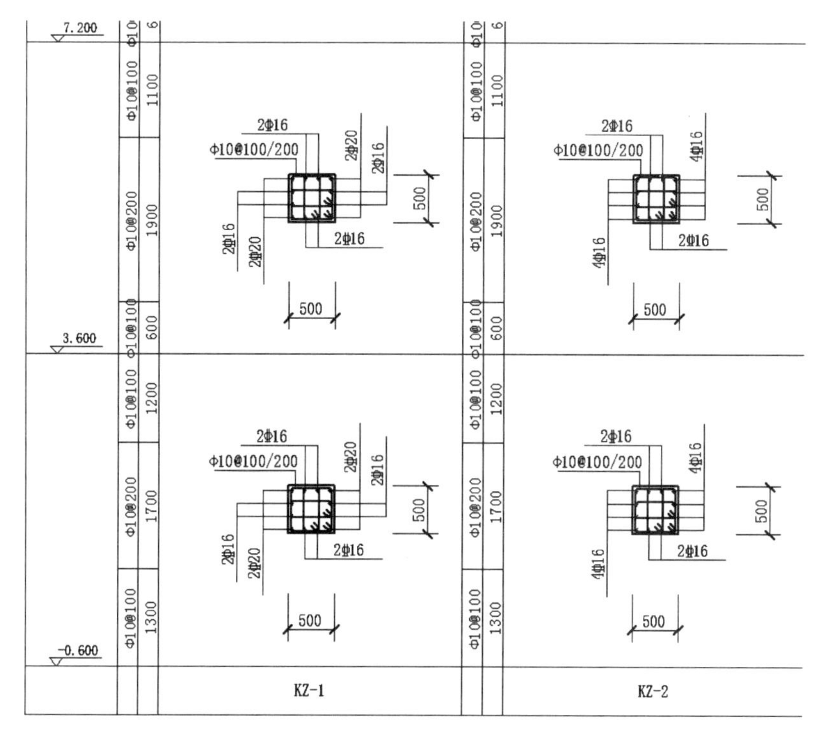

图 4-35　PKPM 剖面列表法

7. 广东柱表画图方式

广东柱表是在广东地区被广泛采用的一种柱施工图表示方法。表中每一行数据包括了柱所在的自然层号、几何信息、纵筋信息、箍筋信息等内容，并且配以柱施工图说明，表达方式简洁明了，便于施工人员看图，如图 4-36 所示。

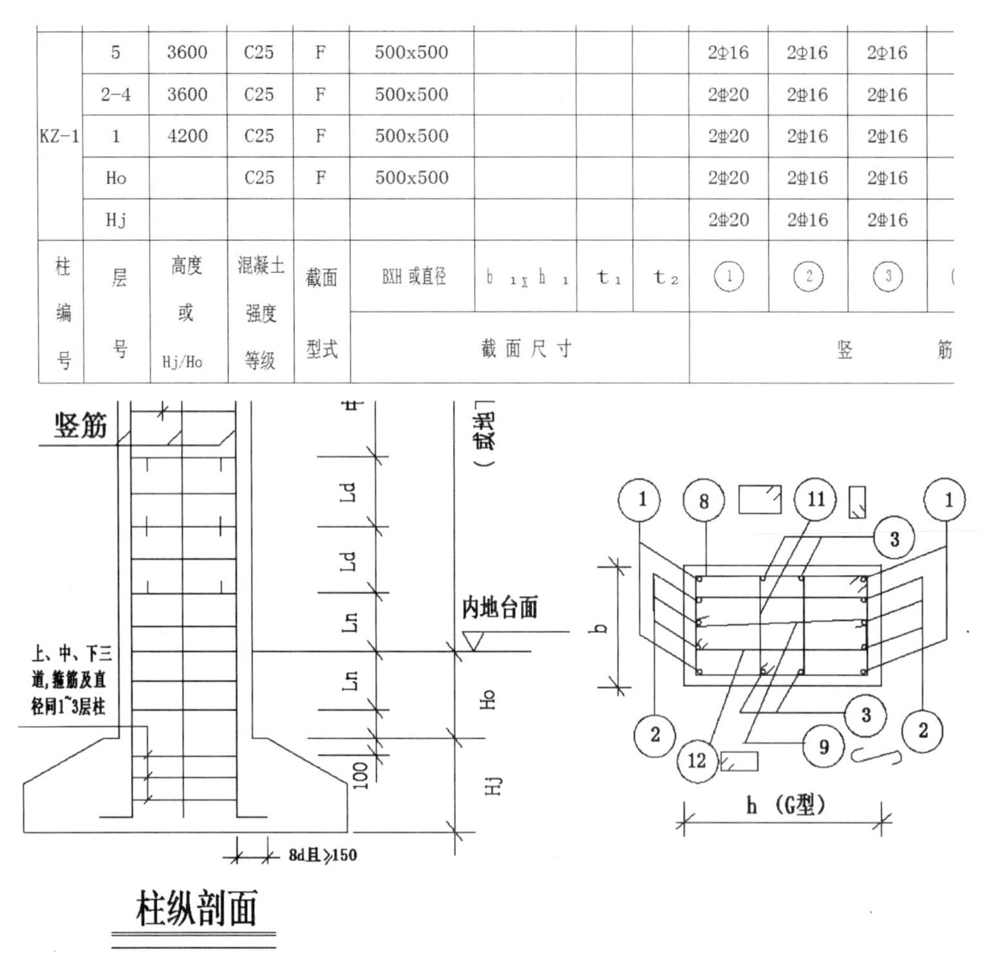

柱编号	层号	高度或Hj/Ho	混凝土强度等级	截面型式	BXH 或直径	$b_1 \times h_1$	t_1	t_2	①	②	③
KZ-1	5	3600	C25	F	500x500				2Φ16	2Φ16	2Φ16
	2-4	3600	C25	F	500x500				2Φ20	2Φ16	2Φ16
	1	4200	C25	F	500x500				2Φ20	2Φ16	2Φ16
	Ho		C25	F	500x500				2Φ20	2Φ16	2Φ16
	Hj								2Φ20	2Φ16	2Φ16
					截面尺寸				竖筋		

图 4-36　广东柱表

➢　提示：

除了上述平法或柱表的施工图表达方式外，考虑到传统的柱立剖面图画法更直观，更便于施工人员看图，程序还提供了传统的柱立剖面图绘制方式，可通过点击图 4-26 柱平法施工图绘图界面右侧菜单【立剖面图】，交互地画出每一根柱的立面和大样，同时还增加了三维线框图和渲染图，能够真实地表示出钢筋的绑扎和搭接等情况，如图 4-37、图 4-38 所示。

4.3.2.2　选筋归并参数

这部分定义的参数内容较多，以下重点讲解一下主要参数。

1. 计算结果

如果当前工程采用了不同的计算程序，如 SATWE、TAT、PMSAP 等，用户可以选择不同的计算结果进行归并选筋。

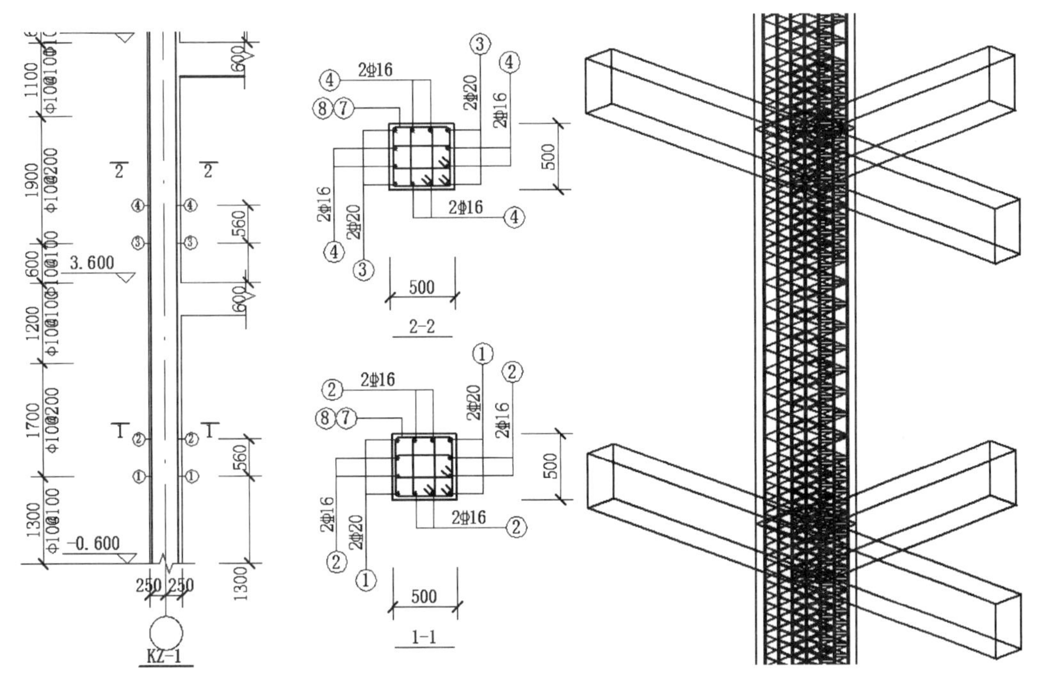

图 4-37　柱立剖面图　　　　图 4-38　柱三维线框图

2. 连续柱归并编号方式

程序提供两种编号方式：① 全楼归并编号；② 按钢筋标准层归并编号。第一种方式是在全楼范围内根据用户定义的“归并系数”对连续柱列进行归并编号；第二种方式是在每个钢筋标准层的范围内根据用户定义的“归并系数”对连续柱列进行归并编号。

一般地，在相同的归并系数下，按全楼归并编号的柱子类别要少于按钢筋标准层归并编号的柱子类别。

3. 归并系数

该系数是对不同连续柱列作归并的一个系数，主要根据两根连续柱列之间的不同实配钢筋（主要指纵筋，每层有上、下两个截面）占全部纵筋的比例。该值的范围 0 ~ 1。如果该系数为 0，则要求编号相同的一组柱所有的实配钢筋数据完全相同；如果归并系数取 1，则只要几何条件相同的柱就会被归并为相同的编号。

4. 主筋及箍筋放大系数

只能输入≥1.0 的数，程序在选择纵筋时，会把读到的计算配筋面积×放大系数后进行实配钢筋的选取。

5. 箍筋形式

对于矩形截面柱共有 4 种箍筋形式可选择。对其他非矩形、圆形的异形截面柱这里的选择不起作用，程序将自动判断应该采取的箍筋形式，一般多为矩形箍和拉筋井字箍。

6. 矩形柱是否采用多螺箍筋形式

当勾选此项时，表示矩形柱按照多螺箍筋形式配置箍筋。

7. 连接形式

程序提供 12 种连接形式，主要用于立面画法，用于表示相邻层纵向钢筋之间的连接方式。

8. 是否考虑节点箍筋

以前的版本没有考虑节点核心区的箍筋，现在新版本中增加了是否考虑节点核心区箍筋的选项。可参阅《抗震规范》6.3.10 条。

9. 是否考虑上层柱下端配筋面积

通常每根柱确定配筋面积时，除考虑本层柱上、下端截面配筋面积取大值外，还要将上层柱下端截面配筋面积一并考虑。该参数可由用户选择是否考虑上层柱下端截面配筋面积。

10. 是否包括边框柱配筋

可以通过本选项控制在柱施工图中是否包括剪力墙边框柱的配筋，如果不包括，则剪力墙边框柱就不参加归并以及施工图的绘制，此时边框柱应该在剪力墙施工图程序中进行设计；如果包括边框柱配筋，则程序读取的计算配筋包括与柱相连的边缘构件的配筋。

11. 归并是否考虑柱偏心

如果选择“考虑”，则在归并时，判断几何条件是否相同的因素中包括了柱偏心数据，否则柱偏心不作为几何条件考虑。

12. 每个截面是否只选一种直径的纵筋

如果选择“是”，则每个柱截面选出的钢筋种类只有一种；否则，矩形柱每个方向运行选出两种直径的钢筋，异形柱整个截面可以采用两种直径的纵筋。

13. 设归并钢筋标准层…

点击“设归并钢筋标准层…”，弹出定义钢筋标准层对话框，可在该对话框中定义钢筋标准层。该操作与点击图 4-26 柱平法施工图绘图界面右侧菜单【设钢筋层】的功能相同。

4.3.2.3 选筋库

1. 是否考虑优选钢筋直径

如果选“是”且优选影响系数大于 0，程序可根据用户设定的优选直径顺序并考虑优选影响系数选筋。

2. 优选影响系数

这是加权影响系数，选筋时首先计算实配钢筋面积与计算配筋面积的比值，然后将其乘以纵筋库中顺序排列的钢筋直径对应的优选加权影响系数，最后选择比值最小的那组。优选影响系数如果为 0，则直接选择实配钢筋面积与计算配筋面积的比值最小的那组；如果大于 0，则考虑纵筋库的优先顺序，即按纵筋库中钢筋直径排列的顺序选择钢筋。

3. 纵筋库

用户可根据工程实际情况，设定运行选用的钢筋直径。如果采用考虑优先钢筋直径，则程序可根据用户输入的数据顺序优先选用排在前面的钢筋直径。

4. 箍筋库

箍筋直径首先应执行相应的规范条文，在满足规范条文的前提下，按箍筋库设定的先后顺序，优先选用排在前面的箍筋直径。

➢　**提示：**

【参数修改】中的【归并参数】和【选筋库】修改后，应重新执行【归并】命令。由于归并后配筋将有变化，程序将自动刷新当前层图形，钢筋标注内容将按照程序默认的位置重新标注。

4.3.3　钢筋修改及施工图编辑

通过前述的操作过程，即设定柱钢筋标准层、设置柱配筋参数并进行连续柱的生成与归并，则程序会自动根据用户的相关定义绘出指定层柱的平法施工图（首次进入柱平法施工图，程序缺省先绘制第 1 层柱平法施工图，若要更改楼层绘图，可利用柱平法施工图绘图界面的上侧下拉菜单更改楼层，如图 4-39 所示），若用户对其中柱的某些配筋不满意，可利用图 4-26 所示柱平法施工图绘图界面的右侧菜单中的【平法录入】【立面改筋】【大样移位】等命令进行钢筋查询与修改以及施工图的编辑。此外还可以利用【配筋面积】显示计算面积和实配面积。

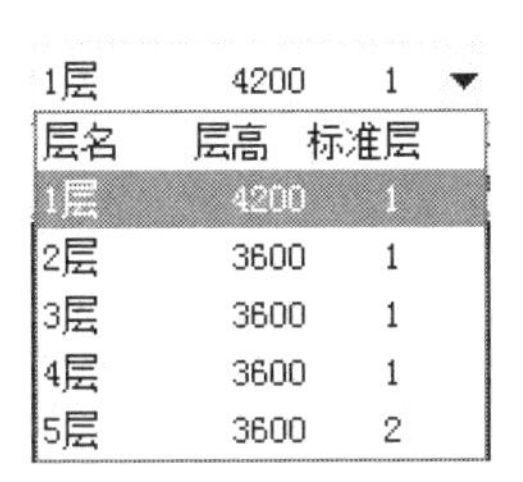

图 4-39　更换楼层下拉菜单

➢　**提示：**

使用【立面改筋】及【配筋面积】等修改钢筋后，应执行其下的【重新归并】命令。

4.3.4　柱的单偏压和双偏压配筋计算

在 SATWE 结构计算软件中的补充参数定义中，可以由用户选择按单偏压计算或双偏压计算，对于用户定义的角柱、异形截面柱程序自动采用双偏压计算方法。

结构按照空间模型计算，在任何一个荷载组合工况下，柱都处于双向受弯状态，按双偏压计算应该更合理，但是，考虑到单偏压是传统的计算方法，并且也易于手算，双偏压计算必须采用计算机软件进行，同时，柱的双偏压计算结果可以是个多解的结果，它和计算初始的钢筋关系很大，其不同的计算结果之间还可能差别较大。故现在大多采取在 SATWE 中定义单偏压计算，在柱施工图模块中采用双偏压进行验算。

在进行了全楼归并，并配置了柱钢筋，或用户修改了柱钢筋后，可以直接执行图 4-26 所示柱平法施工图绘图界面的右侧菜单中的【双偏压】对柱进行双偏压验算，检查实配钢筋结果是否满足双偏压验算要求。对于不满足双偏压验算的柱，程序以红色标注显示。用户可以直接修改该柱的实配钢筋，再次验算，直到满足为止。

> **提示：**
>
> 在修改双偏压验算通不过的柱钢筋时，还可以采用的解决方法有：
>
> ① 修改选筋库，采用较小直径的纵筋；
>
> ② 修改实配钢筋，增加根数的同时减少直径，或直接增大钢筋直径等。

4.4 剪力墙施工图

在墙梁柱施工图模块的主界面选择“7 剪力墙施工图”，进入剪力墙施工图绘图主界面，右侧菜单如图 4-40 所示。

在剪力墙施工图中应反映以下内容：墙的平面布置情况；墙体配置的分布筋；墙端和若干道墙交汇处的边缘构件形状、尺寸和配筋；墙梁的尺寸、平面布置、高度（竖向位置）和配筋。

程序提供了“截面注写图”和“平面图+大样”两种剪力墙施工图表达方式，用户可随时在这两种方式间进行切换。

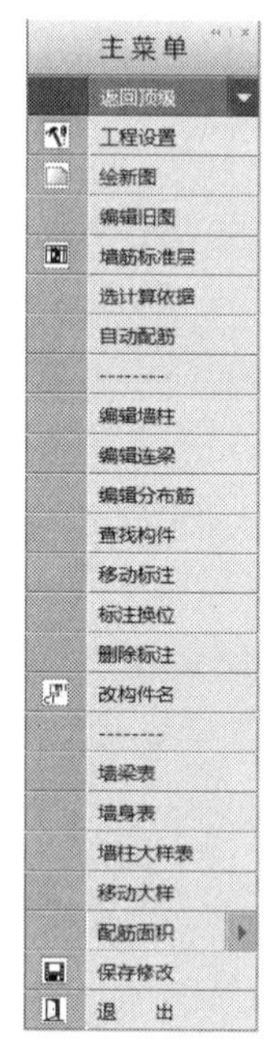

图 4-40　剪力墙施工图主菜单

4.4.1　操作流程

4.4.1.1　画墙施工图之前应完成的工作

首先用 PMCAD 建立工程模型，然后用分析设计程序，如 SATWE、TAT 或 PMSAP 进行整体分析并计算构件配筋面积，目前应用最广的是 SATWE。在 SATWE 中完成整体结构的“内力、配筋计算”后，可进入“分析结果图形和文本显示”中的“剪力墙组合配筋修改及验算”对边缘构件纵筋配筋量做进一步优化调整。该“组合配筋”的结果可反映到墙施工图中。一般，“组合配筋”结果比 SATWE 的初步分析结果配筋量小。

4.4.1.2　画墙施工图的主要步骤

完成整体分析后，需在墙施工图程序中设定划分墙筋标准层的方案，并设置备选钢筋规格等参数。然后用【自动选筋】功能，由程序读取指定层的配筋面积计算结果，按用户设定的钢筋规格进行选筋，并通过归并整理与智能分析生成当前墙筋标准层的墙内配筋。再用【编辑墙柱】等功能对程序选配的钢筋进行调整。一般流程如图 4-41 所示。

4.4.2　楼层归并和钢筋标准层

进行剪力墙施工图设计之前，要对计算配筋结果进行归并，从而简化出图。第一步归并是划分钢筋标准层，并在同一钢筋标准层内对其包含的各自然层做归并；第二步归并就是在每个钢筋标准层内，对截面尺寸相同的构件归并为同一个编号并配置相同的钢筋。

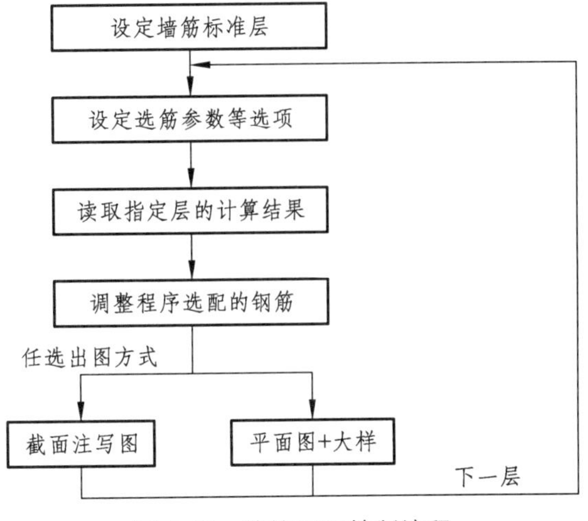

图 4-41　墙施工图绘制流程

对一个工程首次执行剪力墙施工图程序时，程序会按照结构标准层的划分状况生成默认的墙钢筋标准层。两自然层归为同一墙筋标准层的条件为：所属结构标准层相同；上、下相连的楼层结构标准层对应相同；层高相同。

点击剪力墙施工图绘图主界面右侧菜单的【墙筋标准层】，弹出定义钢筋标准层对话框，如图 4-42 所示。左右两部分反映的内容总是保持一致，用户可在两者中任选其一进行修改。其具体操作与划分梁钢筋标准层相似，可参阅前面相关内容，此处不再重复。

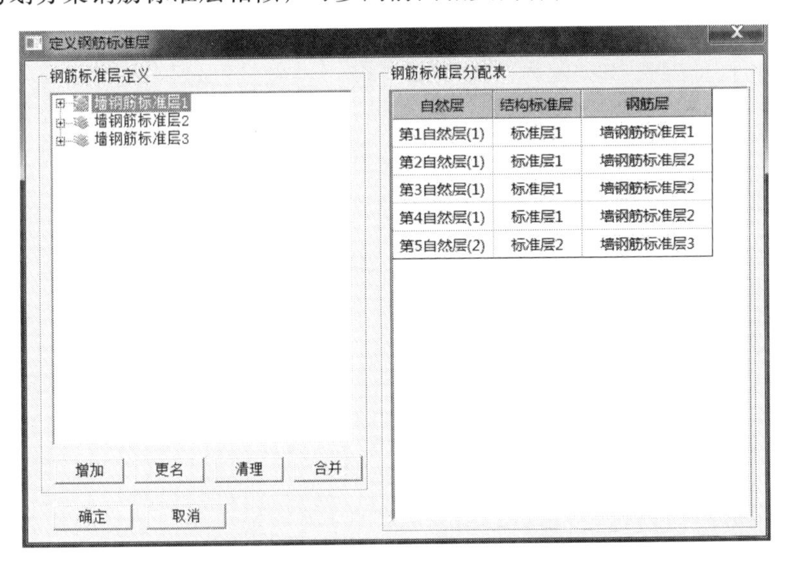

图 4-42　划分墙筋标准层对话框

用户可根据工程实际情况将分属不同结构标准层的自然层也归并到同一个钢筋标准层中，只要这些结构标准层的墙截面布置相同。如果属于同一墙筋标准层的若干自然层所属的结构标准层构件布置有差异，墙施工图程序画平面图时将使用自然层号最小的楼层作为代表。

程序自动配筋时，对每个构件取该钢筋标准层包含的所有楼层中同一位置构件的最大配筋计算结果进行选筋，这就是程序第一个层次的归并。反之，不同钢筋标准层之间不作任何归并，画图的内容没有任何关联。相同构件名称在不同的墙筋标准层可代表不同的形状和配筋。

➢ **提示：**

① 布置约束边缘构件和构造边缘构件的楼层将被自动划分在不同的墙筋标准层中。一般而言，用户调整墙筋标准层划分时也应遵循这一规律。

② 在梁、板、柱、剪力墙等不同构件的施工图程序中，所设置的钢筋标准层是相互独立的。各模块中对钢筋标准层的划分情况互不影响。

③ 可以在程序执行过程中调整各自然层与墙筋标准层间的归属关系。但应注意如果对已画图的楼层重新设置了墙筋标准层，当前工程文件夹中的图纸文件中所标注的文字并未自动更新，因此可能与后设置的楼层关系不符，这时需要用户重新绘制影响到的各相关楼层墙施工图。

4.4.3 工程设置

点击剪力墙施工图绘图主界面右侧菜单的【墙筋标准层】，弹出图 4-43 所示对话框，用户需根据工程实际情况设置相应参数，部分参数含义如下。

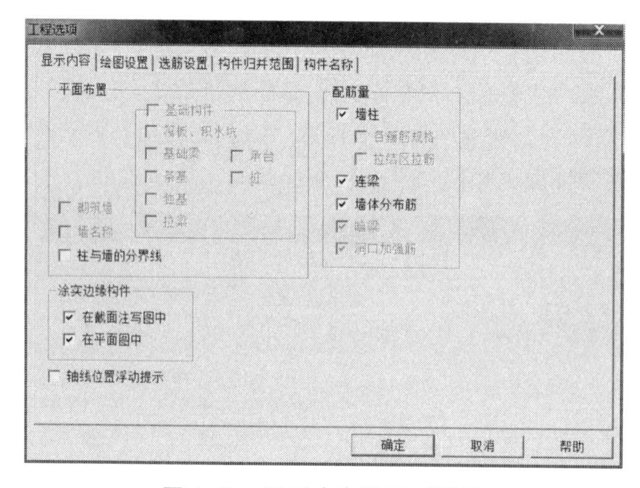

图 4-43　显示内容设置对话框

4.4.3.1 显示内容

用户在这里定义施工图中显示的内容，如图 4-43 所示。

1. 配筋量

表示在平面图中（包括截面注写方式的平面图）是否显示指定类别的构件名称和尺寸及配筋的详细数据。

2. 墙与柱的分界线

该项指按绘图习惯确定是否要画墙和柱之间的界线。

3. 涂实边缘构件

若勾选，则在截面注写图中，将涂实未做详细注写的各边缘构件；在平面图中则是对所有边缘构件涂实。

4. 轴线位置浮动提示

若勾选，则对已命名的轴线在可见区域内示意轴号。但此类轴号显示内容仅用于浮动提示，不保存在图形文件中。

4.4.3.2 绘图设置

本页设置对以后画的图有效，已画的图不受影响。如图4-44所示。

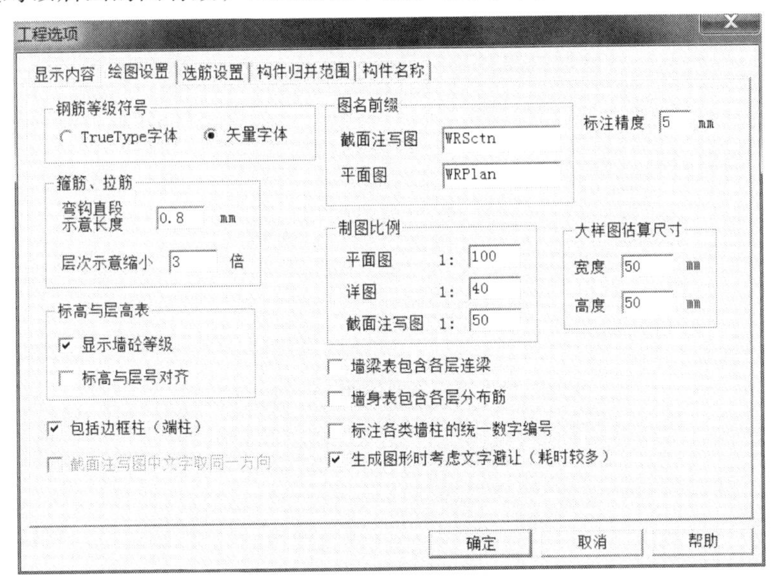

图4-44 绘图设置对话框

1. 钢筋等级符号

可根据绘图习惯选用TrueType字体或矢量字体表示钢筋等级符号。

2. 标高与层高表

程序中的层高表是参照《平法图集》（16G101-1）提供的形式绘制的，即在层高表中以粗线表示当前图形所对应的各楼层。用户可按绘图习惯选择是否在层高表中显示墙的混凝土强度等级以及标高与层号是否对齐。

3. 大样图估算尺寸

指画墙柱大样表时每个大样所占的图纸面积。

4. 墙梁表包含各层连梁，墙身表包含各层分布筋。

可根据绘图习惯选择是否在同一张图纸上显示多层内容。

5. 标注各类墙柱的统一数字编号

若勾选，则程序用连续编排的数字编号替代各墙柱的名称。

4.4.3.3 选筋设置

选筋的常用规格和间距按墙柱纵筋、墙柱箍筋、水平分布筋、竖向分布筋、墙梁纵筋、墙梁箍筋等六类分别设置。程序根据计算结果选配钢筋时，将按这里的设置确定所选钢筋的规格。还可以在读入部分楼层墙配筋后重新设置本页参数，修改的结果将影响此后读计算结果的楼层，这样可实现在结构中分段设置墙钢筋规格。如图 4-45 所示。

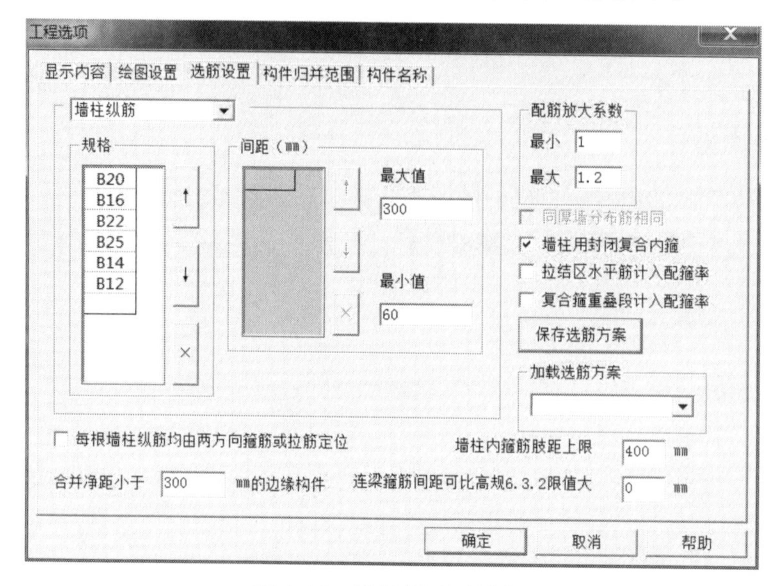

图 4-45　选筋设置对话框

1. 规格和间距

表中列出的是配筋时优先选用的数值。

<规格>表示钢筋的等级和直径。用 A ~ F 依次代表不同型号钢筋，依次为 HPB300、HRB335、HRB400、HRB500、CRB550、HPB235。

选配纵筋时，程序根据构件尺寸确定所需的纵筋根数范围，按计算配筋面积和构造配筋量中的较大值，依<规格>表中的次序进行选配。当得到的配筋面积大于前述较大值且超过所需面积不多（其倍数不大于“配筋放大系数”），即认为选配成功，不再考虑排在后面的备选规格。

➢　**提示：**

① 将较小直径的规格排在<规格>表中靠上部位，得到的自动配筋结果与计算所需面积之差一般较小。

② 当在<规格>表中设置的钢筋等级与计算时所用等级不同时，程序对计算配筋面积做等强度代换。

纵筋间距由“最大值”和“最小值”限定，不用<间距>表中的数值。箍筋或分布筋间距则只用表中数值，不考虑“最大值”和“最小值”。

2. 同厚墙分布筋相同

若勾选，则程序在设计配筋时，在本层的同厚墙中找计算结果最大的一段，据此配置分布筋。

3. 墙柱用封闭复合内箍

若勾选，则墙柱内的箍筋优先考虑使用封闭形状。

4. 拉结区水平筋计入配箍率、复合箍重叠段计入配箍率

现行规范对计算复合箍的体积配箍率时是否扣除重叠部分暂未做明确规定，程序提供相

应选项，由用户自行确定。

5. 每根墙柱纵筋均由两方向箍筋或拉筋定位

通常用于抗震等级较高的情况，如果勾选本项，则程序不再按默认的“隔一拉一”处理，而是对每根纵筋均在两方向定位。

6. 保存/加载选筋方案

选筋方案包括本页上除<边缘构件合并净距>之外的全部内容，均保存在 CFG 目录下的“墙选筋方案库.MDB”文件中。保存时可指定方案名称，在做其他工程墙配筋设计时可用<加载选筋方案>调出已保存的设置。

4.4.3.4　选筋设置

同类构件的外形尺寸相同，需配的钢筋面积（计算配筋和构造配筋中的较大值）差别在本页参数指定的归并范围内时，程序按同一编号设相同配筋。如图 4-46 所示。

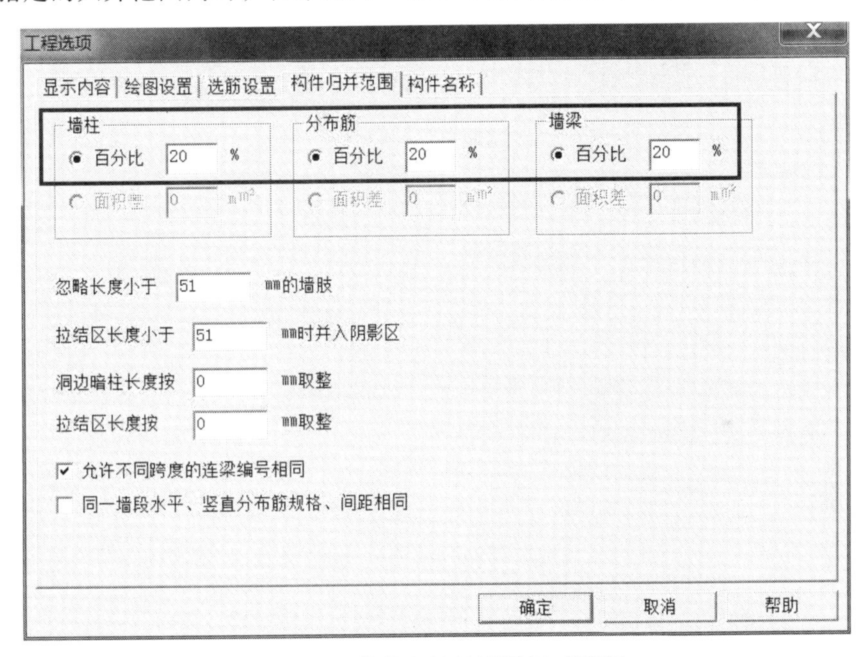

图 4-46　构件归并范围设置对话框

1. 墙柱/分布筋/墙梁百分比

对平面形状完全相同、所需配筋面积差别在设定的百分比范围内的墙柱将归并为同一编号墙柱，如图 4-46。程序选配钢筋时在此范围内取最大计算结果。

2. 洞边暗柱、拉结区的取整长度

考虑该项时，程序通常将相应长度加大，以达到指定取整值的整倍数。常用数值为 50 mm；若取默认的数值 0，则表示不考虑取整。

3. 同一墙端水平、竖直分布筋规格、间距相同

如果勾选此项，则程序将取两方向的配筋中的较大值设为分布筋规格。

4.4.4 墙筋编辑

通过如图 4-41 所示的剪力墙施工图绘制流程中的前 3 个步骤，可以得到程序自动配筋的墙柱设计结果，用户可在此基础上进一步调整。点击右侧菜单的【编辑墙柱】【编辑连梁】【编辑分布筋】命令，或在平面图上需要编辑的墙柱上点右键，利用弹出菜单中的命令进行编辑或复制。

例如点击右侧菜单的【编辑墙柱】命令，弹出图 4-47 所示对话框。程序将需要编辑的墙柱的大样配筋按截面注写的方式在平面图上绘出。随着对话框输入内容变化，该大样和配筋显示将随之变化。此时可推动鼠标滚轮对大样图进行缩放显示。

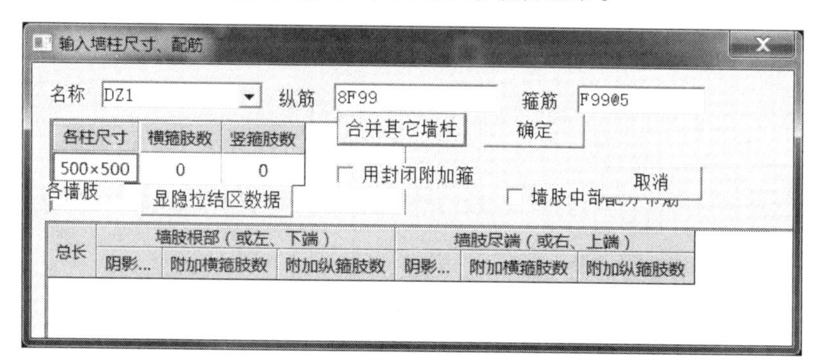

图 4-47 编辑墙柱对话框

经过编辑修改后，即可按照《平法图集》(16G101-1) 中剪力墙平法施工图的表达要求，绘出剪力墙施工图。

➢ **提示：**

在墙梁柱施工图模块中生成的施工图（*.T）均可使用墙梁柱施工图主菜单 8【图形编辑、打印及转换】中转换为 AutoCAD 的.dwg 文件，在 AutoCAD 中进行编辑修改。

第 5 章　JCCAD——基础设计

【内容要点】

基础设计软件 JCCAD 能够自动或交互完成工程中常用基础设计。本章主要介绍柱下独立基础、墙下条形基础和桩承台基础的设计，基础施工图的绘制方法，以及基础工具箱的简要使用方法等内容。

【任务目标】

（1）掌握地质资料的输入方法。

（2）能够完成柱下独立基础、墙下条形基础和桩承台基础的设计。

（3）能够绘制基础施工图。

（4）了解基础工具箱的一般使用方法。

5.1　JCCAD 功能与特点概述

基础设计软件 JCCAD 是 PKPM 系统中功能最为纷繁复杂的模块。它能够自动或交互完成工程中常用基础设计，包括柱下独立基础、墙下条形基础、弹性地基梁基础、带肋筏板基础、柱下平板基础（板厚可不同）、墙下筏板基础、柱下独立桩基承台基础、桩筏基础、桩格梁基础、单桩基础等基础设计，还可进行由上述多类基础组合的大型混合基础设计。

可设计的各类基础中包含多种基础形式。例如：独立基础包括倒锥形、阶梯形、现浇或预制杯口基础及单柱、双柱、多柱的联合基础；砖混条基包括砖条基、毛石条基、钢筋混凝土条基（可带下卧梁）、灰土条基、混凝土条基及钢筋混凝土毛石条基；筏板基础的梁肋可朝上或朝下；桩基包括预制混凝土方桩、圆桩、钢管桩、水下冲（钻）孔桩、沉管灌注桩、干作业法桩和各种形状的单桩或多桩承台。

JCCAD 能够接力上部结构模型建立基础模型、接力上部结构计算生成基础设计的上部荷载，并能完成各种类型基础的施工图，包括平面图、剖面图及详图。

进入 PKPM 主界面，选择左上角“**结构**”软件，再点击界面左侧的“**JCCAD**”模块，即出现如图 5-1 所示的 JCCAD 主菜单。

在 JCCAD 的主菜单 1【地质资料输入】里以人机交互方式输入地质资料，为基础沉降计算和桩的各类计算提供勘察设计单位给出的地质资料。

在 JCCAD 的主菜单 2【基础人机交互输入】里，可根据荷载和相应参数自动生成柱下独立基础、墙下条形基础及桩承台基础，也可交互输入筏板、基础梁、桩基础的信息。柱下独基、桩承台、砖混墙下条基等基础在本菜单中即可完成全部的建模、计算、设计工作；弹性地基梁、桩基础、筏板基础在此菜单中完成模型布置，再用后续计算模块进行基础设计。

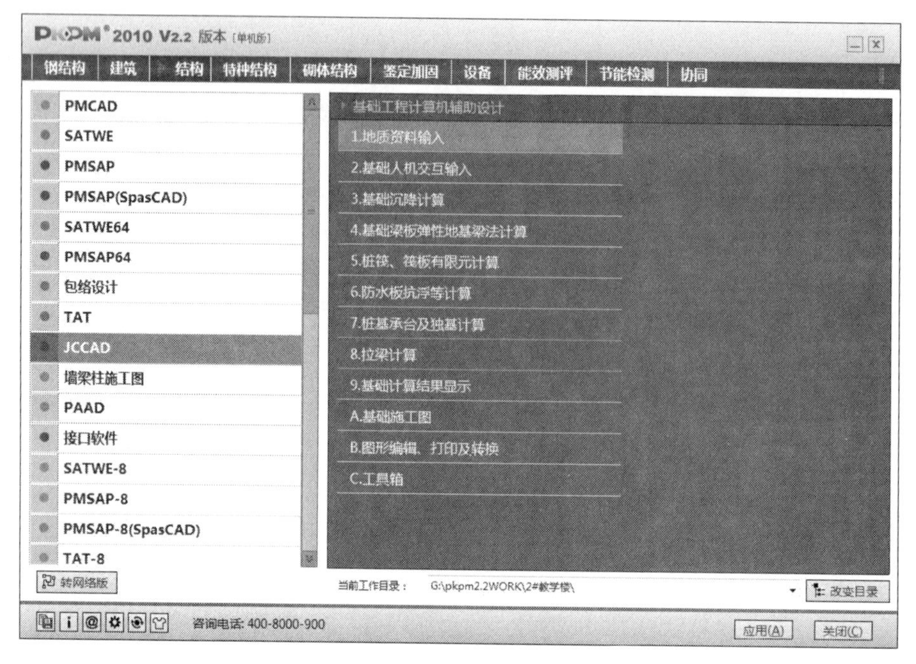

图 5-1　JCCAD 主菜单

在 JCCAD 的主菜单 3【基础梁板弹性地基梁法计算】里，可以完成弹性地基梁基础、肋梁平板基础等基础的设计及独基、弹性地基梁板等基础的沉降计算。

在 JCCAD 的主菜单 4【桩承台及独基沉降计算】里，可以完成桩承台的设计及桩承台和独基的沉降计算。

在 JCCAD 的主菜单 5【桩筏、筏板有限元计算】(简称“板元法”)里，考虑梁、板共同作用，可以完成各类有桩基础、平筏板、梁筏板、桩筏板、地基梁、带桩地梁、桩承台等多种基础的计算分析。

在 JCCAD 的主菜单 6【防水板抗浮等计算】里，可对柱下独基加防水板、柱下条基加防水板、桩承台加防水板等形式的防水板部分进行计算。

在 JCCAD 的主菜单 7【基础施工图】里，可完成以上各类基础的施工图。

JCCAD 的主菜单 8【图形编辑、打印及转换】，同 PMCAD。

在 JCCAD 的主菜单 9【工具箱】里，包括地基基础计算和人防荷载构件计算两部分，可实现单项计算（如地基承载力计算、沉降计算等）及工程计算（将数个单项计算合在一起，形成一个总的计算书）两种功能。

5.2　地质资料输入

地质资料是建筑物周围场地地基状况的描述，是基础设计的重要信息。进行沉降计算时必须有地质资料数据，通常情况下进行桩基础设计时也需要地质资料数据。

由于用途不同，对土的物理力学指标要求也不同。因此可将 JCCAD 地质资料分为两类：有桩地质资料和无桩地质资料。有桩地质资料需要每层土的压缩模量、重度、土层厚度、状态参数、内摩擦角和黏聚力等六个参数；无桩地质资料只需每层土的压缩模量、重度、土层厚度等三个参数。

程序将地质资料数据放在地质资料文件（后缀为.dz）中，该文件记录建筑物场地的各个勘测孔的平面坐标、竖向土层标高和各个土层的物理力学指标等信息。JCCAD 可将用户输入的勘测孔的平面位置自动生成平面控制网格，并以形函数插值方法自动求得基础设计所需任一处的竖向各土层的标高和物理力学指标。

➢ **提示：**

地质资料文件（后缀为.dz）最好放在当前的工程目录下，如果用户希望采用其他工程已形成好的地质资料文件，可将该文件拷贝到当前工作目录下调用，否则采用主菜单 3 进行沉降计算时可能出错。

5.2.1　地质资料输入步骤

地质资料输入的步骤一般应为：

（1）归纳出能包容大多数孔点的土层分布情况的“标准孔点”土层，并点击【标准孔点】菜单，再根据实际的勘测报告修改各土层物理力学指标。

（2）点击【输入孔点】菜单，将“标准孔点土层”布置到各个孔点。

（3）进入【动态编辑】菜单，对各个孔点已经布置土层的物理力学指标、承载力、土层厚度、顶层土标高、孔点坐标、水头标高等参数进行细部调节。也可通过添加、删除土层补充修改各个孔点的土层布置信息。

➢ **提示：**

因程序数据结构的需要，程序要求各个孔点从上到下的土层分布必须一致。在实际情况中，当某孔点没有某种土层时，需要将这种土层的厚度设为 0 来处理。因此，程序允许孔点的土层布置信息中存在 0 厚度土层，并能对该土层进行编辑。

（4）地质资料输入的结果的正确性，可通过【点柱状图】【土剖面图】【画等高线】【孔点剖面】菜单进行校核。

（5）重复步骤（3）、步骤（4），完成地质资料输入的全部工作。

5.2.2　地质资料输入菜单

在如图 5-1 所示的 JCCAD 主菜单中，选择进入主菜单 1【地质资料输入】，屏幕弹出图 5-2 所示的“选择地质资料文件”对话框。

如果建立新的地质资料文件，应在对话框的<文件名>项内输入地质资料的文件名（此处输入“地质资料”作为文件名），并点取<打开>按钮，进入地质资料文件输入主界面。如图 5-3 所示。

如果是编辑已有的地质资料文件，可在文件列表框内选择要编辑的文件并点取<打开>按钮。此时程序显示已经输入的地勘孔点及其相对位置，以及由这些孔点组成的三角单元控制网格，用户可利用地质资料输入的相关菜单观察地质情况，进行补充修改等操作。

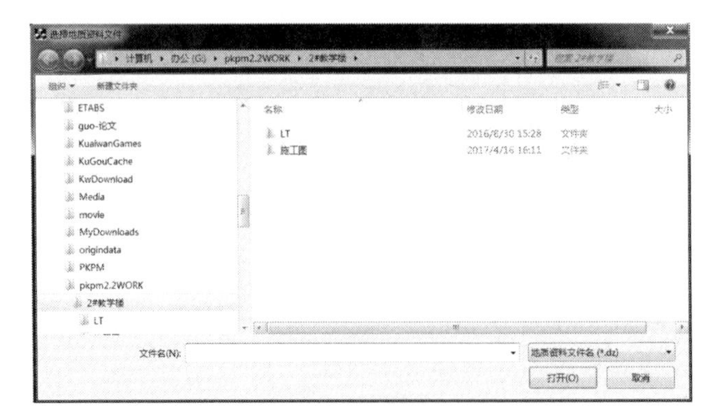

图 5-2　选择地质资料文件对话框

图 5-3　地质资料输入程序主界面

以下对图 5-3 所示地质资料输入主界面右侧菜单进行说明。为方便读者理解，本节给出地质资料输入实例，所采用的工程地质资料如表 5-1 所示。

表 5-1　工程地质资料

岩土名称	指标					
	厚度 /m	天然重度 γ /（kN/m^3）	黏聚力 c /kPa	内摩擦角 φ /（°）	压缩模量 E_s/MPa	承载力特征值 f_{ak}/kPa
素填土	1.9 ~ 2.4	17.8	5	10	4.8	80
粉质黏土①	0.5 ~ 1.9	19.5	20	16	5.6	160
粉质黏土②	0.4 ~ 2.4	18.0	18	12	5.1	130
黏　土	0.5 ~ 2.8	20.0	30	15	6.4	170
含卵石黏土	1.3 ~ 3.1	20.2	10	18	10.0	200
强风化基岩	0.9 ~ 1.2	23.4				350
中风化基岩		24.1				550

5.2.2.1　土参数

该参数用于设定各类土的物理力学指标。点击【土参数】后，弹出如图 5-4 所示“默认土参数表”，表中列出了 19 类常见的岩土类号、名称、压缩模量（用于沉降计算）、重度（用于沉降计算）、内摩擦角（用于沉降及支护结构计算）、黏聚力（用于支护结构计算）、状态参数（用于桩基承载力计算，对于各种土有不同含义）。

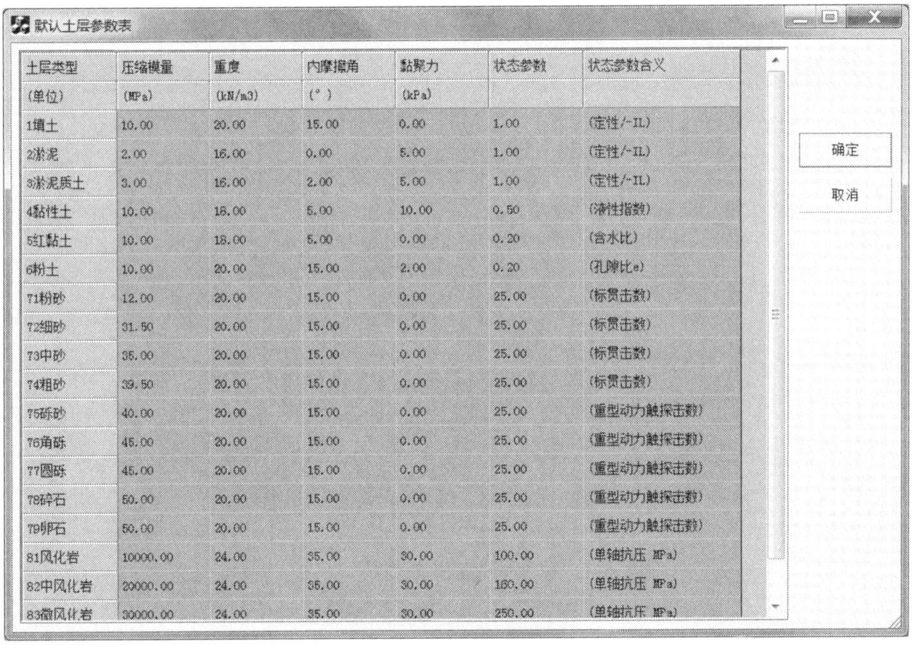

默认土层参数表

土层类型	压缩模量	重度	内摩擦角	黏聚力	状态参数	状态参数含义
(单位)	(MPa)	(kN/m3)	(°)	(kPa)		
1填土	10.00	20.00	15.00	0.00	1.00	(定性/-IL)
2淤泥	2.00	16.00	0.00	5.00	1.00	(定性/-IL)
3淤泥质土	3.00	16.00	2.00	5.00	1.00	(定性/-IL)
4黏性土	10.00	18.00	5.00	10.00	0.50	(液性指数)
5红黏土	10.00	18.00	5.00	0.00	0.20	(含水比)
6粉土	10.00	20.00	15.00	2.00	0.20	(孔隙比e)
71粉砂	12.00	20.00	15.00	0.00	25.00	(标贯击数)
72细砂	31.50	20.00	15.00	0.00	25.00	(标贯击数)
73中砂	35.00	20.00	15.00	0.00	25.00	(标贯击数)
74粗砂	39.50	20.00	15.00	0.00	25.00	(标贯击数)
75砾砂	40.00	20.00	15.00	0.00	25.00	(重型动力触探击数)
76角砾	45.00	20.00	15.00	0.00	25.00	(重型动力触探击数)
77圆砾	45.00	20.00	15.00	0.00	25.00	(重型动力触探击数)
78碎石	50.00	20.00	15.00	0.00	25.00	(重型动力触探击数)
79卵石	50.00	20.00	15.00	0.00	25.00	(重型动力触探击数)
81风化岩	10000.00	24.00	35.00	30.00	100.00	(单轴抗压 MPa)
82中风化岩	20000.00	24.00	35.00	30.00	160.00	(单轴抗压 MPa)
83微风化岩	30000.00	24.00	35.00	30.00	250.00	(单轴抗压 MPa)

确定　取消

图 5-4　默认土层参数表

用户应根据自己实际的土质情况对上述默认参数作修改，主要是需要用到的那些土层参数。本例按照表 5-1 修改了“填土”（按“素填土”的物理力学参数）和“黏性土”（按“粉质黏土①”的物理力学参数）两种要用到的土的物理性质，如图 5-5 所示。

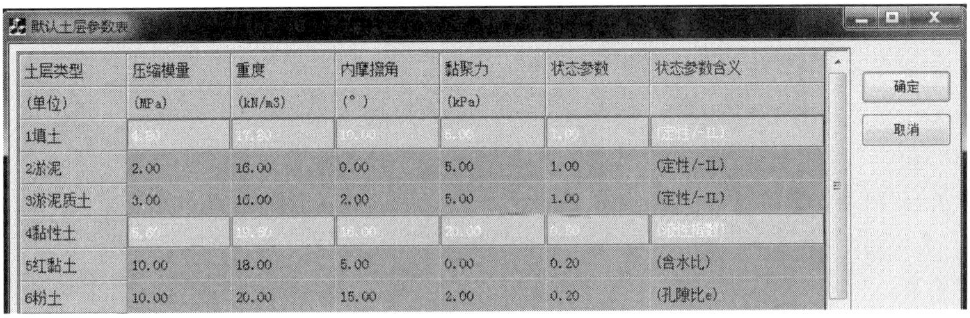

默认土层参数表

土层类型	压缩模量	重度	内摩擦角	黏聚力	状态参数	状态参数含义
(单位)	(MPa)	(kN/m3)	(°)	(kPa)		
1填土	4.80	17.80	10.00	5.00	1.00	(定性/-IL)
2淤泥	2.00	16.00	0.00	5.00	1.00	(定性/-IL)
3淤泥质土	3.00	16.00	2.00	5.00	1.00	(定性/-IL)
4黏性土	5.60	19.50	16.00	20.00	0.20	(液性指数)
5红黏土	10.00	18.00	5.00	0.00	0.20	(含水比)
6粉土	10.00	20.00	15.00	2.00	0.20	(孔隙比e)

确定　取消

图 5-5　修改后的土层参数表

➢　**提示：**

① 程序对各种类别的土进行了分类，并约定了类别号。

② 无桩基础只需压缩模量参数，不需要修改其他参数。当不采用桩基础又不需要进行沉降计算时，可不进行【地质资料输入】操作。

③ 所有土层的压缩模量不得为零。

5.2.2.2 标准孔点

该命令用于生成土层参数表，该表用于描述建筑物场地地基土的总体分层信息，作为生成各个勘察孔柱状图的地基土分层数据的模板。

点击【标准孔点】，程序弹出如图 5-6 所示的“土层参数表”，表中列出了已有的或初始化的土层的参数表。

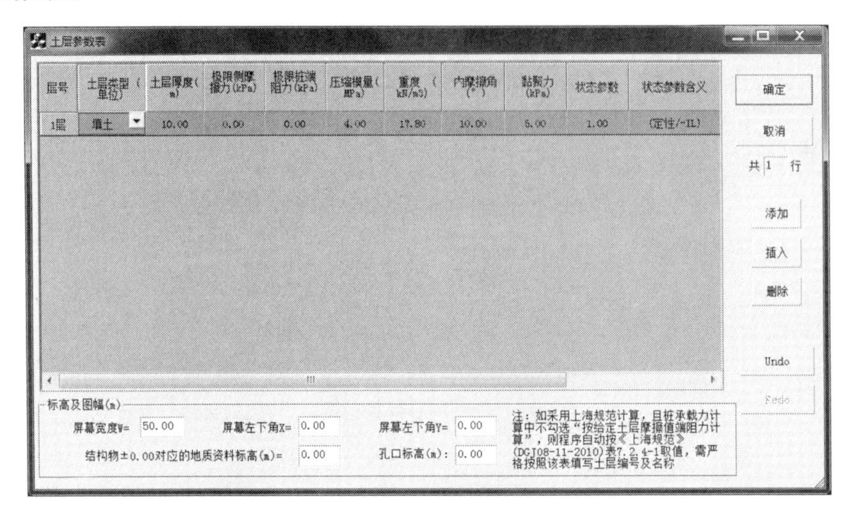

图 5-6 土层参数表

用户应根据所有勘探点的地质资料，将建筑场地地基土统一分层。分层时，可暂不考虑土层厚度，把其他参数相同的土层视为同层，再按实际场地地基土情况，从地表面起向下逐一编土层号，形成地基土分层表。以后这个标准孔点可作为其他孔点输入的基础。

◆ **练习 5-1：**

某工程地质勘测报告中给出了如图 5-7 所示的勘测孔点土层组成情况图（部分），各土层地质资料见表 5-1，请据此定义标准孔点。具体操作过程如下：

（1）点击【标准孔点】，程序弹出如图 5-6 所示的“土层参数表”。分析图 5-7 所示孔点土层组成情况，大致为：素填土、粉质黏土①、粉质黏土②、黏土、含卵石黏土、粉砂质泥岩。因此标准孔点可按上述土层组成输入。

（2）在图 5-6 中，已经列出第 1 层土为图 5-5 中修改了物理力学参数后的填土。双击其<土层厚度>，将厚度按图 5-7 中的孔点 1 输入，即 2.4 m。

（3）点击图 5-6 所示土层参数表右侧的<添加>按钮，程序自动增加一层土，此时缺省增加的仍与第 1 层土相同即为填土。点击第 2 层土<土层类型>一栏中的“▼”，在下拉土名称列表中选择“黏性土”，其物理力学参数为在图 5-5 中修改后的，即土层组成中的粉质黏土①。同样修改其土层厚度为 0.7 m（即 3.1-2.4=0.7 m）。

（4）重复步骤 3，分别定义粉质黏土②、黏土、含卵石黏土、粉砂质泥岩。

（5）在“标高及图幅框内”的<结构物±0.00 对应的地质资料标高>输入 0；<孔口标高>输入图 5-7 中 ZK1 的绝对标高值：507.02 m。

输入完成后，如图 5-8 所示。点击<确定>完成标准孔点定义。

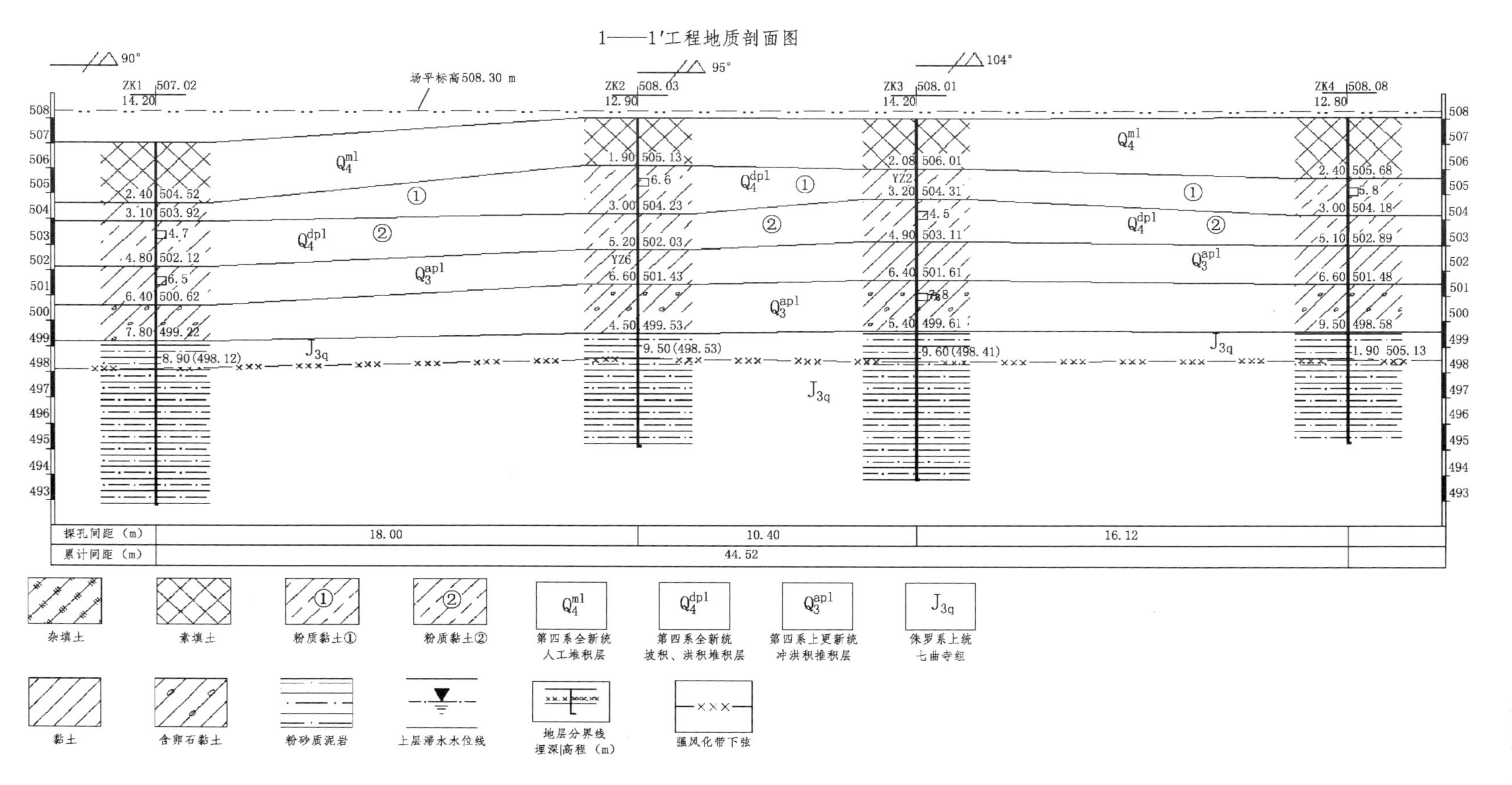

图 5-7　例 5-1 采用的勘测孔点及土层组成

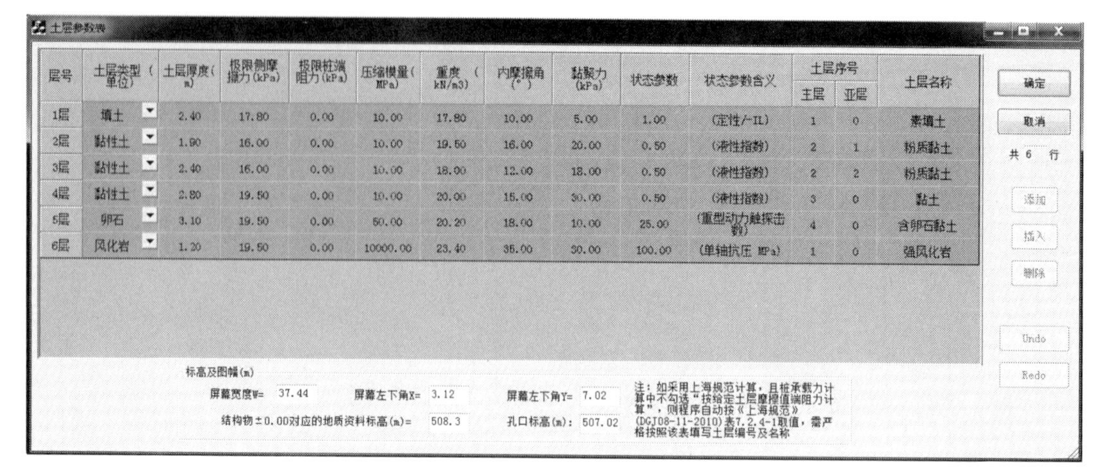

层号	土层类型（单位）	土层厚度（m）	极限侧摩擦力(kPa)	极限桩端阻力(kPa)	压缩模量（MPa）	重度（kN/m3）	内摩擦角（°）	黏聚力(kPa)	状态参数	状态参数含义	土层序号		土层名称
											主层	亚层	
1层	填土	2.40	17.80	0.00	10.00	17.80	10.00	5.00	1.00	(定性/-IL)	1	0	素填土
2层	黏性土	1.90	16.00	0.00	10.00	19.50	16.00	20.00	0.50	(液性指数)	2	1	粉质黏土
3层	黏性土	2.40	16.00	0.00	10.00	18.00	12.00	18.00	0.50	(液性指数)	2	2	粉质黏土
4层	黏性土	2.80	19.50	0.00	10.00	20.00	15.00	30.00	0.50	(液性指数)	3	0	黏土
5层	卵石	3.10	19.50	0.00	50.00	20.20	18.00	10.00	25.00	(重型动力触探击数)	4	0	含卵石黏土
6层	风化岩	1.20	19.50	0.00	10000.00	23.40	35.00	30.00	100.00	(单轴抗压 MPa)	1	0	强风化岩

图 5-8　定义后的标准孔点

➢　**注意：**

① 在选择土层类型名称时，如勘测报告中土名称是复合名称，例如“粉质黏土”，可去掉形容词，直接选择“黏性土”。

② 地质资料的土层标高可以按相对于 PMCAD 模型输入程序中楼层组装时确定的±0.00 标高填写，此时“结构±0.00 对应的地质资料标高”参数应填 0；也可按地质报告中的独立标高系统（绝对高程）填写，此时“结构±0.00 对应的地质资料标高”参数应填 PMCAD 模型输入程序中楼层组装时确定的±0.00 标高位置对应的地质资料中的绝对标高。

③ 标高及图幅框内的<孔口标高>项的值，用于计算各层土的层底标高。第一层土的底标高为孔口标高减去第一层土的厚度，其他层土的底标高以此类推。

5.2.2.3　孔点输入

点击【输入孔点】，屏幕下方命令栏提示“在平面图中点取位置”，用户可用光标以米为单位，按相对坐标逐一输入所有勘测孔点的相对位置。孔点生成后，其土层分层数据自动取【标准孔点】菜单中“土层参数表”的内容，同时程序自动用互不重叠的三角形网格将各个孔点连接起来，当用【单点编辑】等命令修改了各孔点的土层组成后，程序用插值算法将孔点间和孔点外部的场地土情况算出来。

◆　**练习 5-2：**

对应于表 5-1 的某工程地质勘测报告中给出了如图 5-9 所示的勘测孔点平面分布图，请输入孔点。具体操作过程如下：

（1）点击【输入孔点】，在命令栏中分别输入相对坐标：0，0；0.9，14.3；12.0，0；2.8，-6.8；-1.5，-7.5；17.0，6.8（每个坐标值都是后一个点相对前一个点的相对坐标）。

（2）输入完成后，屏幕上显示如图 5-10 所示的孔点网格图。

➢　**注意：**

① 此处孔点的精确定位方法同 PMCAD。

② 若在孔点连续输入过程中，重新点击了【输入孔点】，则这时输入的孔点坐标是相对于第 1 个孔点的。

③ 用户可用上述手工方法输入各个孔点的坐标，也可采用【导入孔位】—【插入底图】

命令插入结构的底层平面图，在参照结构平面图上的节点、网格、构件信息确定孔点坐标。此外，一般地质勘测报告中都包含 AutoCAD 格式的钻孔平面图（DWG 图），用户也可导入该图作为底图，用来参照输入孔点位置。点击【插入底图】命令后，选择要插入的 DWG 文件，程序会要求输入缩放比例(缺省比例是 0.001),程序要求导入图形的比例必须是 1∶1,若 DWG 图是按 1∶1 比例绘制的，则可输入缩放比例为 1，若 DWG 图不是按 1∶1 绘制的，则按要求输入缩放比例。此方法可大大方便孔点位置的定位。

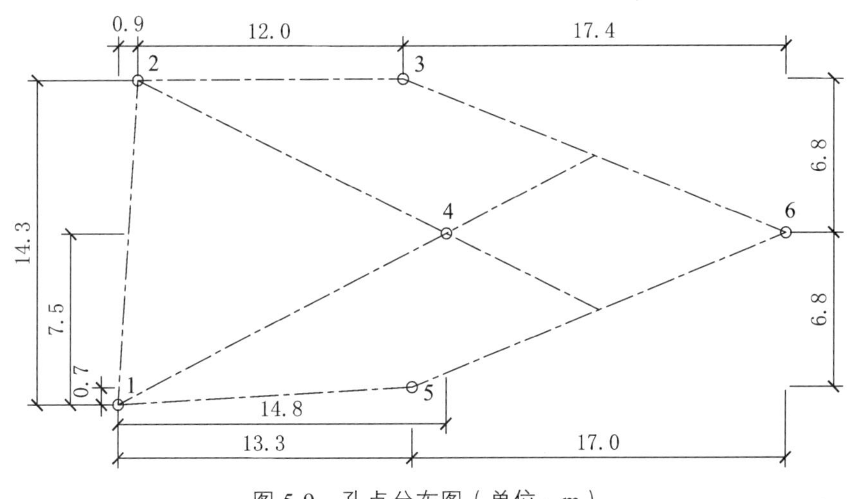

图 5-9　孔点分布图（单位：m）

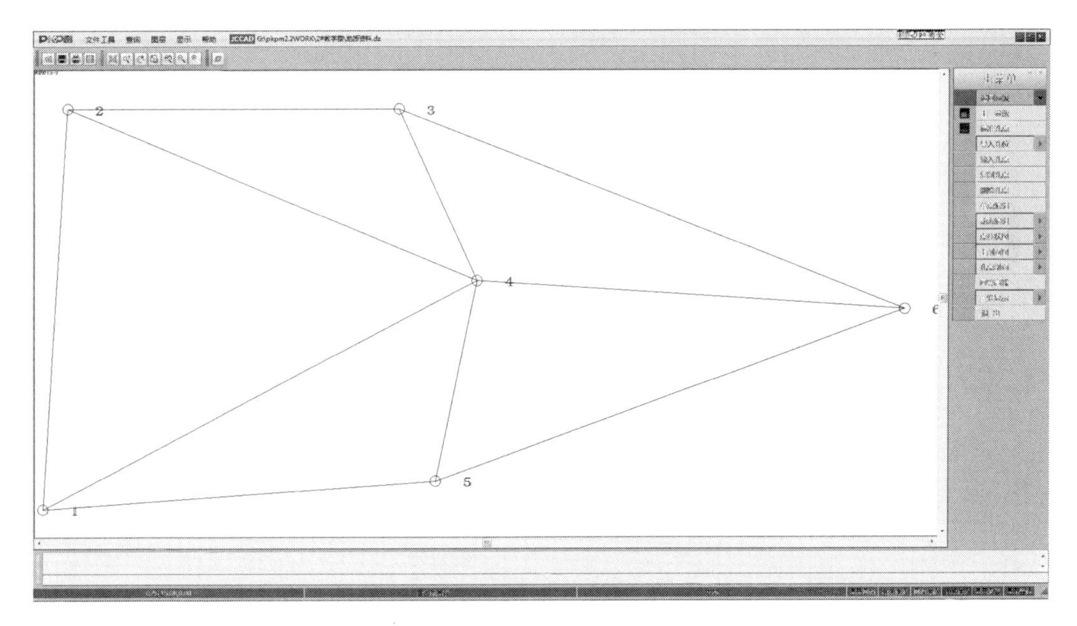

图 5-10　孔点网格图

5.2.2.4　孔点编辑

可使用【复制孔点】【单点编辑】【动态编辑】等命令对输入的标准孔点进行编辑。

【复制孔点】命令，用于土层参数相同勘察点的土层设置，也可将对应的土层厚度相近的孔点用该菜单输入，再用【单点编辑】进行修改。

【单点编辑】命令，可逐个对各勘察点的土层参数进行编辑。

◆ **练习 5-3：**

用【单点编辑】方法编辑孔点 2 的相关参数。操作过程如下：

（1）点击【单点编辑】，并在屏幕上选择孔点 2，程序弹出如图 5-11 所示 2 号孔点土层参数表。

（2）在 2 号孔点土层参数表中，根据图 5-7 所示 2 号孔参数，修改表中的孔口标高及各土层的土层底标高。修改后的 2 号孔点土层参数如图 5-12 所示。

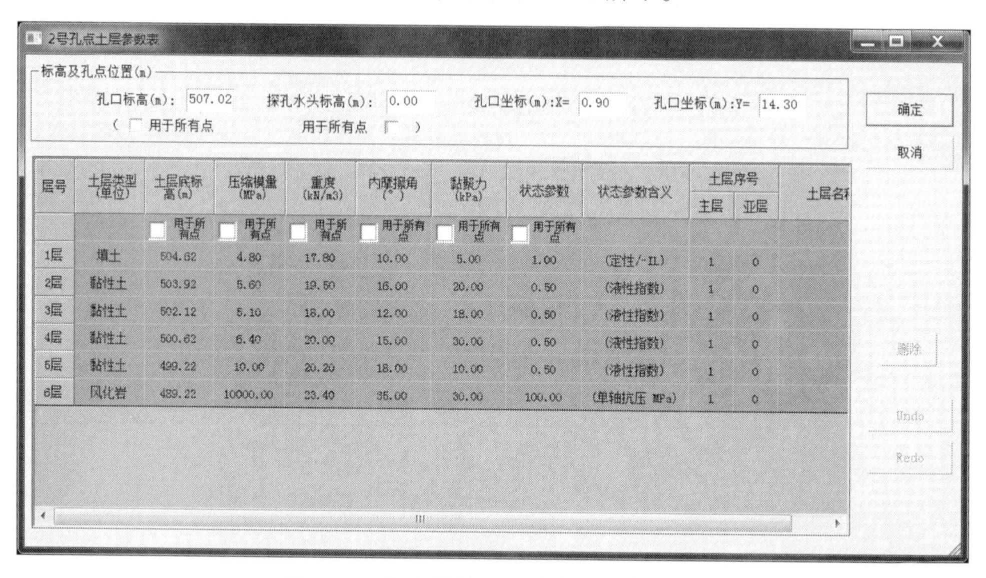

2号孔点土层参数表

标高及孔点位置(m)

孔口标高(m)：507.02　探孔水头标高(m)：0.00　孔口坐标(m):X= 0.90　孔口坐标(m):Y= 14.30

层号	土层类型(单位)	土层底标高(m)	压缩模量(MPa)	重度(kN/m3)	内摩擦角(°)	黏聚力(kPa)	状态参数	状态参数含义	土层序号 主层	土层序号 亚层
1层	填土	504.62	4.80	17.80	10.00	5.00	1.00	(定性/-IL)	1	0
2层	黏性土	503.92	5.60	19.50	16.00	20.00	0.50	(液性指数)	1	0
3层	黏性土	502.12	5.10	18.00	12.00	18.00	0.50	(液性指数)	1	0
4层	黏性土	500.62	6.40	20.00	15.00	30.00	0.50	(液性指数)	1	0
5层	黏性土	499.22	10.00	20.20	18.00	10.00	0.50	(液性指数)	1	0
6层	风化岩	489.22	10000.00	23.40	35.00	30.00	100.00	(单轴抗压 MPa)	1	0

图 5-11　修改前的 2 号孔点土层参数表

2号孔点土层参数表

标高及孔点位置(m)

孔口标高(m)：508.03　探孔水头标高(m)：0.00　孔口坐标(m):X= 0.90　孔口坐标(m):Y= 14.30

层号	土层类型(单位)	土层底标高(m)	压缩模量(MPa)	重度(kN/m3)	内摩擦角(°)	黏聚力(kPa)	状态参数	状态参数含义	土层序号 主层	土层序号 亚层
1层	填土	506.13	4.80	17.80	10.00	5.00	1.00	(定性/-IL)	1	0
2层	黏性土	504.23	5.60	19.50	16.00	20.00	0.50	(液性指数)	1	0
3层	黏性土	502.83	5.10	18.00	12.00	18.00	0.50	(液性指数)	1	0
4层	黏性土	501.43	6.40	20.00	15.00	30.00	0.50	(液性指数)	1	0
5层	黏性土	499.53	10.00	20.20	18.00	10.00	0.50	(液性指数)	1	0
6层	风化岩	489.22	10000.00	23.40	35.00	30.00	100.00	(单轴抗压 MPa)	1	0

图 5-12　修改后的 2 号孔点土层参数表

程序还提供一种更为直观的孔点编辑方法——【动态编辑】。选择要编辑的孔点后，程序可按照点柱状图和孔点剖面图两种方式，显示选中的孔点土层信息，用户可在图面上修改孔点土层的所有信息，修改的结果将直观地反映在图面上。

◆　**练习 5-4:**

用【动态编辑】的方法编辑孔点 3 的相关参数。操作过程如下:

(1)点击【动态编辑】,并在屏幕上选择孔点 1~6。屏幕显示 6 个孔点的柱状图,如图 5-13 所示。

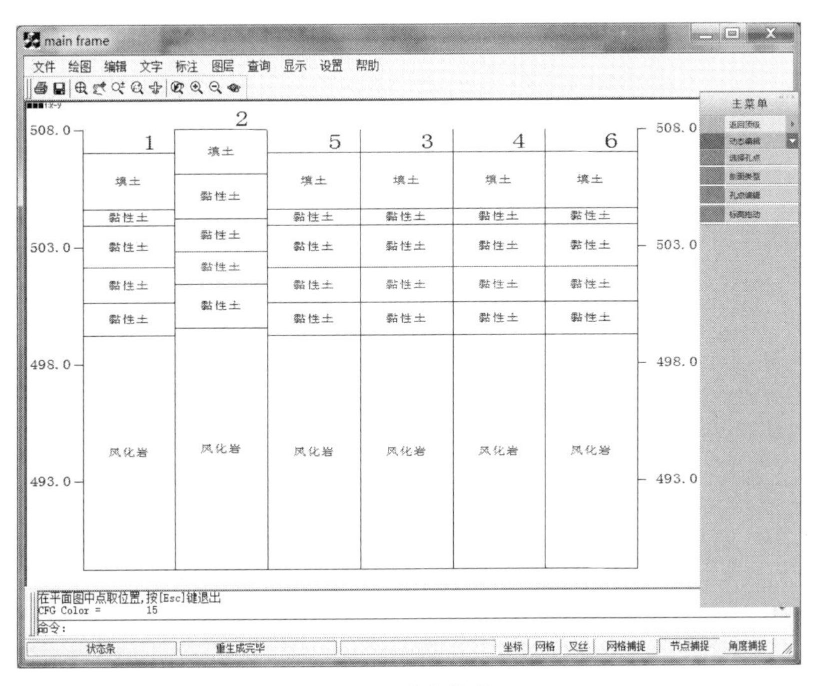

图 5-13　孔点柱状图

(2)点击图 5-13 中的右侧菜单【剖面类型】,屏幕显示孔点剖面图,如图 5-14 所示。

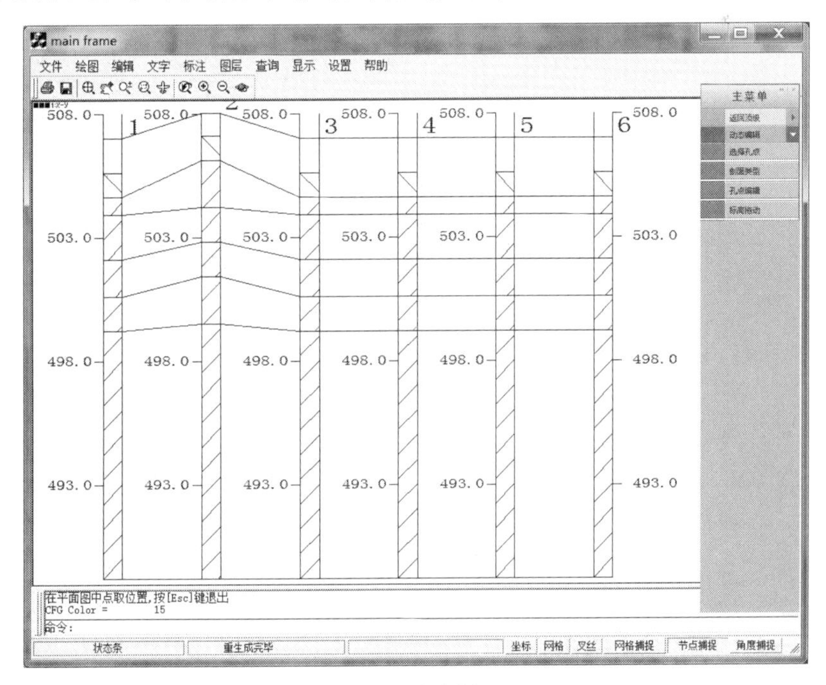

图 5-14　孔点剖面图

（3）点击图 5-13 中的右侧菜单【孔点编辑】，并在屏幕中选中孔点 3 对应的某土层，点击鼠标右键，弹出孔点编辑的对话框，如图 5-15 所示。可选择添加、删除、修改土层，或修改孔点信息等命令进行编辑。此外，还可用【标高拖动】命令，修改各土层底标高。本例根据图 5-7 所示 3 号孔参数进行编辑，编辑完成后的孔点剖面图如图 5-16 所示。

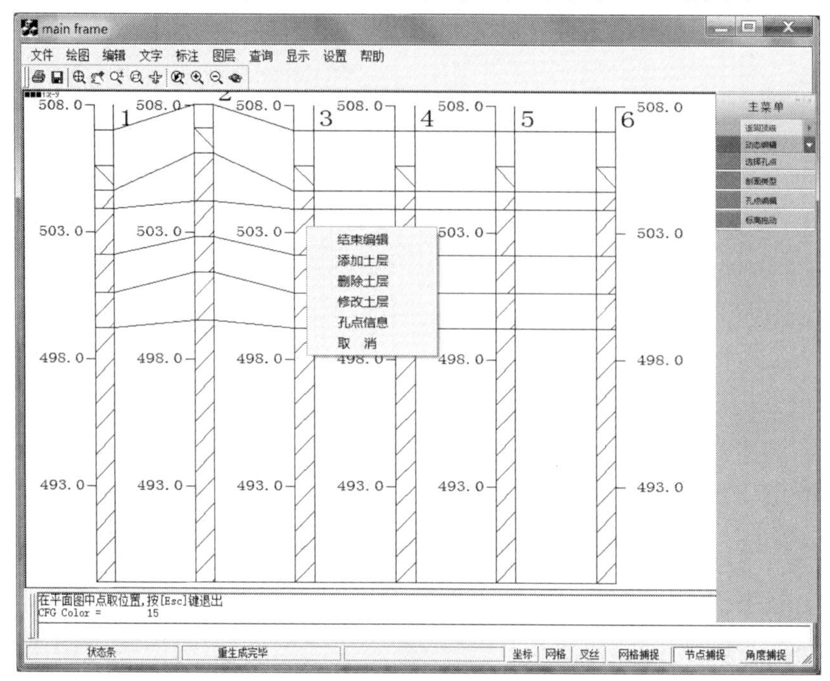

图 5-15 孔点编辑菜单

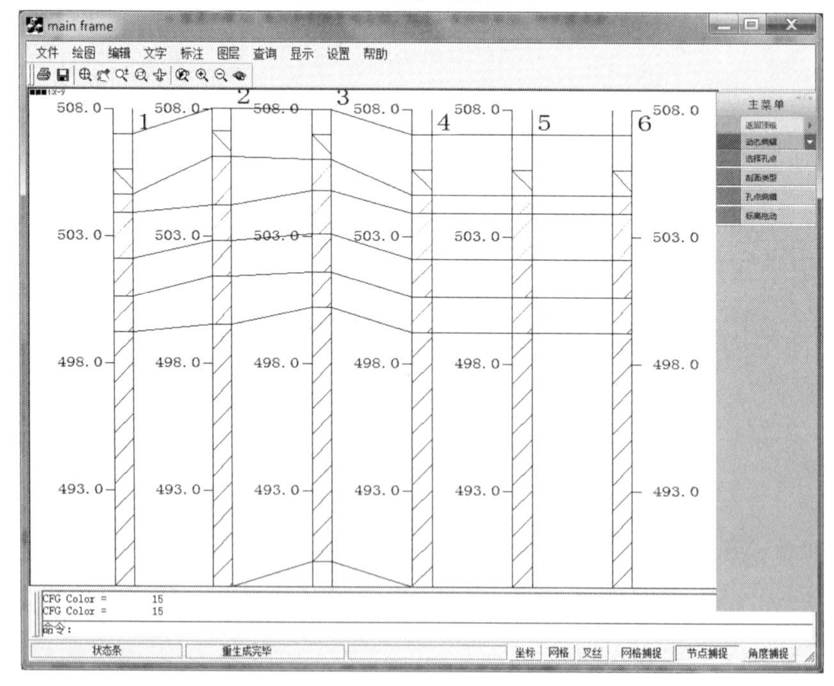

图 5-16 孔点 3 编辑后的土剖面图

（4）参考以上方法还可以编辑其余各孔点。过程略。

5.2.2.5　观察场地土组成情况

利用【点柱状图】【土剖面图】【孔点剖面】【画等高线】等命令，可以对场地土情况进行观察。

1. 点柱状图

【点柱状图】用于观看场地上任何点的土层柱状图。计入菜单后，用光标点取平面位置上的点（可点取多个点），按“Esc”键退出后，屏幕上显示该点的土层柱状图，如图 5-17 所示。

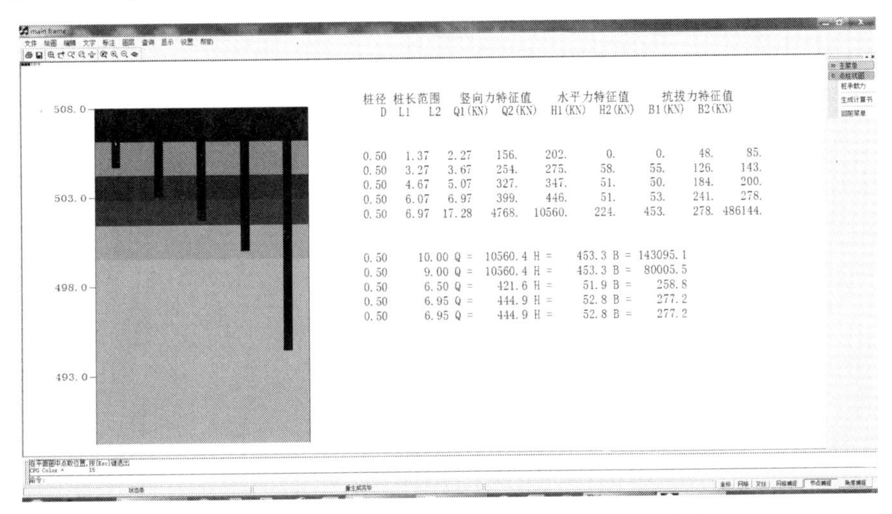

图 5-17　某点的土层柱状图及单桩承载力等计算结果

右侧菜单【桩承载力】可进行单桩承载力试算。当选择右侧菜单【桩承载力】时，先输入如图 5-18 所示的桩信息。程序根据规范规定选择合适土层作为桩的持力层，每个持力层给出桩长范围及相对应的竖向承载力、水平承载力、抗拔承载力的最大最小值（图 5-17），通过比较可以容易地确定桩的初步方案，包括桩的施工方法、桩长、桩径、桩承载力。设计人员既可输入具体桩长求承载力，又可输入承载力求桩长。

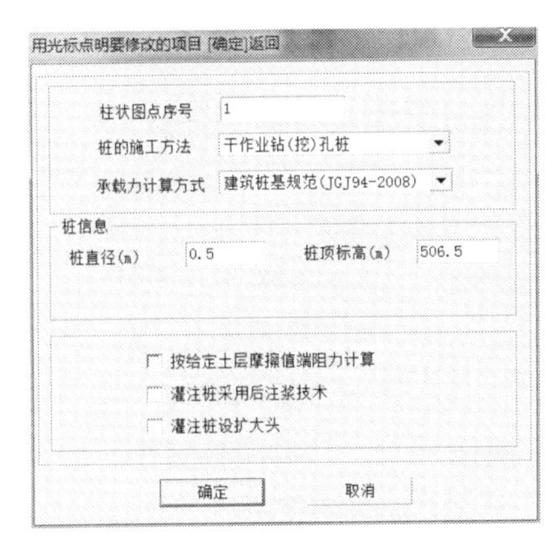

图 5-18　桩承载力计算相关信息

➢　**注意：**

点土层柱状图时，取点为非孔点时提示区会显示“特征点未选中”，但点取仍有效。该点的参数取周围节点的插值结果。

2. 土剖面图

【土剖面图】用于观看场地上任意剖面的地基土剖面图。

3. 孔点剖面

【孔点剖面】可观看任意孔点间的地基土剖面图。

4. 画等高线

【画等高线】用于查看场地上任一土层、地表或水头标高的等高线图。

5.3 基础人机交互输入

5.3.1 基础人机交互输入概述

基础人机交互输入程序是 JCCAD 软件的重要组成部分，它通过读入上部结构布置与荷载，自动设计生成或人机交互定义、布置基础模型数据，是后续基础设计、计算、施工图辅助设计的基础。进入【基础人机交互输入】菜单，它包括的子菜单如图 5-19 所示。

图 5-19 基础人机交互输入菜单

本菜单根据用户提供的上部结构、荷载以及相关地基资料数据，可完成以下计算与设计：

（1）人机交互布置各类基础，主要包括柱下独立基础、墙下条形基础、桩承台基础、钢筋混凝土弹性地基梁基础、筏板基础、梁板基础、桩筏基础等。

（2）柱下独立基础、墙下条形基础和桩承台的设计是根据用户给定的设计参数和上部结构计算传下的荷载，自动计算，给出截面尺寸、配筋等。在人工干预修改后程序可进行基础验算、碰撞检查，并能根据需要自动生成双柱或多柱基础。

（3）桩长计算。

（4）钢筋混凝土弹性地基梁基础、筏板基础、梁板基础、桩筏基础是由用户指定截面尺寸并布置在基础平面上，再由 JCCAD 的其他菜单完成上述基础的配筋计算和其他验算。

（5）对平板式基础进行柱对筏板的冲切计算，上部结构内筒对筏板的冲切、剪切计算。

（6）柱对独基、桩承台、基础梁和桩对承台的局部承压计算。

（7）可由人工定义和布置拉梁、圈梁，基础的柱插筋、填充墙、平板基础上的柱墩等，以便最后汇总生成画基础施工图所需的全部数据。

鉴于本书篇幅所限，故重点介绍利用本菜单进行柱下独立基础、墙下条形基础、桩承台基础设计，其他基础的设计可参看相关资料。

单击【基础人机交互输入】，选择相应的工作目录，单击<应用>按钮，弹出<选择基础模型数据文件>对话框，如图 5-20 所示，根据设计需要选择要读取的基础数据。

<读取已有的基础布置数据>：程序读取原有的基础数据和上部结构数据，非首次操作时点选。

<重新输入基础数据>：程序不读取原有的基础数据，而仅重新读取 PMCAD、砌体结构或钢结构 STS 生成的轴网和柱、墙、支撑布置，如以前存在数据，将被覆盖。第一次操作时点选。

<读取已有的基础布置并更新上部结构数据>：当上部结构建模信息做了变动，如果想保留原基础数据中不受修改影响的内容，则选择此项。

<选择保留部分已有的基础>：选择地读取原有的基础数据和上部结构数据。点选后屏幕显示可供选择的基础信息对话框，如图 5-21 所示，根据需要，勾选保留内容。

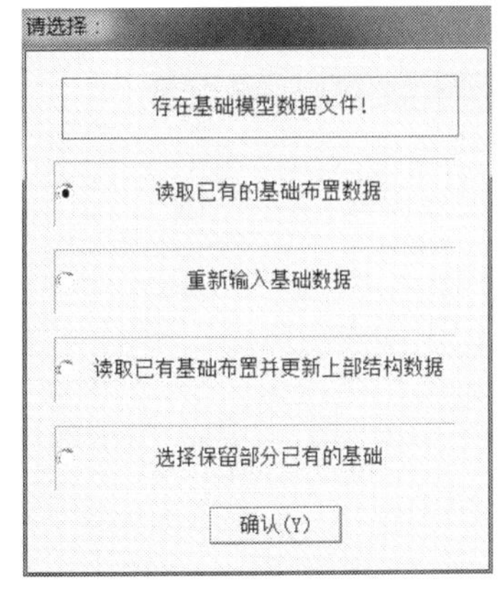

图 5-20　选择对话框

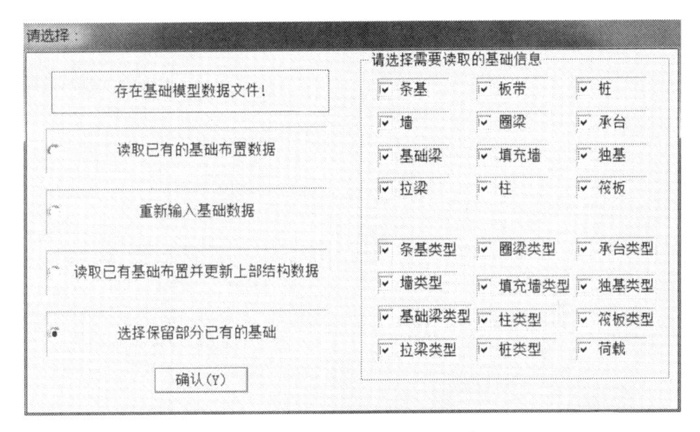

图 5-21　确定保留内容对话框

5.3.2　地质资料

【地质资料】菜单用于将在 JCCAD 主菜单 1【地质资料输入】中，输入的勘察孔位置与实际结构平面位置对位，以便后续的沉降计算或桩基设计。

点击【地质资料】，屏幕显示其 3 个子菜单，如图 5-22 所示。

【打开资料】菜单，用于选择地质资料数据文件。屏幕同时显示上部结构的网点和地质资料中孔点位置。

图 5-22　地质资料子菜单

当在 JCCAD 主菜单 1【地质资料输入】中生成勘测孔所用坐标系与结构平面坐标系不一致时，会出现上部结构的网点和地质资料中孔点位置对不上的情况，此时用户可通过【平移对位】和【旋转对位】菜单，将勘测孔点网格平移或转动到结构平面坐标系下实际位置上。

5.3.3　柱下独立基础设计

柱下独立基础由于其受力简单明确、方便施工、造价低廉，一直是基础设计的首选结构形式。柱下独立基础可分为无筋扩展基础和扩展基础。在柱下独立基础中扩展基础占的比例很大，因此本节主要介绍扩展基础设计。

JCCAD 程序可以设计现浇基础或杯口基础，基础外形可以是倒锥形或阶梯形，并可以是单柱基础、双柱基础或多柱基础。此外还可以处理短柱或高杯口基础，但短柱和高杯口中的配筋需手工计算。

以下按柱下独基的设计步骤进行讲解。

5.3.3.1 参数输入

设计独立基础前，需进行相关设计参数定义。点击图 5-19 所示右侧菜单【参数输入】，屏幕显示其 3 个子菜单，如图 5-23 所示。

1. 基本参数

【基本参数】可定义各类基础的公共参数，包括<地基承载力计算参数>、<基础设计参数>、<其他参数>三页，如图 5-24 所示。为方便起见，本处将各参数含义一并说明。

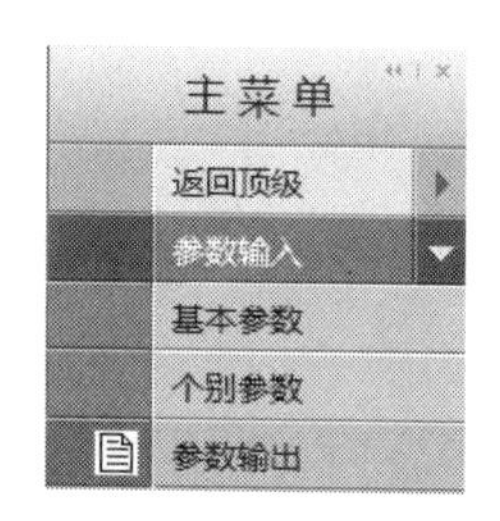

图 5-23 参数输入子菜单

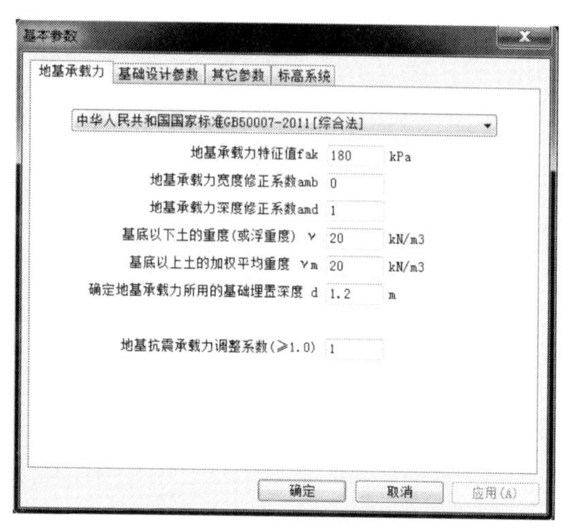

图 5-24 基本参数设置对话框

第一页 地基承载力计算参数

本页对话框的参数是用于确定地基承载力的，程序提供了 5 种规范方法供选择，对应不同的方法，需输入的相应参数也会有所不同。分别说明如下：

① 当选择“中华人民共和国国家标准 GB 50007-2011[综合法]”（即根据《建筑地基基础设计规范》（GB 50007-2011）（以下简称《地基基础规范》）5.2.4 条确定地基承载力特征值）或“北京地区建筑地基基础勘察设计规范 DBJ11-501-2009”时，屏幕显示如图 5-24 所示参数定义项。

各参数的含义及取值方法为：

地基承载力特征值 f_{ak}：应根据地勘报告填写。

地基承载力宽度修正系数 a_{mb}：初始值为 0，应根据《地基基础规范》5.2.4 条确定。

地基承载力深度修正系数 a_{md}：初始值为 1，应根据《地基基础规范》5.2.4 条确定。

基底以下土的重度（或浮重度）γ：初始值为 20，应根据地勘报告填写。

基底以上土的加权平均重度 γ_m：初始值为 20，应根据地勘报告，取加权平均重度填写。

确定地基承载力所用的基础埋置深度 d：一般从基础底面算至室外设计地面。用户应结合工程实际情况，以及地基土的组成情况，确定基础形式及埋深后，根据《地基基础规范》5.2.4 条确定。

◆ **练习 5-5:**

根据表 5-1 提供的地基土组成情况及相应的地勘报告，确定本书中 PMCAD 中示例的 4 层框架结构的基础埋深。

考虑到结构为 4 层框架结构，并且为一般民用建筑，荷载不是太大，因此选用表 5-1 中的粉质黏土①（其未经宽度和深度修正的承载力特征值为 160 kPa，经深宽修正后，应能满足地基的承载力要求）作为结构的持力层。因第一层素填土厚度在所有勘测孔点的厚度大约为 2.4 m，结合室内地面标高与场地绝对标高的对应关系，即±0.000 相当于绝对标高 508.50 m，因此取基础埋深为 3.0 m，使基础底面刚好进入持力层范围，以尽量浅埋，个别基底未进入持力层范围的基础，可采取换填等局部处理。这样既可满足承载力要求，又能兼顾经济性。

➢ **注意:**

根据《地基基础规范》5.2.4 条规定，基础埋置深度（m），一般自室外地面标高算起。在填方整平地区，可自填土地面标高算起，但填土在上部结构施工后完成时，应从天然地面标高算起。对于地下室，如采用箱形基础或筏基时，基础埋置深度自室外地面标高算起；当采用独立基础或条形基础时，应从室内地面标高算起。

如设计无地下室的条基、独基，则可采用勾选<自动计算覆土重>的方法，程序自动按 20 kN/m^3 的基础与土的平均重度计算。

独基抗震承载力调整系数：初始值为 1，应根据地勘报告和《抗震规范》4.2.3 条确定。

② 当选择“中华人民共和国国家标准 GB 50007-2011[抗剪强度指标法]”或“上海市工程建设规范 DGJ08-11—2010[抗剪强度指标法]”时，屏幕显示如图 5-25 所示的参数对话框。

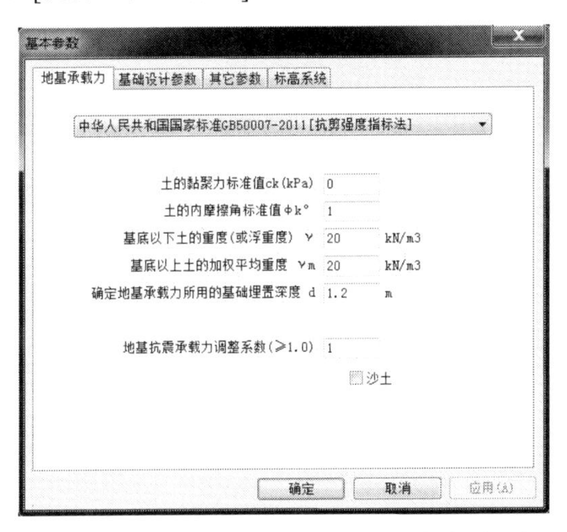

图 5-25　抗剪强度指标确定地基承载力对话框

《地基基础规范》5.2.5 条确定，当偏心距 e 小于或等于 0.033 倍基础底面宽度时，可根据土的抗剪强度指标确定地基承载力特征值，并满足变形要求。

土的黏聚力标准值：根据工程实际情况及地基土的组成情况，首先确定基础埋深，并初步确定基础底面宽度。该值应取基底下一倍短边宽度的深度范围内（结合地勘报告）土的黏聚力标准值。

土的内摩擦角标准值：根据地勘报告，取基底下一倍短边宽度的深度范围内土的内摩擦角标准值。

其余参数同综合法，略。

③ 当选择“上海市工程建设规范 DGJ08-11-2010[静桩试验法]”时，屏幕显示如图 5-26 所示的参数对话框。

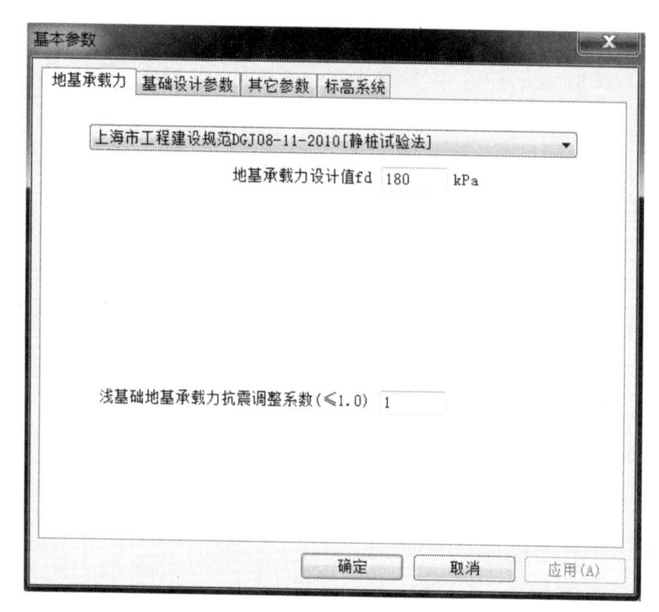

图 5-26　静桩试验法对话框

第二页　基础设计参数

本页用于基础设计的公共参数。见图 5-27 所示。

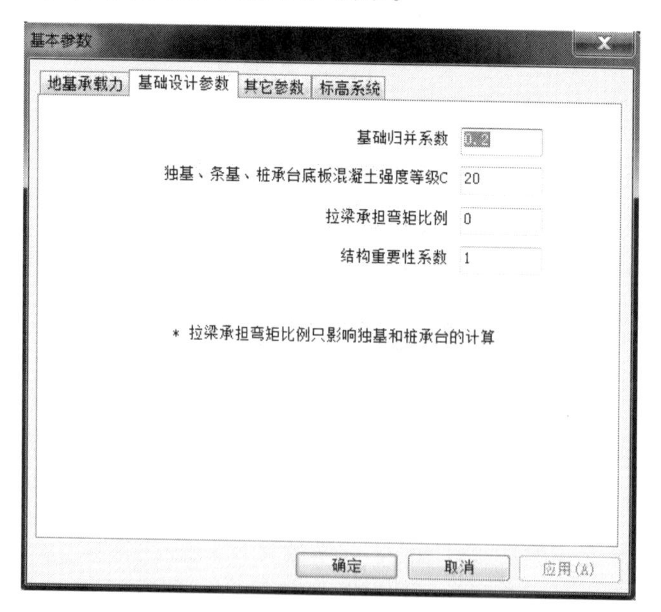

图 5-27　基础设计参数设置对话框

基础归并系数：独基和条基截面尺寸归并时的控制参数，程序将基础宽度相对差异在归并系数之内的基础自动归并为同一种基础。其初始值为 0.2。

独基、条基、桩承台底板混凝土强度等级：浅基础的混凝土强度等级（不包括柱、墙、筏板和基础梁)，其初始值为 20。

拉梁承担弯矩比例：由拉梁来承担独立基础或桩承台沿梁方向上的弯矩，以减小独基底面积。承担弯矩的大小比例由所填写的数值决定，如填 0.5 就是承担 50%。初始值为 0，即拉梁不承担弯矩；若填 1，则表示拉梁承担全部弯矩，独基基底面积由轴力和剪力确定。

结构重要性系数：对所有部位的混凝土构件有效，应按《混凝土规范》3.3.2 条采用，但不应小于 1.0。初始值为 1.0。

第三页　其他参数

本页用于不同基础设计的参数定义。见图 5-28 所示。

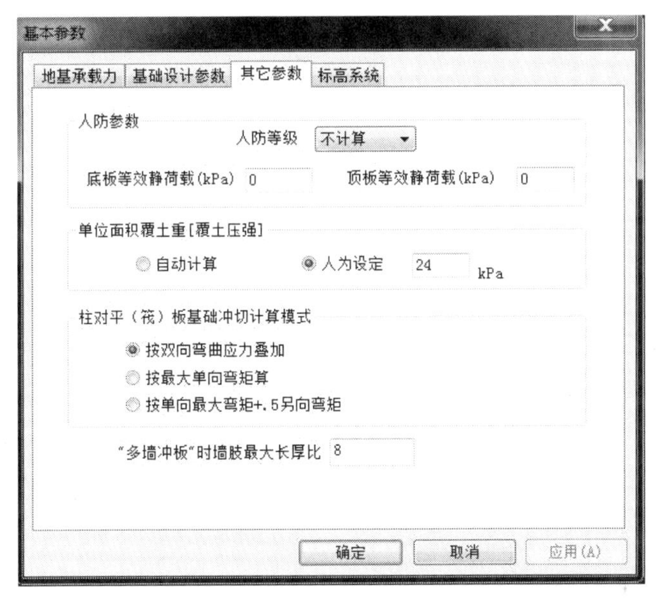

图 5-28　其他参数设置对话框

人防等级：可选择不计算或者选择人防等级为 4—6B 级核武器或常规武器中的某一级别。根据工程实际情况确定。

底板/顶板等效静荷载：选择了人防等级后，对话框会自动显示在该人防等级下，无桩无地下水时的等效静荷载。用户可根据工程的需要，调整等效静荷载的数值。

单位面积覆土重：覆土重指基础及其基底以上回填土的平均重度，仅对独基和条基计算起作用。若未勾选<自动计算覆土重>，则需用户填写本项。一般设计有地下室的条基、独基时，宜由用户人工填写本项，且覆土高度应计算到地下室室内地坪处，从而保证地基承载力计算正确。但该参数对筏板基础不起作用，筏板基础覆土重在“筏板荷载”菜单里输入。

第四页　标高系统

本页用于设置结构的标高信息。见图 5-29 所示。

室外地面标高：此参数用于计算弹性地基梁覆土重（室外部分）以及筏板基础地基承载力修正。初始值为-0.3 m。应根据工程实际情况填写。

抗浮设防水位：用于基础抗浮计算。

正常水位：地基常年稳定水位。

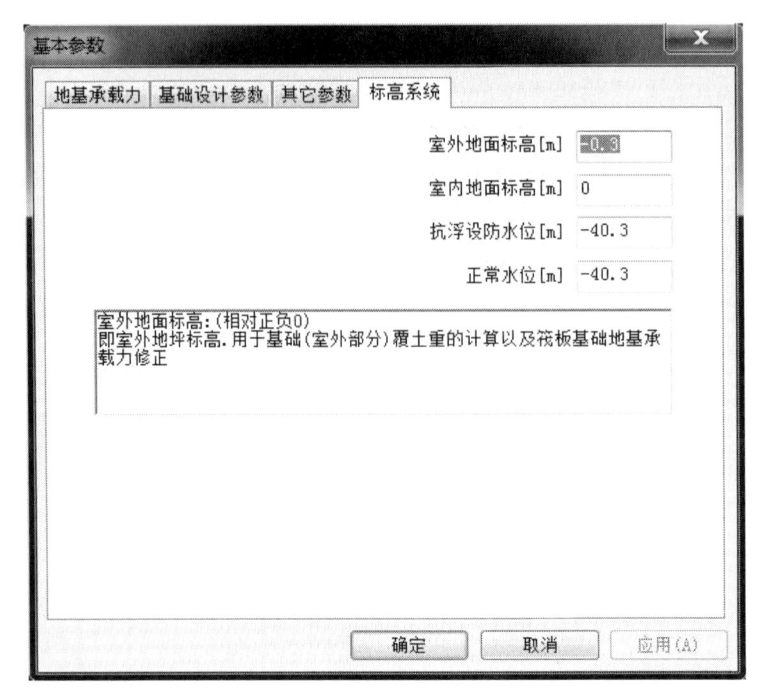

图 5-29　标高设置对话框

2. 个别参数

本菜单用于对【基本参数】统一设置的基础参数做个别修改，这样不同的区域可以用不同的参数进行基础设计。

点击【个别参数】菜单后，屏幕显示如图 5-30 所示的个别参数设置对话框，其中大部分参数同图 5-24 所示的“地基承载力计算参数”，增加了下面两个按钮：

图 5-30　个别参数设置对话框

① 自动生成基础时做碰撞验算：自动生成柱下独立基础、墙下条形基础和桩承台时做碰撞验算。

② 计算所有节点下土的 Ck、Rk 值：其中 Ck 表示 c_k，为黏聚力标准值，Rk 表示 φ_k，为内摩擦角标准值。点击该按钮后，程序自动计算所有网格节点的黏聚力标准值和内摩擦角标准值。

点击【个别参数】菜单后，在屏幕显示的结构与基础相连的平面布置图上，用户可用类似 PMCAD 中的围区布置、窗口布置、轴线布置、直接布置等方法选取要修改参数的网格节点，进行参数修改。

3. 参数输出

点击【参数输出】菜单后，屏幕弹出“基础基本参数.txt”文件，可通过该文件查看并校对输入的相关参数是否正确。

5.3.3.2　编辑网格、节点

对于由 PMCAD 传下的平面网格、轴线和节点，可根据工程实际情况进行编辑修改，如弹性地基梁挑出部位的网格、筏板加厚区域部位的网格、删除没有用到的网格等。点击图 5-19 所示的【网格节点】菜单后，可进行相应编辑修改。

5.3.3.3　上部构件

对于柱下独立基础，一般宜在基础之间布置拉梁，拉梁可起到增加基础整体性、平衡柱底弯矩以及承托结构底层填充墙的作用。

点击【上部构件】，屏幕打开其子菜单，再点击【拉梁】子菜单，如图 5-31 所示。点击【拉梁布置】，屏幕弹出拉梁定义、修改及布置对话框，如图 5-32 所示。

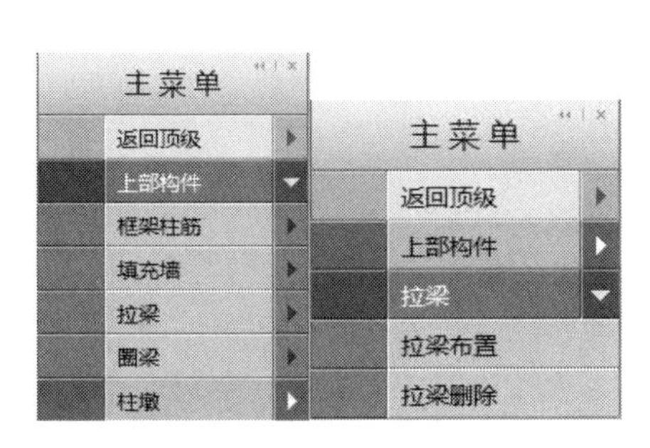

图 5-31　上部构件子菜单

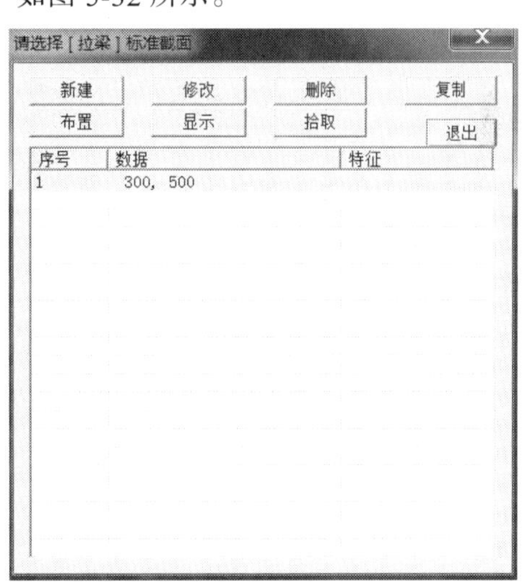

图 5-32　拉梁定义、布置对话框

将拉梁布置到基础平面上后，程序在后续的基础施工图中能根据此处的布置，自动绘制拉梁在基础平面图上的位置，但拉梁配筋需用户手工补充计算。

拉梁截面尺寸可按如下经验尺寸取：梁宽 b=（1/25 ~ 1/35）L，梁高 h=（1/15 ~ 1/20）L，其中 L 为拉梁跨度。拉梁配筋计算方法可根据用户设置拉梁的目的，采取以下方法（根据《北

京市建筑设计技术细则》3.5.11 条）：

① 仅为加强基础的整体性。调节各基础间的不均匀沉降，消除或减轻框架结构对沉降的敏感性。取拉梁拉结的各柱轴力较大者的 1/10，按受拉计算配筋，按受压计算稳定，钢筋通长。此时基础按偏心受压基础考虑。当基础下土质较好时，用此法较节约。

② 用拉梁平衡柱底弯矩。对于受大偏心荷载作用的独立基础，其底面尺寸通常是由偏心距控制的，设置拉梁平衡一部分弯矩后，荷载偏心距减小，从而可减小基底尺寸。在前述基本参数中输入"拉梁承担弯矩的比例"，程序按减小后的柱底弯矩计算基础底面尺寸。拉梁按受弯构件计算，考虑到柱底弯矩的方向的反复性，正弯矩钢筋全部拉通，负弯矩筋有 1/2 拉通。

如拉梁承托填充墙或其他竖向荷载，应将竖向荷载所产生的拉梁内力与上述两种结果之一所得的内力组合进行计算配筋。具体设计计算过程可参阅本书第 8 章工程实例 1。

➢ **注意：**

① 设置拉梁后，根据拉梁顶面标高情况（建议使拉梁顶标高同基础顶标高），若拉梁顶标高高于基础顶标高，则还应注意对在基础顶面形成的短柱进行构造加强处理，如短柱部位箍筋加密或其他加强措施。

② 基础拉梁仍应按抗震设计，故除满足计算配筋要求外，还应满足抗震构造要求，如拉梁端部仍应设箍筋加密区。

③ 在【上部构件】的【框架柱筋】子菜单，用于输入框架柱在基础上的插筋，使基础施工图正确绘制柱插筋。如果生成过与基础相连楼层的全部框架柱施工图，并在退出时选择将柱数据保存在数据库中，基础施工图也能自动绘制柱插筋，故可跳过本项子菜单。

其余上部构件在设计柱下独立基础时一般都不需布置，故此处不再说明。

5.3.3.4 荷载输入

通过荷载输入，即可进行柱下独立基础的设计计算。

点击【荷载输入】，它包括图 5-33 所示子菜单。可以实现如下功能：

① 自动读取多种 PKPM 上部结构分析程序传下来的各单工况荷载标准值，包括平面荷载（PMCAD 建模中导算的荷载或砌体结构建模中导算的荷载）、SATWE 荷载、TAT 荷载、PMSAP 荷载及 PK 荷载等。

图 5-33　荷载输入子菜单

② 对于每一个上部结构分析程序传来的荷载，程序自动读出各种荷载工况下的内力标准值。因基础中用的荷载组合与上部结构计算所用的荷载组合是不完全相同的，程序读取内力标准值后，可根据《荷载规范》和《地基基础设计规范》的有关规定，在计算基础的不同内容时采用不同的荷载组合类型。

在计算地基承载力或桩基承载力时采用荷载的标准组合；在进行基础抗冲切、抗剪、抗弯、局部承压计算时采用荷载的基本组合；在进行沉降计算时采用准永久组合；在进行正常使用阶段的挠度、裂缝计算时取标准组合和准永久组合。

③ 可输入用户自定义的附加荷载标准值。附加荷载可单独进行荷载组合，也可与程序读取的荷载标准值进行同工况叠加，然后再进行荷载组合。

④ 编辑已有的基础荷载组合值。

⑤ 按工程用途定义相关荷载参数，满足基础设计的需要。工程情况不同，荷载组合公式中的分项系数或组合值系数等也会有差异，对每一种荷载组合类型，程序自动取用相关规范规定的荷载分析系数、组合值系数等。这些系数也可人工修改。

⑥ 校验、查看各荷载组合的数值。

以下对各子菜单内容进行说明。

1. 荷载参数

点击图 5-33 所示荷载输入子菜单中的【荷载参数】，程序弹出如图 5-34 所示输入荷载组合参数对话框。

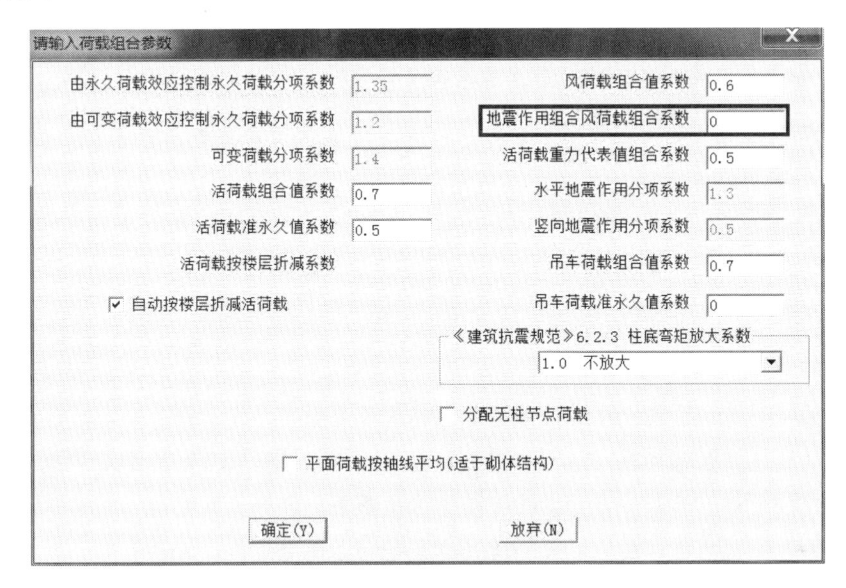

图 5-34　输入荷载组合参数对话框

本页参数的隐含值均按现行规范确定。其中白色输入框的值是用户必须根据工程实际情况进行修改的参数；灰色数值是规范指定值，一般不修改，若用户需要修改灰色数值，可双击该值，将其变成白色输入框，再修改。

其中：

自动按楼层折减活荷载：当该选项打“√”后，程序会按照《荷载规范》5.1.2 条规定，根据与基础相连接的每个柱、墙上面的楼层数进行活荷载折减。因为 JCCAD 读取的是上部未折减的荷载标准值，所以上部结构分析程序中输入的活荷载按楼层折减系数对传给基础的荷载标准值没有影响。按照《荷载规范》5.1.2 条的规定，一般应勾选本项。

分配无柱节点荷载：当设计砌体结构墙下条形基础时，应勾选该选项。程序可将墙间无柱节点或无基础柱上的荷载分配到节点周围的墙上，从而使墙下基础不会产生丢荷载的情况。分配荷载的原则为按周围墙的长度加权分配。该项应与【无基础柱】命令配合使用，使指定区域内不生成独立基础。

➢ **注意：**

在地震荷载组合中，对于风荷载起控制作用的高层建筑，风荷载与地震作用同时参加荷载组合。当风荷载与地震作用不同时参与组合时（按照《高层规程》表5.6.4规定），可在本页参数中将<地震作用组合风荷载组合值系数>设为0，如图5-34所示。

2. 无基础柱

本项菜单一般用于砌体结构墙下条形基础设计。具体见下节。

3. 附加荷载

本菜单用于用户输入附加荷载，包括点荷载和线荷载。附加荷载一般是由于基础上部（地上一层）的填充墙或设备等引起的。

一般来说，框架结构首层的填充墙或设备，在上部结构建模时没有输入，当这些荷载作用在基础上时，就应按附加荷载输入。

➢ **注意：**

对于独立基础，如果在独立基础上设置了拉梁，且拉梁上有填充墙，则应将填充墙和拉梁的荷载折算为节点荷载直接输入到独基上。因为拉梁不能导荷和计算，填充墙如作为均布线荷载输入，荷载将丢失。

点荷载中弯矩的方向遵循右手螺旋法则，轴力方向向下为正，剪力沿指标轴方向为正。

4. 选PK文件

若要读取PK荷载，需要先点取本项菜单。一般框架结构不需读取PK文件。

5. 读取荷载

本菜单用于选择本模块采用哪一种上部结构分析程序传来的荷载。点击【读取荷载】命令，屏幕出现"选择荷载类型"对话框（图5-35）。若要选用某上部结构设计程序生成的荷载工况，则点击左侧相应项，与之对应的右侧列表前显示"√"。

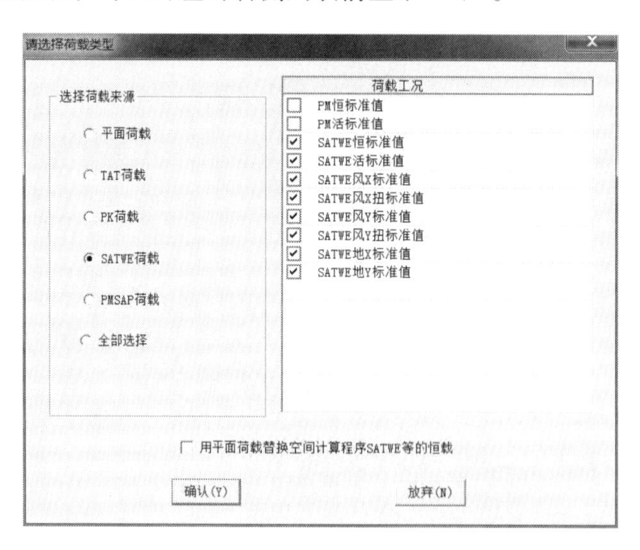

图5-35　选择荷载类型对话框

➢ **注意：**

① 对话框的右侧荷载列表中只显示允许过的上部结构设计程序的标准荷载。

② 根据《抗震规范》4.2.1条规定，部分建筑可不进行天然地基及基础的抗震承载力验算

（具体条文略）。

但JCCAD不能自动判断是否需要读取地震作用工况。由此，如果某工程计算基础时不需计算地震荷载组合，则可在右侧列表框中将地震荷载作用标准值前面的“√”去掉。

③ 单柱基础是典型的独立基础，其内力仅与其上单根框架柱的荷载有关，与其他节点荷载无关。因此设计单柱基础时允许选择不同工况的荷载组合，如PK荷载、SATWE包含吊车预组合内力的荷载组合。

④ 独立基础底面尺寸较小，作用在基础上的荷载中弯矩对基础承载力的影响较大，对冲切和配筋也有一定的影响。因此一般读取PK、TAT、SATWE、PMSAP等程序生成的荷载组合作为基础设计的依据。

⑤ 多柱基础上有多根框架柱，故设计时应按整体基础考虑，其上框架柱的荷载应是同工况荷载组合，这样内力才可以叠加。故多柱基础一般不用PK荷载和SATWE、TAT、PMSAP等程序中包含吊车预组合内力的荷载组合；可以采用SATWE、TAT、PMSAP等程序中不包含吊车预组合内力的荷载组合进行设计。

⑥ 由于不同分析程序的模型假定不同，其杆件内力还是有一定差异的。因此，在独立基础设计时一般只需读取其中一个程序生成的荷载。如已知某些部位的荷载明显偏小，则可再读取其他荷载（如平面荷载）作为补充。

6. 荷载编辑

本菜单用于查询或修改附加荷载和上部结构传下的各工况荷载标准值。

7. 当前组合

本菜单用于当用户选择某种荷载组合后，程序在图形区显示出该组合的荷载图，便于用户查询或打印。如图5-36，前面带*的荷载组合是当前组合，此时在图形区域显示出该组合的荷载图并在下面提示区显示该组荷载的总值以方便荷载校核，如图5-37所示。

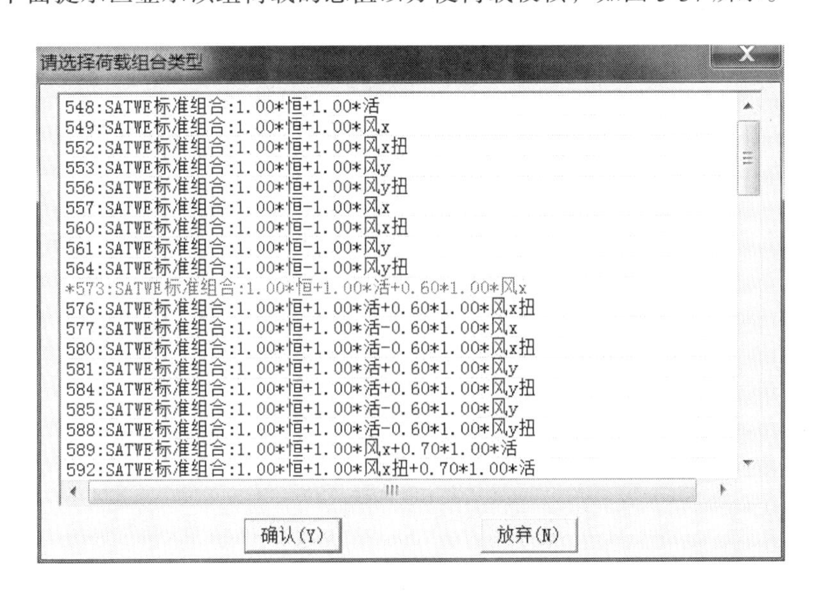

图5-36　选择荷载组合类型对话框

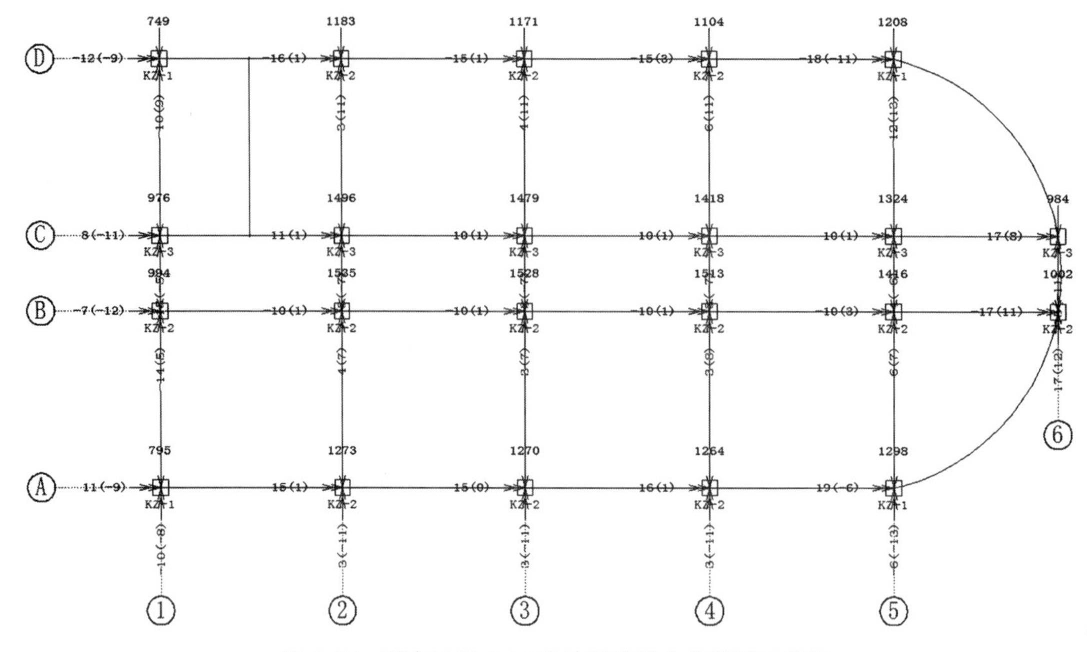

图 5-37 对应于图 5-36 当前荷载组合的荷载示意图

8. 目标组合

本菜单用于显示具备某些特征的荷载图，如标准组合下的最大轴力、最大偏心距等。目标组合仅供用户校核荷载之用，与地基基础设计最终选用的荷载组合无关。

点击【目标组合】，屏幕出现“选择目标荷载”对话框（图 5-38），可供选择的荷载组合类型有：标准组合、基本组合和准永久组合。特征组合有：最大轴力 N_{max}、最小轴力 N_{min}、最大偏心距 e_{max}、最大 X 向弯矩 M_x、最大 Y 向弯矩 M_y、最大负 X 向弯矩 $-M_x$、最大负 Y 向弯矩 $-M_y$。用光标选择某类荷载组合及某种最不利组合后，屏幕显示具备选定特征的荷载组合图。

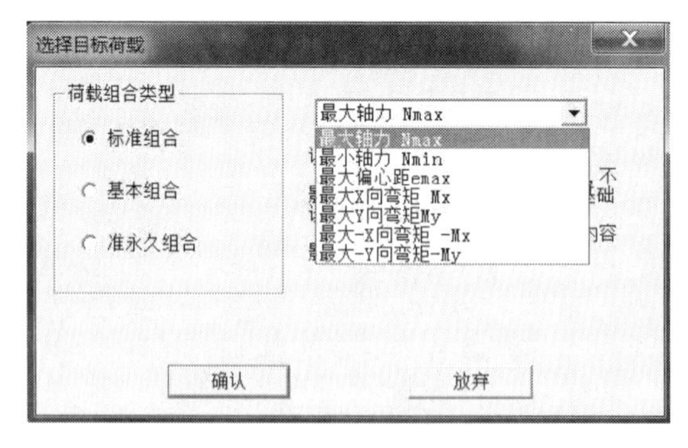

图 5-38 选择目标组合对话框

9. 单工况值

本菜单用于在当前屏幕显示读取的荷载单工况值，方便用户手工校核。

5.3.3.5 柱下独基

本菜单用于独立基础设计，根据用户指定的设计参数和输入的多种荷载自动计算独基尺寸、自动配筋，并可人工干预。程序自动生成的柱下独基设计内容包括：地基承载力计算、冲切计算、底板配筋计算。还可以针对程序生成的基础模型进行沉降计算。

1. 自动生成

用于地基自动设计。点击后，在平面图上可用围区、窗口、轴线或直接布置的方式（同 PMCAD）选取需要程序自动生成柱下独立基础的柱节点，选定后，屏幕弹出“基础设计参数输入”对话框，如图 5-39 所示。它包括“地基承载力计算参数”和“输入柱下独立基础参数”两页，分别说明如下。

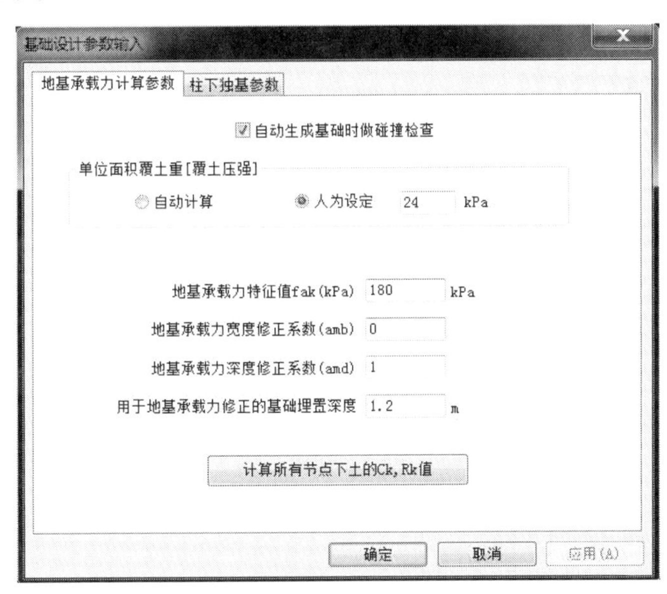

图 5-39　基础设计参数输入对话框

第一页　地基承载力计算参数

自动生成基础时做碰撞检查：一般应勾选。如果生成的基础底面重叠，程序会自动将发生碰撞的地基合并成双柱基础或多柱基础。

覆土压强：选择“自动计算”时，程序在进行独立基础地基承载力计算时，覆土重和基础自重综合考虑，按平均容重 20 kN/m^3 计算，否则按用户输入的数据计算，注意人为设定的单位面积覆土重应取加权平均值。

其余参数同【参数输入】—【基本参数】中“地基承载力计算参数—综合法”中的参数含义。

第二页　地基承载力计算参数（图 5-40）

独基类型：程序给出了“锥形现浇”“锥形预制”“阶形现浇”“阶形预制”“锥形短柱”“锥形高杯”“阶形短柱”“阶形高杯”共 8 种独立基础类型。用户可根据设计需要选择独立基础的类型。

独立基础最小高度：程序确定独立基础尺寸的起算高度，若冲切计算不能满足要求时，程序自动增加基础各阶高度，其初始值为 600 mm。

相对柱底标高：若点选此项，则后面填写的基础底标高值的起始点均相对于此处。若上部结构底层柱底标高不同时，宜选择此项。程序会自动算出每个基础底标高的值。

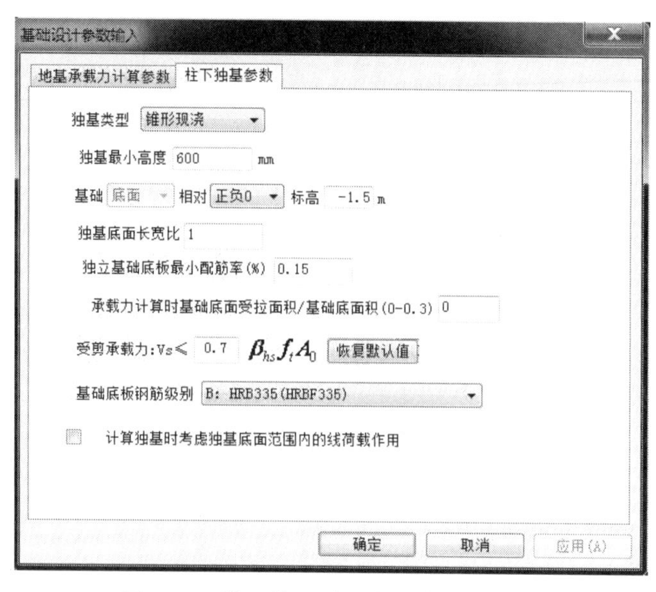

图 5-40　输入柱下独立基础参数对话框

相对正负 0：若点选此项，则后面填写的基础底标高值的起始点均相对于±0.0。

基础底标高：根据上述选定的基础底标高的起算点填写。

独基底面长宽比：用来调整基础底板长和宽的比值。其初始值为 1，该值仅对单柱基础起作用。

独立基础底板最小配筋率：用来控制独立基础底板的最小配筋率。如果不控制则填 0，程序按最小直径不小于 10 mm，间距不大于 200 mm 配筋。隐含值 0.15%（参见《混凝土规范》第 8.5.2 条）。

承载力计算时基础底面受拉面积/基础底面积（0 ~ 0.3）：程序计算基础底面积时，允许基础底面局部不受压。填 0 表示基础全底面受压的情况（相当于偏心距 $e<b/6$）。

受剪承载力：根据《地基基础设计规范》8.2.9 条规定，当基础底面短边尺寸小于或等于柱宽加两倍基础有效高度时，应按下列公式验算柱与基础交接处截面受剪承载力：$V_s \leqslant 0.7\beta_{hs}f_tA_0$，其中 $\beta_{hs}=(800/h_0)^{1/4}$。程序给出该受剪承载力计算公式，其中系数 0.7 为规范规定值，一般不需修改。若要修改，可双击后修改。

基础底板钢筋级别：用来选择基础底板的钢筋级别。

计算地基时考虑独基底面范围内的线荷载作用：若勾选，则计算独立基础时取节点荷载和独立基础底面范围内的线荷载的矢量和作为计算依据。程序根据计算出的基础底面积迭代两次。

将各项参数定义好后，屏幕就会显示独立基础的平面简图（图 5-41）。

2. 计算结果

用于查看独基计算结果文件。点击后，弹出“独基计算结果文件 jc0.out”，如图 5-42 所示，可作为计算书存档。计算结果内容包括各荷载工况组合、每个柱子在各组荷载下求出的底面积、冲切计算结果、程序实际选用的底面积、底板配筋计算值和实配钢筋。

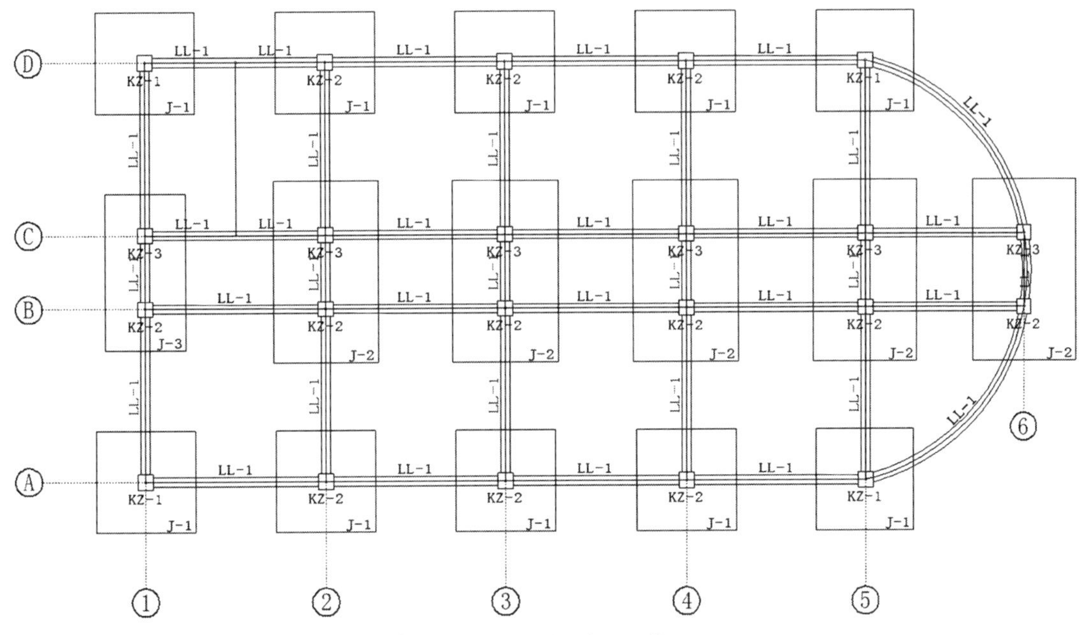

图 5-41　独立基础平面简图

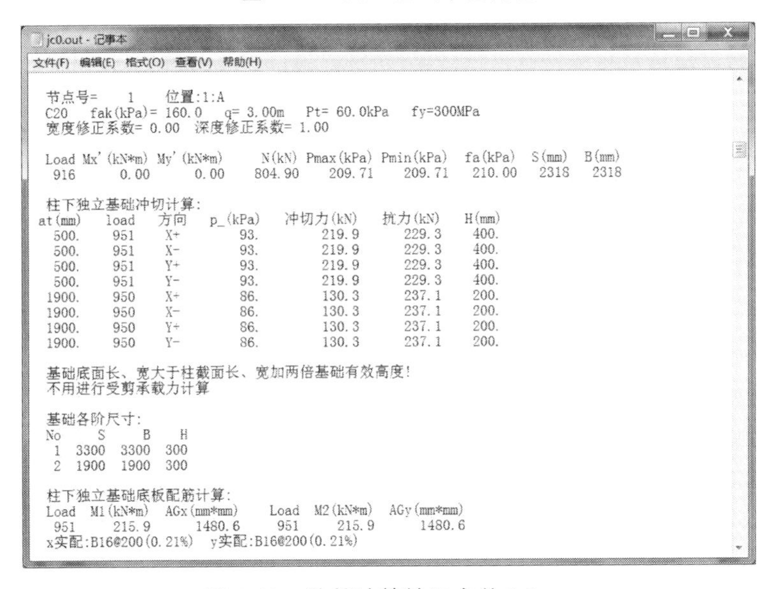

```
jc0.out - 记事本
文件(F) 编辑(E) 格式(O) 查看(V) 帮助(H)

节点号=    1     位置:1:A
C20    fak(kPa)= 160.0    q= 3.00m    Pt= 60.0kPa    fy=300MPa
宽度修正系数= 0.00  深度修正系数= 1.00

Load  Mx'(kN*m)  My'(kN*m)      N(kN)  Pmax(kPa)  Pmin(kPa)   fa(kPa)   S(mm)   B(mm)
 916       0.00       0.00     804.90     209.71     209.71    210.00    2318    2318

柱下独立基础冲切计算:
at(mm)   load   方向   p_(kPa)    冲切力(kN)    抗力(kN)    H(mm)
  500.    951    X+       93.        219.9        229.3      400.
  500.    951    X-       93.        219.9        229.3      400.
  500.    951    Y+       93.        219.9        229.3      400.
  500.    951    Y-       93.        219.9        229.3      400.
 1900.    950    X+       86.        130.3        237.1      200.
 1900.    950    X-       86.        130.3        237.1      200.
 1900.    950    Y+       86.        130.3        237.1      200.
 1900.    950    Y-       86.        130.3        237.1      200.

基础底面长、宽大于柱截面长、宽加两倍基础有效高度!
不用进行受剪承载力计算

基础各阶尺寸:
No     S      B     H
 1  3300   3300   300
 2  1900   1900   300

柱下独立基础底板配筋计算:
Load   M1(kN*m)   AGx(mm*mm)     Load   M2(kN*m)   AGy(mm*mm)
 951      215.9       1480.6      951      215.9       1480.6
x实配:B16@200(0.21%)   y实配:B16@200(0.21%)
```

图 5-42　独基计算结果文件 jc0.out

➢　**注意：**

① 因为独基计算结果文件 jc0.out 是固定名文件，再次计算时将被覆盖，所以要保留该文件可另存为其他文件名。

② 该文件必须在执行【自动生成】菜单后再打开才有效，否则可能是其他工程或本工程其他条件下的结果。

3. 控制荷载

除提供文本格式的计算结果文件外，程序还可将柱下独立基础计算过程中一些起主要控制作用的荷载组合以图形输出。点击【控制荷载】菜单，屏幕出现图 5-43 所示对话框，用户可在其中选择输出内容和命名简图文件名称。

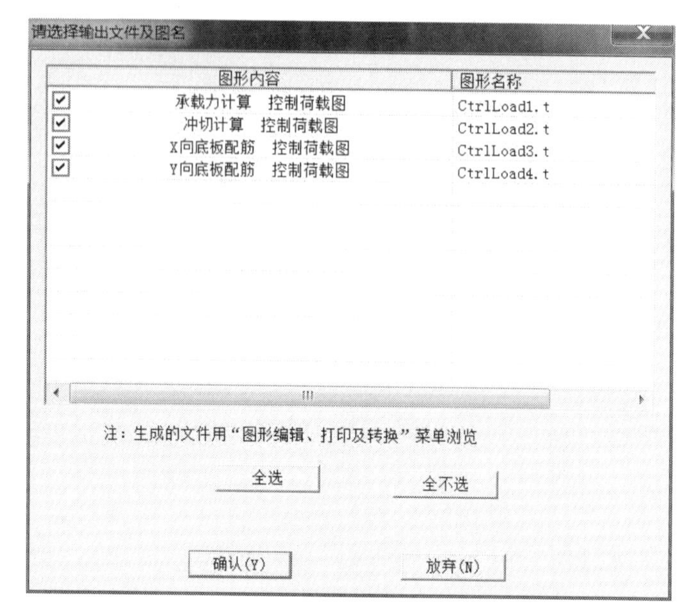

图 5-43 选择输出文件及图名对话框

程序提供 4 种简图是为了图面清晰，生成的控制荷载简图文件可用 JCCAD 主菜单中的【图形编辑、打印及转换】程序进行查看、编辑。

4. 单独计算

用本菜单可以单独查看用户指定的独基计算书。点击【单独计算】菜单，屏幕下方提示栏提示：请选择要查看计算书的独基。当用户用鼠标选定某个独基后，屏幕弹出指定基础的“独基计算结果文件 jc0.out”。注意，该文件名与前述【计算结果】文件名相同。

5. 多柱基础

当框架柱根数大于两根且距离较近时，可使用【多柱基础】菜单生成一个多框架柱下的联合基础。程序默认基础底面形心与多柱外接矩形形心重合，布置角度由用户输入。程序会将几根柱所在节点上的荷载平移到基础底面形心，并按单柱基础来计算。简化后柱的截面尺寸取多柱外接矩形。

➢ **注意：**

① 在设计多柱基础时要注意柱距不要过大，否则计算模型（程序采用独立基础计算模型）与实际情况出入较大，计算结果的准确性不确定。

② 此外还应验算是否需要布置暗梁或板面筋。对于柱距大的多柱基础按筏板计算更合理。

6. 独基布置

用户可以自己定义基础尺寸和配筋，将其布置到柱下，然后点取【单独计算】菜单来验算用户布置的独立基础是否满足设计要求；或者将自动生成的独基进行修改后，再布置到基础平面上。

在执行过【自动生成】菜单后，程序会生成多个基础类型数据，当点击【独基布置】菜单后，屏幕弹出“选择[柱下独立基础]标准截面对话框”（图 5-44）。

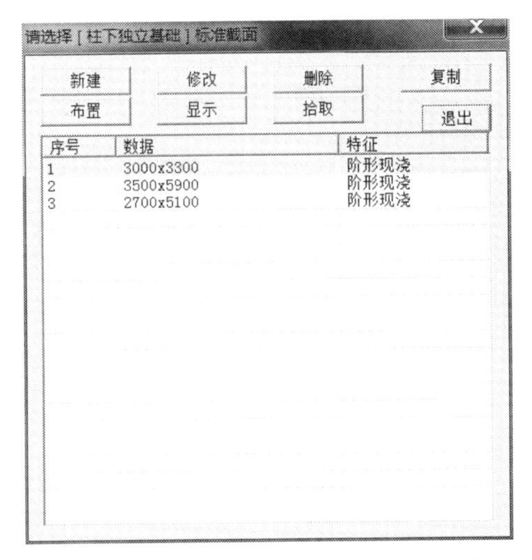

图 5-44　选择[柱下独立基础]标准截面对话框

在该对话框中可以选定某种截面的独基进行编辑，也可定义新的独基。当要布置独基时，可选取一种独基类型，点击<布置>按钮，再在平面图上布置独基。

➢　**注意：**

① 独立基础移心（即偏心）有两个数值。一个数值是在独基定义或修改中输入，该数值指基础上表面相对于基础底面的移心；一个数值是在基础布置时的布置参数，该参数是基础底面相对于柱的偏心。这两个数据是关联的，如果在构件定义中没有输入移心数据，而在基础布置时输入了移心值，再点取【自动生成】菜单，程序会重新计算基础上表面相对于基础底面的移心并修改构件定义中的相应参数。

② 在已有的独基上进行独基布置时，新布置的独基将取代原有独基。

③ 短柱或高杯口基础的短柱内的钢筋，程序没有计算，需用户自行补充。

7. 独基删除

用于删除基础平面图上某些柱下独基。

8. 双柱基础

当两个柱间距离较近时，各自生成独立基础会发生相互碰撞，此时，可用【双柱基础】菜单在两个柱下生成一个独立基础。点取该菜单后，程序会提示选择新生成基础底面形心位置，如图 5-45（a）所示。

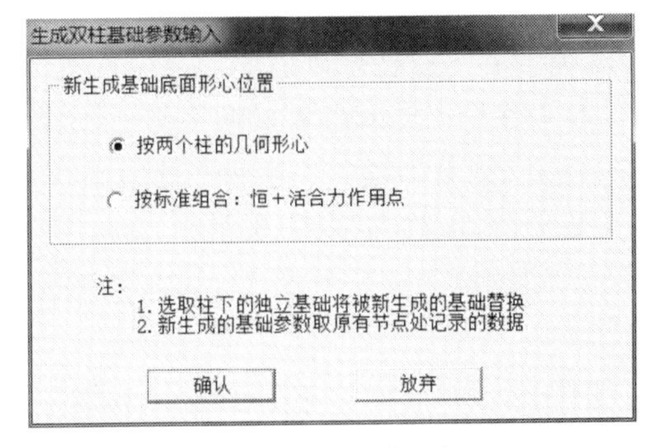

（a）双柱基础参数输入

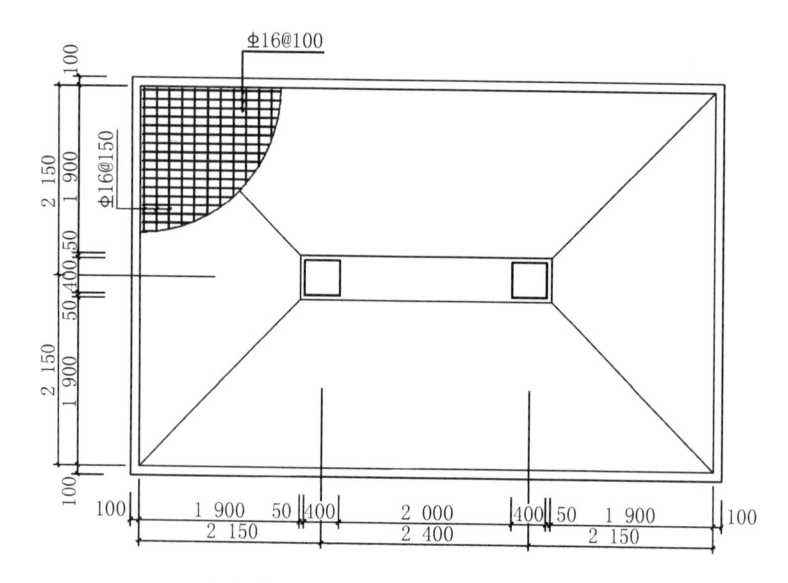

（b）按方式①生成的双柱联合基础

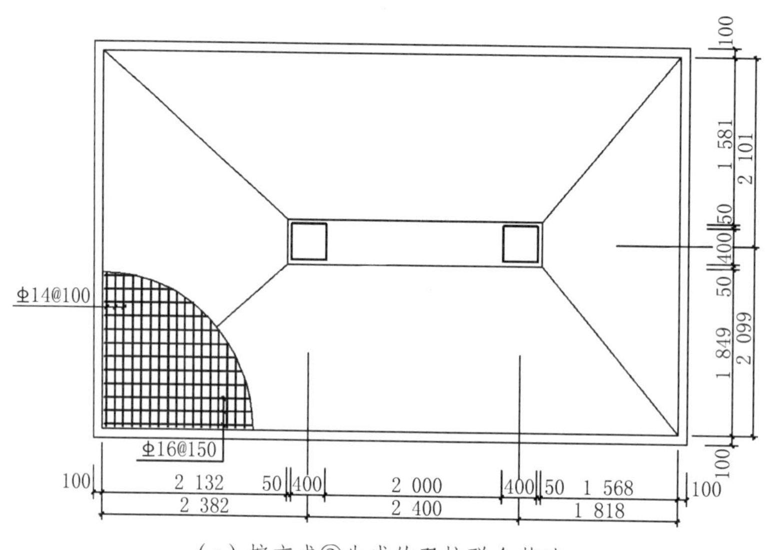

（c）按方式②生成的双柱联合基础

图 5-45　双柱基础线

程序提供了两种双柱基础底面形心位置的生成方法，即：

① 按两个柱的外接矩形几何形心与双柱基础底面形心位置重合的方法生成；

② 按标准组合“恒+活”合力作用点与双柱基础底面形心位置重合的方法生成。

若按第①种方法生成双柱基础，则基础底面关于两柱的中心线是几何对称的[图 5-45（b）]，施工定位比较方便，但当两柱传到基础顶面的内力相差较大时，会使基底反力分布极不均匀，甚至在基底出现零应力区域，故这种情况下，不宜选择第①种生成方法。

若按第②种方法生成双柱基础，这时基础底面形心位置与“恒+活”荷载标准组合的合力作用点重合，基底反力近似均匀，但基础底面关于两柱的中心线不再几何对称[图 5-45（c）]，故当两柱传至基础顶面的内力相差较大时，宜选择第②种生成方法。

➢　**注意：**

① 程序是将双柱基础的计算简化为柱截面尺寸与双柱外接矩形相同的单柱基础来计算的，因此当柱距较远时还应人工补充两柱间的暗梁计算或板面筋的计算。可参考本书 5.7.2 节。

② 对多柱和双柱基础，可以某根柱为基准（基准柱），根据多个柱的平面坐标算出基础的移心，并将基础按算得的移心布置在基准柱上，然后再用自动生成菜单验算。

5.3.3.6　局部承压

在钢筋混凝土结构工程中，基础的混凝土强度等级通常比其上的柱要低，桩承台的混凝土强度等级有时也比其下的桩要低。此时，需要进行柱下基础或桩上承台的局部受压承载力验算。

本菜单可实现柱对独基、承台、地基梁，桩对承台的局部承压验算。点击【局部承压】，它包括如图 5-46 所示子菜单。

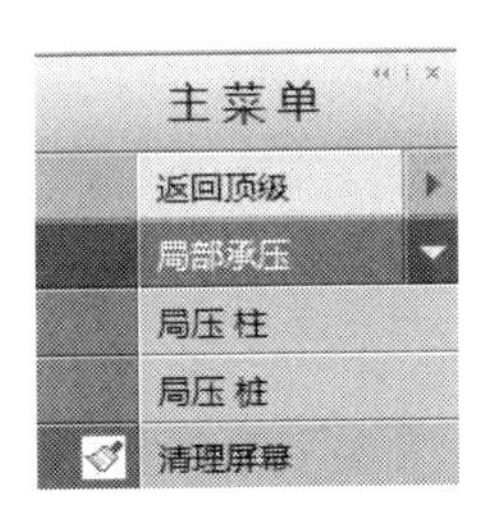

图 5-46　局部承压菜单

1. 局压柱

用于柱对独基、承台、地基梁的局部承压验算。点击后，基础平面图中与基础接触的柱上显示局部承压计算结果。其值>1.0 时，表示满足局部承压要求，如图 5-47 所示。同时，屏幕弹出图 5-48 所示“局部承压_柱.TXT”文件，记录详细验算结果。

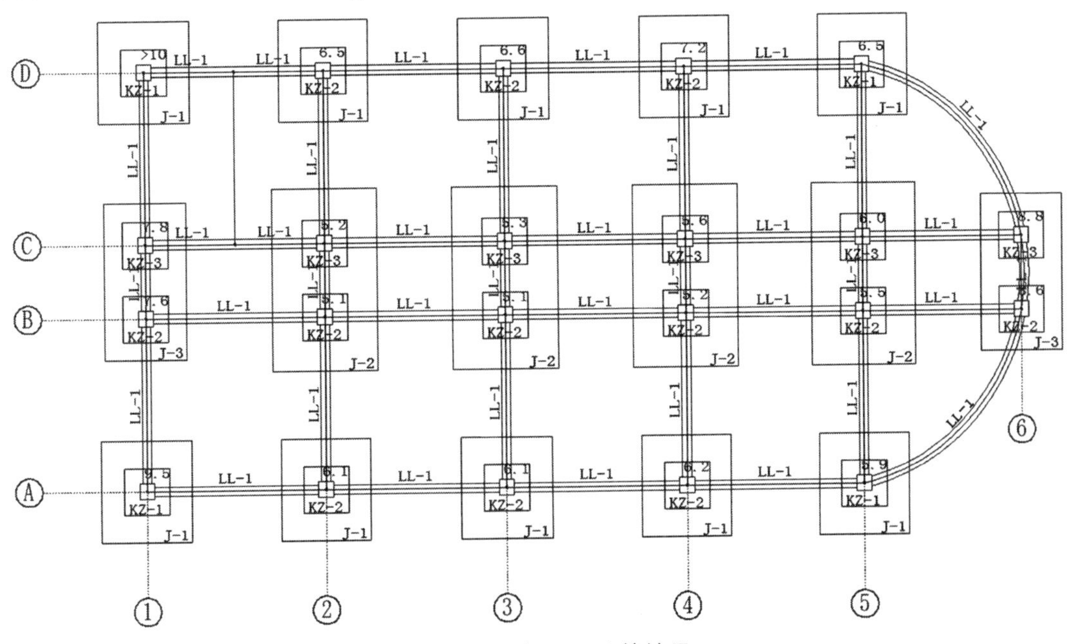

图 5-47　局部承压验算结果

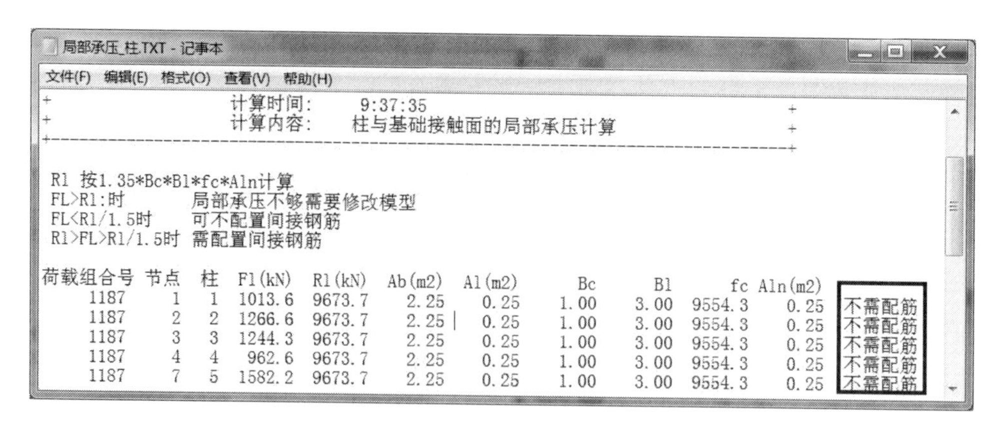

局部承压_柱.TXT - 记事本

文件(F) 编辑(E) 格式(O) 查看(V) 帮助(H)

```
+                    计算时间:      9:37:35
+                    计算内容:      柱与基础接触面的局部承压计算                       +
+---------------------------------------------------------------------------------+

 R1 按1.35*Bc*Bl*fc*Aln计算
 FL>R1:时          局部承压不够需要修改模型
 FL<R1/1.5时       可不配置间接钢筋
 R1>FL>R1/1.5时    需配置间接钢筋
```

荷载组合号	节点	柱	Fl(kN)	Rl(kN)	Ab(m2)	Al(m2)	Bc	Bl	fc	Aln(m2)	
1187	1	1	1013.6	9673.7	2.25	0.25	1.00	3.00	9554.3	0.25	不需配筋
1187	2	2	1266.6	9673.7	2.25	0.25	1.00	3.00	9554.3	0.25	不需配筋
1187	3	3	1244.3	9673.7	2.25	0.25	1.00	3.00	9554.3	0.25	不需配筋
1187	4	4	962.6	9673.7	2.25	0.25	1.00	3.00	9554.3	0.25	不需配筋
1187	7	5	1582.2	9673.7	2.25	0.25	1.00	3.00	9554.3	0.25	不需配筋

图 5-48　局部承压验算计算文本结果

➢　**注意：**

图 5-48 中的“不需配筋”指不需配置间接钢筋（详见《混凝土规范》6.6 节及附录 D）。

经过以上操作，柱下独立基础的设计计算就基本完成了。若需进行沉降计算，可在 JCCAD 主菜单 4【桩基承台及独基沉降计算】中完成（见 5.4 节），最后在 JCCAD 主菜单 7【基础施工图】中可完成独立基础施工图设计（见 5.5 节）。

5.3.4　墙下条形基础设计

墙下条形基础主要用在民用住宅中广泛使用的砌体结构中，具有造价低廉、取材广泛、施工方便、受力明确等特点。墙下条基在 JCCAD 程序中特指砌体墙下的条形基础。目前程序能处理的基础形式有：灰土基础、素混凝土基础、钢筋混凝土基础、带卧梁的钢筋混凝土基础、毛石基础、砖基础、钢筋混凝土毛石基础。

下面按墙下条基的设计步骤进行讲解。

5.3.4.1　参数输入

设计墙下条基前，需进行相关设计参数定义。点击图 5-19 所示右侧菜单【参数输入】，各参数含义在上一节已进行过讲解，此处不再重复。

此处的相关参数也可在运行【墙下条基】—【自动生成】菜单时，弹出的参数定义对话框中输入（具体见后续内容）。

5.3.4.2　上部构件

在砌体结构的墙下条形基础中可设置地圈梁，以提高房屋的整体空间刚度、增加建筑物的整体性，提高砖石砌体的抗剪、抗拉强度，防止由于地基不均匀沉降，地震或其他较大振动荷载对房屋的开裂破坏。也使地基反力更均匀点，同时还具有圈梁的作用和防水防潮的作用。此外，若基础底面未埋置在同一标高上，也应增设基础圈梁并按 1∶2 的台阶逐步放坡（详见《抗震规范》7.3.13 条）。

【上部构件】中的【圈梁】子菜单即用于在条形基础中设置地圈梁。点击其中的【圈梁布置】，屏幕弹出如图 5-49 所示“地圈梁定义”对话框。

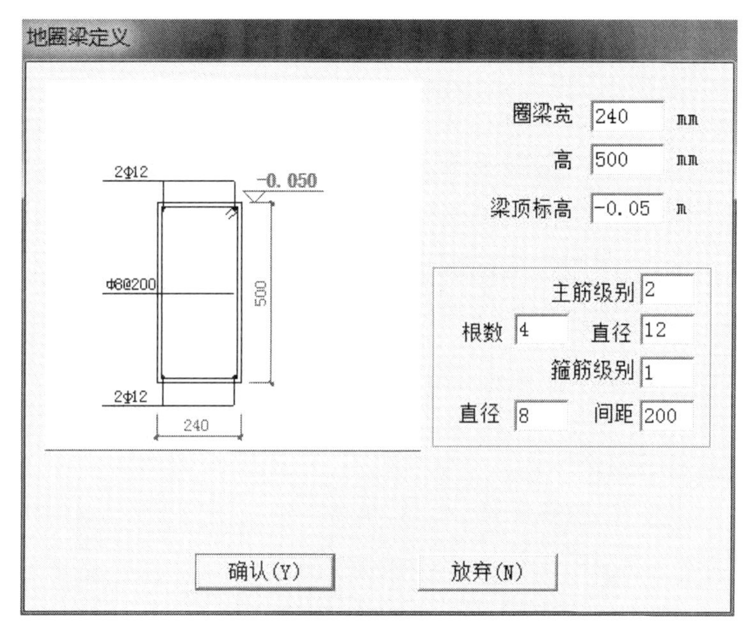

图 5-49　地圈梁定义对话框

此处可对定义好的地圈梁进行修改等编辑工作，并布置在平面图上。

5.3.4.3　荷载输入

砌体结构墙下条形基础的计算特点：一是不需要考虑地震作用；二是由于其层数有限，受到的风荷载产生的附加竖向力与恒载相比也小得多，每段基础都满足其上墙体传来荷载作用下的承载力要求。因此，进行墙下条形基础设计时通常只考虑恒载和活载。

因此砌体下的条形基础通常采用 PM 荷载即平面荷载。

此外，通常情况下，砌体结构中构造柱下面不需设置独立基础，但个别情况下可能在构造柱下有较大荷载，因此需要用户指定哪些构造柱下不用设置独立基础。此时，可使用【荷载输入】中的【无基础柱】子菜单将不需要设置基础的构造柱设置为“无基础柱”，程序将自动把柱荷载传递到周围的墙上。一旦柱被光标选中，则其黄色截面轮廓线变亮。

5.3.4.4　墙下条基

本菜单用于砖混结构的墙下条形基础设计，它能根据用户输入的设计参数和荷载信息自动生成墙下条基，条基的截面尺寸和布置可进行人为调整；人工交互调整后，当存在平行、两端对齐且距离很近的两个墙体时，程序可以通过碰撞检查自动生成双墙基础。墙下条基自动设计的内容包括：地基承载力计算、底面积重叠影响计算、素混凝土基础的抗剪计算、钢筋混凝土基础的底板配筋计算及沉降计算。

➢　**提示：**

① 剪力墙下或柱下的条形基础一般应采用基础梁输入并按弹性地基梁方法计算。如果按本节当作墙下条基输入，则卧梁的钢筋需要用户自行定义。

② 当基础长度比宽度大很多时，采用墙下条形基础是合适的，否则应采用其他基础形式，如筏形基础。

1. 自动生成

用于墙下条基自动设计。点击后，在平面图上可用围区、窗口、轴线或直接布置的方式（同 PMCAD）在墙下布置条基。选定后，屏幕弹出“基础设计参数输入”对话框，它包括“地基承载力计算参数”和“输入墙下条形基础参数”两页，第一页参数同柱下独基设计时的相应参数，下面说明第二页部分参数（图 5-50）。

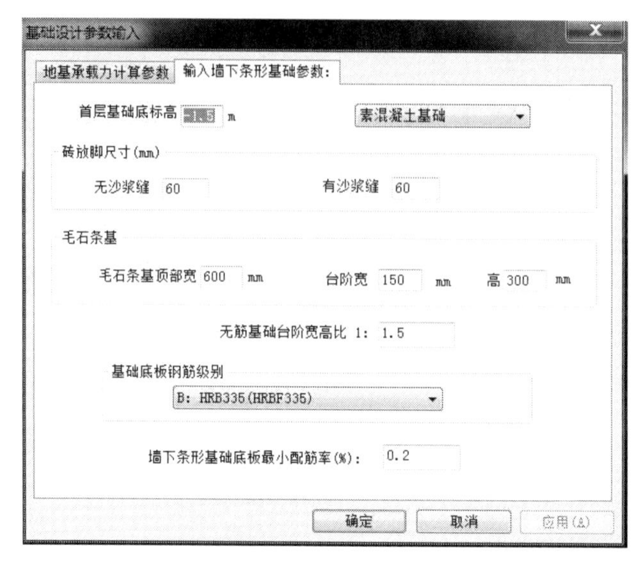

图 5-50　墙下条形基础参数定义对话框

首层基础底标高：设定条基底标高，初始值为-1.5 m。

条基选型：程序给出了“灰土基础”“素混凝土基础”“钢筋混凝土基础”“带卧梁钢筋混凝土基础”“毛石、片石基础”“砖基础”“钢筋混凝土毛石基础”共 7 种条形基础类型。用户可根据设计需要选择条形基础的类型。

砖放脚尺寸：定义砖放脚的模数，用于控制放脚细部尺寸。对于普通黏土砖，无砂浆缝可填 60，有砂浆缝填 65。如不是普通黏土砖，则无砂浆缝可填砌块高度，有砂浆缝可填无砂浆缝值+半个灰缝宽度。

毛石条基顶部宽、台阶宽、台阶高：定义毛石基础相关尺寸。以顶部宽为基准，每个台阶每边出挑一个台阶宽。因此台阶宽取半个条石宽度，以保证条石间的缝隙错开。

无筋基础台阶宽高比：主要针对灰土基础和素混凝土条基。该参数控制灰土或素混凝土垫层挑出砖放脚长度与垫层厚度的比值。

➢　**注意：**

① 轴线上有柱又有墙时，可同时自动生成柱下独基与墙下条基。

② 当墙上存在无柱节点荷载时，应在“荷载参数”对话框内，选中“分配无柱节点荷载”，此时程序会将无柱节点上的向下集中力转换成均布荷载且平均分配到与该节点相连墙的网格上。

③ 对于框架结构，如果填充墙下设置条基的话，则必须先在【上部构件】—【填充墙】菜单中输入首层的填充墙，并且在【荷载输入】—【附加荷载】菜单中将填充墙荷载作为附加荷载以均布荷载的形式输入到网格上。这样程序就会计算出填充墙下的条基，并可给出完整的施工图。

2. 计算结果

本菜单用于以文本文件的形式查看墙下条基的计算结果，可作为计算书存档。结果内容包括各荷载工况组合、宽度计算和各个条基尺寸计算结果、底板配筋计算值与实配钢筋。

注意事项同独基计算结果文件。

3. 条基布置

用于修改自动生成的墙下条基或用户自定义墙下条基及布置。

4. 条基删除

用于删除基础平面图上某些墙下条基。

5. 双墙条基

用于自动设置或人工设置双墙条基。

当在条基【自动生成】挑出的对话框中，选择了“自动生成基础时做碰撞检查”时，程序会自动将平行等长的重叠条基合并成双墙条基。在计算时将两个墙体上的荷载叠加起来计算，并且墙的宽度按两个墙体厚度加墙间净距计算。

当点击【双墙条基】菜单，可在弹出的对话框中，自行“新建”一个双墙条基，再将其布置到检查平面图中。

➢ **注意：**

双墙条基一般是指伸缩缝处的条基。有些工程地基承载力较低，如卫生间、厨房处双向墙体都生成了双墙基础，这种情况是不恰当的，因为其受力特点与墙下条基相差太远。这种情况应该选用其他基础形式，如筏板等。

5.3.5　桩承台基础设计

桩按其与上部结构的连接方法分为承台桩和非承台桩。通过承台与上部结构的框架柱相连的桩称为承台桩，可由【承台桩】子菜单输入；其余的称为非承台桩（如通过筏板或地梁与上部结构相连），通过【非承台桩】子菜单输入。本节介绍带承台桩基础设计。

JCCAD 桩承台软件部分可实现单柱下独立桩承台基础、联合承台、围桩承台、剪力墙下桩承台、承台加防水板等桩承台基础的设计。

下面根据桩承台基础设计步骤分别介绍。

5.3.5.1　参数输入

设计桩承台基础前，需进行相关设计参数定义。点击图 5-24 所示右侧菜单【参数输入】，各参数含义已在柱下独基一节进行过讲解，此处不再重复。

5.3.5.2　上部构件

《建筑桩基技术规范》（JGJ 94-2008）（以下简称《桩基规范》）4.2.6 条及《抗震规范》6.1.11 条均规定，工程中大多数桩承台基础均应在承台之间设置连系梁，连系梁可起到保证桩基整体刚度，同时也有利于桩基的受力性能，并且可以承托结构底层填充墙的作用。

点击【上部构件】—【拉梁】菜单，可在其中定义连梁截面尺寸并布置在相应位置。该菜单的使用方法参见柱下独基一节。

对于位于承台顶上的连梁，可在上部结构建模中输入，程序在上部结构空间计算模型中完成设计，并考虑其构造要求，但应注意由此可能产生的短柱。

对于和承台顶标高相平的连梁，根据《桩基规范》，连梁的截面尺寸应满足：**连梁宽度不宜小于 250 mm，其高度可取承台中心距的 1/10 ~ 1/15，且不宜小于 400 mm**。连梁截面配筋需由用户补充计算确定，具体方法可参看前述柱下独基一节。

5.3.5.3 荷载输入

JCCAD 读取荷载时将上部结构传递至基础表面的各工况荷载全部接力，在桩承台设计时程序自动根据各种计算目标选用不同的荷载组合。

一般在【荷载输入】—【读取荷载】菜单中，选择全部荷载进行计算。

5.3.5.4 承台桩

点击【承台桩】菜单，屏幕显示图 5-51 所示子菜单。通过该菜单，可以实现以下几类桩基础设计内容：

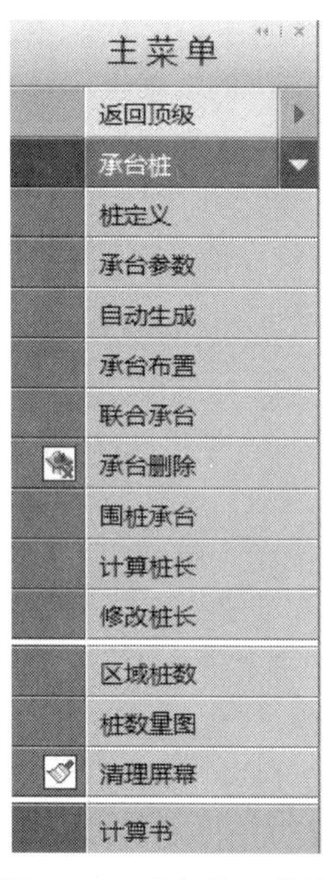

图 5-51 承台桩子菜单

首先，通过桩定义菜单实现选择工程中所需用到的桩，其次定义承台设计所需的基本参数，赋予程序完成承台设计的初始值，然后根据工程实际，选择以下各种生成承台的方式：① 对于柱下独立承台，程序可根据荷载、桩、承台参数等信息，通过【自动生成】菜单自动生成柱下承台；② 对于剪力墙、短柱剪力墙等桩承台，目前程序还不能自动生成，用户可通过【承台布置】菜单人工定义承台，然后布置；③ 对于多柱承台，可通过【联合承台】菜单进行选择并自动生成；④ 对于异型承台，可通过【围桩承台】生成以桩布置外边线形状为区域的异型承台。生成了合理的桩承台基础后，可在【计算书】中进行内力配筋及沉降计算，并生成文本及图形的计算文件。

在生成承台过程中，可应用【区域桩数】【桩数量图】进行优化布桩设计。

通过【计算桩长】可为工程中所用到的桩根据地质资料及单桩承载力来赋予桩设计的理论初始值；通过【修改桩长】可结合工程实际对桩赋予实际值，作为桩沉降计算的最终依据。

以下具体介绍各菜单内容。

1. 定义桩

无论做承台桩基础还是非承台桩基础，均可在生成相应基础形式前对选用的桩进行定义。利用本菜单可定义工程中所用桩的类型、桩尺寸和单桩承载力。

点击【定义桩】菜单，程序首先弹出“选择桩标准截面”对话框（图 5-52），可用<新建><修改><拾取>按钮来定义和修改桩类型及其相关参数。如点击<新建>按钮，程序弹出“定义桩”对话框（图 5-53）。

图 5-52　选择桩标准截面对话框

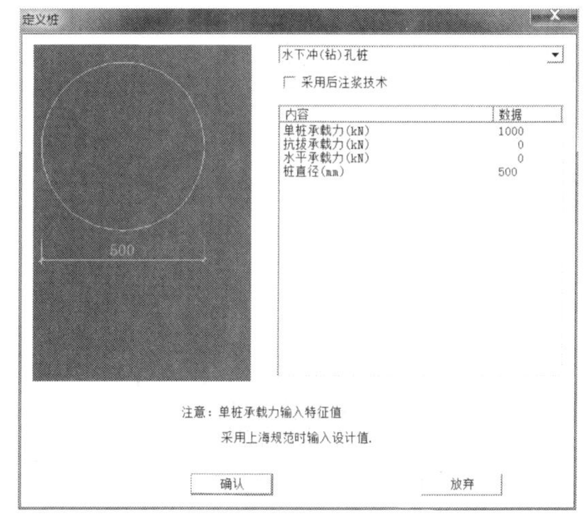

图 5-53　定义桩对话框

程序共提供了预制方桩、水下冲（钻）孔桩、沉管灌注桩、干作业冲（钻）孔桩、预制混凝土管桩、钢管桩和双圆桩。其参数随分类不同而不同。用户应根据《桩基规范》及工程实际情况输入。

➢　**注意：**

在承台定义前一定要先做出桩定义。

2. 承台参数

本菜单用于控制承台的尺寸和构造，它不仅对于【自动生成】中的桩承台起作用，同时也为【承台布置】中的新建承台赋予初始值。

点击【承台参数】，程序弹出如图 5-54 所示对话框。部分参数含义如下：

桩间距、桩边距：桩间距指承台内桩形心到桩形心的最小距离；桩边距指承台内桩形心到承台边的最小距离。此参数用来控制桩布置情况，程序在计算承台受弯时要根据此参数调整布桩情况，程序以用户填写的本参数为最小距离计算抵抗弯矩所需的桩间距和桩布置。

用户应根据《桩基规范》表 3.3.3 及 4.2.1 条（具体内容略）填写。

相对于柱底、相当于正负 0：该参数用于定义承台底标高时参照的起始点位置。相当于柱底即是相当于上部 PM 模型柱底的标高；相当于正负 0 是相对于上部 PM 建模时定义的±0.0 位置。

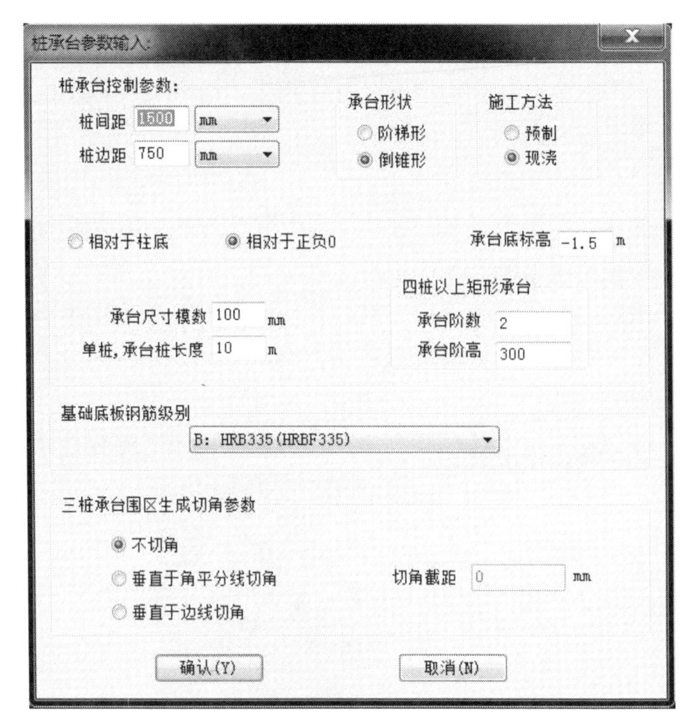

图 5-54　桩承台参数输入对话框

承台尺寸模数：该参数在计算承台底面积时起作用。

单桩，承台桩长度：该参数用于为每根桩赋初始桩长值。最终选用的桩长还需要在【桩长计算】【桩长修改】中进行计算及修改。

承台形状：该参数仅对四桩及以上的承台起作用，三桩及以下承台顶面均为平面。

施工方法：该参数是指承台上接的独立柱的施工方法，如果选择预制柱，那么在后面的桩承台施工图中程序将自动生成与柱相连的杯口图。

四桩以上矩形承台的承台阶数、阶高：阶高为承台初始值，最终高度由冲切及剪切结果控制。

➢　**注意：**

承台底标高是比较重要的一个参数，它的取值影响到以下几个方面：

① 影响承台覆土重的计算，程序根据此值与 PMCAD 中实际输入的柱底标高值的差值乘以土含基础部分的近似容重 20 得出作用在基础底面的基础自重和覆土重之和。

② 影响承台底面积计算时的弯矩，程序据此参数自动将柱底剪力换算成基底弯矩。

③ 程序据此标高值和地质资料中的孔点标高进行对应从而影响桩长计算及桩承台沉降计算结果。

3. 自动生成

本菜单仅对柱下桩承台起作用，包括异型柱。程序按输入荷载的所有工况和单桩承载力计算出指定柱下承台所需的桩根数，并以承台参数中桩间距为最小距离计算抵抗弯矩所需的桩间距和桩布置情况，再通过冲切、剪切验算确定承台高度。

点击该菜单后，再利用围区布置、窗口布置、轴线布置、直接布置等方法指定生成柱下承台的范围，程序自动完成柱下承台设计。

4. 承台布置

本菜单可实现定义新承台、修改已定义承台，并将所定义的承台布置到结构平面，通常用于对程序自动生成的承台的修改和重新布置。

点击该菜单后，弹出“请选择[承台]标准截面”对话框（图 5-55），选定某种承台后，点击<修改>按钮，弹出“承台定义”对话框（图 5-56），可在该对话框中修改承台的相关参数，完成后，点击<确认>按钮，进入到承台下桩的修改定义界面，如图 5-57 所示。

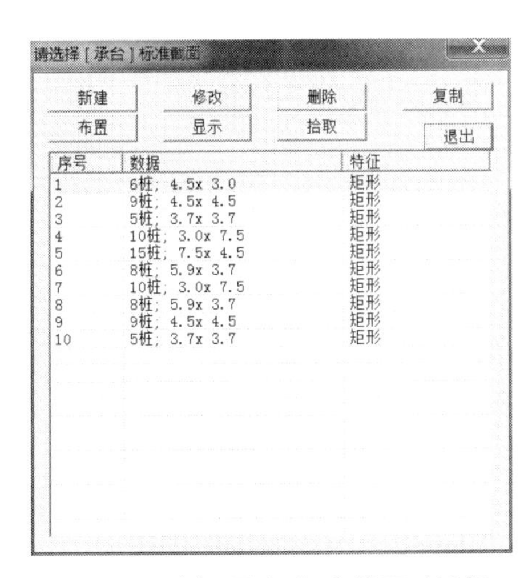

图 5-55　选择[承台]标准截面对话框

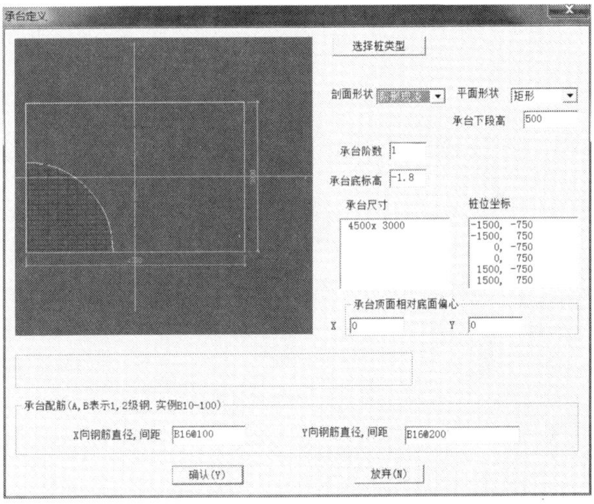

图 5-56　承台定义对话框

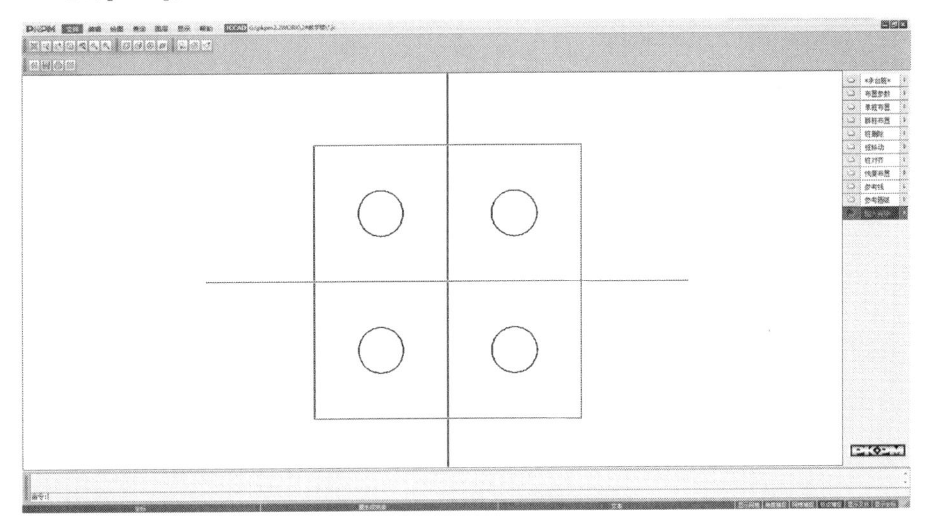

图 5-57　承台下桩编辑修改界面

可使用右侧菜单对承台下的桩进行编辑、修改，完成后回到“请选择[承台]标准截面”对话框。

5. 联合承台

联合承台是多柱下的一个承台，可以用本菜单生成，也可以由上述【承台布置】菜单生成。

当工程中存在两个以上四个以下相邻较近的独立柱，或承台间距较小时，可利用本菜单生成联合承台。

点击【承台布置】菜单，屏幕下方命令提示栏提示：请围取要布联合承台的节点和网格。输入围栏第一点（[Esc]返回）。用鼠标依次围取要布置联合承台的节点，如图 5-58 所示，选取完成后，按 Enter 键确认，程序自动在上述两个节点布置联合承台，如图 5-59 所示。

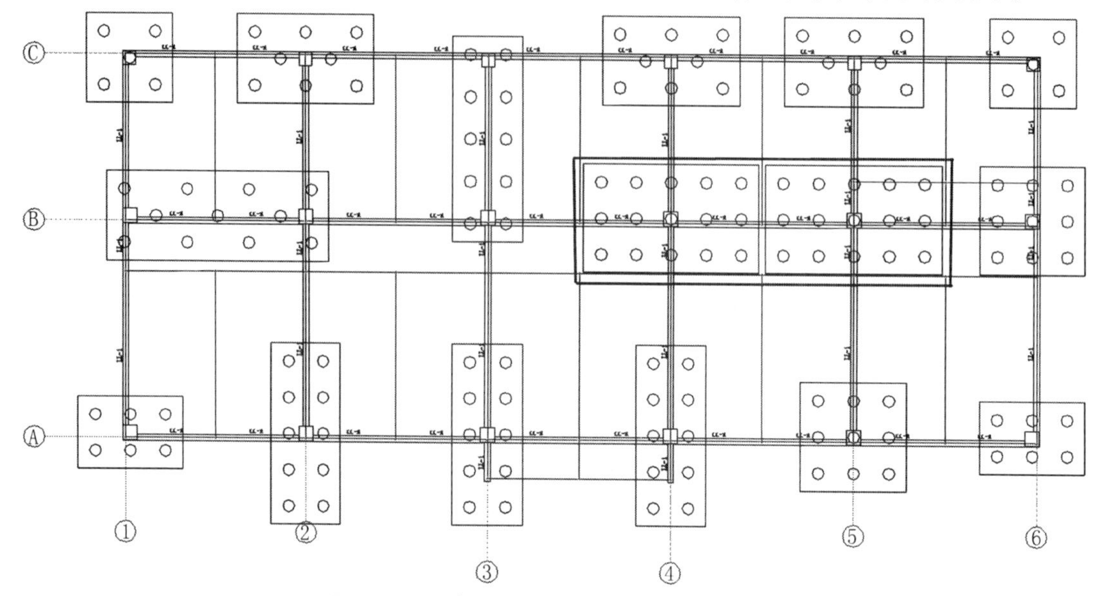

图 5-58　围栏选取要布置联合承台的节点

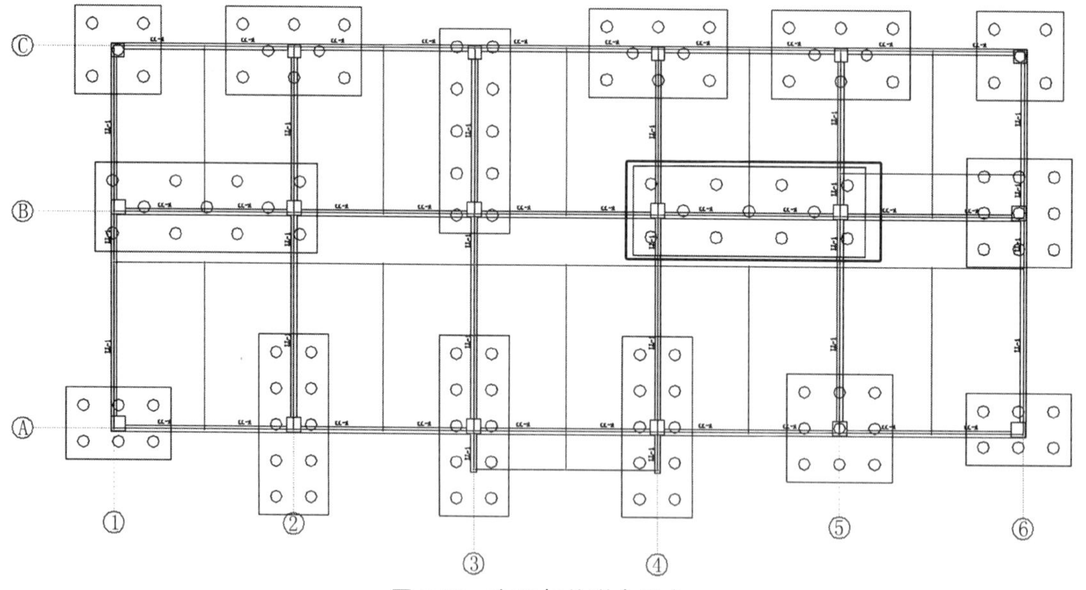

图 5-59　布置好的联合承台

➢　**注意：**

联合承台上柱根数不能超过 4 根，否则操作无效。

6. 承台删除

本菜单用于删除已布置的承台。

执行该菜单时，程序会弹出是否保留该承台下的桩布置信息选项，若保留，则只删除承台；若不保留，则程序将删除承台的同时删除桩。此功能可用于优化布桩，例如在筏板布桩时，可先用【自动生成】菜单让程序自动根据荷载及布桩参数生成柱周围的桩布置情况，然后删除承台并保留桩。利用这种方法进行的筏板下布桩，会使桩的分布与荷载对应，从而保证了布桩的合理性。

7. 围桩承台

该菜单用于定义异型承台，如多段短肢剪力墙下的承台。该菜单在【非承台桩】菜单中实现，此处不进行详细介绍。

8. 计算桩长、修改桩长

桩承台布置完毕，需执行【计算桩长】或【修改桩长】菜单，为桩赋予合理的桩长值。当用户输入了地质资料，程序可自动计算出每个桩在给定的单桩承载力和地质资料情况下所需的桩长。同时，用户还应结合桩基础本身特性以及工程实际情况，修改桩长。

点击【计算桩长】菜单，弹出如图 5-60 所示对话框，一般可选择第二项：按“地质资料输入”给定值确定并按《桩基规范》（JGJ 94-2008）计算。

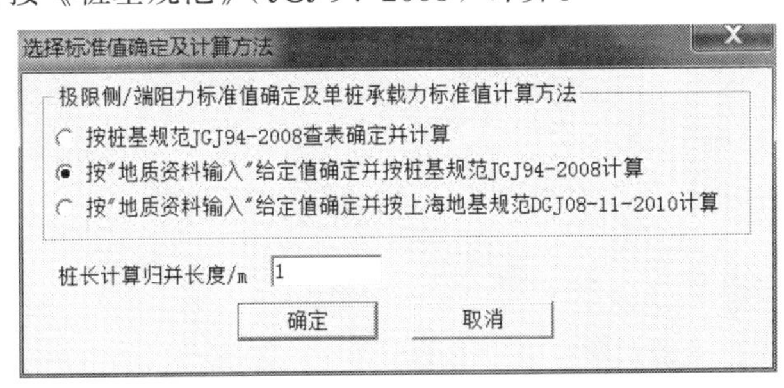

图 5-60　选择标准值确定及计算方法对话框

9. 区域桩数、桩数量图

用这两个菜单可以查看需要布置承台位置处所需要的桩数，程序在这里给出的桩的数量可以作为人工定义承台中桩数量的参考。

点击菜单后，程序弹出如图 5-61 所示的桩数量计算控制参数对话框，用户可选择桩类型以及计算桩数量用的荷载效应组合。

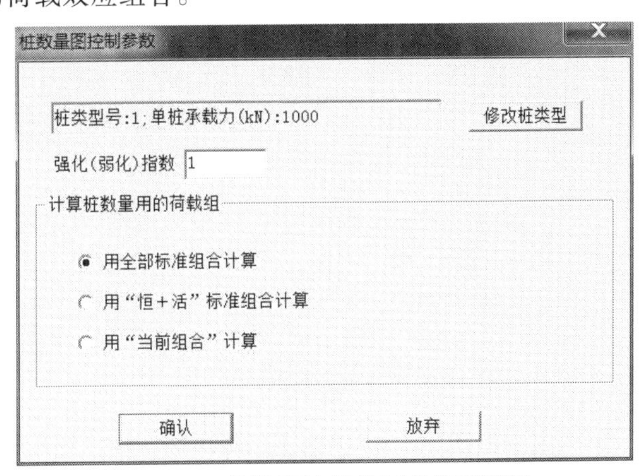

图 5-61　桩数量计算控制参数对话框

对于桩承台设计一般应选择“用全部标准组合计算”。此时程序计算各处桩数量时对全部标准组合荷载组合循环计算，并考虑弯矩的影响。

对于筏板下桩的数量计算一般可选择“用恒+活标准组合计算”。此时程序计算各处桩数量时不考虑弯矩的影响。

运行该菜单后，在屏幕上各个承台位置显示该处所需的计算出的桩数量，如图 5-62 所示。

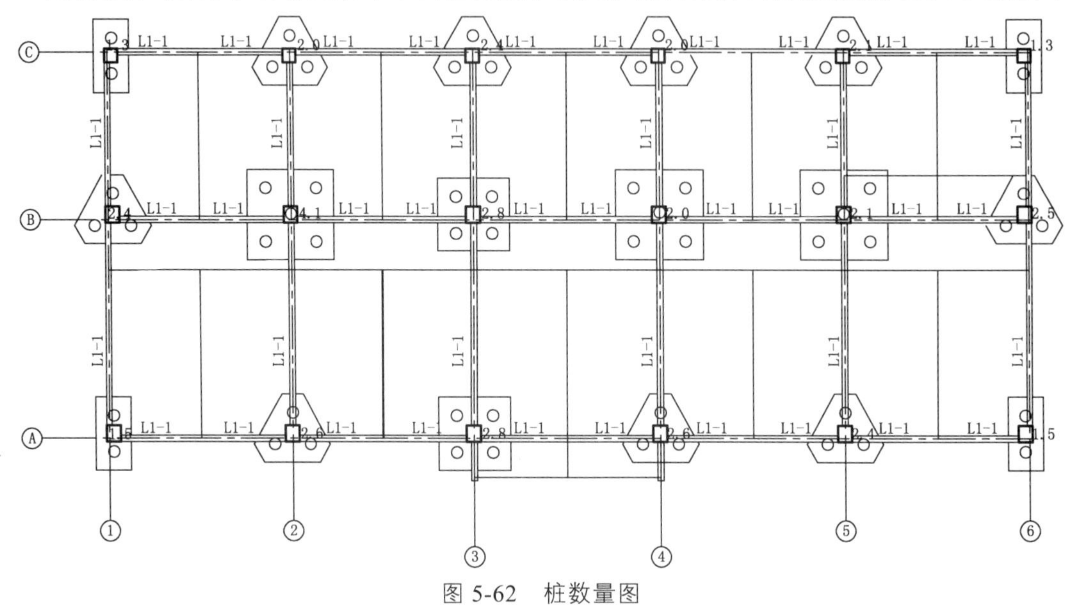

图 5-62　桩数量图

10. 计算书

该菜单完成桩承台基础的各项计算，包括桩反力、承台受弯、受剪切、受冲切、桩承台沉降计算等内容。

点击本菜单和运行 JCCAD 主菜单 7【桩基承台及独基计算】相同，具体内容请参看 5.5 节。

5.3.5.5　局部承压

对钢筋混凝土桩承台基础，一般也应进行局部承压验算。操作方法已在柱下独立基础一节中介绍过了，这里不再重复。

自此，柱下独基、墙下条基、桩承台基础在 JCCAD 主菜单 2【基础人机交互输入】中的操作就基本完成了，接下来若需进行沉降计算，可在 JCCAD 主菜单 4【桩基承台及独基沉降计算】中完成（见 5.4 节），最后在 JCCAD 主菜单 7【基础施工图】中可完成基础施工图设计（见 5.5 节）。

由于本书篇幅限制，【基础人机交互输入】的其他菜单就不一一介绍了，需要时，读者可以参看其他资料。

5.4　基础沉降计算

本菜单用于按规范算法计算所有基础的沉降，并且生成 TXT 文本计算书。进入本模块后，右侧菜单如图 5-63 所示。

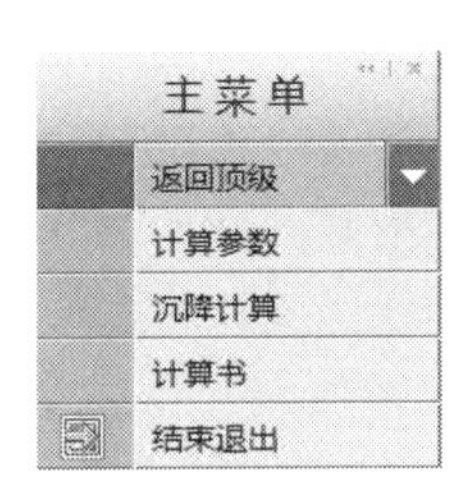

图 5-63　基础沉降计算菜单

5.4.1　计算参数

根据《地基基础规范》3.0.1 条、3.0.2 条、3.0.3 条的相关规定，地基基础设计等级为甲级、乙级的基础必须作变形验算，地基基础设计等级为丙级的基础，当存在《地基基础规范》3.0.2 条第 3 款规定的 5 种情况之一时应作变形验算。

点击【计算参数】，屏幕弹出“计算参数”设置对话框（图 5-64），JCCAD 针对不同基础形式，分别提供了不同的基础沉降计算方法。

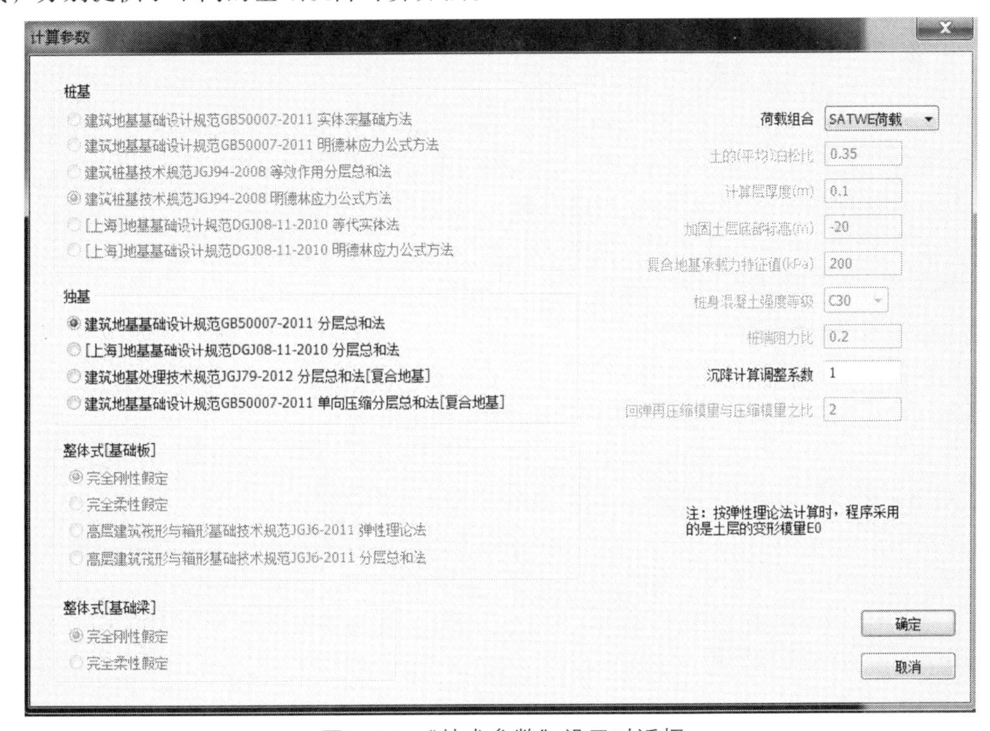

图 5-64　“技术参数”设置对话框

对桩基，程序提供了 6 种沉降计算方法，分别是：按《地基规范》的实体深基础方法、《基础规范》的明德林应力公式方法、《建筑桩基技术规范》（JGJ 94-2008）（以下简称《桩基规范》）的等效作用分层总和法、《桩基规范》的明德林应力公式方法以及上海市地基基础设计规范的 2 种桩基沉降计算方法。

对独立基础，程序提供了 4 种沉降计算方法，分别是：按《地基规范》的分层总和法、上海市地基基础设计规范的分层总和法、《地基基础处理技术规范》（JGJ 79-2012）中复合地基的分层总和法，以及《地基规范》中复合地基的单向压缩分层总和法。

对整体式筏板基础，程序分别针对提供了 4 种沉降计算方法，分别是：完全刚性假定计算方法、完全柔性假定计算方法、按《高层建筑筏形与箱形基础技术规范》（JGJ 6-2011）弹性理论法，以及按《高层建筑筏形与箱形基础技术规范》（JGJ 6-2011）分层总和法计算。对整体性较好的筏形基础可以采用完全刚性假定计算方法。

对于梁式基础，程序提供了完全柔性假定和完全刚性假定两种计算方法。完全柔性假定的计算方法的基本假定与《基础规范》给出的沉降常用计算方法——分层总和法的假定完全相同（即①在应力计算中，假设土体为各向均质的弹性体，应力分布服从弹性半无限体理论的布辛奈斯克公式；②在沉降计算中土体可以分为变形参数各不相同的土层，不同位置土层可以不同；③被计算的土体只有竖向压缩变形，没有侧向变形，与实验得到的压缩模量条件相同；④基地作用的附加反力 P 被认为是作用于地表的局部柔性荷载），其特点为不考虑基础与上部结构的刚度影响，以及基础底面柔性附加面荷载为已知，将复杂的基础沉降问题简化。该方法更适合于梁式基础。完全刚性假定方法则考虑了基础与上部结构的刚度，当基础刚度较大，如高层建筑中剪力墙结构基础、箱形基础等，基础底板的整体变形较小，底板的整体弯曲变形可以忽略，此时可将底板假设为刚性，底板各部位反力通过平衡方程联立求解。完全刚性假定方法的计算基本假定仍然采用了上述《基础规范》中分层总和法的前 3 条假定，仅将第 4 条假设改为：基础底面为刚性平面。

值得注意的是，无论采用何种沉降计算公式，由于任何理论导出的公式都不可能完全符合实际情况，都有其他一些不能量化的因素无法计入，因此都有一个沉降计算经验系数的问题。该经验系数的确定应考虑以下因素的影响：

① 地基土层的非均质性产生的附加应力计算的偏差；

② 侧向变形对不同液性指数的土层沉降的影响；

③ 基础刚度对沉降的调整作用；

④ 荷载性质的不同与上部结构对荷载分布的影响；

⑤ 使用的土层压缩模量与实际情况的不同；

⑥ 次固结沉降对后期沉降的影响；

⑦ 基础产生的附加应力与地基承载力比值对沉降量的影响。

程序提供了“沉降计算调整系数”这一参数来体现上述影响，但这些影响因素在很大程度上又与土的种类和状态有关，即存在地区性。因此在填写该参数时，应尽量使用根据当地的长期观测资料分析得到的沉降计算经验系数。若实在无地区观测资料，也可参考《基础规范》给出的沉降计算经验系数表（表 5-1）填写。

表 5-1　沉降计算经验系数

$\overline{E}_s$ / MPa 基底附加压力	2.5	4.0	7.0	15.0	20.0
$p_o \geqslant f_{ak}$	1.4	1.3	1.0	0.4	0.2
$p_o \leqslant 0.75 f_{ak}$	1.1	1.0	0.7	0.4	0.2

其中的 $\overline{E}_s$ 为变形计算深度范围内压缩模量的当量值。

5.4.2　沉降计算

定义好【计算参数】后，点击“确定”。然后点击屏幕右侧菜单【沉降计算】，屏幕显示沉降计算结果图（图 5-65）。

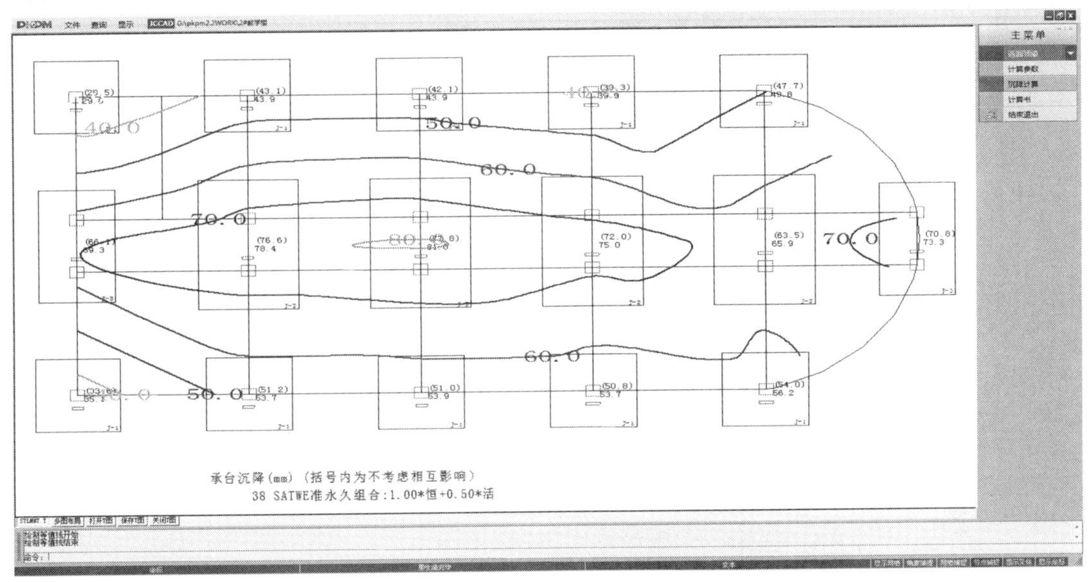

图 5-65　沉降计算结果图（等值线示意图）

屏幕右侧菜单（图 5-66）可以选择输出沉降计算的计算书。

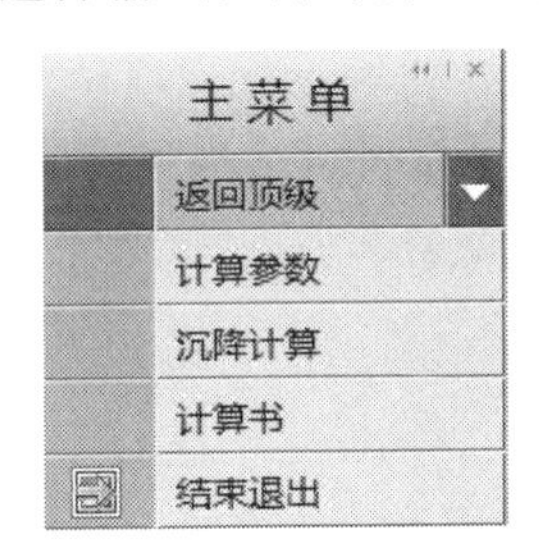

图 5-66　基础沉降计算菜单

5.5　桩基承台及独基计算

本菜单可以从前面 JCCAD 的【基础人机交互输入】选取的荷载中，挑选多种荷载工况下对承台和桩进行受弯、受剪、受冲切计算与配筋，给出计算结果，并输出计算结果的文本及图形文件。可计算的承台类型包括标准承台、异型承台、剪力墙下承台等各类承台，包含菜单如图 5-67 所示。

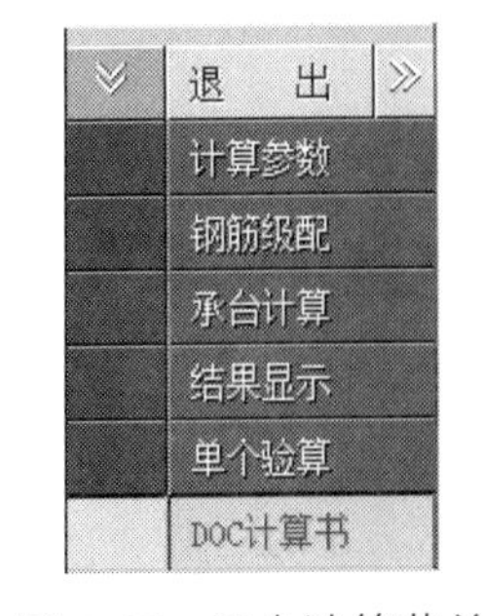

图 5-67　承台计算菜单

5.5.1　计算参数

点击图 5-67 所示【计算参数】菜单，弹出“计算参数”对话框（图 5-68），部分参数含义及取值如下。

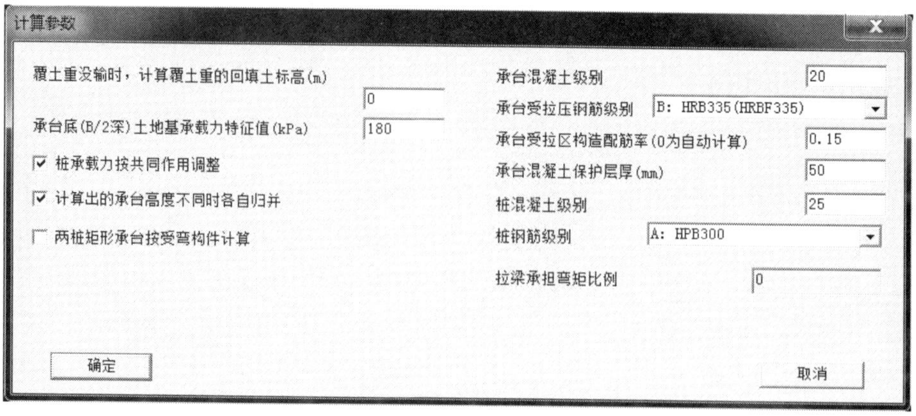

图 5-68　计算参数取值对话框

1. 覆土重没输时，计算覆土重的回填土标高（m）

该参数的设置影响桩反力计算，如果在基础人机交互中未计算覆土重，在此处可填入相关参数来考虑覆土重。

2. 承台底（B/2 深）土地基承载力特征值

输入本参数的目的是当桩承载力按共同作用调整时考虑桩间土的分担。

3. 桩承载力按共同作用调整

本参数的含义为是否采用桩土共同作用方式进行计算。影响共同作用的因素有桩距、桩长、承台大小、桩排列等。相关内容详见《桩基规范》5.2.5 条。

4. 计算出的承台高度不同时各自归并

本参数影响到最终生成承台的种类数。

5. 承台受拉区构造配筋率

《桩基规范》规定承台配筋率为 0.15%。

6. 承台混凝土保护层厚度

当有混凝土垫层时，不应小于 50 mm；无混凝土垫层时不应小于 70 mm。此外尚不应小于桩头嵌入承台内的长度。

5.5.2　钢筋级配

点取该菜单，弹出一张钢筋直径、间距级配表，承台配筋时将从此级配表中选择配筋。用户可自行调整本表。

5.5.3　承台计算

本菜单运行时首先选择荷载。点击本菜单，一般选择屏幕右侧菜单中的【SATWE 荷载】，程序将叠加“SATWE 荷载”与【基础人机交互输入】中输入的“附加荷载”，进行计算。

荷载选择后，程序根据计算信息的内容进行自动计算，计算结果在【结果显示】中查看。承台计算与单桩计算的具体内容包括：

1. 承台下桩的竖向承载力计算

在进行基桩竖向承载力计算时，先进行单桩竖向承载力标准值的计算，再根据承台形状、布桩形式和土层情况计算桩基中基桩的竖向承载力。

计算结果的图形文件如图 5-69 所示（点击结果显示中的“单桩反力 ZJFL0**.T”）。对每个承台输出：承台编号、桩反力最大值及对应组合号（括号数字中为组合号）、桩反力最大平均值及对应组合号、桩反力最小值及对应组合号以及桩承载力特征值。如果桩反力校核控制组合中含有地震工况，那么程序还将在该组合前标注“震”来表明。如果程序自动校核桩反力不满足规范要求，那么程序将用红色字符标注反力值来警示用户。

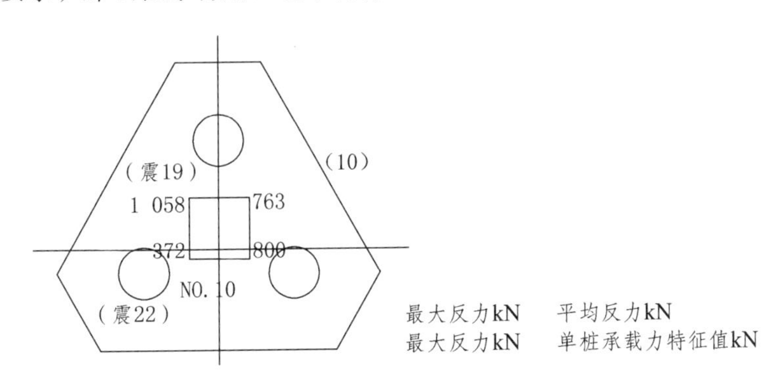

图 5-69　桩基承载力及反力图

2. 承台下桩的水平承载力校核

程序对每组荷载工况组合下各个桩承台承受的水平力以及分配到其下各桩的水平力做出计算，并在各荷载组合对应的文件中输出结果（点击结果显示中的“桩水平力 ZJSL0**.T”），如图 5-70 所示。

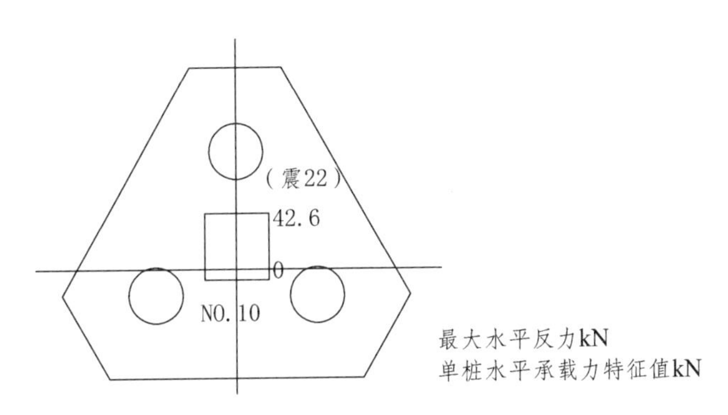

图 5-70　桩基水平承载力及水平反力图

➢　**注意：**

① 目前程序并未校核桩的水平承载力，用户可根据地质资料处输出的桩水平承载力特征值进行人工补充校核。

② 虽然程序给出了每个桩承台的水平力总值，但实际工程中往往需要考虑桩承台基础作

为一个整体结构承担上部结构传来的水平荷载。这时应将 SATWE 程序传到基础的总的水平力除以总的桩数进行校核。用户可将各类荷载产生的风荷载的总水平力和地震荷载的总水平力（可从【基础人机交互输入】—【读取荷载】菜单查询获得），作为上部结构传至基础的总水平力值，然后根据所有承台下的总桩数，求得每根桩需分担的单桩水平力进行校核。如计算结果不满足规范要求，还可以考虑桩间土的有利作用。

3. 承台计算

承台计算包括受弯计算、受冲切计算、受剪切计算、局部承压验算。对于承台阶梯高度和配筋不满足要求的，将算出最小的承台阶梯高度和配筋。

上述计算结果都可以在结果文档 ZJ000.OUT 中查看。

对于受弯和受冲切计算结果，程序也可用图形文件表示（点击结果显示中的“承台配筋 ZJCD0**.T”），如图 5-71 所示，为承台配筋图形文件。点击结果显示中的“承台归并 ZJGB0**.T”，可查看承台配筋情况，如图 5-72 所示。

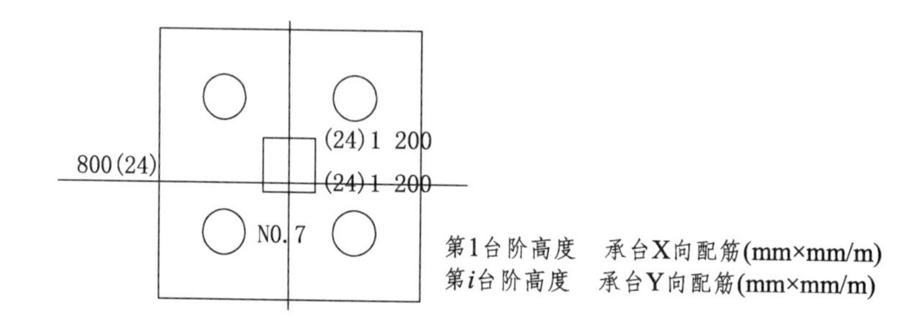

图 5-71　桩基承台尺寸及配筋图

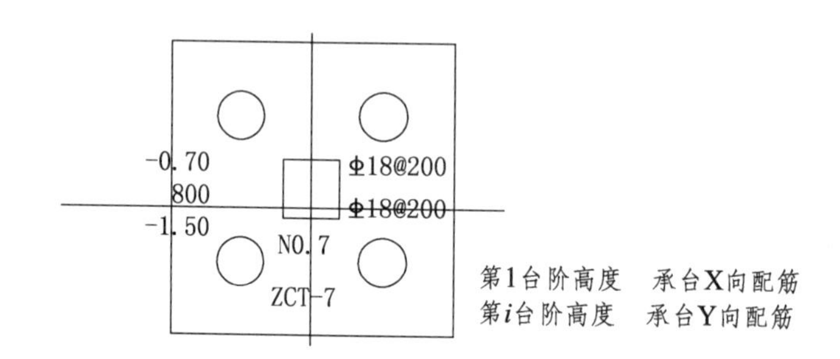

图 5-72　归并后的桩基承台尺寸及配筋图

局部承压验算，在【基础人机交互输入】—【局部承压】菜单进行，并输出验算结果。

5.5.4　结果显示

本菜单显示上述计算结果的文本及图形文件。点击【结果显示】菜单，屏幕弹出图 5-73 菜单，对应左侧的“总信息”或不同的荷载组合类型，右侧出现不同的计算结果输出。

如图 5-73 所示为“总信息”对应的结果输出内容。图 5-74 为 SATWE 准永久组合对应的输出内容。其他内容读者可自行查看。

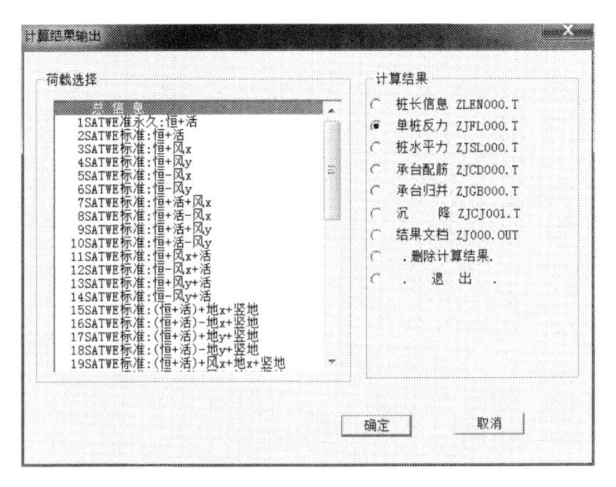

图 5-73 “总信息”对应的结果输出内容

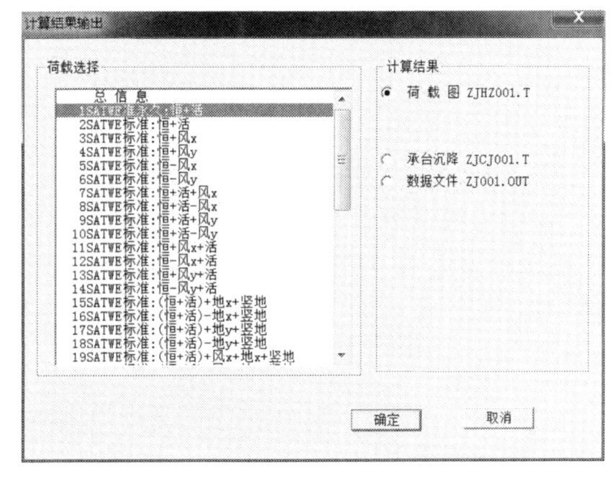

图 5-74 SATWE 准永久组合对应的输出内容

选择要查看的内容，如选择“8SATWE 标准：恒+活+风 y”时的“单桩反力”，程序显示该荷载组合下的单桩反力图（图 5-75）。

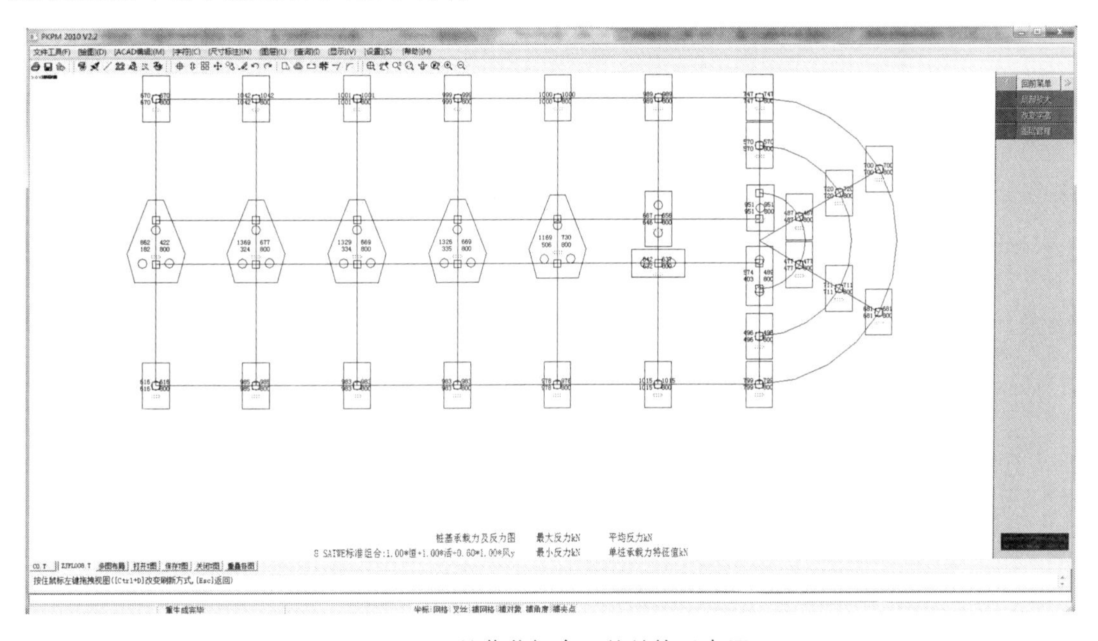

图 5-75 某荷载组合下的单桩反力图

5.5.5 单个验算

本菜单的功能是对指定的承台及荷载进行计算，并显示计算过程及结果，以便进行校核。使用方法是用光标点取（可采用直接点取、轴线点取或窗口点取等方式）承台，然后进行验算并显示结果。

5.5.6 DOC 计算书

本菜单可以对承台的各项计算生成 WORD 计算书，方便用户校核和存档。

5.6 拉梁计算

本菜单可以对独基或承台桩基础的拉梁进行计算，并显示计算结果。点击 JCCAD 主菜单 8【拉梁计算】，程序提示选择欲显示的拉梁计算结果对话框，如图 5-76 所示。可根据需要选择欲显示的计算结果。

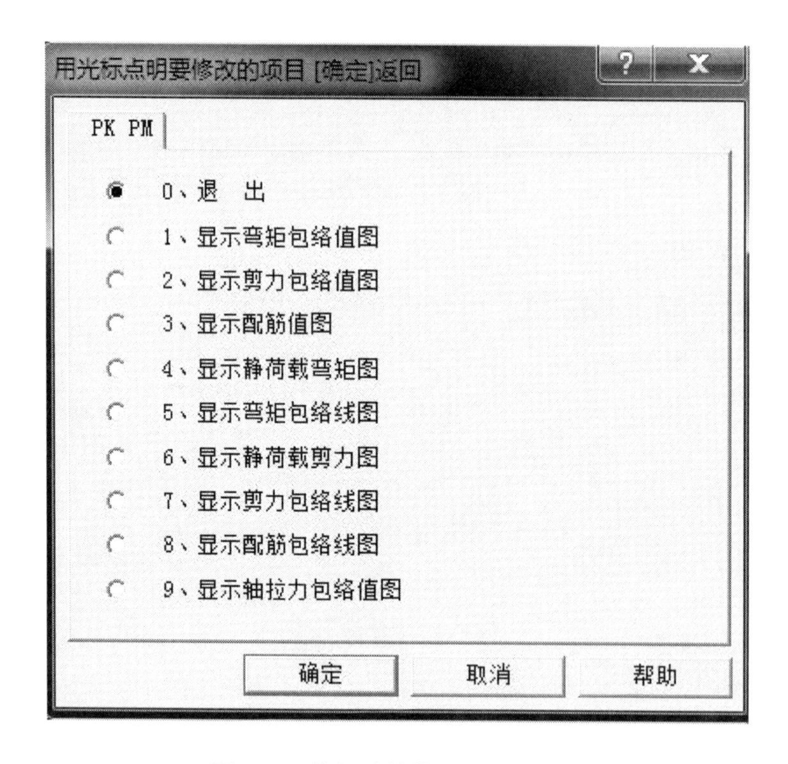

图 5-76　拉梁计算结果选择对话框

5.7 基础计算结果显示

该模块可以显示 JCCAD 所有模块的计算结果以及基础模型信息，显示内容包括分析模型显示、承台计算结果显示、梁元法计算结果显示、板元法计算结果显示、沉降计算结果显示、计算书统一显示。

5.7.1 分析模型显示

在该显示中，可以设置分析模型的坐标、节点、构件、类型（独基、条基）、荷载等显示情况，如图 5-77 所示。其中“墙、柱上标高”用于设置三维显示中，上部结构的柱、墙在三维显示中显示的高度。如该标高填-3.3 m 时，则三维模型中 0 ~ -3.3 m 的所有柱、墙、基础构件均显示，如图 5-78 所示。

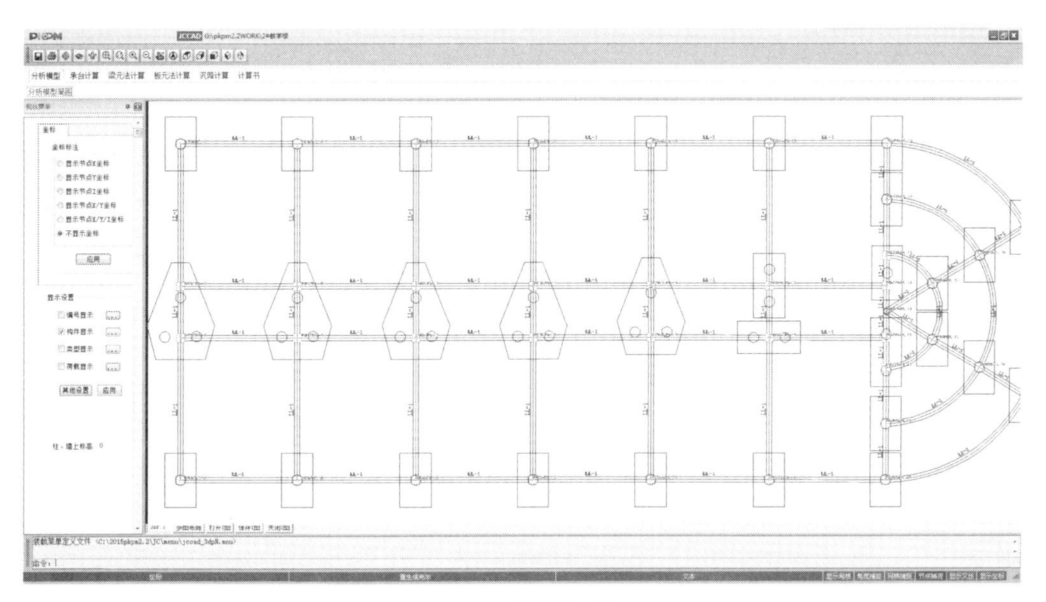

图 5-77　分析模型显示

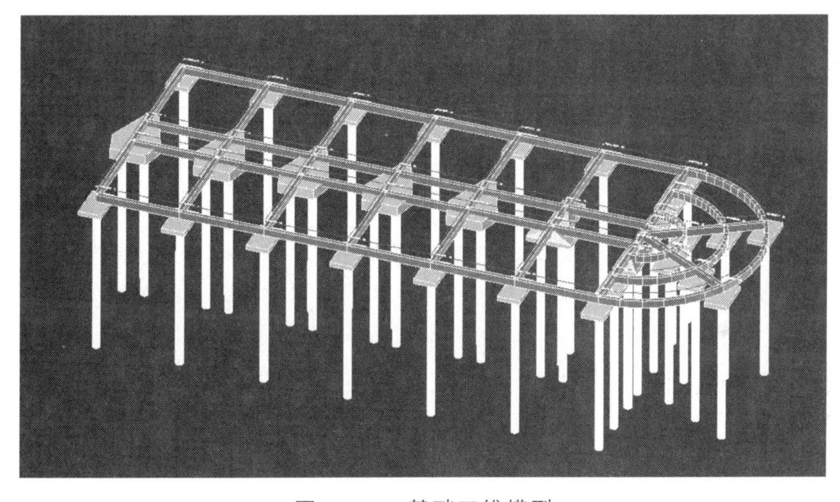

图 5-78　基础三维模型

5.7.2　承台计算

该菜单显示【桩基承台及独基计算】菜单中所有的计算结果。如图 5-79 所示。

荷载组合为“总信息”时，可以查看桩长信息、单桩反力、桩水平力、承台配筋、承台归并、结果文档，其中结果文档以 TXT 文本方式显示所有承台的计算参数设置，荷载组合公式，以及每个承台的反力、配筋、高度的计算结果。

荷载组合为标准组合时，可以查看该组合下的荷载图、单桩反力图、单桩水平力图、数据文件。数据文件显示该组合下所有承台的荷载信息、桩反力计算过程以及计算结果。

荷载组合为基本组合时，可以查看该组合下的荷载图、单桩反力图、单桩水平力图、承台配筋、数据文件。数据文件显示该组合下所有承台的荷载信息、桩净反力计算过程和计算结果、承台各阶冲切和剪切验算过程、承台配筋计算过程及计算结果。

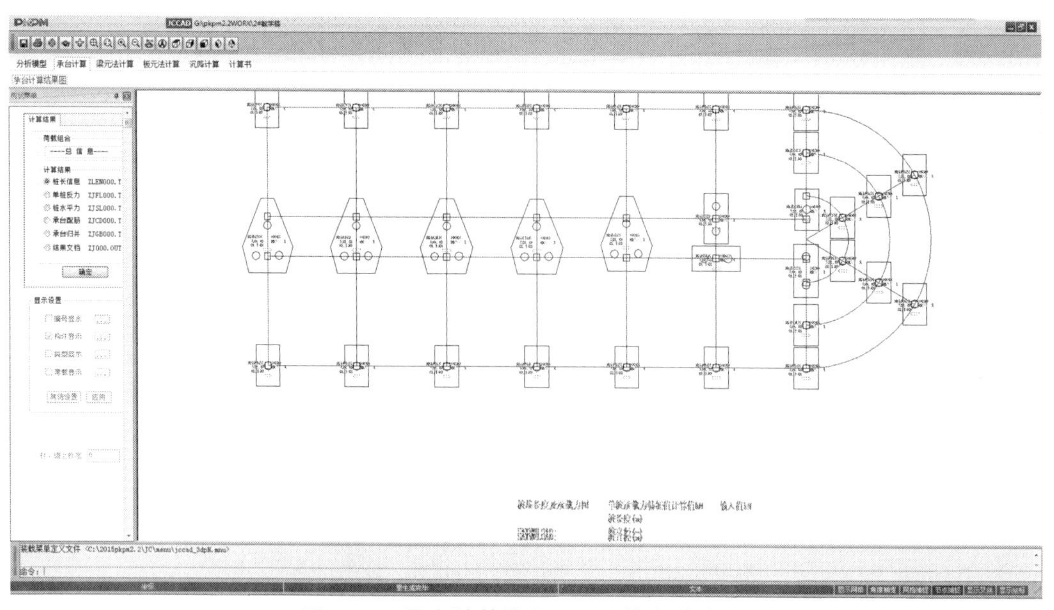

图 5-79　承台计算结果显示（桩长信息）

5.7.3　梁元法计算

该菜单显示【基础梁板弹性地基梁法计算】菜单中所有的计算结果，如图 5-80 所示。其中：

【地基梁】用于显示梁的编号及基床系数、梁荷载、梁弯矩、梁剪力、地基梁竖向位移曲线、梁净反力（该反力是基本组合下的净反力，用于内力和配筋计算，不可用于承载力校核验算）、梁纵向配筋和翼缘配筋、等代上部刚度梁系数（该项只有计算模式选择了“等代上部结构刚度的弹性地基梁计算”才有效）、弹性地基梁归并结果。

【平板】用于显示平板基础的冲切抗剪安全系数、沉降图、配筋结果、房间编号等信息。

【数据文件】用于输出弹性地基梁计算结果数据文件、筏板计算结果数据文件、底板裂缝计算结果数据文件、地基承载力验算结果数据文件、沉降计算结果数据文件。

5.7.4　板元法计算

该菜单显示【桩筏筏板有限元计算】菜单中所有的计算结果。可选择显示的选项如图 5-81 所示。可选择显示“总信息”、荷载标准组合、准永久组合、基本组合等不同形式下的计算结果。

图 5-80　梁元法计算结果显示选项　　　　图 5-81　板元法计算结果显示选项

5.7.5　沉降计算

该菜单显示【基础沉降计算】菜单中所有的计算结果。

5.8　基础施工图

5.8.1　基础施工图概述

基础施工图程序可以承接基础建模程序中构件数据绘制基础平面施工图，也可以承接 JCCAD 软件基础计算程序绘制基础梁平法施工图、基础梁立剖面施工图、筏板施工图、基础大样图（桩承台、独立基础、墙下条基）、桩位平面图等施工图。

点击 JCCAD 主菜单 A【基础施工图】，进入施工图设计主界面，如图 5-82 所示。

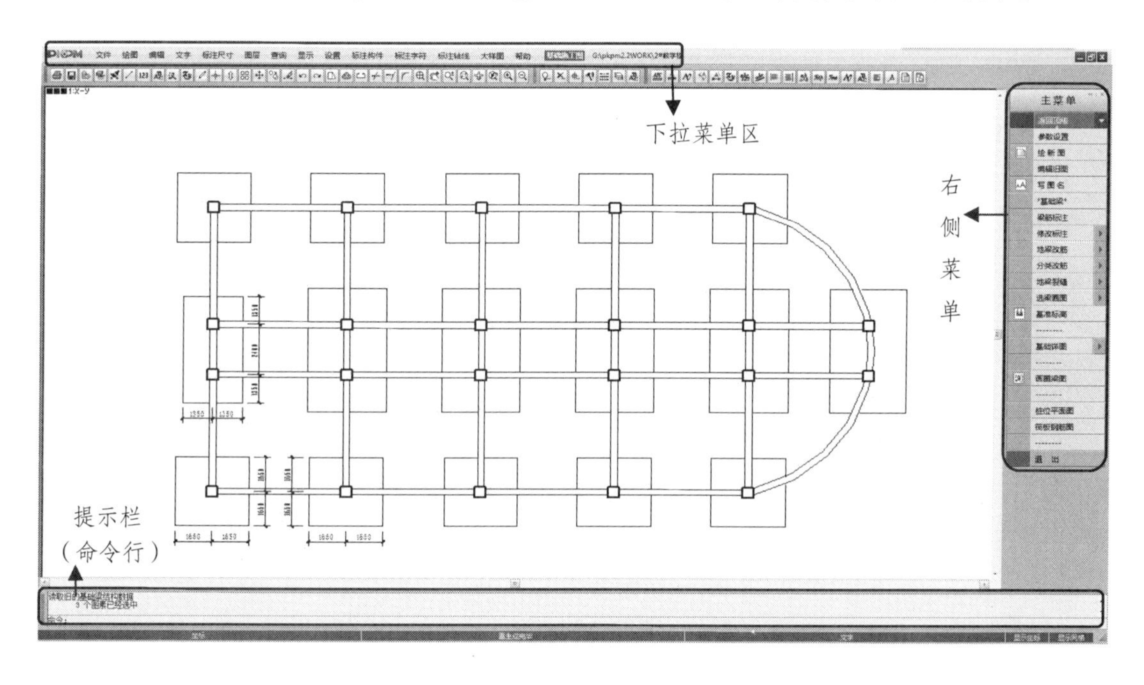

图 5-82　基础施工图主界面

该界面与上部结构施工图设计界面相似，分为三个主要区域：下拉菜单区、右侧菜单区和命令提示栏。

其中下拉菜单又主要分为两类：一类是通用的图形绘制、编辑、打印等内容，操作与 PKPM 通用菜单【图形编辑、打印及转换】相同；第二类是含专业功能的四列下拉菜单，包括施工图设置、基础平面图上的标注轴线、基础平面图上的构件字符标注和构件尺寸标注、大样详图。

屏幕右侧菜单是基础施工图专业设计的内容，可以完成各类基础施工图的绘制工作。几个基本菜单包括：

1. 参数设置

点击图 5-82 所示基础施工图主界面右侧菜单【参数设置】，弹出绘图参数设置对话框（图 5-83）。在这里设置绘图的基本参数，完成后点击<确定>按钮。

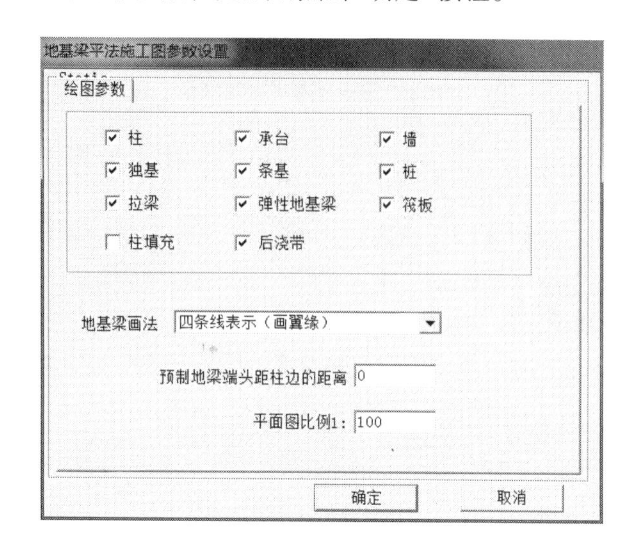

图 5-83　绘图参数定义对话框

2. 绘新图

用来重新绘制一张新图，如果有旧图存在时，新生成的图会覆盖旧图。

3. 编辑旧图

打开旧的基础施工图文件，程序承接上次绘图的图形和钢筋信息，继续绘图。

以下主要针对柱下独基、墙下条形基础和桩承台基础的施工图设计进行介绍。上述基础施工图主要包括基础平面图、基础详图和大样图，以下结合相关规范要求分别介绍。

5.8.2　基础平面图

基础平面图的绘制应根据《建筑工程设计文件编制深度规定》（建质〔2008〕216 号）（以下简称《深度规定》）及《民用建筑工程结构施工图设计深度图样》（09G103）（以下简称《深度图样》）的相关要求进行，应做到绘制正确、标注齐全。

进入基础施工图后，程序自动承接基础建模程序中构件数据绘制基础平面图，用户这时可通过下拉菜单实现基础平面施工图的绘制。主要内容如下：

5.8.2.1　标注构件

《深度规定》4.4.4-2 条规定，**基础平面图应标明砌体结构墙与墙垛、柱的位置与尺寸、编号；混凝土结构可另绘结构墙、柱平面定位图，并注明截面变化关系尺寸。**

可使用下拉菜单【标注构件】中的【条基尺寸】【独基尺寸】【标注墙厚】等命令来完成，如图 5-84 所示。

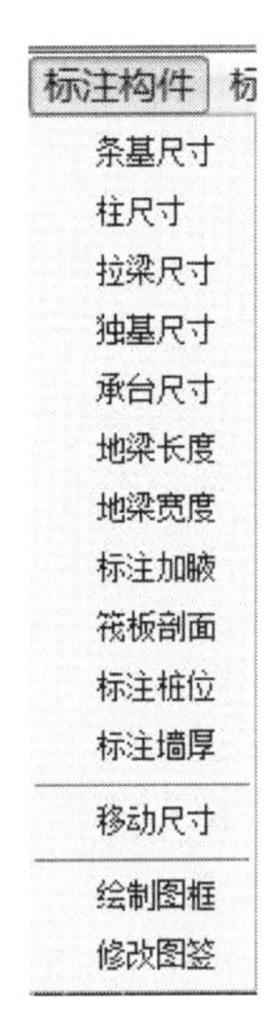

图 5-84　标注构件子菜单

5.8.2.2　标注字符、标注轴线

《深度规定》4.4.4-1 条规定，**基础平面图应绘出定位轴线、基础构件（包括承台、基础梁等）的位置、尺寸、底标高、构件编号；基础底标高不同时，应绘出放坡示意图；表示施工后浇带的位置及宽度。**

可使用下拉菜单【标注字符】【标注轴线】来完成。其子菜单分别如图 5-85、图 5-86 所示。

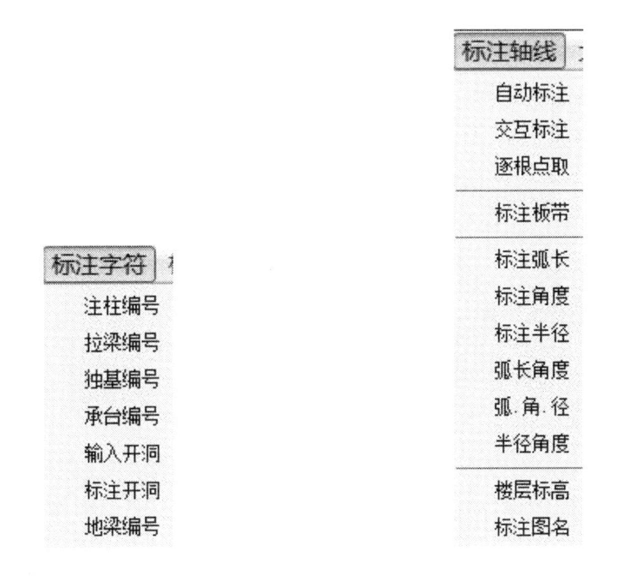

图 5-85　标注字符子菜单　　　　图 5-86　标注轴线子菜单

标注完成的柱下独基平面施工图如图 5-87 所示。

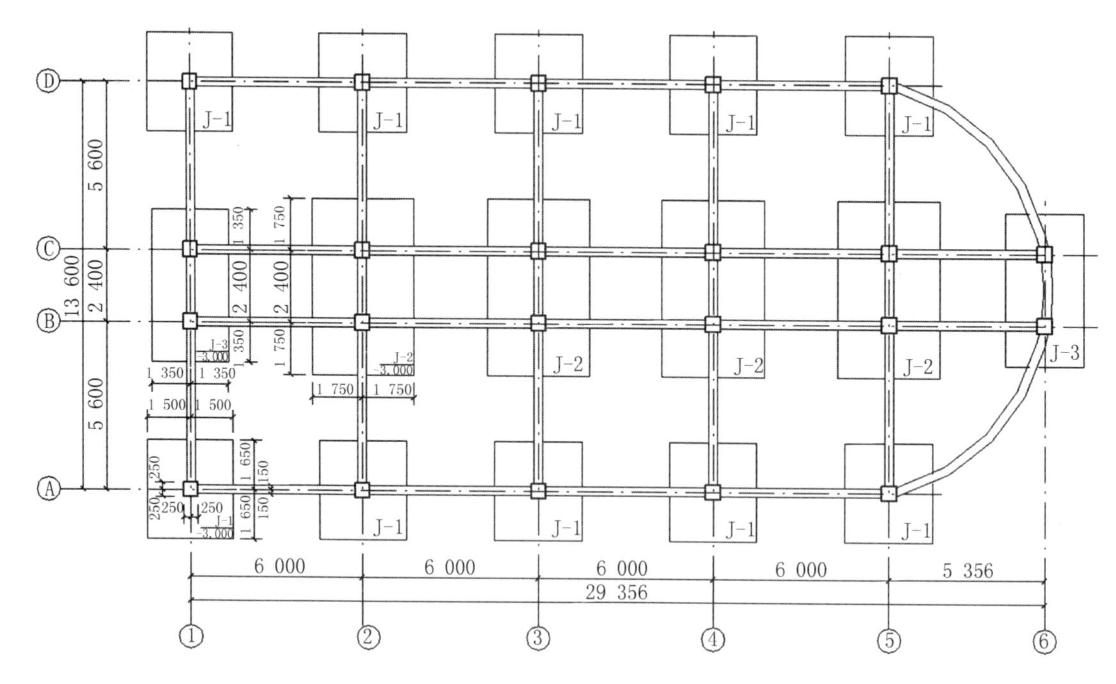

图 5-87　柱下独基平面施工图

标注完成的墙下条基平面施工图如图 5-88 所示。

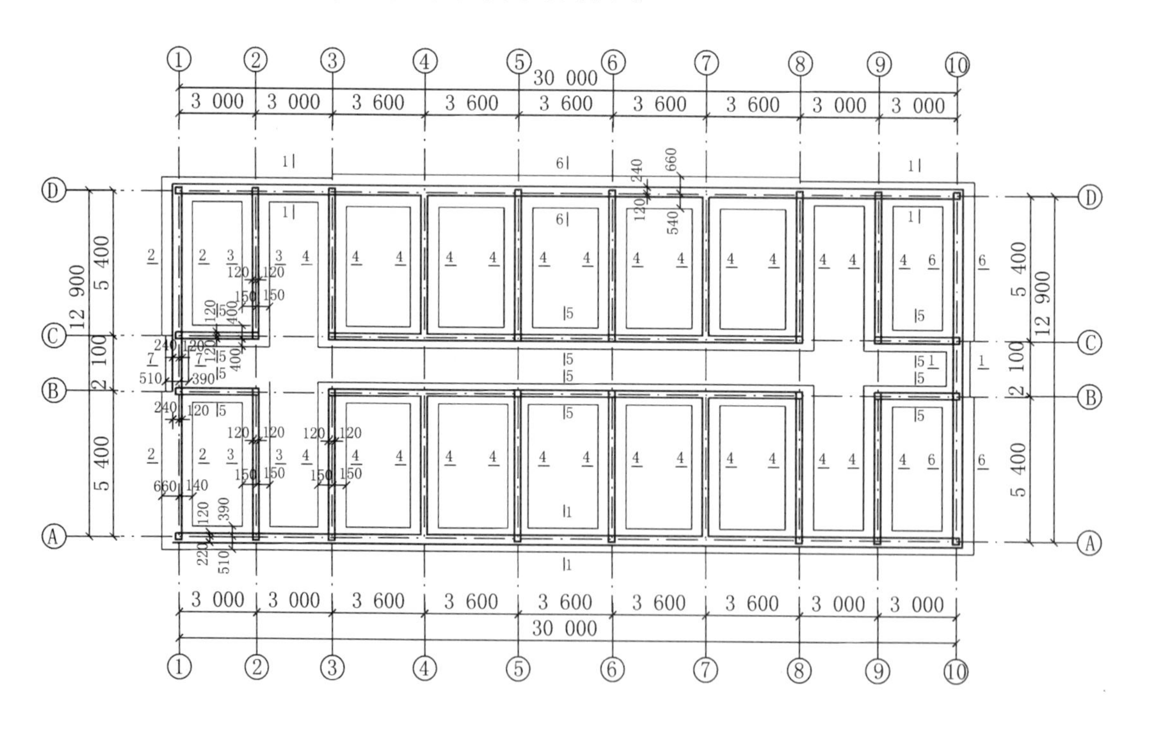

图 5-88　墙下条基平面施工图

标注完成的桩承台基础平面施工图如图 5-89 所示。

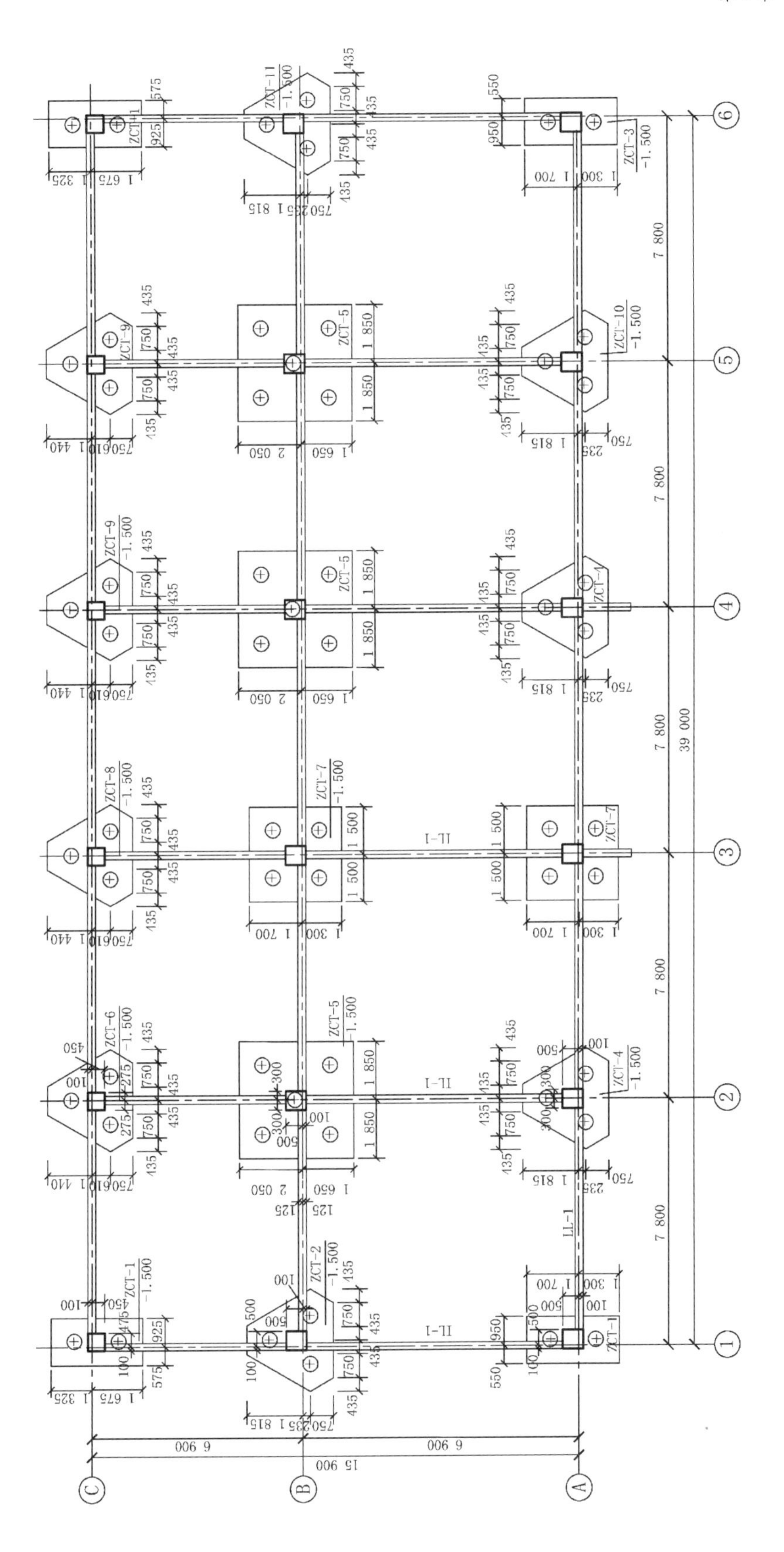

图 5-89　桩承台基础平面施工图

利用右侧菜单【桩位平面图】，可以将所有桩的位置和编号标注在单独的一张施工图上以便于施工操作。其菜单如图 5-90 所示。各菜单含义说明如下：

【绘图参数】菜单内容与基础平面图相同。

【标注参数】设定标注桩位的方式。点击该菜单后，屏幕弹出图 5-91 所示对话框，可根据绘图习惯设置。

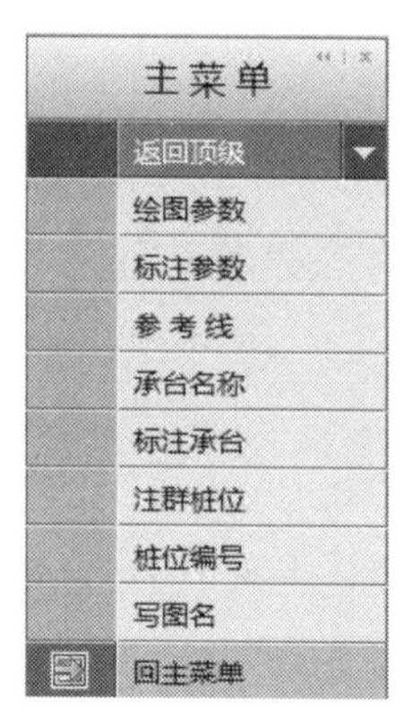

图 5-90　桩位平面图菜单

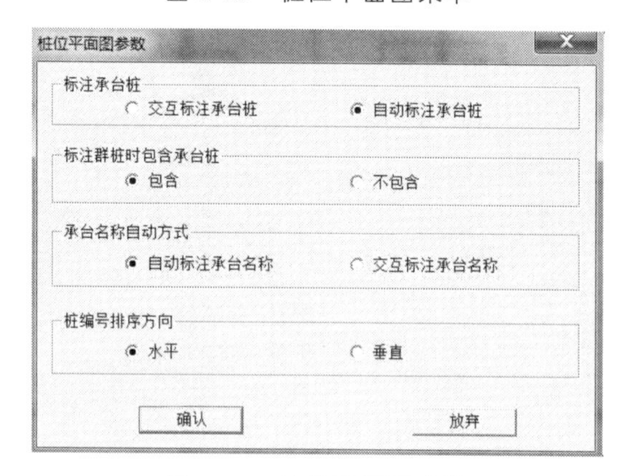

图 5-91　桩位平面图参数

【参考线】控制是否显示网格线（轴线）。在显示网格线状态中，可以看清相对节点有移心的承台。

【承台名称】可按【标注参数】菜单中设定的“自动”或“交互”标注方式，注写承台名称。

【标注承台】用于标注承台相对于轴线的移心。可按【标注参数】菜单中设定的“自动”或“交互”标注方式进行标注。

【注群桩位】用于标注一组桩的间距以及和轴线的关系。点取该菜单后，需先选择桩，然后选择要一起标注的轴线。如果选择了轴线，则沿轴线的垂直方向标注桩间距，否则要指定标注角度。先标注一个方向后，再标注与前一个正交方向的桩间距。

【桩位编号】用于将桩按一定水平或垂直方向编号。点取该菜单后，先指定桩起始编号，然后选择桩，再指定标注位置。

标注完成后的桩位布置图 5-92 如下：

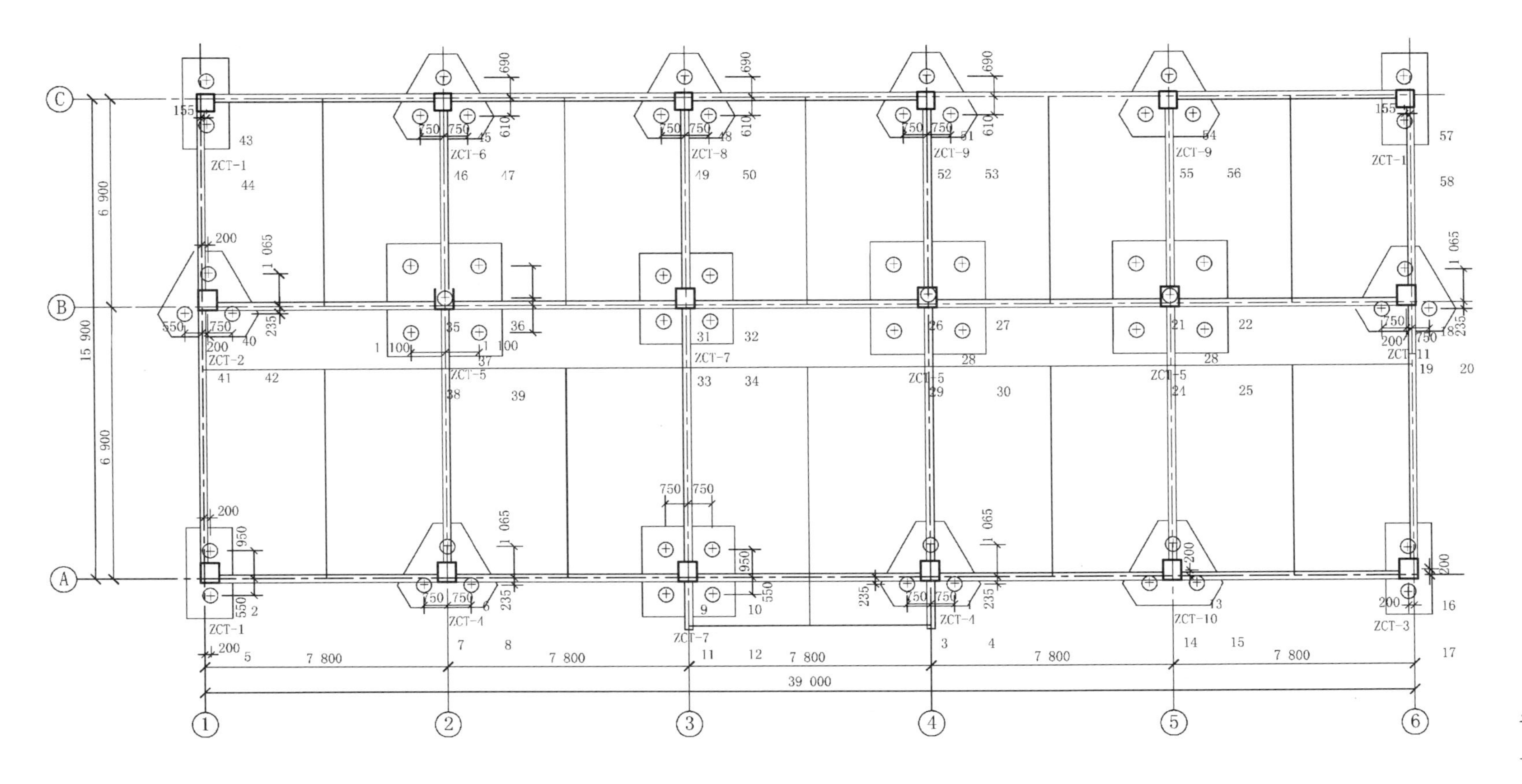

ZCT-1
ZCT-2
ZCT-3
ZCT-4
ZCT-5
ZCT-6
ZCT-7
ZCT-8
ZCT-9
ZCT-10
ZCT-11
7 800
39 000
6 900
15 900
1 065
750
200
235
155
610
690
950
550
1 100
A
B
C
1
2
3
4
5
6

图 5-92　桩位布置图

5.8.3 基础详图

基础施工图程序可接 JCCAD 计算程序的计算结果自动绘制独立基础、墙下条基、桩承台的基础详图，同时程序提供了几种采用参数化对话框方式绘制基础大样图的功能。

5.8.3.1 自动生成基础大样图

点击图 5-82 施工图主界面的右侧菜单【基础详图】，它包含的菜单内容如图 5-93。用户可以选择将基础详图与基础平面图绘制在同一张图上，也可以选择单独绘制基础详图。各菜单功能如下：

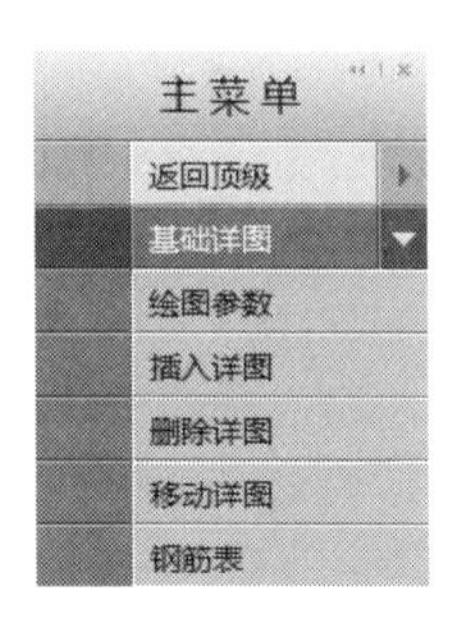

图 5-93 基础详图菜单

1. 绘图参数

点取该菜单后，弹出详图绘制对话框，如图 5-94 所示。在该对话框中可定义相关详图绘制参数。

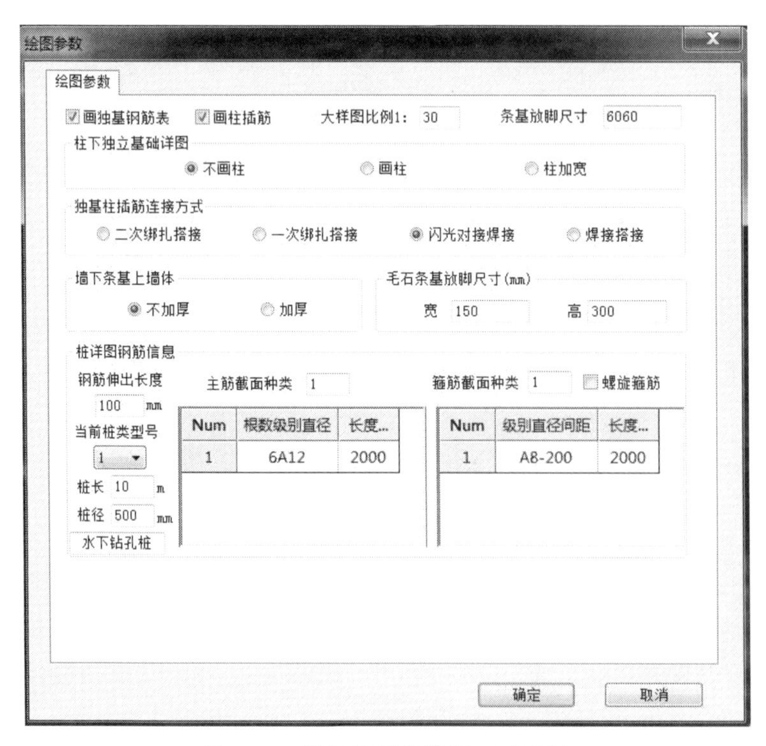

图 5-94 详图绘图参数设置对话框

2. 插入详图

点取该菜单后，基础详图采用列表的方式，用户可以选择可绘制的基础详图并手工指定详图的位置。独基以“J－”打头，条基为各条基的剖面号，桩承台以“ZCT－”打头。已画过的详图名称后有记号“√”，如图 5-95 所示。用户点取某一详图后，屏幕上出现该详图的虚线轮廓，移动光标可移动该大样到图面空白位置，回车即可将该图块放在适当的图面上。如图 5-96 所示。

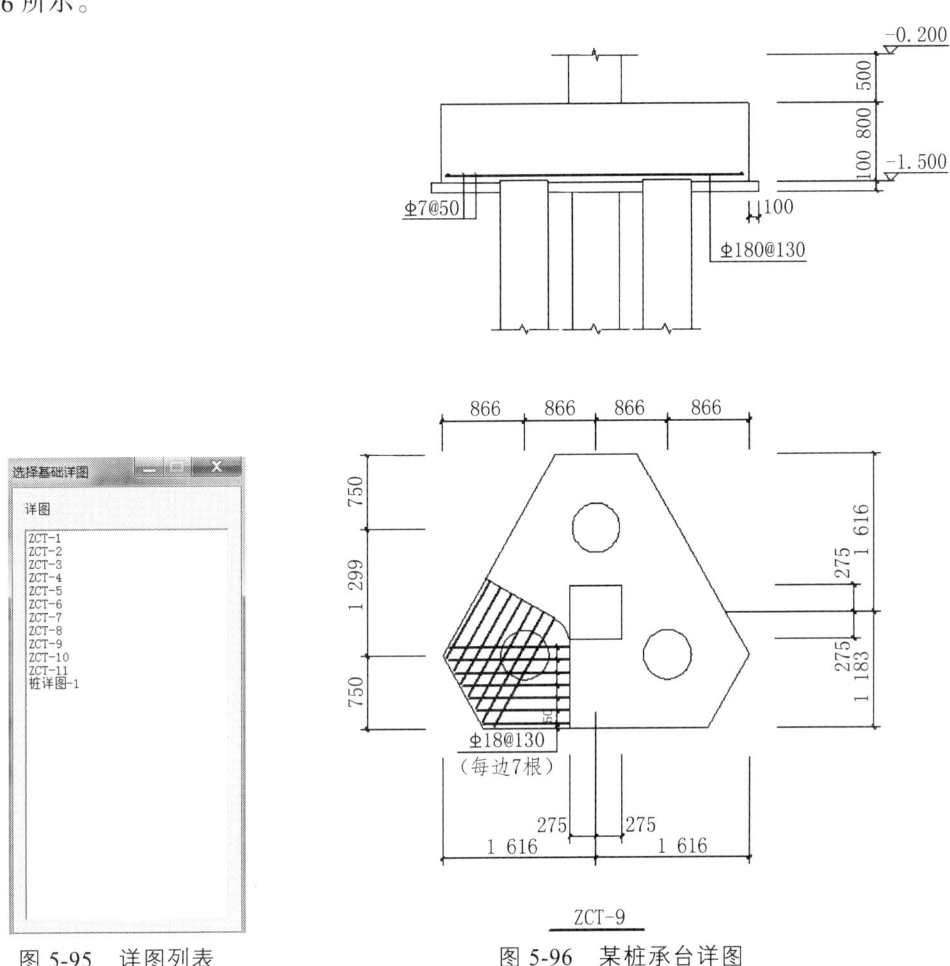

图 5-95　详图列表

图 5-96　某桩承台详图

3. 删除详图

用来将已经插入的详图从图纸中去掉。

4. 移动详图

用来移动调整各详图在图纸中的位置。

5. 钢筋表

用于绘制独立基础和墙下条基的底板钢筋表。钢筋表是按每类基础分别统计的。

5.8.3.2　参数化大样图

基础详图中的一些常用大样图的绘制，可通过图 5-82 基础施工图主界面的上侧下拉菜单

【大样图】进行绘制。与基础相关的主要有：隔墙基础、拉梁、地沟、电梯井等四类。如图 5-97 所示。

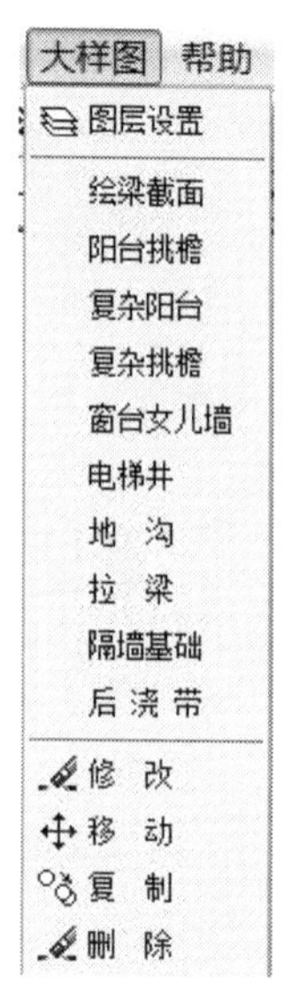

图 5-97 大样图下拉菜单

1. 隔墙基础

用于隔墙下不设基础拉梁时，绘制轻隔墙下的基础。该基础在基础数据输入时并不出现，一般也不需要进行承载力和基础内力计算。点击该菜单后，弹出如图 5-98 所示对话框。

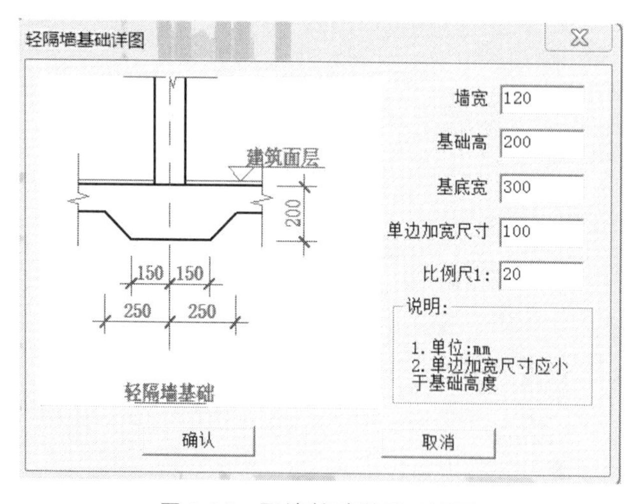

图 5-98 隔墙基础详图对话框

2. 拉梁

用于绘制基础拉梁的剖面详图。基础拉梁按本书 5.3.3 节中的方法进行布置和手工计算后，可在这里绘制剖面详图。点击该菜单后，弹出图 5-99 所示对话框。

在该对话框中，拉梁的截面尺寸依次选取基础输入时的数据，而钢筋数据根据用户手工补充计算的结果输入。其中，A 表示一级钢，B 表示二级钢。

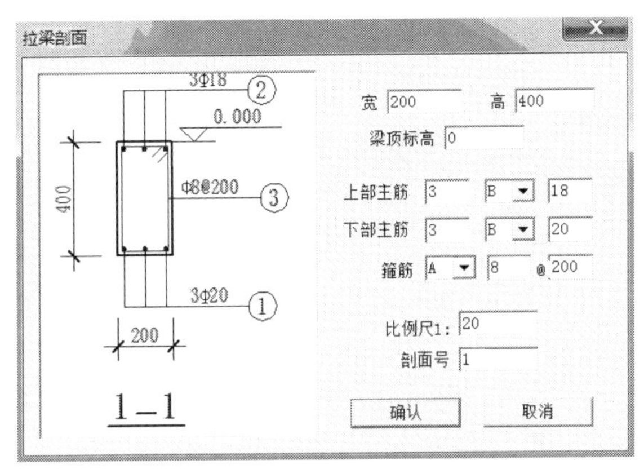

图 5-99　拉梁剖面设置对话框

3. 电梯井

该菜单是参数化定义电梯井的详图（平面大样和剖面大样），并将其插入施工图中。点击该菜单后，弹出图 5-100 所示对话框。可在其中分别定义电梯井的平面、立面尺寸及电梯井底板配筋，点击<确认>后，可绘制出电梯井的平面图、1—1 剖面图及 2—2 剖面图。

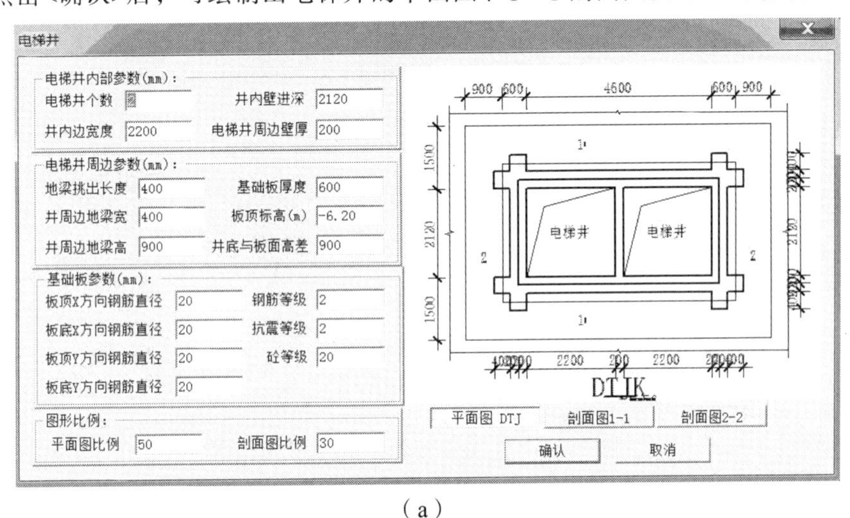

（a）

电梯井
电梯井内部参数(mm):
电梯井个数
井内壁进深 2120
井内边宽度 2200
电梯井周边壁厚 200
电梯井周边参数(mm):
地梁挑出长度 400
基础板厚度 600
井周边地梁宽 400
板顶标高(m) -6.20
井周边地梁高 900
井底与板面高差 900
基础板参数(mm):
板顶X方向钢筋直径 20
钢筋等级 2
板底X方向钢筋直径 20
抗震等级 2
板顶Y方向钢筋直径 20
砼等级 20
板底Y方向钢筋直径 20
图形比例:
平面图比例 50
剖面图比例 30
2120
筏板配筋
地梁
双向双层
900 600 2120 600 900
1-1 1:30
平面图 DTJ
剖面图1-1
剖面图2-2
确认
取消

（b）

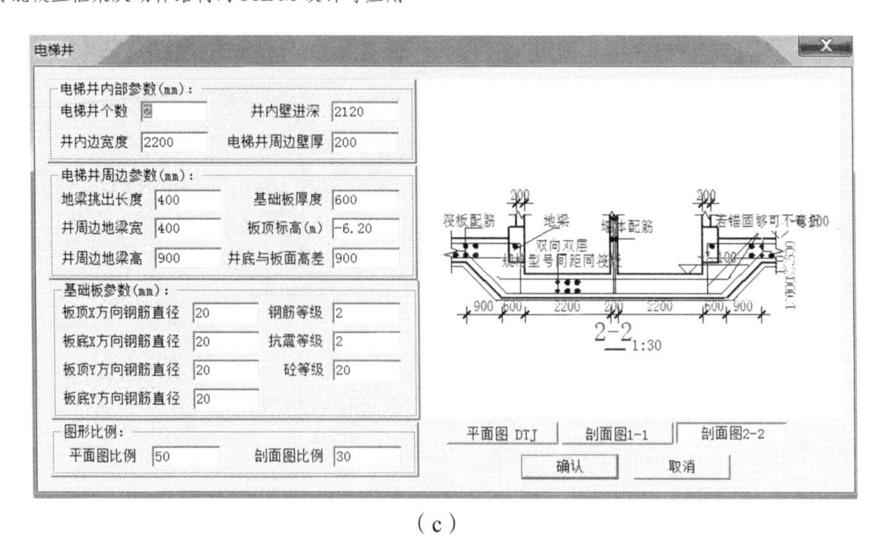

(c)

图 5-100　电梯井定义对话框

4. 地沟

当工程中存在地沟时，其大样图可通过该菜单绘制。点击后，弹出图 5-101 所示对话框。

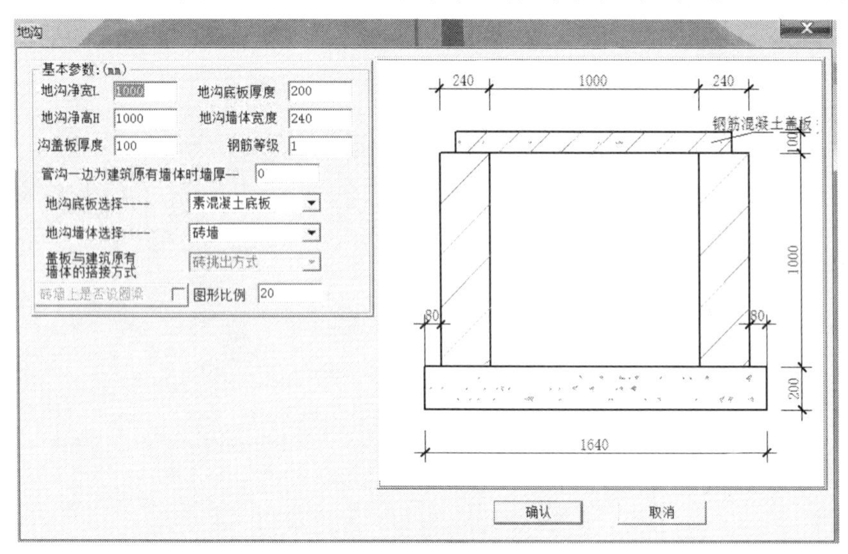

图 5-101　地沟定义对话框

5.9　基础工具箱

5.9.1　基础工具箱概述

基础工具箱提供了有关基础的各种计算工具，其中包括地基基础计算和人防荷载构件计算两部分，可实现工程计算以及单项计算两种功能。单项计算是指计算某一项内容，如地基承载力计算、沉降计算等；而工程计算是将数个单项计算合并在一起，形成一个总的计算书。

基础工具箱是脱离基础模型单独工作的计算工具，也是基础设计过程中必备的手段。

选择 JCCAD 主菜单 9【工具箱】，点击<应用>，进入工具箱主界面，如图 5-102 所示。

图 5-102 工具箱主界面

5.9.2 使用方法

针对计算目的的不同，系统的两种操作流程也不同。

第一种，工程计算的操作流程：设置工作路径→单项计算→形成计算书。

第二种，单项计算的操作流程：设置工作路径→单项计算。

因单项计算的操作流程大多与工程计算的类似，以下详细介绍工程计算的操作流程。

5.9.2.1 工作路径

一个工程要建立一个工作路径，本工程计算中所有的图形文件、计算书文件都保存在此工作目录中，同时生成工程文件***.prj。

点击图 5-102 工具箱主界面左侧上方菜单【新建工程】，弹出图 5-103 所示对话框。在该对话框中自己定义工程名、工程编号及工作路径。

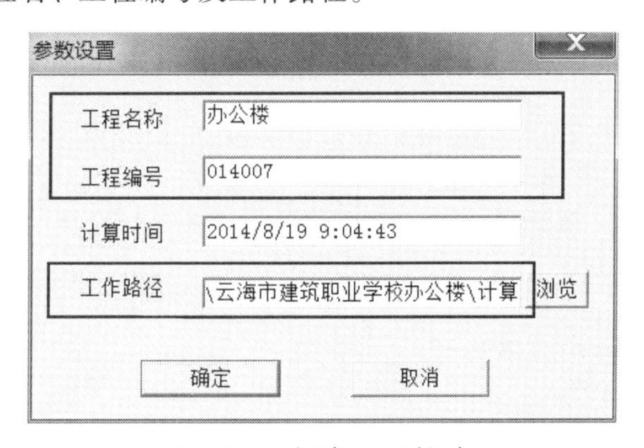

图 5-103 新建工程对话框

如果是继续以前的工程，则应点击图 5-102 工具箱主界面左侧上方菜单【打开旧工程】，弹出图 5-104 所示对话框，在其中选择后缀为“.prj”的文件，完成旧工程的打开。

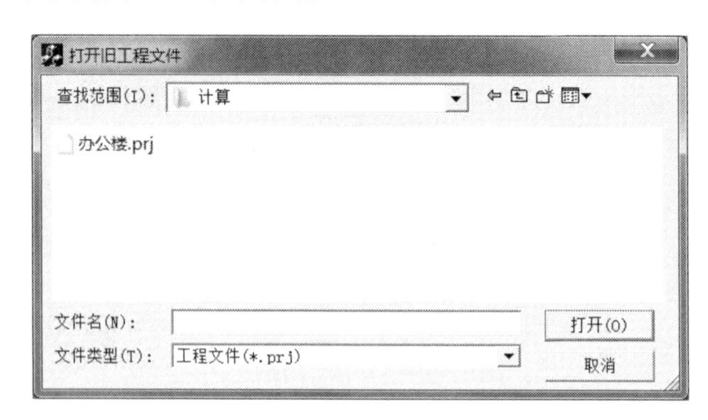

图 5-104　打开旧工程对话框

➢　**注意：**

不同工程不能保存在同一个工作目录中，否则将造成数据覆盖。

5.9.2.2　计算

建立好工作路径后，点击图 5-102 工具箱主界面左侧下方菜单【地基计算】(或【基础计算】或【人防荷载计算】或【人防构件计算】)，即可进入具体的计算项目控件。下面以“地基沉降计算”为例，说明操作步骤。

点击【基础计算】—【沉降计算】，弹出图 5-105 所示对话框。在对话框中输入相关计算参数。其中部分参数说明如下：

基底以上土的加权平均重度：含义同 JCCAD 中的对应参数。

单位面积的基础及覆土重：含义同 JCCAD 中的对应参数。

地基承载力：修正前的地基承载力特征值，用来确定沉降计算经验系数。

简化计算：不考虑地基以上土重，以及回填土的重量，直接用荷载的准永久值来计算。

土层：计算点的土层信息。可手工输入，如果执行了【导入地质资料】菜单，则可在此处按<导入>按钮，直接通过地质资料中选点来导入土层信息，进行沉降计算。

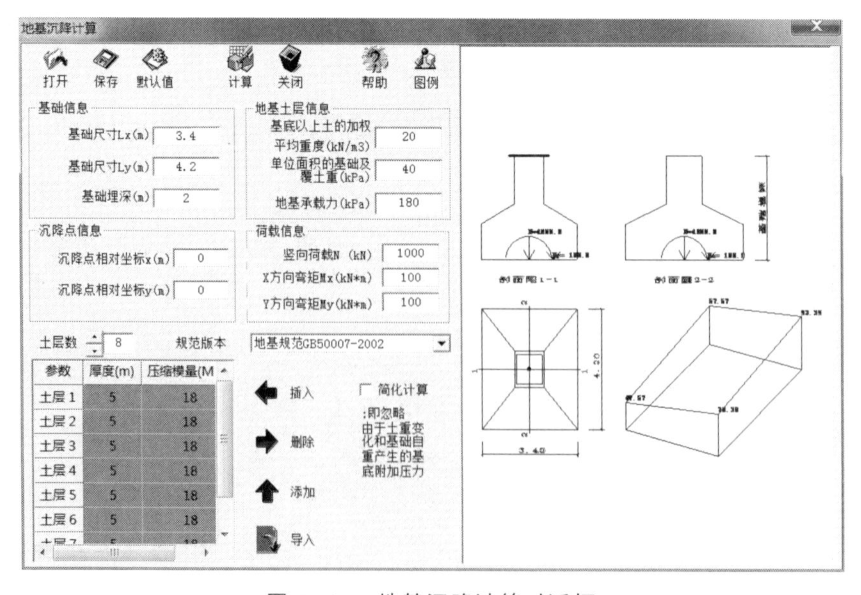

图 5-105　地基沉降计算对话框

相关计算参数输入完成后，点击图 5-105 上方<计算>按钮进行计算，屏幕右侧出现计算过程，并形成计算书，如图 5-106，在屏幕左侧显示计算图形文件，屏幕右侧显示计算书。如果对计算结果满意，分别选中左侧图形文件和右侧计算书，点击右侧<保存>按钮，程序弹出保存文件对话框，图形文件保存为后缀为. fig 的文件，计算书保存为后缀为.rtf 的文件。可以在 WORD 中编辑，也可以直接通过底部按钮进行编辑。

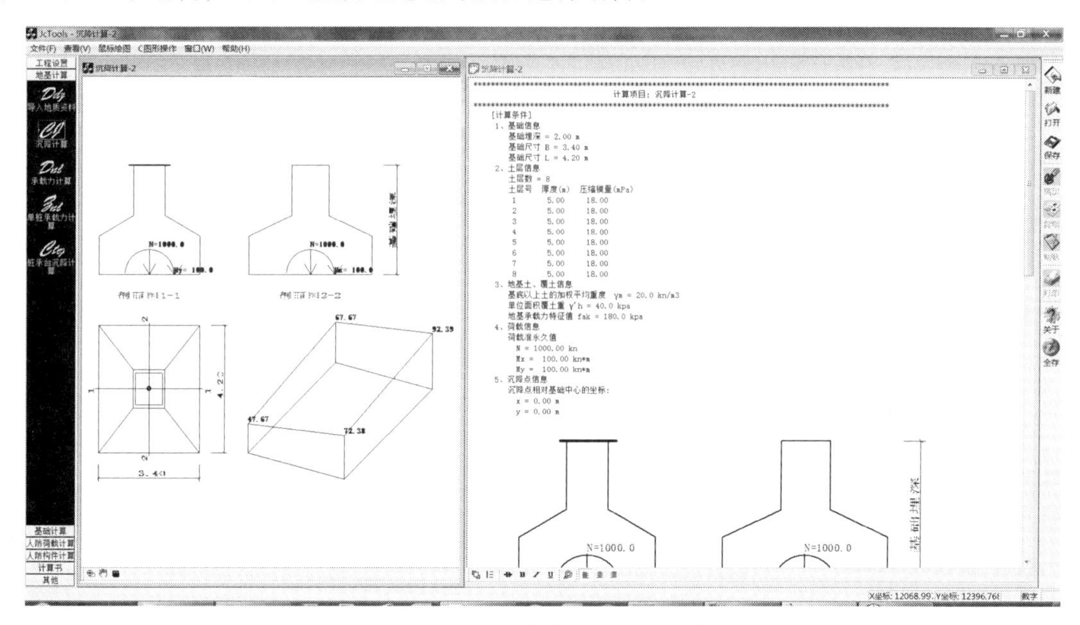

图 5-106　沉降计算的图形和计算书

同理，选择其他项目进行计算，生成相应的单项计算的图形和计算书文件。

5.9.2.3　生成计算书

完成所有单项计算后，选择右侧工具栏中的<全存>按钮，文件被自动存储在指定的工作路径中相应子目录里。

点击图 5-94 工具箱主界面左侧下方菜单【生成计算书】，弹出图 5-107 所示对话框。

工作路径：F:\PKPM实例\云海市建筑职业学校办公楼\

包括如下文件：　删除

办公楼
地基计算
承载力计算
桩承台沉降计算
沉降计算
沉降计算-2
基础计算
桩承台
桩承台-1

计算书名称　人防结构设计计算书
工程　办公楼
编号　014007
设计
校对
审核
审定
设计日期　2014/8/19 19:54:32
设计单位

生成　取消

图 5-107　生成计算书对话框

可通过图 5-107 上方的<删除>按钮，来编辑要生成计算书的单项内容，并填写对话框右侧的相关内容后，点击<生成>按钮，完成计算书的生成。

➢ **注意：**

在生成计算书之前，必须保存计算过的所有单项，否则无法生成相关单项的计算书。若没有主动存储单项的计算文档，程序在退出时将提示存盘。

工具箱中的其他单项计算的参数含义就不一一进行说明了，读者可参看相关书籍。

5.10 基础设计常见问题

5.10.1 地框梁与基础拉梁

多层钢筋混凝土框架结构常常采用柱下独立基础，当首层层高不是太大，且基础埋深也不大时，为了增强基础整体性，减小不均匀沉降，同时也为首层填充墙提供基础，可如本书 5.3.3 节所述，设置基础拉梁。

但当首层层高较高，独立基础埋深又较深时，这样会导致首层柱的计算长度较大，抗震设计时楼层的弹性层间位移角常常难以满足《抗震规范》的要求。若要使框架结构楼层的弹性层间位移角符合《抗震规范》的要求，当不考虑设置少量剪力墙时，通常可以采用下列三项措施中的一种：

（1）加大框架结构梁柱截面尺寸。

（2）采用短柱基础，使框架柱嵌固在基础短柱顶面，从而减小框架结构首层层高；

（3）在框架结构±0.000 地面下靠近地面处，设置地框梁，将框架结构首层分为两层。

上述第（1）种措施常因建筑使用功能的要求受到限制，不便任意加大梁、柱截面尺寸；在第（2）种和第（3）种措施中，一般建议首选采用短柱基础。短柱基础受力明确、构造简单、施工方便。短柱的截面尺寸和配筋构造可参照《地基基础规范》第 8.2.5-4 条的规定确定（具体内容略）。

当采用设置地框梁时，相当于结构增加了一个框架层，即地框梁层，该层无楼板，在 PMCAD 中建模时应定义该层楼面全部房间开洞；结构整体计算时再定义弹性楼板（弹性膜）并采用总刚分析。在设计计算中还应注意以下问题：

（1）设有地框梁的框架结构，多了一个地框梁层，宜计算两次（因《抗震规范》中对底层柱底的内力有调整要求）：第一次将框架柱嵌固在基础顶面进行结构整体计算；第二次假定地框梁层为地下室，即定义一层地下室后进行结构整体计算，用 SATWE 软件进行结构第二次整体计算时，地下室信息中“土层水平抗力系数的比例系数（M 值）”可根据土体情况填写，以考虑地基土一定程度上的约束；框架梁、柱配筋取两次整体计算结果的较大值。

（2）抗震设计时，地框梁应按相应抗震等级的框架梁设箍筋加密区。

（3）有填充墙等荷载的地框梁，应如实输入作用在地框梁上的线荷载或其他荷载。

（4）首层楼面以下基础顶面以上的框架柱，宜取地框梁层以上和以下框架柱纵向受力钢筋的较大值通长配筋；抗震设计时，地框梁层以下框架柱的箍筋宜全高加密。

5.10.2 双柱联合基础设计

在进行钢筋混凝土柱下独立基础设计时，若遇到以下情况之一时，可将两柱设置在同一个基础上，由一个基础把柱的内力传递给地基，即设计成双柱联合基础。

（1）两柱基础间净距较小，互相干扰。

（2）两柱荷载较大或地基承载力较低，两柱的扩展基础尺寸相互碰撞、重叠。

（3）某一柱靠近建筑边界，单柱扩展基础无法置放或基础面积不足，无法使扩展基础承受偏心荷载。

双柱联合基础可分为板式、梁板式两类。当两柱柱距较小（小于等于 3 m）时，可采用板式联合基础；而当柱距较大（大于 3 m）时，则宜采用梁板式联合基础。

JCCAD 对双柱基础的处理方法是：荷载取基础上柱荷载的矢量和，冲切计算时对基础变截面处，柱外接矩形边界处和每个柱边都进行了验算；配筋时验算了基础变截面处和两柱外接矩形边界处的板底钢筋。而对于柱间板顶（板式联合基础）或柱间梁（梁板式联合基础）的配筋，程序未进行计算，需用户自行补充。此处重点说明这部分钢筋的计算方法。

5.10.2.1 板式联合基础

对于板式联合基础柱间基础顶面配筋，由于我国《地基基础规范》未给出明确的算法，因此可参考美国的 ACI 规范，将基础沿纵向视为以两柱为支承的倒置伸臂梁；沿横向在柱附近的有效宽度（ $h_c+1.5h_0$ ）内，视为以柱为支承的倒置等效悬臂梁；在地基净反力作用下，分别作出弯矩图，并配置纵向及横向受力钢筋；沿横向等效悬臂梁宽度以外的部分仍按规定的基础底板最小配筋率配筋；当基础顶面出现负弯矩，则需在基础顶面配置纵向受力钢筋，且在其横向暗构造配置分布钢筋，以固定基础顶面的纵向受力钢筋。同时还应注意，ACI 规范给出的算法中，上部结构传至基础顶面上的荷载均采用设计值，即荷载效应的基本组合。

下面举例说明上述配筋计算方法。

某七层办公楼内廊式钢筋混凝土框架结构两内柱的柱距 2.4 m，两柱截面尺寸
400 mm×400 mm，采用双柱联合基础。基础埋深-1.5 m，经基础深度修正后的地
征值 $f_a=210\,\text{kPa}$ 。经比较选取一组永久荷载效应控制的荷载效应标准组合
查看该基础顶面柱传来的各组合内力标准值），如图 5-108（a）所示
相差不大，为施工方便采用对称矩形双柱联合基础（即联合基

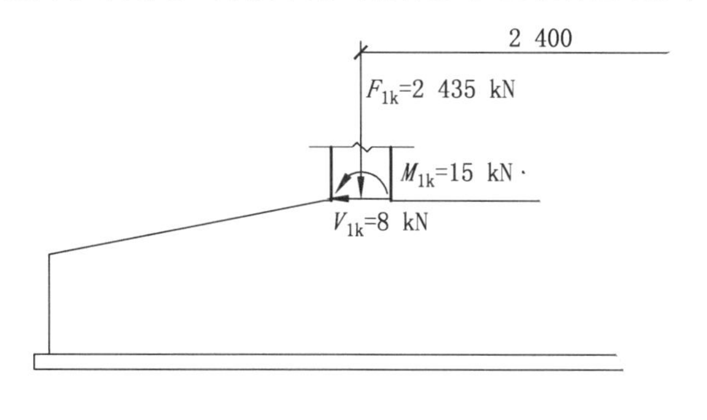

图 5-108（a） 基

试取基础高度 h=1000 mm，采用锥形基础如图

基础底面形心处的荷载效应标准值为：

$$F_k = F_{1k} + F_{2k} = 2\,435 + 2\,293 = 4\,728\ \text{kN}$$

$$M_k = (M_{1k} + M_{2k}) + (F_{1k} - F_{2k}) \times 1.2 + (V_{1k} + V_{2k}) \times 1.0 = 204.4\ \text{kN} \cdot \text{m}$$

取基础底面的长宽比 b/l 为 1.5，先按轴心受压计算并考虑偏心影响（×1.1），求得基础底面尺寸为 6.6 m×4.2 m，再按偏心受压验算：

$$p_{\text{kmax}} = \frac{(F_k + G_k)}{A} + \frac{M_k}{W} = \frac{4\,728 + 831.6}{6.6 \times 4.2} + \frac{204.4}{30.492} = 207.27\ \text{kN/m}^2$$

$$p_{\text{kmin}} = \frac{(F_k + G_k)}{A} - \frac{M_k}{W} = \frac{4\,728 + 831.6}{6.6 \times 4.2} - \frac{204.4}{30.492} = 193.86\ \text{kN/m}^2$$

式中 $G_k = dA\gamma_G = 6.6 \times 4.2 \times 1.5 \times 20 = 831.6\ \text{kN}$

$$W = \frac{bl^2}{6} = \frac{4.2 \times 6.6^2}{6} = 30.492\ \text{m}^3$$

验算 $(p_{\text{k max}} + p_{\text{k min}})/2 = 200.56\ \text{kN/m}^2 < f_a = 210\ \text{kN/m}^2$

$p_{\text{k max}} = 207.27\ \text{kN/m}^2 < 1.2 f_a = 1.2 \times 210 = 252\ \text{kN/m}^2$（符合要求）

最后确定基础底面尺寸为 $b \times l = 4.2\ \text{m} \times 6.6\ \text{m}$，如图 5-108（b）所示。

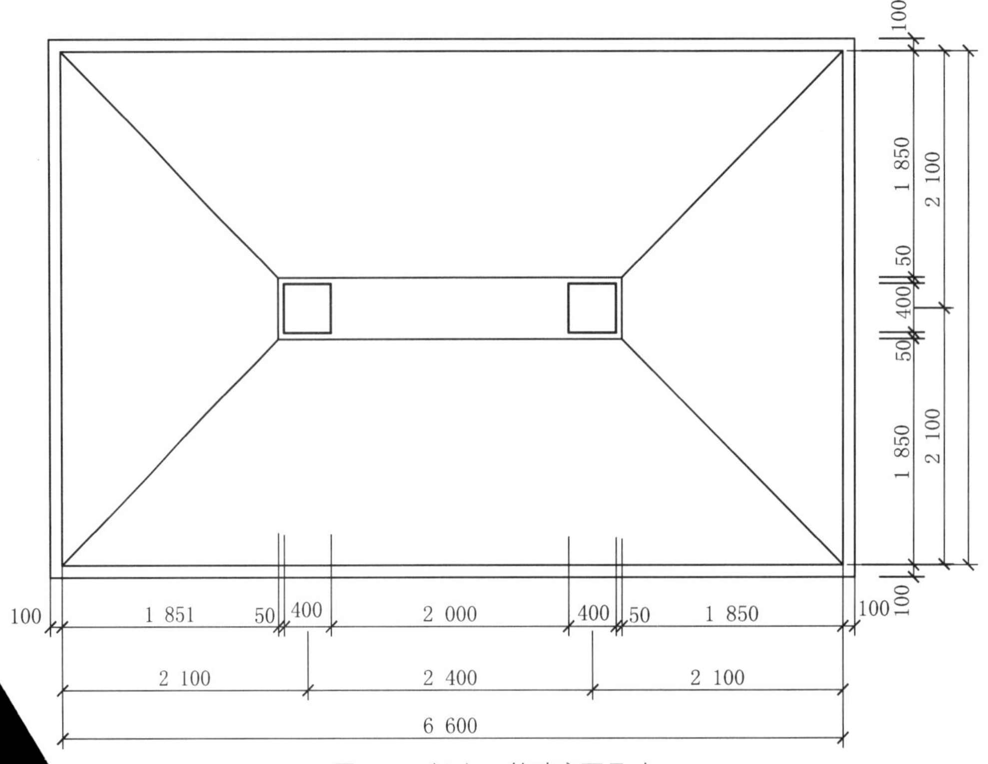

图 5-108（b） 基础底面尺寸

……反力为：

$$\ldots \frac{F_k}{\ldots} + \frac{M_k}{W} = \frac{4\,728}{6.6 \times 4.2} + \frac{204.4}{30.492} = 177.27\ \text{kN/m}^2$$

$$\ldots \frac{M_k}{\ldots} = \frac{4\,728}{6.6 \times 4.2} - \frac{204.4}{30.492} = 163.86\ \text{kN/m}^2$$

基底净反力分布如图 5-108（c）所示。

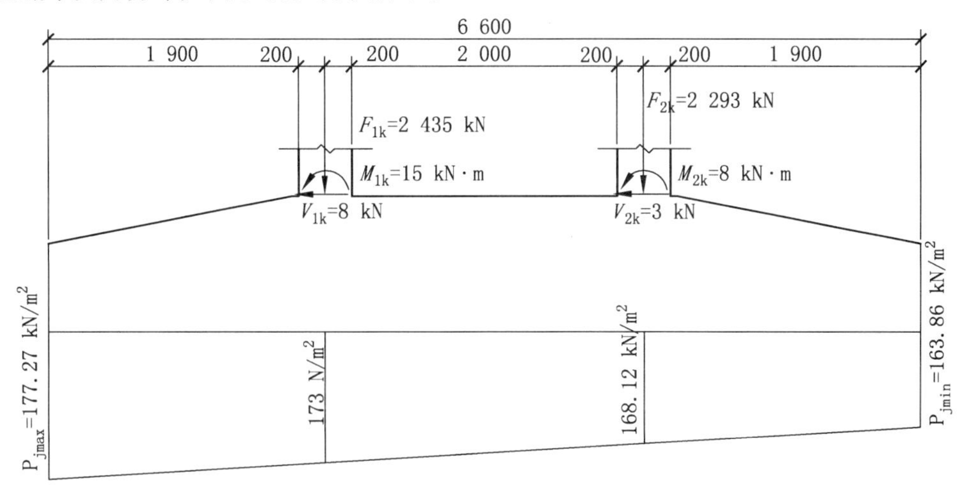

图 5-108（c）　基底净反力分布图

基础冲切验算略。下面按美国 ACI 规范方法计算基础顶面配筋。

基础沿纵向视为以两柱为支承的倒置伸臂梁。由图 5-108（c）所示的基础底部净反力乘以基础底部宽度（b）得纵向反梁上的线荷载，如图 5-108（d）所示，注意图中所示线荷载为荷载效应的标准组合值。梁的内力应按荷载效应基本组合的设计值计算，即应将图 5-108（d）所示的线荷载乘以 1.35 倍，近似得到荷载效应的基本组合（或通过查看 JCCAD 中独基计算书，得到用于该基础配筋计算的基本组合）。经计算得纵向反梁的弯矩图如图 5-108（e）所示。

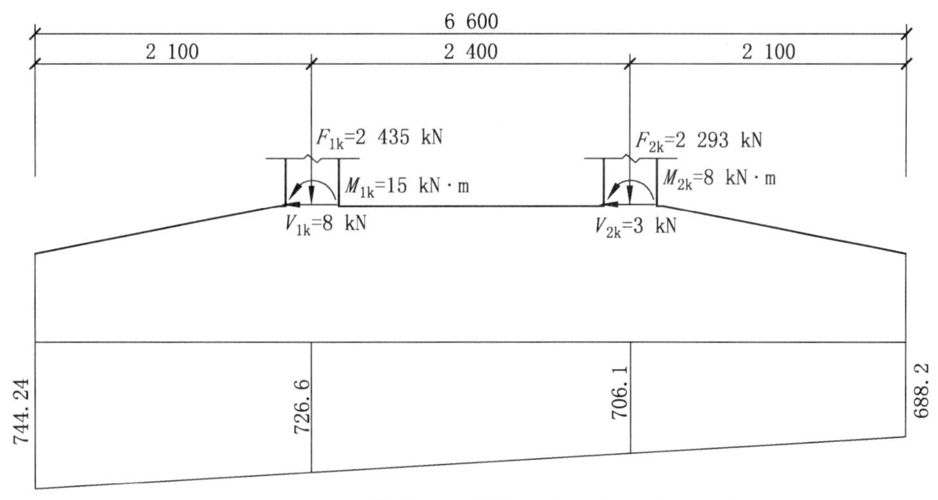

图 5-108（d）　纵向反梁基底反力分布图（kN/m）

从图 5-108（e）可以看出，由于在两柱之间未出现使基础顶部受拉的弯矩，故不需要在基础顶面配置钢筋。

基础底部纵向钢筋可根据该弯矩图求出柱边缘弯矩最大值，按《地基基础规范》公式（8.2.12）进行计算（同时满足最小配筋率）。基础底部横向配筋可按以柱为支承的倒置等效悬臂梁计算弯矩（也可参考《地基基础规范》公式（8.2.11-2）计算），并配筋。关于基础底部的纵向及横向钢筋，JCCAD 均能自动计算得出，故此处不再详述计算过程。最后该基础的配筋图如图 5-108（f）所示。

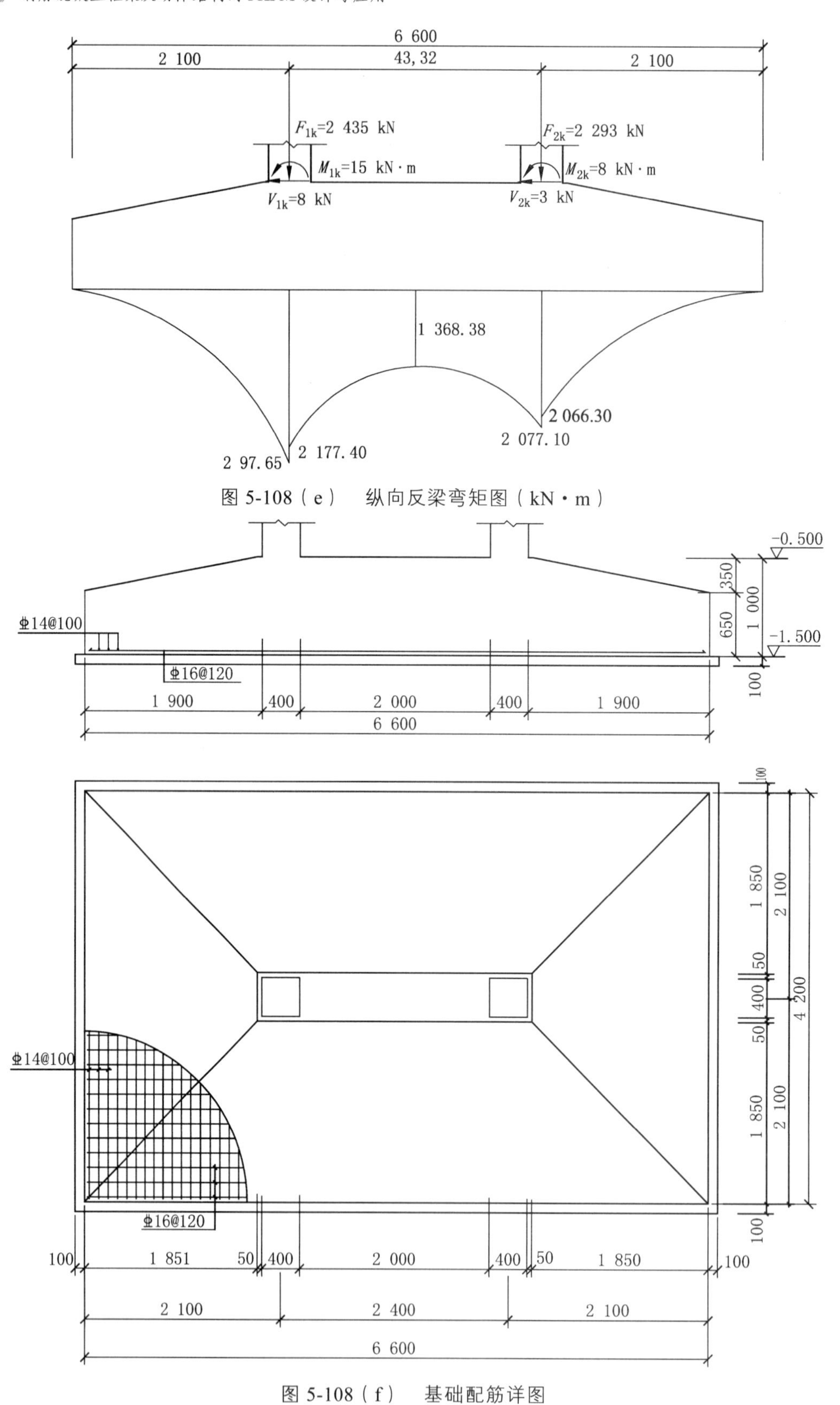

图 5-108（e） 纵向反梁弯矩图（kN · m）

图 5-108（f） 基础配筋详图

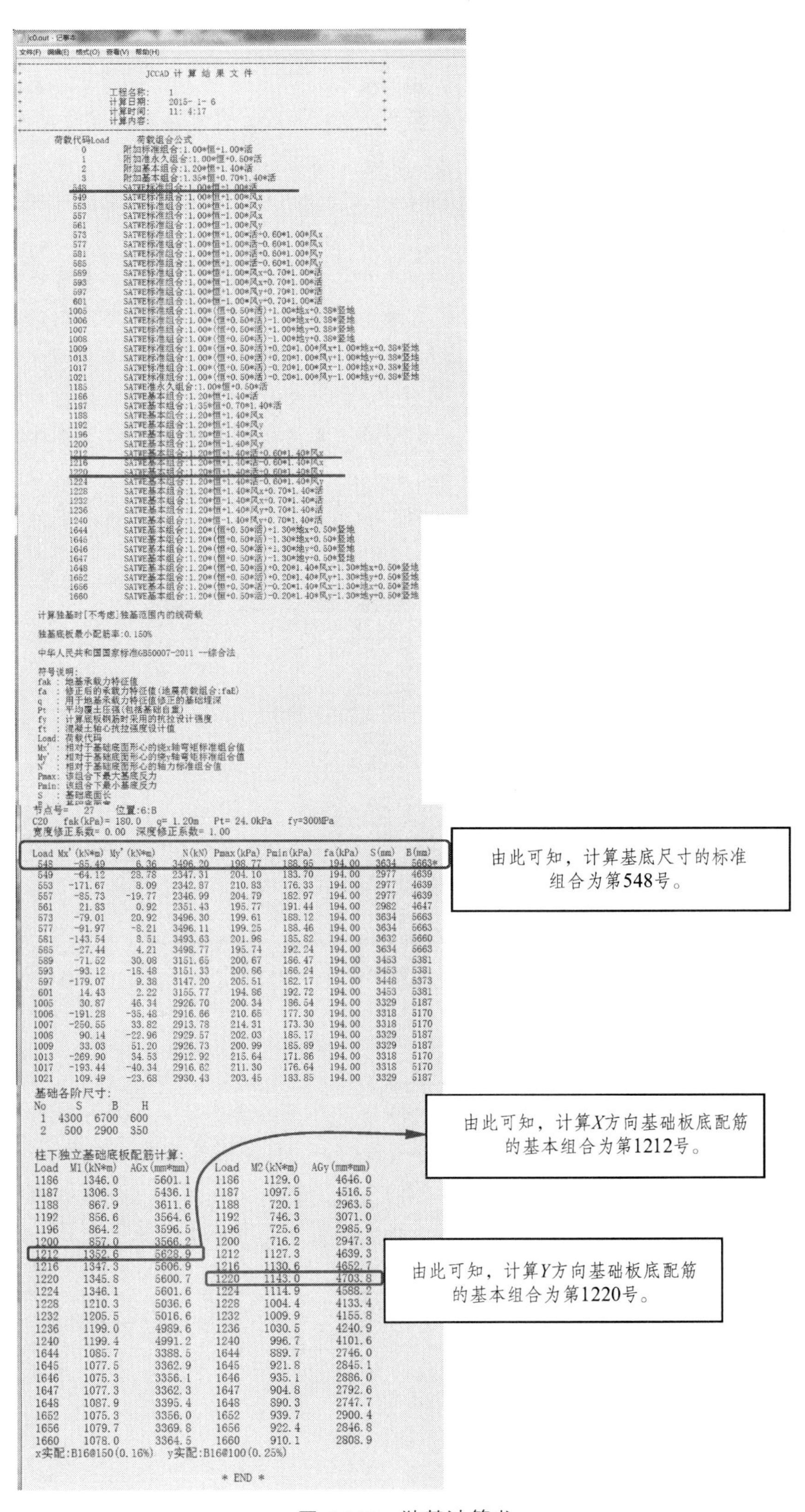

jc0.out - 记事本

文件(F) 编辑(E) 格式(O) 查看(V) 帮助(H)

JCCAD 计 算 结 果 文 件

工程名称:　1
计算日期:　2015- 1- 6
计算时间:　11: 4:17
计算内容:

荷载代码Load	荷载组合公式
0	附加标准组合:1.00*恒+1.00*活
1	附加准永久组合:1.00*恒+0.50*活
2	附加基本组合:1.20*恒+1.40*活
3	附加基本组合:1.35*恒+0.70*1.40*活
548	SATWE标准组合:1.00*恒+1.00*活
549	SATWE标准组合:1.00*恒+1.00*风x
553	SATWE标准组合:1.00*恒+1.00*风y
557	SATWE标准组合:1.00*恒-1.00*风x
561	SATWE标准组合:1.00*恒-1.00*风y
573	SATWE标准组合:1.00*恒+1.00*活+0.60*1.00*风x
577	SATWE标准组合:1.00*恒+1.00*活-0.60*1.00*风x
581	SATWE标准组合:1.00*恒+1.00*活+0.60*1.00*风y
585	SATWE标准组合:1.00*恒+1.00*活-0.60*1.00*风y
589	SATWE标准组合:1.00*恒+1.00*风x+0.70*1.00*活
593	SATWE标准组合:1.00*恒-1.00*风x+0.70*1.00*活
597	SATWE标准组合:1.00*恒+1.00*风y+0.70*1.00*活
601	SATWE标准组合:1.00*恒-1.00*风y+0.70*1.00*活
1005	SATWE标准组合:1.00*(恒+0.50*活)+1.00*地x+0.38*竖地
1006	SATWE标准组合:1.00*(恒+0.50*活)-1.00*地x+0.38*竖地
1007	SATWE标准组合:1.00*(恒+0.50*活)+1.00*地y+0.38*竖地
1008	SATWE标准组合:1.00*(恒+0.50*活)-1.00*地y+0.38*竖地
1009	SATWE标准组合:1.00*(恒+0.50*活)+0.20*1.00*风x+1.00*地x+0.38*竖地
1013	SATWE标准组合:1.00*(恒+0.50*活)+0.20*1.00*风y+1.00*地y+0.38*竖地
1017	SATWE标准组合:1.00*(恒+0.50*活)-0.20*1.00*风x-1.00*地x+0.38*竖地
1021	SATWE标准组合:1.00*(恒+0.50*活)-0.20*1.00*风y-1.00*地y+0.38*竖地
1185	SATWE准永久组合:1.00*恒+0.50*活
1186	SATWE基本组合:1.20*恒+1.40*活
1187	SATWE基本组合:1.35*恒+0.70*1.40*活
1188	SATWE基本组合:1.20*恒+1.40*风x
1192	SATWE基本组合:1.20*恒+1.40*风y
1196	SATWE基本组合:1.20*恒-1.40*风x
1200	SATWE基本组合:1.20*恒-1.40*风y
1212	SATWE基本组合:1.20*恒+1.40*活+0.60*1.40*风x
1216	SATWE基本组合:1.20*恒+1.40*活-0.60*1.40*风x
1220	SATWE基本组合:1.20*恒+1.40*活+0.60*1.40*风y
1224	SATWE基本组合:1.20*恒+1.40*活-0.60*1.40*风y
1228	SATWE基本组合:1.20*恒+1.40*风x+0.70*1.40*活
1232	SATWE基本组合:1.20*恒-1.40*风x+0.70*1.40*活
1236	SATWE基本组合:1.20*恒+1.40*风y+0.70*1.40*活
1240	SATWE基本组合:1.20*恒-1.40*风y+0.70*1.40*活
1644	SATWE基本组合:1.20*(恒+0.50*活)+1.30*地x+0.50*竖地
1645	SATWE基本组合:1.20*(恒+0.50*活)-1.30*地x+0.50*竖地
1646	SATWE基本组合:1.20*(恒+0.50*活)+1.30*地y+0.50*竖地
1647	SATWE基本组合:1.20*(恒+0.50*活)-1.30*地y+0.50*竖地
1648	SATWE基本组合:1.20*(恒+0.50*活)+0.20*1.40*风x+1.30*地x+0.50*竖地
1652	SATWE基本组合:1.20*(恒+0.50*活)+0.20*1.40*风y+1.30*地y+0.50*竖地
1656	SATWE基本组合:1.20*(恒+0.50*活)-0.20*1.40*风x-1.30*地x+0.50*竖地
1660	SATWE基本组合:1.20*(恒+0.50*活)-0.20*1.40*风y-1.30*地y+0.50*竖地

计算独基时[不考虑]独基范围内的线荷载

独基底板最小配筋率:0.150%

中华人民共和国国家标准GB50007-2011 一综合法

符号说明:
fak : 地基承载力特征值
fa : 修正后的承载力特征值(地震荷载组合:faE)
q : 用于地基承载力特征值修正的基础埋深
Pt : 平均覆土压强(包括基础自重)
fy : 计算底板钢筋时采用的抗拉设计强度
ft : 混凝土轴心抗拉强度设计值
Load: 荷载代码
Mx' : 相对于基础底面形心的绕x轴弯矩标准组合值
My' : 相对于基础底面形心的绕y轴弯矩标准组合值
N' : 相对于基础底面形心的轴力标准组合值
Pmax: 该组合下最大基底反力
Pmin: 该组合下最小基底反力
S : 基础底面长

节点号= 27　位置:6:B
C20　fak(kPa)= 180.0　q= 1.20m　Pt= 24.0kPa　fy=300MPa
宽度修正系数= 0.00　深度修正系数= 1.00

Load	Mx'(kN*m)	My'(kN*m)	N(kN)	Pmax(kPa)	Pmin(kPa)	fa(kPa)	S(mm)	B(mm)
548	-85.49	6.36	3496.20	198.77	188.95	194.00	3634	5663*
549	-64.12	28.78	2347.31	204.10	183.70	194.00	2977	4639
553	-171.67	8.09	2342.87	210.83	176.33	194.00	2977	4639
557	-85.73	-19.77	2346.99	204.79	182.97	194.00	2977	4639
561	21.83	0.92	2351.43	195.77	191.44	194.00	2982	4647
573	-79.01	20.92	3496.30	199.61	188.12	194.00	3634	5663
577	-91.97	-8.21	3496.11	199.25	188.46	194.00	3634	5663
581	-143.54	8.51	3493.63	201.98	185.82	194.00	3632	5660
585	-27.44	4.21	3498.77	195.74	192.24	194.00	3634	5663
589	-71.52	30.08	3151.65	200.67	186.47	194.00	3453	5381
593	-93.12	-18.48	3151.33	200.86	186.24	194.00	3453	5381
597	-179.07	9.38	3147.20	205.51	182.17	194.00	3448	5373
601	14.43	2.22	3155.77	194.86	192.72	194.00	3453	5381
1005	30.87	46.34	2926.70	200.34	186.54	194.00	3329	5187
1006	-191.28	-35.48	2916.66	210.65	177.30	194.00	3318	5170
1007	-250.55	33.82	2913.78	214.31	173.30	194.00	3318	5170
1008	90.14	-22.96	2929.57	202.03	185.17	194.00	3329	5187
1009	33.03	51.20	2926.73	200.99	185.89	194.00	3329	5187
1013	-269.90	34.53	2912.92	215.64	171.86	194.00	3318	5170
1017	-193.44	-40.34	2916.62	211.30	176.64	194.00	3318	5170
1021	109.49	-23.68	2930.43	203.45	183.85	194.00	3329	5187

基础各阶尺寸:

No	S	B	H
1	4300	6700	600
2	500	2900	350

柱下独立基础底板配筋计算:

Load	M1(kN*m)	AGx(mm*mm)	Load	M2(kN*m)	AGy(mm*mm)
1186	1346.0	5601.1	1186	1129.0	4646.0
1187	1306.3	5436.1	1187	1097.5	4516.5
1188	867.9	3611.6	1188	720.1	2963.5
1192	856.6	3564.6	1192	746.3	3071.0
1196	864.2	3596.5	1196	725.6	2985.9
1200	857.0	3566.2	1200	716.2	2947.3
1212	1352.6	5628.9	1212	1127.3	4639.3
1216	1347.3	5606.9	1216	1130.6	4652.7
1220	1345.8	5600.7	1220	1143.0	4703.8
1224	1346.1	5601.6	1224	1114.9	4588.2
1228	1210.3	5036.6	1228	1004.4	4133.4
1232	1205.5	5016.6	1232	1009.9	4155.8
1236	1199.0	4989.6	1236	1030.5	4240.9
1240	1199.4	4991.2	1240	996.7	4101.6
1644	1085.7	3388.5	1644	889.7	2746.0
1645	1077.5	3362.9	1645	921.8	2845.1
1646	1075.3	3356.1	1646	935.1	2886.0
1647	1077.3	3362.3	1647	904.8	2792.6
1648	1087.9	3395.4	1648	890.3	2747.7
1652	1075.3	3356.0	1652	939.7	2900.4
1656	1079.7	3369.8	1656	922.4	2846.8
1660	1078.0	3364.5	1660	910.1	2808.9

x实配:B16@150(0.16%)　y实配:B16@100(0.25%)

* END *

图 5-109　独基计算书

➢ **注意:**

① 板式双柱联合基础是否需要在基础顶面配置钢筋，取决于在双柱间是否出现使基础顶部受拉的弯矩，而该弯矩值主要受双柱间距离，以及柱两侧基础底板外伸长度的影响。

② 通过 JCCAD 查询基础顶面各荷载效应组合值的方法如下:

在图 5-1 所示 JCCAD 主菜单中点击【②基础人机交互输入】进入独基设计程序，完成柱下独基设计的准备步骤后，点击【柱下独基】，完成独基设计，然后点击【单独计算】，程序提示：请选择要查看计算书的独基。按[Esc]键退出。此时可用鼠标选择要查看的独基，则程序弹出该基础的计算书（文件名为 jc0.out 的文本文件），在该文件中，即可找到用于独基底面尺寸设计的标准组合和用于配筋计算的基本组合（图 5-109）。然后点击【荷载输入】中的【当前组合】，在弹出的请选择荷载组合类型对话框中（图 5-110），用户选择需要查看的荷载组合类型，即可查看所需的标准组合和基本组合，用户可参考该组合效应，按上述计算过程进行基础顶面是否需配筋的验算。

③ 也有资料将在板式联合基础的双柱间设置暗梁，将暗梁视为两端固定于两柱柱脚的单跨梁，计算其弯矩并配筋。

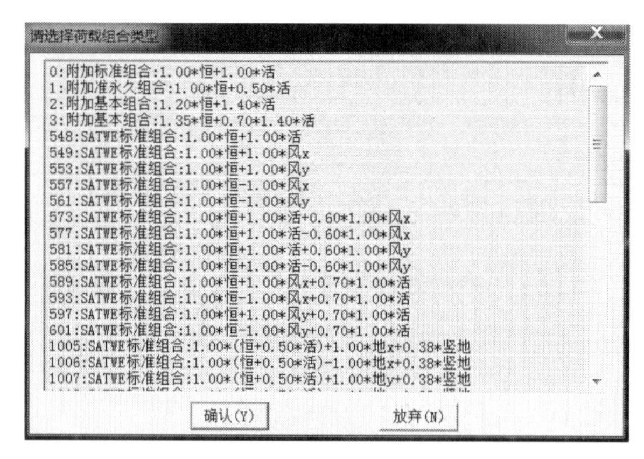

图 5-110　选择荷载组合类型对话框

5.10.2.2　梁板式联合基础

当两柱间的间距较大时，采用板式双柱联合基础就不经济，因为混凝土量很大，此时应在两柱间设置钢筋混凝土梁，成为梁板式双柱联合基础，由梁来承受柱列方向的弯矩。在比较均匀的地基上，上部结构刚度较好，荷载分布较均匀，且条形基础梁的高度不小于 1/6 柱距时，地基反力可按直线分布，条形基础梁的内力可按倒梁法计算；当不满足上述要求时，宜按弹性地基梁计算；在梁内配置钢筋。基础底板仅承受单向弯矩，按单向悬臂板，即按一般条形基础底板的设计方法来确定弯矩及配筋。

第 6 章　LTCAD——楼梯设计

【内容要点】

楼梯设计模块能够完成普通楼梯、螺旋楼梯、组合螺旋楼梯以及悬挑楼梯的设计计算与配筋设计，并绘制出楼梯施工图。本章主要介绍利用 LTCAD 模块进行普通楼梯设计内容，包括普通楼梯建模、计算及施工图绘制。

【任务目标】

（1）重点掌握普通楼梯建模方法。

（2）理解程序设计计算普通楼梯的方法。

（3）能够正确绘制普通楼梯施工图。

6.1　LTCAD 概述

LTCAD 采用人机交互方式建立各层楼梯模型，继而完成钢筋混凝土楼梯的结构计算、配筋计算及施工图绘制。在 PKPM 主界面中，选择上侧所列“**结构**”软件，再点击界面左侧的“**LTCAD**”模块，即出现如图 6-1 所示的 LTCAD 主菜单。

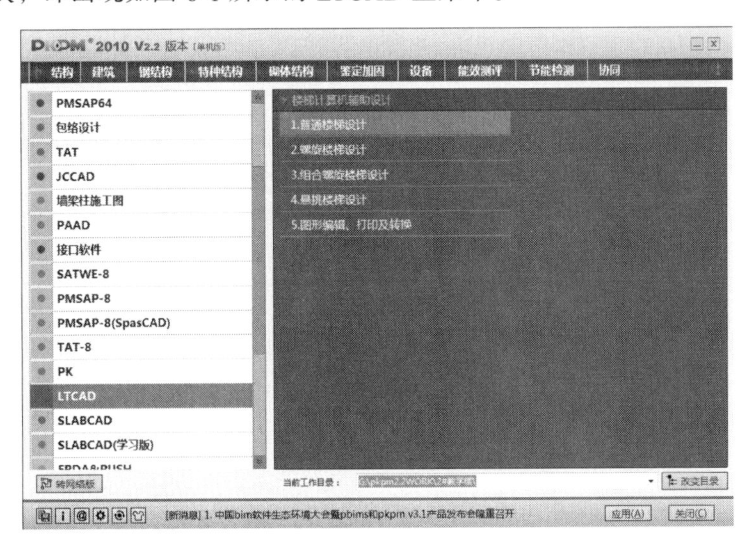

图 6-1　LTCAD 主菜单

LTCAD 模块能设计普通楼梯、螺旋楼梯、组合螺旋楼梯及悬挑楼梯。本书限于篇幅，重点讲解普通楼梯的设计方法。

6.1.1 各层楼梯布置的输入方式

各层楼梯间（即楼梯所在的房间）的布置，可采用人机交互方式输入，也可与 PKPM 的结构软件 PMCAD 接口使用，即有以下两种建模方式。

6.1.1.1 与结构软件 PMCAD 接力使用

读取 PMCAD 菜单 1 建立的全楼结构模型，由用户挑选楼梯间所在的网格后，可把各层楼梯所在的房间、轴线布置读出，此处接力完成各层楼梯的布置。

6.1.1.2 不与 PMCAD 接力

采用在本模块中独立交互输入各层楼梯间的梁、柱、墙、门窗、轴线后，再输入各层楼梯布置的方式建模。

6.1.2 本模块中的相关名词

在正确建立楼梯计算模型过程中，需要掌握以下相关名词含义。

6.1.2.1 楼梯跑

楼梯跑即楼梯梯段。在本模块中，布置楼梯跑时，定义成图 6-2 所示构件形式。楼梯跑在计算时，将根据楼梯梁或其他支撑的状况在其上下两端可延伸出一段平台板，生成图 6-3 所示的模型。

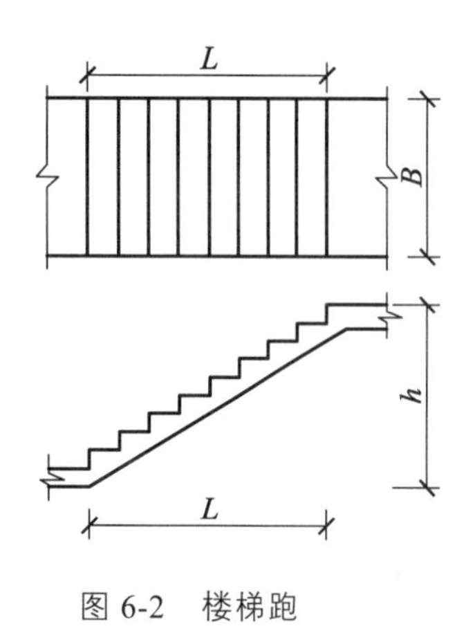

图 6-2 楼梯跑

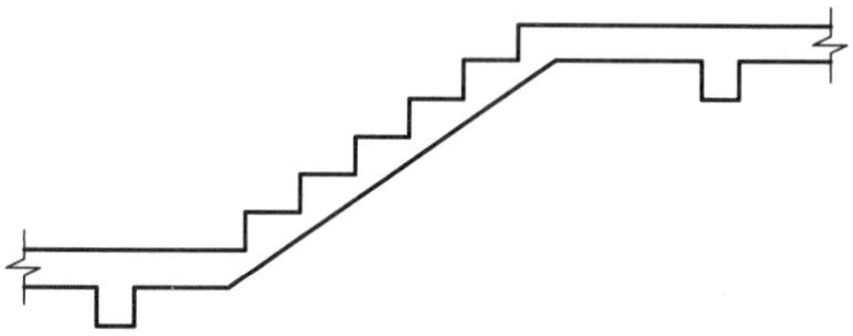

图 6-3 楼梯跑计算模型

6.1.2.2 楼梯梁

楼梯梁是指支承楼梯板的一或两根梁，每一块楼梯板可布置一或两根楼梯梁，亦可不布置，让楼梯板直接支承在房间周边的梁或墙上，楼梯梁的顶标高自动取与其相连的楼梯板板面标高。

如图 6-4 所示，楼梯梁 L1、L2 在楼梯间右边的楼梯板上布置，楼梯梁 L3、L4 在楼梯间左边的楼梯板上布置。如果在楼梯梁 L4 处原布置有房间梁，则可不布置 L4，房间梁会由程序自动按照楼梯梁 L4 来设计。

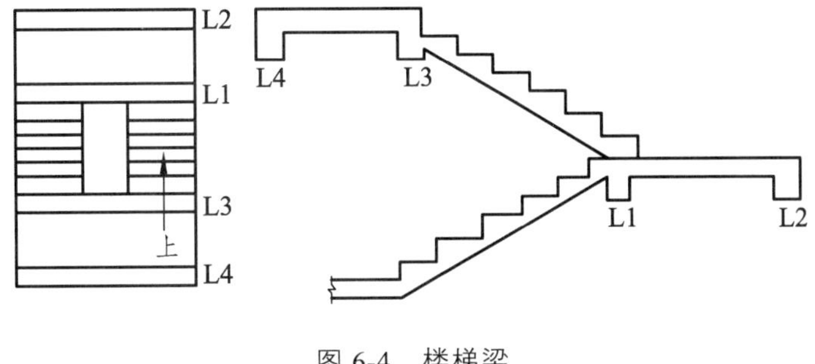

图 6-4　楼梯梁

➢　**注意：**

① 程序中，楼梯梁是有别于布置在房间四周的结构梁的，图 6-4 中的 L1、L2、L3 都只能当楼梯梁输入，不能当结构梁输入，否则会造成楼梯间数据混乱。

② 在单跑楼梯的平台跑部分也可以布置楼梯梁。

6.1.2.3　平台板

图 6-4 中，楼梯梁 L1 与 L2 之间的钢筋混凝土板，程序定义为平台板。程序能为矩形平台板作配筋计算。

布置楼梯时，一般不用布置平台板，因为在结构分析时，程序会自动生成平台板。

6.1.2.4　楼梯间

楼梯间是由用户从 PMCAD 结构模型中点取网格或交互建模生成的，由结构梁或墙围成的闭合形状即可形成一个楼梯间。

➢　**注意：**

① 只能生成一个楼梯间，不能生成两个或多个楼梯间，可把房间中原有的结构梁删除，用楼梯梁替代。

② 不能在楼梯布置过程中，在已经形成的楼梯间中增加布置结构梁或墙，这样会使已布置完成的楼梯间数据混乱。

③ 布置楼梯梁时，不要用先布置网格线，然后在网格线上布置楼梯梁的方式，这样布置的楼梯梁程序会处理成结构梁。

④ 各层楼梯间的布置可以不相同。

6.2　普通楼梯设计

点击图 6-1 所示 LTCAD 主菜单 1【普通楼梯设计】，进入楼梯设计界面，如图 6-5 所示。它包含有图标的菜单、可以浮动的工具条以及右侧菜单、状态栏、命令和命令提示窗口。

普通楼梯的设计使用流程如图 6-6 所示。

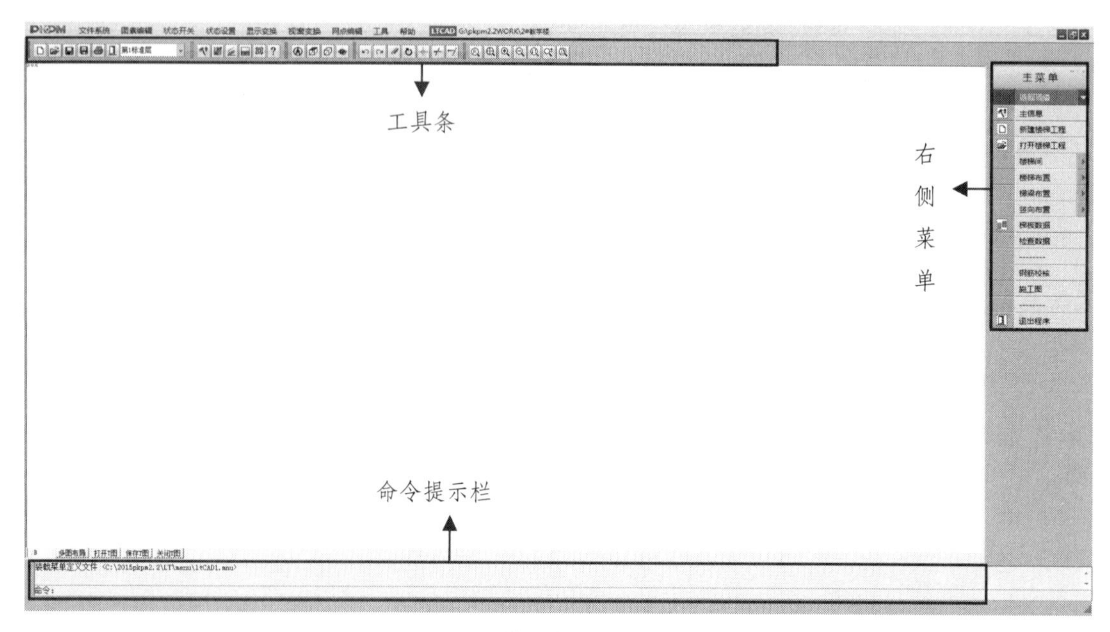

图 6-5　普通楼梯设计界面

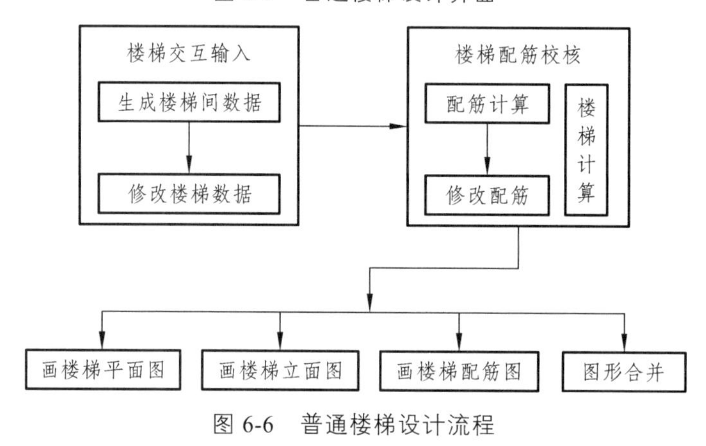

图 6-6　普通楼梯设计流程

6.2.1　交互式数据输入

LTCAD 的数据分为两类：第一类是楼梯间数据，包括楼梯间的轴线尺寸，其周边的墙、梁、柱及门窗洞口的布置、总层数及层高等；第二类是楼梯布置数据，包括楼梯板、楼梯梁和楼梯基础等信息。与 PMCAD 接力使用时，程序会按照用户指示的楼梯间在结构或建筑平面图中的位置自动从 PMCAD 已经生成的数据中提取出第一类或第二类数据，从而大大减少输入数据。

建立楼梯工程的步骤如下所示：

（1）输入楼梯总信息。

（2）建立楼梯间。

（3）输入楼梯和梯梁。

（4）楼梯竖向布置。

6.2.1.1 主信息

在新建任一个楼梯工程前，应先定义楼梯主信息。点击图 6-5 所示普通楼梯设计界面中的右侧菜单【主信息】，进入图 6-7 所示对话框。楼梯主信息分为两页。

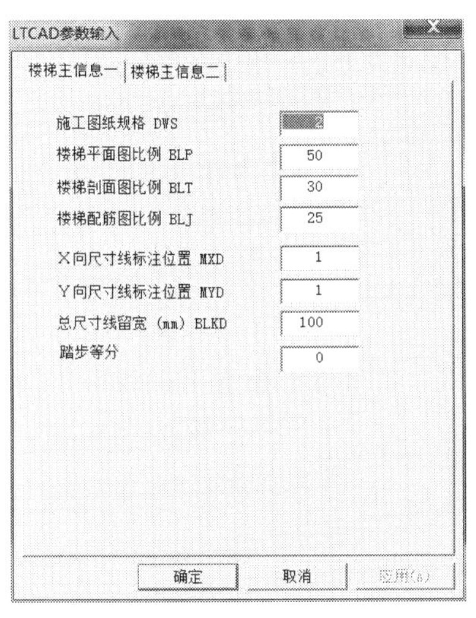

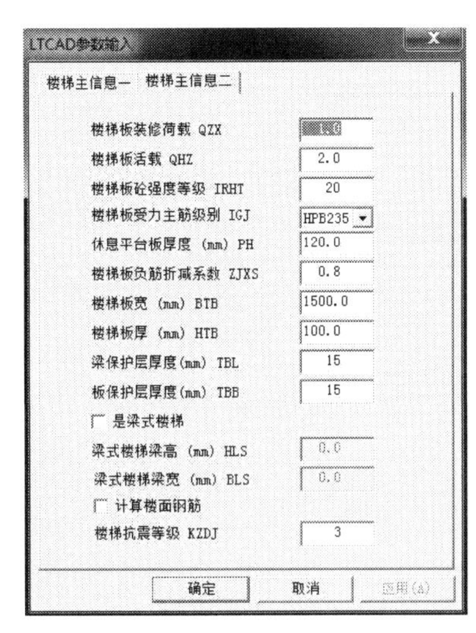

图 6-7 楼梯主信息

主信息一主要定义楼梯施工图绘制时的相关内容以及楼梯踏步是否等分（填写 0 表示等分；填写 1 或-1 表示非等分，程序对踏步的第一步或最后一步作调整）。

主信息二主要定义楼梯设计计算时的相关参数。部分参数说明如下：

1. 楼梯板装修荷载（kN/m^2）、楼梯板活载（kN/m^2）

以上两个荷载均输入标准值。根据《荷载规范》5.1.1 注 5 规定，**楼梯活荷载，对预制楼梯踏步平板，尚应按 1.5kN 集中荷载验算。**

一般来说，楼梯上的活荷载是按水平投影面积每平方米的荷载计算的，为与活荷载计算相协调，梯段板上的恒荷载应按水平投影面积上每平方米计算。荷载计算方法与一般钢筋混凝土平板相同，还应包括楼梯栏杆、踏步面层、锯齿形斜板及板底抹灰的自重等。LTCAD 自动计算梯板自重部分，其余应由用户当作楼梯板装修荷载输入，作为恒载计算。

2. 楼梯板受力主筋级别

根据《混凝土规范》4.2.1-1 条规定，**纵向受力普通钢筋宜采用** HRB400、HRB500、HRBF400、HRBF500 **钢筋，也可采用** HPB300、HRB335、HRBF335、RRB400 **钢筋。**

故此处宜优先选用 HRB400 及以上钢筋。

3. 休息平台板厚度

休息平台板厚度指中间休息平台板厚度。整个楼梯休息平台板取一个厚度。

4. 楼梯板负筋折减系数

对图 6-8 所示的标准楼梯板配筋示意图中的③、④号梯板负筋，按计算负弯矩×负筋折减系数后（缺省值为 0.8），选配钢筋。因在 LTCAD 中，梯板按简支计算，故不计算梯板负弯矩，程序对负筋配筋将取主筋乘以此处定义的折减系数计算。

用户可根据实际情况，凭经验确定本项系数。

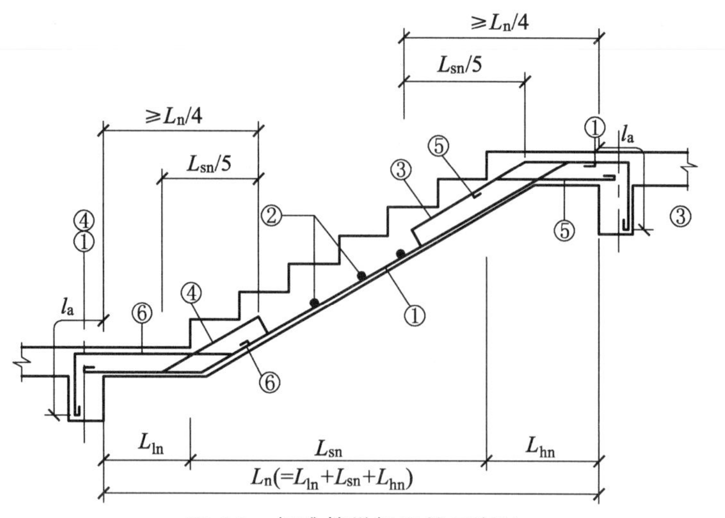

图 6-8　标准楼梯板配筋示意图

5. 楼梯板宽、楼梯板厚

在其后的楼梯板定义中首先取该两数作为楼梯宽和厚度隐含值。

6. 梁式楼梯边梁梁宽、梁高

梁式楼梯主要应用于梯板跨度较大（一般 L>3.0 m），活荷载较大，设计成无边梁楼梯不经济时。其缺点是模板比较复杂，施工较困难。尤其是梯段梁较高时，外观显得笨重，不美观。

此两参数定义梁式楼梯的边梁梁宽和梁高，对板式楼梯不起作用。

7. 楼梯抗震等级

可根据工程抗震设计的需要，修改楼梯抗震等级与主体结构抗震等级不同。

6.2.1.2　新建楼梯工程

点击图 6-5 所示普通楼梯设计界面中的右侧菜单【新建楼梯】，进入图 6-9 所示对话框。各选项含义如下：

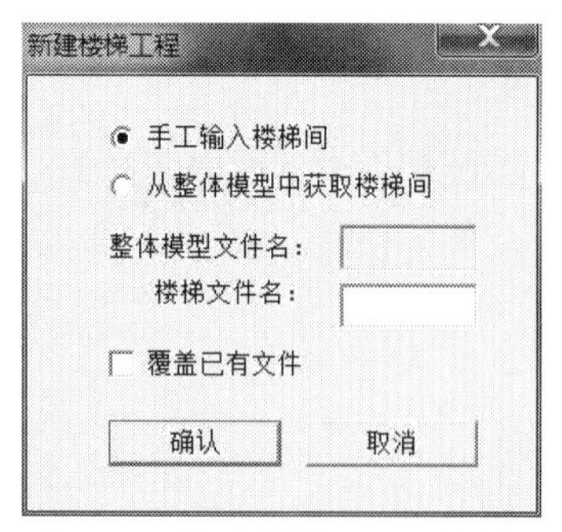

图 6-9　新建楼梯工程对话框

1. 手工输入楼梯间

当选择该项时，需要输入楼梯文件名，然后以类似在 PMCAD 中建模的方式，人机交互输入建立一个楼梯间。

2. 从整体模型中获取楼梯间

当选择该项时，用户可以选择从 PMCAD 读取文件并建立楼梯间，程序自动搜索 PMCAD 整体工程文件名，如果不存在整体工程或者所选目录不是工作目录，程序会要求重新选择目录，如果有则进入图 6-10 所示对话框。部分参数含义如下：

标准层设置：考虑到实际工程中的楼梯在不同的标准层中楼梯间和楼梯布置可能是相同的，同时在诸如地下室等楼层中可能没有布置楼梯，用户可在此通过设置楼梯起始标准层，以及选取实际的楼梯标准层进行设定，使楼梯标准层和整体模型标准层区分开来。

杆件截取：程序可由用户设定是否保留周边剖断处的相关构件，若保留，可能导致所选构件周边构件残留较多，给施工图处理带来不便。

➢　**注意：**

① 楼梯间的选取首先应满足 6.1 节中关于楼梯间定义的相关提示内容。

② 对于单跑、双跑楼梯（包括两边上中间合、中间上两边分的类型），楼梯间应该有两条平行边，如果两条边不平行，程序会自动将该楼梯转换成任意楼梯间类型。

③ 对于三跑楼梯，楼梯间除应有两条平行边外，还必须有另一边与平行边垂直。

④ 对四跑楼梯，必须为矩形房间。

⑤ 任意形状的楼梯，楼梯间也可为任意形状。

◆　**练习 6-1：**

从本书第一章建立的 PMCAD 整体模型中获取楼梯间。

（1）点击右侧菜单【新建楼梯】，在图 6-9 所示新建楼梯工程对话框中，选择<从整体模型中获取楼梯间>，并在弹出的整体模型读取数据对话框中，输入楼梯文件名：LT，其余参数设置如图 6-10 所示。点击<确认>。

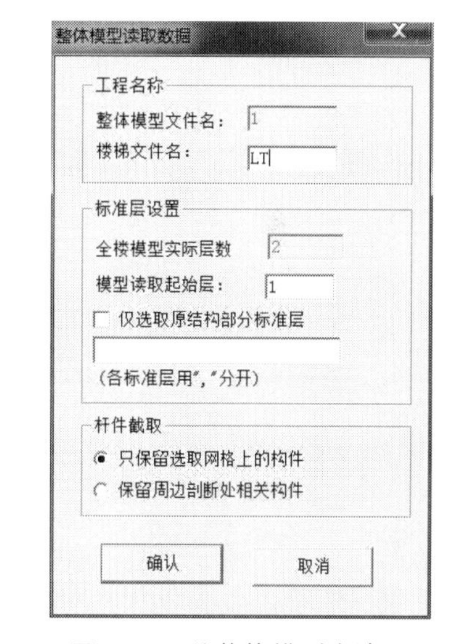

图 6-10　从整体模型中读取数据对话框

（2）在屏幕显示的 PMCAD 整体模型中选择楼梯间所在房间周边的轴线，如图 6-11 所示粗线。选择完成后，按[Esc]或鼠标右键退出。

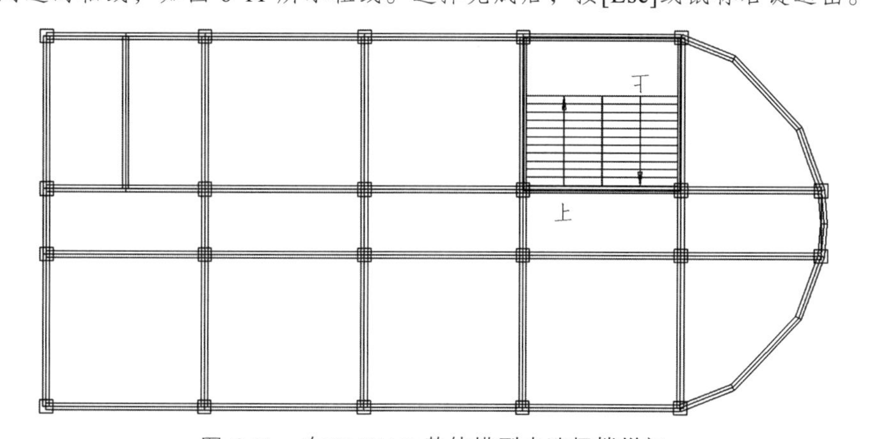

图 6-11　在 PMCAD 整体模型中选择楼梯间

（3）程序回到 LT-楼梯交互输入主界面，刚刚选择的楼梯间显示在屏幕上，完成从 PMCAD 整体模型读入楼梯间数据工作，如图 6-12 所示。

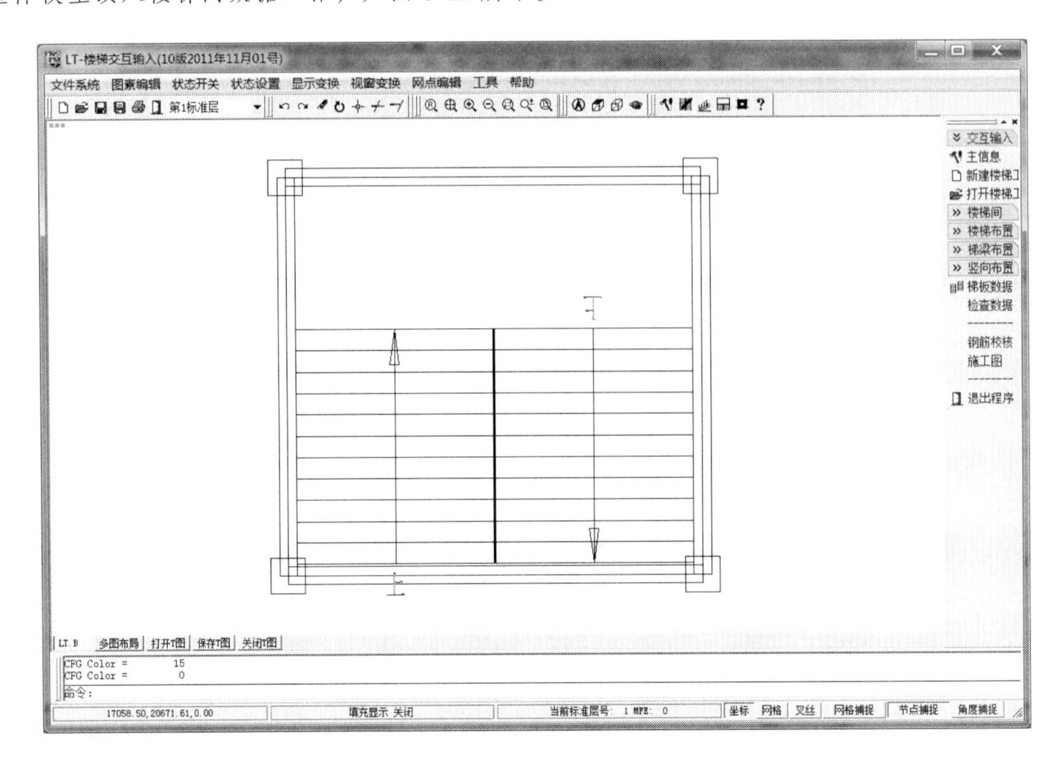

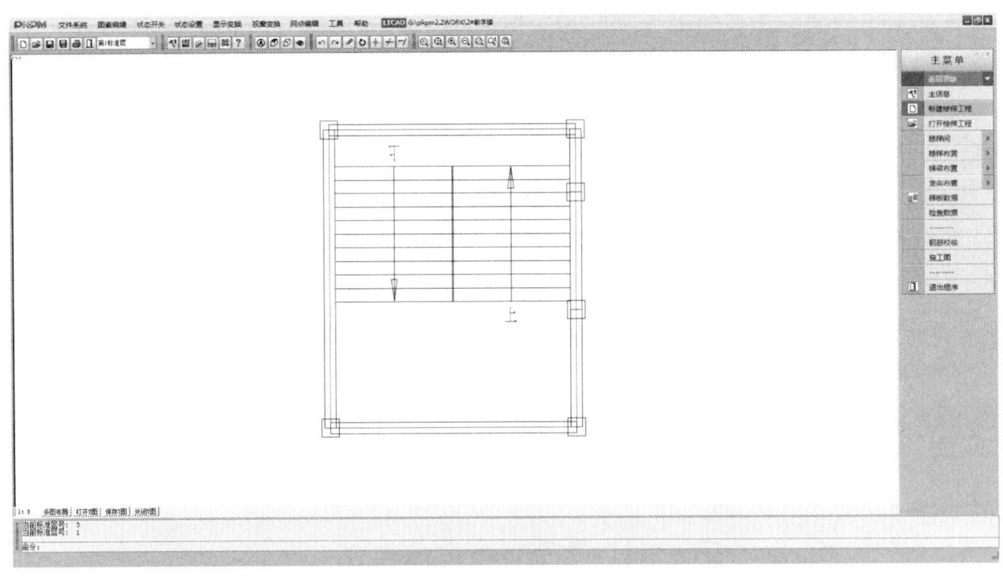

图 6-12 从 PMCAD 整体模型中读入的楼梯间

6.2.1.3 打开楼梯工程

如果已经存在楼梯工程，则可使用图 6-5 所示普通楼梯设计界面中的右侧菜单【打开楼梯】，进入图 6-13 所示对话框。对已经存在的楼梯工程进行编辑、设计等工作。

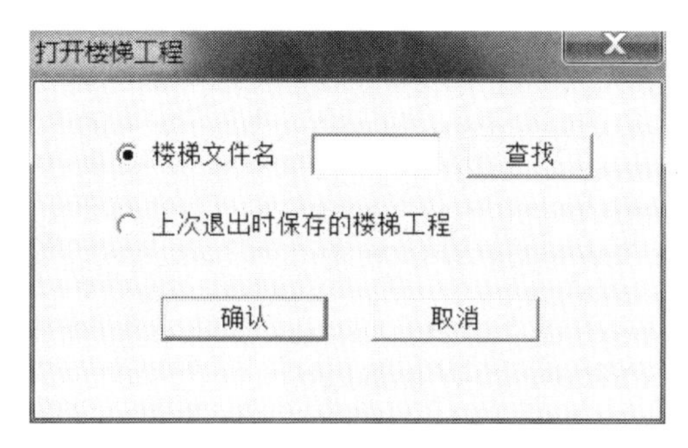

图 6-13　打开楼梯工程对话框

6.2.1.4　楼梯间

图 6-5 所示普通楼梯设计界面中的右侧菜单【楼梯间】，主要用于没有 PMCAD 数据时建立楼梯间轮廓，也可补充楼梯间数据。它包含以下主要内容：

1. 矩形房间

点击【矩形房间】菜单，弹出图 6-14 所示对话框。利用该对话框可以简便输入楼梯间的信息。只要在对话框中填入上下左右各边界数据（程序默认该矩形房间为四边是梁的房间），程序自动生成一个房间和相应轴线，简化了用户建立房间的过程。

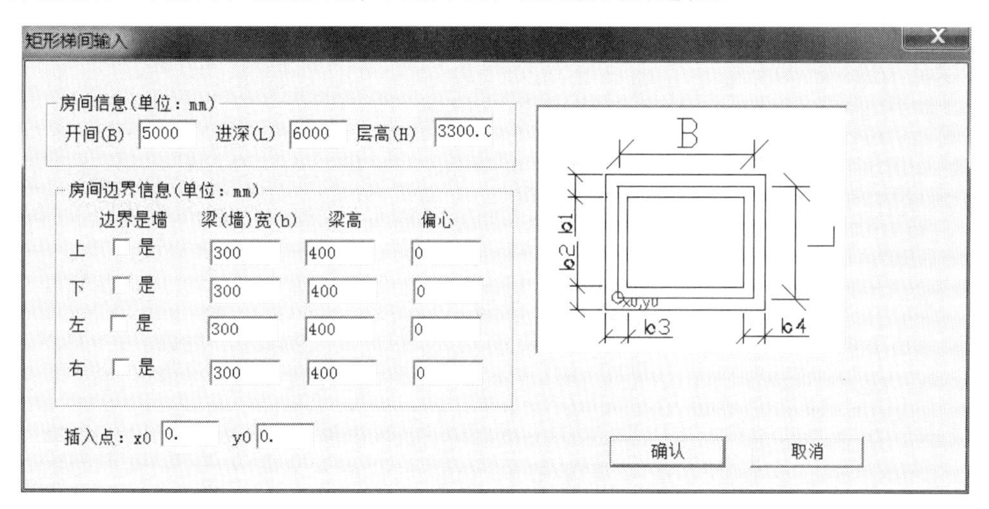

图 6-14　矩形房间输入对话框

2. 轴线输入

该菜单包含与 PMCAD 类似的轴线输入方法，以便用户形成楼梯间轴线，并利用轴线来进行构件的定位。

3. 画梁线

该菜单可以定义梁、绘制连续梁、平行直梁、圆弧梁等各种形状的梁，同时自动生成轴线数据，直接根据提示操作即可。本菜单亦可用于补充建模。

4. 画墙线

该菜单与画梁线菜单操作和功能基本类似。本菜单亦可用于补充建模。

5. 柱、洞口布置及构件删除

利用这三个菜单，可以布置或删除相关构件。该三个菜单亦可用于补充建模。

6. 本层信息

该菜单要求用户输入两个参数，如图 6-15 所示。一是本标准层楼板厚度，另一个是本标准层层高。当与 PMCAD 接力使用时，这两个参数都可以从 PMCAD 中传递过来。在最终楼层布置时，层高值可取标准层层高，也可重新输入。

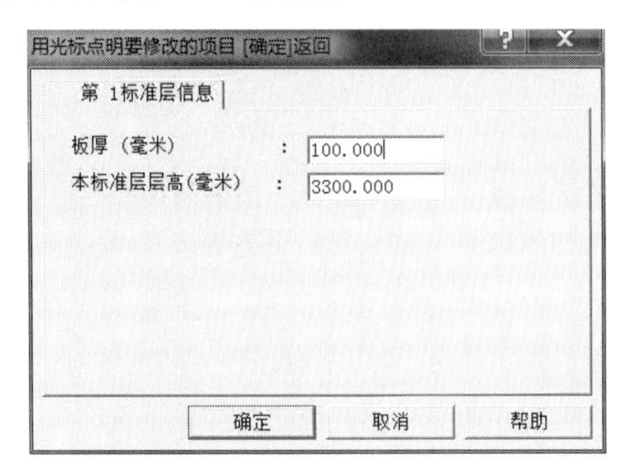

图 6-15　本层信息定义对话框

6.2.1.5　楼梯布置

楼梯布置适用于描述各种单跑和多跑楼梯。程序提供两种布置楼梯的方式。

一种是对话框方式，由【对话输入】菜单引导。它把每层的楼梯布置用参数对话框引导用户输入，对话框中是描述楼梯的各种参数，改变某一参数数据，楼梯布置相应修改。该方式限于布置比较规则的楼梯形式。

另一种是鼠标布置方式，它需分别定义楼梯板、梯梁、基础等，再用鼠标布置构件在网格上。使用【单跑布置】【楼梯基础】等菜单完成。该方式是按网格或楼梯间进行布置和编辑的，都有专门的相反操作菜单，而不能在图形编辑菜单中用 UNDO 和恢复删除两项菜单处理，布置后的楼梯可在图形编辑菜单中连同网格一起进行编辑、复制。

用户可随意选用这两种方式之一布置楼梯。

1. 对话输入

点击右侧菜单【楼梯布置】—【对话输入】，弹出图 6-16 所示楼梯参数化输入的对话框。部分参数含义如下：

选择楼梯类型：在对话框中，首先选择楼梯类型，可选择的楼梯类型包括：单、双、三、四跑楼梯，对称式三跑中间上、两边分，两边上、中间合的楼梯。所选择的楼梯类型在显示区域显示。可使用[F7]或[F8]对显示区域图形进行缩放。

起始节点号：选择楼梯类型后，用户需确定楼梯的定位起始节点号，它是第一跑楼梯所在网格的起始方向的节点。可根据对话框中右侧显示区域显示的楼梯间周围的网格线号和节点号，根据工程实际情况进行指定。

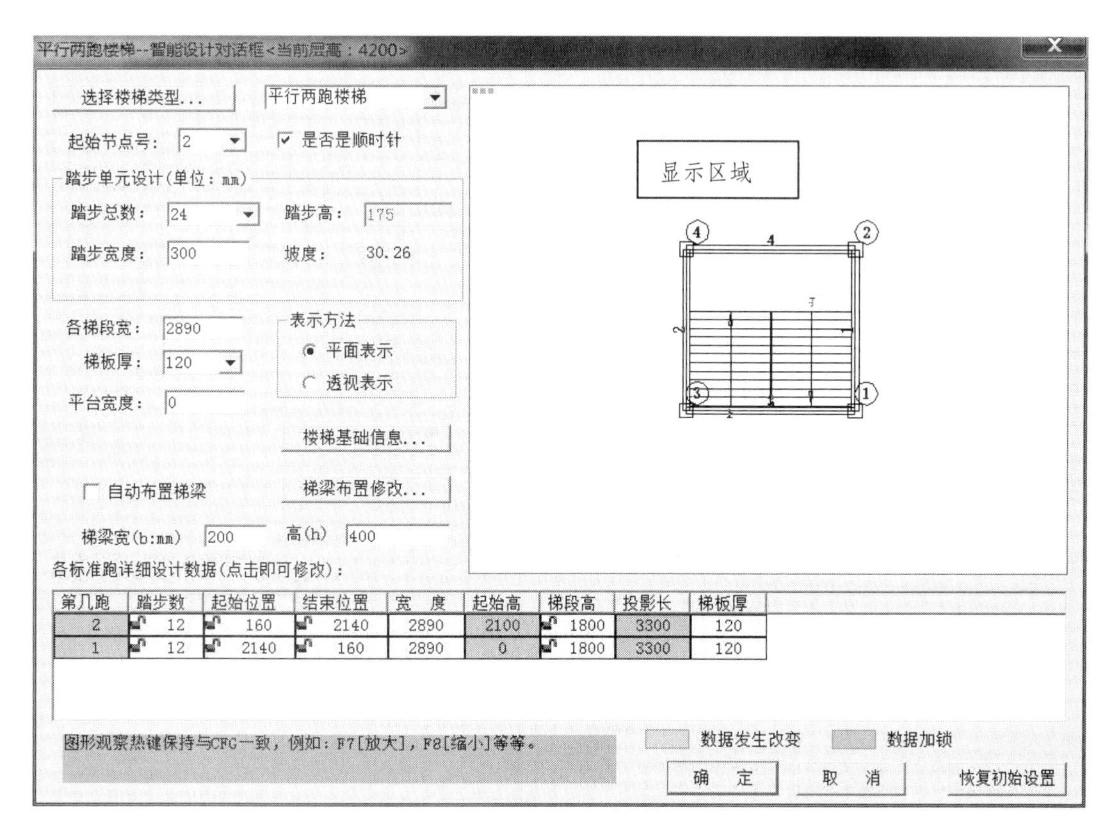

图 6-16 楼梯布置对话框输入

➢ **注意：**

对话方式输入要求房间只有四个角点，如果房间多于 4 个角点，程序将提示用户顺序选择四点作为角点，四点之间如果没有网格线，程序会实时在两个节点间增加网格线。

<是否顺时针>：

勾选后，按顺时针方向布置梯跑。

<踏步单元设计>：

在该对话输入中，踏步宽 b 和踏步高 h 需满足 $2h+b$=600 ~ 620 mm，如果不满足，程序将提示重新输入。

<平台宽度>：

中间楼层休息平台宽度。

<自动布置梯梁>：

勾选本项，程序自动根据楼梯间和楼梯的布置情况给梯板布置一个紧靠梯板上端的梯梁。

<梯梁布置修改…>：

如果对程序自动布置的梯梁不满意，可点击本按钮，程序弹出图 6-17 所示对话框对梯梁布置进行修改。可将程序自动布置的梯梁宽、高改为 0，去掉该梯梁，或者修改梯梁距离参考网格线的距离以调整梯梁在楼梯间的位置等。

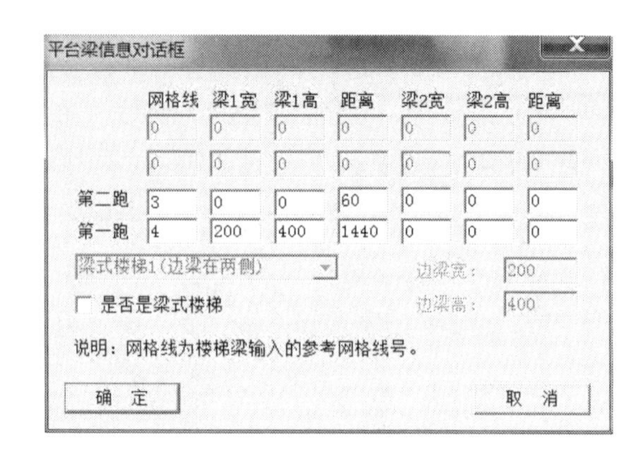

图 6-17 梯梁修改对话框

<各标准跑详细设计数据>:

第 1 跑（或第 2 跑）是根据上述起始节点号确定的。

其中的“起始位置”为楼梯第一步距起始节点（第一跑）或距与楼梯平行的下方轴线（其他跑）的距离；“起始高”是该跑楼梯第一步距本层楼面的高度。

<楼梯基础信息…>:

点击该按钮，弹出图 6-18 所示对话框，可定义楼梯基础的相关信息。

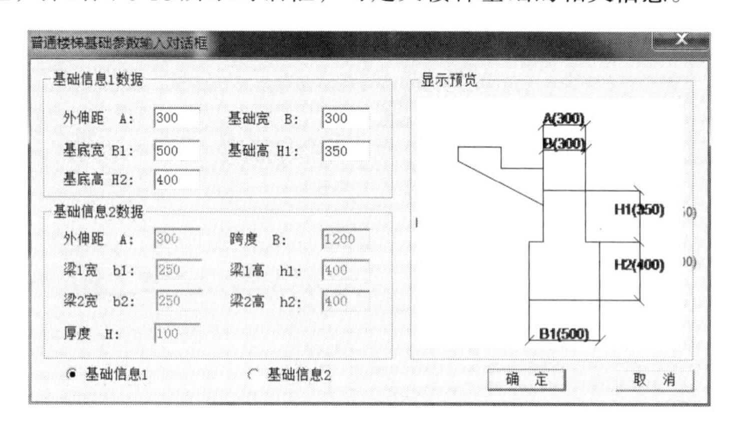

图 6-18 楼梯基础参数输入对话框

➢ **注意：**

当某标准层的楼梯层高不同于 PMCAD 整体模型中该标准层的层高时，如 PMCAD 整体模型中的第一层层高一般为：第一层建筑层高+室内地面至基础顶面的高度，而第一层楼梯的层高一般即为第一层建筑层高。此时应先用【楼梯布置】—【本层层高】菜单，修改本层层高后，再用【对话输入】菜单，对楼梯进行布置。

◆ **练习 6-2：**

用对话输入的方式对练习 6-1 中的楼梯间第一标准层进行楼梯布置。

（1）点击右侧菜单【楼梯布置】—【本层层高】，在弹出的标准层信息对话框中将本标准层层高修改为 3300（因为 PMCAD 整体模型中第一标准层层高为 4200，若不修改，程序将默认取 PMCAD 整体模型中的层高），如图 6-19 所示。

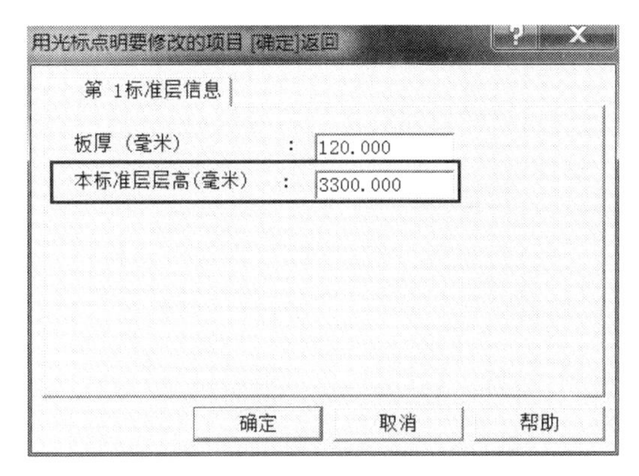

图 6-19　本层层高及板厚定义对话框

（2）点击右侧菜单【楼梯布置】—【对话输入】，在弹出的楼梯参数化输入的对话框中按图 6-20 定义相关参数。注意将起始节点号选为 3，并勾选顺时针方向，且第 1 跑的起始位置取为 200，程序根据本层层高自动将梯段高取为 1650。

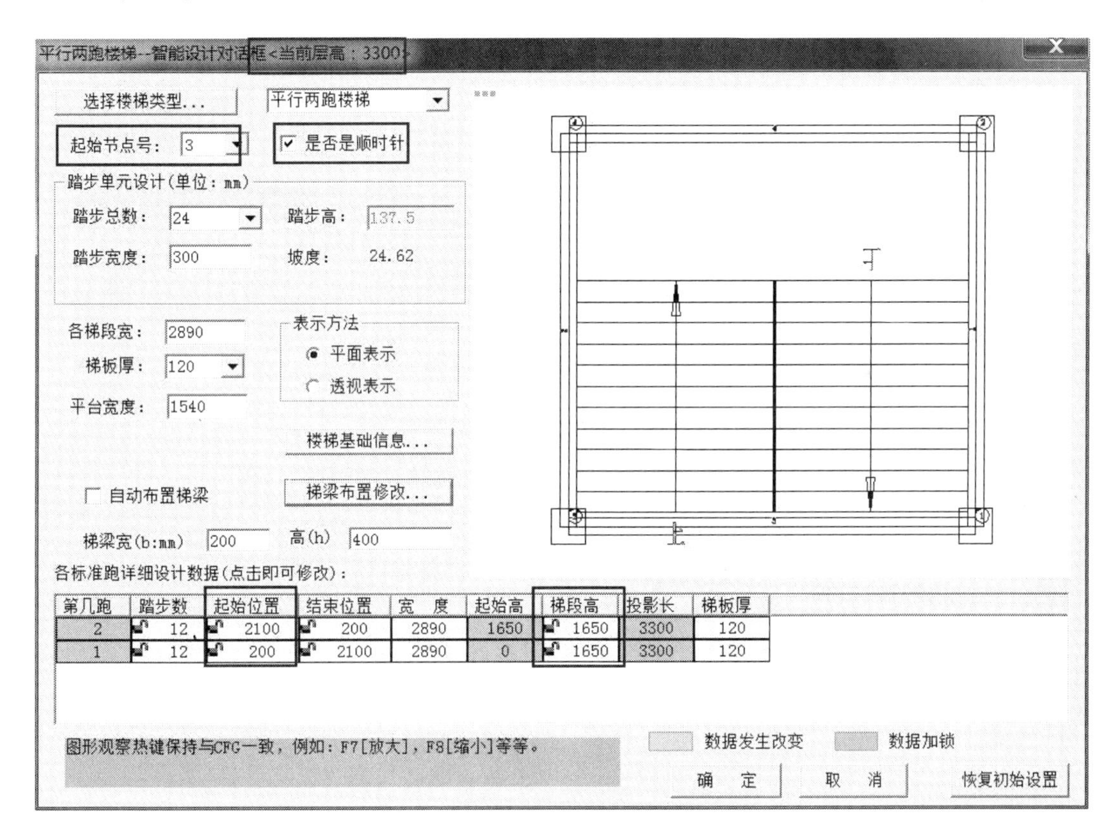

图 6-20　楼梯布置对话框

（3）勾选<自动布置梯梁>。

（4）点击<梯梁布置修改…>按钮，在弹出的对话框中，按图 6-17 对梯梁进行修改。

（5）点击<梯梁基础信息…>按钮，在弹出的对话框中，按图 6-18 定义楼梯基础信息。

（6）点击<确定>按钮，完成楼梯布置，回到主界面，显示布置好的楼梯如图 6-21 所示。

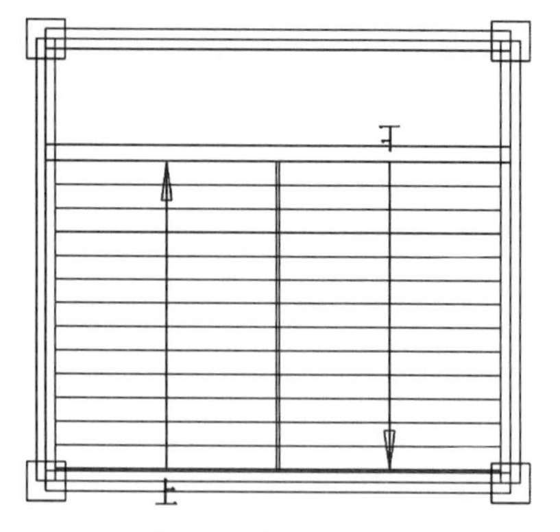

图 6-21　布置完成的第一标准层楼梯

2. 鼠标布置方式

主要菜单内容说明如下。

<单跑布置>：

点击【单跑布置】菜单，屏幕弹出图 6-22 所示截面列表，在该列表中可<新建>单跑梯段，或对已有梯段进行<修改>等操作。点击<新建>或<修改>按钮，程序弹出单跑楼梯定义对话框，如图 6-23。定义好某楼梯跑，点击<布置>按钮，可将定义好的该跑梯段布置在楼梯间上，具体操作过程同【梯间布置】菜单。

图 6-22　单跑楼梯截面列表

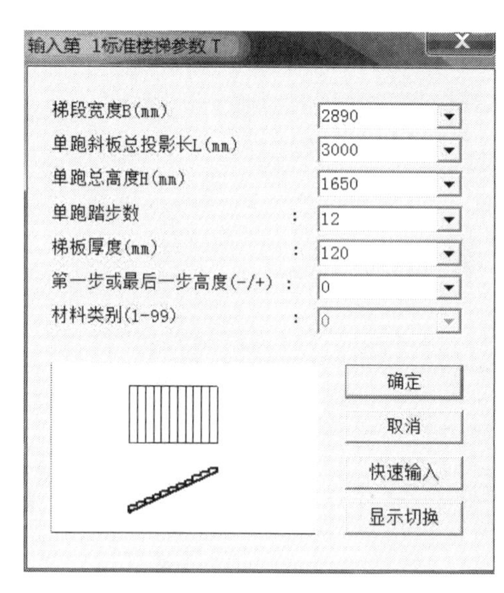

图 6-23　单跑楼梯定义对话框

【单跑布置】菜单也可用于对已布置好的楼梯间的某一跑进行个别修改。

<梯间布置>：

点击【梯间布置】菜单，屏幕弹出图 6-24 所示楼梯类型列表，在其中选择楼梯类型进行梯间布置。梯间布置的结果只对当前标准层有效。

◆　**练习 6-3：**

用鼠标输入的方式对练习 6-1 中的楼梯间第二标准层进行楼梯布置。

（1）点击【梯间布置】菜单，在弹出的楼梯类型列表中，选择第三种类型，如图 6-24 所示。

（2）然后程序要求输入楼梯间跑数，并在命令提示栏提示用光标选择楼梯间第一跑上楼起始节点，如图 6-25 所示。

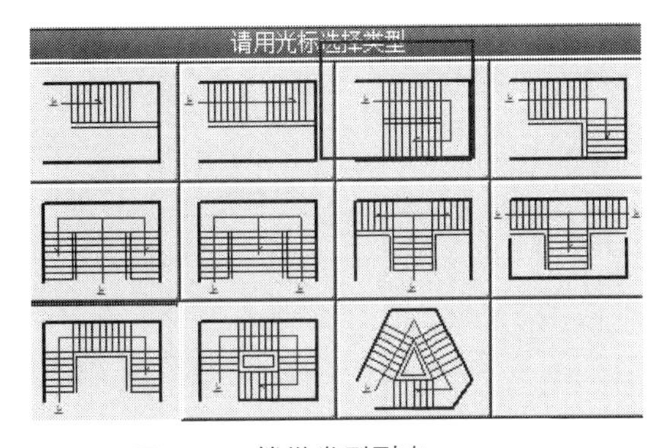

图 6-24　楼梯类型列表

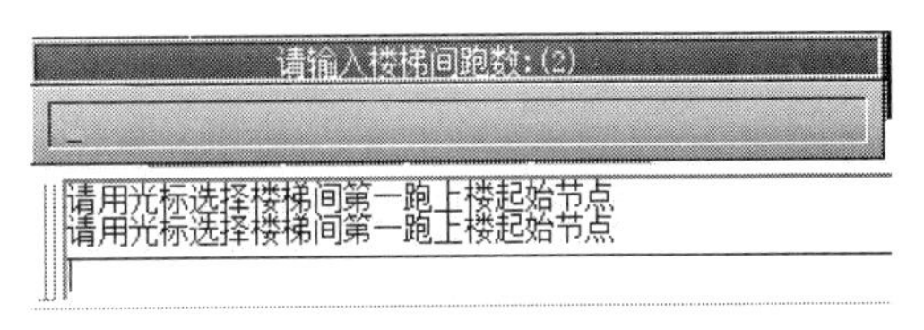

图 6-25　输入起始节点提示栏

（3）用鼠标点击屏幕上显示的楼梯间左下角节点，如图 6-26 所示。

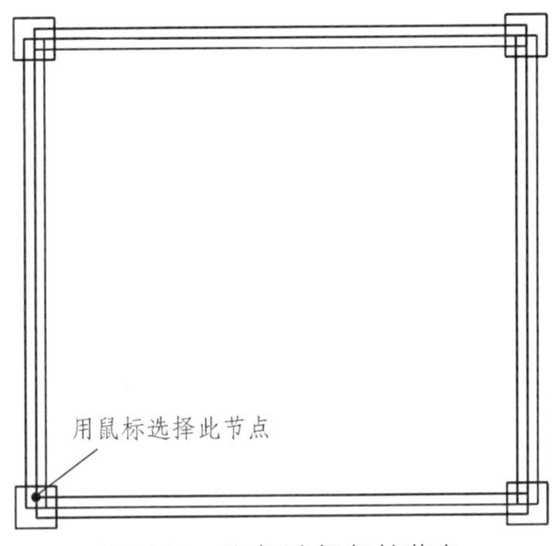

图 6-26　鼠标选择起始节点

（4）选择完成后，屏幕弹出在【单跑布置】菜单中定义好的单跑楼梯截面列表，如图 6-22 所示，在其中双击截面 1，屏幕弹出布置第一跑楼梯的相关参数，如图 6-27 所示。修改其中的相关参数，可将梯跑在楼梯间进行不同的布置，本例参数设置如图 6-27 所示。参数设置好后，用鼠标选择屏幕上楼梯间左侧轴线，第一跑楼梯就实时地显示在屏幕上，如图 6-28 所示。

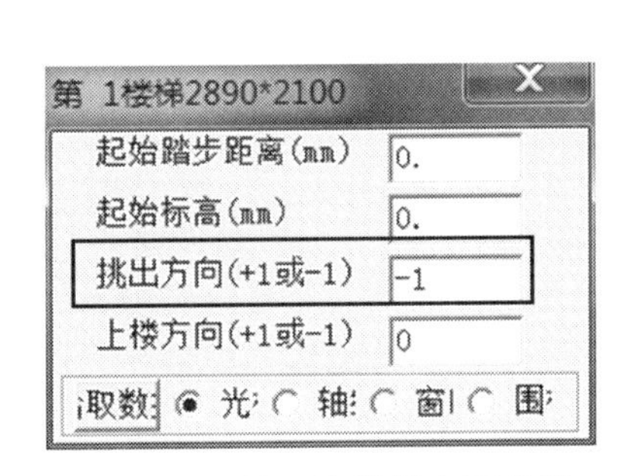

图 6-27　第一跑楼梯布置参数

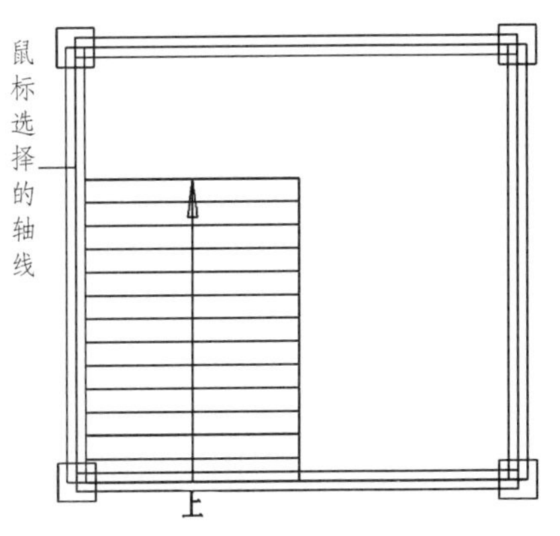

图 6-28　布置好的第一跑楼梯

（5）接下来布置第二跑楼梯，在屏幕弹出的楼梯布置的相关参数对话框中按图 6-29 所示进行设置，并用鼠标选择屏幕上楼梯间右侧轴线，第二跑楼梯就实时地显示在屏幕上，如图 6-30 所示。按鼠标右键退出布置。

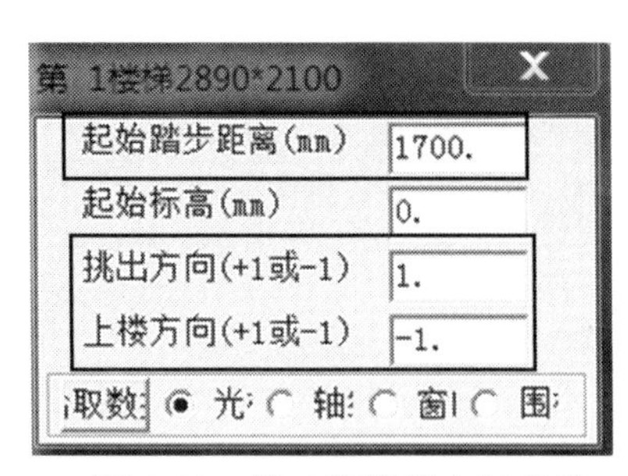

图 6-29　第二跑楼梯布置参数

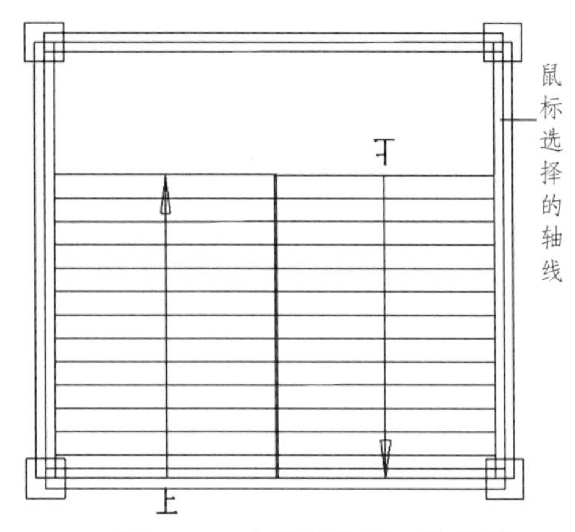

图 6-30　布置好的第二跑楼梯

<楼梯查询>：

进入查询菜单后，按[ENT]键可查询楼梯长度和宽度，按[Esc]键可查询楼梯起始踏步的偏心距离和标高，按[Tab]键可查询单个构件的全部信息。查询只在当前标准层进行。

<楼梯删除>：

该菜单是楼梯布置的反操作，删除结果只对当前标准层有效。被选中的网格上布置的楼梯即会被删除。

<楼梯替换>：

该菜单是将已经布置的一种楼梯替换成另一种楼梯，其他数据不变，替换结果只对当前标准层有效。

<楼梯取消>：

该菜单是楼梯定义的反操作，将定义过的楼梯从定义项目中取消，相应的各标准层中布置的这个楼梯会被删除。取消结果对所有标准层有效。

<本层层高>：

用于定义本楼梯标准层层高及板厚，如图 6-19 所示。

<梁式楼梯>：

用户可在楼梯主信息中设置楼梯是否为梁式楼梯，这样设定的楼梯在所有标准层中同为梁式或板式楼梯。也可用本菜单针对不同的标准层设置是否为梁式楼梯，同时设定斜梁的尺寸。

➢　**注意：**

无论用对话输入方式还是鼠标布置方式，都应首先定义本层层高。

6.2.1.6　梯梁布置

梯梁是指布置于楼梯间边轴线或内部的与各梯板相连的直梁段。布置时必须以楼梯板作为参考物，它自动取楼梯板上沿的高度作为自己的布置高度。对单跑楼梯类型一，也可在楼层位置的轴线上布置梯梁，程序取该梯梁高为楼层高。

程序设定每个楼梯板上可设置一至二道楼梯梁，楼梯的水平走向是用户人机交互用光标直接在屏幕上勾画定位的。

该菜单也属于鼠标布置方式中的菜单。

梯梁布置操作过程以练习 6-4 为例进行说明。

◆ **练习 6-4：**

对练习 6-3 中的楼梯间第二标准层布置梯梁。

（1）梯梁定义。点击【梯梁布置】—【梯梁布置】菜单，弹出梯梁截面列表（图 6-31）。若已存在梯梁截面，可对已有截面进行修改或删除等编辑，若还没有梯梁截面，则点击<新建> 按钮，定义梯梁截面。本例定义了两种梯梁截面，如图 6-31 所示。

（2）在图 6-31 中选中梯梁截面 2，于是在命令提示栏提示：用光标选择楼梯梁所属楼梯。这时用光标在屏幕中选择第一跑楼梯（选择方式为点取第一跑楼梯左侧轴线），选中后梯梁黄线变暗，且命令提示栏提示：确认是否拾取这个梯梁？此时回车确认选择。

（3）命令提示栏提示：输入梁 1 第一点，输入梁 1 第二点。分别用鼠标在屏幕上点取点 1 和点 2（这时可使用鼠标平面准确定位的各种工具，见本书第二章相关内容），如图 6-32 所示。则楼梯梁 1 布置好了。

图 6-31　梯梁截面列表

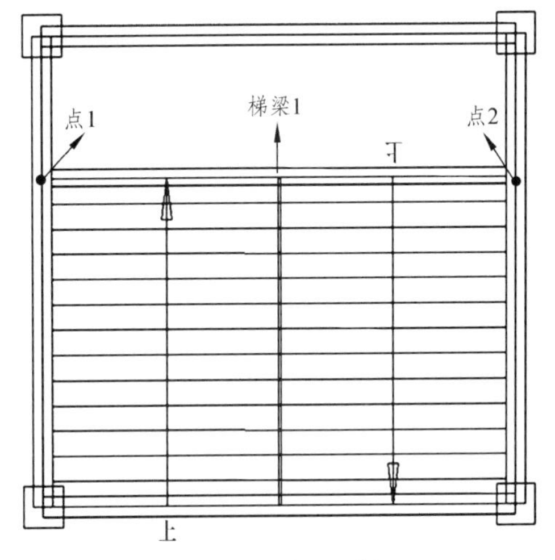

图 6-32　布置好的梯梁 1

自动布置及调整位置：程序在这里也提供了在对话输入中提供的梯梁自动布置功能，以解决部分梯梁位置难以定位的问题，同时增加了对话框方式调整梯梁位置的功能，如图 6-33 所示。

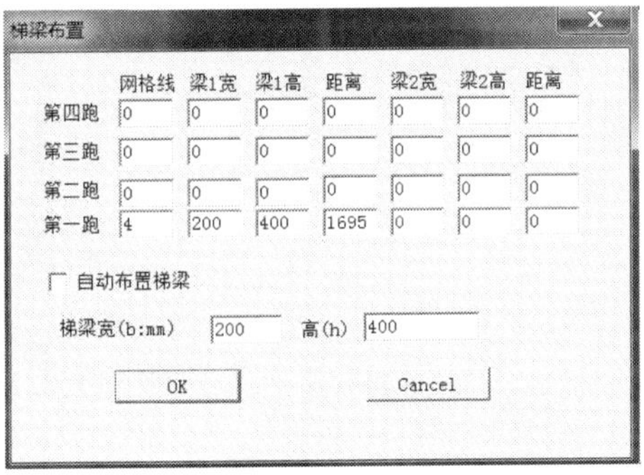

图 6-33　梯梁自动布置及调整位置对话框

6.2.1.7 竖向布置

在各标准层的平面布置完成后，可在【竖向布置】菜单中确定各楼层所属的标准层号及层高，从而完成各层楼梯的最后布置，此外还可完成对楼层和标准层的删除和插入操作。

1. 标准层编辑

程序提供了【插标准层】【删标准层】【换标准层】及屏幕上侧下拉菜单中新增标准层（图 6-34）等几个标准层编辑菜单。此处新建楼梯标准层 3，使该标准层不包含梯跑及梯梁，其余同标准层 2。其操作使用方法与 PMCAD 中类似。此处不再详述。

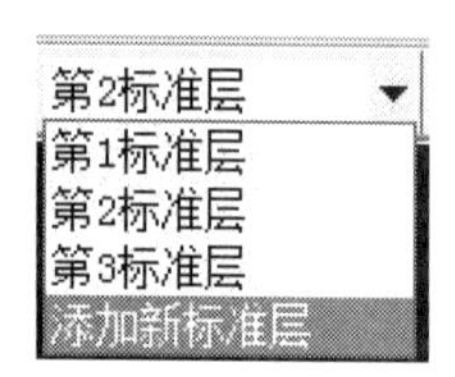

图 6-34　添加新标准层下拉菜单

2. 楼层布置

该菜单可对楼梯进行竖向楼层组装，操作方法类似于 PMCAD 中的普通楼层组装。点击【竖向布置】—【楼层布置】，弹出图 6-35 所示对话框，即可完成楼梯楼层组装。

◆ **练习 6-5：**

对本章练习中定义的楼梯标准层进行组装，成为 5 层的不上屋顶楼梯间。

点击【竖向布置】—【楼层布置】，在弹出的楼层组装对话框中，按图 6-35 所示参数进行设置，完成后点击<确定>。则在屏幕绘图区域显示组装好的结构轴测图 6-36。在该轴测图中，点击鼠标右键，可选择[旋转]，从任意角度观察该轴测图。

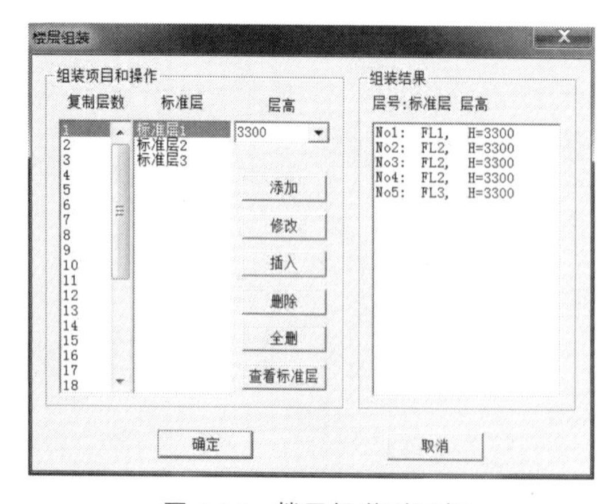

图 6-35　楼层组装对话框

图 6-36　组装完成后的楼梯间

6.2.1.8　梯板数据

该菜单可以为用户提供保存曾经设计过的梯板数据到数据梯板数据集中。保存过的所有梯板数据可以在当前楼梯工程中使用，无须重新设计。

点击【梯板数据】菜单，弹出图 6-37 所示对话框。

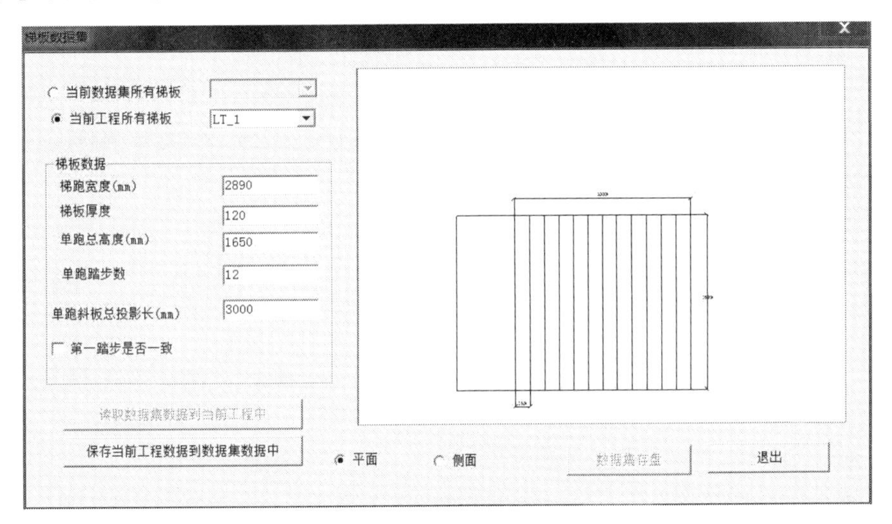

图 6-37　梯板数据对话框

用户点取<读取数据集数据到当前工程中>，则当前目录下数据集所有梯板自动进入当前工程梯板数据集中，选择<保存当前工程数据到数据集数据中>，则当前工程中的所有梯板数据存入数据集中。用户选择数据集或当前工程中梯板，则该梯板相关数据都实时显示在对话框中，方便用户查看。

6.2.1.9　数据检查

此菜单对输入的各项数据作合理性检查，并向 LTCAD 主菜单中的其他项传递数据。

6.2.1.10　钢筋校核

点击此项菜单，程序进入钢筋设计计算模块。详见 6.2.2 节。

6.2.1.11　施工图

如果用户已经进行了钢筋校核，则点击此项菜单，程序进入楼梯施工图模块，具体请参见 6.2.3 节。

6.2.2　楼梯钢筋校核

用户在完成楼梯建模后，可进入钢筋设计计算模块。程序可以计算平台板及楼梯板和梯梁的配筋，同时提供了计算书，用户可以通过计算书查看计算过程，同时修改钢筋结果并存储。

程序进入时，会首先查找有无以前的计算或修改钢筋结果文件，如果有会提示用户是否读入该结果图[6-38（a）]，若用户选择不读入，则程序自动全部重新计算一次。然后在屏幕上显示第一标准层第一梯跑的配筋结果图（其中配筋为程序自动选出的钢筋或读入用户修改后的钢筋），如图 6-38（b）所示。

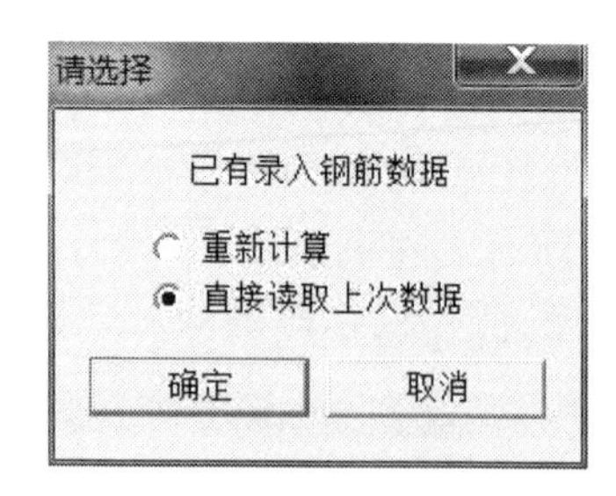

（a）选择钢筋数据

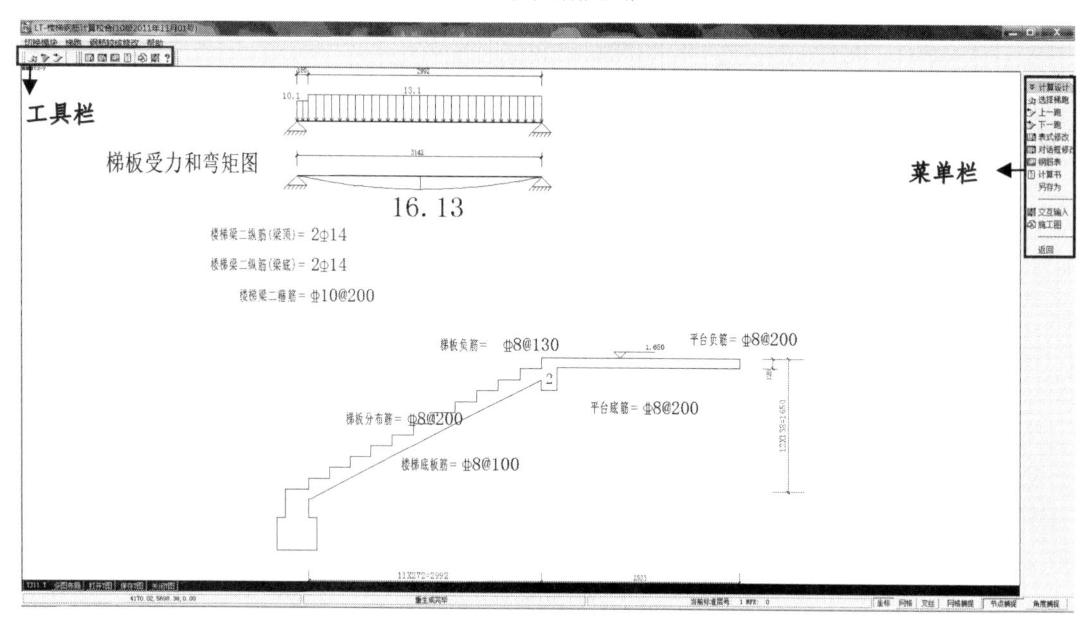

（b）钢筋校核主界面

图 6-38　楼梯钢筋校核

6.2.2.1　菜单和工具栏

图 6-38（b）主界面上方为工具栏，从左至右分别是：选择梯跑、上一跑、下一跑、表式修改、对话框修改、钢筋表、计算书、帮助、退出。

图 6-38（b）主界面右侧为菜单栏，主菜单各项和工具栏一一对应。

6.2.2.2　配筋计算及修改

程序按两端简支构件计算梯跑、平台板及梯梁，并根据用户在 LTCAD 主信息中定义的参数，进行配筋计算。

1. 选择梯跑

在这里用户可用【选择梯跑】【上一跑】【下一跑】等菜单切换梯跑，屏幕上相应显示所选梯跑的配筋和受力图，方便用户查看检查。

2. 修改钢筋

程序提供了两种修改钢筋的方式：表式修改和对话框修改。

点击【表式修改】，程序弹出图 6-39 所示对话框，用户可以集中修改所有的梯跑钢筋。修改负筋时（包括梯板和平台），用户还可以选择是否连通负筋，同时也可以重新设定负筋的长度。负筋连通后，程序自动重新设定负筋形状和长度、根数等钢筋数据。退出后程序自动更新图形显示。

楼梯钢筋验算及修改

梯板	第1标准层第1跑	第1标准层第2跑	第2标准层第1跑	第2标准层第2跑
底筋	B 8-100	B10-130	B10-130	B10-130
分布筋	A 8-200	A 8-200	A 8-200	A 8-200
负筋	B 8-130	B 8-100	B 8-100	B 8-100
上部负筋长度	750	770	770	770
下部负筋长度	750	770	770	770
平台	第1标准层第1跑	第1标准层第2跑	第2标准层第1跑	第2标准层第2跑
x方向正筋	B 8-200		B 8-200	
x方向负筋	B 8-200		B 8-200	
x方向负筋...	750		750	
y方向正筋	B 8-200		B 8-200	
y方向负筋	B 8-200		B 8-200	
y方向负筋...	1700		1700	

梯板底筋输入示例:A10-100(表示一级Φ10钢筋，间距100mm)

A,B,C分别表示一，二，三级钢筋,+代表负筋连通

退出

图 6-39　表式钢筋修改对话框

点击【对话框修改】，程序弹出图 6-40 所示对话框，用户可在其中修改当前梯跑的所有钢筋数据。

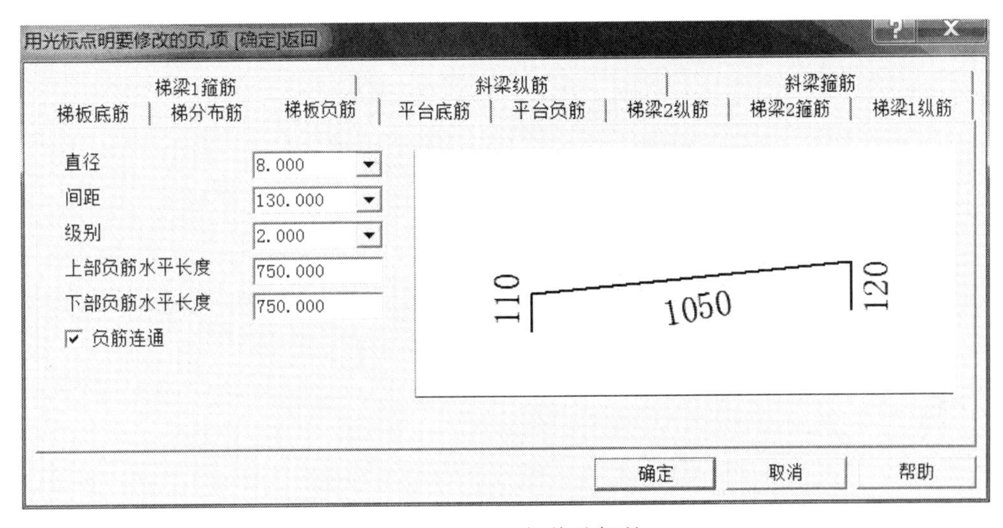

图 6-40　对话框修改钢筋

6.2.2.3　配筋表

选择此菜单，屏幕上显示经过统计和编码的所有钢筋详细列表。

6.2.2.4 计算书

选择此菜单，用户输入必要的工程信息，程序自动根据目前的楼梯数据生成楼梯计算书，该计算书包括三部分：荷载和受力计算、配筋计算、实配钢筋结果。计算书中给出了较为详细的计算技术条件及计算过程，用户可直接对该计算书进行修改、预览、打印及存储等操作，也可以插入图片（包括位图和 PKPM 的.T 图）、文件等。如图 6-41 所示。

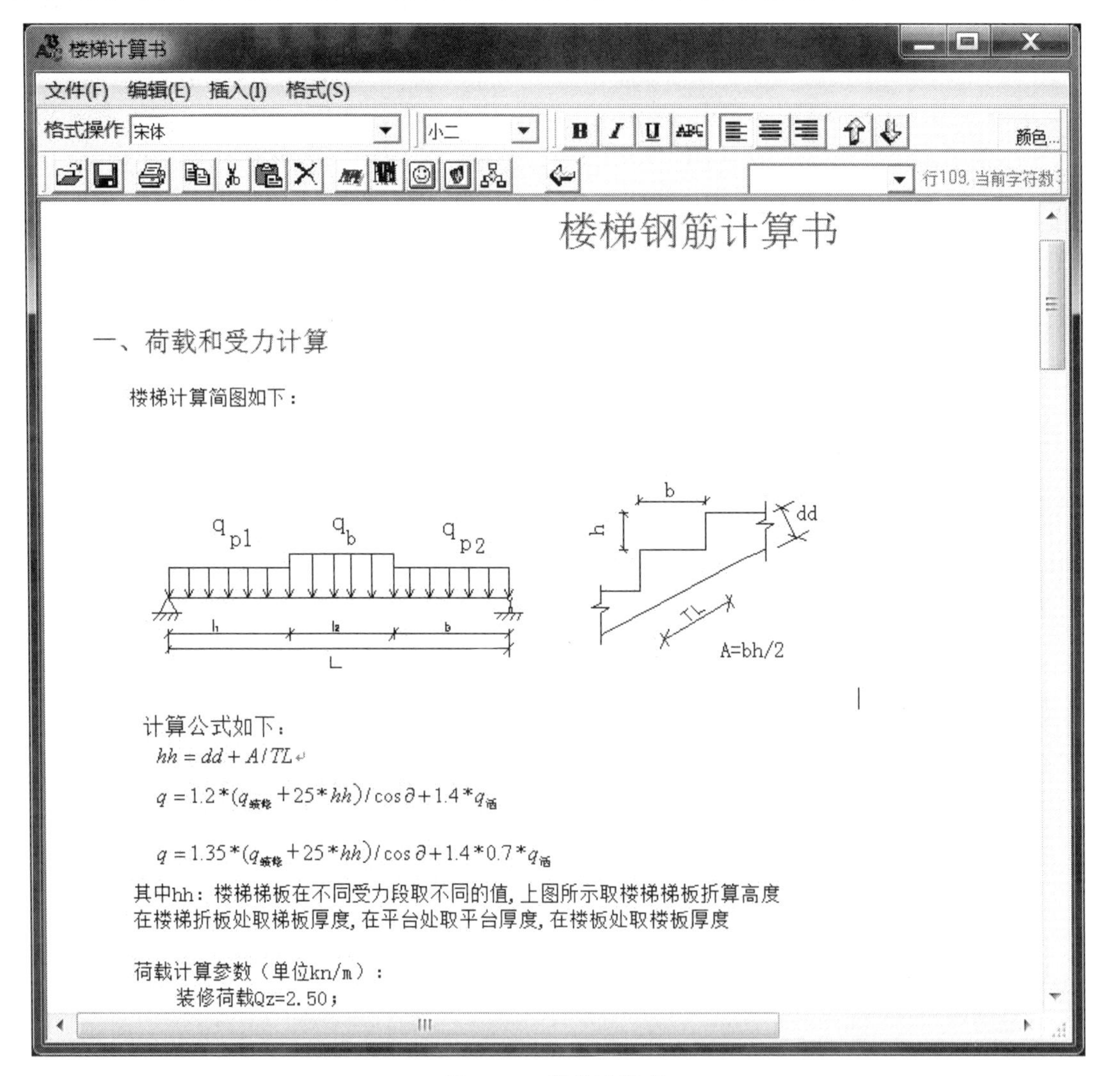

图 6-41 楼梯计算书

6.2.3 楼梯施工图

经过钢筋校核后就可进入施工图模块。施工图包含 5 项内容：楼梯平面图、平法绘图、楼梯剖面图、楼梯配筋图及图形合并。

进入楼梯施工图模块后，程序默认进入当前工程第一标准层楼梯平面图，如图 6-42 所示。工具条上的基本图标和 PMCAD 类似，此处不再赘述。

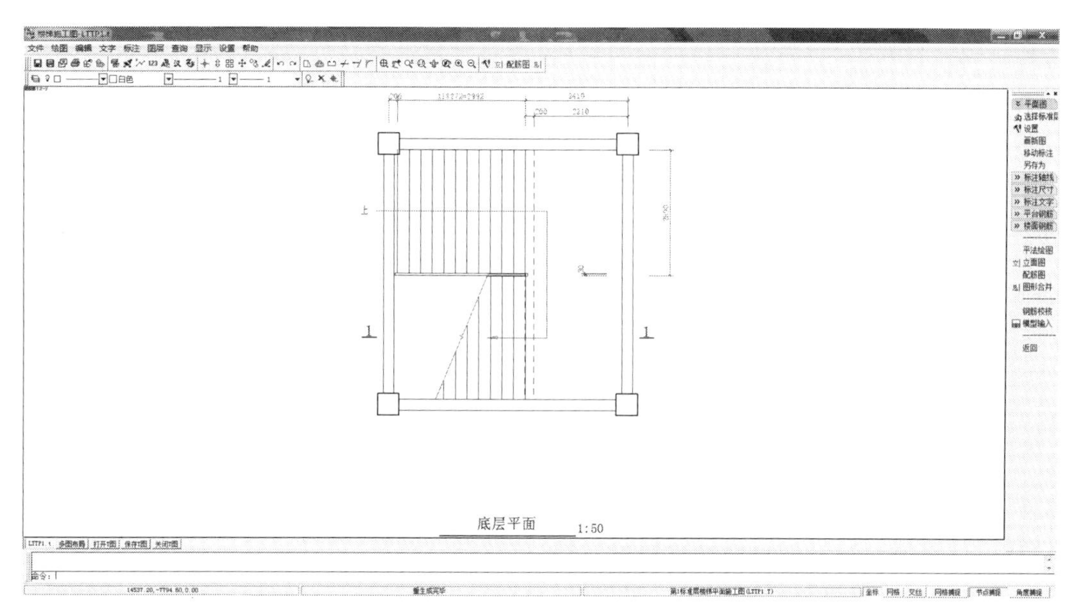

图 6-42　楼梯施工图绘图主界面

用户每打开一幅新图，都有一个默认的文件名，并且在程序的标题栏中可以看见该名字，默认文件命名分别为：

平面图：楼梯工程名+TP+标准层号+.T

立面图：楼梯工程名+LTLM+.T

配筋图：楼梯工程名+TB+标准层号+梯跑号+.T

图形合并：楼梯工程名+Lt+图纸张数+.T

6.2.3.1　设置楼梯各施工图模块的参数

点击右侧菜单中的【设置】或上方工具栏中的设置按钮，弹出图 6-43 所示对话框，用户可在此设置绘制不同图形时的相关参数。

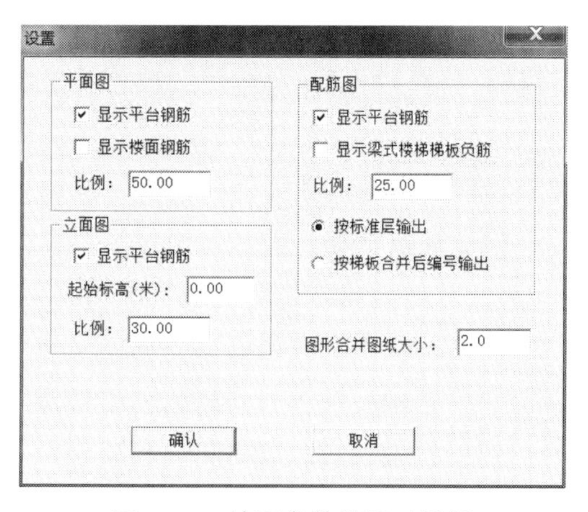

图 6-43　绘图参数设置对话框

6.2.3.2　楼梯平面图

楼梯平面图的绘制可通过本项菜单完成。首先屏幕显示首层平面图模板图，内容有：柱、梁、墙、洞口的布置，楼梯板、楼梯梁的布置，横竖轴线及总尺寸线等，如图 6-42 所示。

1. 选择标准层

点击右侧菜单【选择标准层】，可在弹出的对话框中选择要画的标准层及梯跑号。

2. 画新图

进入各施工图模块时，默认直接读取上次画过的该层对应图形，用户如需重新画图，需点击本菜单。

3. 移动标注

可用本菜单选择标注后整体移动标注，以使图面清晰美观。

4. 另存为

这项菜单提供用户保存当前图形的功能，用户可用其他名字保存当前图形。

5. 标注轴线

点击此菜单，出现图 6-44 所示二级菜单。可采取自动标注、交互标注或逐根点取的方式标注楼梯间轴线。

6. 标注轴线

点击此菜单，出现图 6-45 所示二级菜单。可在此标注楼梯间周边构件梁（不包括楼梯梁）、柱、墙的尺寸，标注平台或楼面位置的标高（可连续标注该标准层代表的若干个层的标高值），还可在平面图上标明楼梯走向（“上”“下”字样）。

另外，【扶手连接】菜单可为任意类型的楼梯将扶手连接起来。【画剖面线】菜单可为消隐法画楼梯剖面图确定剖面位置。

7. 标注文字

在柱、梁（不包括梯梁）、墙上标注说明字符。此菜单包含 4 个二级菜单，如图 6-46 所示。其中，【任意标字】菜单可将任意字符标写在图面上。

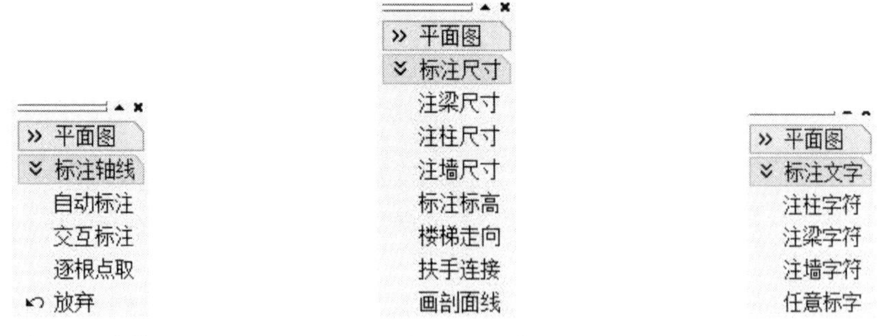

图 6-44　标注轴线菜单　　图 6-45　标注尺寸菜单　　图 6-46　标注文字菜单

8. 平台钢筋

目前，程序只能针对有平行边界的房间且楼梯梯间类型为一、二、三、五、六的楼梯配置平台钢筋，其余部分暂时不处理。而且如果平台板是与楼梯板连在一起的折形板（未设置梯梁），则点此菜单后，程序提示“不存在梯梁，不设平台钢筋”。

此菜单包含 3 个二级菜单，如图 6-47 所示。用户可在此修改平台正筋、负筋（负筋可选择是否改为连通，当负筋间的距离较小时，为方便施工，可选择负筋连通）。

➢　**提示：**

① 平台钢筋中的钢筋编号为依据全楼梯工程的编号，而不是在本平台中的编号。

② 钢筋长度标注采用直接在钢筋下方标注的方法。

9. 楼面钢筋

如果用户在主信息中没有设定计算楼面钢筋（程序默认情况），楼面处钢筋没有配置，用户可选择重新配置或不配置钢筋。其菜单项包含三个二级菜单，如图6-48所示，各子菜单操作方式与【平台钢筋】类似。

图6-47　平台钢筋菜单　　　　图6-48　楼面钢筋菜单

目前，程序只能处理楼面处存在梯梁且楼梯梯间类型为图6-24中一、二、三、五、六的楼梯。完成上述标注后的楼梯平面图如图6-49所示。

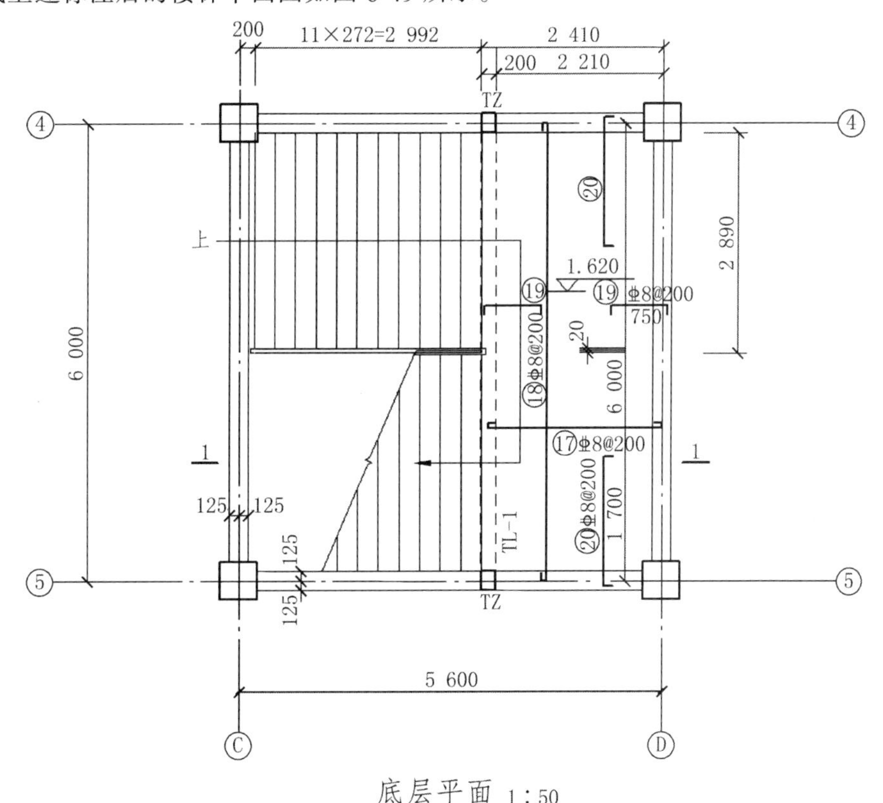

图6-49　楼梯底层平面图

6.2.3.3　平法绘图

《混凝土结构施工图平面整体表示方法制图规则和构造详图（现浇混凝土板式楼梯）》

（16G101-2）（以下简称《平法图集》（16G101-2））把现浇混凝土板式楼梯根据不同情况分成了 11 种类型。

程序根据《平法图集》（16G101-2）对这 11 种类型划分的原则，针对梯梁位置，平台周边支撑等不同情况分别进行了区分，并自动给定用户设计楼梯的楼梯类型，并按照《平法图集》（16G101-2）平法绘制楼梯的要求按照平面注写的方式标注。

平面注写方式，是在楼梯平面布置图上注写截面尺寸和配筋具体数值的方式来表达楼梯施工图，包括集中标注和外围标注。集中标注表达梯板的类型代号及序号、梯板的竖向集合尺寸和配筋；外围标注表达梯板的平面集合尺寸以及楼梯间的平面尺寸。

点击【平法绘图】菜单，其菜单组成与【平面图】菜单类似，如图 6-50 所示。各菜单操作方法也与【平面图】菜单类似，此处不再赘述。

完成相关标注后的楼梯平法图（平面注写方式）如图 6-51 所示。

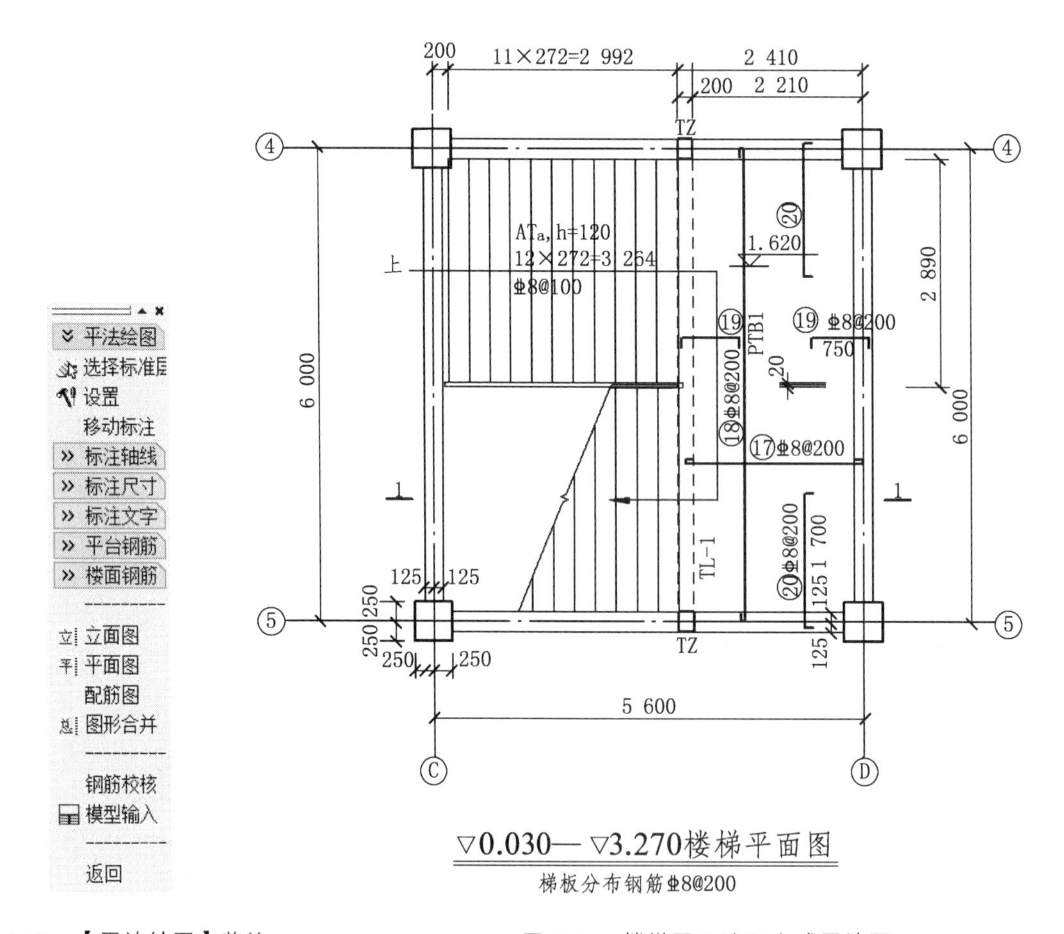

图 6-50 【平法绘图】菜单　　　　图 6-51 楼梯平面注写方式平法图

➢ **提示：**

① 在标注平台及楼面标高时，注意应注写结构标高。

② PKPM 自动生成的楼梯平法图中，图名的表达方式与《平法图集》（16G101-2）的要求不一致，应注意修改并采用结构标高。

6.2.3.4　立面图（剖面图）

楼梯剖面图的绘制由本项菜单完成。其菜单组成如图 6-52 所示。图中只画出各个标准层的剖面，相同标准层的各个自然层的高度标注在一起显示，如图 6-53 所示。用户应利用本项菜单并根据《平法图集》（16G101-2）中剖面注写的要求进行修改。修改完成后的梯梁剖面图如图 6-54 所示。

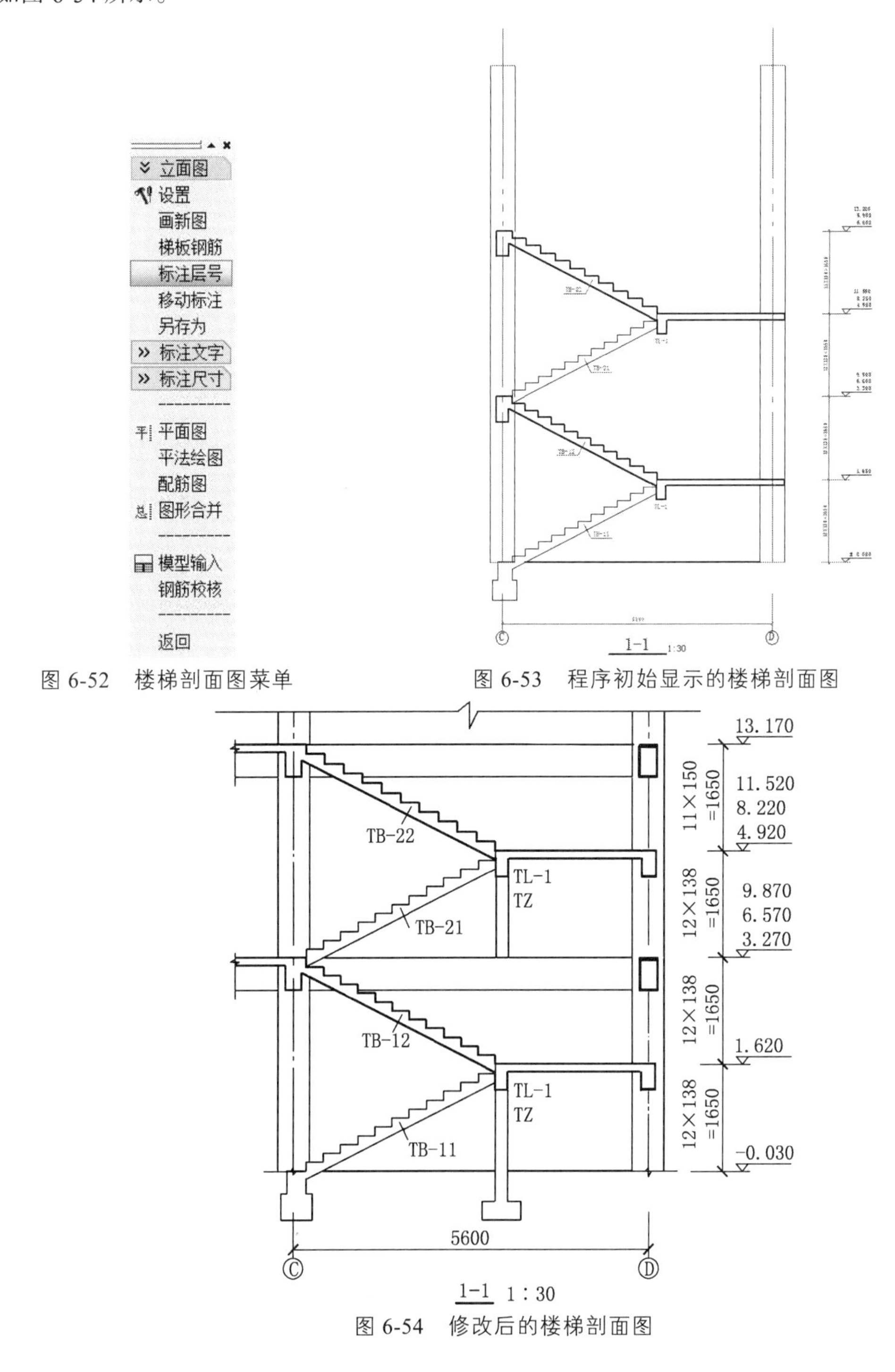

图 6-52　楼梯剖面图菜单

图 6-53　程序初始显示的楼梯剖面图

图 6-54　修改后的楼梯剖面图

➢ **提示：**

① PKPM 初始的楼梯剖面图是不完整的，初学者切忌直接用该图出图，而应根据制图规则进行修改。

② 在标注平台及楼面标高时，注意应注写结构标高。

③ 当存在梯柱时，应注意在图中补充绘制。

6.2.3.5 楼梯配筋图

本菜单能完成楼梯配筋图的绘制。其菜单组成如图 6-55（a）所示。用户可通过【选择梯跑】菜单来绘制不同梯板的配筋图；【修改钢筋】菜单可修改梯板上任一种钢筋；【梯梁立面】菜单可绘出详细的梯梁立面图。修改完成的某梯跑配筋图如图 6-55（b）所示。

➢ **提示：**

① 若按照《平法图集》（16G101−2）中平法施工图的表示方法，若无特殊情况，可不单独绘制楼梯配筋图。

② 根据《平法图集》（16G101−2），对于有抗震设防要求的楼梯，楼梯配筋图的绘制应符合有关抗震构造要求，如梯板负筋应拉通等，具体详见《平法图集》（16G101−2）。

配筋图
设置
画新图
选择梯跑
前一梯跑
后一梯跑
钢筋表
移动标注
梯梁立面
修改钢筋
另存为
标注文字
标注尺寸
立面图
平面图
平法绘图
图形合并
模型输入
钢筋校核
返回

（a）楼梯配筋图菜单

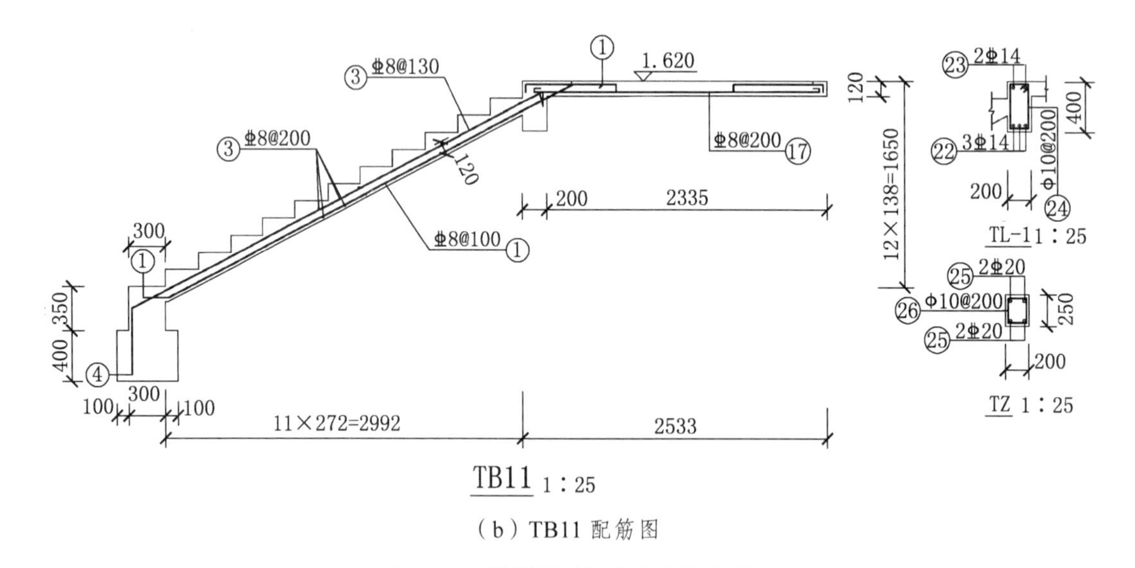

（b）TB11 配筋图

图 6-55 楼梯配筋图菜单及配筋图

6.2.3.6 图形合并

利用本菜单可将由前面菜单形成的楼梯平面图、楼梯剖面图、楼梯配筋图有选择地布置在一张或几张图纸上，形成最终要在绘图仪上输出的施工图。

点击【图形合并】，其菜单组成如图 6-56 所示。可通过该菜单设置绘图图纸号，选择需要放入该施工图的已有楼梯各个图形。用户还可以通过【钢筋表】菜单，把当前楼梯工程的所有钢筋统计后详细输出到表格中并插入。

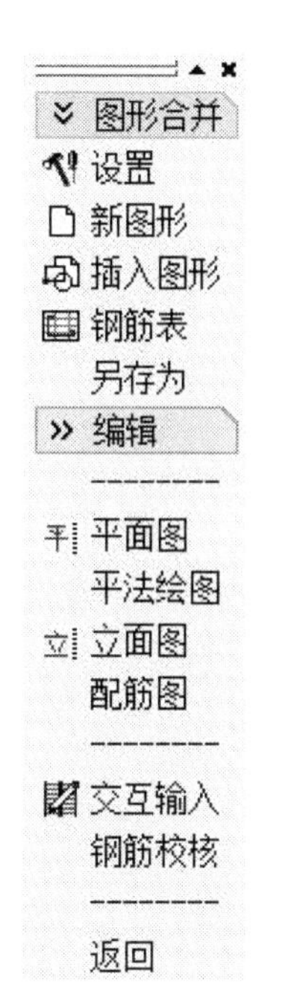

图 6-56　图形合并菜单

➢　**提示：**

图形合并过程根据各设计单位习惯，也可在 AutoCAD 软件中完成。

第7章 砌体结构设计

【内容要点】

本章主要介绍PKPM中的砌体结构模块，并运用该模块完成普通砖砌体结构的设计计算与配筋设计，并绘制施工图。本章将软件操作流程和理论知识点作相应结合，对容易出现错误的知识点进行重点提示和引导。

【任务目标】

（1）重点掌握普通砌体结构建模、计算方法。

（2）能够使用QITI模块正确进行普通砌体结构设计，并绘制施工图。

7.1 砌体结构概述

砌体结构主要包括多层砌体结构、底框-抗震墙结构和小高层配筋砌块砌体结构等，块体的材料包括烧结砖、蒸压砖、混凝土砖和混凝土小型空心砌块等四类。PKPM的砌体结构辅助设计软件根据《建筑抗震设计规范》（GB 50011-2010）（以下简称《抗震规范》）、《砌体结构设计规范》（GB 50003-2011）（以下简称《砌规》）、《混凝土小型空心砌块建筑技术规程》（JGJ/T 14—2011）等国家最新规范、规程编制，能够满足绝大多数砌体结构工程的辅助设计需要。其设计主菜单如图7-1所示。

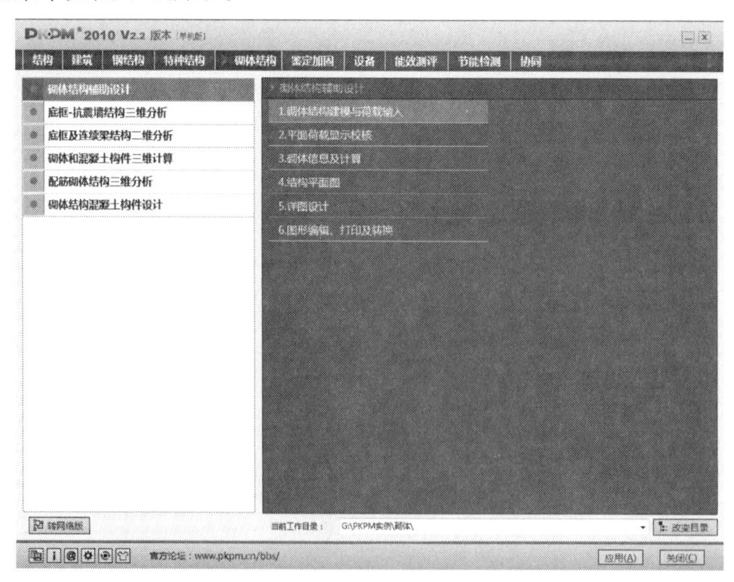

图7-1 砌体结构辅助设计主菜单

如图 7-1，QITI 模块包括砌体结构辅助设计、底框-抗震墙结构三维分析、底框及连续梁结构二维分析等 6 大软件模块。本书限于篇幅，将按普通砌体结构设计基本流程重点讲解普通砌体结构的设计方法。

QITI 软件用于普通砌体结构设计的基本流程如下：

（1）进入菜单 1【砌体结构建模与荷载输入】，进行整体结构建模及荷载输入。

（2）进入菜单 2【平面荷载显示校核】，进行荷载的校核与荷载信息存档工作。

（3）进入菜单 3【砌体信息及计算】，补充输入信息参数，进行水平地震作用计算、砌体房屋上部结构抗震及其他计算。

（4）进入菜单 4【结构平面图】，进行结构平面图（楼板配筋、构件布置）的绘制。

（5）进入【底框及连续梁结构二维分析】模块，进行普通楼面梁的二维内力分析、内力组合、配筋计算与立面画法的施工图绘制。

（6）进入菜单 5【详图设计】，进行圈梁、构造柱等构造构件的结构布置图绘制和详图设计。

7.2　砌体结构建模及导荷

7.2.1　建模与设计信息输入

点击图 7-1 所示砌体结构主菜单 1【砌体结构辅助设计】，进入普通砌体结构设计界面，如图 7-2 所示。其相关功能命令与混凝土结构设计类似，可参见本书第二章 PMCAD 的相关内容。

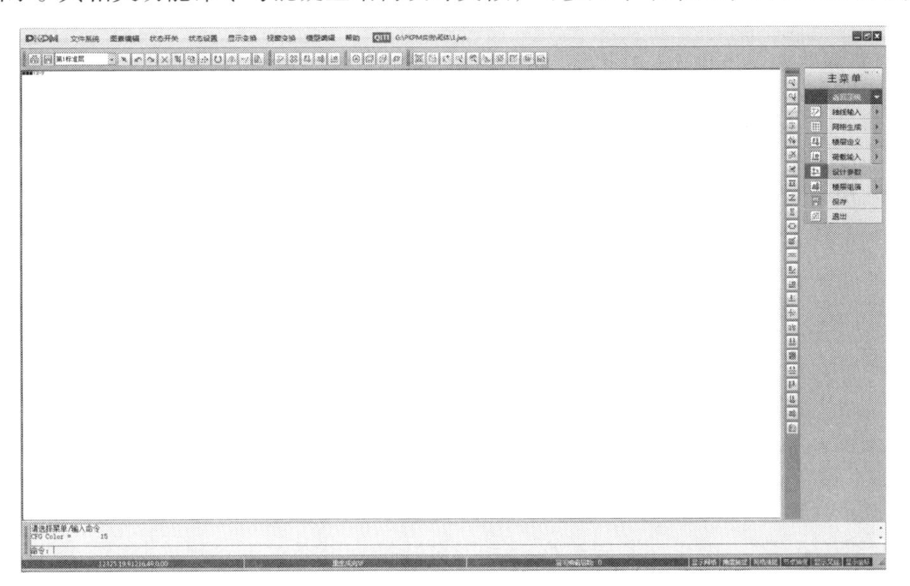

图 7-2　普通砌体结构设计界面

在【设计参数】菜单的总信息输入页中，结构体系只保留与砌体结构相关的“砌体结构”“底框结构”“配筋砌体”三类，分别对应多层砌体结构、底框-抗震墙结构和小高层配筋砌体结构，如图 7-3（a）所示。在材料信息输入页中，应正确输入砌体墙的毛重，如图 7-3（b）所示。

楼层组装—设计参数：(点取要修改的页、项，[确定]返回)
总信息 | 材料信息 | 地震信息 | 风荷载信息 | 钢筋信息
结构体系：砌体结构
结构主材：钢筋混凝土
结构重要性系数：1.0
底框层数：
梁钢筋的砼保护层厚度(mm) 20
地下室层数：0
柱钢筋的砼保护层厚度(mm) 20
与基础相连构件的最大底标高(m)
框架梁端负弯矩调幅系数 0.85
0
考虑结构使用年限的活荷载调整系数 1
确 定 (O)　放 弃 (C)　帮 助 (H)

（a）总信息参数

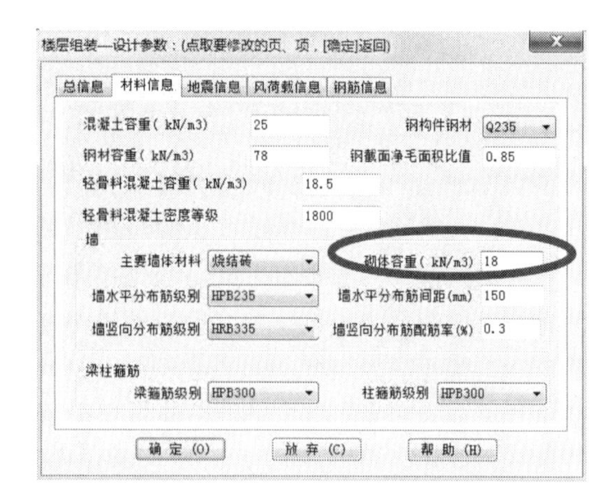

（b）材料信息

图 7-3　总信息参数和材料信息

在【楼层定义】菜单的“墙布置”中，点取“新建”功能，显示“墙截面列表”，点击“新建”，可定义承重墙体参数，如图 7-4 所示。

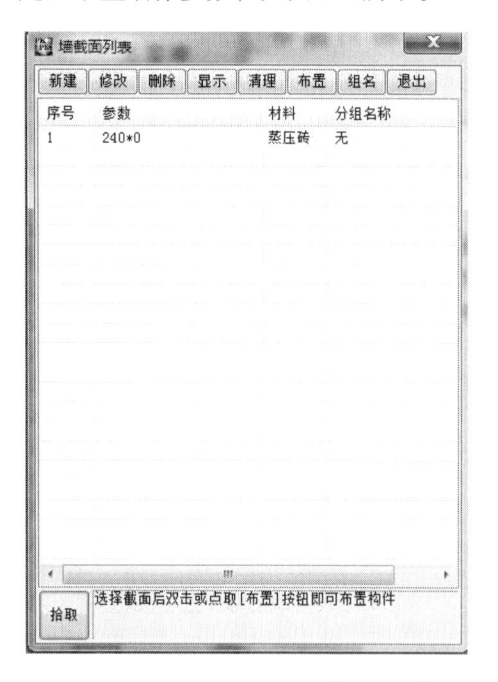

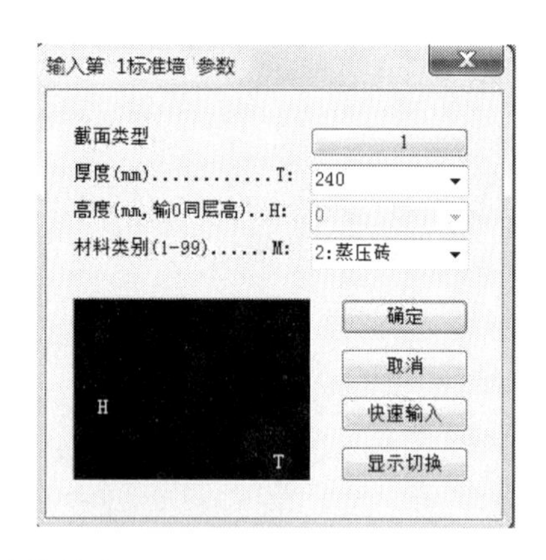

图 7-4　定义承重墙体信息

点击“圈梁布置”，弹出“圈梁截面列表”对话框，可在此新建圈梁截面（图 7-5），并布置到结构平面中。

砌体结构设计软件的各个功能模块采用了统一的结构信息数据，即在第一个菜单的建模中对模型进行调整修改后，其原有的特殊构件定义等信息可以保留，其他菜单中布置的某些构件，在模型输入菜单中也可以出现。用户可在各个功能模块中对结构信息进行编辑和修改，所有信息对各个菜单模块通用。

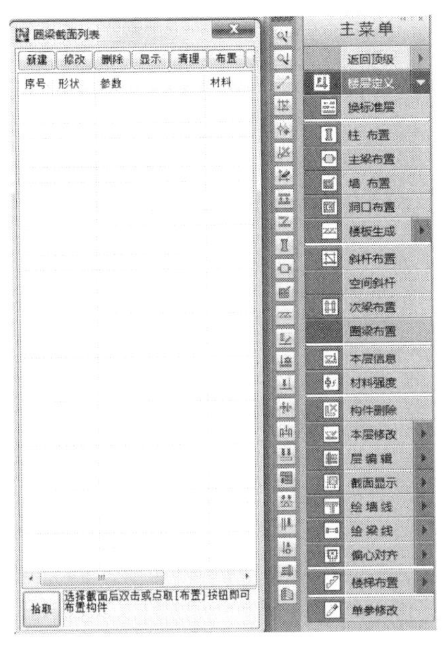

图 7-5　圈梁定义对话框

7.2.2　荷载信息与导算

砌体结构辅助设计各个功能模块中要用到的荷载信息，统一由“砌体结构建模与荷载输入”及“平面荷载显示校核”两个菜单（图 7-1）来完成荷载的输入、导算并进行各种不同需求的处理。

砌体结构荷载的导算过程较为复杂，除了要将楼面分布荷载导算到周边承重墙上，还要将上部各层的荷载通过承重墙逐层往下传递。且针对抗震验算、受压计算、局部承压计算，所需要的荷载也不尽相同。各种输入和导算的荷载都可以在“平面荷载显示校核”中进行查询，如图 7-6 所示。

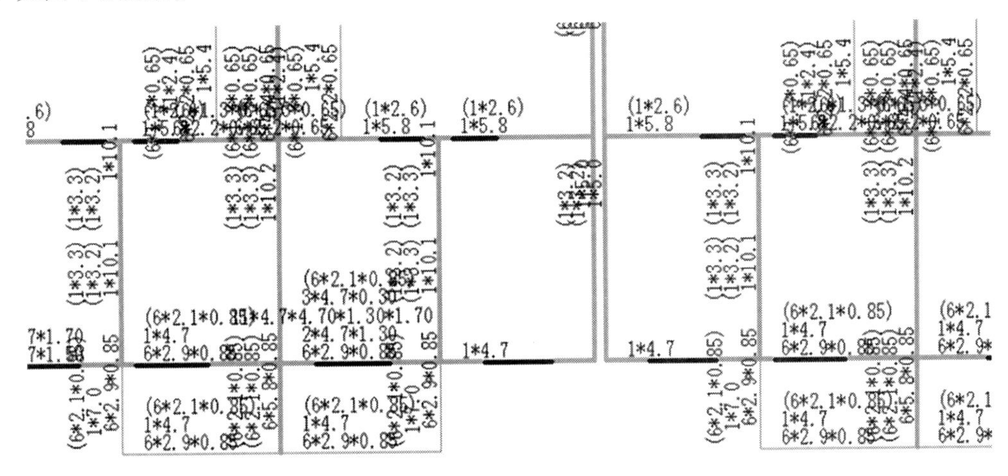

第1层梁、墙柱节点荷载平面图 [单位：kN/m^2]

（括号中为活荷载值）[括号中位板自重]（括号中为人数）

图 7-6　砌体结构平面荷载显示校核

7.2.3 特殊砌体结构的建模问题

1. 带地下室或半地下室砌体房屋的结构建模

对有地下室或半地下室的砌体房屋，结构建模时可以把地下室作为结构层输入，假设将地下室底平面高度（或基础顶）设为±0.0。计算水平地震作用时可根据实际情况输入室外嵌固地面相对地下室底平面（±0.0）的高度。当输入的高度大于0时，在计算结构总重力荷载代表值时将不计入室外嵌固地面以下部分的结构重力荷载；在计算各层水平地震作用标准层时，楼层的计算高度为楼层相对室外嵌固地面高度。地下室的这种处理方法不仅可以保证正确计算结构的水平地震作用，还可对地下室墙体进行受压承载力计算并正确地把上部荷载传给基础。如果结构建模包括了地下室，程序在计算结构总层数时就计入地下室的层数。

2. 设置抗震缝的砌体房屋

根据《抗震规范》7.1.7条规定，**复杂体型砌体房屋在下列情况下宜设防震缝，缝两侧均应设置墙体，缝宽应根据烈度和房屋高度确定，可采用** 70～100 mm。

（1）**房屋立面高差在6 m以上。**

（2）**房屋有错层，且楼板高差大于层高的1/4。**

（3）**各部分结构刚度、质量截然不同。**

防震缝、伸缩缝和沉降缝均将结构分离成独立单元，地震时各单元独立振动，结构分析应选择参数“抗震计算考虑结构缝分塔”，对各单元分别计算，整体结构分析没有什么意义（图7-7）。

图7-7 砌体计算分析参数定义对话框

3. 有错层、多塔的砌体房屋

对于楼板有错层的砌体结构，当楼板高差小于 0.5 m，结构建模时通过将各层较低楼板提升到较高楼板处，把错层房屋转化为无错层房屋；当楼板高差大于等于 0.5 m 时，根据《抗震规范》7.1.7 条的规定，应按两层计算，错层部位的墙体应采取加强措施。

带裙房的大底盘多塔砌体房屋，砌体部分和裙房之间的高差一般都大于 6 m，根据《抗震规范》7.1.7 条规定，应设防震缝分离底部裙房和砌体房屋，对各塔砌体房屋和对应的裙房单独计算。

7.3　砌体信息及多层砌体结构计算

7.3.1　砌体结构信息输入

【砌体结构辅助设计】中的菜单 3“砌体信息及计算”可对 12 层以下任意平面布置的砌体房屋和底部框架-抗震墙房屋进行设计计算，对 30 层以下任意平面布置的配筋砌块砌体结构房屋进行墙体芯柱、构造柱布置，并生成 SATWE 计算数据进行空间整体分析。其设计计算界面如图 7-8 所示。

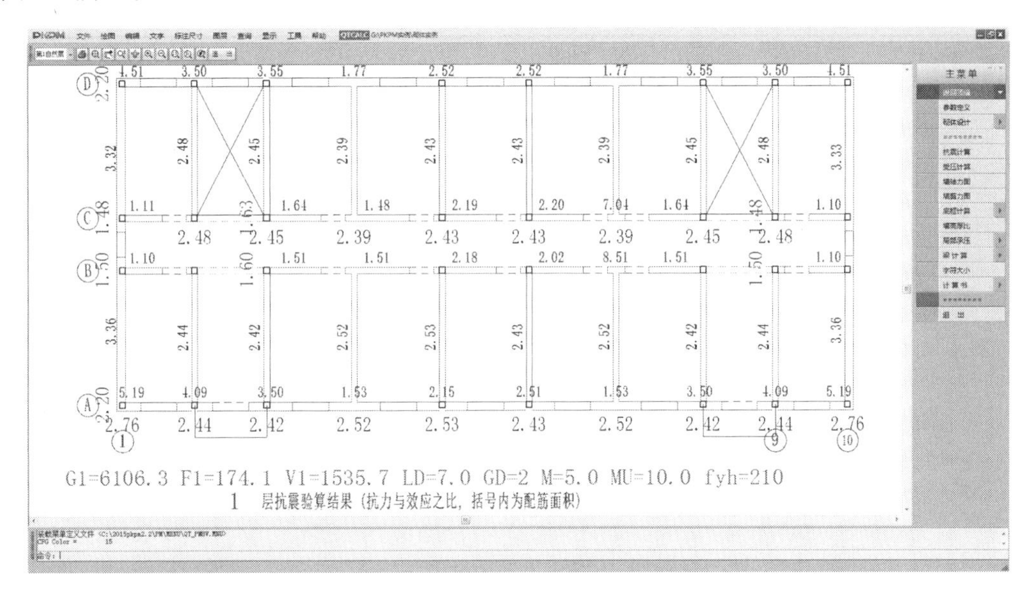

图 7-8　砌体信息及计算界面

7.3.1.1　结构参数信息输入

进行砌体抗震验算及其他计算时，先要在“参数定义”对话框中输入参数，如图 7-9 所示。下面对一些参数设置方法及要求进行说明。

1. 楼面类型

现浇或装配整体式楼盖选刚性；装配式楼盖选半刚性；木楼盖或开洞率很大、平面刚度很差的楼盖选柔性：楼面类型的选择直接影响地震层间剪力在各墙之间的分配。

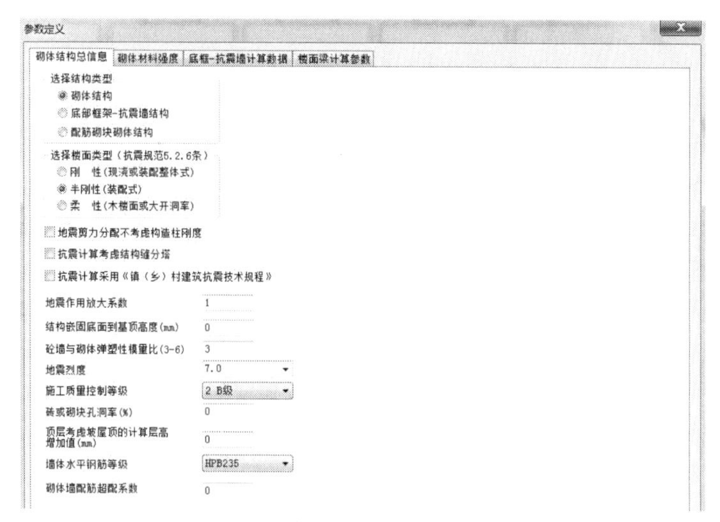

（a）砌体结构总信息设置对话框

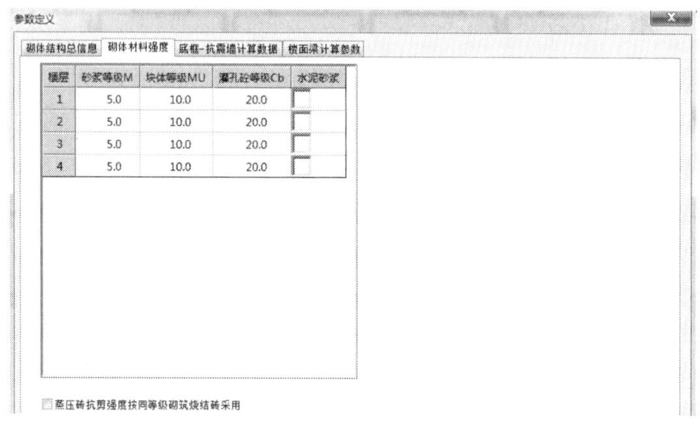

（b）砌体材料强度设置对话框

（c）楼面梁计算参数设置对话框

图 7-9

➢ **注意：**

此参数的刚性与砌体房屋空间工作性能有关的结构静力计算刚性、弹性方案是两个不同的概念。目前 QITI 适用的静力计算方案只能是刚性。

2. 地震剪力分配不考虑构造柱刚度

地震剪力分配直接与砌体墙的刚度相关，软件计算砌体墙刚度时，缺省是考虑构造柱刚度的。

3. 抗震计算考虑结构缝分塔

选择此项后，当结构出现从上至下贯通的结构缝时，软件可自动判断，按缝将全楼划分为多个独立结构单元进行抗震计算。但对于大底盘、联体结构、部分楼层先落地的刀把型楼，不能划分。

4. 抗震计算采用《镇（乡）村建筑抗震技术规程》

当选择此参数时，地震作用及结构抗震承载力计算采用《镇（乡）村建筑抗震技术规程》（JGJ 161—2008）的有关规定。

5. 结构嵌固底面到基顶高度（mm）

结构嵌固底面到基顶高度一般情况下取 0。当结构建模包括地下室或半地下室时，若地下室底面设为±0.0，则此参数表示室外嵌固地面相对地下室底面的高度，该高度值应小于房屋 3 层的高度。参见本书 7.2.3 节“带地下室或半地下室砌体房屋的结构建模”。

6. 砼墙与砌体弹塑性模量比（3～6）

该参数是针对既有砌体墙又有竖向连续混凝土墙的组合砌体结构的。程序在计算侧向刚度时，取输入的该弹塑性模量比作为混凝土墙与砌体墙的弹性模量比值。对底部框架-抗震墙房屋，在计算上部砌体房屋与底部框架-抗震墙的侧移刚度比中该参数值不起作用。

7. 砖或砌块孔洞率（%）

当墙体采用混凝土砌块时，孔洞率对计算结果有影响。当烧结砖孔洞率>30%时，抗压强度会乘以调整系数 0.9。当采用混凝土多孔砖时，孔洞率填写值应>10%，软件计算高厚比时，自动按混凝土多孔砖处理，若不大于 10%，仍按混凝土实心砖计算。

8. 顶层考虑坡屋顶的计算层高增加值（mm）

当出现坡屋顶时，可用其调整抗震计算时的顶层质点的高度，否则，程序以输入的顶层层高计算质点高度。程序在用底部剪力法计算各质点高度时，是以楼层组装时输入的层高度计算质点高度，但是对于顶层的坡屋顶，屋顶质点可能并不在输入的层高度位置上，如建模时，顶层层高 2000 mm，部分节点升高 1000 mm，形成坡屋顶。用户可输入“顶层考虑坡屋顶的计算层高增加值”为 500 mm，调整质点的计算层高到 2500 mm。

9. 地震作用放大系数

用于某些地震作用需要调整的工程，如特殊不利地段等情况的地震作用放大计算。

10. 墙体水平钢筋等级

砌体墙抗震计算时，墙体抗剪能力不够，一般采用在墙中配水平钢筋。此参数指定水平钢筋的等级。

11. 荷载基本组合类型

由于砌体结构自重较大，一般选择由永久荷载控制。

12. 活荷载组合值系数

软件取 0.4，目前不能修改。

13. 活荷载准永久值系数

软件取 0.7，目前不能修改。

7.3.1.2　砌体信息及数据检查提示

完成参数定义后，程序会根据规范规定，对用户输入的模型和数据进行准确性和合理性检查，当输入模型和数据不符合规范要求或不合理时，程序会在屏幕上给出提示。如当提示“楼房层数或楼房高度大于规范限值”，说明输入的工程层数或总高度超过《抗震规范》第 7.1.2 条表 7.1.2 的规定。

7.3.2　构造柱、芯柱信息输入及编辑

“砌体信息及计算”中的（图 7-10）用于构造柱、芯柱（多层小砌块房屋中）布置以及排块检查等。

7.3.2.1　芯柱设计参数及整体布置

点击“砌体设计”菜单中的“设计参数”，出现图 7-11 所示对话框，定义多层小砌块房屋中的芯柱信息。《抗震规范》7.4.1 条规定了砌块墙段的节点芯柱的布置、芯柱构造钢筋的选用要求，见表 7-1。

图 7-10　砌体设计菜单

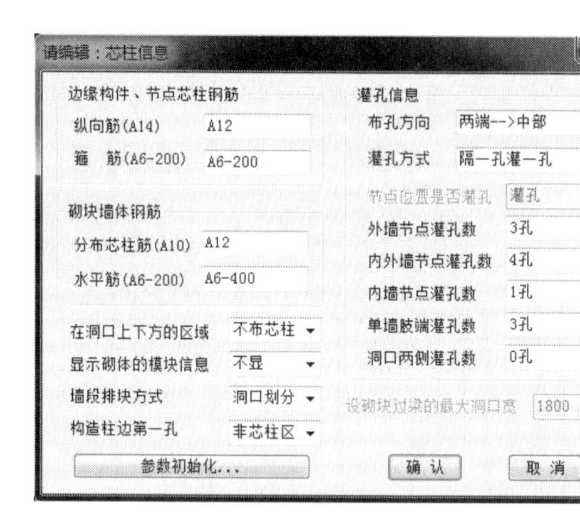

图 7-11　砌体设计参数

软件在首次进入“砌体设计”时，根据缺省设计参数值，自动生成各层的砌块墙段芯柱布置信息，用户可通过此菜单修改设计参数后，再点击“重布本层”，程序将根据当前设置的设计参数重新布置当前层的砌块墙段芯柱信息。点击“重布全楼”，则以当前的设计参数重新生成各楼层的所有构件信息（包括圈梁、构造柱信息）。点击“重布芯位”，则在各墙段排块信息、节点芯柱信息、洞口边芯柱信息不变的情况下，重新设定墙段中的芯柱分布信息。

表 7-1　多层小砌块房屋芯柱设置要求

<table>
<tr><th colspan="4">房屋层数</th><th rowspan="2">设置部位</th><th rowspan="2">设置数量</th></tr>
<tr><th>6 度</th><th>7 度</th><th>8 度</th><th>9 度</th></tr>
<tr><td>四、五</td><td>三、四</td><td>二、三</td><td></td><td>外墙转角，楼、电梯间四角，楼梯斜梯段上下端对应的墙体处；
大房间内外墙交接处；
错层部位横墙与外纵墙交接处；
隔 12 m 或单元横墙与外纵墙交接处</td><td rowspan="2">外墙转角，灌实 3 个孔；
内外墙交接处，灌实 4 个孔；
楼梯斜段上下端对应的墙体处，灌实 2 个孔</td></tr>
<tr><td>六</td><td>五</td><td>四</td><td></td><td>同上；
隔开间横墙（轴线）与外纵墙交接处</td></tr>
<tr><td>七</td><td>六</td><td>五</td><td>二</td><td>同上；
各内墙（轴线）与外纵墙交接处；
内纵墙与横墙（轴线）交接处和洞口两侧</td><td>外墙转角，灌实 5 个孔；
内外墙交接处，灌实 4 个孔；
内墙交接处，灌实 4~5 个孔；
洞口两侧各灌实 1 个孔</td></tr>
<tr><td></td><td>七</td><td>≥六</td><td>≥三</td><td>同上；
横墙内芯柱间距不大于 2 m</td><td>外墙转角，灌实 7 个孔；
内外墙交接处，灌实 5 个孔；
内墙交接处，灌实 4~5 个孔；
洞口两侧各灌实 1 个孔</td></tr>
</table>

如果程序根据用户定义的“设计参数”生成的芯柱信息不符合设计者的要求，可点击“墙端部”“洞口侧边”对墙端部、墙洞口侧边现有芯柱数量进行修改。

7.3.2.2　构造柱布置

对于房屋的构造柱设置，用户最好在菜单 1【砌体结构建模与荷载输入】中进行，在此处虽然也可以处理构造柱信息，但不能观看楼层的三维显示图。

在此处对构造柱的布置、删除、截面尺寸的修改等操作，反映的是工程标准层的信息，而非自然层，因此，此处的操作对与该层采用同一标准层的其他楼层也有效。

7.3.3　墙体抗震计算及结果查看

砌体房屋结构抗震验算过程大致为：

（1）用底部剪力法计算各层水平地震作用和地震层间剪力。

（2）根据楼面刚度类别及墙体侧向刚度将地震层间剪力分配到每大片墙和大片墙中的各个墙段。

（3）根据导算的楼面荷载及墙体自重计算对应于重力荷载代表值的砌体截面平均压应力。

（4）根据砌体沿阶梯形截面破坏的抗震抗剪强度计算公式验算墙体的抗震承载力。

墙体抗震抗剪承载力验算有三部分内容：

（1）验算每一大片墙的抗震抗剪承载力，计算包括门窗洞口在内的大片墙体。验算结果是墙体截面的抗力与荷载效应比值。当该比值小于 1 时，说明该墙体的抗力小于荷载效应，墙体抗震抗剪承载力不满足要求。

（2）验算门、窗间墙段的抗震抗剪承载力，计算方法与大片墙相同。查看方法同上。

（3）当某一墙段的抗震抗剪承载力不满足要求时（抗力与荷载效应比值小于 1），将该墙段设计为配筋砌体，计算出墙段在层间竖向截面内所需的水平配筋的总截面面积，供用户参考。

图 7-12 给出了某砌体结构抗震验算结果，图中黑色字（软件中采用黄色字）是各大片墙体（包括门窗洞口在内）的抗震验算结果，数字标注方向与大片墙的轴线垂直，若验算结果不满足要求，程序以红色字体显示。图 7-12 中浅灰色字（软件中采用蓝色字）是各门、窗间墙段的抗震验算结果，数字标注方向与墙段平行，若验算结果不满足要求，程序以红色字体显示，并在括号中给出该墙段在其竖向截面中所需水平钢筋的总截面面积，单位为 mm²，其配筋率应不小于 0.07%，不大于 0.17%，如果出现超筋，在数字前会出现*号。用户对各墙段钢筋面积归并后可自行算出水平配筋砌体的钢筋直径、根数和间距。

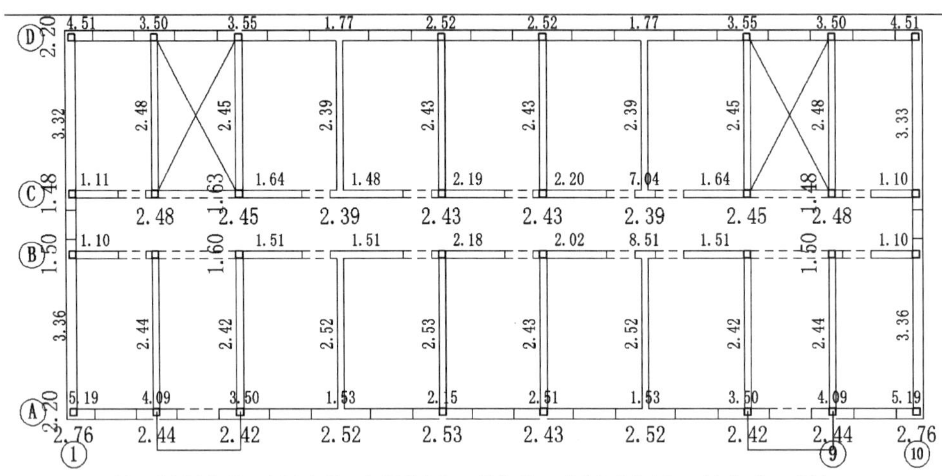

G_1=6 106.3 F_1=174.1 V_1=1 535.7 L_D=7.0 G_D=2 M=5.0 M_U=10.0 f_{yh}=210

1层抗震验算结果（抗力与效应之比，括号内为配筋面积）

图 7-12 墙体抗震抗剪承载力验算结果

7.3.4 墙体其他计算及结果查看

7.3.4.1 墙体受压承载力计算及结果查看

程序取门、窗间墙段为受压构件的计算单元，无洞口时，取整个墙体为计算单元，当墙体中没有钢筋混凝土构造柱时，按无筋砌体构件的有关规定进行受压承载力计算。程序自动生成各墙段的横截面面积、轴向力设计值、影响系数或稳定系数、构造柱的截面面积和钢筋面积等计算参数，然后求出各构件的抗力和荷载效应之比，比值大于 1 表示墙体受压承载力满足要求，否则不满足，对于不满足要求的墙段，程序用红色字显示验算结果。如图 7-12 所示。

墙体受压承载力是按一字形墙段进行计算的，相交墙体未按 T 形截面处理。当出现一个较短墙段与另一个墙段相交，计算结果中有一个值大于 1.0，而另一个值小于 1.0 的情况时，如果二数的平均值大于 1.0，可认为两墙段受压承载力均满足要求。如图 7-13 所示。

7.3.4.2 墙体轴力设计值计算结果

点击“墙轴力图”，程序给出各层轴力设计值计算结果图，如图 7-14 所示。图中灰色字（程序用蓝色字）表示各墙段每延米的轴力设计值，标注方向与墙段平行。图中黑色字（程序用黄色字）表示大片墙每延米轴力设计值，标注方向与大片墙轴线垂直，供用户校核基础荷载。

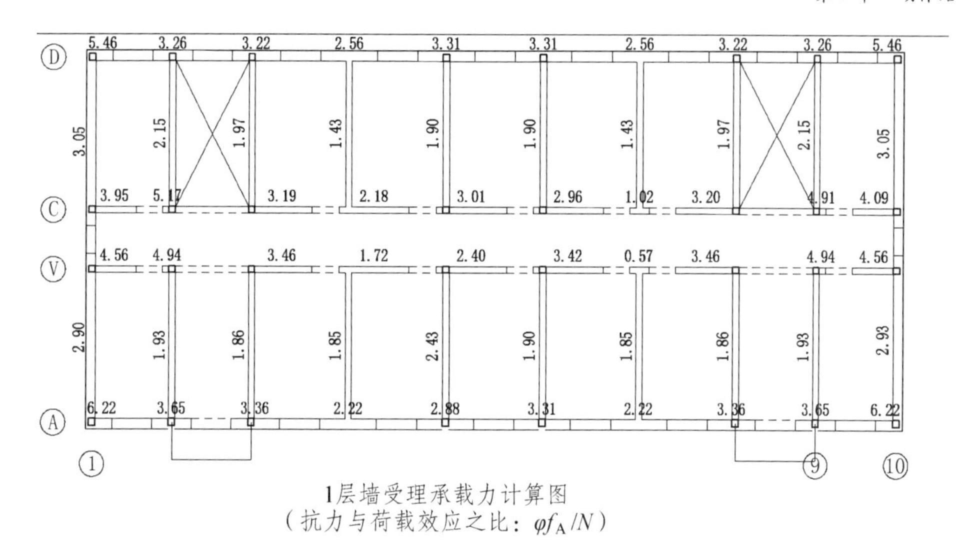

1层墙受理承载力计算图
（抗力与荷载效应之比：$\varphi f_A/N$）

图 7-13　墙体受压承载力验算结果

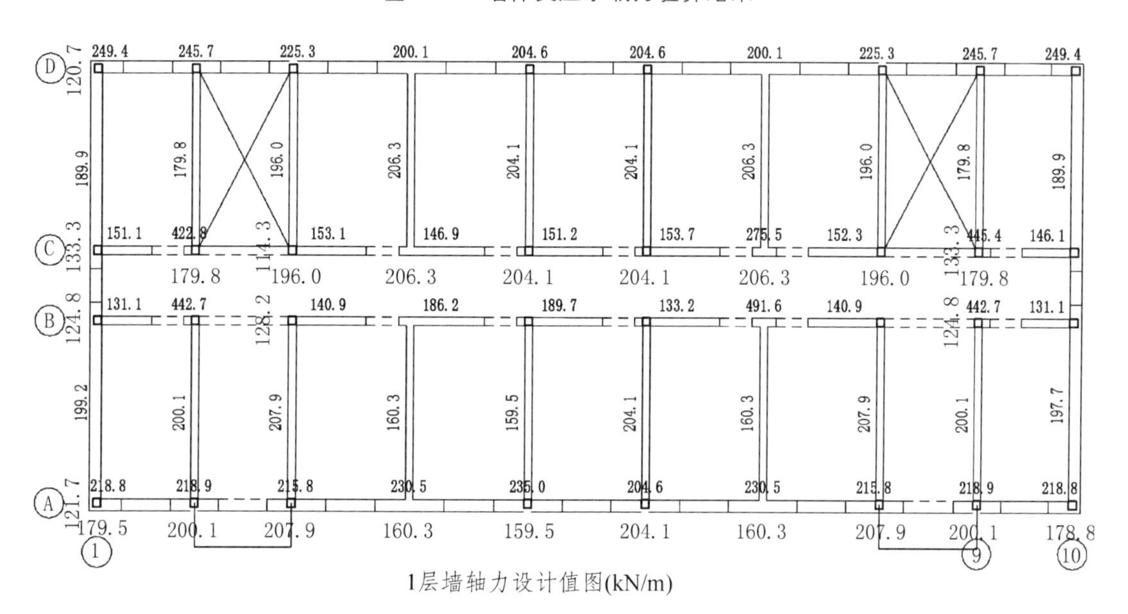

1层墙轴力设计值图(kN/m)

图 7-14　墙轴力设计值图

7.3.4.3　墙地震剪力设计值计算结果

点击“墙剪力图”，程序给出各层地震剪力设计值计算结果图，如图 7-15 所示。

7.3.4.4　墙体高厚比验算及结果

程序把相邻横墙间的墙体作为高厚比验算单元，对于长度小于 1.9 m 的单元，程序不作高厚比验算。

墙体高厚比验算结果图中输出“墙体高厚比/墙体修正允许高厚比”，当“墙体高厚比”≤墙体修正允许高厚比时，墙体高厚比满足要求，否则不满足要求，此时，程序用红色数字显示，如图 7-16 所示。

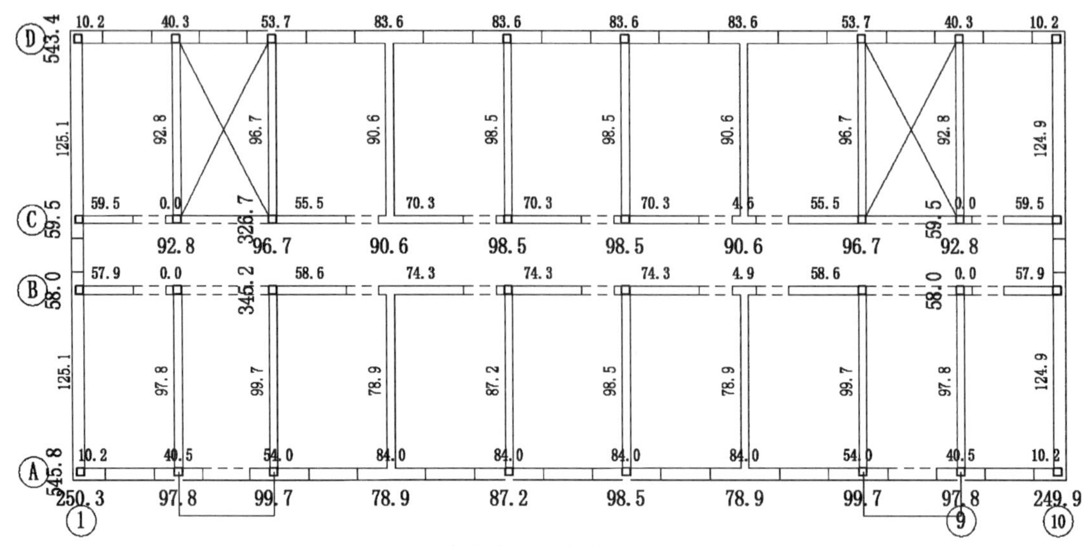

1层地震建立设计值图(kN)

图 7-15 墙体地震剪力设计值图

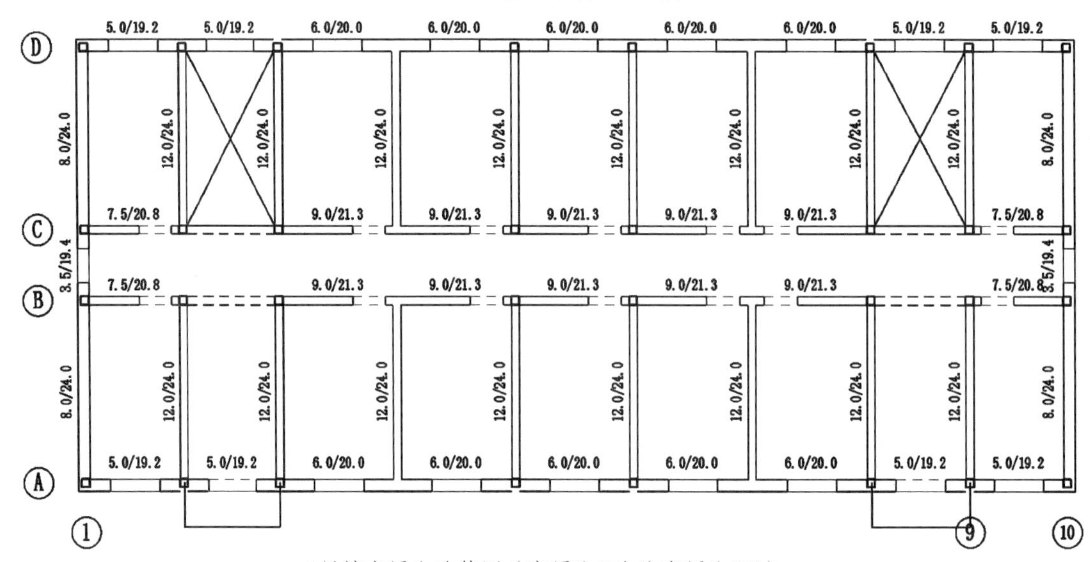

1层墙高厚比验算图（高厚比β/允许高厚比[β]）

图 7-16 墙体高厚比验算结果

7.3.4.5 墙体局部受压计算及结果

墙体局部受压是指作为梁端部或中间支座的墙体在梁端剪力作用下的局部受压，按以下4种情况计算：① 无垫梁；② 预制混凝土刚性垫块；③ 与梁端现浇整体混凝土垫块；④ 长度大于πh_0的垫梁（含圈梁）。

点击“局部承压”菜单后，程序自动搜索出梁支座节点，提取梁和局部受压墙体的几何、材料与荷载数据，无圈梁时，先按梁端无垫块考虑，给出局部受压计算结果。对于满足局部受压要求的支座节点，程序用绿色圆点标注；否则用红色圆点标注。当梁端有构造柱时，程序不作局压验算。计算局压强度提高系数时，混凝土砌块、多孔砖砌体均按已灌孔处理。

用户可点取“垫梁输入”菜单，对不满足局压验算的支座节点设置刚性垫块或长度大于πh_0

的垫梁（含圈梁），重新进行局压验算。

程序在墙体局部受压计算结果图中输出“抗力/荷载效应”，当抗力大于等于荷载效应时，墙体局部受压满足要求，计算结果用绿色数字显示；当抗力小于荷载效应时，墙体局压不满足要求，计算结果用红色数字显示。

7.4　结构平面图

【砌体结构辅助设计】中的菜单 4“结构平面图”可给出砌体结构平面图，包括预制楼板及现浇楼板施工图。

预制楼板和现浇楼板的参数及板面荷载等都在【砌体结构辅助设计】中的菜单 1“砌体结构建模与荷载输入”中输入。对于现浇楼板的定义及施工图绘制在本书混凝土结构设计中已有详细的介绍，此处主要介绍预制楼板的建模及绘图。

首先在【砌体结构辅助设计】的菜单 1“砌体结构建模与荷载输入”中，点击【楼层定义】—【楼板生成】—“生成楼板”，在房间上生成现浇板信息。接着点击【楼层定义】—【楼板生成】—“布预制板”，弹出图 7-17 所示预制板输入对话框，程序提供两种预制板布板方式。

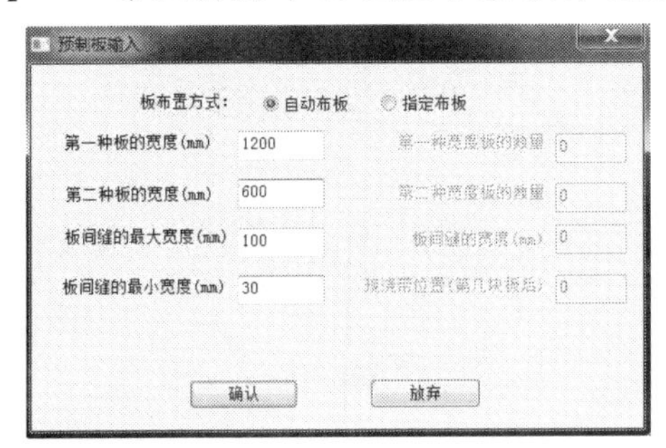

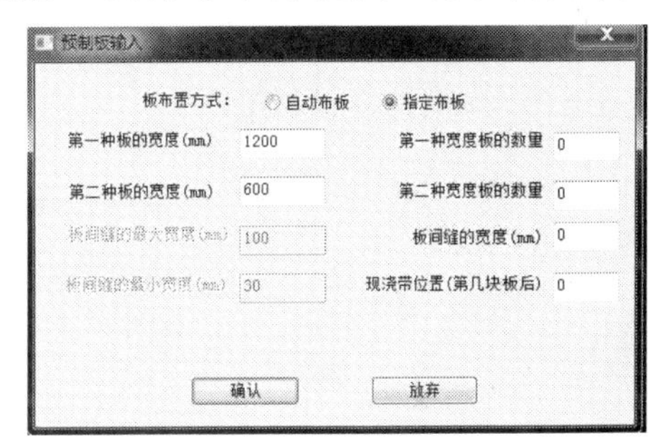

图 7-17　预制板输入对话框

自动布板方式：输入预制板宽度（每个房间可有 2 种宽度）、板缝的最大宽度限制与最小宽度限制。由程序自动选择板的数量、板缝，并将剩余部分做成现浇带放在最右或最上（以最小现浇带为目标）。

指定布板方式：由用户指定本房间中楼板的宽度和数量（每个房间可有 2 种宽度）、板缝宽度、现浇带所在位置。注意只能指定一块现浇带。

预制板的方向：确定布置后，鼠标光标停留的房间上会以高亮显示出预制板的宽度和布置方向，此时按键盘 Tab 键可切换布置方向，如图 7-18 所示。

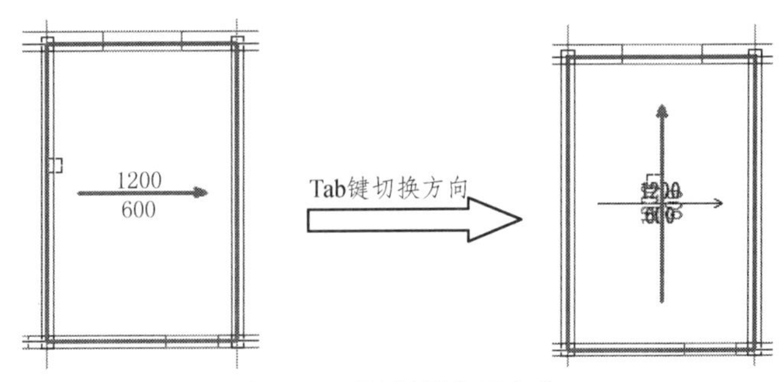

图 7-18　预制板布置方向

在【砌体结构辅助设计】的菜单 1“砌体结构建模与荷载输入”中定义好预制楼板后，进入【砌体结构辅助设计】的菜单 4“结构平面图”，将预制板信息在平面施工图中画出来。包括以下 4 项菜单。

板布置图：板布置图是画出预制板的布置方向，板宽、板缝宽，现浇带宽及现浇带位置等。对于预制板布置得完全相同的房间，仅详细画出其中的一间，其余房间只画上它的分类号。如图 7-19 所示。

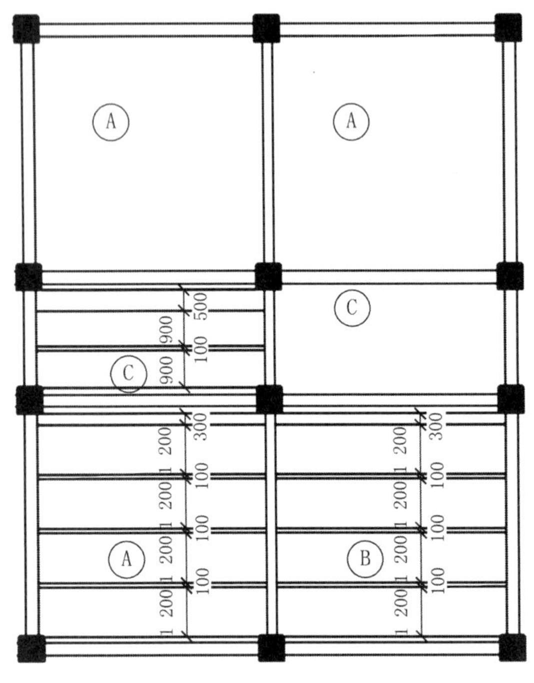

图 7-19　板布置图

板标注图：此为预制板布置的另一画法，它画一连接房间对角线的斜线，并在上面标注板的型号、数量等。先由用户给出板的数量、型号等，再用光标逐个点取该字符应标画的房间，点取完毕后，按鼠标右键退出操作。

预制板边：预制板边是在平面图上梁、墙用虚线画法时，预制板的板边画在梁或墙边处，若用户需将预制板边画在主梁或墙的中心位置时，则用本菜单操作。

板缝尺寸：用该菜单确定是否在预制板布置图上标注板缝位置及宽度等信息。

7.5　楼面梁的计算和绘制

楼面主梁的计算和绘制可在【底框及连续梁结构二维分析】模块下完成，采用 PKPM 系列软件的 PK 模块对梁进行平面杆系分析、内力计算及配筋、施工图绘制等。

7.5.1　生成 PK 数据

点击【底框及连续梁结构二维分析】，进入其主菜单，选择菜单 1【生成 PK 数据】，出现

图 7-20 所示界面。对于普通砌体结构的楼面梁，选用“3.连梁生成”功能，此处“连梁”是指楼面普通梁（简支单跨梁或连续梁），而非剪力墙结构中的连梁。点击“连梁生成”后，在图 7-21 对话框中选择要计算和绘图的梁所在楼层号，点“继续”，进入图形界面（图 7-22）用光标选择所需要的梁。

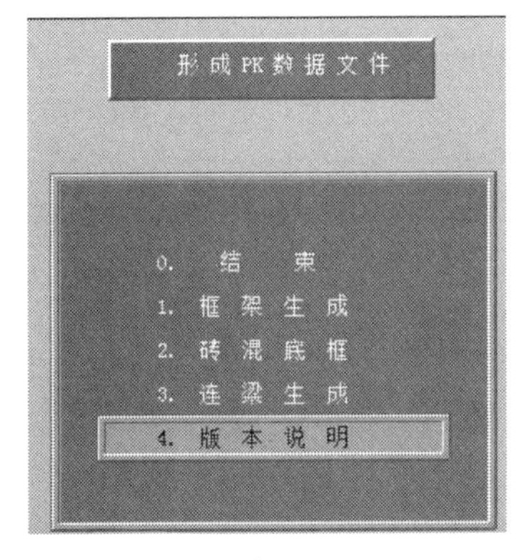

图 7-20　生成 PK 设计界面

图 7-21　输入生成连梁所在的楼层号

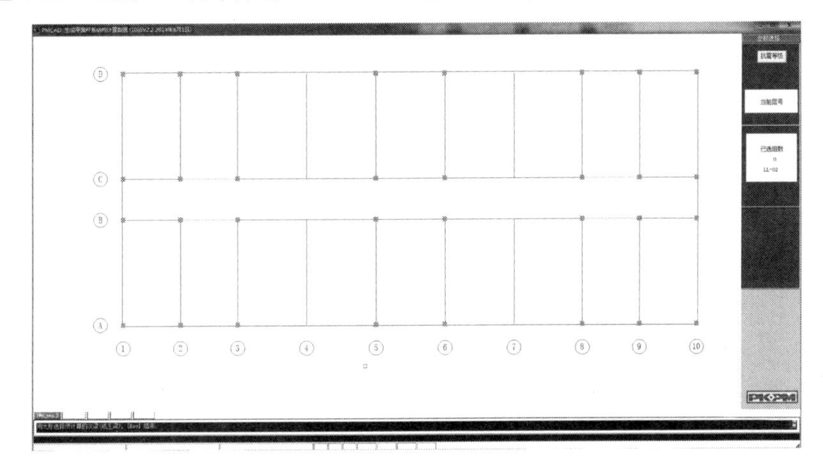

图 7-22　选择连梁图形界面

在选择界面（图 7-22）的右侧有“参数选择”栏，光标点击可分别对“抗震等级”“当前层号”、选择生成的数据文件名进行修改，默认文件名为 LL-01。

依顺序在屏幕上选择好一根梁（单跨或多跨均可）后，按鼠标右键，弹出对话框要求定义梁名称，定义好后回车，此时界面上被选择梁在和其他构件相交的节点上出现支座模式供修改。确认无误后，按鼠标右键确定。弹出如图 7-23 所示对话框，若一次进行多个连梁的计算，则可继续选择，否则按“结束”退出选择。

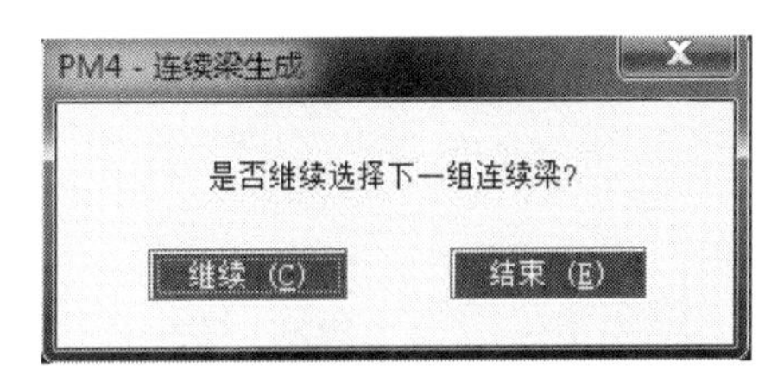

图 7-23　继续选择连梁对话框

退出后，程序将刚才所生成的文件直接进入 PK 软件进行数据检查。

7.5.2　PK 内力及配筋计算

点击【底框及连续梁结构二维分析】的菜单 2【PK 内力及配筋计算】，弹出图 7-24 所示菜单，点击“打开已有数据文件”，选择文件类型为“空间建模形成的连续梁文件（LL-*）”，在所示各文件中选择 LL-L1，进入 PK 平面杆件分析系统。

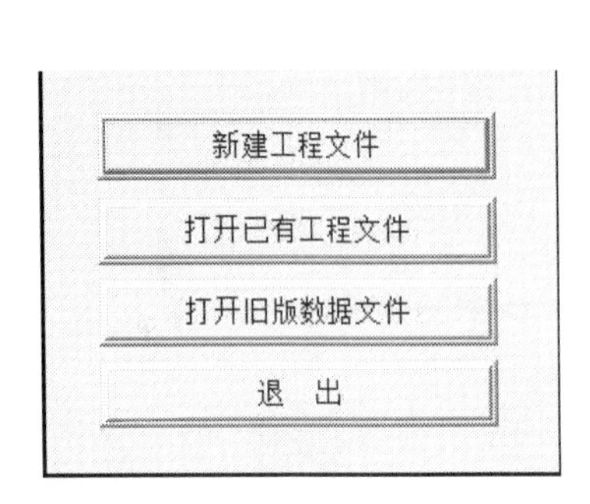

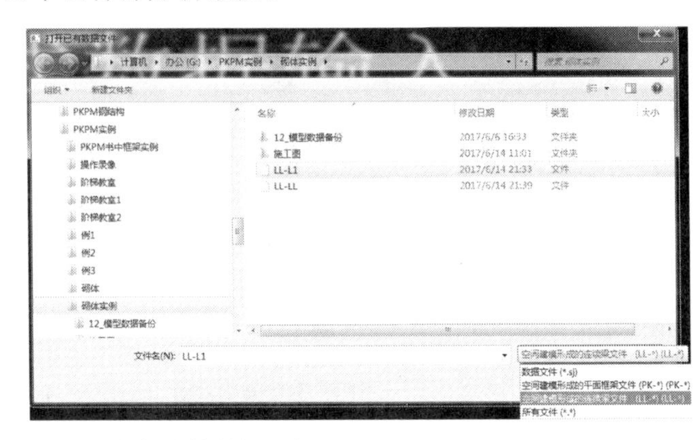

图 7-24　PK 内力计算数据选择

PK 分析计算系统，和空间杆件分析系统相比，其主要分析平面结构体系，如厂房排架结构、可简化为单榀分析的框架结构、连续梁、单跨梁等。在其操作菜单中，和空间分析过程相近，也包括参数输入、网格生成和编辑、构件布置、强度修改、荷载布置、立面检查、计算分析等环节，只是由空间操作简化为平面操作，其主要菜单结构如图 7-25 所示。

图 7-25　PK 平面分析系统的主要菜单结构

其中【参数输入】菜单主要用于框架、排架等大结构设计，故在连梁的计算中，许多设置并未用到。由于数据从已有整体模型中选择杆件生成，故参数输入中的各项参数均和整体模型相同，一般采用默认值即可。

下一步即可进入【计算简图】菜单，再次通过图形模式检查连续梁跨度、荷载等情况，并可生成图形文件以供存档。对于左风、右风、地震等项参数，普通楼面梁不予设置。

接着进入【结构计算】菜单，出现图 7-26 所示对话框，键入计算结果文件名，用户自行命名后，点击“确定”，程序进行计算，并弹出图 7-27 所示计算结果图形输出选择对话框，用户可选择查看计算结果。连梁一般可查看弯矩、剪力、配筋的包络图和各工况下的标准值图形等项。

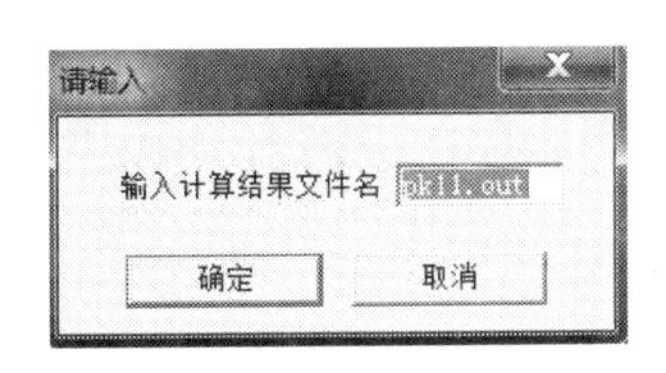

图 7-26　输入计算结果文件名

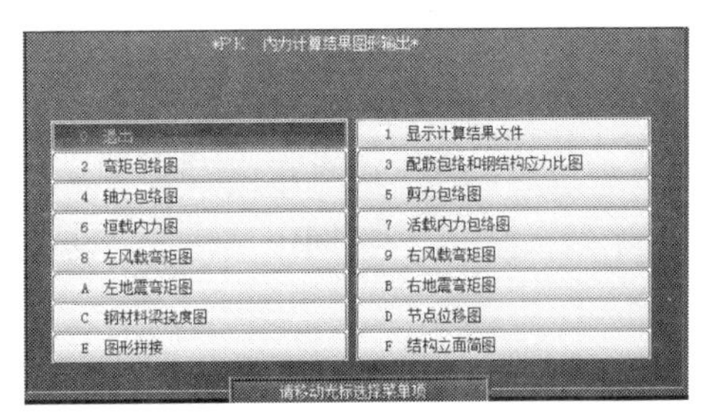

图 7-27　计算结果图形文件显示选择

弯矩包络图中，柱的弯矩包络以黄色数字显示，梁的包络以青色数字显示，数字标注方向和弯矩幅值方向平行；轴力包络图中，黄色代表柱子的轴力，括号内绿色数字代表其轴压比；剪力包络图则均以黄色显示；配筋包络图是指纵筋的配筋包络，颜色意义和弯矩包络图一致，梁的配筋给出的支座截面上部筋和跨中截面下部筋的最大值。

配筋验算若出现超筋等情况，则图中会有红色数字显示，用户可在本平面分析模块的前面进行梁截面尺寸的修改操作，直到验算满足。但此修改后的截面不能反馈到结构整体模型的建立中。

7.5.3　绘制连梁施工图

点击【底框及连续梁结构二维分析】的菜单 4【连续梁施工图】，程序首先弹出选筋和绘图参数定义对话框，如图 7-28 所示。下面对部分参数进行说明。

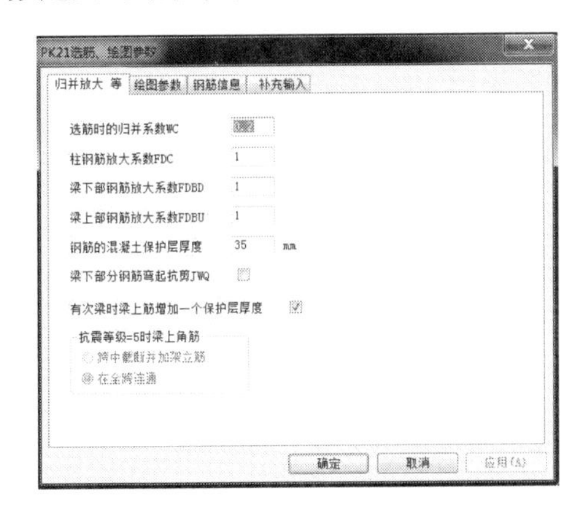

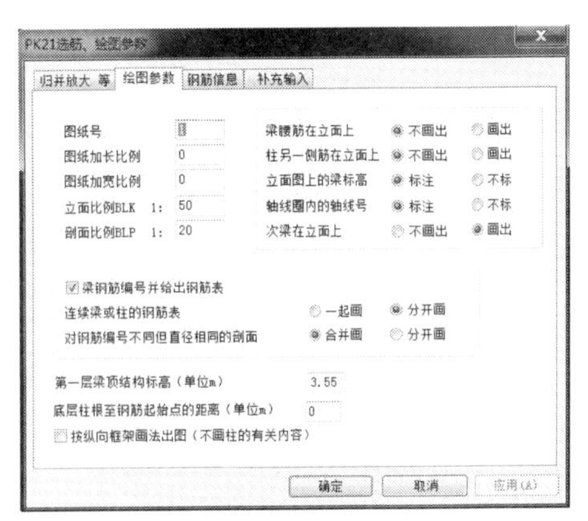

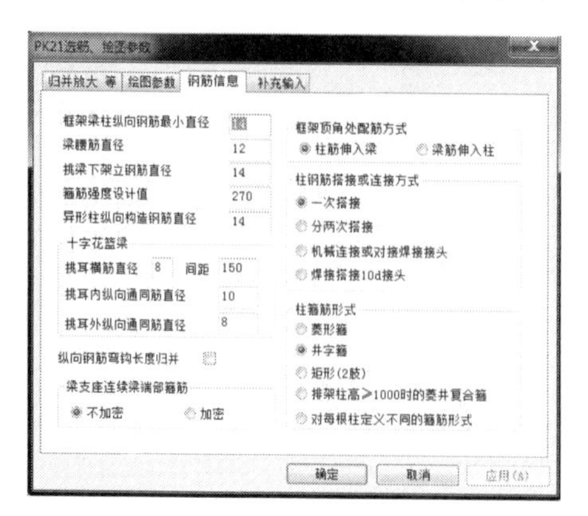

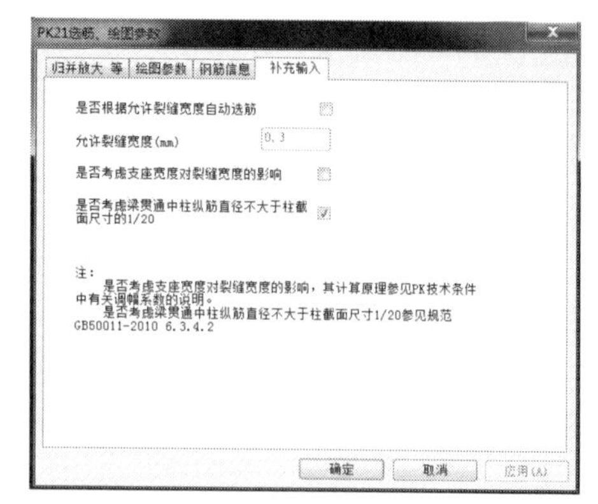

图 7-28　绘图及选筋参数定义对话框

1. 选筋时的归并系数（<1）

程序根据选筋归并系数将相差不大于该系数的计算配筋按同一规格选择，如 0.2 表示将相差不大于 20%的计算配筋按同一规格选钢筋（取其上限值），此值越大，则梁、柱剖面种类越少，但应注意经济性。

2. 抗震等级为 5 时梁上角筋

抗震等级为 5 时表示不进行抗震计算，当梁上角筋直径较小时（如小于 12 mm），可选择“在全跨连通”，若梁上角筋直径较大时，则宜选择“跨中截断并加架立筋”。

3. 是否根据允许裂缝宽度自动选筋

勾选此项时，程序选择钢筋时，不光考虑内力计算结果，还考虑满足裂缝宽度控制要求。

4. 是否考虑支座宽度对裂缝宽度的影响

选择了此项，程序将对梁支座处弯矩加以折减再验算裂缝宽度，将可以减少实配钢筋。

参数定义后，点击【施工图】菜单，即可绘制连梁施工图，如图 7-29 所示。

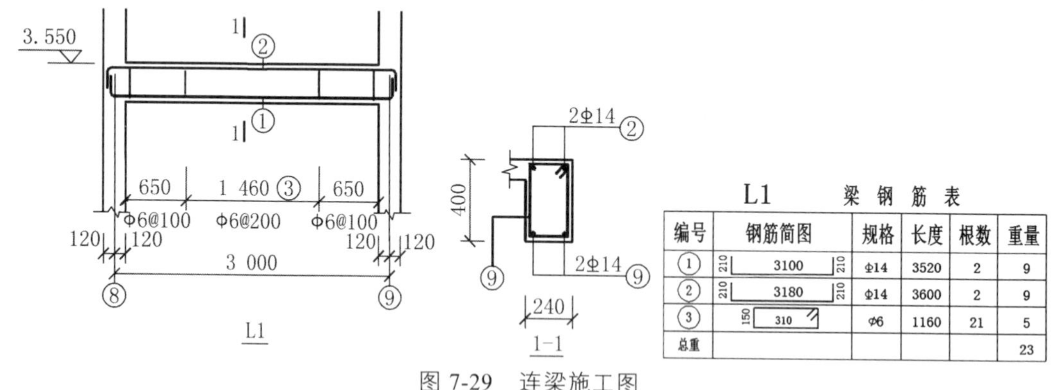

L1　　梁钢筋表

编号	钢筋简图	规格	长度	根数	重量
1	210 3100 210	Φ14	3520	2	9
2	210 3180 210	Φ14	3600	2	9
3	150 310	Φ6	1160	21	5
总重					23

图 7-29　连梁施工图

7.6　砌体结构详图设计

7.6.1　砌体结构详图设计概述

返回到【砌体结构辅助设计】中，其菜单 5【详图设计】主要用于设计圈梁详图、构造柱详图、芯柱详图，以及用于排块设计及详图绘制。其菜单内容如图 7-30 所示。

在本模块中，钢筋级别是以英文字母 A、B、C、D 等来表示的，其中 A 表示 HPB300，B 表示 HRB335（HRBF335），C 表示 HRB400（HRBF400、RRB400），D 表示 HRB500（HRBF500），E 表示冷轧带肋 CRB550。

7.6.2　圈梁详图

点击图 7-30 中的【圈梁】，出现图 7-31 所示圈梁菜单，此处可修改圈梁的配筋、圈梁与两侧楼板的关系（高差）、圈梁与墙体的关系（偏心）；除了输出圈梁的剖面详图外，还可输出圈梁的平面布置简图。以下说明主要菜单项的含义。

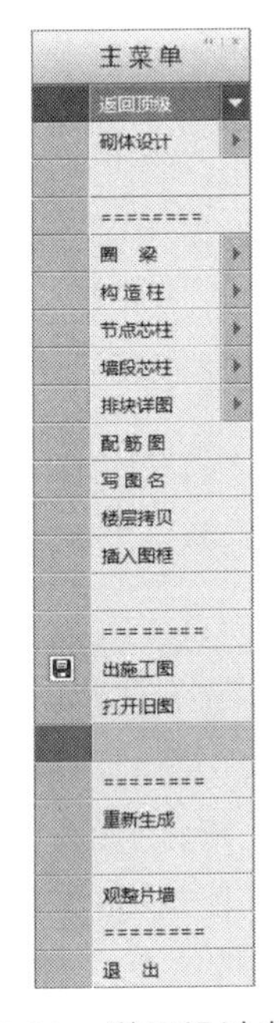

图 7-30　详图设计菜单

图 7-31　圈梁菜单

➢　**注意：**

圈梁的平面布置在【砌体结构辅助设计】的菜单 1【砌体结构建模与荷载输入】中完成。

1. 圈梁参数

点击“圈梁参数”，弹出图 7-32 所示圈梁参数定义对话框。此处可定义圈梁纵筋、箍筋等信息。

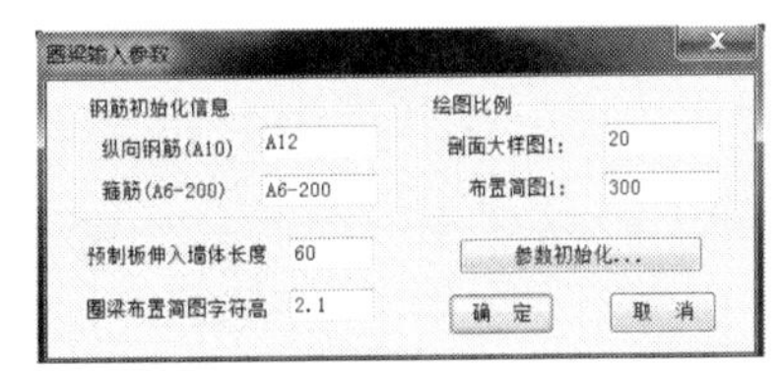

图 7-32　圈梁参数定义对话框

2. 重新生成

图 7-31 中的“重新生成”命令，仅与圈梁详图信息有关，与其他构件无关。该命令的使

用，有两种情况：

（1）在点取主界面的【详图设计】时，程序已根据圈梁的内定钢筋初始化信息，结合圈梁所处的楼板及墙体位置关系，自动形成圈梁详细信息，当自动生成的圈梁详图信息与设计者意图不一致时，可通过对“圈梁参数”中钢筋信息的修改，再点取该项菜单，即可重新得到圈梁详图信息。

（2）对圈梁详图修改后，若对结果仍不满意，也可点取该命令实现对圈梁详图的重新生成。

3. 钢筋修改

可通过【改钢筋】菜单，通过截面修改或列表修改的方式，对圈梁配筋进行修改。如图 7-33 所示。

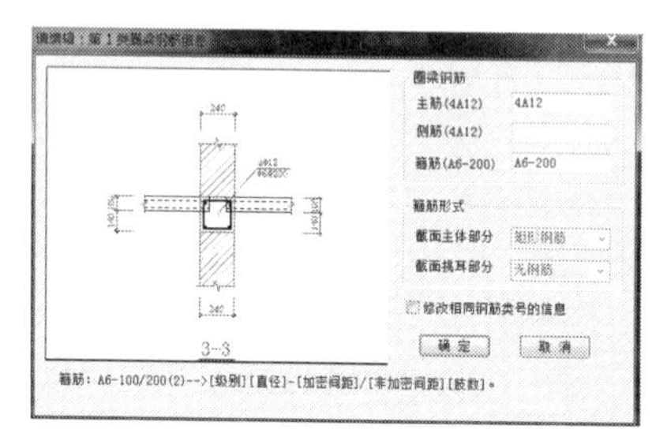

图 7-33　修改圈梁钢筋

4. 改详图

通过该菜单可修改圈梁的截面信息（圈梁的周边）和钢筋信息。钢筋信息与【改钢筋】菜单的内容相同，截面信息则可修改：“上部墙厚度”即位于圈梁上部墙体的厚度；“上部墙偏心”即位于圈梁上部墙体相对于圈梁下部墙体的偏心矩；“下部墙厚度”即位于圈梁下部墙体的厚度；“圈梁偏心”即圈梁截面相对于圈梁下部墙体的偏心矩；“梁顶面高差”即圈梁顶面标高相对于楼层标高的高差；“左板”即圈梁左侧的楼板信息；“右板”即圈梁右侧的楼板信息；“砖墙填充”即在圈梁详图中，对圈梁上下的砖墙图示是否填充。如图 7-34 所示。

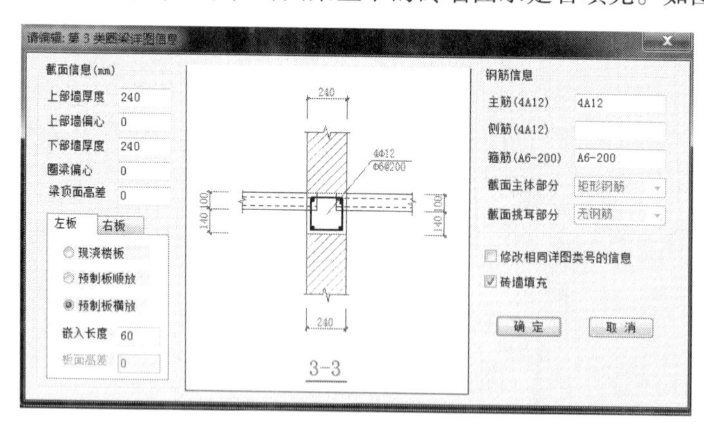

图 7-34　改详图对话框

5. 布详图

通过该菜单可将圈梁的平面布置简图和剖面详图布置在施工图中。有“窗口布置”和“逐个布置”两种方式，如图 7-35 所示。

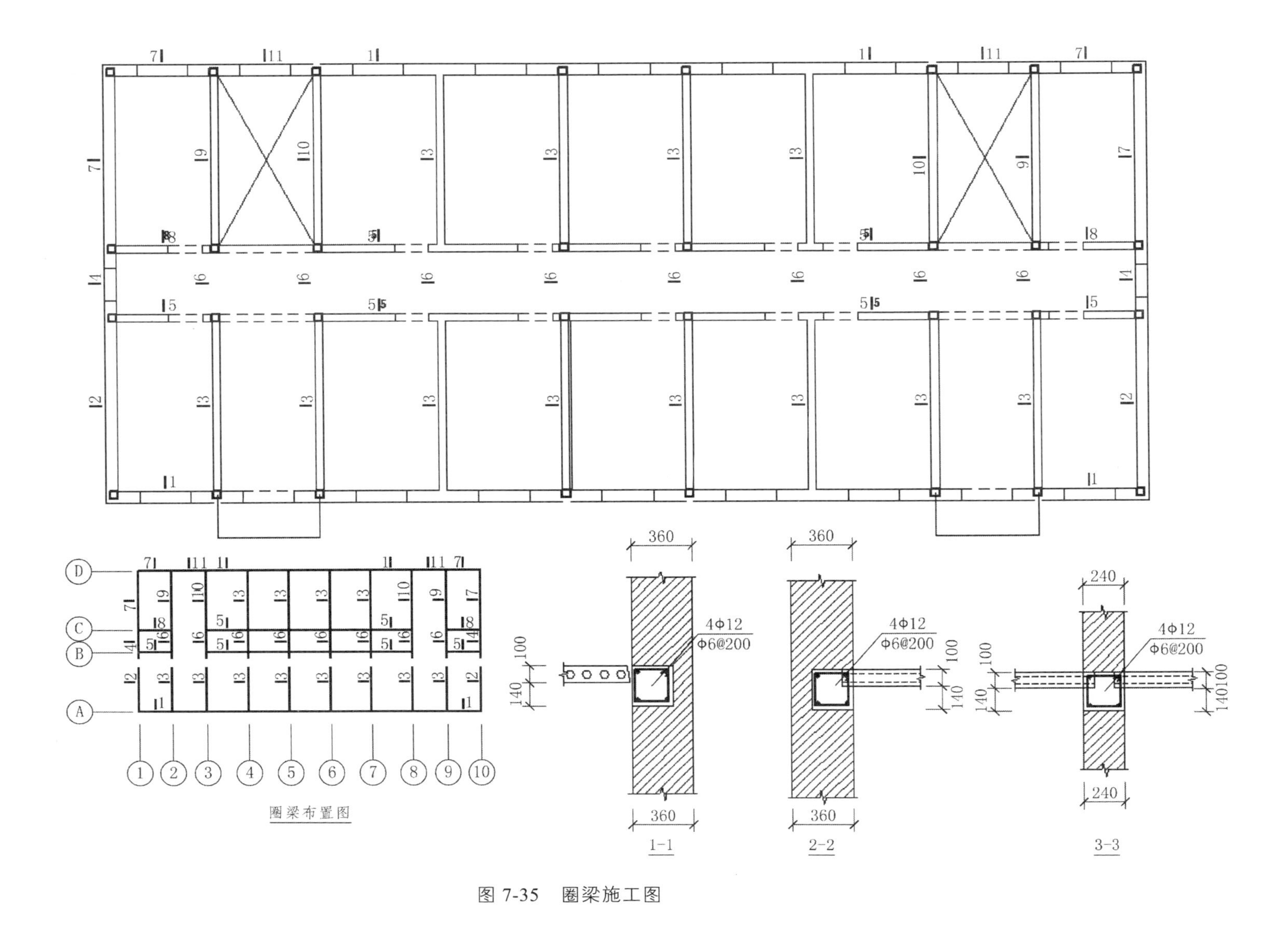

图 7-35　圈梁施工图

7.6.3 构造柱详图

点击图 7-30 中的【构造柱】，出现图 7-36 所示构造柱菜单，其子菜单项与圈梁类似，此处可修改构造柱的配筋。其各项菜单操作与圈梁类似，此处不再赘述。

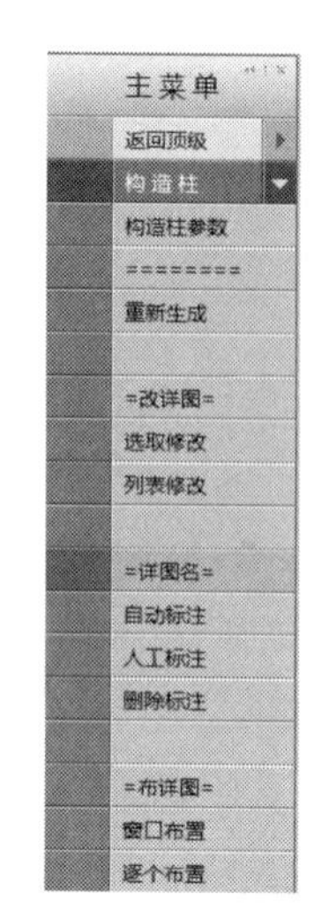

图 7-36 构造柱菜单

对于不同尺寸和截面形状的构造柱，程序分别按矩形、L 形、T 形、十字形对其进行相应根数的纵筋设置，若构造柱尺寸过大，用户应在生成的详图上进行适当修改。

➢ **注意：**

只有在【砌体结构辅助设计】的菜单 1【砌体结构建模与荷载输入】中，用【楼层定义】—【柱布置】中定义柱截面时，复选了“构造柱”的柱，才能在本模块中将其按构造柱处理。

在圈梁、构造柱的平面布置图和详图绘制出后，可用“插入图框”“出施工图”等命令完成施工图绘制。

➢ **注意：**

除圈梁或构造柱的设计处理对断面配筋有要求外，其节点构造（如圈梁转角处做法、构造柱马牙槎做法、圈梁构造柱与楼面梁的连接等都需要明确），设计时可在图纸中说明其做法参照相关标准图集的要求。

对于普通砌体结构，【设计详图】中的砌体功能都不需使用。用鼠标右键点击屏幕菜单的“退出”按钮，保存数据，退出详图设计。

小结：

对于普通砌体结构，经过建模布置、荷载输入、信息录入、整体计算、结构平面绘制、楼面梁设计、圈梁构造柱详图设计，即可完成上部主体结构的设计，并绘制出各标准层的相关施工图。另外再结合 PKPM 的 JCCAD、LTCAD，可完成基础和楼梯设计，JCCAD 和 LTCAD 的使用方法已在本书前述相关章节中进行了讲解，此处不再重复。最后补充必要的局部节点详图、结构设计总说明，即可完成普通砌体结构的设计。

第 8 章　工程实例——阶梯教室设计

【本章导读】

本章以一个四层阶梯教室（钢筋混凝土框架结构）为例，说明了较为复杂的错层结构在建模、计算分析以及结构施工图绘制中应当注意的主要问题。

【学习目标】

（1）重点掌握错层结构建模方法。

（2）对 SATWE 计算分析结果不满足规范要求时的处理方法。

（3）能够正确绘制楼梯施工图。

8.1　工程概况

工程名称：某大学教学楼（阶梯教室）设计

本工程为钢筋混凝土框架结构工程。建设地点：四川省成都市郊区。建筑概况：地上 4 层，各层建筑层高均为 4 m，室内外高差 0.5 m，层顶标高 16.5 m。1 ~ 4 层的结构层高分别取为 5.2 m（根据地勘资料，从基础顶面算起，初步估计首层室内地面到基础顶面高度为 1.2 m）、4 m、4 m、4 m。总建筑面积约为 4400 m^2。不上人屋面，无地下室。各层建筑平面图、立面图、剖面图等分别如图 8-1 ~ 图 8-6（书末大图）所示。

建筑各部分做法：

（1）填充外墙采用 200 厚页岩空心砖，考虑墙体两侧抹灰后的自重 3.0 kN/m^2；填充内墙采用 200 厚页岩空心砖，考虑墙体两侧抹灰后的自重 2.8 kN/m^2。

（2）标准层楼面做法及荷载见表 8-1：

表 8-1　标准层楼面做法及荷载标准值（板厚 120 mm）

构造做法	面荷载/（kN/m^2）
板面装修荷载	1.10
结构层：120 厚现浇钢筋混凝土板	0.12×25=3
抹灰层：10 厚混合砂浆	0.01×17=0.17
合计	4.27 取 4.5

卫生间楼面做法及荷载见表 8-2：

表 8-2 卫生间楼面做法及荷载标准值（板厚 120 mm）

构造做法	面荷载/（kN/m^2）
板面装修荷载	1.10
找平层：15 厚水泥砂浆	0.015×20=0.30
结构层：120 厚现浇钢筋混凝土板	0.12×25=3
防水层	0.30
蹲位折算荷载（考虑局部 20 厚炉渣填高）	1.5
抹灰层：10 厚混合砂浆	0.01×17=0.17
合计	6.37 取 6.5

不上人屋面做法及荷载见表 8-3：

表 8-3 不上人屋面做法及荷载标准值（板厚 120 mm）

构造做法	面荷载/（kN/m^2）
面层：40 厚 C20 细石混凝土防水	1.00
防水层：三毡四油	0.4
找平层：20 厚水泥砂浆	0.020×20=0.40
找坡层：40 厚水泥石灰焦渣砂浆 3‰	0.04×14=0.56
保温层：80 厚矿渣水泥	0.08×14.5=1.16
结构层：120 厚现浇钢筋混凝土板	0.12×25=3
抹灰层：10 厚混合砂浆	0.01×17=0.17
合计	6.69 取 7.0

（3）门窗均采用白色塑钢门窗，自重为 0.45 kN/m^2。

8.2 设计资料

8.2.1 工程地质资料

根据地质勘察标高，工程场地范围内地下水贫乏，不具有稳定地下水位的潜水含水层。不考虑土的液化。土体构成自地表向下依次为：

（1）填土层：厚度约为 0.5 m，承载力特征值 $f_{ak}=60\ kPa$，天然重度 17.6 kN/m^3。

（2）粉质黏土①：厚度为 1.5 ~ 2.0 m，承载力特征值 $f_{ak}=180\ kPa$，天然重度 18.5 kN/m^3。

（3）粉质黏土②：厚度为 2 ~ 2.5 m，承载力特征值 $f_{ak}=200\ kPa$，天然重度 19.5 kN/m^3。

（4）含卵黏土：厚度为 3 ~ 4.5 m，承载力特征值 $f_{ak}=240\ kPa$，天然重度 22 kN/m^3。

（5）中风化基岩：承载力特征值 $f_{ak}=550\ kPa$，天然重度 24.1 kN/m^3。

工程所在建筑场地土类别为二类。

8.2.2　气象资料

（1）气温：年平均气温 21.2 °C，最高气温 37.8 °C，最低气温 2 °C。
（2）雨量：年均降雨量 960 mm。
（3）基本风压：$W_0 = 0.30\ \text{kN/m}^2$，地面粗造度类别为 B 类（查《荷载规范》）。
（4）基本雪压：$0.10\ \text{kN/m}^2$。

8.2.3　抗震设计资料

本工程抗震设防分类为标准设防类。抗震设防烈度为 7 度，设计基本地震加速度值为 0.10g，建筑场地土类别为Ⅱ类，设计地震分组为第三组，场地特征周期为 0.45 s，框架抗震等级为三级（查《抗震规范》）。

8.2.4　材料

梁、板、柱混凝土均选用 C30，基础混凝土选用 C20，梁、板、柱、基础主筋选用 HRB400，箍筋选用 HRB335，其余钢筋选用 HPB300。

8.3　PKPM 设计过程

8.3.1　PMCAD 建模注意事项

1. 结构平面布置和构件截面尺寸初估

根据建筑平面图，确定本结构框架柱及框架梁的基本平面位置如图 8-7（a）（书末大图）所示。本结构采用的大板跨布置，未在阶梯教室中采用密肋或井字楼盖设计，考虑到本结构阶梯教室框架梁最大跨度达 15 m，也可采用井字楼盖或密肋楼盖布置，读者可自行比较两种结构布置方案的设计计算结果。

根据本书 2.4.4 节中，柱截面尺寸估算的方法，初步估计确定柱的截面尺寸为 500 mm×500 mm。

梁的截面尺寸的确定，应根据建筑布置的需要，在①、③轴线交Ⓐ、Ⓔ轴线，⑩、⑬轴线交Ⓒ、Ⓔ轴线处形成两个开间 10m 的阶梯教室，在④、⑦轴线交Ⓒ、Ⓕ轴线处形成开间 15 m 的阶梯教室，故根据本书 2.4.4 节中梁的跨高比经验值，可定义阶梯教室中跨度较大的梁分别为 400 mm×850 mm、400 mm×1200 mm，其余框架梁或次梁跨度均在 5 m 左右，定义其截面尺寸为 200 mm×450 mm（第 1 结构层取为 250 mm×450 mm）。各标准层结构平面布置如图 8-7（书末大图）所示。

2. 结构构件竖向标高修改

因为本工程为一个阶梯教室，在同一结构层，部分梁柱顶点的标高与本层板顶标高不同，可通过修改“上节点高”的方法（参见本书 2.4.3 节相关内容）进行修改。

3. 部分结构构件采取近似建模的方法

本工程中，②、③轴线交Ⓔ轴线外侧的踏步，④ ~ ⑦轴线交Ⓕ轴线外侧的踏步，以及Ⓐ、

Ⓒ轴线交⑬轴线内侧的踏步均采用斜梁模拟，不宜直接建成锯齿型折梁的模型。

此外，为了便于楼板生成，宜将⑫、⑬轴线间次梁与Ⓒ、Ⓔ轴线间阶梯教室最后一级的折梁对齐（近似处理）。

4. 虚梁的应用

为了使阶梯教室最后一阶折梁处能形成折板，可采用建 100 mm×100 mm 的虚梁的方法处理，如图 8-8 所示。

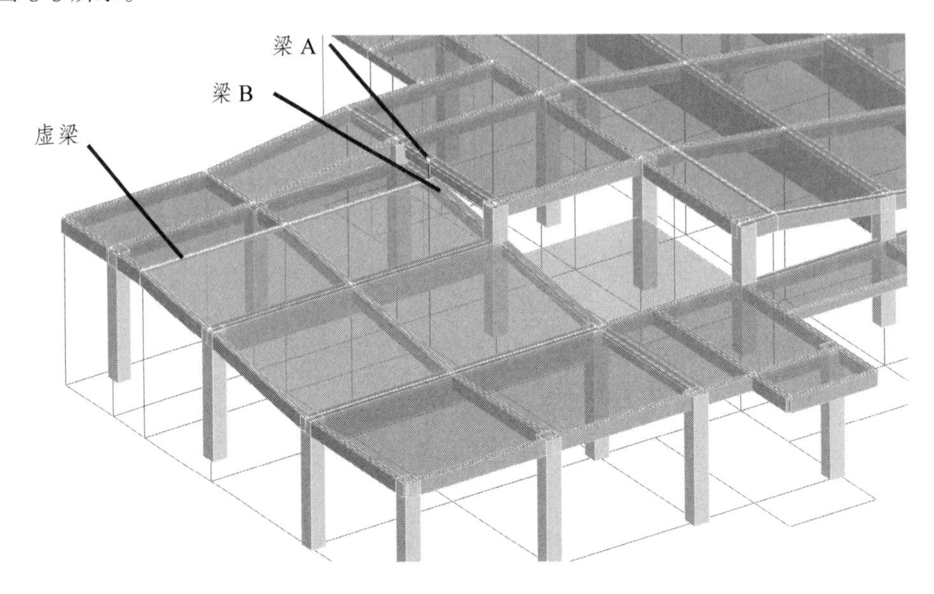

图 8-8 用虚梁形成斜板

为了形成 1#楼梯标高为 5.800 处的楼板，可在③轴线交Ⓓ轴线处将该节点的上节点高提高至 1800，在此处直接按输入梁顶标高不同的梁的方式建立两根梁，如图 8-8 所示梁 A、梁 B。

5. 用斜杆替代梁上柱

在⑬轴线旁的踏步的内侧梁与Ⓒ轴线相交处可设梁上柱，以支撑踏步上方梁 2（图 8-9）。但用柱建模时，注意将该柱作为上一层的柱进行布置，否则 PMCAD 退出时，会提示悬空柱。另外此处也可以采用斜杆直接在本层模拟该梁上柱[图 8-9（a）]，这样 PMCAD 不会提示悬空柱，但在柱施工图中应相应注意补充该斜杆配筋（SATWE 中能输出相应计算结果）。本例采用斜杆建模后，再将该斜杆删除（用悬臂梁 1 支撑梁 2），以达到在同一坐标位置建立两个节点的目标[图 8-9（b）]。

6. 荷载输入

考虑活荷载折减时，根据《荷载规范》5.1.2 条，应选择“当楼面梁从属面积超过 50m^{2}时，应取 0.9”项。

各楼屋面恒载根据表 8.1 ~ 8.3 输入，均选取“自动计算现浇板自重”，则填写的恒载值均应扣除现浇板自重“3”。

楼（屋）面均布活荷载根据《荷载规范》表 5.1.1、表 5.3.1 查得。

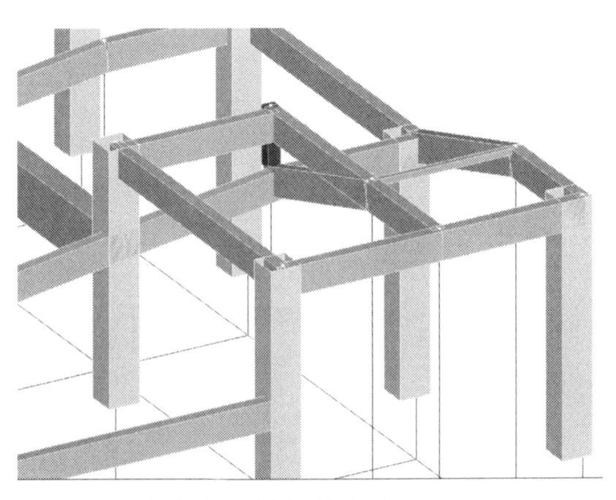

(a) 斜杆模拟梁上柱

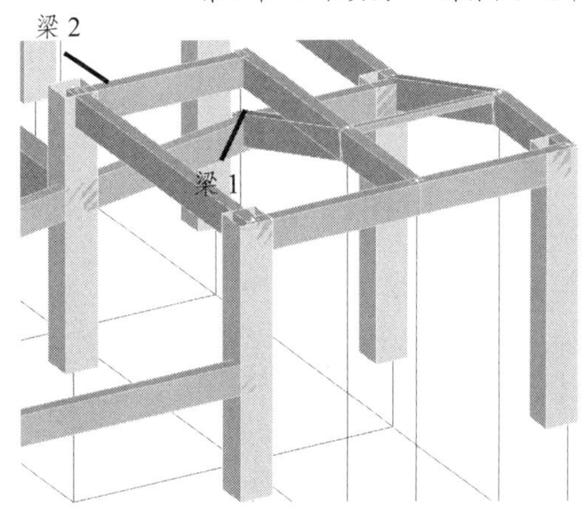

(b) 删除斜杆后的结构

图 8-9　斜杆代替梁上柱

“梁间荷载”应根据隔墙厚度、高度等换算为均布线荷载定义。以①轴线梁间荷载为例计算如下：

$$\frac{[(4-0.45)\times5-(1.8\times4.37)\times3]+1.8\times4.37\times0.45}{5}=6.64\ \text{kN/m}$$

其余梁间荷载计算过程略，具体计算方法可参看本书 2.4.5 节，取值见表 8-4。

表 8-4　各类墙体荷载表

位置		梁间荷载标准值/（kN/m）
走廊栏杆		4
外墙	无窗	10
	有窗（窗洞宽 4.37 m）	6.7
	有窗（窗洞宽 3 m）	8
内墙		9
屋顶女儿墙		5.4

楼梯间荷载的输入采用近似输入方法，即采取将楼梯间恒载按表 8.5 计算再适当增大后直接布置楼面恒载的方法输入。

楼梯按梯段板水平投影长度 3080 mm，梯段板高度 2000 mm 计算，$\cos\alpha=0.839$，则梯段斜板实际长度 L'为 3672 mm，按（1/25 ~ 1/30）L'估算梯板厚度，取梯板厚 130 mm。各踢步高取 167 mm，各踏步宽取 280 mm。

楼梯楼面恒载的计算过程见表 8-5。

表 8-5　楼梯梯段斜板荷载计算表

荷载种类		荷载标准值/（kN/m²）
恒荷载	栏杆自重	0.2
	锯齿型斜板自重	25×0.167/2+25×0.13/0.839=2.0875+3.874=5.96
	30 厚水磨石面层	0.65×（0.28+0.167）/0.28=1.038
	板底 20 厚纸筋灰粉刷	16×0.02/0.839=0.38
	恒载合计	7.58 取 8
活荷载		3.5

7. 设计参数

根据气象资料和抗震设计资料定义相关设计参数。具体设置过程参见前述各章，此处不再赘述。

PMCAD 完成建模后的结构整体三维模型如图 8-10 所示。

（a）正面观察空间模型

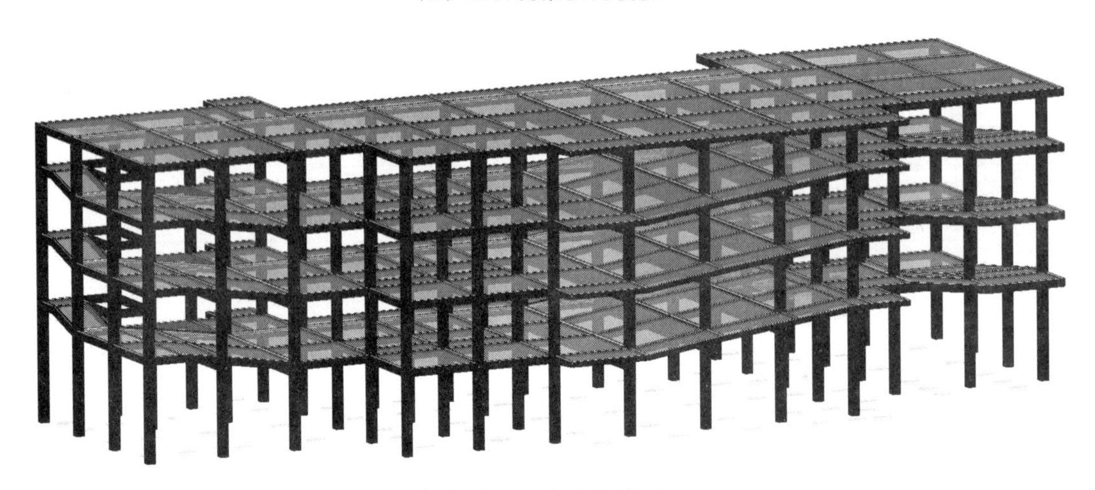

（b）背面观察空间模型

图 8-10　结构整体三维模型

8.3.2　SATWE 前处理注意事项

1. 强制刚性楼板假定

“分析和设计参数补充定义”的“总信息”页中，应采用“强制刚性楼板假定”计算位移比等参数。

2. 关于活荷载折减

在 PMCAD 中，不设置活荷载折减，在 SATWE 前处理“分析和设计参数补充定义”的“活载信息”页中，“墙、柱设计时的活荷载”勾选“折减”，在“楼面梁活荷载设置”中勾选“从属面积超过 50m² 时，折减 0.9”（参考《建筑结构荷载规范》GB 50009-2012），得到框架梁、柱的内力及配筋计算数据，作为后续框架梁、柱配筋依据。

3. 特殊构件定义

在“特殊构件补充定义”中，将虚梁定义为“两端铰接”梁，并注意定义角柱。

8.3.3　SATWE 计算结果查看注意事项

1. 配筋超限构件的处理

查看 SATWE 计算结果图形输出文件“混凝土构件配筋及钢构件验算简图”后发现，部分悬臂梁超筋（主要是顶层悬臂梁，其悬臂端负钢筋配筋率超过《抗震规范》6.3.4 条“纵向受拉钢筋配筋率不宜大于 2.5%的限值”），因此回到 PMCAD 中修改悬臂梁为变截面梁，重新计算。此外，在阶梯教室周边柱中由于距离较小的梁将柱分成了长度很小的短柱，如图 8-11 所示②、③轴线交Ⓔ轴线的柱配筋，其中蓝色字体标注的柱为超过规范要求的柱（程序中为红色字体标注）。通过查看该柱的构件信息（MemInfor.txt 文件），可以发现该柱在 X 方向斜截面抗剪计算时，最小截面尺寸未达到规范要求，但由于该柱计算高度很小（仅为 0.6 m），已接近其连接的梁高（0.5m），所以对程序输出的这段超短柱可按照《抗震规范》附录 D 关于框架节点核心区抗剪最小截面尺寸的要求进行验算，并按照框架节点核心区进行截面设计并符合相关构造。此外⑥轴线交Ⓒ轴线的柱在 Y 方向也存在类似问题，可进行类似处理。

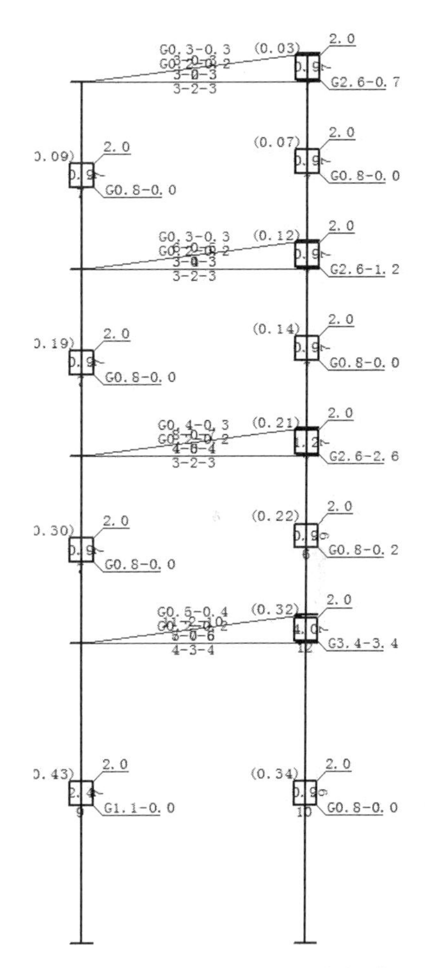

图 8-11　立面显示的②～③轴线交Ⓔ轴线的梁柱配筋计算简图

另外，当梁柱或其他受力构件在截面验算超限时，不要简单地用增大超限构件的断面的方法调整，可以尝试调整结构平面布置，或调整与之相关构件的截面尺寸等方法来改变结构的传力途径或内力分配关系，从而解决超限问题。

2. 其他结果图形文件的查看

查看 SATWE 计算结果图形输出文件“各荷载工况下结构空间变形简图”和“结构整体空间振动简图”发现结构不存在局部振动，且变形分布比较均匀。

3. 薄弱层处理

查看 SATWE 计算结果文本输出文件 WMASS.OUT，其中“各层刚心、偏心率、相邻层侧移刚度比等计算信息”中，第 1 层与相邻上层侧向刚度比小于 0.7，与相邻上三层刚度平均值的比值小于 0.8（即输出文件中的“Ratx1”与“Raty1”均小于 1），不满足《高层规程》3.5.2-1 条规定，程序自动取该层为薄弱层，并取地震剪力放大系数为 1.25（分析原因，主要是底层柱的计算高度较以上各层柱大得比较多引起的）。本页显示的其余验算内容均满足要求。

4. 周期计算结果回填

查看 SATWE 计算结果文本输出文件 WZQ.OUT，得到 X 方向第 1 平动周期为 0.9991s，Y 方向第 1 平动周期为 1.0124s，应将其回填至 SATWE “分析和设计参数补充定义”的“风荷载信息”页中；本页显示的其余各项计算参数均满足要求。

5. 偶然偏心和双向地震作用

分别查看 X 方向和 Y 方向“地震作用规定水平力下的楼层最大位移”，检查位移比，发现在“Y+（Y－）偶然偏心”下，最大位移比超过已 1.2，故本多层结构应在 SATWE“分析和设计参数补充定义”的“地震信息”页中勾选“考虑偶然偏心”与“考虑双向地震作用”。本页显示的其余验算内容满足要求。

6. 超配筋信息查看

在 SATWE 计算结果文本输出文件 WGCPJ.OUT 中显示的超配筋信息和在“混凝土构件配筋及钢构件验算简图”中查看的结果一致，可根据上述方法调整。

7. SATWE 前处理各页参数设置（图 8-12）

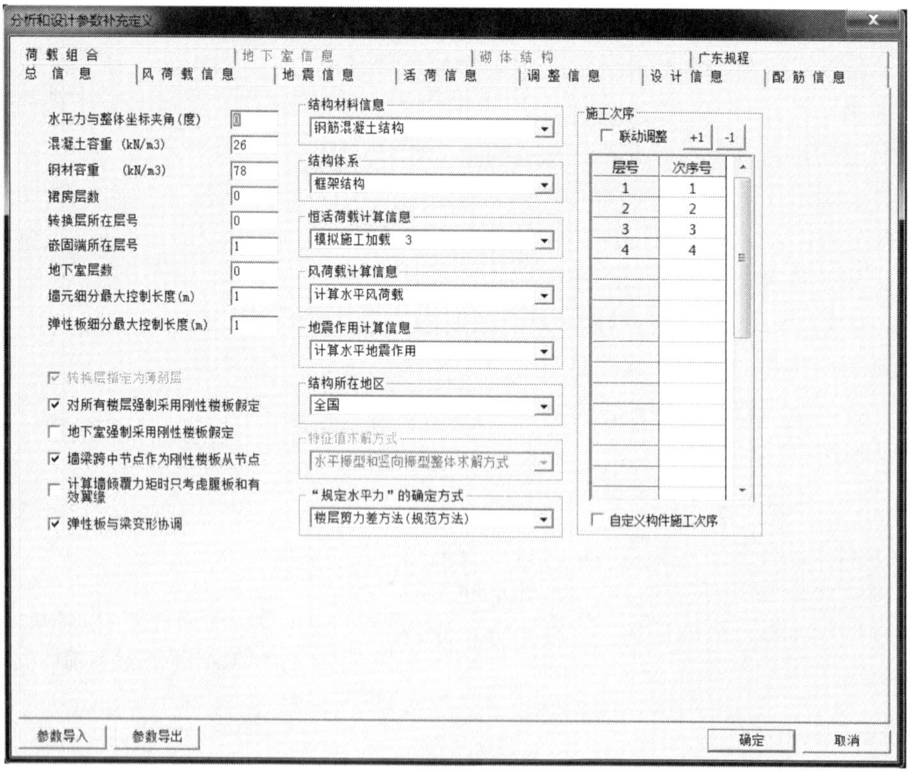

（a）总信息设置

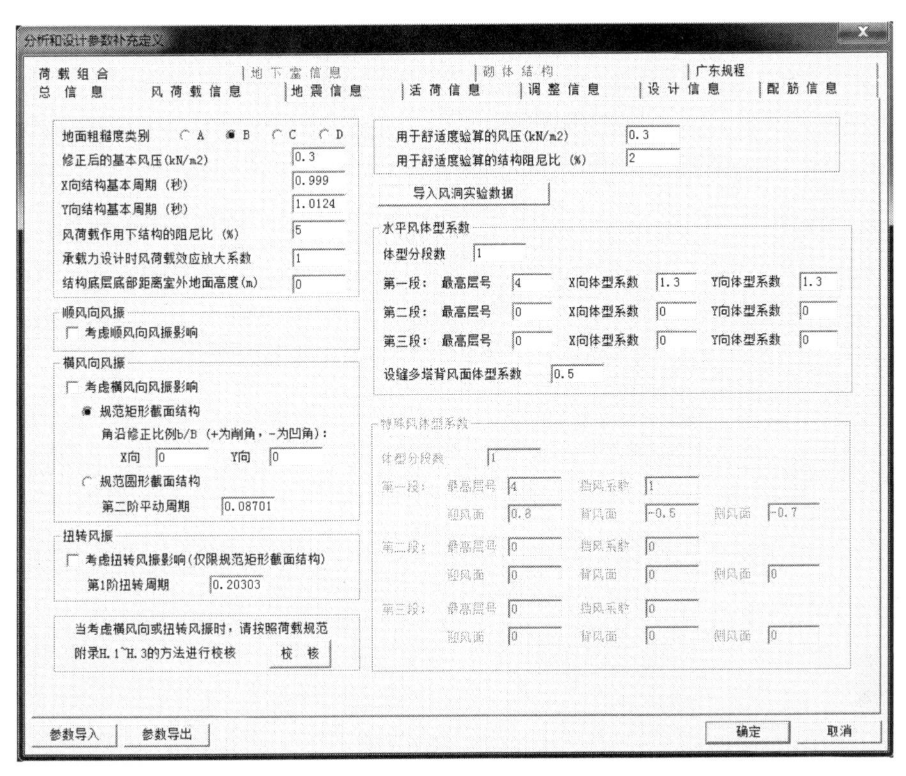

（b）风荷载信息设置

分析和设计参数补充定义

荷载组合　地下室信息　砌体结构　广东规程

总信息　风荷载信息　地震信息　活荷信息　调整信息　设计信息　配筋信息

结构规则性信息　不规则

设防地震分组　第三组

设防烈度　7（0.1g）

场地类别　II 类

砼框架抗震等级　3　三级

剪力墙抗震等级　3　三级

钢框架抗震等级　3　三级

抗震构造措施的抗震等级　不改变

中震(或大震)设计　不考虑

按主振型确定地震内力符号

按抗规(6.1.3-3)降低嵌固端以下抗震构造措施的抗震等级

☑ 程序自动考虑最不利水平地震作用

☑ 考虑双向地震作用

☑ 考虑偶然偏心　指定偶然偏心

X向相对偶然偏心　0.05

Y向相对偶然偏心　0.05

计算振型个数　6

重力荷载代表值的活载组合值系数　0.5

周期折减系数　0.85

结构的阻尼比（%）　5

特征周期 Tg（秒）　0.45

地震影响系数最大值　0.08

用于12层以下规则砼框架结构薄弱层验算的地震影响系数最大值　0.5

竖向地震参与振型数　0

竖向地震作用系数底线值　0

自定义地震影响系数曲线

斜交抗侧力构件方向附加地震数　0　相应角度(度)

参数导入　参数导出　确定　取消

（c）地震信息设置

分析和设计参数补充定义
荷载组合
地下室信息
砌体结构
广东规程
总信息
风荷载信息
地震信息
活荷信息
调整信息
设计信息
配筋信息
柱 墙设计时活荷载
不折减 折减
柱 墙 基础活荷载折减系数
计算截面以上层数 折减系数
1 1
2-3 0.85
4-5 0.7
6-8 0.65
9-20 0.6
20层以上 0.55
梁楼面活荷载折减设置
不折减
从属面积超过25m2时，折减0.9
从属面积超过50m2时，折减0.9
按单向板楼盖对楼面活荷载折减0.6
按双向板楼盖对楼面活荷载折减0.8
传给基础的活荷载
不折减 折减
梁活荷不利布置
最高层号 4
考虑结构使用年限的活荷载调整系数 1
参数导入
参数导出
确定
取消

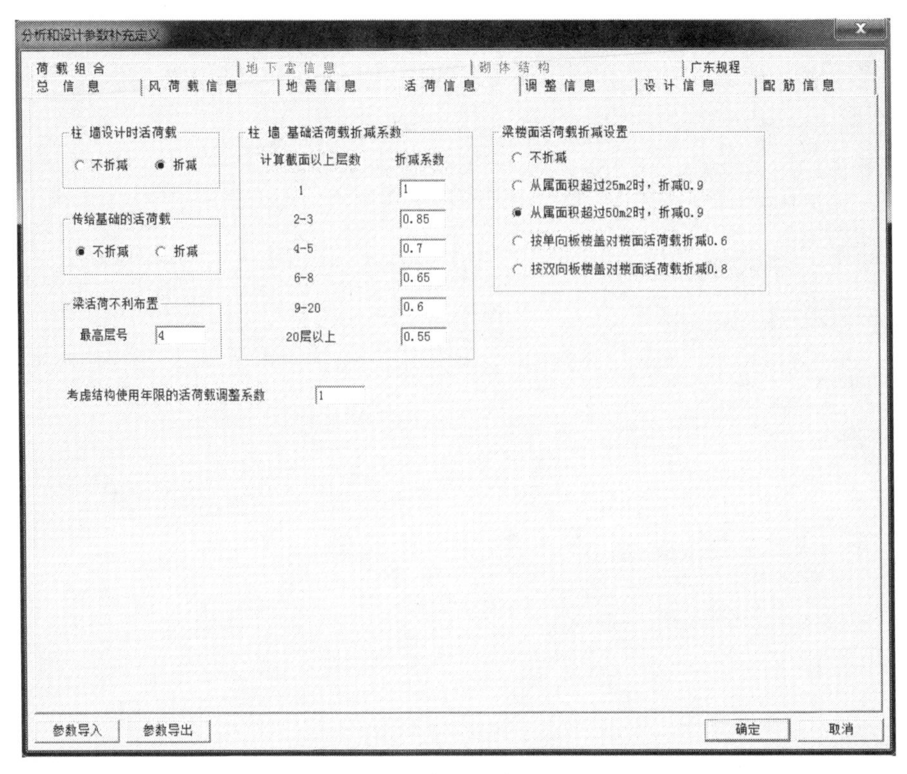

(d) 活荷载信息设置

分析和设计参数补充定义
荷载组合
地下室信息
砌体结构
广东规程
总信息
风荷载信息
地震信息
活荷信息
调整信息
设计信息
配筋信息
梁端负弯矩调幅系数 0.85
梁活荷载内力放大系数 1
梁扭矩折减系数 0.4
托墙梁刚度放大系数 1
连梁刚度折减系数 0.6
支撑临界角（度） 20
柱实配钢筋超配系数 1.10
墙实配钢筋超配系数 1.15
自定义超配系数
梁刚度放大系数按2010规范取值
采用中梁刚度放大系数Bk 1
注：边梁刚度放大系数为 (1+Bk)/2
砼矩形梁转T形(自动附加楼板翼缘)
部分框支剪力墙结构底部加强区剪力墙抗震等级自动提高一级(高规表3.9.3、表3.9.4)
调整与框支柱相连的梁内力
框支柱调整系数上限 5
指定的加强层个数 0
各加强层层号
抗规(5.2.5)剪重比调整
按抗震规范(5.2.5)调整各楼层地震内力
弱轴方向动位移比例(0~1) 0
强轴方向动位移比例(0~1) 0
自定义调整系数
薄弱层调整
按刚度比判断薄弱层的方式 按抗规和高规从严判断
上海地区采用的楼层刚度算法 剪切刚度
指定的薄弱层个数 0
各薄弱层层号
薄弱层地震内力放大系数 1.25
自定义调整系数
地震作用调整
全楼地震作用放大系数 1
分层调整系数
0.2Vo 分段调整
调整方式
min [alpha * Vo, beta * Vfmax]
max [alpha * Vo, beta * Vfmax]
alpha= 0.2
beta= 1.5
调整分段数 0
调整起始层号
调整终止层号
调整系数上限 2
自定义调整系数
参数导入
参数导出
确定
取消

(e) 调整信息设置

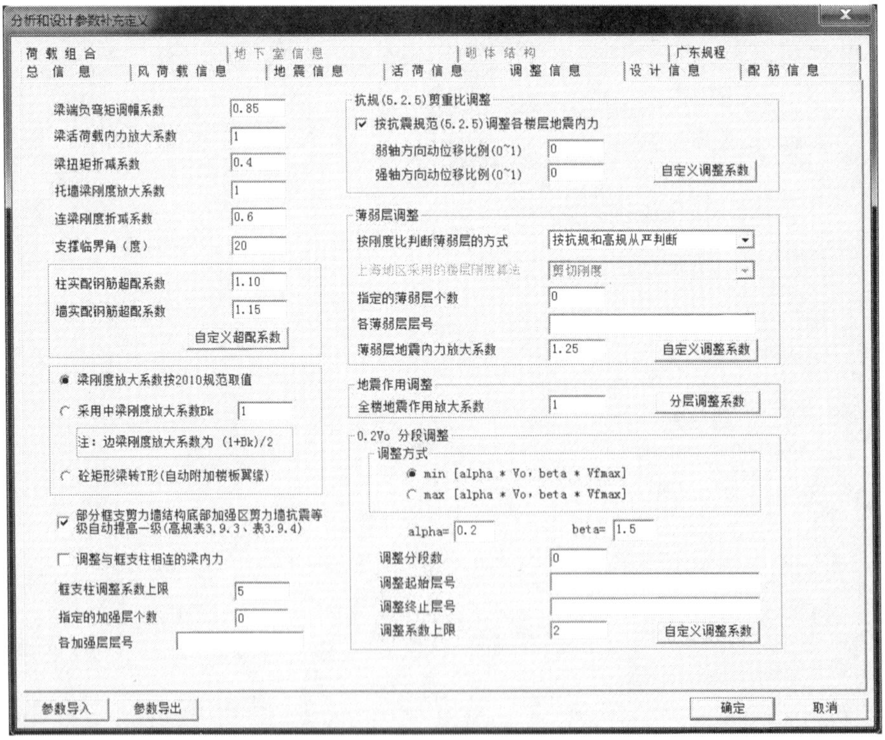

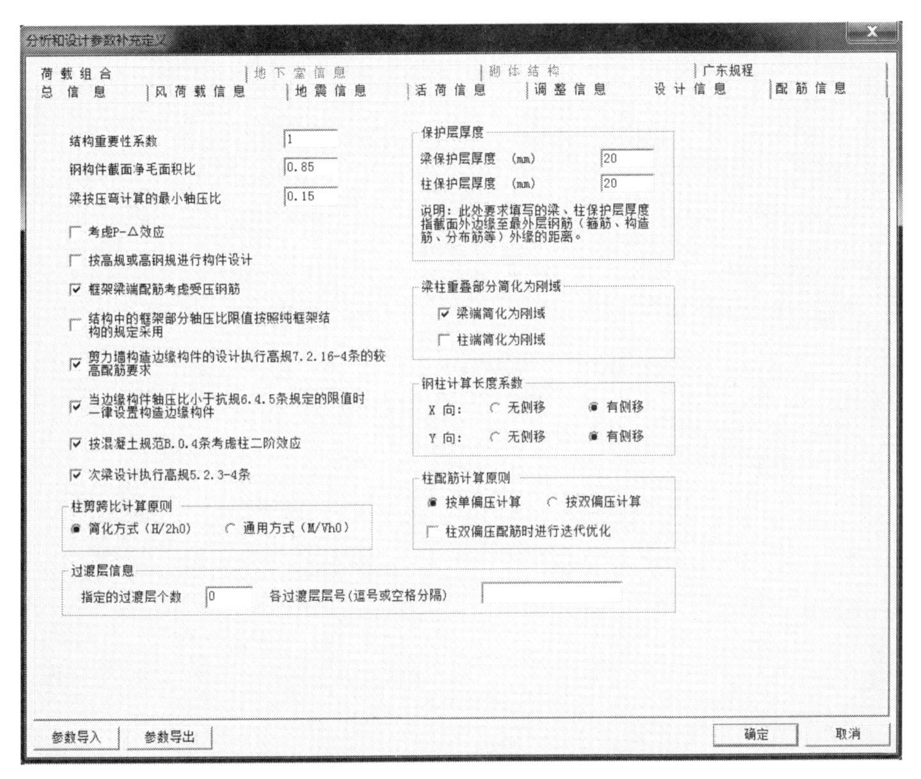

（f）设计信息设置

分析和设计参数补充定义

荷载组合 | 地下室信息 | 砌体结构 | 广东规程

总信息 | 风荷载信息 | 地震信息 | 活荷信息 | 调整信息 | 设计信息 | 配筋信息

钢筋级别

梁主筋级别 HRB400[360]

梁箍筋级别 HRB335[300]

柱主筋级别 HRB400[360]

柱箍筋级别 HRB335[300]

墙主筋级别 HRB335[300]

墙水平分布筋级别 HPB235[210]

墙竖向分布筋级别 HRB335[300]

边缘构件箍筋级别 HPB235[210]

箍筋间距

梁箍筋间距(mm) 100

柱箍筋间距(mm) 100

墙水平分布筋间距(mm) 150

说明：梁、柱箍筋间距固定取为100，对非100的间距，可对配筋结果进行折算。

墙分布筋配筋率

墙竖向分布筋配筋率(%) 0.3

墙最小水平分布筋配筋率(%) 0

钢筋级别和配筋率按层指定

(注：冷轧带肋600钢筋强度设计值为415N/mm2，其他牌号钢筋强度可在PMCAD中查询修改)

梁抗剪配筋采用交叉斜筋方式时，箍筋与对角斜筋的配筋强度比 1

参数导入　参数导出　确定　取消

（g）配筋信息设置

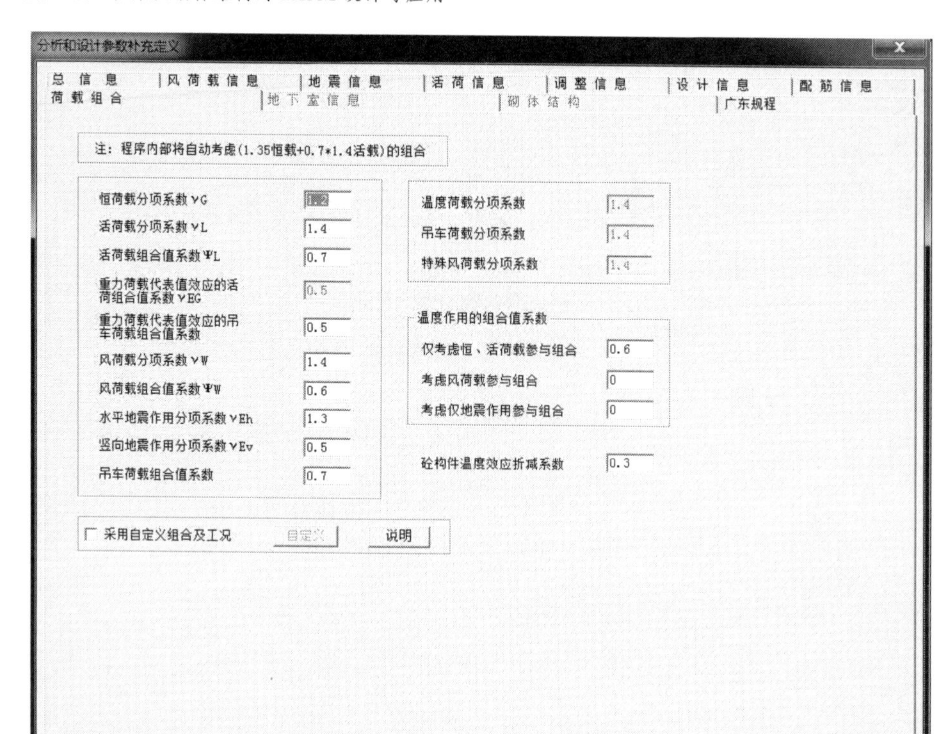

（h）荷载组合信息设置

图 8-12　SATWE 前处理各项参数设置

8. 查看主要的文本输出文件

（1）结构各层质量、质心坐标信息（WMASS.OUT）。

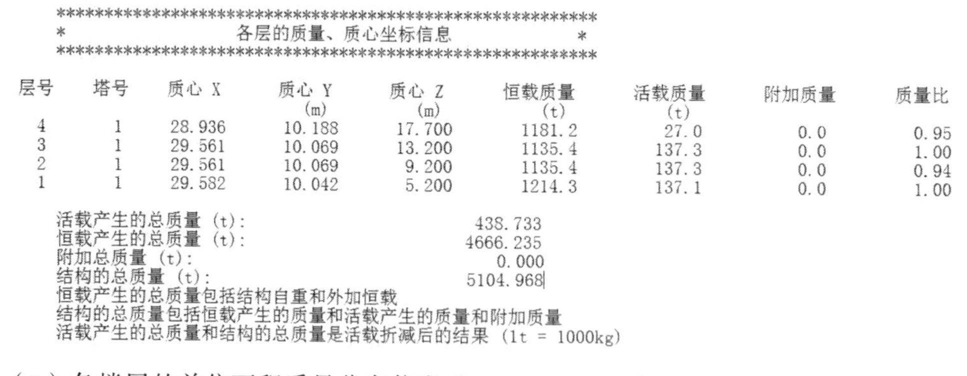

```
*********************************************************
*              各层的质量、质心坐标信息                   *
*********************************************************
```

层号	塔号	质心 X	质心 Y (m)	质心 Z (m)	恒载质量 (t)	活载质量 (t)	附加质量	质量比
4	1	28.936	10.188	17.700	1181.2	27.0	0.0	0.95
3	1	29.561	10.069	13.200	1135.4	137.3	0.0	1.00
2	1	29.561	10.069	9.200	1135.4	137.3	0.0	0.94
1	1	29.582	10.042	5.200	1214.3	137.1	0.0	1.00

```
活载产生的总质量 (t):          438.733
恒载产生的总质量 (t):         4666.235
附加总质量 (t):                  0.000
结构的总质量 (t):             5104.968
恒载产生的总质量包括结构自重和外加恒载
结构的总质量包括恒载产生的质量和活载产生的质量和附加质量
活载产生的总质量和结构的总质量是活载折减后的结果 (1t = 1000kg)
```

（2）各楼层的单位面积质量分布信息（WMASS.OUT）。

```
===========================================================================
             各楼层的单位面积质量分布(单位:kg/m**2)
===========================================================================
```

层号	塔号	单位面积质量 g[i]	质量比 max(g[i]/g[i-1],g[i]/g[i+1])
1	1	1252.69	1.06
2	1	1179.72	1.00
3	1	1179.72	1.05
4	1	1119.95	1.00

（3）各层刚心、偏心率、相邻层侧移刚度比等计算信息（WMASS.OUT）。

```
===========================================================================
            各层刚心、偏心率、相邻层侧移刚度比等计算信息
 Floor No         : 层号
 Tower No         : 塔号
 Xstif, Ystif     : 刚心的 X, Y 坐标值
 Alf              : 层刚性主轴的方向
 Xmass, Ymass     : 质心的 X, Y 坐标值
 Gmass            : 总质量
 Eex, Eey         : X, Y 方向的偏心率
 Ratx, Raty       : X, Y 方向本层塔侧移刚度与下一层相应塔侧移刚度的比值(剪切刚度)
 Ratx1, Raty1     : X, Y 方向本层塔侧移刚度与上一层相应塔侧移刚度70%的比值
                  或上三层平均侧移刚度80%的比值中之较小者
 RJX1, RJY1, RJZ1: 结构总体坐标系中塔的侧移刚度和扭转刚度(剪切刚度)
 RJX3, RJY3, RJZ3: 结构总体坐标系中塔的侧移刚度和扭转刚度(地震剪力与地震层间位移的比)
===========================================================================
 Floor No.    1      Tower No.    1
 Xstif=     31.2058(m)      Ystif=     8.9463(m)       Alf  =     45.0000(Degree)
 Xmass=     29.5824(m)      Ymass=    10.0421(m)       Gmass(活荷折减)=   1488.5420(   1351.4001)(t)
 Eex  =      0.0838         Eey  =     0.0565
 Ratx =      1.0000         Raty =     1.0000
 Ratx1=      0.8160         Raty1=     0.8318  薄弱层地震剪力放大系数= 1.25
 RJX1 = 4.9203E+05(kN/m)    RJY1 = 4.9203E+05(kN/m)    RJZ1 = 0.0000E+00(kN/m)
 RJX3 = 3.6581E+05(kN/m)    RJY3 = 3.2975E+05(kN/m)    RJZ3 = 0.0000E+00(kN/m)
---------------------------------------------------------------------------
 Floor No.    2      Tower No.    1
 Xstif=     31.6737(m)      Ystif=     7.9581(m)       Alf  =     45.0000(Degree)
 Xmass=     29.5606(m)      Ymass=    10.0694(m)       Gmass(活荷折减)=   1409.9900(   1272.6824)(t)
 Eex  =      0.1038         Eey  =     0.1037
 Ratx =      3.7916         Raty =     3.7916
 Ratx1=      1.3768         Raty1=     1.3712  薄弱层地震剪力放大系数= 1.00
 RJX1 = 1.8656E+06(kN/m)    RJY1 = 1.8656E+06(kN/m)    RJZ1 = 0.0000E+00(kN/m)
 RJX3 = 5.5534E+05(kN/m)    RJY3 = 4.8985E+05(kN/m)    RJZ3 = 0.0000E+00(kN/m)
---------------------------------------------------------------------------
 Floor No.    3      Tower No.    1
 Xstif=     31.6737(m)      Ystif=     7.9580(m)       Alf  =     45.0000(Degree)
 Xmass=     29.5606(m)      Ymass=    10.0694(m)       Gmass(活荷折减)=   1409.9900(   1272.6824)(t)
 Eex  =      0.1038         Eey  =     0.1037
 Ratx =      1.0000         Raty =     1.0000
 Ratx1=      1.4978         Raty1=     1.4989  薄弱层地震剪力放大系数= 1.00
 RJX1 = 1.8656E+06(kN/m)    RJY1 = 1.8656E+06(kN/m)    RJZ1 = 0.0000E+00(kN/m)
 RJX3 = 5.7621E+05(kN/m)    RJY3 = 5.1035E+05(kN/m)    RJZ3 = 0.0000E+00(kN/m)
---------------------------------------------------------------------------
 Floor No.    4      Tower No.    1
 Xstif=     30.4098(m)      Ystif=     9.4093(m)       Alf  =     45.0000(Degree)
 Xmass=     28.9365(m)      Ymass=    10.1877(m)       Gmass(活荷折减)=   1235.1788(   1208.2029)(t)
 Eex  =      0.0683         Eey  =     0.0361
 Ratx =      1.0338         Raty =     1.0338
 Ratx1=      1.0000         Raty1=     1.0000  薄弱层地震剪力放大系数= 1.00
 RJX1 = 1.9287E+06(kN/m)    RJY1 = 1.9287E+06(kN/m)    RJZ1 = 0.0000E+00(kN/m)
 RJX3 = 5.4956E+05(kN/m)    RJY3 = 4.8640E+05(kN/m)    RJZ3 = 0.0000E+00(kN/m)
---------------------------------------------------------------------------
X方向最小刚度比:  0.8160(第  1层第 1塔)
Y方向最小刚度比:  0.8318(第  1层第 1塔)
```

（4）结构整体抗倾覆验算结果（WMASS.OUT）。

```
===========================================================================
结构整体抗倾覆验算结果
===========================================================================

                抗倾覆力矩Mr     倾覆力矩Mov     比值Mr/Mov     零应力区(%)

 X风荷载         1582818.1        2234.2         708.44          0.00
 Y风荷载          638935.8        5462.1         116.98          0.00
 X 地 震         1530214.0       24936.2          61.37          0.00
 Y 地 震          617701.1       22410.0          27.56          0.00
```

（5）结构整体稳定验算结果（WMASS.OUT）。

```
===========================================================================
 结构整体稳定验算结果
===========================================================================
   层号    X向刚度      Y向刚度      层高      上部重量       X刚重比      Y刚重比
    1   0.366E+06   0.330E+06   5.20      68279.          27.86          25.11
    2   0.555E+06   0.490E+06   4.00      49868.          44.54          39.29
    3   0.576E+06   0.510E+06   4.00      32399.          71.14          63.01
    4   0.550E+06   0.486E+06   4.50      14930.         165.64         146.60

 该结构刚重比Di*Hi/Gi大于10,能够通过高规(5.4.4)的整体稳定验算
 该结构刚重比Di*Hi/Gi大于20,可以不考虑重力二阶效应
```

（6）楼层抗剪承载力、及承载力比值（WMASS.OUT）。

```
*************************************************************************
*                     楼层抗剪承载力、及承载力比值                        *
*************************************************************************

      Ratio_Bu: 表示本层与上一层的承载力之比

-------------------------------------------------------------------------
 层号    塔号     X向承载力      Y向承载力     Ratio_Bu:X,Y
-------------------------------------------------------------------------

  4       1      0.4433E+04   0.4824E+04    1.00     1.00
  3       1      0.6586E+04   0.6922E+04    1.49     1.43
  2       1      0.7981E+04   0.8608E+04    1.21     1.24
  1       1      0.7745E+04   0.8524E+04    0.97     0.99
 X方向最小楼层抗剪承载力之比:    0.97  层号:  1  塔号:  1
 Y方向最小楼层抗剪承载力之比:    0.99  层号:  1  塔号:  1
```

（7）周期 振型 地震力查看（WZQ.OUT）。

```
  考虑扭转耦联时的振动周期(秒)、X,Y 方向的平动系数、扭转系数

  振型号     周  期      转  角          平动系数 (X+Y)         扭转系数
    1       1.0124       76.09        0.67 ( 0.04+0.63 )        0.33
    2       0.9991      158.26        0.96 ( 0.83+0.13 )        0.04
    3       0.9025       53.64        0.37 ( 0.13+0.24 )        0.63
    4       0.3103       84.46        0.79 ( 0.01+0.78 )        0.21
    5       0.3015      168.12        0.95 ( 0.91+0.04 )        0.05
    6       0.2796       56.95        0.25 ( 0.08+0.17 )        0.75

 地震作用最大的方向 =    -88.542 (度)


 各振型作用下 X 方向的基底剪力
 ---------------------------------------------
          振型号        剪力(kN)
            1             80.54
            2           1832.92
            3            312.71
            4              1.15
            5            195.53
            6             15.76

 各层 X 方向的作用力(CQC)
 Floor      : 层号
 Tower      : 塔号
 Fx         : X 向地震作用下结构的地震反应力
 Vx         : X 向地震作用下结构的楼层剪力
 Mx         : X 向地震作用下结构的弯矩
 Static Fx: 底部剪力法 X 向的地震力
-----------------------------------------------------------------------------------------------------
 Floor     Tower          Fx          Vx (分塔剪重比) (整层剪重比)        Mx           Static Fx
                         (kN)        (kN)                                 (kN-m)          (kN)

                    (注意:下面分塔输出的剪重比不适合于上连多塔结构)

   4         1          692.94        692.94( 5.74%)     ( 5.74%)       3118.25          834.43
   3         1          614.17       1290.84( 5.20%)     ( 5.20%)       8260.16          544.60
   2         1          541.43       1754.15( 4.67%)     ( 4.67%)      15165.45          379.57
   1         1          461.99       2113.23( 4.14%)     ( 4.14%)      25900.97          227.81

     抗震规范(5.2.5)条要求的X向楼层最小剪重比 =    1.60%

     X 方向的有效质量系数:     99.13%
```

```
各振型作用下 Y 方向的基底剪力
------------------------------------------------------------
            振型号          剪力(kN)
              1          1333.92
              2           289.23
              3           561.54
              4           167.62
              5            10.11
              6            38.85

各层 Y 方向的作用力(CQC)
Floor      : 层号
Tower      : 塔号
Fy         : Y 向地震作用下结构的地震反应力
Vy         : Y 向地震作用下结构的楼层剪力
My         : Y 向地震作用下结构的弯矩
Static Fy: 底部剪力法 Y 向的地震力
------------------------------------------------------------------------------------------------
Floor     Tower         Fy          Vy (分塔剪重比) (整层剪重比)        My          Static Fy
                       (kN)        (kN)                              (kN-m)          (kN)

                  (注意:下面分塔输出的剪重比不适合于上连多塔结构)

  4         1         629.13        629.13( 5.21%)    ( 5.21%)       2831.09         801.81
  3         1         551.88       1165.05( 4.70%)    ( 4.70%)       7470.40         519.52
  2         1         491.25       1577.19( 4.20%)    ( 4.20%)      13667.50         362.09
  1         1         424.63       1899.15( 3.72%)    ( 3.72%)      23287.66         217.32

    抗震规范(5.2.5)条要求的Y向楼层最小剪重比 =    1.60%

    Y 方向的有效质量系数:     99.10%

==========各楼层地震剪力系数调整情况 [抗震规范(5.2.5)验算]==========

  层号       塔号       X向调整系数         Y向调整系数
   1          1           1.000               1.000
   2          1           1.000               1.000
   3          1           1.000               1.000
   4          1           1.000               1.000
```

（8）位移查看（WDISP.OUT）。

为节省篇幅，此处仅分别给出地震作用下 X、Y 方向最大位移比，以及在规定水平力作用下楼层最大位移。

```
所有位移的单位为毫米

Floor    : 层号
Tower    : 塔号
Jmax     : 最大位移对应的节点号
JmaxD    : 最大层间位移对应的节点号
Max-(Z)  : 节点的最大竖向位移
h        : 层高
Max-(X), Max-(Y)    : X,Y方向的节点最大位移
Ave-(X), Ave-(Y)    : X,Y方向的层平均位移
Max-Dx , Max-Dy     : X,Y方向的最大层间位移
Ave-Dx , Ave-Dy     : X,Y方向的平均层间位移
Ratio-(X),Ratio-(Y): 最大位移与层平均位移的比值
Ratio-Dx,Ratio-Dy   : 最大层间位移与平均层间位移的比值
Max-Dx/h, Max-Dy/h  : X,Y方向的最大层间位移角
DxR/Dx,DyR/Dy       : X,Y方向的有害位移角占总位移角的百分比例
Ratio_AX,Ratio_AY   : 本层位移角与上层位移角的1.3倍及上三层平均位移角的1.2倍的比值的大者
X-Disp, Y-Disp, Z-Disp:节点X,Y,Z方向的位移
```

=== 工况 4 === X- 偶然偏心地震作用下的楼层最大位移

Floor	Tower	Jmax	Max-(X)	Ave-(X)	h		
		JmaxD	Max-Dx	Ave-Dx	Max-Dx/h	DxR/Dx	Ratio_AX
4	1	1060	13.96	12.89	4500.		
		1111	1.40	1.27	1/3207.	99.9%	1.00
3	1	954	12.69	11.65	4000.		
		997	2.51	2.26	1/1596.	40.9%	1.54
2	1	625	10.26	9.43	4000.		
		415	3.49	3.17	1/1146.	40.5%	1.57
1	1	297	6.81	6.25	5200.		
		87	6.75	5.79	1/ 771.	99.9%	1.70

X方向最大层间位移角: 1/ 771.(第 1层第 1塔)

=== 工况 8 === Y- 偶然偏心地震作用下的楼层最大位移

Floor	Tower	Jmax	Max-(Y)	Ave-(Y)	h		
		JmaxD	Max-Dy	Ave-Dy	Max-Dy/h	DyR/Dy	Ratio_AY
4	1	1032	20.94	15.41	4500.		
		1035	2.15	1.50	1/2090.	84.4%	1.00
3	1	831	18.90	13.87	4000.		
		916	3.77	2.71	1/1060.	34.6%	1.52
2	1	502	15.24	11.17	4000.		
		587	5.32	3.80	1/ 752.	31.7%	1.56
1	1	45	9.99	7.31	5200.		
		45	9.99	6.68	1/ 560.	86.0%	1.66

Y方向最大层间位移角: 1/ 560.(第 1层第 1塔)|

=== 工况 13 === X 方向地震作用规定水平力下的楼层最大位移

Floor	Tower	Jmax	Max-(X)	Ave-(X)	Ratio-(X)	h
		JmaxD	Max-Dx	Ave-Dx	Ratio-Dx	
4	1	1060	13.22	12.85	1.03	4500.
		1111	1.39	1.26	1.10	
3	1	954	11.97	11.56	1.03	4000.
		997	2.35	2.23	1.05	
2	1	688	9.89	9.43	1.05	4000.
		415	3.27	3.17	1.03	
1	1	360	7.02	6.48	1.08	5200.
		87	6.33	5.99	1.06	

X方向最大位移与层平均位移的比值: 1.08(第 1层第 1塔)
X方向最大层间位移与平均层间位移的比值: 1.10(第 4层第 1塔)

=== 工况 14 === X+偶然偏心地震作用规定水平力下的楼层最大位移

Floor	Tower	Jmax	Max-(X)	Ave-(X)	Ratio-(X)	h
		JmaxD	Max-Dx	Ave-Dx	Ratio-Dx	
4	1	1041	12.89	12.82	1.01	4500.
		1111	1.38	1.26	1.09	
3	1	1017	12.09	11.75	1.03	4000.
		913	2.29	2.26	1.01	
2	1	688	10.18	9.65	1.06	4000.
		584	3.20	3.20	1.00	
1	1	360	7.21	6.56	1.10	5200.
		45	6.12	6.08	1.01	

X方向最大位移与层平均位移的比值: 1.10(第 1层第 1塔)
X方向最大层间位移与平均层间位移的比值: 1.09(第 4层第 1塔)

=== 工况 15 === X-偶然偏心地震作用规定水平力下的楼层最大位移

Floor	Tower	Jmax	Max-(X)	Ave-(X)	Ratio-(X)	h
		JmaxD	Max-Dx	Ave-Dx	Ratio-Dx	
4	1	1060	13.69	12.89	1.06	4500.
		1111	1.40	1.26	1.11	
3	1	954	12.40	11.60	1.07	4000.
		997	2.43	2.23	1.09	
2	1	625	9.98	9.34	1.07	4000.
		415	3.38	3.14	1.08	
1	1	360	6.82	6.29	1.09	5200.
		87	6.55	5.82	1.13	

X方向最大位移与层平均位移的比值: 1.09(第 1层第 1塔)
X方向最大层间位移与平均层间位移的比值: 1.13(第 1层第 1塔)

=== 工况 16 === Y 方向地震作用规定水平力下的楼层最大位移

Floor	Tower	Jmax JmaxD	Max-(Y) Max-Dy	Ave-(Y) Ave-Dy	Ratio-(Y) Ratio-Dy	h
4	1	1002	14.69	13.39	1.10	4500.
		1002	1.48	1.33	1.11	
3	1	898	13.21	12.04	1.10	4000.
		898	2.62	2.41	1.09	
2	1	645	10.85	9.70	1.12	4000.
		579	3.78	3.47	1.09	
1	1	326	7.48	6.41	1.17	5200.
		45	6.90	5.88	1.17	

Y方向最大位移与层平均位移的比值:　　1.17(第　1层第 1塔)
Y方向最大层间位移与平均层间位移的比值:　1.17(第　1层第 1塔)

=== 工况 17 === Y+偶然偏心地震作用规定水平力下的楼层最大位移

Floor	Tower	Jmax JmaxD	Max-(Y) Max-Dy	Ave-(Y) Ave-Dy	Ratio-(Y) Ratio-Dy	h
4	1	1079	15.49	13.33	1.16	4500.
		1078	1.77	1.34	1.32	
3	1	894	14.33	12.18	1.18	4000.
		996	2.89	2.45	1.18	
2	1	577	11.48	9.78	1.17	4000.
		577	4.10	3.52	1.17	
1	1	352	7.56	6.41	1.18	5200.
		133	6.39	5.88	1.09	

Y方向最大位移与层平均位移的比值:　　1.18(第　1层第 1塔)
Y方向最大层间位移与平均层间位移的比值:　1.32(第　4层第 1塔)

=== 工况 18 === Y-偶然偏心地震作用规定水平力下的楼层最大位移

Floor	Tower	Jmax JmaxD	Max-(Y) Max-Dy	Ave-(Y) Ave-Dy	Ratio-(Y) Ratio-Dy	h
4	1	1002	18.22	13.45	1.35	4500.
		1002	1.85	1.33	1.40	
3	1	898	16.38	12.18	1.35	4000.
		898	3.28	2.42	1.35	
2	1	364	13.11	9.72	1.35	4000.
		579	4.73	3.46	1.37	
1	1	45	8.46	6.25	1.35	5200.
		45	8.46	5.73	1.48	

Y方向最大位移与层平均位移的比值:　　1.35(第　4层第 1塔)
Y方向最大层间位移与平均层间位移的比值:　1.48(第　1层第 1塔)

从上述位移比计算结果可以得知，结构为平面扭转不规则。

本工程其他计算结果的文本及图形文件略。

8.3.4　JCCAD 计算部分注意事项

1. 地质资料

查《地基基础规范》表 3.0.1，本工程地基基础设计等级为丙级，根据《地基基础规范》3.0.2 条及 3.0.3 条，本工程可不进行沉降验算，故此处不输入地质资料。

2. 地基承载力修正

地基承载力修正系数查《地基基础规范》表 5.2.4，取 $\eta_b = 0.3$，$\eta_d = 1.5$。承载力修正所用的基础埋深，对独立基础从室内地面标高算至基础底面，故取 1.2+0.6=1.8 m（取基础高 600 mm）。

3. 土加权重度计算

根据地勘资料及取定的基础埋深（1.8 m）基底以上土的加权重度计算如下：

$$\gamma = \frac{0.5\times 17.6\times 0.8\times 18.5}{1.3} = 18.15\ \text{kN/m}^3。$$

基础设计参数定义如图 8-13 所示。

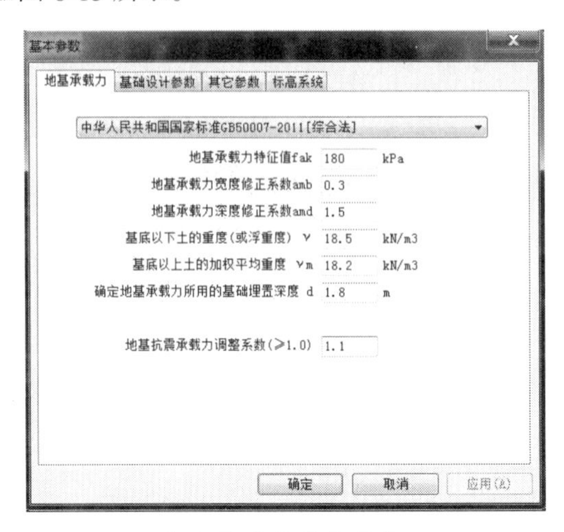

（a）地基承载力定义

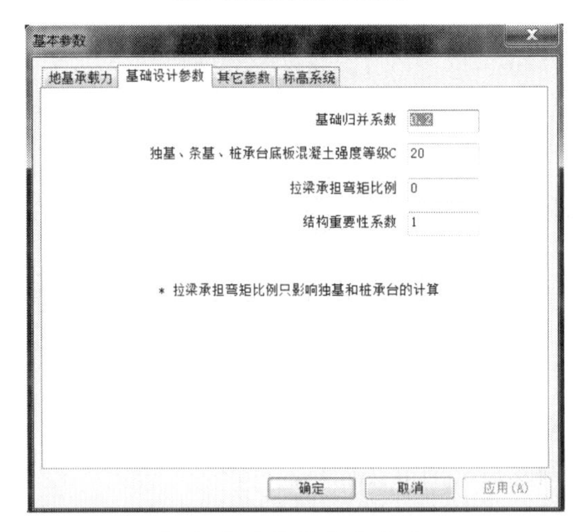

（b）基础设计参数定义

图 8-13　基础设计参数定义

4. 基础拉梁布置及荷载输入

注意布置基础拉梁。根据跨度初步取拉梁截面为 250 mm×500 mm（考虑到部分拉梁跨度较大），且拉梁顶标高同基础顶面标高，并将首层填充墙及拉梁自重换算为点荷载加在拉梁下的基础顶面。以①轴线上基础顶面集中荷载为例计算如下：

外墙传至拉梁的均布线荷载：

$$\frac{[(5.2-0.45)\times 5-(1.8\times 4.37)]\times 3+1.8\times 4.37\times 0.45}{5} = 10.24\ \text{kN/m}$$

拉梁本身自重：

$$25\times(0.25\times0.5)=3.125\ \text{kN/m}$$

故外墙自重及拉梁自重传到基础顶面的集中荷载：$(10.24+3.125)\times5/2=33.42\ \text{kN}$

其他墙体传至基础顶面的集中荷载计算方法类似，此处略。

考虑到基础受到几个方向基础拉梁传来的集中力，故将布置了拉梁的基础顶面集中力取为 80 kN。

5. 基础拉梁截面设计

此处基础拉梁的截面设计采取手算方法，按拉梁不分担柱底弯矩，基础按偏心受压设计的情况计算。以拉梁上填充墙无门窗洞口时的最不利情况进行计算如下：

拉梁自重及上部隔墙荷载：

$$q=(5.2-0.45)\times3+25\times0.25\times0.5=17.375\ \text{kN/m}^2$$

跨中弯矩：$M=\dfrac{1}{12}ql^2=\dfrac{1}{12}\times17.375\times5^2=36.2\ \text{kN}\cdot\text{m}$

配筋计算：$A_{s1}=\dfrac{M}{\gamma_s f_y h_0}=\dfrac{36.2\times10^6}{0.875\times360\times465}=247.13\ \text{mm}^2$

拉梁所受轴力取其连接柱的柱底轴力的较大值，读取 SATWE 计算的柱底内力，取柱的内力组为 N_{max} 时对应的基本组合轴力，并取所有柱柱底的最大轴力值 N=3270 kN，按拉梁分担 0.1N 进行配筋计算：$A_{s2}=\dfrac{N}{f_y}=\dfrac{0.1\times3\,270\times10^3}{360}=908.3\ \text{mm}^2$

则拉梁所需总的纵向钢筋为 $A_s=A_{s1}+A_{s2}=247.1+908.3=1155.4\ \text{mm}^2$

选配 4ϕ20（$A_s=1256\ \text{mm}^2$）（满足钢筋净距要求）。拉梁抗剪承载力验算过程略。最后拉梁上下截面各选配 4ϕ20，箍筋为 ϕ8@200，并按《抗震规范》中框架梁的要求在两端设箍筋加密区。

8.3.5　楼板施工图部分注意事项

楼板施工图的绘制，可采取进入 PMCAD 菜单【3 画结构平面图】，其中计算参数的定义见图 8-14，读取其中各层配筋计算面积（如一层板的配筋计算面积见图 8-15（书末大图），其他各层板的配筋计算面积图略），同时查看各层裂缝及挠度验算结果，根据配筋计算面积自行在 AutoCAD 中绘制板施工图，同时应注意对阶梯教室等折板应给出剖面。板详细施工图可参看本工程施工图（图 8-16～图 8-29，书末大图）。

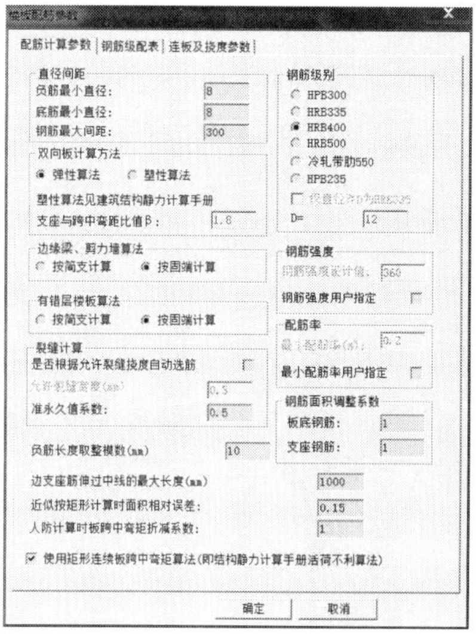

图 8-14　本工程楼板计算参数

8.3.6　墙梁柱施工图部分注意事项

1. 设置配筋计算参数

根据梁平法施工图查看各层梁配筋计算结果，挠度和裂缝验算结果，并由此对配筋参数做适当修改，详见视频操作。

2. 修改钢筋

根据柱平法施工图，可利用立面改筋，进行人工归并，适当减少柱的配筋类型，方便施工。

3. 绘制施工图

根据程序输出的配筋计算结果，并结合人工修改的结果，自行绘制梁、柱施工图。并注意：① 由于本结构存在阶梯教室，故在梁施工图中，阶梯教室处的框架梁应给出模板图，以便施工。② 若未删除斜杆模拟的梁上柱，应注意根据 SATWE 的计算结果补充⑬轴线附近梁上柱的配筋（PMCAD 建模时用斜杆模拟）。具体内容可参看本工程施工图（图 8-16 ~ 图 8-29）。

8.3.7 基础施工图部分注意事项

1. 基础定位尺寸标注

本结构由于柱偏心较多，故基础平面布置图中，对相同基础编号的基础也应分别给出各基础所处轴线与基础底部轮廓之间的尺寸关系。

2. 温度后浇带设置

由于本结构长度为 60 m，超过了《混凝土规范》表 8.1.1 中给出现浇框架结构伸缩缝的最大间距 55 m（但超出不多），故采取设后浇带的方法处理。基础图给出后浇带的位置和做法。

3. 拉梁配筋图

拉梁配筋图应在基础详图中给出。

8.3.8 LTCAD 部分注意事项

1. 楼梯建模信息

根据建施图，2#楼梯基本信息如下：平行双跑楼梯，每个梯跑共 13 个踏步，每个踏步宽 b=300 mm，踏步总长 13×300=3900 mm，每个梯跑共 14 个踢步，每个踢步高 142.86mm，踢步总高 14×142.86=2000 mm，各梯段板宽 2160 mm，平台宽 250 mm。本楼梯设计为 BT 型楼梯，不参与结构整体抗震计算，楼梯抗震构造措施自行在施工图中补充。

2. 楼梯基础处理

楼梯基础采取放在基础拉梁上的方法处理。

3. 楼梯施工图绘制

LTCAD 中生成的平法施工图注意在 AutoCAD 中修改完善。具体结果可参看本例施工图（图 8-16 ~ 图 8-29，书末大图）。

由于篇幅限制，1#楼梯施工图略。

参考文献

[1] GB 50010-2010　混凝土结构设计规范（2015 版）[S]. 北京：中国建筑工业出版社，2016.
[2] GB 50011-2010　建筑抗震设计规范（2016 版）[S]. 北京：中国建筑工业出版社，2016.
[3] JGJ 3-2010　高层建筑混凝土结构技术规程[S]. 北京：中国建筑工业出版社，2010.
[4] GB 50003-2011　砌体结构设计规范[S]. 北京：中国建筑工业出版社，2012.
[5] JGJ 99-1998　高层民用建筑钢结构技术规程[S]. 北京：中国建筑工业出版社，1998.
[6] GB 50009-2012　建筑结构荷载规范[S]. 北京：中国建筑工业出版社，2012.
[7] GB 50017-2003　钢结构设计规范[S]. 北京：中国建筑工业出版社，2003.
[8] GB 50223-2008　建筑工程抗震设防分类标准[S]. 北京：中国建筑工业出版社，2008.
[9] GB 50007-2011　建筑地基基础设计规范[S]. 北京：中国建筑工业出版社，2011.
[10] JGJ 94-2008　建筑桩基技术规范[S]. 北京：中国建筑工业出版社，2008.
[11] PMCADs-1 结构平面 CAD 软件用户手册[Z]. 北京：中国建筑科学研究院 PKPMCAD 工程部，2011.
[12] SATWEs-3 多层及高层建筑结构空间有限元分析与设计软件（墙元模型）用户手册[Z]. 北京：中国建筑科学研究院工程部，2011.
[13] JCCADs-5 独基、条基、钢筋混凝土地基梁、桩基础和筏板基础设计软件用户手册[Z]. 北京：中国建筑科学研究院工程部，2011.
[14] 结构施工图设计（梁板柱墙）用户手册[Z]. 北京：中国建筑科学研究院工程部，2011.
[15] LTCAD S-4 普通楼梯及异型楼梯 CAD 软件用户手册[Z]. 北京：中国建筑科学研究院工程部，2011.
[16] QITI 砌体结构辅助设计用户手册[Z]. 北京：中国建筑科学研究院工程部，2011.
[17] 杨星. PKPM 结构软件工程应用及实例剖析[M]. 北京：建筑工业出版社，2010.
[18] 朱炳寅. 建筑抗震设计规范应用与分析[M]. 北京：建筑工业出版社，2011.
[19] 陈岱林，赵兵，刘民易. PKPM 结构 CAD 软件问题解惑及工程应用实例解析[M]. 北京：建筑工业出版社，2008.
[20] 中国建筑工程研究院，建筑工程软件研究所. PKPM 基础设计软件功能详解[M]. 北京：建筑工业出版社，2009.
[21] 中国建筑工程研究院，建筑工程软件研究所. PKPM 结构施工图设计详解[M]. 北京：建筑工业出版社，2009.
[22] 中国建筑工程研究院，建筑工程软件研究所. PKPM 多高层结构计算软件应用指南[M]. 北京：建筑工业出版社，2010.
[23] 贾英杰，金新阳. PKPM 软件砌体与底框结构设计入门[M]. 北京：建筑工业出版社，2009.

[24] 11G101-1 混凝土结构施工图平面整体表示方法制图规则和构造详图（现浇混凝土框架、剪力墙、梁、板）[S]. 北京：中国建筑工业出版社，2011.
[25] 11G101-2 混凝土结构施工图平面整体表示方法制图规则和构造详图（现浇混凝土板式楼梯）[S]. 北京：中国建筑工业出版社，2011.
[26] 混凝土结构施工图平面整体表示方法制图规则和构造详图（独立基础、条形基础、筏形基础及桩基承台）11G101-3[S]. 北京：中国建筑工业出版社，2011.
[27] 姜学诗，李静. 钢筋混凝土独立基础及拉梁层设计讨论[J]. 建筑结构，2007，11：3-4.
[28] 熊建辉. 双柱联合基础设计计算方法研究[D]. 武汉：华中科技大学，2005.
[29] 谢如奎，李书琴. 轴心荷载作用下双柱联合基础设计探讨[J]. 建筑结构，2011，41（S4）：1369-1370.
[30] 光军，徐传亮. 双柱联合基础的设计方法[J]. 建筑技术开发，2003，30（11）：40-41.

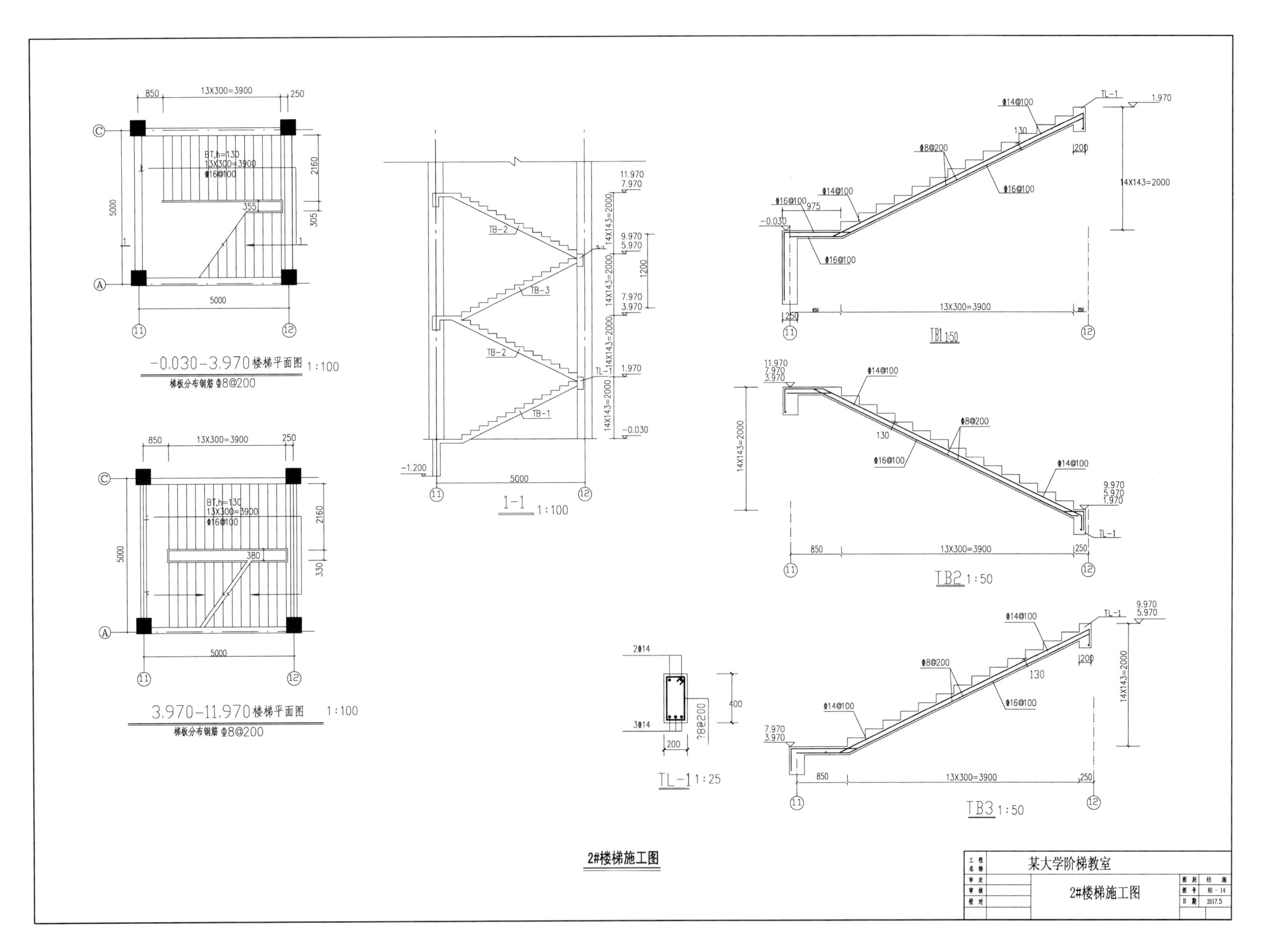
-0.030-3.970楼梯平面图 1:100
梯板分布钢筋 φ8@200
3.970-11.970楼梯平面图 1:100
梯板分布钢筋 φ8@200
1-1 1:100
TB1 1:50
TB2 1:50
TB3 1:50
TL-1 1:25
2#楼梯施工图
某大学阶梯教室
2#楼梯施工图
2017.5

图 8-29 2#楼梯施工图

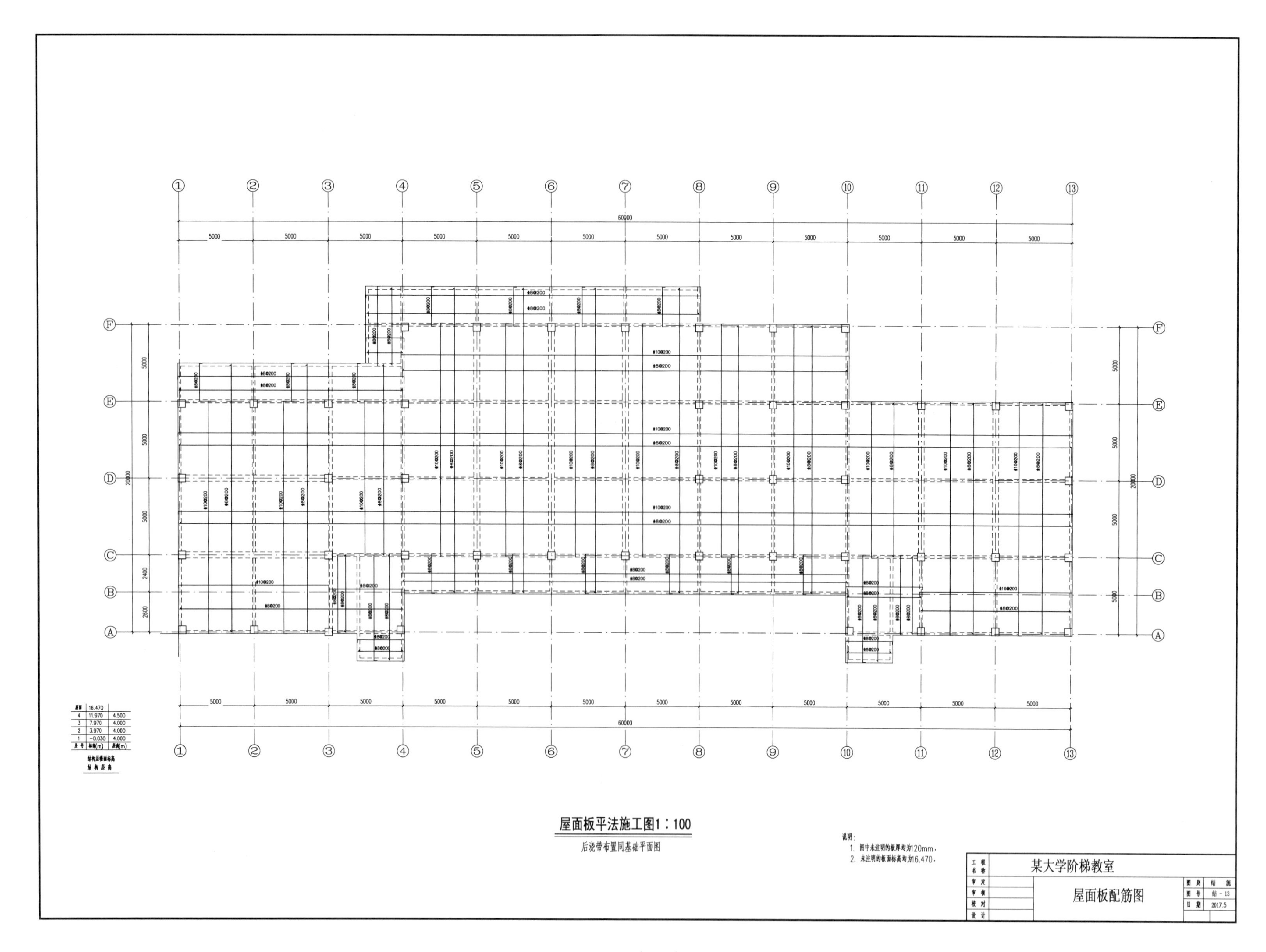

图 8-28　屋面板平法施工图

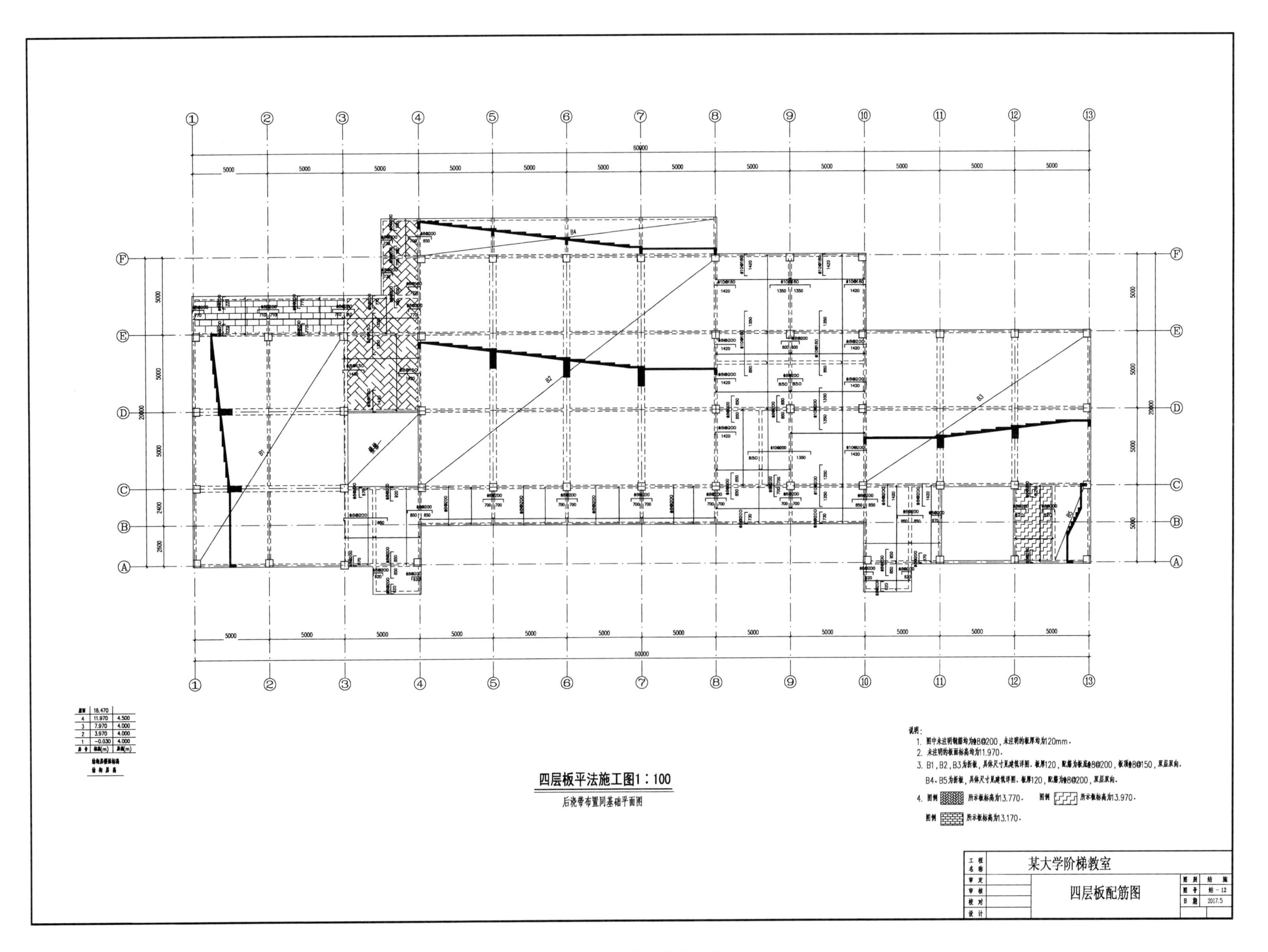

图 8-27　四层板平法施工图

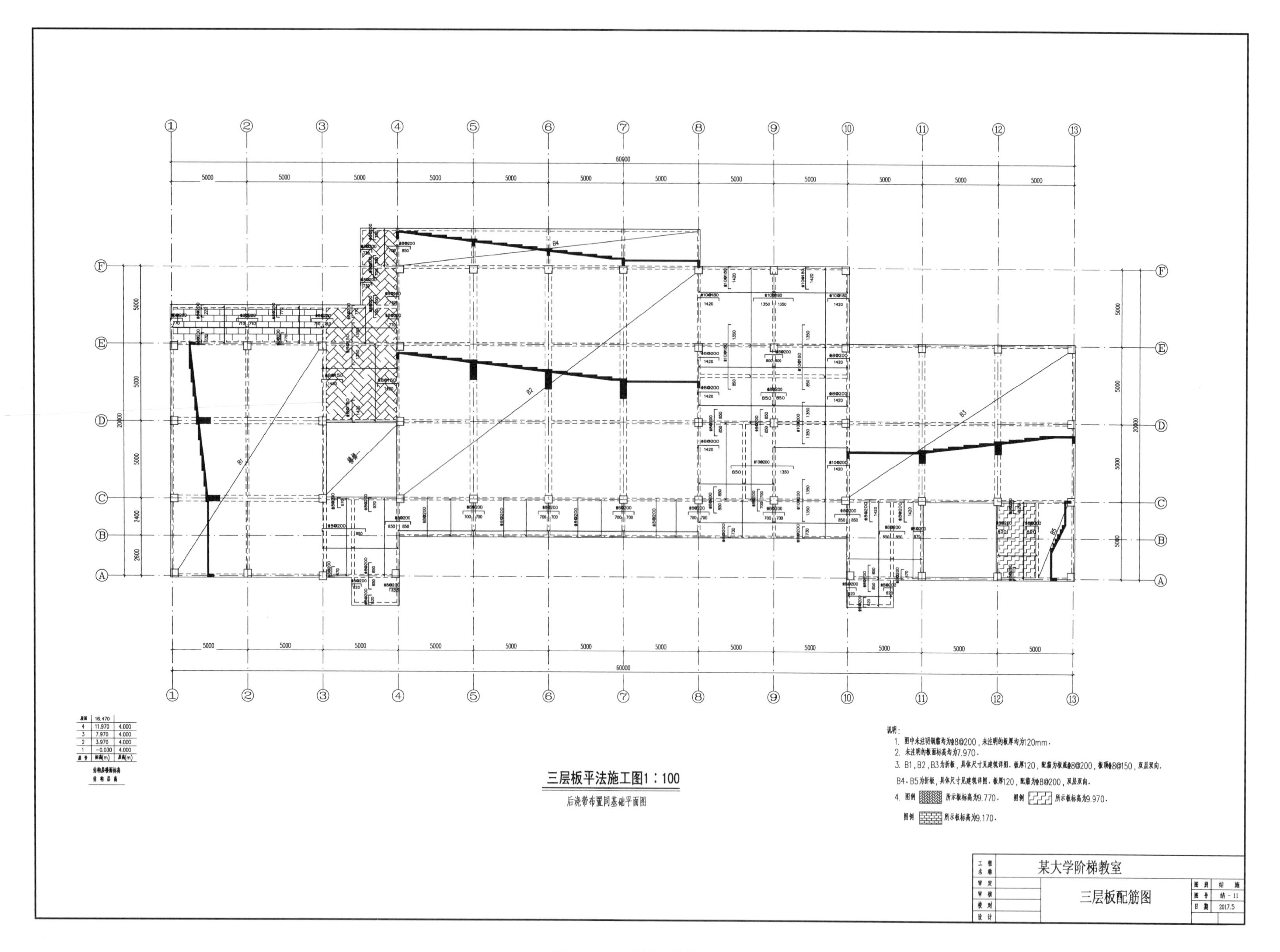

图 8-26　三层板平法施工图

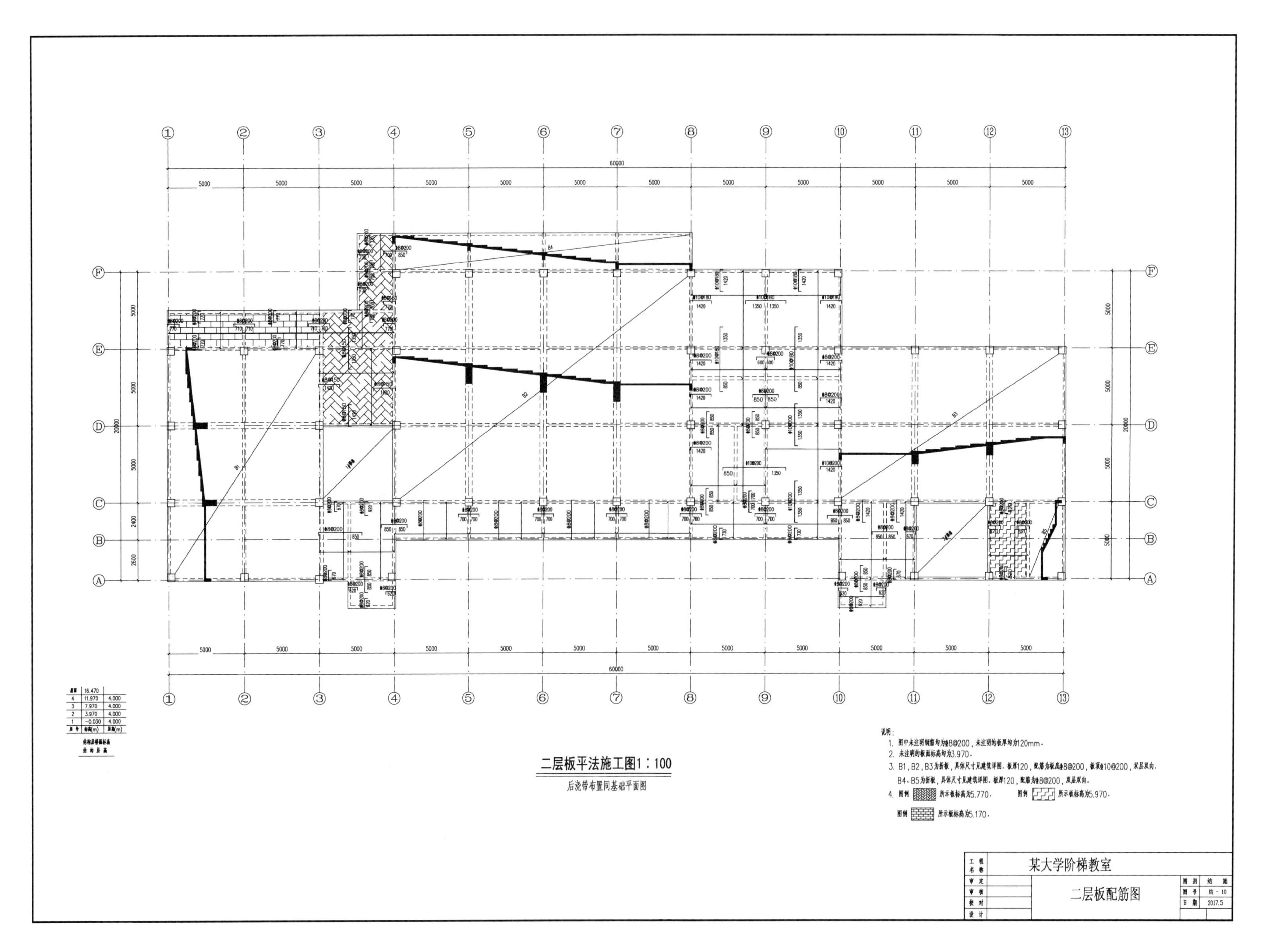

图 8-25　二层板平法施工图

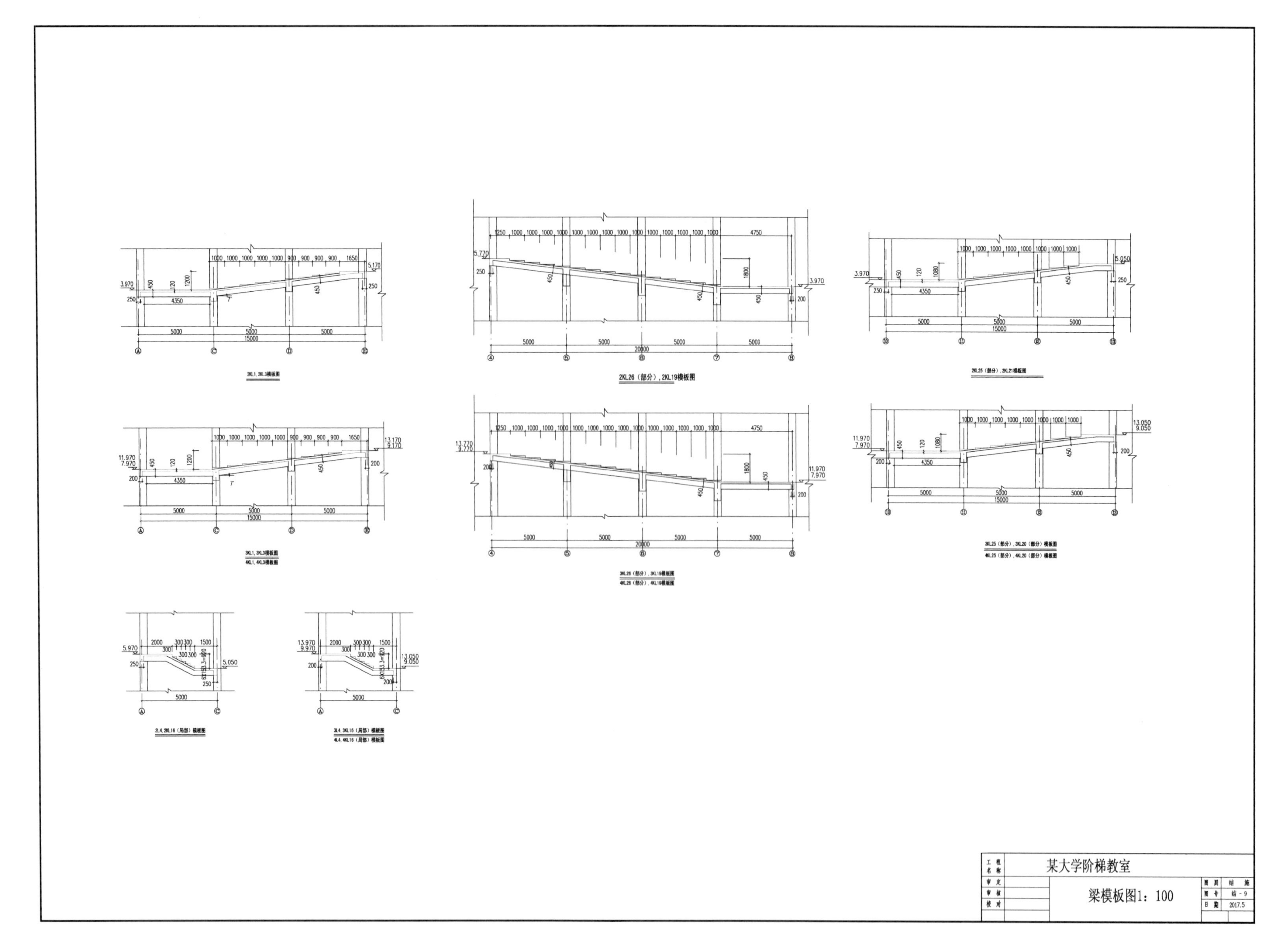

图 8-24　梁模板图

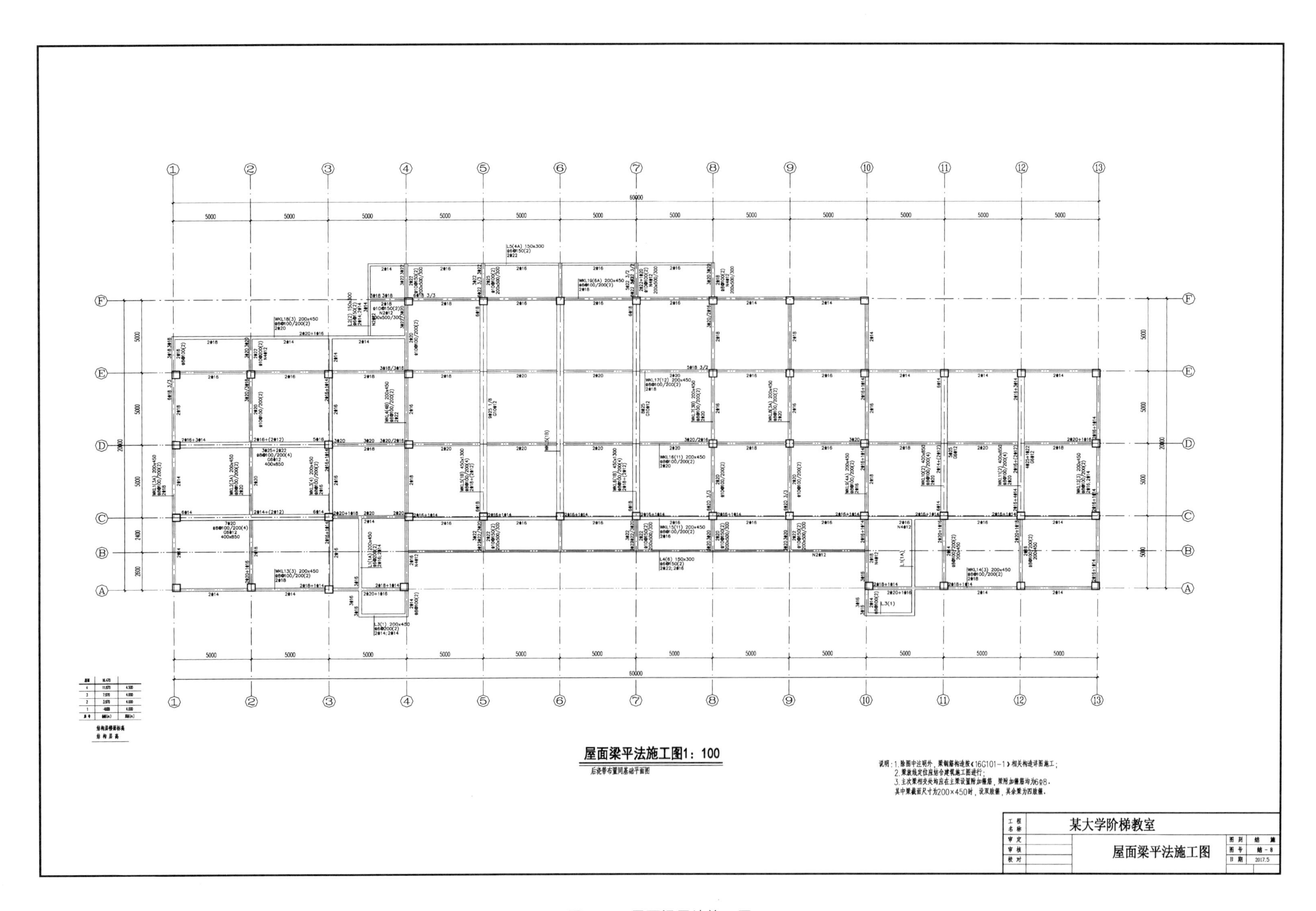

图 8-23　屋面梁平法施工图

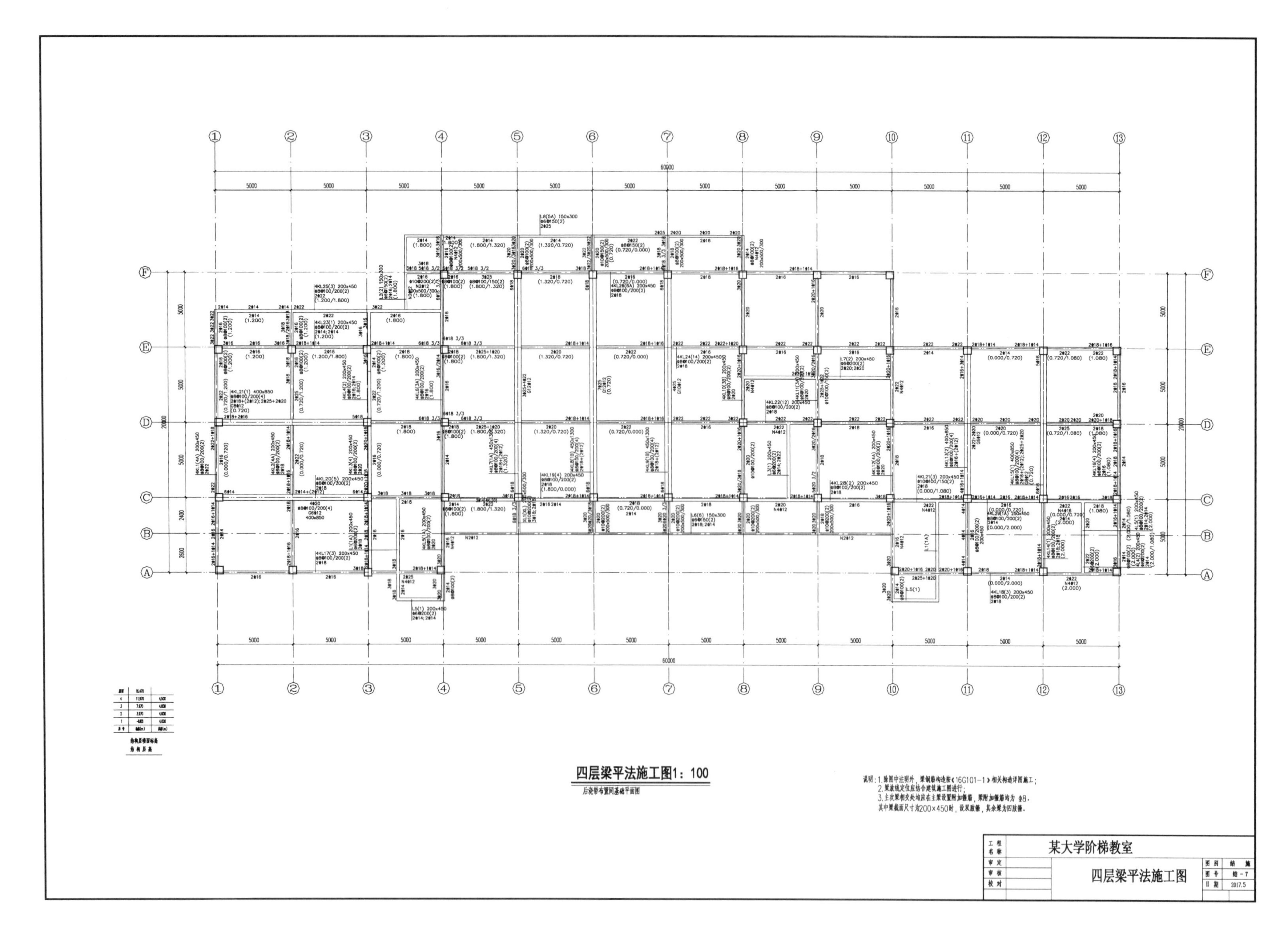

图 8-22　四层梁平法施工图

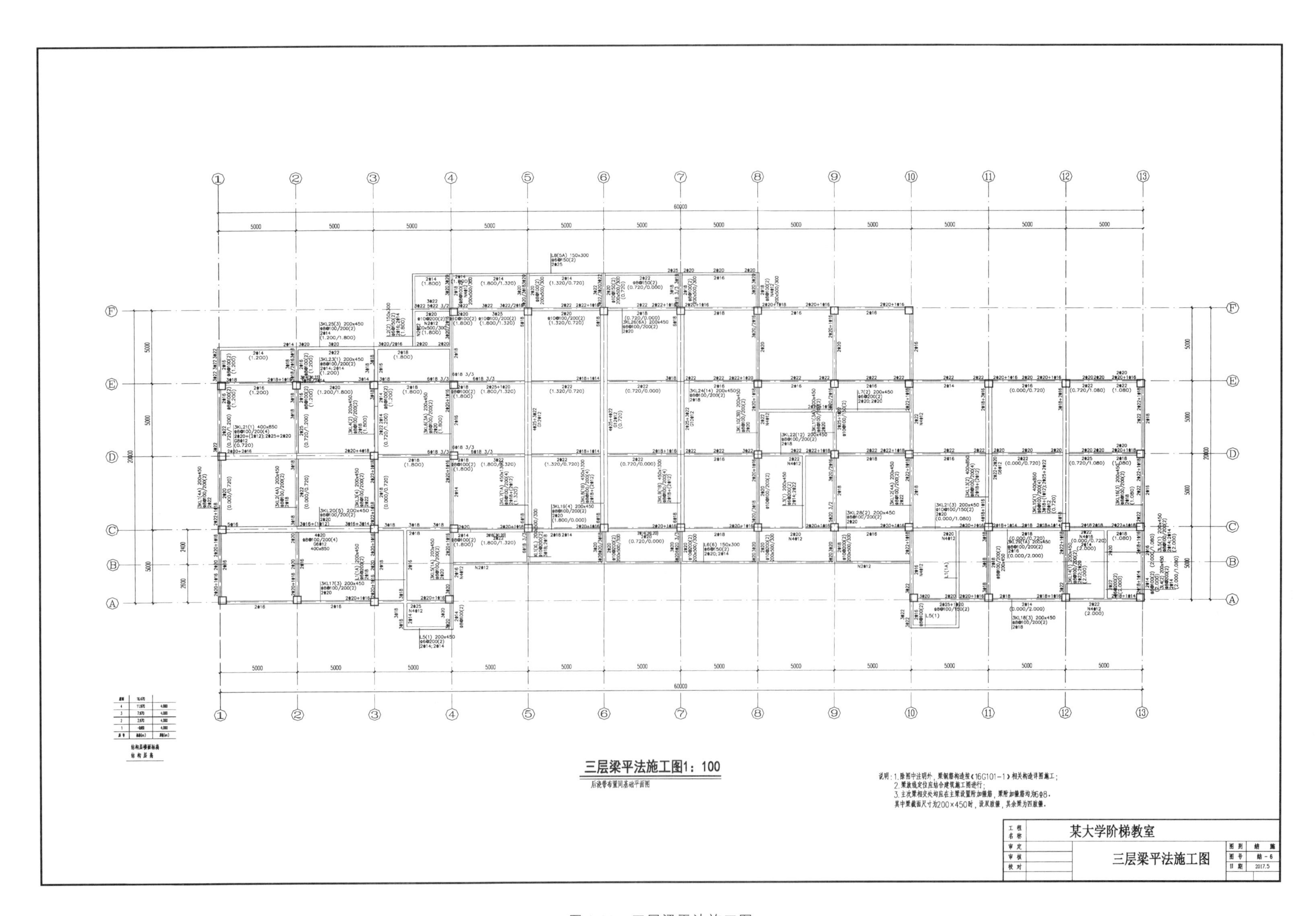

图 8-21　三层梁平法施工图

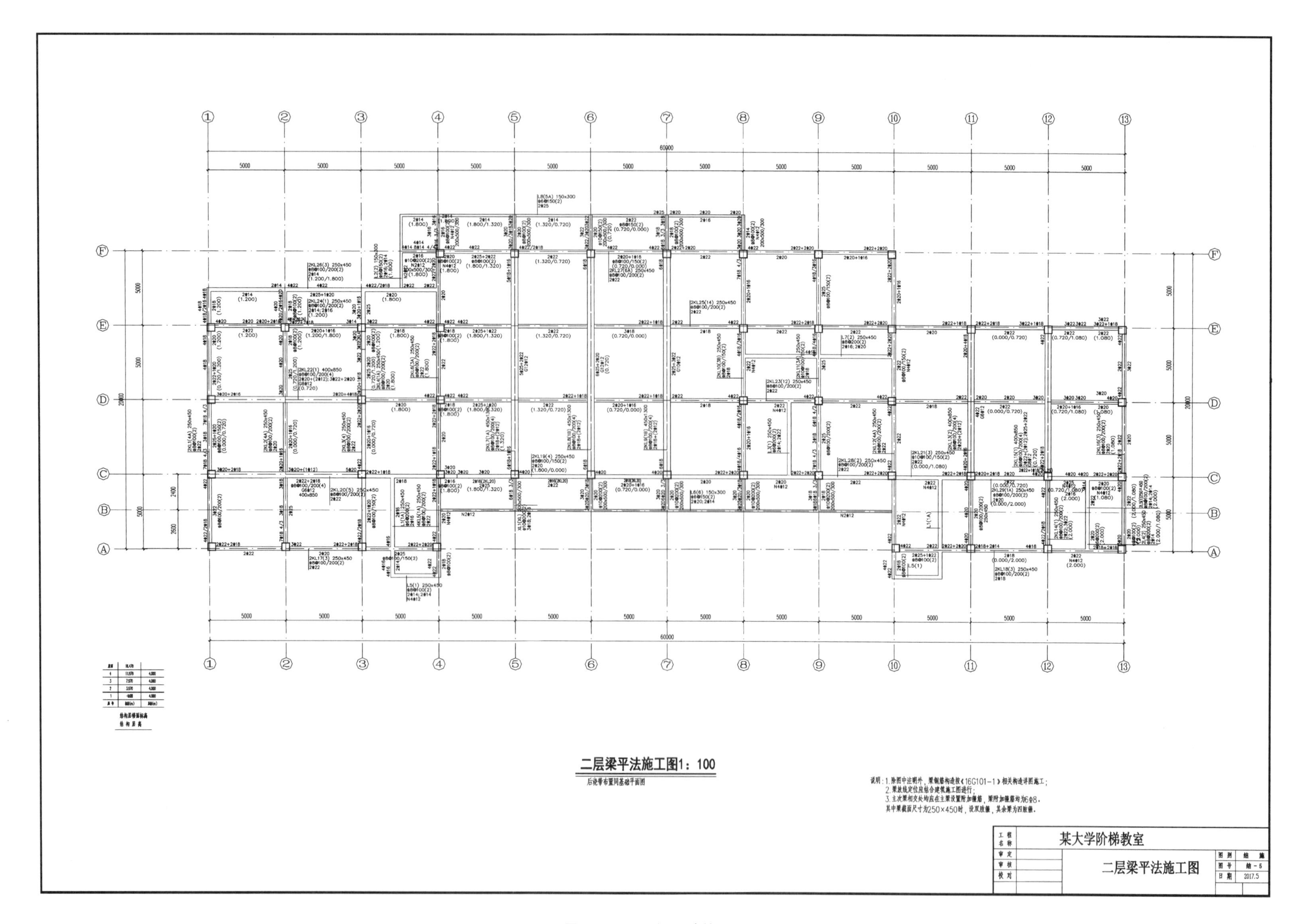

图 8-20　二层梁平法施工图

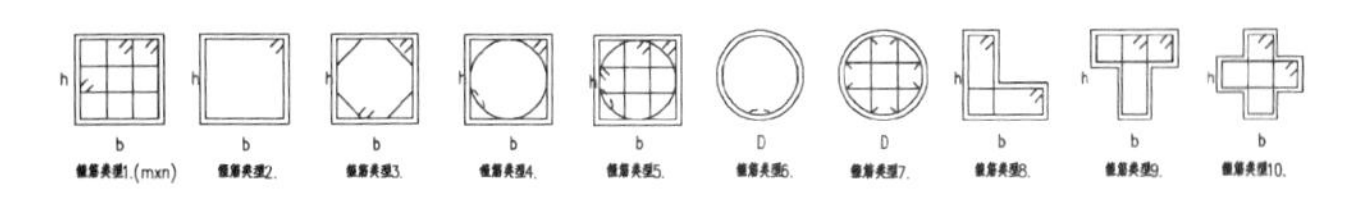

柱号	标高	bxh(b1xh1)(圆柱直径D)	b1	b2	h1	h2	全部纵筋	角筋	b边一侧中部筋	h边一侧中部筋	箍筋类型号	箍筋	备注
KZ-1	0.000-5.200	500x500	100	400	125	375		4Φ25	3Φ25	2Φ22	1.(4x4)	Φ8@100/200	
	5.200-17.700	500x500	100	400	100	400		4Φ20	2Φ16	2Φ16	1.(4x4)	Φ8@100/200	
KZ-2	0.000-5.200	500x500	100	400	250	250		4Φ25	3Φ25	2Φ25	1.(3x4)	Φ10@100/200	
	5.200-9.200	500x500	100	400	250	250		4Φ20	2Φ18	2Φ16	1.(4x4)	Φ8@100/200	
	9.200-17.700	500x500	100	400	250	250	12Φ16				1.(4x4)	Φ8@100/200	
KZ-3	0.000-5.920	500x500	100	400	250	250		4Φ22	Φ22+2Φ18	2Φ20	1.(3x4)	Φ8@100/200	
	5.920-9.920	500x500	100	400	250	250		4Φ16	2Φ16	3Φ16	1.(4x3)	Φ8@100/200	
	9.920-13.920	500x500	100	400	250	250		4Φ18	2Φ16	2Φ18	1.(4x4)	Φ8@100/200	
	13.920-17.700	500x500	100	400	250	250	12Φ16				1.(4x4)	Φ8@100/200	
KZ-4	0.000-6.400	500x500	100	400	400	100		4Φ22	2Φ18	2Φ18	1.(4x4)	Φ8@100/200	
	6.400-17.700	500x500	100	400	400	100		4Φ20	2Φ16	2Φ16	1.(4x4)	Φ8@100/200	
KZ-5	0.000-6.400	500x500	250	250	400	100		4Φ18	2Φ16	2Φ16	1.(4x4)	Φ8@100/200	
	6.400-17.700	500x500	250	250	400	100	12Φ16				1.(4x4)	Φ8@100/200	
KZ-6	0.000-5.200	500x500	125	375	250	250		4Φ25	2Φ25	2Φ22	1.(4x4)	Φ8@100/200	
	5.200-17.700	500x500	250	250	250	250	12Φ16				1.(4x4)	Φ8@100/200	
KZ-7	0.000-7.000	500x500	250	250	250	250		4Φ22	2Φ22	2Φ20	1.(4x4)	Φ10@100/200	
	7.000-11.000	500x500	250	250	250	250		4Φ25	2Φ20	2Φ22	1.(4x4)	Φ10@100/200	
	11.000-15.000	500x500	250	250	250	250		4Φ16	2Φ16	3Φ16	1.(4x3)	Φ12@100/200	
	15.000-17.700	500x500	250	250	250	250		4Φ22	2Φ18	3Φ22	1.(4x3)	Φ12@100/200	
KZ-8	0.000-7.000	500x500	400	100	250	250		4Φ18	2Φ16	2Φ16	1.(4x4)	Φ10@100	
	7.000-11.000	500x500	400	100	250	250		4Φ18	2Φ16	2Φ16	1.(4x4)	Φ10@100/150	
	11.000-17.700	500x500	400	100	250	250	12Φ16				1.(4x4)	Φ10@100/200	
KZ-10	0.000-7.000	500x500	125	375	250	250		4Φ25	Φ25+2Φ22	2Φ25	1.(3x4)	Φ12@100/150	
	7.000-11.000	500x500	100	400	250	250		4Φ25	Φ25+2Φ20	2Φ25	1.(3x4)	Φ12@100/150	
	11.000-15.000	500x500	100	400	250	250		4Φ22	2Φ22	2Φ20	1.(4x4)	Φ10@100/200	
	15.000-17.700	500x500	100	400	250	250	12Φ16				1.(4x4)	Φ10@100/200	
KZ-11	0.000-17.700	500x500	125	375	400	100		4Φ20	2Φ16	2Φ16	1.(4x4)	Φ8@100/200	
KZ-12	0.000-6.520	500x500	250	250	250	250		4Φ25	Φ25+2Φ22	2Φ25	1.(3x4)	Φ12@100/200	
	6.520-10.520	500x500	250	250	250	250		4Φ25	2Φ22	2Φ20	1.(4x4)	Φ10@100/150	
	10.520-14.520	500x500	250	250	250	250		4Φ22	2Φ20	2Φ18	1.(4x4)	Φ10@100/200	
	14.520-17.700	500x500	250	250	250	250		4Φ25	3Φ25	2Φ20	1.(3x4)	Φ12@100/200	
KZ-13	0.000-6.520	500x500	250	250	400	100		4Φ25	Φ25+2Φ22	2Φ20	1.(3x4)	Φ10@100/200	
	6.520-10.520	500x500	250	250	400	100		4Φ22	Φ22+2Φ20	2Φ18	1.(3x4)	Φ8@100/200	
	10.520-14.520	500x500	250	250	400	100		4Φ18	3Φ18	2Φ16	1.(3x4)	Φ8@100/200	
	14.520-17.700	500x500	250	250	400	100		4Φ18	2Φ18	2Φ16	1.(4x4)	Φ8@100/200	
KZ-14	0.000-5.920	500x500	250	250	250	250		4Φ25	4Φ25	2Φ20	1.(4x4)	Φ12@100	
	5.920-9.920	500x500	250	250	250	250		4Φ25	2Φ25+2Φ22	2Φ20	1.(4x4)	Φ10@100	
	9.920-13.920	500x500	250	250	250	250		4Φ25	4Φ25	2Φ20	1.(4x4)	Φ10@100	
	13.920-17.700	500x500	250	250	250	250		4Φ25	6Φ25	2Φ20	1.(4x4)	Φ10@100/150	

柱号	标高	bxh(b1xh1)(圆柱直径D)	b1	b2	h1	h2	全部纵筋	角筋	b边一侧中部筋	h边一侧中部筋	箍筋类型号	箍筋	备注
KZ-15	0.000-5.920	500x500	250	250	400	100		4Φ25	3Φ25	2Φ20	1.(3x4)	Φ10@100/200	
	5.920-9.920	500x500	250	250	400	100		4Φ22	Φ22+2Φ20	2Φ18	1.(3x4)	Φ8@100/200	
	9.920-13.920	500x500	250	250	400	100		4Φ22	2Φ20	2Φ18	1.(4x4)	Φ8@100/200	
	13.920-17.700	500x500	250	250	400	100		4Φ18	2Φ18	2Φ16	1.(4x4)	Φ8@100/200	
KZ-16	0.000-5.200	500x500	250	250	250	250		4Φ25	2Φ25+2Φ22	2Φ25	1.(4x4)	Φ10@100/200	
	5.200-9.200	500x500	250	250	250	250		4Φ22	2Φ20	2Φ18	1.(4x4)	Φ8@100/200	
	9.200-13.200	500x500	250	250	250	250		4Φ18	2Φ16	2Φ16	1.(4x4)	Φ8@100/200	
	13.200-17.700	500x500	250	250	250	250	12Φ16				1.(4x4)	Φ8@100/200	
KZ-17	0.000-5.200	500x500	250	250	250	250		4Φ22	2Φ22	2Φ20	1.(4x4)	Φ8@100/200	
	5.200-17.700	500x500	250	250	250	250	12Φ16				1.(4x4)	Φ8@100/200	
KZ-18	0.000-5.200	500x500	150	350	125	375		4Φ22	2Φ18	2Φ22	1.(4x4)	Φ8@100/200	
	5.200-17.700	500x500	100	400	100	400		4Φ20	2Φ16	2Φ16	1.(4x4)	Φ8@100/200	
KZ-20	0.000-7.200	500x500	250	250	125	375		4Φ20	2Φ18	2Φ18	1.(4x4)	Φ8@100/200	
	7.200-17.700	500x500	250	250	100	400	12Φ16				1.(4x4)	Φ8@100/200	
KZ-21	0.000-7.200	500x500	250	250	250	250		4Φ25	2Φ25	2Φ22	1.(4x4)	Φ10@100/200	
	7.200-11.200	500x500	250	250	250	250		4Φ22	2Φ22	2Φ18	1.(4x4)	Φ10@100/200	
	11.200-15.200	500x500	250	250	250	250		4Φ16	3Φ16	2Φ16	1.(3x4)	Φ12@100/200	
	15.200-17.700	500x500	250	250	250	250		4Φ18	2Φ16	2Φ16	1.(4x4)	Φ10@100/200	
KZ-22	0.000-5.920	500x500	250	250	400	100		4Φ22	2Φ22	2Φ18	1.(4x4)	Φ8@100/200	
	5.920-9.920	500x500	250	250	400	100		4Φ20	3Φ20	2Φ16	1.(3x4)	Φ8@100/200	
	9.920-13.920	500x500	250	250	400	100		4Φ20	2Φ18	2Φ16	1.(4x4)	Φ8@100/200	
	13.920-17.700	500x500	250	250	400	100		4Φ18	2Φ16	2Φ16	1.(4x4)	Φ8@100/200	
KZ-23	0.000-17.700	500x500	400	100	125	375		4Φ20	2Φ16	2Φ16	1.(4x4)	Φ8@100/200	
KZ-24	0.000-6.280	500x500	400	100	250	250		4Φ20	2Φ18	2Φ16	1.(4x4)	Φ8@100/200	
	6.280-17.700	500x500	400	100	250	250	12Φ16				1.(4x4)	Φ8@100/200	
KZ-25	0.000-6.280	500x500	400	100	400	100		4Φ25	2Φ20	2Φ20	1.(4x4)	Φ8@100/200	
	6.280-17.700	500x500	400	100	400	100		4Φ20	2Φ16	2Φ16	1.(4x4)	Φ8@100/200	

平法柱表

工程名称	某大学阶梯教室			
审定		平法柱表	图别	结施
审核			图号	结-4
校对			日期	2017.5

图 8-19 平法柱表

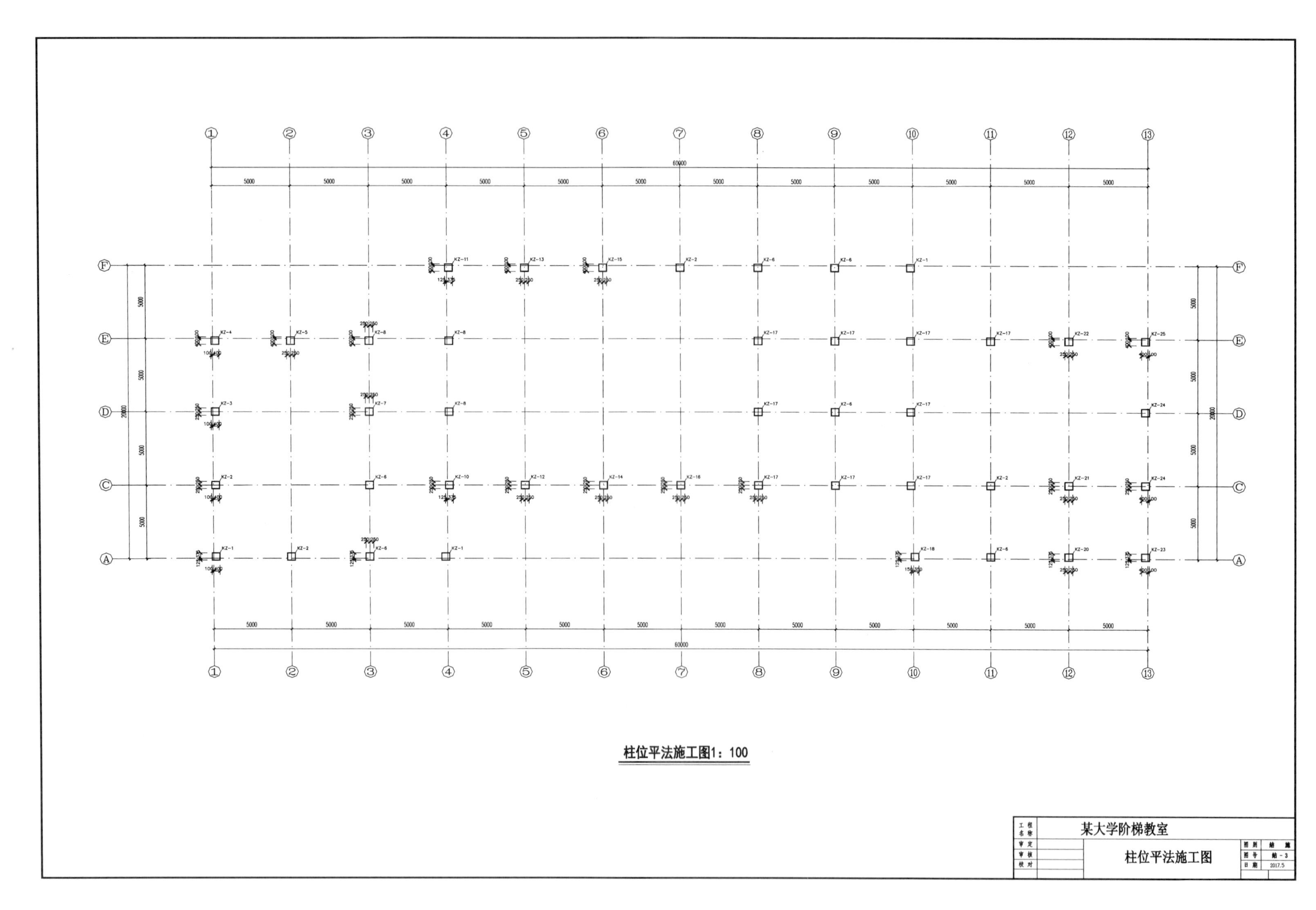

图 8-18 柱位平法施工图

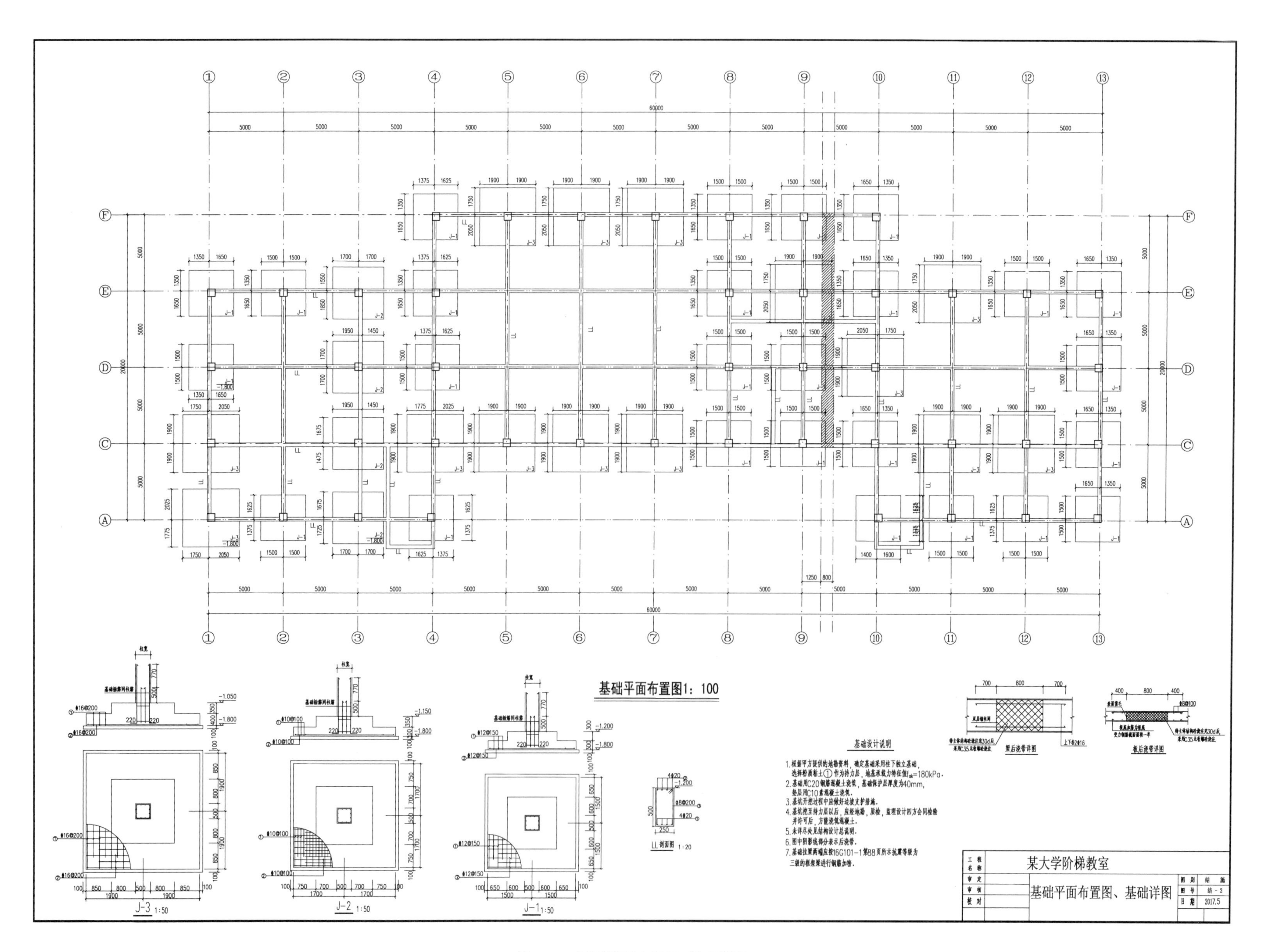

图 8-17 基础平面布置图 基础详图

结构设计总说明

一、一般说明：

1、本工程位于成都市，为四层框架结构.

2、设计依据

四川××岩土工程有限公司编制的《岩土工程勘察报告》

《建筑结构可靠度统一标准》 GB50068-2001

《建筑工程抗震设防分类标准》 GB50223-2008

《建筑结构荷载规范》 GB50009-2012

《建筑抗震设计规范》 GB50011-2010

《混凝土结构设计规范》 GB50010-2010

《建筑地基基础设计规范》 GB50007-2011

《砌体结构设计规范》 GB50003-2011

《建筑地基处理技术规范》 JGJ 79-2012

3、本图所注尺寸以毫米为单位，标高以米为单位；±0.000绝对高程528.320.

4.基本风压为0.30kN/m²，地面粗糙度为B类.

5、结构的安全等级为二级，框架抗震等级为三级，地基基础设计等级为丙级；结构设计的合理使用年限为50年.

6、工程的抗震设防类别为丙类，抗震设防烈度为7度，设计地震分组为第三组.

7、混凝土结构的环境类别：基础、卫生间、走廊、屋面、雨蓬为二a类；其余环境类别均为一类.

8、本工程耐火等级为二级，耐火极限：混凝土柱为2.5h，混凝土梁为1.5h，混凝土板为1.0h，填充墙为1.0h.

9、楼、屋面设计活荷载标准值：

阶梯教室、办公室为2.5kN/m²，走廊、楼梯为3.5kN/m²，卫生间为2.5kN/m²，不上人屋面为0.5kN/m².

栏杆顶部水平荷载为1.0kN/m²，基本风压0.3kN/m².

10、室内进行二次装修时，不得超过此次设计的建筑面载. 施工荷载不得超过楼、屋面使用荷载，并应注意脚手架支承和钢模板材料等不要集中堆放，以免造成危害.

二、基础部分：

详见基础设计说明.

三、材料要求：

1、砼强度等级：基础详见基础说明；柱，梁，板，楼梯用C30，其他C20.

2、填充墙：±0.000以下墙体用MU10实心页岩砖，M5.0水泥砂浆砌筑，

±0.000以上外墙和内墙小用200厚空心页岩砖，M5.0混合砂浆砌筑.

空心页岩砖容重<10.0KN/m³.

3、钢筋：所有结构材料的强度标准值均应具有不小于95%的保证率.

HPB235钢筋（以φ表示），强度设计值：$f_y=210N/mm^2$

HRB335钢筋（以φ表示），强度设计值：$f_y=300N/mm^2$

HRB400钢筋（以φ表示），强度设计值：$f_y=360N/mm^2$

钢筋应符合下列要求：

(1) 钢筋的抗拉强度实测值与屈服强度实测值的比值不应小于1.25；

(2) 钢筋的屈服强度实测值与强度标准值的比值不应大于1.3；

(3) 钢筋在最大拉力下的总伸长率实测值不应小于9%.

(4) 钢材应有良好的焊接性和合格的冲击韧性.

焊条规格：HPB235级钢用E43xx，HRB335，HRB400级钢用E50xx；

4、所有结构用钢材应有质量保证书和产品合格证明，且符合设计要求，对进场材料，必须按照有关规定作现场抽查，检验合格后方可使用，严禁先使用、后补验.

5、钢筋锚固长度及搭接长度详《16G101-1》第34页；

6、梁、柱钢筋保护层厚度详《16G101-1》第33页；板保护层厚度同该页墙的保护层厚度.

四、钢筋混凝土结构：

A、现浇板：

1、单向板底筋的分布筋及单、双向板支座负筋的分布筋，除图中注明外，屋面及外露构件用φ6@150，楼面用φ6@150，板底受力筋应伸至梁中心线且进入支座长度≥10d，上部筋应伸至支座边且不小于l_{aE}.

2、双向板的板底筋：短向筋放在底层，长向筋置于短向筋上.

3、各层端跨板的转角处，为消除板面45°斜裂缝，在1/4短跨范围内配置φ6@100双向负筋；

4、所有板钢筋（包括受力及非受力钢筋）当须搭接时，其搭接长度为2.2l_{aE}，且不小于250；在同一接头区段内，受力钢筋接头面积不应超过受力钢筋总截面面积的25%.

5、板内钢筋遇洞时，当洞口大于300mm（圆洞直径、方洞长边尺寸）时，钢筋须绕过洞边，不得切断.

6、相邻板底标高及下部筋相同时可将下部筋拉通.

7、现浇钢筋混凝土楼板板内下部筋在支座处搭接时，断点应延至梁（墙）的远边，板上部筋在支座处连续通过.

8、楼板上的孔洞预留按照《16G101-1》101、102页构造进行施工.

9、现浇板上隔墙未设次梁处，在墙下板底增设3φ14加强筋.

10、图中支座筋下尺寸指钢筋长度，边支座为至梁/墙边长度，中支座为至梁/墙中心长度.

11、屋面板上部未配筋处布置双层双向φ6@150温度收缩构造钢筋.

B、钢筋混凝土梁、柱：

1、本设计采用平面整体表示方法制图，有关规定及构造详见图集《国标16G101-1》，框架梁柱节点构造详见图集《国标11G329-1》2-13页.

2、梁上集中荷载处（含主梁交接处），均应附加箍筋，未注明时，在梁每侧另加三组，间距为50mm，直径同梁箍筋.

3、主次梁及梁上柱节点施工时应按相应图纸增设附加箍筋和吊筋，节点大样见《国标16G101-1》第87页.

4、主次梁底平时下部钢筋搭接大样见图一，梁板底平时下部钢筋搭接大样图见图二.

5、梁上需穿管时应在梁跨的1/3处，且此处不应有次梁作用，其洞口加强措施参照《国标16G101-1》78页洞口补强构造图.

6、当相邻跨的$L_n/3$大于本跨时，将相邻跨支座负筋在本跨拉通配置；

7、梁内受力钢筋若须现场搭接时，下部正筋应在支座范围内搭接，上部负筋应在跨中1/3跨度范围内搭接.

8、主、次梁相交处，若无特殊情况，次梁正、负纵筋均应分别置于主梁正、负筋之上.

9、当梁与柱（或墙）外皮齐平时，梁外侧纵向钢筋应稍作弯折，置于柱（或墙）主筋内侧.

10、梁、柱节点部位的混凝土应振捣密实，当节点钢筋过密时，可采用同强度等级的细石混凝土浇筑.

11、梁跨度为≥4m及<9m时，模板应按跨度的3‰起拱，悬臂构件应按跨度的3.5‰起拱.

12、钢筋的接头不应设在梁端、柱端箍筋加密区范围.

13、HRB400钢筋直径 d>22时框架梁纵筋应采用机械连接.

14、搭接接头面积百分率为25%时，搭接长度为1.2l_{aE}，搭接接头面积百分率为25%~50%时，搭接长度为1.4l_{aE}；

15、柱纵向钢筋采用压力电渣焊，梁纵向钢筋接头采用闪光对焊，柱纵向钢筋接头最低点距柱端不小于《国标16G101-1》57页纵向钢筋连接构造最小尺寸，钢筋接头之间错开的距离为35倍钢筋直径及不小于500mm，同一截面钢筋的接头数应小于钢筋总数的50%.

16、箍筋末端应做成135°弯钩，弯钩的平直段长度不小于10倍箍筋直径，钢筋搭接处弯钩的平直段长度长度不应小于12倍箍筋直径；

17、柱与现浇过梁连接处，均应按梁的详图在柱内预留插筋，插筋在柱内外的长度均不短于35d；钢筋搭接处弯钩的平直段长度长度不应小于12倍箍筋直径.

18、柱中应按照建施图中墙的位置，预埋与填充墙的拉结钢筋，不得遗漏，所有填充墙与柱相接处，均沿竖向预埋2φ6@500拉结筋，钢筋伸入填充墙内的长度沿全长贯通，拉结筋锚入柱内200，大样参见《西南05G701（四）》26-33页.

19、本工程利用框架柱和基础中钢筋作防雷接地，要求见电施.

20、在任何情况下，纵向受拉钢筋搭接长度均不应小于300mm.

21、当在梁腹开圆洞时，洞口直径不大于梁高的1/5及150，作法详"图三".

22、各种预制构件吊钩及吊挂用的吊钩均采用未经冷加工的HPB235级钢筋制作.

23、当次梁下部纵向受力钢筋伸入支座范围内的锚固长度不满足图集《16G101-1》要求时，将次梁纵向受力钢筋末端弯成135°弯钩，弯钩平直段长度为5d.

24、本工程柱、梁采用平面整体表示法，所用标准图为《混凝土结构施工图平面整体表示方法制图规则和构造详图》（16G101-1），施工时须严格按照该图集的有关规定执行.

五、填充墙：

1、砌体施工质量控制等级为B级.

2、框架填充墙构造节点见《西南05G701（四）》第26~29、31~35页，按8度构造施工.

3、构造柱应先砌墙，后浇柱，做法详《西南05G701（四）》第30页；除图中标明外，墙长≥2倍墙高时，应在墙中间设构造柱，构造柱间距不大于2倍墙高；当墙长大于墙高且端部无柱时，应在墙端设构造柱.

4、填充墙上应在主体结构施工完毕后，由上而下逐层砌筑，以防止下层梁承受上层梁以上的荷载.

5、预制过梁选自《西南03G301（二）》，荷载等级为"1"级，预制构件与现浇构件相碰时，改为现浇（将上部筋改为与下部筋相同），与框架柱相碰处应预留过梁纵筋.

6、现浇带：填充墙净高大于4.0m时沿墙中部均设现浇带一道，截面：墙厚x200，纵筋上下各2φ12，箍筋φ6@200.

7、砌体砂浆必须饱满，砖应充分湿润后方可砌筑；不允许在砌体横向、斜向直接开槽或埋管.

8、隔墙应按建施图示墙体位置、厚度和高度施工，不得任意增加隔墙或改变墙体材料，加大荷载.

9、框架填充墙砌至梁、板下150~200时，应待墙体沉实（一般约5d时间）后，再在砌体与上部梁、板之间按《西南05G701（四）》第35页构造施工.

10、屋面女儿墙构造柱间距不大于2.0m，转角处必设，沿柱高每600设拉筋2φ6，拉筋沿墙全长贯通；女儿墙高度按《西南05G701》第37页选用相应节点，女儿墙高度大于1.5m，框架柱升至女儿墙高度，女儿墙上部卧梁截面尺寸为200X300，纵向钢筋4φ14，箍筋φ6@200（2）.

11、安装门、窗埋件的位置应根据建施图的门窗详图在相应墙体位置埋设铁件；楼梯走道栏杆均配合建筑栏杆立柱设置埋件.

12、水、电管线横向穿墙时，尽量避免水平及斜向穿墙，当无法避免时可在墙单侧留槽且槽深不大于15mm，如不满足则应将管线设于墙厚中部并浇筑C15细石混凝土（厚度为管径加10），当水、电管线竖向穿墙时应在施工时预留槽，其槽深及宽度均不大于120mm，管道安装后采用C15细石混凝土嵌填密实，如双侧留槽或槽尺寸大于上述时按构造柱方式预留沟槽和拉结筋.

六、其他：

1、预埋件、套管及预留孔洞除详见有关建筑、结构施工图外，尚应与水、电各设备安装工种图纸密切配合，待核对无误后，方可进行后续施工，严禁事后打洞、剔槽.

2、希望施工方全面系统熟悉图纸，如发现设计问题，请及时通知我设计院会同解决，对施工中问题的处理，应以书面签署盖章为准.

3、本建筑必须根据电施图要求沿建筑物四周设避雷带，并按电施图中所选点设防雷引下线，兼作防雷接地引下线的框架柱要求纵筋必须有两根通长焊接连通，上端与屋面防雷网相焊，形成接地通路，具体柱号及接地埋件位置均详见电施图.

4、除图纸注明之预留孔洞及埋件、套管外，不得随意剔凿；管线必须通过主体结构时（图纸未注明处）需经结构专业设计人员同意后方可进行施工.

5、装饰，设备与结构的连接应在该楼层混凝土结构施工前配合施工单位预埋铁件，不得事后凿打.

6、严格按照施工验收规范作好混凝土的养护工作，混凝土水化热高、温差较大的部位应用麻袋或薄膜覆盖养护.

7、混凝土主体结构在以下部分禁止设置膨胀螺栓：柱、梁顶面、梁底面、梁侧上下各200mm范围；如需连接时应预埋铁件.

8、悬挑构件施工时应做好抗倾覆措施，必须在强度达到100%时方能拆除底模.

9、有关结施图中做法与本说明有矛盾时，均以具体施工图为准.

10、图中有未详尽处，请按国家现行有关施工及验收规范执行.

10、未经技术鉴定或设计许可，不得改变结构的用途和使用环境.

11、当洞口顶距梁底净高h小于过梁高时和外墙窗洞上过梁改用下挂板代替过梁，见图四.

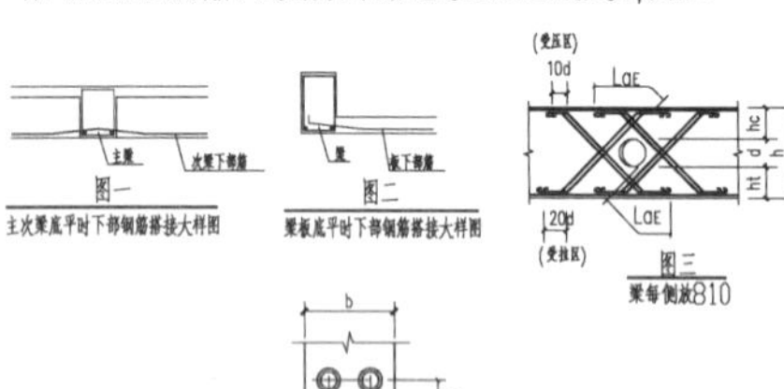

主次梁底平时下部钢筋搭接大样图

梁板底平时下部钢筋搭接大样图

图四 下挂板

图五 梁上埋管间距平面图

图 纸 目 录

选用图集

图集名称	图集名称	备注
《西南03G301》	钢筋混凝土过梁图集	
《16G101-1、2、3》	混凝土结构施工图 平面整体表示方法制图规则和构造详图	
《11G329-1》	建筑物抗震构造详图	
《西南 05G701（四）》	框架轻质填充墙构造图集 （第四分册 烧结空心砖填充墙）	

工程名称	某大学阶梯教室		
审定	结构设计总说明	图别	结施
审核		图号	结-1
校对		日期	2017.5

图 8-16 结构设计总说明

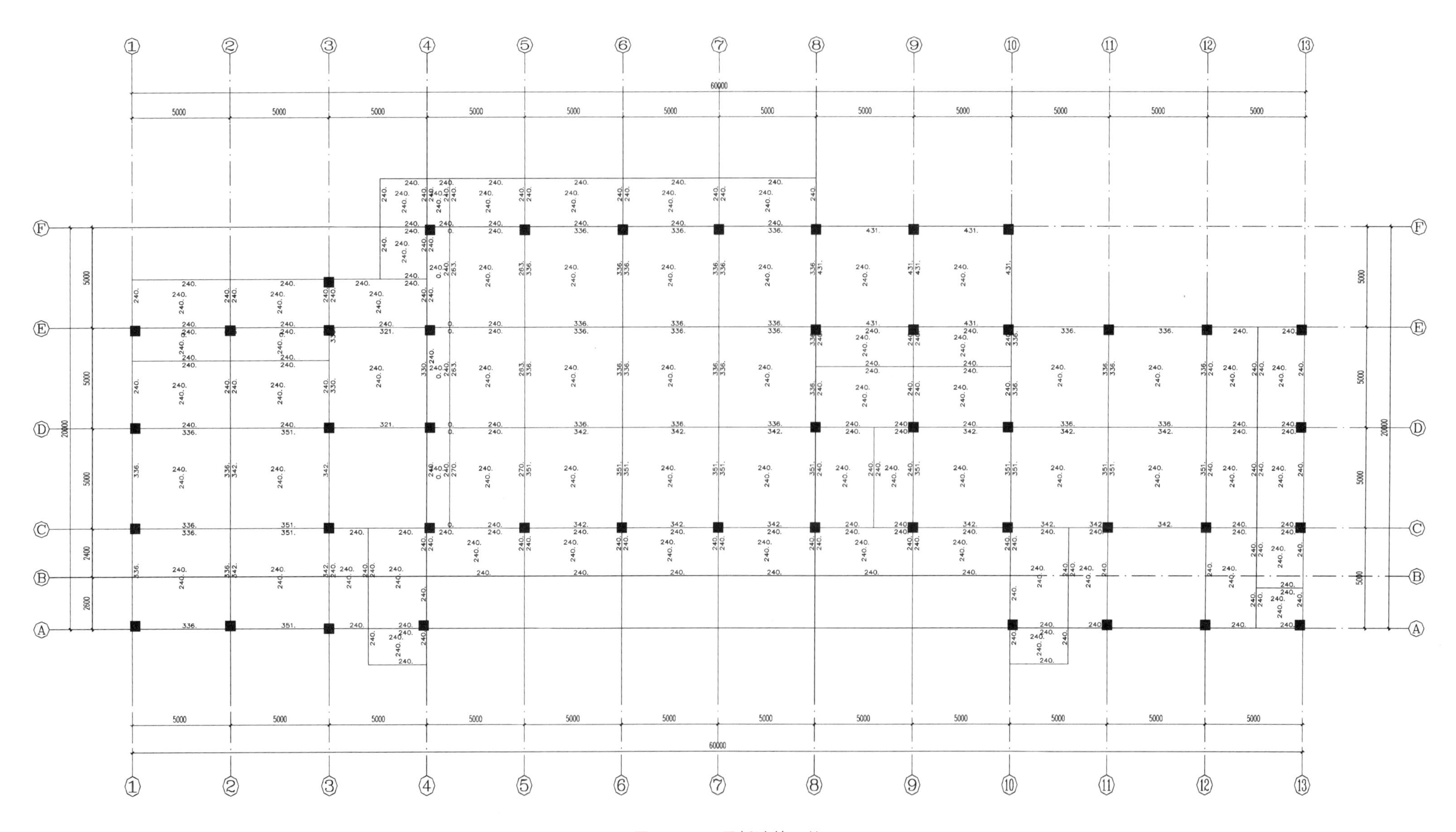

图 8-15　一层板计算配筋

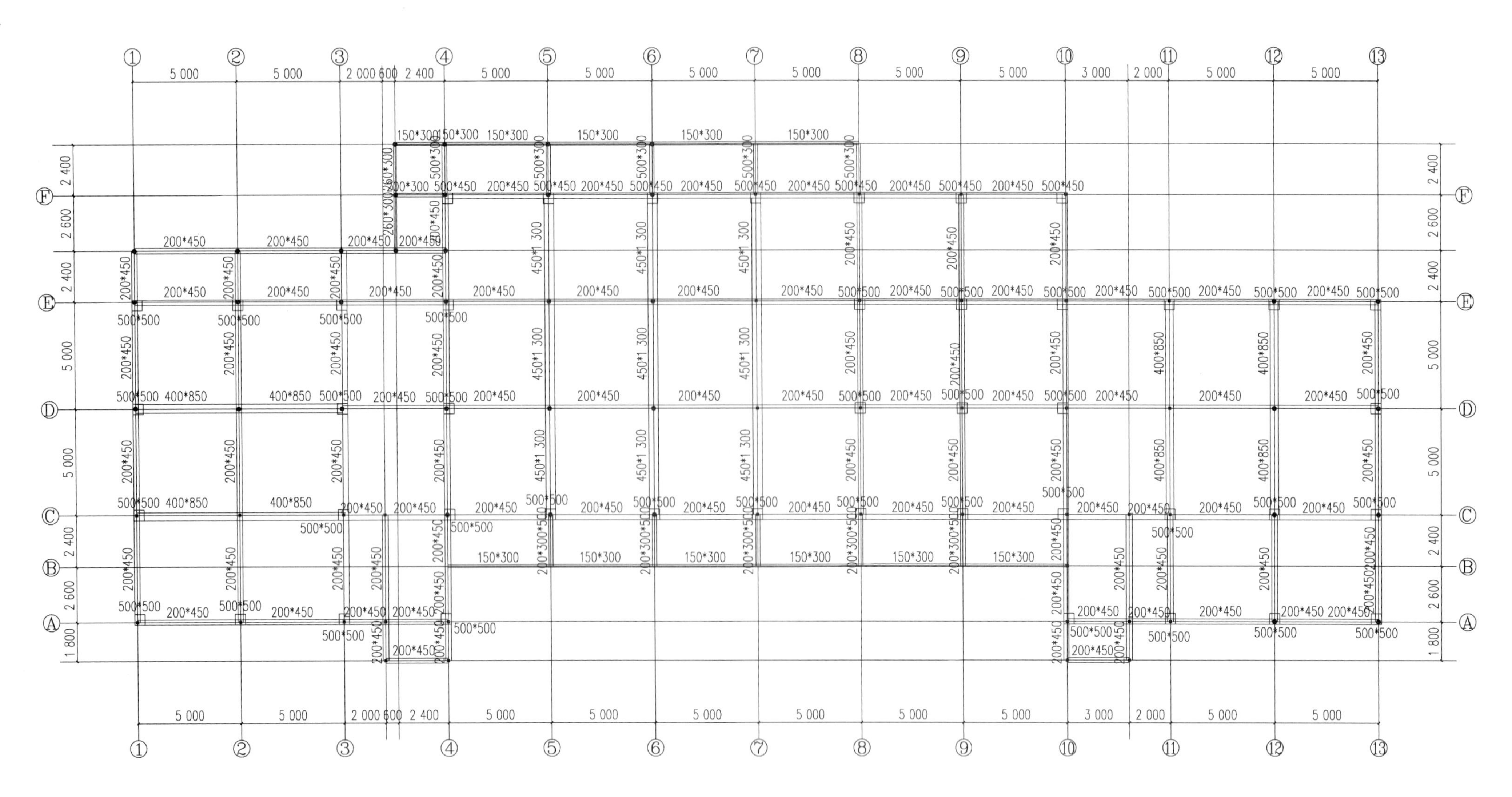

图 8-7（c） 第 3 结构标准层的平面布置

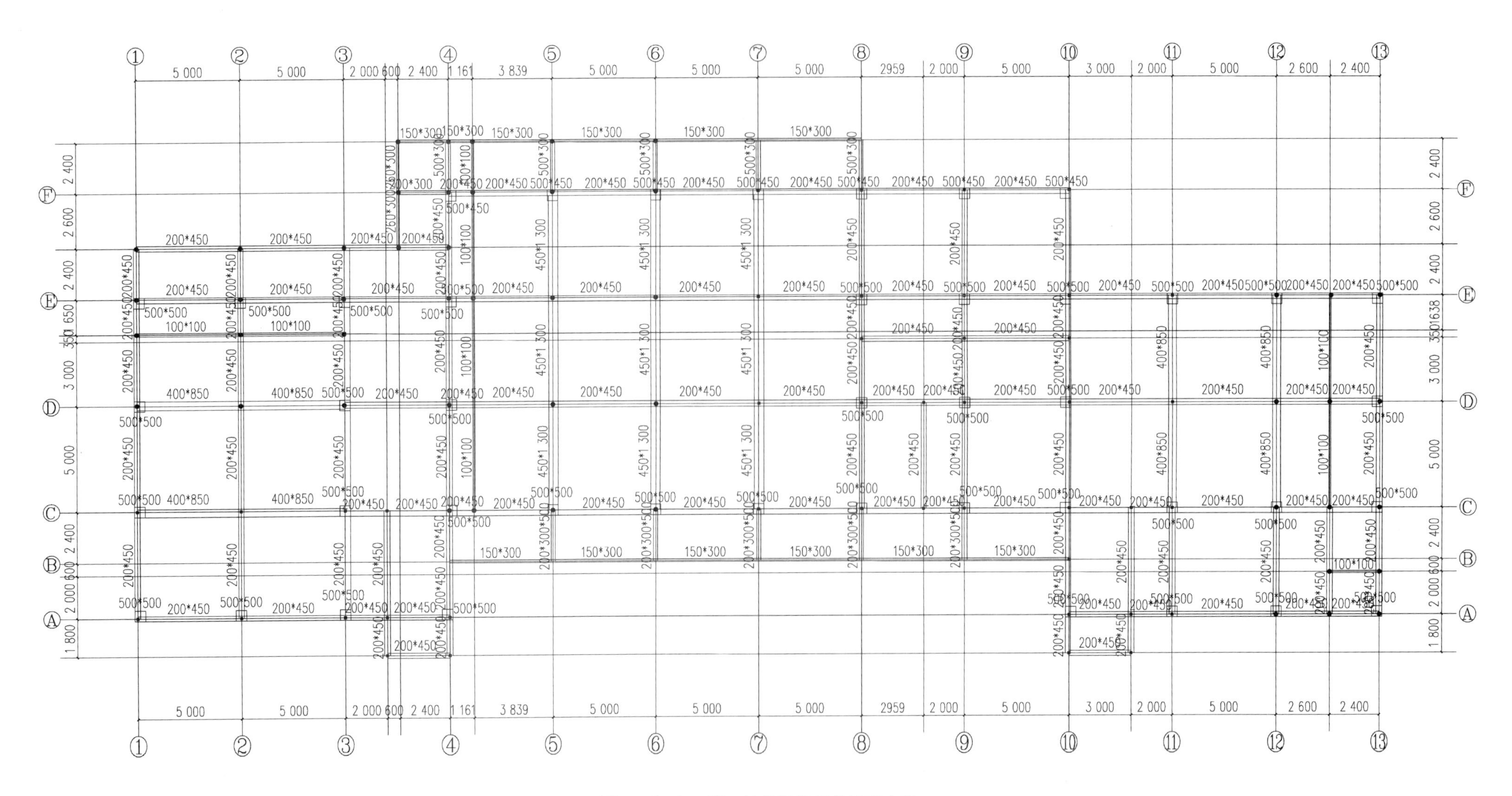

图 8-7（b） 第 2 结构标准层的平面布置

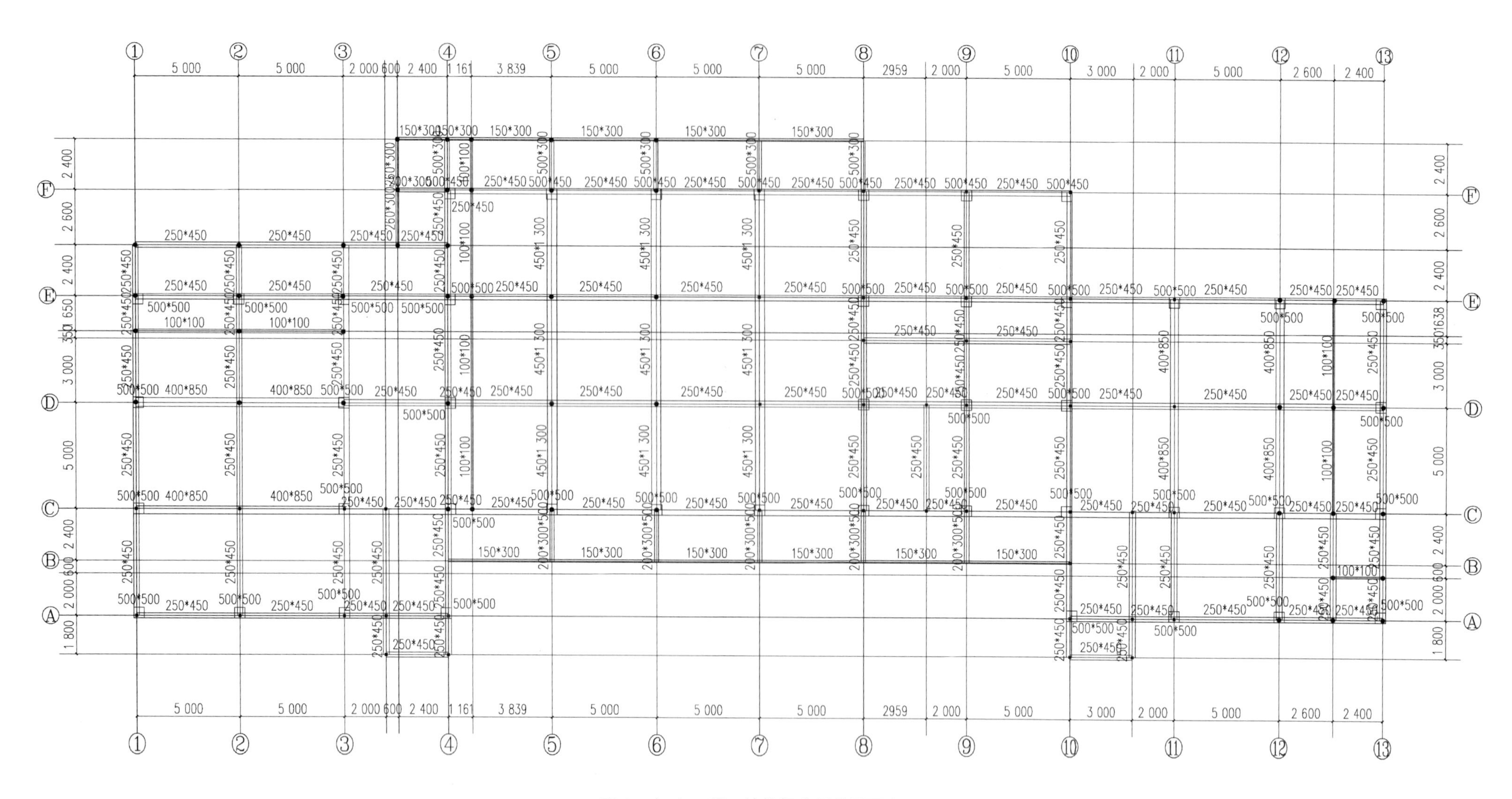

图 8-7（a） 第 1 结构标准层的平面布置

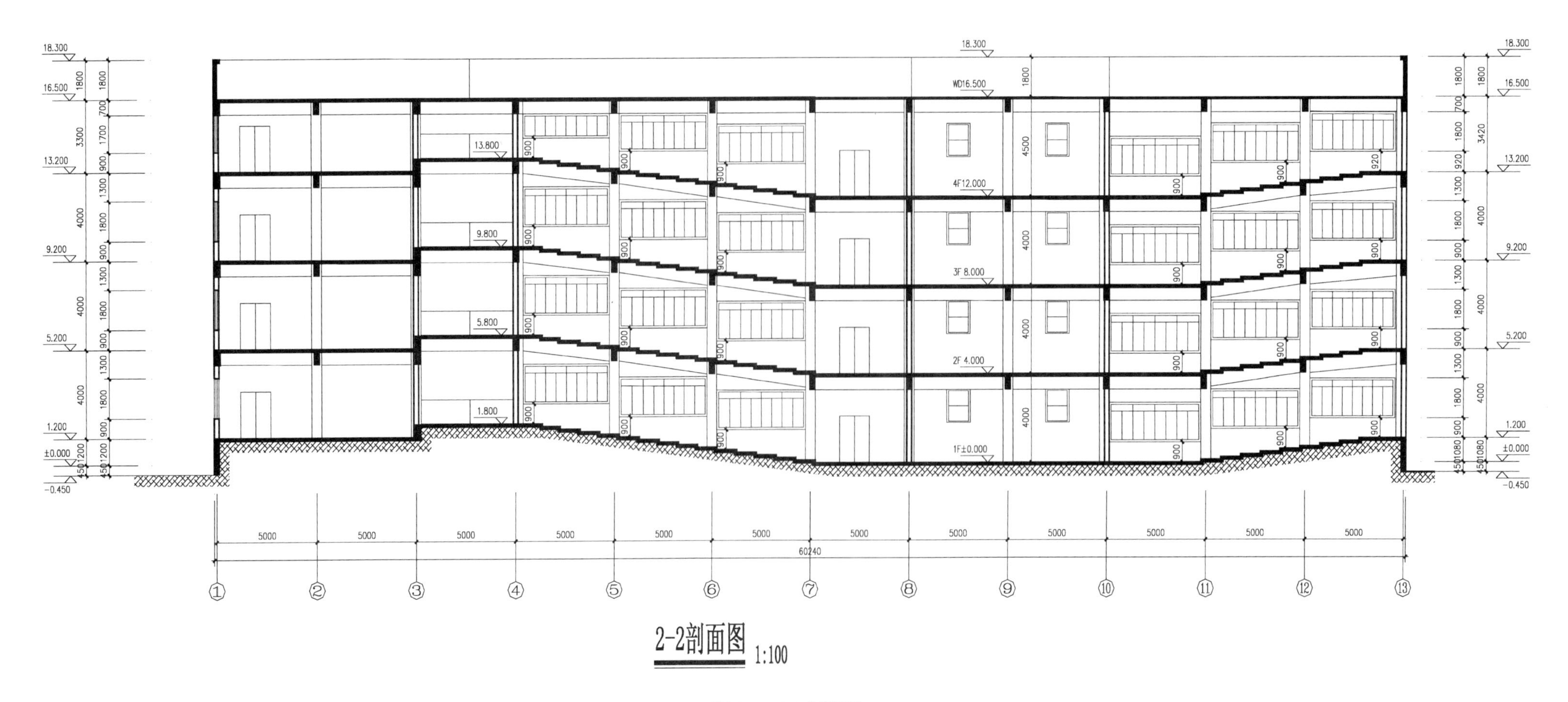

图 8-6　2-2 剖面图

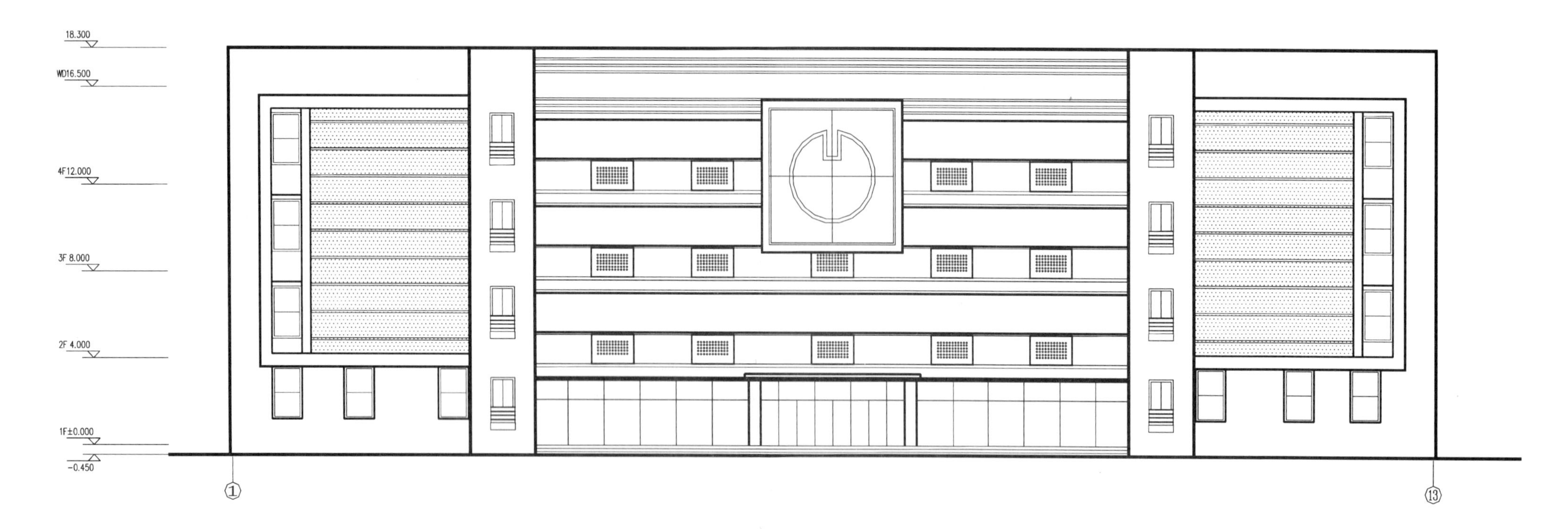

①—⑬立面图 1:100

图 8-5 正立面图

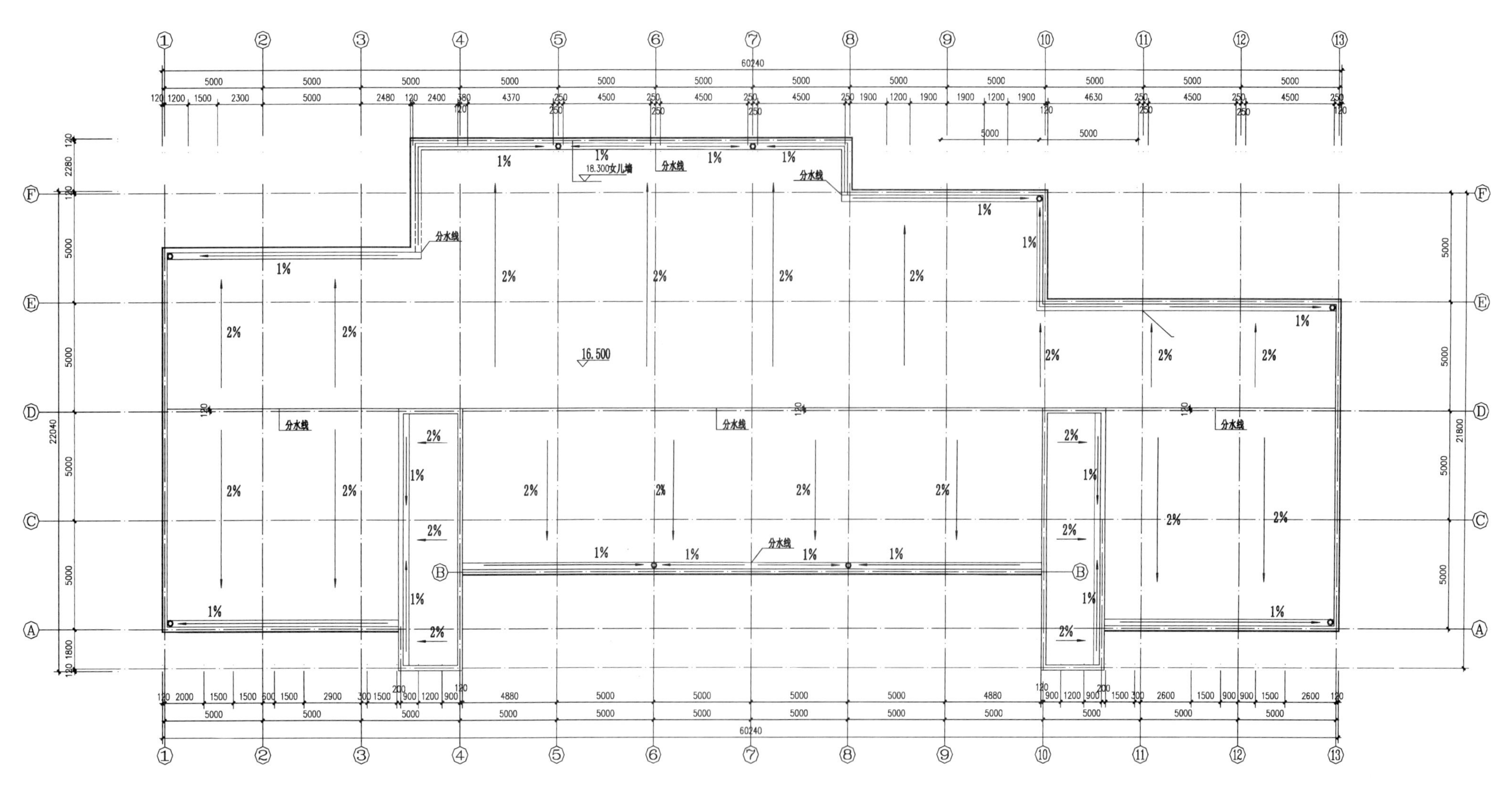

图 8-4　屋顶平面图

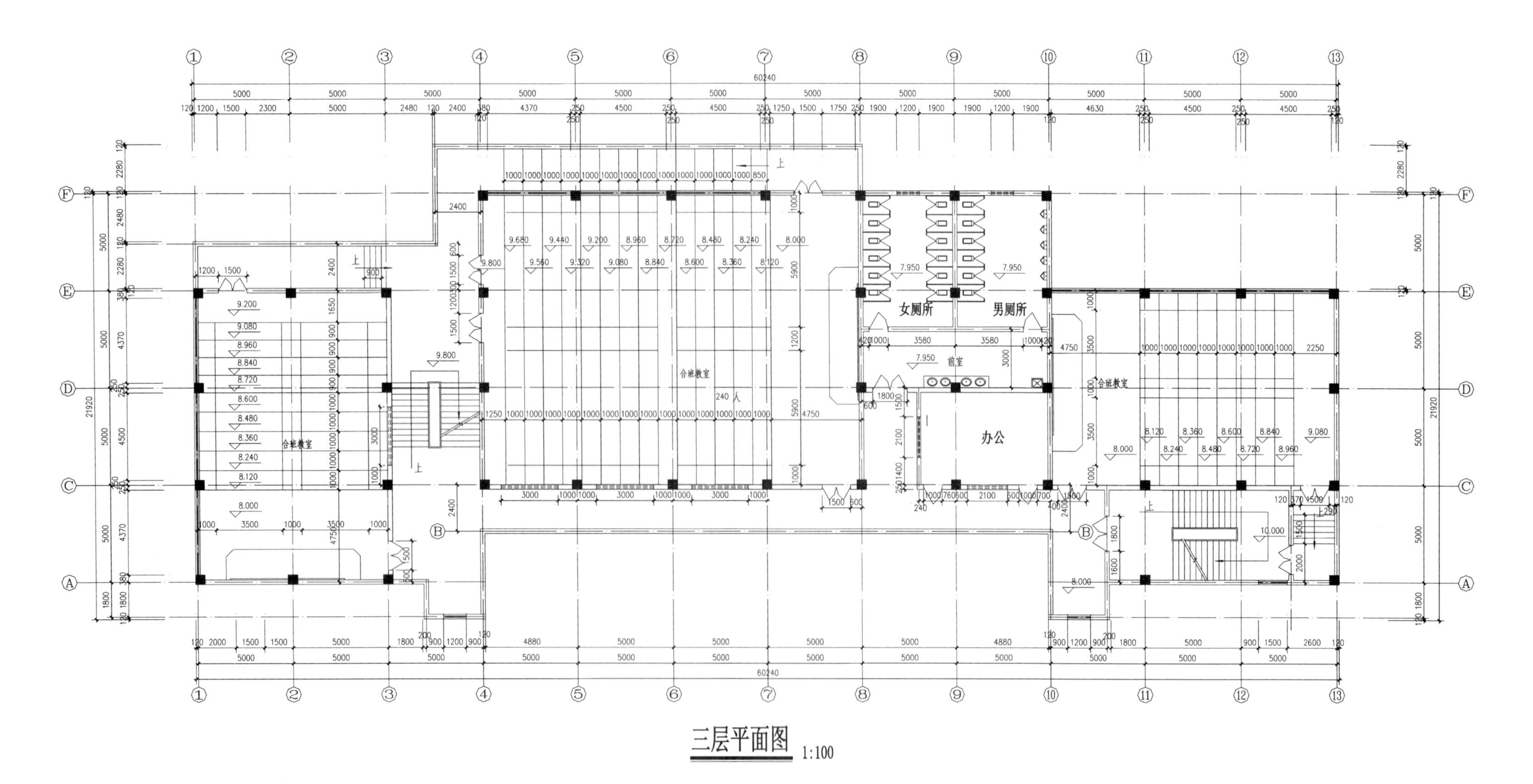

图 8-3　三层平面图

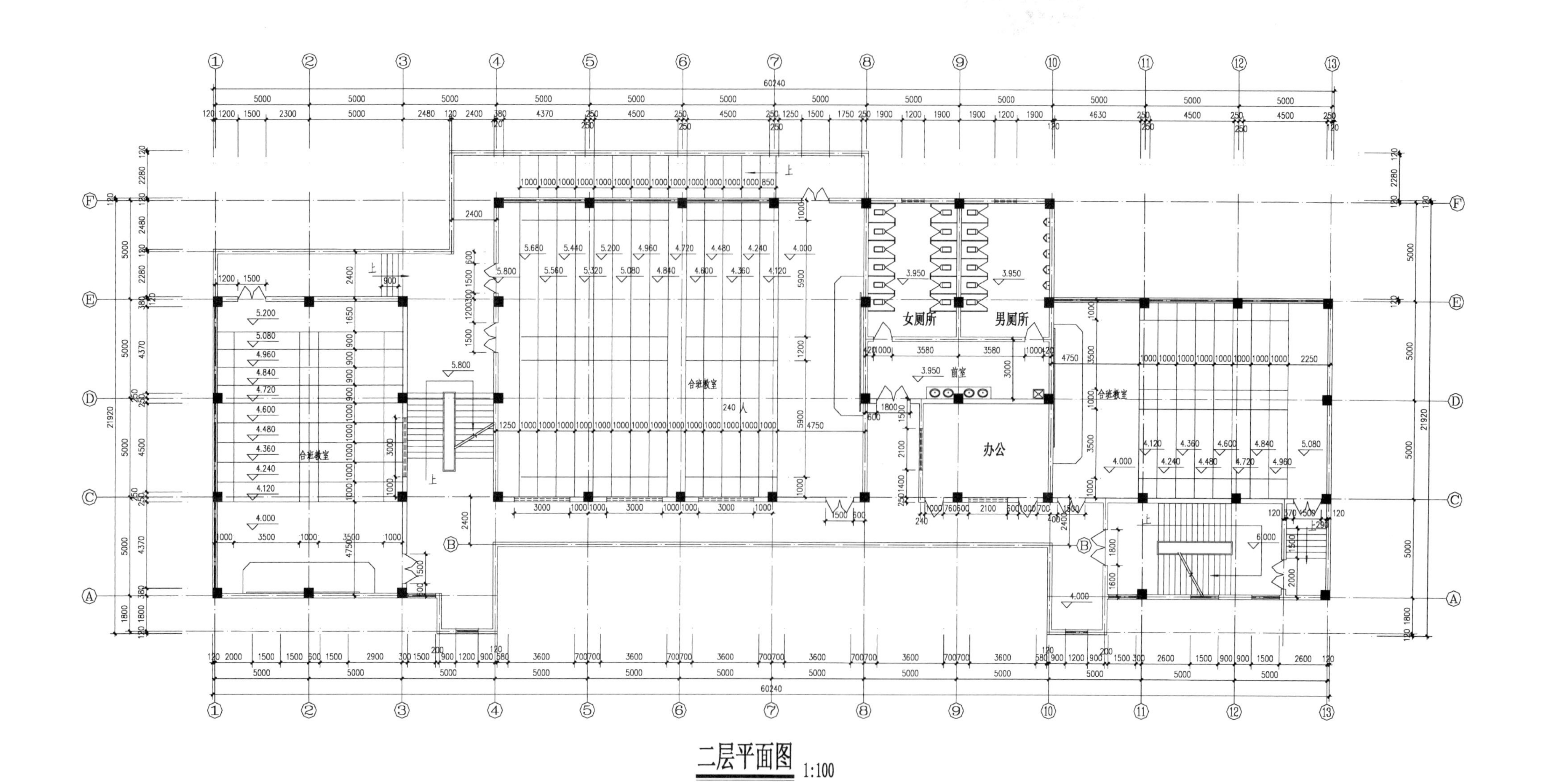

图 8-2　二层平面图

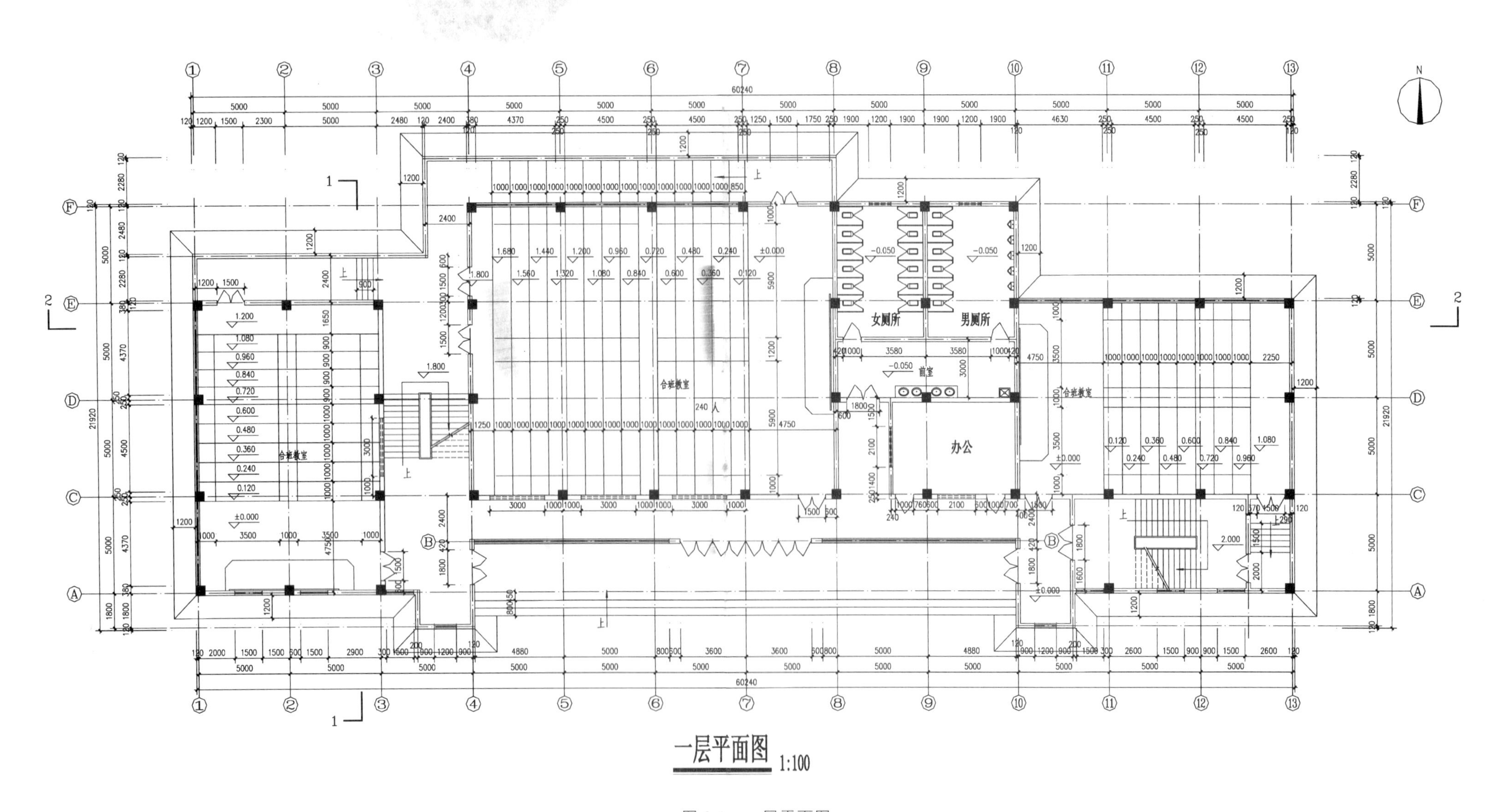

图 8-1 一层平面图